建筑材料质量检测

(第二版)

崔国庆　杜思义　主编

中国建筑工业出版社

图书在版编目（CIP）数据

建筑材料质量检测 / 崔国庆，杜思义主编．—2版．—北京：中国建筑工业出版社，2021.2

ISBN 978-7-112-25912-0

Ⅰ.①建… Ⅱ.①崔… ②杜… Ⅲ.①建筑材料—质量检验 Ⅳ.①TU502

中国版本图书馆CIP数据核字（2021）第032685号

责任编辑：李玲洁　王　磊

责任校对：张惠雯

建筑材料质量检测（第二版）

崔国庆　杜思义　主编

*

中国建筑工业出版社出版、发行（北京海淀三里河路9号）

各地新华书店、建筑书店经销

北京建筑工业印刷厂制版

天津安泰印刷有限公司印刷

*

开本：787毫米×1092毫米　1/16　印张：25¾　字数：638千字

2021年3月第二版　2021年3月第二次印刷

定价：**98.00**元

ISBN 978-7-112-25912-0

（37111）

本书编委会

主　　编：崔国庆　杜思义

副 主 编：张茂亮　白召军　唐伟东　程晓梅

编　　委：胡　琦　张　锦　张卫霞　董京雷

马德骥　任　莉　许　刚　葛鹏程

张新满　余学贵　陈水玲　李行道

潘伟杰　胡玉峰　梁　娟

第二版　前言

建筑工程在质量方面主要取决于建筑材料的质量。建筑材料是构成建筑工程实体的最基本单元，其质量是否符合设计及材料产品标准的要求，将直接影响到建筑工程的质量和结构安全。随着建筑材料技术的飞速发展，在淘汰一些技术落后、影响环境条件的建筑材料并调整其产品结构的同时，材料的新品种、新功能、新指标和新标准不断更新，尤其是近年来，材料的产品标准和试验检测方法标准的颁布及实施，对建筑工程设计、监理、施工、检测提出了新的更高要求，必须以新规范和新标准进行建筑工程的设计、监理、施工、检测试验。

《建筑材料质量检测》出版以来，为培训建设工程质量检测专业试验检测技术人员发挥了积极的作用，使一大批从事试验检测的技术人员在对标准的理解、试验方法的操作、结论的评定以及试验检测报告的判定等方面得到了进一步的提高，为建设工程质量的控制和顺利实施提供了有力的保证。本次修订原则是对原有内容的补充和完善。修订的重点，一是对新颁布和实施的相关产品标准、试验检测方法标准的衔接；二是对缺陷之处进行修正。本书是在第一版的基础上，不改变结构编写而成。

结合近年来建筑材料标准修订具体情况，《建筑材料质量检测》（第二版）主要对以下内容进行了修订：产品标准，《蒸压灰砂实心砖和实心砌块》GB/T 11945—2019、《预拌砂浆》GB/T 25181—2019、《烧结瓦》GB/T 21149—2019、《蒸压加气混凝土砌块》GB/T 11968—2020、《蒸压加气混凝土板》GB/T 15762—2020、《预应力混凝土用金属波纹管》JG/T 225—2020；方法标准，《建筑密封材料试验方法 第2部分：密度的测定》GB/T 13477.2—2018、《塑料 试样状态调节和试验的标准环境》GB/T 2918—2018、《土工试验方法标准》GB/T 50123—2019、《混凝土物理力学性能试验方法标准》GB/T 50081—2019、《预应力混凝土用钢材试验方法》GB/T 21839—2019、《蒸压加气混凝土性能试验方法》GB/T 11969—2020、《天然饰面石材试验方法 第1部分：干燥、水饱和、冻融循环后压缩强度试验方法》GB/T 9966.1—2020、《天然饰面石材试验方法 第3部分：体积密度、真密度、真气孔率、吸水率试验方法》GB/T 9966.3—2020、《天然饰面石材试验方法 第2部分：干燥、水饱和弯曲强度试验方法》GB/T 9966.2—2020 等。

本书共计12章，内容包括建筑材料检测技术的基本理论知识，建筑材料的分类以及建筑材料的物理性能和力学性能，见证取样送检制度。此外，涉及水泥、掺合料、骨料、外加剂、混凝土、钢筋、墙体与屋面材料、防水材料、建筑砂浆、装饰材料与构配件和土工与石材。本书由崔国庆、杜思义任主编，张茂亮、白召军、唐伟东、程晓梅任副主编。其中，第1章由崔国庆、杜思义、唐伟东编写；第2章、第12章由张茂亮、白召军编写；第3章由胡琦编写；第4章、第5章由任莉、许刚编写；第6章由葛鹏程、张新满、余学贵编写；第7章、第8章由陈水玲、李行道、潘伟杰编写；第9章由胡玉峰、张卫霞编写；第10

章由张锦编写；第 11 章由董京雷、程晓梅、梁娟、马德骥编写；本书由崔国庆审稿和定稿。

本书在编写过程中参考了现行有关标准、规范、教材和大量的文献资料，在此谨向有关编著者表示衷心的感谢。由于时间仓促以及编者的学识水平，以及相关规范标准处于变化和过渡期的原因，书中难免有缺陷或疏漏之处，恳请专家和同仁们提出宝贵意见，以便进一步完善和改进。

本书作为河南省建设工程质量检测行业的培训教材，得到了河南省建设工程质量监督检测行业协会的大力支持和鼎力相助，致以诚挚的谢意。

编者

2021 年 2 月

前　言

建筑材料在工程建设中有着举足轻重的地位，对其具体要求体现在经济性、可靠性、耐久性和低碳性等方面。建筑材料是建设工程的物质基础，土建工程中建筑材料的费用占土建工程总投资的60%左右，价格直接影响到建设的投资。建筑材料质量的提高，新型建筑材料的开发利用，直接影响到社会基础设施建设的质量、规模和效益，进而影响国民经济的发展和人类社会的文明进步。

建设工程的质量，在很大程度上取决于建筑材料的质量控制，比如钢筋混凝土结构的质量取决于混凝土的强度、耐久性和是否产生裂缝。在材料的选择、生产、储运、使用的检验检测试验过程中，任何一个环节的失误，都可能导致工程的质量事故。事实上，国内外土木工程建设中的质量事故，绝大部分都与建筑材料的质量缺损相关。

建筑材料质量检测是建筑工程类检验检测技术的重要基础内容之一。针对其组成、构造、技术性质、方法标准、工程应用、试验步骤以及检验检测结论、单项评定和综合评定的内容进行研究。

本书在编写过程中力求体现针对性强、实用性广、方法类全、评判性准的出发点，着重叙述了建筑工程中常用的各种主要建筑材料检测试验方法的操作步骤、评定方法以及检测试验记录、报告要求的具体内容。根据国家、省级建设行政主管部门有关检验检测机构资质标准的要求，结合工程实践的需求，在种类繁多的建筑材料中以当前大量使用的水泥、掺合料、骨料、外加剂、混凝土、钢筋、墙体与屋面材料、防水材料、建筑砂浆常规检测试验项目等为重点，并对装饰材料与构配件和土工与石材常规的检验检测项目也做了适当叙述。为了便于学习和掌握检测试验的操作步骤，重视和培养能力水平的提高，全书采用了现行国家标准、行业标准以及最新的规范、规程，在介绍各种材料检测试验方法的同时，突出检测试验人员能力水平的培养。

本书根据我国开展建筑材料检测试验工作的实际情况，以现行的建筑工程施工质量验收规范、技术规程和标准为主线，以规范要求的检验检测项目为重点，以检验检测试验方法为工作面，全面介绍了建筑材料的检测试验操作步骤以及对建筑材料检测试验结果的评价等内容，并结合作者多年的工作实践而编写。

本书具有以下几个特点：

1．本书涉及的国家、行业标准、规范和规程均为现行有效。

2．按照建设行政主管部门对检验检测机构资质标准的要求和工程建设验收规范的基本规定，结合建设工程中的有关检测试验方面的实践经验，在内容的编写上比较系统地介绍了建筑工程施工、设计、验收所涉及的建筑材料的性质、应用的基础知识，重点叙述了相关检测试验项目的操作步骤、数据处理、原始记录和检验检测报告的基本要求和规定，使读者在学习和实践中能够获得基本技能、提高操作技能水平。

3．本书基本上是按照建筑工程施工的顺序编写的，由绪论，水泥、掺合料、骨料、外加剂、混凝土、钢筋、墙体与屋面材料、防水材料、建筑砂浆、装饰材料与构配件和土工与石材的常规检测试验共12章组成。各部分内容之间相互独立又有一定的联系。

4．根据多年来的实践经验，本书在部分章节后增加了综述提示的内容，主要叙述该章节相应的检测试验在操作步骤、数据处理或试验过程中容易出现问题的地方，检验检测方法标准中特别提出需要关注的事项，以及检测试验人员实际操作中可能容易出现忽略的地方。

5．本书参考了住建部141号令修改稿的内容，对涉及与建筑材料检测相关的检测项目以及所涉及的检测参数及试验方法进行了调整，以满足当前检验检测工作的需要。

本书由崔国庆任主编，杜思义、白召军、冷元宝、张茂亮任副主编。本书内容由崔国庆统稿。其中，第1章由崔国庆、杜思义、冷元宝编写；第12章由白召军、张茂亮编写；第3章、第6章由刘志伟、王超、宋莉莉编写；第2章、第10章由张巍、张珂、崔子鸣编写；第4章、第5章由宋凡、冯海亮、白杨编写；第11章由赵书艳、李伟霞、曹科方编写；第7章、第8章由沙卫芳、赵好编写；第9章由刘昊仑、李远见编写。

本书作为河南省建设工程质量检测培训教材，得到了河南省建设工程质量监督检测行业协会的大力支持和帮助，并在编写过程中参考了大量的文献和资料，同时得到了同仁们的大力支持，在此向文献的作者和同仁们致以诚挚的谢意。由于时间仓促编写人员水平有限，书中难免有不足之处，恳请读者和专家给予指正。

编者

2019年9月

目　录

第1章 绪　　论

随着我国工业化和城市化的不断发展推进，对于建筑材料的需求日益剧增。再加上近年来，房地产行业的高速发展，更是进一步拉动了建筑材料的需求增长。正是在国内经济环境高速发展的刺激下，建筑材料行业顺势而起，并经过近些年的不断创新和发展，以及国家政策的扶持，建筑材料行业逐渐稳步向前迈进。建筑材料是建筑工程中三大基本要素之一，在建筑工程领域起着重要的作用，任何一项建筑工程，就是施工过程中各种建筑材料及制品进行合理组合而成的建筑渗透。建筑材料贯穿于建筑领域的各个方面，在建筑工程中具有重要意义。

1.1 概　　述

建筑材料与建筑结构和施工之间存在相互促进、相互依存的密切关系，一种新型建筑材料的出现，必将促进建筑形式的改变，同时结构设计和施工技术也将相应地改进和提高。同样，新的建筑形式和结构设计也呼唤着新的建筑材料，并促进建筑材料的发展。建筑工程的质量在很大程度上取决于材料的质量控制，例如钢筋混凝土结构的质量主要取决于混凝土的强度、密实性和是否产生裂缝，其控制效果如何又与材料的选择、生产、储存、使用和检验评定密切相关，任何环节的失误，都可能导致工程质量事故的发生。其实，土木工程建设中的质量事故，绝大部分都与材料的质量缺失相关。

建筑材料是建筑工业的耗能大户，许多建筑材料的生产能耗很大，并且排放大量污染物质。注重再生资源的利用和发展节能新型建筑材料以及开发、推广绿色建筑材料是当前我们必须面对的一个问题。如何节约资源、节约能源、保护环境已成为建设资源节约型社会和可持续发展的重大课题。

什么是建筑材料？建筑材料是指在建筑工程中所使用的各种材料及制品的总称。它有广义和狭义之分。广义建筑材料是指用于建筑工程中的所有材料。狭义建筑材料是指构成建筑物实体的材料。广义建筑材料主要包括三个方面：一是构成建筑物实体的材料，如水泥、钢材、混凝土、砂浆、砖、防水材料及装饰材料等；二是在施工过程中所需的辅助材料，如脚手架、模板、安全防护网等；三是各种建筑器材，如给水排水设备、网络通信设备及消防设备等。

什么是绿色建筑材料？绿色建筑材料是指采用清洁生产技术，不用或少用天然资源和能源，大量使用工农业或城市固态废弃物生产的无毒害、无污染、无放射性，达到使用周期后可回收利用，有利于环境保护和人体健康的建筑材料。绿色建材的定义围绕原料采用、产品制造、使用和废弃物处理四个环节，并实现对地球环境负荷最小和有利于人类健康两大目标，达到“健康、环保、安全及质量优良”四个目的。

什么是新型建筑材料？新型建筑材料是区别于传统的砖、瓦、灰砂石等建筑材料的新品种，包括新出现的原料和制品，也包括原有材料的新制品。新型建筑材料主要包括新型墙体材料、保温隔热材料、防水密封材料和装饰装修材料。

1.2 分 类

建筑材料是应用于土木工程建设中的无机材料、有机材料和复合材料的总称。建筑材料的品种、质量、规格直接影响建筑工程的质量、耐久性和适用性。一般来说，建筑工程对材料的基本要求如下：

必须具备足够的强度，能够安全地承受设计荷载；材料自身的质量以轻为宜，以减轻下部结构和地基的负荷；具有与使用环境相适应的耐久性，以减少维修费用；用于装饰工程的材料，应能美化房屋并产生一定的艺术效果；用于特殊部位的材料，应具有相应的特殊功能。如屋面材料能隔热、防水，楼板和内墙材料能隔声等。

建筑材料种类繁多，用途各不相同，可按各种方法分类。

1. 按化学成分分类

按照建筑材料的基本成分（主要是化学成分），可将建筑材料分为无机建筑材料、有机建筑材料和复合材料三类。

无机建筑材料包括金属材料和非金属材料。金属材料包括黑色金属和有色金属。黑色金属包括钢材、铁、不锈钢等。有色金属包括铝、铜及其合金。非金属材料包括：烧土制品，即砖、瓦、玻璃；胶凝材料，即石灰、石膏、水玻璃、水泥等；天然石材，即花岗石、大理石、砂子、石子等；混凝土及硅酸盐制品，即混凝土、砂浆、硅酸盐制品等。

有机建筑材料包括植物材料、沥青材料和高分子材料。植物材料，即木材、竹材等；沥青材料，即石油沥青、煤沥青及其制品；高分子材料，即塑料、涂料、胶粘剂等。

复合建筑材料包括无机非金属与有机非金属复合、无机非金属与金属材料复合和金属材料与有机材料复合。无机非金属与有机非金属复合，即聚合物混凝土、沥青混凝土等；无机非金属与金属材料复合，即钢纤维混凝土等；金属材料与有机材料复合，以及塑钢、轻质金属夹芯板等。

2. 按使用功能分类

建筑材料按使用功能分为三大类，即结构材料、围护材料和功能材料。

结构材料是指构成建筑物受力构件和结构所用的材料，如梁、板、柱、基础、框架等构件或结构使用的材料。常用的有砖、石、钢材、钢筋混凝土等。

围护材料是指用于建筑物围护的材料，如墙体、门窗、屋面等部位使用的材料。常用的有砖、砌块、混凝土和板材等。

功能材料是指担负建筑物使用过程中所必需的建筑功能的材料，如防水材料、绝热材料、吸声隔声材料、采光材料和室内外装饰装修材料等。

3. 按照制造方法分类

按照制造方法，建筑材料可分为天然材料和人工材料两类。

天然材料是指对自然界中的物质进行简单的物理加工，如对表面状态、大小、形状等的改变。典型的天然材料有石材、木材等。

人工材料是指对从自然界中获取的原料进行热处理、化学处理等方法加工而得到的。人工材料有钢材、水泥、玻璃等。

1.3 基本性质

1.3.1 物理性质

材料的基本性质是指材料处于不同的使用条件和使用环境时，必须考虑的最基本的、共有的性质。对于不同种类的材料，由于在建筑物中所起的作用不同，应考虑的基本性质也不尽相同。

1. 与质量有关的性质

材料与质量有关的性质主要有密度、表观密度、散粒材料的堆积密度、密实度与空隙率、填充率与空隙率等。

材料的密度、表观密度及空隙率是材料最基本的物理特性，可以反映出材料的致密程度。密度与表观密度除可用来计算材料的孔隙率外，还可用来估算材料的体积和质量。

2. 与水有关的性质

材料与水有关的性质主要有亲水性与憎水性、吸水率与吸湿率、耐水性、抗渗性、抗冻性等。

（1）亲水性与憎水性

亲水性是指材料在空气中与水接触时能被水润湿的性质。憎水性则是指材料在空气中与水接触时不能被水润湿的性质。大多数建筑材料属于亲水性材料，如砖、混凝土、木材、黏土、石等。常见的憎水材料有玻璃、塑料、沥青、石蜡等；憎水性材料如沥青材料及制品常被用作防水、防腐及防潮材料。

（2）吸水率与吸湿率

吸水性是指材料在完全浸水状态下，吸收水分的性质。吸水性的大小用吸水率表示，吸水率有质量吸水率和体积吸水率之分。材料在潮湿空气中吸收水分的这种性质称为吸湿性。吸湿性用含水率表示。

（3）耐水性

耐水性是指材料长期在饱和状态下不被破坏，其强度也不显著降低的性质。材料的耐水性用软化系数表示。软化系数是指材料在吸水饱和状态下的抗压强度与材料在绝对干燥状态下抗压强度的比值。

（4）抗渗性

材料在压力水作用下，抵抗水渗透的性能，称为抗渗性。材料的抗渗性以渗透系数和抗渗等级表示。渗透系数越小，材料的抗渗性能越好。反之亦成立。

材料的抗渗等级越高，抗渗性能越好。材料的抗渗性不仅取决于材料的组成，还与孔隙率、孔隙特征、裂缝的缺陷有关。抗渗性是衡量材料耐久性的一项重要指标，对于地下建筑物、水中构筑物及防水工程，必须要考虑材料的抗渗性。

（5）抗冻性

材料在吸水饱和状态下，经多次冻结和融化（冻融循环）而不破坏，同时也不严重降低强度的性质称为抗冻性。我国混凝土抗冻性能试验方法分为3种，即慢冻法、快冻法和单面冻融法（盐冻法）。

某些建筑材料的抗冻性用抗冻等级表示。例如，混凝土的抗冻等级（快冻法）以28d龄期的标准试件，在吸水饱和后，在规定的条件下进行冻融循环试验，以试件的相对动弹性模量下降到60%，质量损失率不超过5%时，所能承受的最大冻融循环次数来确定。如F50表示混凝土能承受冻融循环的最多次数不少于50次。

慢冻法抗冻性能指标以抗冻标号来表示，供设计或科研时使用。

3. 与热有关的性质

材料与热有关的性质主要有导热性、热容量与比热容、热膨胀性等。

（1）导热性

材料传热量的性质称为导热性。材料导热性的大小以导热系数表示。材料传导的热量与导热面积成正比，与时间成反比，与材料两侧的温差成正比，与材料的厚度成反比。

材料导热系数的物理意义是：厚度为1m的材料，当两侧的温差为1K时，在1s内通过1m^{2}面积的热量。导热系数愈小，材料的保温隔热性能愈好。材料导热系数的大小取决于材料的化学组成、结构和构造、孔隙率、孔隙的特征、含水率及传热时的温度等因素。

（2）热容量与比热容

材料具有加热时吸收热量，冷却时放出热量的性质，即材料温度升高1℃（或温度降低1℃）所放出的热量称为该材料的热容量。热容量大小用比热容（比热）表示。

比热容与质量的乘积为热容量。热容量或比热容表示材料内部存储热量的能力。比热容大的材料，本身吸收或储存较多的热量。材料的导热系数和比热容是设计建筑围护结构，进行热工计算时的重要参数。

（3）热阻

热阻是指材料层阻抗热流通过的能力，为导热系数的倒数。

（4）热膨胀性

材料处于温度变化时会导致其在长度或体积上发生变化，用热膨胀系数表示材料的热变形性能。材料的热膨胀系数是指在单位温度下，材料因温度变化发生胀量、缩量的比率，以长度或体积计算。

1.3.2 力学性质

材料的力学性质是指材料在外力（荷载）作用下，抵抗破坏和变形的能力。材料力学性能主要有强度、变形性能（包括弹性与塑性、脆性与韧性）、硬度和耐久性。

1. 强度

材料在外力荷载作用下抵抗破坏的能力称为强度。材料强度的大小通常以材料单位面积上所承受的力来表示。材料的强度主要取决于材料的组成、组织与结构以及孔隙率的大小、试验条件等因素有关。一般来说，材料的孔隙率越大，强度越低。

材料在使用过程中所受的外力主要有拉力、压力、剪力及弯曲等，根据外力作用方式的不同，材料的强度分别称为抗压强度、抗拉强度、抗剪强度和抗弯强度（或抗折强度）。此外，所检构件的尺寸、含水状态、施力的形式和方向、施力的速度、环境条件的不同，所得的强度值也会有偏差。

2. 弹性和塑性

变形性质指材料在外力作用下所产生的形状或体积的变化。

弹性是指材料在外力作用下产生变形，当外力取消后变形即可消失并能完全恢复原来形状的性质。塑性是指材料在外力作用下产生的变形，外力去除后，材料仍保持变形后的形状和尺寸的性质。

材料的变形性能取决于材料的成分和组织结构。有的材料在受力后先后发生弹性变形和塑性变形，如建筑钢材，当所受外力值小于弹性极限时，仅产生弹性变形；当所受外力值大于弹性极限后，除了产生弹性变形，还产生弹性变形。有的材料受力后弹塑性变形一起发生，如混凝土。

实际上，完全理想的弹性体或塑性体是不存在的。绝大多数在受力不大时，表现为弹性变形，当外力达到一定数值时，则呈现出塑性变形，故称之为弹塑性材料。

3. 脆性与韧性

脆性是指材料在外力作用下直到破坏前没有明显塑性变形而突然破坏的性质。大部分无机非金属属于脆性材料，如黏土砖、石材、混凝土、陶瓷、玻璃等。韧性是指材料在冲击振动荷载作用下，能吸收较大的能量，同时能产生一定的变形，而且能够受冲击和振动荷载。工程中常用的韧性材料如钢材、木材、沥青混凝土、塑料等。

4. 硬度

材料的硬度是材料表面的坚硬程度，是抵抗其他较硬物体刻划或压入其表面的能力。材料的硬度反映材料加工的难易程度。通常用刻划法、压入法和回弹法来测量材料的硬度。

刻划法用于天然矿物硬度的划分。压入法是将硬物压入材料表面，用压力值除以压痕面积即为所测硬度值。压入法测得的是布氏硬度值。

5. 耐久性

材料在长期使用过程中，能抵抗周围环境各种介质的侵蚀而不破坏，并能保持其原有性质的能力称为耐久性。耐久性是材料的一种综合性质，主要包括抗冻性、抗渗性、抗风化性、抗化学侵蚀性及抗老化等。影响耐久性往往是由于外部因素和内部因素共同作用的结果。

外部因素主要包括物理作用（包括干湿变化、温度变化 、反复冻融变化等）、化学作用（包括酸、碱、盐等物质的水溶液及气体对材料具有化学腐蚀，使材料变质而破坏）、机械作用（包括冲击、振动、疲劳荷载等引起的磨损与损耗等）、生物作用（包括昆虫、菌类等对材料的蛀蚀、腐朽等破坏）。

内部因素是造成材料耐久性下降的根本原因。内部因素包括材料的组成、结构与性质。一般情况下，结构致密、强度高的材料具有较高的耐久性。

1.4 基础知识

1.4.1 统一术语

《建筑工程施工质量验收统一标准》GB 50300—2013，经住房和城乡建设部 2013 年

11月1日批准、发布，并于2014年6月1日实施。标准的术语是从标准的角度赋予其含义的，主要是说明术语所指的工程内容的含义。部分术语如下：

（1）建筑工程：通过对各类房屋建筑及其附属设施的建造和与其配套线路、管道、设备等的安装所形成的工程实体。

（2）检验：对被检验项目的特征、性能进行量测、检查、试验等，并将结果与标准规定的要求进行比较，以确定项目每项性能是否合格的活动。

（3）进场检验：对进入施工现场的建筑材料、构配件、设备及器具，按相关标准的要求进行检验，并对其质量、规格、型号等是否符合要求作出确认的活动。

（4）见证检验：施工单位在工程监理单位或建设单位的见证下，按照有关规定从施工现场随机抽取试样，送至具备相应资质的检测机构进行检验的活动。

（5）复验：建筑材料、设备等进入施工现场后，在外观质量检查和质量证明文件核查符合要求的基础上，按照有关规定从施工现场抽取试样送至试验室进行检验的活动。

（6）检验批：按相同的生产条件或按规定的方式汇总起来供抽样检验用的，由一定数量样本组成的检验体。

（7）抽样方案：根据检验项目的特性所确定的抽样数量和方法。

（8）计数检验：通过确定抽样样本中不合格的个体数量，对样本总体质量作出判定的检验方法。

（9）计量检验：以抽样样本的检测数据计算总体均值、特征值或推定值，并以此判断或评估总体质量的检验方法。

（10）错判概率：合格批被判为不合格批的概率，即合格被拒收的概率，用α表示。

（11）漏判概率：不合格批被判为合格批的概率，即不合格被误收的概率，用β表示。

1.4.2 检测分类

目前，在检测领域、检测分类和检测项目的划分中存在很多问题，比如检验检测机构花费很大精力进行检测项目申报，但往往逻辑性差，分类不科学、不合理；检验检测机构对检测项目申报方式的不同，不能反映和比较检验检测机构的能力；评审专家花费大量的精力去指导申报检验检测机构正确填报检测项目，但因理解不同造成的差异很大；行业管理部门对检测分类的不统一，影响对行业的规范管理。

为了统一房屋建筑与市政基础设施工程检测的分类方法，使检测的分类更加合理化、规范化，提高检测的质量与水平，使检测结果科学、合理、适用、可比，《房屋建筑与市政基础设施工程检测分类标准》JGJ/T 181，依据房屋建筑和市政基础设施工程在建设阶段及使用阶段的技术要求、检测能力确定检测领域、类别、项目及参数。本节仅叙述与建筑材料检测分类相关的依据标准和参数。

1. 混凝土结构材料

（1）水泥

检测参数的主要依据的相关标准有《通用硅酸盐水泥》GB 175、《水泥密度测定方法》GB/T 208、《水泥细度检验方法 筛析法》GB/T 1345、《水泥比表面积测定方法 勃氏法》GB/T 8074、《水泥标准稠度用水量、凝结时间、安定性检验方法》GB/T 1346、《水泥胶砂强度检验方法（ISO法）》GB/T 17671、《水泥胶砂流动度测定方法》GB/T 2419和《水泥化学分析方法》GB/T 176 等。

检测参数主要有密度、细度、比表面积、水泥标准稠度用水量、凝结时间、安定性、胶砂强度、胶砂流动度、烧失量、不溶物、硫化物、游离氧化钙和氯离子含量 13 个。

（2）砂

检测参数主要依据《建设用砂》GB/T 14684、《普通混凝土用砂、石质量及检验方法标准》JGJ 52 等。

常用的检测参数主要有筛分析 / 颗粒级配、表观密度（标准法、简易法）、吸水率、堆积密度、紧密密度、含水率（标准法、快速法）、含泥量（标准法、虹吸管法）、泥块含量、石粉含量、人工砂压碎指标、有机物含量、坚固性和碱活性（快速法、砂浆长度法）13 个。

（3）卵石、碎石

检测参数主要依据《建设用卵石、碎石》GB/T 14685、《普通混凝土用砂、石质量及检验方法标准》JGJ 52 等。

常用的检测参数主要有筛分析 / 颗粒级配、表观密度（标准法、简易法）、含水率、吸水率、堆积密度、紧密密度、含泥量、泥块含量、针片状颗粒的总含量、有机物含量、坚固性、岩石抗压强度、压碎指标和碱活性（岩相法、快速法、砂浆长度法、岩石柱法）14 个。

（4）混凝土用水

混凝土用水包括混凝土拌合用水、养护用水等，检测参数的主要依据《混凝土用水标准》JGJ 63。

常用的检测参数主要有 pH、不溶物、可溶物、氯离子含量、硫酸盐和碱含量 6 个。

（5）外加剂

外加剂包括混凝土减水剂、高强高性能混凝土用矿物外加剂、混凝土泵送剂、混凝土防水剂、混凝土防冻剂、混凝土膨胀剂、喷射混凝土用速凝剂等，检测参数的主要依据有《混凝土外加剂》GB 8076、《混凝土外加剂匀质性试验方法》GB/T 8077、《高强高性能混凝土用矿物外加剂》GB/T 18736、《混凝土膨胀剂》GB/T 23439，《砂浆、混凝土防水剂》JC/T 474、《混凝土防冻剂》JC/T 475 和《喷射混凝土用速凝剂》JC/T 477 等。

常用的检测参数主要有细度、密度、含固量、含水率、水泥净浆流动度、pH、水泥砂浆工作性 / 砂浆减水率、比表面积、减水率、凝结时间 / 凝结时间差、含气量、常压泌水率比、压力泌水率比、抗压强度 / 抗压强度比、限制膨胀率、冻融强度损失率比、氯离子含量、活性指数 18 个。

（6）掺合料

掺合料包括粉煤灰、矿粉、硅灰等，检测参数的主要依据有《用于水泥和混凝土中的粉煤灰》GB/T 1596、《用于水泥、砂浆和混凝土中的粒化高炉矿渣粉》GB/T 18046，《水泥化学分析方法》GB/T 176，《混凝土和砂浆用天然沸石粉》JG/T 566（原为 JG/T 3048）、《硅酸盐建筑制品用粉煤灰》JC/T 409、《硅灰石》JC/T 535 等。

常用的检测参数主要有细度、比表面积、需水量、含水量、流动度比、抗压强度比、安定性、均匀性、活性指数、氧化物、硫化物、游离氧化钙和氯离子含量 13 个。

（7）钢筋

钢筋包括热轧带肋钢筋、预应力钢筋、冷轧带肋钢筋和盘条等，检测参数的主要依据有《钢筋混凝土用钢 第1部分：热轧光圆钢筋》GB/T 1499.1、《钢筋混凝土用钢 第2部分：热轧带肋钢筋》GB/T 1499.2、《冷轧带肋钢筋》GB/T 13788、《低碳钢热轧圆盘条》GB/T 701、《预应力混凝土用钢棒》GB/T 5223.3等。

常用的检测参数主要有外观、重量偏差、屈服强度、抗拉强度、伸长率、冷弯、反向弯曲、断面收缩率、冲击吸收功9个。

（8）钢筋焊接

钢筋焊接检测参数的主要依据有《钢筋焊接接头试验方法标准》JGJ/T 27,《焊接接头拉伸试验方法》GB/T 2651、《焊缝及熔敷金属拉伸试验方法》GB/T 2652、《焊接接头冲击试验方法》GB/T 2650、《焊接接头弯曲试验方法》GB/T 2653、《焊接接头硬度试验方法》GB/T 2654和《钢筋混凝土用钢 第3部分：钢筋焊接网》GB/T 1499.3等。

常用的检测参数主要有抗拉强度、剪切强度、弯曲、冲击吸收功、硬度和钢筋焊接网的抗剪力6个。

（9）钢筋机械连接

钢筋机械连接接头包括套筒挤压接头、锥螺纹连接接头、滚轧直螺纹接头、镦粗直螺纹接头等，检测参数的主要依据有《钢筋机械连接技术规程》JGJ 107、《钢筋机械连接用套筒》JG/T 163等。

常用的检测参数主要有抗拉强度、屈服强度、单向拉伸、接头拧紧力矩、高应力反复抗压、总伸长率和残余变形7个。

（10）普通混凝土

检测参数的主要依据有《普通混凝土拌合物性能试验方法标准》GB/T 50080、《混凝土物理力学性能试验方法标准》GB/T 50081、《普通混凝土长期性能和耐久性能试验方法标准》GB/T 50082等。

常用的检测参数主要有坍落度与坍落扩展度、拌合物稠度、拌合物凝结时间、拌合物泌水、拌合物压力泌水、拌合物表观密度、拌合物含气量、抗压强度、抗折强度、抗渗性能、收缩率、抗冻性能、弯拉强度、静力受压弹性模量、动弹性模量（相对耐久性指标）、钢筋锈蚀和氯离子含量17个。

（11）钢绞线、钢丝

检测参数的主要依据有《预应力混凝土用钢丝》GB/T 5223、《预应力混凝土用钢绞线》GB/T 5224等。

常用的检测参数主要有0.2%屈服力、整根钢绞线最大力、断后伸长率、最大力总伸长率、弯曲试验和镀层质量6个。

（12）预应力筋用锚具、夹具和连接器

检测参数的主要依据有《预应力筋用锚具、夹具和连接器应用技术规程》JGJ 85,《预应力筋用锚具、夹具和连接器》GB/T 14370等。

常用的检测参数主要有硬度、锚具效率系数、夹具效率系数、总应变、相对位移和实测极限拉力6个。

（13）预应力混凝土用波纹管

预应力混凝土用波纹管分为金属螺旋管和塑料波纹管，检测参数的主要依据有《预应力混凝土用金属波纹管》JG/T 225、《预应力混凝土桥梁用塑料波纹管》JT/T 529。

常用的检测参数主要有尺寸、外观、抗外荷载性能（抗局部横向荷载性能和均布荷载性能）、荷载作用后抗渗漏、环刚度、柔韧性和耐冲击性 7 个。

（14）灌浆材料

水泥基灌浆材料检测参数的主要依据有《水泥基灌浆材料应用技术规范》GB/T 50448，《水泥基灌浆材料》JC/T 986 和《混凝土裂缝用环氧树脂灌浆材料》JC/T 1041。

常用的检测参数主要有粒径、凝结时间、泌水率、流动度、抗压强度、竖向膨胀率 7 个。

（15）混凝土结构加固用纤维和复合材

检测参数的主要依据有《混凝土结构加固设计规范》GB 50367，《桥梁用碳纤维布（板）》JT/T 532。

常用的检测参数前者主要有抗拉强度、弹性模量和伸长率 3 个；后者主要有单位面积质量、尺寸、纤维体积含量、抗拉强度、弹性模量和伸长率 6 个。

2. 墙体材料

（1）砖

砖包括烧结普通砖、烧结多孔砖、烧结空心砖和空心砌块、蒸压灰砂砖、蒸压灰砂空心砖等，检测参数的主要依据有《烧结普通砖》GB/T 5101、《蒸压灰砂实心砖和实心砌块》GB/T 11945、《烧结多孔砖和多孔砌块》GB/T 13544、《混凝土实心砖》GB/T 21144 和《砌墙砖试验方法》GB/T 2542，《蒸压粉煤灰砖》JC/T 239 等。

常用的检测参数主要有尺寸、外观、体积密度、吸水率、饱和系数、含水率、孔洞率、孔洞结构、抗折强度、抗压强度、石灰爆裂、泛霜、透水系数、冻融 / 抗冻性、干燥收缩、软化系数和抗风化性能 17 个。

（2）砌块

砌块包括混凝土小型砌块、蒸压加气混凝土砌块和轻集料混凝土砌块。检测参数的主要依据有《普通混凝土小型砌块》GB/T 8239、《混凝土砌块和砖试验方法》GB/T 4111、《轻集料混凝土小型空心砌块》GB/T 15229、《蒸压加气混凝土性能试验方法》GB/T 11969 和《蒸压加气混凝土砌块》GB/T 11968 等。

常用的检测参数主要有尺寸、外观、块体密度 / 干体积密度、吸水率、相对含水率、含水率、抗折强度、抗压强度、干燥收缩、软化系数、抗冻性、抗渗性和抗风化性能 13 个。

（3）墙板

墙板检测依据:《玻璃纤维增强水泥（GRC）外墙内保温板》JC/T 893、《混凝土轻质条板》JG/T 350，《玻璃纤维增强水泥轻质多孔隔墙条板》GB/T 19631、《建筑材料不燃性试验方法》GB/T 5464、《纤维水泥制品试验方法》GB/T 7019 等。

常用的检测参数主要有尺寸、外观、面密度、含水率、抗冲击、抗压强度、吊挂力、粘结强度、剥离性能、抗折强度保留率（耐久性）、抗冻性、垂直平面抗拉强度和防火性能 13 个。

3. 预制混凝土构配件

预制混凝土构配件包括混凝土块材、预制混凝土梁板、预制混凝土桩和盾构管片

4项。

（1）混凝土块材

混凝土块材包括混凝土路面砖、路缘石、防撞墩、隔离墩挂板、地袱等。检测依据主要有《混凝土路面砖》GB/T 28635,《混凝土路缘石》JC/T 899、《砂基透水砖》JG/T 376等。

检测主要参数有外观、尺寸、抗压强度和抗折强度等。

（2）预制混凝土梁板

预制混凝土梁板主要包括钢筋混凝土和预应力混凝土梁、板类构件。检测依据主要有《混凝土结构工程施工质量验收规范》GB 50204、《混凝土结构试验方法标准》GB/T 50152和《预应力混凝土空心板》GB/T 14040等。

检测主要参数有外观、尺寸、混凝土强度、钢筋保护层厚度、承载力试验、挠度、抗裂/裂缝宽度和预应力张拉应力等。

（3）预应力和预制混凝土桩

预应力和预制混凝土桩主要包括先张法预应力混凝土管桩和先张法预应力混凝土薄壁管桩、预应力混凝土实心方桩、预应力混凝土空心方桩等。检测依据主要有《先张法预应力混凝土管桩》GB/T 13476,《先张法预应力混凝土薄壁管桩》JC/T 888和《预制钢筋混凝土方桩》JC/T 934等。

检测主要参数有外观、尺寸、混凝土抗压强度和抗弯性能等。

（4）盾构管片

盾构管片为地下工程盾构施工用预制混凝土构件，检测依据主要有《混凝土结构工程施工质量验收规范》GB 50204、《地下铁道工程施工质量验收标准》GB/T 50299和《盾构法隧道施工及验收规范》GB 50446等。

检测主要参数有外观、尺寸、混凝土抗压强度、抗渗性能、抗弯性能和抗拔性能等。

4. 砂浆材料

（1）砂浆防水剂

检测参数的主要依据有《砌筑砂浆增塑剂》JG/T 164、《砂浆、混凝土防水剂》JC/T 474。

常用的检测参数主要有固体含量、含水量、密度、细度、含气量、凝结时间差、氯离子含量、透水压力比、48h吸水量、净浆安定性、抗压强度比和抗冻性12个。

（2）普通砂浆

普通砂浆包括砌筑砂浆、抹灰砂浆、地面砂浆和防水砂浆。检测参数的主要依据有《建筑砂浆基本性能试验方法标准》JGJ/T 70。

常用的检测参数主要有强度、稠度、分层度、凝结时间、保水性、14d拉伸粘结强度和抗渗等级7个。

（3）特种砂浆

特种砂浆包括瓷砖粘结砂浆、耐磨地坪砂浆、界面处理砂浆、特种防水砂浆、自流平砂浆、灌浆砂浆、外保温粘结砂浆、外保温抹面砂浆和无机集料保温砂浆等。检测参数的主要依据有《预拌砂浆》GB/T 25181、《钢丝网水泥用砂浆力学性能试验方法》GB/T 7897、《建筑保温砂浆》GB/T 20473,《陶瓷砖胶粘剂》JC/T 547、《水泥砂浆抗裂性能试验方法》JC/T 951、《聚合物水泥防水砂浆》JC/T 984、《地面用水泥基自流平砂浆》JC/T 985、《陶瓷砖填缝剂》JC/T 1004、《墙体保温用膨胀聚苯乙烯板胶粘剂》

JC/T 992、《外墙外保温用膨胀聚苯乙烯板抹面胶浆》JC/T 993 和《混凝土界面处理剂》JC/T 907 等。

常用的检测参数主要有流动度、拉伸粘结强度、剪切粘结强度、堆积密度、干密度、湿表观密度、干表观密度、含气量、抗冻性、尺寸变化率、竖向膨胀率、软化系数和难燃性 13 个。

5. 装饰装修材料

（1）建筑涂料

建筑涂料包括钢结构防火涂料、水溶性内墙涂料、合成树脂乳液砂壁状建筑涂料、外墙无机建筑涂料、建筑外墙用腻子、建筑室内用腻子、合成树脂乳液外墙涂料、合成树脂乳液内墙涂料、溶剂型外墙涂料、复层建筑涂料、水溶性内墙涂料等。检测参数的主要依据有《漆膜附着力测定法》GB/T 1720、《漆膜耐水性测定法》GB/T 1733、《色漆和清漆 铅笔法测定漆膜硬度》GB/T 6739、《色漆和清漆 漆膜的划格试验》GB/T 9286、《建筑涂料 涂层耐洗刷性的测定》GB/T 9266、《合成树脂乳液外墙涂料》GB/T 9755、《合成树脂乳液内墙涂料》GB/T 9756、《复层建筑涂料》GB/T 9779、《钢结构防火涂料》GB 14907,《建筑涂料 涂层试板的制备》JG/T 23、《合成树脂乳液砂壁状建筑涂料》JG/T 24、《建筑外墙用腻子》JG/T 157、《建筑室内用腻子》JG/T 298 等。

常用的检测参数主要有容器中状态、涂膜外观、干燥时间、施工性 / 刷涂性、固体含量 / 不挥发物含量、附着力（划圈法、划格法）、粘结强度（标准状态、浸水后、冻融循环后）、抗压强度、干密度、拉伸强度、断裂伸长率、透水性、吸水量、黏度（旋转法、流出时间）、耐人工老化性、耐热性和防火性能 / 耐火性能 17 个。

（2）陶瓷砖

陶瓷砖是由黏土、长石和石英为主要原料制造的用于覆盖墙面和地面的板状或块状建筑陶瓷制品。陶瓷砖按成型方式不同，分为挤压陶瓷砖和干压陶瓷砖。根据吸水率高低将陶瓷砖分为低吸水率砖（Ⅰ类）、中吸水率砖（Ⅱ类）和高吸水率砖（Ⅲ类）。检测参数的主要依据有《陶瓷砖试验方法 第3部分:吸水率、显气孔率、表观相对密度和容重的测定》GB/T 3810.3、《陶瓷砖试验方法 第 4 部分：断裂模数和破坏强度的测定》GB/T 3810.4、《陶瓷砖试验方法 第 9 部分：抗热震性的测定》GB/T 3810.9 等。

常用的检测参数主要有尺寸、外观、吸水率、断裂模数和破坏强度和抗热震性 5 个。

（3）天然饰面石材

天然饰面石材包括干挂饰面石材、异形装饰石材、天然花岗石建筑板材和天然大理石建筑板材等。检测参数的主要依据有《天然饰面石材试验方法 第 1 部分：干燥、水饱和、冻融循环后压缩强度试验方法》GB/T 9966.1、《天然饰面石材试验方法 第 2 部分：干燥、水饱和弯曲强度试验方法》GB/T 9966.2、《天然饰面石材试验方法 第 3 部分：体积密度、真密度、真气孔率、吸水率试验方法》GB/T 9966.3、《天然花岗石建筑板材》GB/T 18601 和《天然大理石建筑板材》GB/T 19766，以及《干挂饰面石材及其金属挂件 第 1 部分：干挂饰面石材》JC/T 830.1、《干挂饰面石材及其金属挂件 第 2 部分：金属挂件》JC/T 830.2。

常用的检测参数主要有尺寸、外观、体积密度、吸水率、压缩强度（干燥、水饱和、冻融循环）、弯曲强度（干燥、水饱和）和抗冻性 7 个。

6. 门窗幕墙

（1）铝型材

铝型材包括基材、阳极氧化、电泳涂漆、喷粉、喷漆和隔热型材。检测参数的主要依据有《铝合金建筑型材 第1部分：基材》GB/T 5237.1、《铝合金建筑型材 第2部分：阳极氧化型材》GB/T 5237.2、《铝合金建筑型材 第3部分：电泳涂漆型材》GB/T 5237.3、《铝合金建筑型材 第4部分：喷粉型材》GB/T 5237.4、《铝合金建筑型材 第5部分：喷漆型材》GB/T 5237.5、《铝合金建筑型材 第6部分：隔热型材》GB/T5237.6等。

常用的检测参数主要有尺寸、伸长率、抗拉强度、膜厚/涂层厚度、漆膜附着力/附着力、纵向剪切试验和横向拉伸试验7个。

（2）密封条

检测参数的主要依据有《塑料门窗用密封条》GB/T 12002，《建筑门窗密封毛条》JC/T 635。

常用的检测参数主要有尺寸、邵尔A硬度、100%定伸强度、拉伸断裂强度、拉伸断裂伸长率、热空气老化性能、压缩永久变形（压缩率为30%）和脆性温度9个。

7. 防水材料

（1）防水卷材

防水卷材包括高分子防水片材、聚合物改性沥青防水卷材、沥青防水卷材、聚氯乙烯防水卷材、弹性体改性沥青防水卷材、高分子防水材料、改性沥青聚乙烯胎防水卷材、氯化聚乙烯等。检测参数的主要依据有《建筑防水卷材试验方法 第8部分：沥青防水卷材 拉伸性能》GB/T 328.8、《建筑防水卷材试验方法 第9部分：高分子防水卷材 拉伸性能》GB/T 328.9、《建筑防水卷材试验方法 第10部分：沥青和高分子防水卷材 不透水性》GB/T 328.10、《建筑防水卷材试验方法 第11部分：沥青防水卷材 耐热性》GB/T 328.11、《建筑防水卷材试验方法 第14部分：沥青防水卷材 低温柔性》GB/T 328.14、《建筑防水卷材试验方法 第15部分：高分子防水卷材 低温弯折性》GB/T 328.15、《建筑防水卷材试验方法 第26部分：沥青防水卷材可溶物含量（浸涂材料含量）》GB/T 328.26、《硫化橡胶或热塑性橡胶 拉伸应力应变性能的测定》GB/T 528、《硫化橡胶或热塑性橡胶撕裂强度的测定（裤形、直角形和新月形试样）》GB/T 529、《氯化聚乙烯防水卷材》GB 12953、《弹性体改性沥青防水卷材》GB 18242、《改性沥青聚乙烯胎防水卷材》GB 18967、《自粘聚合物改性沥青防水卷材》GB 23441等。

常用的检测参数主要有外观、尺寸、可溶物含量、不透水性、拉伸强度/拉力、延伸率/断裂伸长率、柔度/低温弯折性、剥离性能、撕裂强度和耐热度/耐热性10个。

（2）防水涂料

防水涂料包括聚氨酯防水涂料、聚合物乳液建筑防水涂料、溶剂型橡胶沥青防水涂料、聚合物水泥防水涂料、聚氯乙烯弹性防水涂料和水乳型沥青防水涂料。检测参数的主要依据有《建筑防水涂料试验方法》GB/T 16777、《聚氨酯防水涂料》GB/T 19250、《聚合物水泥防水涂料》GB/T 23445，《水乳型沥青防水涂料》JC/T 408、《聚合物乳液建筑防水涂料》JC/T 864等。

常用的检测参数主要有外观、干燥时间、表干时间、实干时间、固体含量、密度、拉伸强度、延伸性、断裂伸长率、柔度、低温弯折性、不透水性、撕裂强度和耐热性10个。

8. 嵌缝密封材料

（1）定形嵌缝密封材料

嵌缝密封材料包括定形嵌缝密封材料（密封条和压条等）和非定形嵌缝密封材料（密封膏或嵌缝膏等）等。嵌缝密封材料品种有聚氨酯建筑密封胶、聚硫建筑密封胶、建筑窗用弹性密封胶、建筑用硅酮建筑密封胶、石材用建筑密封胶等。检测参数的主要依据有《建筑密封材料试验方法 第2部分：密度的测定》GB/T 13477.2、《建筑密封材料试验方法 第5部分：表干时间的测定》GB/T 13477.5、《建筑密封材料试验方法 第8部分：拉伸粘结性的测定》GB/T 13477.8、《建筑密封材料试验方法 第10部分：定伸粘结性的测定》GB/T 13477.10、《建筑密封材料试验方法 第17部分：弹性恢复率的测定》GB/T 13477.17、《建筑用硅酮结构密封胶》GB 16776、《高分子防水材料 第2部分：止水带》GB/T 18173.2、《高分子防水材料 第3部分：遇水膨胀橡胶》GB/T 18173.3,《聚氨酯建筑密封胶》JC/T 482、《聚硫建筑密封胶》JC/T 483、《建筑窗用弹性密封胶》JC/T 485、《膨润土橡胶遇水膨胀止水条》JG/T 141等。

常用的检测参数主要有：尺寸、外观、拉伸强度、断裂伸长率、压缩永久变形、压缩强度、剥离粘结性、恢复率、撕裂强度、脆性温度和热老化11个。

（2）非定形嵌缝密封材料

常用的检测参数主要有：外观、密度、挤出性、适用期、施工度、表干时间、挥发性、固体含量、下垂度、低温柔性、拉伸粘结性、拉伸强度、断裂伸长率、相容性、剥离粘结性和热老化16个。

9. 管网材料

（1）塑料管材管件

塑料管材管件包括聚氯乙烯、聚乙烯、聚丙烯等塑料管材管和件。检测参数的主要依据有《建筑排水用硬聚氯乙烯（PVC-U）管材》GB/T 5836.1、《建筑排水用硬聚氯乙烯（PVC-U）管件》GB/T 5836.2、《给水用硬聚氯乙烯（PVC-U）管材》GB/T 10002.1、《冷热水系统用热塑性塑料管材和管件》GB/T 18991、《冷热水用氯化聚氯乙烯（PVC-C）管道系统 第1部分：总则》GB/T 18993.1、《冷热水用氯化聚氯乙烯（PVC-C）管道系统 第2部分：管材》GB/T 18993.2、《冷热水用氯化聚氯乙烯（PVC-C）管道系统 第3部分：管件》GB/T 18993.3、《流体输送用热塑性塑料管道系统 耐内压性能的测定》GB/T 6111、《热塑性塑料管材 环刚度的测定》GB/T 9647等。

常用的检测参数主要有：外观、尺寸、维卡软化温度、拉伸强度、断裂伸长率、纵向回缩率、环刚度、环柔度、静液压强度、耐液压性能、静液压试验、系统静液压试验、静内压强度、液压试验、坠落试验、冲击强度、落锤冲击试验、扁平试验、压扁试验和烘箱试验12个。

（2）复合管材

复合管材包括铝塑复合管材和钢塑复合管材等。检测参数的主要依据有《铝及铝合金管材外形尺寸及允许偏差》GB/T 4436、《塑料管道系统 塑料部件尺寸的测定》GB/T 8806、《铝塑复合压力管 铝管搭接焊式铝塑管》GB/T 18997.1、《铝塑复合压力管 铝管对接焊式铝塑管》GB/T 18997.2等。

常用的检测参数主要有：外观、尺寸、拉伸强度、轴向拉伸强度、断裂伸长率、管刚度、管柔度、静液压试验、坠落试验、冲击强度、落锤冲击试验、扁平试验、压扁试验和烘箱试验10个。

（3）混凝土管

检测参数的主要依据有《混凝土和钢筋混凝土排水管》GB/T 11836。

常用的检测参数主要有：外观、尺寸、内水压力、外压试验和保护层厚度5个。

（4）检查井盖和雨水箅

检查井盖和雨水箅包括铸铁检查井盖（雨水箅）、钢纤维混凝土检查井盖、聚合物基复合材料检查井盖（雨水箅）、再生树脂复合材料检查井盖（雨水箅）等。检测参数的主要依据有《铸铁检查井盖》CJ/T 511、《再生树脂复合材料检查井盖》CJ/T 121、《聚合物基复合材料检查井盖》CJ/T 211和《钢纤维混凝土检查井盖》JC 889、《钢纤维混凝土检查井盖》GB/T 26537等。

常用的检测参数主要有：外观、尺寸、吸水率、抗压强度、抗折强度、抗冲击韧性、弯曲强度、冲击强度、压缩强度、拉伸强度、弹性模量和残余变形12个。

（5）阀门

阀门包括各种金属或塑料材料制成的安全阀、减压阀、止回阀等。检测参数的主要依据有《金属阀门 结构长度》GB/T 12221、《钢制阀门一般要求》GB/T 12224、《工业阀门 压力试验》GB/T 13927等。

常用的检测参数主要有：外观、尺寸、标志、开启高度、壳体强度、密封性能、漏气量和上密封试验8个。

10. 电气材料

（1）电线电缆

检测参数的主要依据有现行国家标准《额定电压450/750V及以下聚氯乙烯绝缘电缆 第1部分：一般要求》GB/T 5023.1等。

常用的检测参数主要有：尺寸、标记、导体直流电阻、绝缘电阻、不延燃性能和燃烧试验5个。

（2）塑料绝缘电工套管

检测参数的主要依据有《建筑用绝缘电工套管及配件》JG/T 3050，《塑料 用氧指数法测定燃烧行为 第1部分：导则》GB/T 2406.1和《塑料 用氧指数法测定燃烧行为 第2部分：室温试验》GB/T 2406.2等。

常用的检测参数主要有：外观、尺寸、冲击性能、氧指数、跌落性能、耐热性能和防护能力6个。

（3）低压断路器

检测参数的主要依据有《低压开关设备和控制设备 第2部分：断路器》GB/T 14048.2、《家用和类似用途的不带过电流保护的剩余电流动作断路器（RCCB）第1部分：一般规则》GB/T 16916.1和《家用和类似用途的带过电流保护的剩余电流动作断路器（RCBO）第1部分：一般规则》GB/T GB/T 16917.1等。

常用的检测参数主要有：标志的永久性、绝缘电阻、耐异常发热和耐燃性和耐热性4个。

（4）开关、插头、插座

检测参数的主要依据有《家用和类似用途插头插座 第1部分：通用要求》GB/T 2099.1、《家用和类似用途固定式电气装置的开关 第1部分：通用要求》GB/T 16915.1等。

常用的检测参数主要有：标志、尺寸、防触电保护、绝缘电阻、拔出插头所需的力、耐热、防锈性能和通断能力8个。

1.5 基 本 规 定

1.5.1 见证取样和送检制度

1. 见证取样和送检的规定

检测、试验工作的主要目的是取得代表质量特征的有关数据，科学评价工程质量。建设工程质量的常规检查一般都采用抽样检查，正确的抽样方法应保证抽样的代表性和随机性。抽样的代表性是指保证抽取的子样应代表母体的质量状况，抽样的随机性是指保证抽取的子样应由随机因素决定而并非人为因素决定。样品的真实性和代表性直接影响到检测数据的准确和公正。如何保证抽样的代表性和随机性，有关的技术规范标准中都作出了明确的规定。样品抽取后应将样品从施工现场送至有检测资质的工程质量检测机构进行检验，从抽取样品到送至检测机构检测的过程是工程质量检测管理工作中的第一步。强化这个过程的监督管理，避免因试件弄虚作假而出现试件合格而工程实体质量不合格的现象。为此建设部于2000年9月26日颁发了《房屋建筑工程和市政基础设施工程实行见证取样和送检的规定》（建建〔2000〕211）号通知，在建设工程中实行见证取样和送样就是指在建设单位或工程监理单位人员的见证下，由施工单位的现场试验人员对工程中涉及结构安全的试块、试件和材料在施工现场取样，并送至经过省级以上建设行政主管部门对其资质认可和质量监督部门对其计量认证的质量检测单位进行检测。

2. 必须实施见证取样和送检的试块、试件和材料

下列试块、试件和材料必须实施见证取样和送检：用于承重结构的混凝土试块；用于承重墙体的砌筑砂浆试块；用于承重结构钢筋及连接接头试件；用于承重墙的砖和混凝土小型砌块；用于拌制混凝土和砂浆的水泥；用于承重结构的混凝土中使用的外加剂；地下室、屋面、厕浴间使用的防水材料；国家规定必须实行见证取样和送检的其他试块、试件和材料。

3. 见证取样和送检的程序

（1）见证人员应由建设单位或该工程的监理单位具备建筑施工试验知识的专业技术人员担任，并应由建设单位或该工程的监理单位书面通知施工单位、检测单位和负责该项工程的质量监督机构。

（2）在施工过程中，见证人员应按照见证取样和送检计划，对施工现场的取样和送检进行见证，取样人员应在试样或其包装上作出标识、封志。标识和封志应标明工程名称、取样部位、取样日期、样品名称和样品数量，并由见证人员和取样人员签名，见证人员应制作见证记录，并将见证记录归入施工技术档案。见证人员和取样人员应对试样的代表性和真实性负责。

（3）见证取样的试块、试件和材料送检时，应由送检单位填写委托单，委托单应有见

证人员和取样人员签字。检测单位应检查委托单及试样上的标识和封志，确认无误后方可进行检测。

（4）检测单位应严格按照有关管理规定和技术标准进行检测，出具公正、真实、准确的检测报告。见证取样和送检的检测报告必须加盖见证取样检测的专用章。

4. 见证取样的组织和管理

国务院建设行政主管部门对全国房屋建筑工程和市政基础设施工程的见证取样和送检工作实施统一监督管理。

县级以上地方人民政府建设行政主管部门对本行政区域内的房屋建筑工程和市政基础设施工程的见证取样和送检工作实施监督管理。

1.5.2 统一标准要求

《建筑工程施工质量验收统一标准》GB 50300 适用于建筑工程质量验收并为建筑工程各专业验收规范编制的统一准则。基本规定如下：

（1）建筑工程采用的主要材料、半成品、产品、建筑构配件、器具和设备应进行进场检验。凡涉及安全、节能、环境保护和主要使用功能的重要材料、产品，应按各专业工程施工规范、验收规范和设计文件等规定进行复验。

（2）按各专业验收规范的规定适当调整抽样复验、试样数量，调整后的抽样复验、试验方案应由施工单位编制，并报监理单位审核确认。施工单位或监理单位认为必要时，也可不调整抽样复验、试样数量。

1）相同施工单位在同一项目中施工的多个单位工程，使用的材料、构配件、设备往往属于同一批次，如果按每一个单位工程分别进行复验、试验，势必会造成重复，且必要性不大，因此规定可适当调整抽样复验、试样数量，具体可根据照相关专业验收规范的规定执行。

2）施工现场加工的产品、半成品、构配件等符合条件时，可适当调整抽样复验、试样数量。但对施工安装后的工程质量应按分部工程分部的要求进行检测试验，不能减少抽样数量，如结构实体混凝土强度检测、钢筋保护层厚度检测等。

《混凝土结构工程施工质量验收规范》GB 50204 相关规定如下：

（1）见证检验的项目、内容、程序、抽样数量等应符合国家、行业和地方有关规范的规定。

（2）对涉及安全、节能、环境保护和主要使用功能的试块、试件及材料，应在进场时或施工中按规定进行见证检验。

（3）适当扩大抽样检验的范围，不仅涉及结构安全和使用功能的分部工程，还包括涉及节能、环境保护等的分部工程，具体内容由各专业验收规范确定，抽样检验和实体检验应符合有关专业验收规范的规定。

（4）对检验批的抽样方案可根据检验项目的特点进行选择。计量、计数检验可分为全数检验和抽样检验两类。对于重要且易于检验的项目，可采用简易快速的非破损检验方法时，宜选用全数检验。检验批的质量检验，可根据检验项目的特点在下列抽样方案中选取：

计量、计数或计量－计数的抽样方案。一次、二次或多次抽样方案。对重要的检验项目，当有简易快速的检验方法时，选用全数检验方案。根据生产连续性和生产控制稳定性情况，采用调整型抽样方案。经实践证明有效的抽样方案。

（5）检验批抽样样本应随机抽取，满足均匀分布、具有代表性的要求，抽样数量应符合有关专业验收规范的规定。当采用计数抽样时，最小抽样数量应符合《建筑工程施工质量验收统一标准》GB 50300—2013 的要求。

（6）检验批可根据施工、质量控制和专业验收的需要，按工程量、楼层、施工段、变形缝进行划分。具体要求如下：多层及高层建筑的分项工程可按楼层或施工段划分检验批。单层建筑的分项工程可按变形缝等划分检验批。地基基础的分项工程一般划分为一个检验批。有地下室的基础工程可按不同地下层划分检验批。屋面工程的分项工程可按不同楼层屋面划分为不同的检验批。其他分部工程中的分项工程，一般按楼层划分检验批。对于工程量较少的分项工程划分为一个检验批。安装工程一般按一个设计系统或设备组别划分为一个检验批。室外工程一般划分为一个检验批。散水、台阶、明沟等含在地面检验批中。

单位工程质量控制核查、单位工程安全和功能核查与试验检测相关的内容如下：

（1）建筑与结构

原材料进场检验、试验报告；施工试验报告及见证检测报告；地基、基础、主体结构检验及抽样检测资料等。

地基承载力检验报告；桩基承载力检验报告；混凝土强度试验报告；砂浆强度试验报告；主体结构尺寸、位置抽查记录；建筑物垂直度、标高、全程测量记录；屋面淋水或蓄水试验记录；地下室渗水检测记录；有防水要求的地面蓄水试验记录；外窗气密性、水密性、抗风压性能检测报告；幕墙气密性、水密性、抗风压性能检测报告；建筑物沉降观测测量记录；节能、保温测试记录；室内环境检测报告；土壤氡气浓度检测报告。

（2）给水排水与供暖

原材料进场检验、试验报告；管道设备强度试验、严密性试验记录；系统清洗、灌水、通水、通球试验记录等。

给水管道通水试验记录；暖气管道、散热器压力试验记录；消防管道、燃气管道压力试验记录；排水干管通球试验记录等。

（3）通风与空调

原材料进场检验、试验报告；制冷、空调、水管道强度试验、严密性试验记录等。

通风、空调系统试运行记录；风量、温度测试记录；空气能量回收装置测试记录；洁净室洁净度测试记录；制冷机组试运行调试记录。

（4）建筑电气

原材料进场检验、试验报告；接地、绝缘电阻测试记录等。

绝缘电阻测试记录；剩余电流动作保护器测试记录；接地电阻测试记录；接地故障回路阻抗测试记录等。

（5）智能建筑

原材料进场检验、试验报告；系统功能测定；系统检测报告等。

系统电源及接地检测报告；系统接地检测报告等。

（6）建筑节能

原材料进场检验、试验报告；外墙、外窗节能检验报告；设备系统节能检测报告；建筑节能构造检查记录；设备系统节能性能检测记录等。

外墙建筑节能构造检查记录及热工性能检验报告；设备系统节能性能检查记录等。

1.5.3 施工规范要求

什么是工程建设强制性条文？“工程建设强制性条文”是工程建设过程中的强制性技术规定，是参与建设活动各方执行工程建设强制性标准的依据。执行“工程建设强制性条文”既是贯彻落实《建设工程质量管理条例》的重要内容，又是从技术上确保建设工程质量的关键，同时也是推进工程建设的标准体系改革所迈出的关键的一步。强制性条文的正确实施，对促进房屋建筑活动健康发展，保证工程质量、安全，提高投资效益、社会效益和环境效益都具有重要的意义。

《混凝土结构工程施工规范》GB 50666 适用于建筑工程混凝土结构的施工，不适用轻骨料混凝土及特殊混凝土的施工。轻骨料混凝土是指干表观密度不大于 1950kg/m^3 混凝土。特殊混凝土是指有特殊性能要求的混凝土，如膨胀、耐酸、耐碱、耐油、耐热、耐磨、防辐射等。施工规范的强制性条文共有 10 个条款，与建筑材料质量试验检测相关的强制性条文有 3 个条款，达到 30%，由此可见建筑材料试验检测在施工规范中的地位之重要。

第 5.2.2 条　对有抗震设防要求的结构应满足设计要求；当设计无具体要求时，对按一、二、三级抗震等级设计的框架和斜撑构件（含梯段）中的纵向受力普通钢筋应采用 HRB335E、HRB400E、HRB500E、HRBF335E、HRBF400E 或 HRBF500E 钢筋，其强度和最大力下总伸长率的实测值应符合下列规定：抗拉强度实测值与屈服强度实测值的比值（习惯称为“强屈比”）不应小于 1.25；屈服强度实测值与屈服强度标准值的比值（习惯称为“超强比”或“超屈比”）不应大于 1.30；最大力下总伸长率（习惯称为“具有伸长率”）不应小于 9%。

第 7.6.3（1）条　应对水泥的强度、安定性及凝结时间进行检验。同一生产厂家、同一等级、同一品种、同一批号且连续进场的水泥，袋装不超过 200 t 为一批，散装不超过 500 t 为一批。

第 7.6.4 条　当使用中水泥质量受不利环境影响或水泥出厂超过三个月（快硬硅酸盐水泥超过一个月）时，应进行复验，并按复验结果使用。

相对建筑材料试验检测而言，其相关的基本规定、钢筋工程、预应力工程和混凝土工程以及其原材料要求的具体内容如下：

1. 基本规定

（1）混凝土结构工程施工使用的材料、产品和设备，应符合国家现行有关标准、设计文件和施工方案的规定。

（2）进场的材料、成品和设备，应按《混凝土结构工程施工质量验收规范》GB 50204 等的有关规定对其规格、型号、外观等进行检验。为减少有关产品的检验工作量，对符合限定条件的产品进场检验作了适当调整。对来源稳定且连续检验合格，或经产品认证符合要求的产品，进场时可按规范规定放宽检验。“经产品认证符合要求的产品”系指经产品认证机构认证，认证结论为符合认证要求的产品。产品认证机构应经国家认证认可监督管理部门批准。放宽检验系指扩大检验批量，不是放宽检验指标。

（3）施工中为各种检验目的所制作的试件应具有真实性和代表性，并应符合三项规定：一是试件均应及时进行唯一性标识；二是混凝土试件的抽样方法、抽样地点、抽样数量、养护条件、试验龄期应符合国家有关验收的现行标准、《混凝土强度检验评定标准》GB/T 50107 等的有关规定；混凝土试件的制作要求、试验方法应符合《混凝土物理力学性能试验方法标准》GB/T 50081 等的有关规定；三是钢筋、预应力筋等试件的抽样方法、抽样数量、制作要求和试验方法应符合国家现行有关标准的规定。

（4）确认混凝土强度等级达到要求应采用标准养护的混凝土试件；混凝土结构构件拆模、脱模、吊装、施加预应力及施工期间负荷时的混凝土，应采用同条件养护的混凝土试件。

2. 钢筋工程

与热轧光圆钢筋、热轧带肋钢筋、余热处理钢筋、钢筋焊接网性能及检验相关的有：《钢筋混凝土用钢 第 1 部分：热轧光圆钢筋》GB/T 1499.1、《钢筋混凝土用钢 第 2 部分：热轧带肋钢筋》GB/T 1499.2、《钢筋混凝土用钢 第 3 部分：钢筋焊接网》GB/T 1499.3、《钢筋混凝土用余热处理钢筋》GB/T 13014。与冷加工钢筋性能及检验相关的现行国家标准有《冷轧带肋钢筋》GB/T 13788，《高延性冷轧带肋钢筋》YB/T 4260、《冷轧带肋钢筋混凝土结构技术规程》JGJ 95、《冷拔低碳钢丝应用技术规程》JGJ 19 等。

（1）专项检验

对性能不良的钢筋检验批，应进行专项检验。施工中发现钢筋脆断、焊接性能不良或力学性能显著不正常等现象时，应对该批钢筋进行化学性能成分检验或其他专项检验。

（2）钢筋机械连接

钢筋接头的加工已经工艺检验合格后方可进行。螺纹接头安装后应使用扭力扳手校核拧紧扭力矩。挤压接头压痕直径应使用专用量规进行检验。机械接头连接的适用范围、工艺要求、套筒材料及质量要求等应符合《钢筋机械连接技术规程》JGJ 107 的有关规定。

（3）钢筋焊接

在钢筋工程焊接施工前，参与施焊的焊工应进行现场条件下的焊接工艺试验，经试验合格后方可进行焊接。焊接过程中，如果钢筋牌号、直径发生变更，应再次进行焊接工艺检验。工艺试验使用的材料、设备、辅料及作业条件均应与实际施工一致。

钢筋焊接接头的适用范围、工艺要求、焊条及焊剂选择、焊接操作及质量要求等应符合《钢筋焊接及验收规程》JGJ 18 的规定。

（4）钢筋进场有关要求

① 钢筋进场时，应按国家现行有关标准的规定抽样检验屈服强度、抗拉强度、伸长率、弯曲性能和单位长度重量偏差；经产品认证符合要求的钢筋，其检验批量可扩大一倍。在同一工程中，同一厂家、同一牌号、同一规格的钢筋连续三次进场检验均一次检验合格时，其后的检验批量可扩大一倍；当无法准确判断钢筋品种、牌号时，应增加化学成分、晶粒度等检验项目。

② 成型钢筋进场时，应按国家现行有关标准的规定抽样检验屈服强度、抗拉强度、伸长率、弯曲性能和重量偏差；检验批量可由合同约定，同一工程、同一材料来源 、同一

组生产设备生产的成型钢筋，检验批量不宜大于30t。

③ 钢筋调直后，应检验力学性能和单位长度重量偏差。但采用无延伸功能的机械设备调直的钢筋，可不进行此项目的检验。

④ 钢筋连接的有关要求：钢筋焊接和机械连接施工前均应进行工艺检验，机械连接应检查有效的型式检验报告；应按《钢筋机械连接技术规程》JGJ 107、《钢筋焊接及验收规程》JGJ 18 的有关规定抽取钢筋机械连接接头、焊接接头试件作力学性能检验。

3. 预应力工程

预应力筋系施加预应力的钢丝、钢绞线和精轧螺纹钢筋等的总称。与预应力筋相关的标准有：《预应力混凝土用钢绞线》GB/T 5224、《预应力混凝土用钢丝》GB/T 5223、《中强度预应力混凝土用钢丝》YB/T 156、《预应力混凝土用螺纹钢筋》GB/T 20065、《无粘结预应力钢绞线》JG/T 161、《预应力筋用锚具、夹具和连接器》GB/T 14370、《预应力筋用锚具、夹具和连接器应用技术规程》JGJ 85、《预应力混凝土桥梁用塑料波纹管》JT/T 529、《预应力混凝土用金属波纹管》JG/T 225 等。

（1）复验项目

预应力工程材料主要指预应力筋、锚具、夹具和连接器、成孔管道等。进场后需复验的材料性能主要有：预应力筋的强度、锚夹具的锚固效率系数、成孔管道的径向刚度及抗渗性等。

（2）灌浆水泥浆要求

采用普通灌浆工艺时，稠度宜控制在 12 ~ 20s，采用真空灌浆工艺时，稠度宜控制在 18 ~ 25s。水灰比不应大于 0.45。3h 自由泌水率宜为 0，且不应大于 1%，泌水在 24h 内全部水泥浆吸收。24h 自由泌水率，采用普通灌浆工艺时不应大于 6%；采用真空灌浆工艺时不应大于 3%。水泥浆中氯离子含量不应超过水泥重量的 0.06%。28d 标准养护的边长 70.7mm 的立方体水泥浆试块抗压强度不应低于 30MPa。抗压强度计算：一组水泥浆试块由 6 个试块组成；抗压强度为一组试块的平均值，当一组试块中抗压强度最大值或最小值与平均值相差超过 20% 时，应取中间 4 块试块强度的平均值。稠度、泌水率及自由膨胀率的试验方法应符合《预应力孔道灌浆》GB/T 25182 的规定。

（3）材料进场检查

材料进场检查内容包括规格、尺寸和外观；按现行有关国家标准的规定进行力学性能的抽样检验；经产品认证符合要求的产品，其检验批量可扩大一倍；在同一工程中，同一厂家、同一品种、同一规格的产品连续三次进场检验均一次检验合格时，其后的检验批量可扩大一倍。

（4）灌浆用水泥浆及灌浆检查

灌浆检查内容分为两个阶段的内容：一是配合比设计阶段检查稠度、泌水率、自由膨胀率、氯离子含量和试块强度；二是现场搅拌后检查稠度、泌水率，并根据验收规定检查试块强度。

4. 混凝土工程

混凝土常用原材料的主要技术指标有通用硅酸盐水泥技术指标、粗骨料和细骨料的颗粒级配范围，针、片状颗粒含量，含泥量、泥块含量，粉煤灰、矿渣粉、硅灰、沸石粉等技术指标，常用的外加剂性能指标和混凝土拌合用水水质要求等。由于某些材料标准今后可能修订，故使用时应注意与国家现行相关标准对照，以及随着技术发展而对相关指标进行的某些更新。

常用的矿物掺合料主要有粉煤灰、磨细矿渣微粉和硅粉等，不同的矿物掺合料掺入混凝土中，对混凝土的工作性、力学性能和耐久性所产生的作用既有共性，又不完全相同。所以在选择矿物掺合料的品种、等级和确定掺量时，应依据混凝土所处环境、设计要求、施工工艺要求等因素经试验确定，并应符合相关矿物掺合料应用技术规范或规程以及相关标准的要求。

外加剂是混凝土的重要组成部分，其掺量小，但对混凝土的性能改变有明显影响，混凝土技术的发展与外加剂技术的发展密不可分。混凝土外加剂经过半个世纪的发展，其品种已发展到今天的 30 ～ 40 种，品种的增加使外加剂应用技术越来越专业化。外加剂复合使用时即掺加两种或两种以上外加剂时，可能会发生某些化学反应，造成相容性不良的现象，从而影响混凝土的工作性，甚至影响混凝土的耐久性，因此规定应事先经过试验，对相容性加以确认。不同品种外加剂首次复合使用时，应检验混凝土外加剂的相容性。

混凝土拌合及养护用水对混凝土品质有重要影响。由于中水来源和成分较为复杂，对中水进行化学成分检验，确认符合《混凝土用水标准》JGJ 63 的规定时可用于混凝土拌合及养护用水。

混凝土配合比设计的原则：

（1）首先应考虑设计提出的强度等级和耐久性要求，同时要考虑施工条件。在满足强度、耐久性和施工性能等要求的基础上，为节约资源等原因，应采用尽可能低的水泥用量和单位用水量。

（2）《混凝土结构耐久性设计标准》GB/T 50476 和《普通混凝土配合比设计规程》JGJ 55 中对冻融环境、氯离子侵蚀环境等条件下的混凝土配合比设计参数均有规定，设计配合比时应符合其规定。

（3）冬期、高温等环境下施工混凝土有其特殊性，其配合比设计应按照不同的温度进行设计，有关参数可按《建筑工程冬期施工规程》JGJ/T 104 和《混凝土结构工程施工规范》GB 50666 的有关规定执行。

（4）混凝土配合比设计时所用的原材料，如水泥、砂、石、外加剂、掺合料、水等，应采用施工实际使用的材料，并应符合国家现行相关标准的要求。

混凝土工作性指标是一项综合技术指标，包括流动度（稠度）、粘聚性和保水性三个主要方面。测定和表示混凝土拌合物工作性的方法和指标很多，施工中主要采用坍落仪测定的坍落度及用维勃稠度仪测定的维勃时间作为稠度的主要指标。

混凝土的耐久性指标包括氯离子含量、碱含量、抗渗性、抗冻性等。在确定设计配合比前，应对设计规定的混凝土耐久性能进行试验验证，以保证混凝土质量满足设计规定的性能要求。

需要重新进行配合比设计的情况，主要是考虑材料质量、生产条件等状况发生变化，与原混凝土配合比设定的条件产生较大的差异。遇到下列情况时，应重新进行配合比设计：

当混凝土性能指标有变化或有其他特殊要求时；当原材料品质发生显著改变时；同一

混凝土配合比的混凝土生产间断3个月以上时。

原材料进场时，应对材料外观、规格、等级、生产日期等主要技术指标按《混凝土结构工程施工规范》GB 50666的相关规定划分检验批进行抽样检验，每个检验批检验不得少于1次。经产品认证符合要求的水泥、外加剂，其检验批量可扩大一倍。在同一工程中、同一厂家、同一品种、同一规格的水泥、外加剂，连续三次进场检验均一次合格时，其后的检验批量可扩大一倍。

原材料进场质量检查规定：

（1）同上述《混凝土结构工程施工规范》GB 50666—2011强制性条文第7.6.3（1）条。

（2）应对粗骨料的颗粒级配、含泥量、泥块含量、针片状颗粒含量指标进行检验，压碎指标可根据工程需要进行检验，应对细骨料的颗粒级配、含泥量、泥块含量指标进行检验。当设计文件有要求或结构处于易发生碱骨料反应环境中时，应对骨料进行碱活性检验。抗冻等级F100及以上的混凝土用骨料，应进行坚固性检验。骨料不超过400m^{3}或600t为一检验批。

（3）应对矿物掺合料细度（比表面积）、需水量比（流动度比）、活性指数（抗压强度比）、烧失量指标进行检验。粉煤灰、矿渣粉、沸石粉不超过200t应为一检验批，硅灰不超过30t为一检验批。

（4）应按外加剂产品标准规定对其主要均匀性指标和掺外加剂混凝土性能指标进行检验。同一品种外加剂不超过50t应为一检验批。

（5）当采用饮用水作为混凝土用水时，可不检验。当采用中水、搅拌站清洗水或施工现场循环水等其他水源时，应对其成分进行检验。

其他相关规定：

（1）同上述《混凝土结构工程施工规范》GB 50666—2011强制性条文第7.6.4条。

（2）有抗冻、抗渗等耐久性要求的混凝土，还应进行抗冻性、抗渗性等耐久性指标的试验。其留置方法和数量，应按《混凝土结构工程施工验收规范》GB 50204的有关规定执行。

（3）混凝土坍落度、维勃稠度的质量检查应符合下列规定：坍落度和维勃稠度的检验方法，应符合《普通混凝土拌合物性能试验方法标准》GB/T 50080的有关规定；坍落度、维勃稠度的允许偏差应符合《混凝土结构工程施工规范》GB 50666的规定；预拌混凝土的坍落度检查应在交货地点进行；坍落度大于220mm的混凝土，可根据需要测定其坍落扩展度，扩展度的允许偏差为±30mm。

（4）掺引气剂或引气型外加剂的混凝土拌合物，应按《普通混凝土拌合物性能试验方法标准》GB/T 50080的有关规定检验含气量，含气量宜符合《混凝土结构工程施工规范》GB 50666的规定。

（5）对首次使用的配合比应进行开盘鉴定，开盘鉴定的内容包括：混凝土的原材料与配合比设计所采用原材料的一致性；出机混凝土工作性与配合比设计要求的一致性；混凝土强度；混凝土凝结时间；工程有要求时，尚应包括混凝土耐久性等。

1.5.4 验收规范要求

《混凝土结构工程施工质量验收规范》GB 50204，适用范围为建筑工程的混凝土结构工程，包括现浇混凝土结构和装配式混凝土结构。验收规范的强制性条文共有 9 个条款，与建筑材料质量试验检测相关的强制性条文有 5 个条款，达到 55.6%，由此可见建筑材料试验检测在验收规范中的重要性。《混凝土结构工程施工质量验收规范》GB 50204—2015 相关条文如下：

第 5.2.1 条　钢筋进场时，应按国家现行相关标准的规定抽取试件作屈服强度、抗拉强度、伸长率、弯曲性能和重量偏差检验，检验结果应符合相应标准的规定。

第 5.2.3 条　对按一、二、三级抗震等级设计的框架（含梯段）中的纵向受力普通钢筋应采用 HRB335E、HRB400E、HRB500E、HRBF335E、HRBF400E 或 HRBF500E 钢筋，其强度和最大力下总伸长率的实测值应符合下列规定：抗拉强度实测值与屈服强度实测值的比值（强屈比）不应小于 1.25；屈服强度实测值与屈服强度标准值的比值（超强比、超屈比）不应大于 1.30；最大力下总伸长率（均匀伸长率）不应小于 9%。框架包括框架梁、框架柱、框支梁、框支柱及板柱—抗震墙的柱等。

第 6.2.1 条　预应力筋进场时，应按国家现行相关标准的规定抽取试件作抗拉强度、伸长检验，其检验结果应符合相应标准的规定。

第 7.2.1 条　水泥进场时，应对其品种、代号、强度等级、包装或散装编号、出厂日期等进行检查，并对水泥的强度、安定性和凝结时间进行检验，检验结果应符合《通用硅酸盐水泥》GB 175 等的相关规定。

检查数量：按同一厂家、同一品种、同一强度、同一批号且连续进场的水泥，袋装不超过 200 t 为一批，散装不超过 500 t 为一批，每批抽样数量不应少于一次。检验方法：检查质量证明文件和抽样检验报告。

第 7.4.1 条　混凝土强度等级必须符合设计要求。用于检验混凝土强度的试件应在浇筑地点随机抽取。

检查数量：对同一配合比混凝土，取样与试件留置应符合下列规定：每 100 盘且不超过 $100m^3$ 时，取样不得少于一次；每工作班不足 100 盘，取样不得少于一次；连续浇筑超过 $1000m^3$ 时，每 $200m^3$ 取样不得少于一次；每一楼层取样不得少于一次；每次取样应至少留置一组试件。

相对试验检测而言，其相关的基本规定、钢筋工程、预应力工程和混凝土工程以及其原材料要求的内容如下：

1. 基本规定

（1）检验批的划分原则

检验批内质量均匀一致，抽样应符合随机性和真实性的原则；贯彻过程控制的原则，按施工次序、便于质量验收和控制关键工序质量的需要划分检验批。

（2）扩大检验批的规定

产品进场检验是在出厂合格的前提下进行的抽检工作。《混凝土结构工程施工质量验收规范》GB 50204 规定扩大检验批的目的是降低质量控制的社会成本，并鼓励优质产品进入工程现场。连续三批均一次检验合格，体现了产品的质量稳定；“一次检验合格”不包括二次抽样复验合格的情况。满足上述两个条件之一时，其检验批容量可按规范的有关规定扩大一倍；同时满足两个条件时，也仅扩大一倍。

（3）检验批扩大的抽样比例及最小数量

检验批容量扩大一倍后，抽样比例及抽样最小数量仍按未扩大前的规定执行。扩大检验批容量后，若出现检验不合格的情况，则应恢复到扩大前的检验批容量，且该产品在此工程中不得再次扩大检验批容量。

（4）检验批的统一划分

为了解决同一施工单位施工的工程中，同批材料进场材料可能用于多个单位工程的情况，避免由于单位工程规模较小或材料用量较少，出现同批材料多次重复验收的情况，规范规定“属于同一工程项目的多个单位工程，对同一厂家生产的同批材料、构配件、器具及半成品，可统一划分检验批进行验收”。

2. 钢筋工程

（1）一般规定

钢筋、成型钢筋进场检验，当满足下列条件之一时，其检验批量可扩大一倍：获得认证的钢筋、成型钢筋；同一厂家、同一牌号、同一规格的钢筋，连续三批均一次检验合格；同一厂家、同一类型、同一钢筋来源的成型钢筋，连续三批均一次检验合格。

当钢筋、成型钢筋满足上述的两个两个条件时，检验批容量只扩大一次。当扩大检验批后的检验出现一次不合格情况时，应按扩大前的检验批容量重新验收，并不得再次扩大检验批容量。

（2）材料

① 钢筋原材进场检验

钢筋对混凝土结构的承载能力至关重要，对其质量应从严要求。钢筋进场时，应按有关标准的规定进行抽样检验。由于工程量、运输条件或各种钢筋的用量等的差异，很难对钢筋进场的批量大型作出统一规定。实际验收时，若有关标准对进场检验作了具体规定，应遵照执行；若有关标准中只有对产品出厂检验的规定，则在进场时批量应按下列情况确定：对同一厂家、同一牌号、同一规格的钢筋，当一次进场的数量大于该产品的出厂检验批量时，应划分为若干个出厂检验批，并按出厂检验的抽样方案执行；对同一厂家、同一牌号、同一规格的钢筋，当一次进场的数量小于或等于该产品的出厂检验批量时，应作为一个检验批，并按出厂检验的抽样方案执行；对不同时间进场的同批钢筋，当确有可靠依据时，可按一次进场的钢筋处理。

对于每批钢筋的检验数量，应按相关标准执行。《钢筋混凝土用钢 第1部分：热轧光圆钢筋》GB/T 1499.1、《钢筋混凝土用钢 第2部分：热轧带肋钢筋》GB/T 1499.2 中规定热轧钢筋每批抽取5个试件，先进行重量偏差检验，再取其中2个试件进行下屈服强度、抗拉强度、伸长率，另取2个试件进行弯曲性能检验。对于钢筋伸长率，牌号带“E”的钢筋必须检验最大力总延伸率。对牌号带“E”的钢筋应进行反向弯曲试验。根据需方要求，其他牌号钢筋也可进行反向弯曲试验。可用反向弯曲试验代替弯曲试验。

② 成型钢筋进场检验

成型钢筋指按产品标准《混凝土结构用成型钢筋》JG/T 226—2008（2017年8月1日废止，现行国家标准为《混凝土结构用成型钢筋制品》GB/T 29733—2013）生产的产品，成型钢筋的类型包括箍筋、纵筋、焊接网、钢筋笼等。

对由热轧钢筋组成的成型钢筋，当有施工单位或监理单位的代表驻厂监督生产过程，并提供原材钢筋力学性能第三方检验报告时，可仅进行重量偏差检验。

对由冷加工钢筋制成的成型钢筋，进场时应作屈服强度、抗拉强度、伸长率和重量偏差检验。

对于钢筋焊接网，材料进场还需按《钢筋焊接网混凝土结构技术规程》JGJ 114 的有关规定检验弯曲、抗剪等项目。

根据目前成型钢筋生产的实际情况，规定同一厂家、同一类型、同一钢筋来源的成型钢筋，其检验批量不应大于 30t。同一来源是指成型钢筋加工所用钢筋为同一企业生产。经产品认证符合要求的成型钢筋及连续三批均一次检验合格的同一厂家、同一类型、同一钢筋来源的成型钢筋，检验批量可扩大到不大于 60t。

当每车进场的成型钢筋包括不同类型时，可将多车的同类型成型钢筋合并为一个检验批。对不同时间进场的同批成型钢筋，当有可靠依据时，可按一次进场的成型钢筋处理。

不同牌号、规格均应抽取 1 个钢筋试件进行检验，试件总数不应少于 3 个。当同批的成型钢筋为相同牌号、规格时，应抽取 3 个试件，检验结果可按 3 个试件的平均值判断；当同批的成型钢筋存在不同钢筋牌号、规格时，每种钢筋牌号、规格均应抽取 1 个钢筋试件，且总数量不应少于 3 个，此时所有抽取试件的检验结果均应合格；当仅存在 2 种钢筋牌号、规格时，3 个试件中的 2 个为相同牌号、规格，但下一批取样相同的牌号、规格应改变，此时相同牌号、规格的 2 个试件可按平均值判断检验结果。

根据钢筋试件抽取的随机性，每批抽取的试件应在不同成型钢筋上抽取。当进行屈服强度、抗拉强度、伸长率和重量偏差检验时，每批中抽取的试件应先进行重量偏差检验，再进行力学性能检验，试件截取测定应满足两种试验要求。

进入现场的成型钢筋应进行整体的外观质量和尺寸偏差的检验。尺寸主要包括成型钢筋形状尺寸。对于钢筋焊接网和焊接骨架，外观质量应包括开焊点、漏焊点数量，焊网钢筋间距等项目。

③ 钢筋机械连接套筒、钢筋锚固板的检验

钢筋机械连接套筒的外观质量应符合《钢筋机械连接技术规程》JGJ 107、《钢筋机械连接用套筒》JG/T 163 的有关规定。钢筋锚固板质量应符合《钢筋锚固板应用技术规程》JGJ 256 的有关规定。外观质量的进场检验项目及合格要求应按有关标准的规定确定。

（3）钢筋加工

盘卷钢筋调直后的检验具体内容如下：盘卷钢筋调直后应进行力学性能和重量偏差检验。采用无延伸功能的机械设备调直的钢筋可不进行此项检验。

钢筋的相关标准有《钢筋混凝土用钢 第 1 部分 热轧光圆钢筋》GB/T 1499.1、《钢筋混凝土用钢 第 2 部分 热轧带肋钢筋》GB/T 1499.2、《钢筋混凝土用余热处理钢筋》GB/T 13014 等规定的断后伸长率、重量偏差要求，是在考虑了正常冷拉调直对指标的影响给出的。盘卷钢筋调直后的重量偏差不符合要求时，不允许复验。

对钢筋调直进行设备是否有延伸功能的判定，可由施工单位检查并经监理单位确认；当不能判定或对判定结果有争议时，应按此项进行检验。检验具体规定：同一设备加工的同一牌号、同一规格的调直钢筋，重量不大于 30t 为一批，每批见证抽取 3 个试件。

（4）钢筋连接

常用的钢筋连接方式一般有两种，即钢筋机械连接和钢筋焊接连接。当钢筋采用机械连接或焊接连接时，钢筋机械连接接头、焊接接头的力学性能、弯曲性能应符合国家现行有关标准的规定。接头试件应从工程实体中截取。

钢筋采用机械连接时，螺纹接头应检验拧紧扭矩值，挤压接头应量测压痕直径。检验应使用专用扭矩扳手或专用量规检查。

3. 预应力工程

（1）一般规定

对于获得第三方认证机构认证的预应力工程材料和同一厂家、同一品种、同一规格的预应力工程材料连续三次进场检验均一次合格时，可以认为其产品质量稳定，规范规定可以放宽其检验批容量，既节省大量的检验成本又鼓励、促进企业生产质量有保证的产品，同时对提高工程质量和社会成本的降低均有积极的意义。预应力工程材料主要包括预应力筋、锚具、夹具、连接器和成孔管道。

（2）材料

① 预应力筋

预应力筋分为有粘结预应力筋和无粘结预应力筋两种，进场时均应按规范规定进行力学性能检验。

常用的预应力筋有钢丝、钢绞线、精轧螺纹钢筋等。不同的预应力筋产品，其质量保证及检验批容量均由相关产品标准作了明确的规定，制定产品抽样检验方案时应按不同产品标准的具体规定执行。目前常用的预应力筋的相应产品标准有:《预应力混凝土用钢绞线》GB/T 5224、《预应力混凝土用钢丝》GB/T 5223、《预应力混凝土用螺纹钢筋》GB/T 20065 和《无粘结预应力钢绞线》JG/T 161 等。

预应力筋是预应力工程中最重要的原材料，进场时应根据进场批次和产品的抽样检验方案确定检验批，进行抽样检验。抽样检验可仅作预应力筋抗拉强度与伸长率试验；松弛率试验由于时间较长、成本较高，同时目前产品质量比较稳定，一般不需要进行该项检验，当工程确有需要时，可进行检验。

无粘结预应力筋钢绞线的进场检验包括钢绞线力学性能检验和涂包质量检验两部分，《预应力混凝土用钢绞线》GB/T 5224 规定了无粘结预应力筋用钢绞线的力学性能要求，《无粘结预应力钢绞线》JG/T 161 规定了无粘结预应力筋的涂包质量要求。无粘结预应力筋进场后，应按强制性条文的规定检验其力学性能，由于其涂包质量对保证预应力筋防腐及准确地建立预应力非常重要，还应按《无粘结预应力钢绞线》JG/T 161 的规定检验其油脂含量与涂包层厚度。

无粘结预应力筋的涂包质量比较稳定，进场后经观察检查其涂包外观质量较好，且有厂家提供的涂包质量检验报告时，为简化验收，可不进行油脂厚度和护套厚度的抽样检验。

② 锚具、夹具和连接器的检验

锚具、夹具和连接器的进场检验主要作静载锚固性能试验。静载锚固性能试验工作，费时、费工、经费开支较大，购货量大的工程进行此项工作是必要的，购货量小的工程可由供货商提供本批次产品的检验报告，作为进场验收的依据。

③ 成孔管道的进场检验

后张法预应力成孔主要采用塑料波纹管、金属波纹管，而竖向孔道常采用钢管。与其相关的标准有《预应力混凝土桥梁用塑料波纹管》JT/T 529 和《预应力混凝土用金属波纹管》JG/T 225。

为了确保成孔质量，从而保证预应力筋的张拉和孔道灌浆质量能满足设计要求，故在预应力成孔管道进场时，应进行管道外观质量检查、径向刚度和抗渗漏性能检验。

④ 灌浆

灌浆用水泥浆在满足必要的稠度的前提下尽量减小泌水率，以获得密实饱满的灌浆效果。规范规定三个方面：一是 3h 自由泌水率宜为 0，且不应大于 1%，泌水应在 24h 内全部水泥浆吸收；二是水泥浆中氯离子含量不应超过水泥重量的 0.06%；三是采用普通灌浆工艺时，24h 自由泌水率不应大于 6%，当采用真空灌浆工艺时不应大于 3%。

现场留置的灌浆用水泥浆试件的抗压强度不应低于 30MPa。留置试件应采用带底模的钢试模。检验具体规定，每组应留 6 个边长为 70.7mm 的立方体试件，并应标准养护 28d；抗压强度应取 6 个试件的平均值，当一组试件中抗压强度最大值或最小值与平均值相差超过 20% 时，应取中间 4 块试块强度的平均值。

4. 混凝土工程

（1）一般规定

① 目前多数混凝土中掺有矿物掺合料，尤其是大体积混凝土。试验表明，掺加矿物掺合料与不掺矿物掺合料的混凝土强度相比，早期强度偏低，而后期强度发展较快，在温度较低条件下更为明显。为了充分反映掺加矿物掺合料混凝土的后期强度，规范规定：混凝土强度进行合格评定时的试验龄期可以大于 28d（如 60d、90d），具体龄期可由建筑结构设计人员规定。

设计规定龄期是指混凝土在掺加矿物掺合料后，设计人员根据矿物掺合料的掺加量及结构设计要求，所规定的标准养护试件的试验龄期。

② 混凝土试件强度评定不合格时，应委托具有资质的检验检测机构按国家现行有关标准的规定对结构构件中的混凝土强度进行检测推定。

③ 混凝土的基本性能主要包括稠度、凝结时间、坍落度经时损失、泌水与压力泌水、表观密度、含气量、抗压强度、轴心抗压强度、静力受压弹性模量、劈裂抗拉强度、抗折强度、抗冻性能、动弹性模量、抗水渗透、抗氯离子渗透、收缩性能、早期抗裂、受压徐变、碳化性能、混凝土中钢筋锈蚀、抗压疲劳变形、抗硫酸盐侵蚀和碱骨料反应等。

④ 大批量连续生产的混凝土浇筑前，其生产单位应提供稠度、凝结时间、坍落度经时损失、表观密度等性能检验报告；当设计有要求时，应按设计要求提供其他性能试验报告。上述性能试验报告可由混凝土生产单位的试验室或第三方提供。

大批量连续生产是指同一工程项目、同一配合比的混凝土生产量为 2000m^3 以上。

⑤ 对于混凝土材料来讲，只有水泥和外加剂可以扩大检验批容量。对于获得认证或生产质量稳定的水泥和外加剂，在进场检验时，可比常规检验批容量扩大一倍。当水泥和外加剂满足两个条件时，检验批容量也只扩大一倍，一个是获得认证的产品，另一个是同一厂家、同一品种、同一规格的产品，连续三次进场检验均一次检验合格。当扩大检验批后的检验出现一次不合格情况时，应按检验批前的检验批容量重新检验，并不得再次扩大检验批容量。

（2）原材料

① 水泥进场时，按上述《混凝土结构工程施工验收规范》GB 50204—2015 强制性条文的第 7.2.1 条执行。

② 外加剂检验批量，按同一厂家、同一品种、同一技术指标、同一批号且连续进场的混凝土外加剂，不超过 50t 为一批，每批抽样数量不应少于一次。检验结果应符合《混凝土外加剂》GB 8076、《混凝土外加剂应用技术规范》GB 50119 等的规定。

③ 混凝土用矿物掺合料的种类主要有粉煤灰、粒化高炉矿渣粉、石灰石粉、硅灰、沸石粉、磷渣粉、钢铁渣粉和复合矿物掺合料。矿物掺合料进场时，应按一厂家、同一品种、同一技术指标、同一批号且连续进场的、不超过 200t 为一批；粒化高炉矿渣粉和复合矿物掺合料不超过 50t 为一批；沸石粉不超过 120t 为一批；硅灰不超过 30t 为一批，每批抽取数量不应少于一次。检验结果应符合《矿物掺合料应用技术规范》GB/T 51003、《用于水泥和混凝土中的粉煤灰》GB/T 1596、《用于水泥、砂浆和混凝土中的粒化高炉矿渣粉》GB/T 18046、《砂浆和混凝土用硅灰》GB/T 27690、《钢铁渣粉》GB/T 28293，现行行业标准《石灰石粉在混凝土中应用技术规程》JGJ/T 318、《混凝土用粒化电炉磷渣粉》JG/T 317 等规定。

④ 混凝土原材料中的粗、细骨料质量应符合《普通混凝土用砂、石质量及检验方法标准》JGJ 52 的规定，再生混凝土骨料应符合《混凝土用再生粗骨料》GB/T 25177 和《混凝土和砂浆用再生细骨料》GB/T 25176 的规定。

⑤ 混凝土拌制及养护用水采用饮用水时，可不检验；采用中水、搅拌站清洗水、施工现场循环水等其他水源时，应对其成分进行检验。检验数量，同一水源检查不应少于一次；检验结果应符合《混凝土用水标准》JGJ 63 的规定。

（3）混凝土拌合物

① 预拌混凝土的质量证明文件主要包括混凝土配合比通知单、混凝土质量合格证、强度检验报告混凝土运输单以及合同规定的其他资料。对大批量、连续生产的混凝土还应包括验收规范规定的基本性能试验报告。预拌混凝土所用的水泥、骨料、外加剂、矿物掺合料等均应按验收规范的有关规定进行检验。除此之外，还应按验收规范的有关规定对预拌混凝土进行进场检验。

② 在混凝土中水泥、骨料、外加剂、掺合料和拌合用水等都可能含有氯离子，可能引起钢筋的锈蚀，应严格控制其氯离子的含量。混凝土碱含量过高，在一定条件下会导致碱骨料反应。钢筋锈蚀或碱骨料反应都将严重影响结构构件受力性能和耐久性。《混凝土结构设计规范（2015 年版）》GB 50010—2010 中“耐久性设计”一节对混凝土中氯离子含量和碱总含量进行了规定。除此之外，还要满足设计规定。验收规范具体规定，同一配合比的混凝土检查不应少于一次；检查原材料试验报告和氯离子、碱的总含量计算书。

③ 开盘鉴定是为了验证混凝土的实际质量与设计要求的一致性。开始生产时应至少留置一组标准养护试件，作为配合验证的依据。开盘鉴定质量包括混凝土原材料检验报告、混凝土配合比通知单、强度试验报告以及配合比设计所要求的性能等。验收规范具体规定，同一配合比的混凝土检查不应少于一次。

④ 混凝土拌合物测定，根据《普通混凝土拌合物性能试验方法标准》GB/T 50080 的规定，包括坍落度、坍落扩展度、维勃稠度等。一般在现场测定混凝土坍落度。对于

大流动度的混凝土，仅用坍落度已无法全面反映混凝土的流动性能，规定对坍落度大于220mm的混凝土，还应测量坍落扩展度。

⑤ 根据《混凝土耐久性检验评定标准》JGJ/T 193的规定，耐久性指标有抗冻等级、抗冻标号、抗渗等级、抗硫酸盐等级、抗氯离子渗透性能等级、抗碳化性能以及早期抗裂性能等级等。验收规范规定，混凝土有耐久性指标要求时，同一配合比的混凝土，取样不应少于一次留置试件数量应符合《普通混凝土长期性能和耐久性能试验方法标准》GB/T 50082和《混凝土耐久性检验评定标准》JGJ/T 193的规定。

⑥ 在混凝土中引进具有引气功能的外加剂，能够增加混凝土中的含气量，有利于提高混凝土的抗冻性，使混凝土具有更好的耐久性和长期性能。混凝土有抗冻要求时，应在施工现场进行混凝土含气量检验，同一配合比的混凝土，取样不应少于一次，取样数量应符合《普通混凝土拌合物性能试验方法标准》GB/T 50080的规定，其检验结果应符合国家现行有关标准的规定和设计要求。

（4）混凝土施工

用于检验混凝土强度的试件应在浇筑地点随机抽取，同一配合比的混凝土，取样与试件留置的具体规定，同上述《混凝土结构工程施工验收规范》GB 50204—2015强制性条文第7.4.1条。混凝土强度等级必须符合设计要求。所要求的混凝土强度等级，是针对强度评定检验批而言的，应将整个检验批的所有各组混凝土试件强度代表值按《混凝土强度检验评定标准》GB/T 50107的有关公式进行计算，以评定该检验批的混凝土强度等级，并非指某一组或几组混凝土标准养护试件的抗压强度代表值。

以上所述为混凝土结构工程质量验收规范对混凝土结构工程与建筑材料相关的检验内容，下面介绍砌体结构验收规范的建筑材料检验相关的内容。

砌体结构工程所用的材料应有产品合格证书、产品性能型式检验报告，质量要求应符合国家现行标准的要求。

1）强制性条文

水泥的强度及安定性是判定水泥质量是否合格的两项主要技术指标，因此水泥在使用前应进行复验。《砌体结构工程施工验收规范》GB 50203—2011对水泥使用时的强制性条文，具体内容如下：

4.0.1 水泥使用应符合下列规定：

1 水泥进场时应对其品种、等级、包装或散装仓号、出厂日期等进行检查，并应对其强度、安定性进行复验，其质量必须符合《通用硅酸盐水泥》GB 175的有关规定。

2 当在使用中对水泥质量有怀疑或水泥出厂超过三个月（快硬硅酸盐水泥超过一个月）时，应复查试验，并按复验结果使用。

3 不同品种的水泥，不得混合使用。

抽检数量：按同一生产厂家、同品种、同等级、同批号连续进场的水泥，袋装水泥不超过200t为一批，散装水泥不超过500t为一批，每批抽样不少于一次。

检验方法：检查产品合格证、出厂检验报告和进场复验报告。

2）基本规定

块体、水泥、钢筋、外加剂应有材料主要性能的进场复验报告，并应符合设计要求。其产品质量应符合下列要求：

块体:《烧结普通砖》GB/T 5101、《烧结多孔砖和多孔砌块》GB/T 13544、《烧结空心砖和空心砌块》GB/T 13545、《混凝土实心砖》GB/T 21144、《承重混凝土多孔砖》GB 25779、《蒸压灰砂实心砖和实心砌块》GB/T 11945、《蒸压灰砂多孔砖》JC/T 637、《普通混凝土小型砌块》GB/T 8239、《轻集料混凝土小型空心砌块》GB/T 15229、《蒸压加气混凝土砌块》GB/T 11968,《蒸压粉煤灰砖》JC/T 239 等。

水泥:《通用硅酸盐水泥》GB 175、《砌筑水泥》GB/T 3183 等。

钢筋:《钢筋混凝土用钢 第 1 部分: 热轧光圆钢筋》GB/T 1499.1、《钢筋混凝土用钢 第 2 部分: 热轧带肋钢筋》GB/T 1499.2 等。

外加剂:《混凝土外加剂》GB 8076、《砂浆、混凝土防水剂》JC/T 474、《砌筑砂浆增塑剂》JG/T 164 等。

3）砌筑砂浆

① 水泥的复验，同上述强制性条文的规定。

② 砂中含泥量、泥块含量、石粉含量、云母、轻物质、有机物、硫化物、硫酸盐及氯盐含量（配筋砌体砌筑砂浆）等应符合《普通混凝土用砂、石质量及检验方法标准》JGJ 52 的有关规定。人工砂、山砂及特细砂，应经试配能满足砌筑砂浆技术条件要求。

③ 砌筑砂浆中掺用的砂浆增塑剂、早强剂、缓凝剂、防冻剂等产品种类繁多，性能及质量存在差异，为保证砌筑砂浆性能和砌体的砌筑质量，应对外加剂的品种和用量进行检验和试配，符合要求时方可使用。所用外加剂性能应符合相关标准的规定。对砌筑砂浆增塑剂实施了《砌筑砂浆增塑剂》JG/T 164，在技术性能的型式检验中，包括掺有该外加剂砂浆砌筑的砌体强度指标的检验。

④ 砌筑砂浆试块的抽检数量，每一检验批且不超过 $250m^3$ 的砌体的各类、各强度等级的普通砌筑砂浆，每台搅拌机至少抽检一次。验收批的预拌砂浆、蒸汽加压混凝土砌块专用砂浆，抽检可为 3 组。检验方法，在砂浆搅拌机出料口或在湿拌砂浆的储存容器出料口随机取样制作砂浆试块（现场拌制的砂浆，同盘砂浆只应做 1 组试块），试块标样 28d 后作强度检验。预拌砂浆中的湿拌砂浆稠度应在进场时取样检验。

4）砖砌体工程

砖和的抽检数量，每一生产厂家，烧结普通砖、混凝土实心砖每 15 万块，烧结多孔砖、混凝土多孔砖、蒸压灰砂砖及蒸压粉煤灰砖每 10 万块各为一验收批，不足者按 1 批计，抽检数量为 1 组。砂浆试块的抽检数量执行规范的有关规定，同本条第（3）款第④项的要求。

5）混凝土小型砌块砌体工程

砌筑小砌块砌体，宜选用专用小砌块砌筑砂浆。专用的小砌块砌筑砂浆是指符合《混凝土小型空心砌块和混凝土砖砌筑砂浆》JC/T 860 的砌筑砂浆，该砂浆可提高小砌块与砂浆间的粘结力，且施工性能好。小砌块和芯柱混凝土、砌筑砂浆的抽检数量，每一生产厂家，每 1 万块按 1 批计，抽检数量为 1 组；用于多层以上建筑的基础和底层的小砌块抽检数量不应少于 2 组；砂浆试块的抽检数量执行规范的有关规定，同本条第（3）款第④项的要求。

6）填充墙砌体结构

烧结空心砖、小砌块和砌筑砂浆的抽检数量，烧结空心砖每 10 万块等一验收批，不足者按一批计，抽检数量为 1 组。砂浆试块的抽检数量，同本条第（3）款第④项的要求。

7）工程验收

砌体工程验收时应提供的文件和记录与建筑材料试验检测相关的有原材料进场复验报告、混凝土及砂浆配合比通知单、混凝土及砂浆抗压强度试验报告、填充墙砌体植筋锚固力检测记录等。

第 2 章　水泥物理性能检验

2.1　概　　述

水泥是指加水拌合成塑性浆体，能胶结砂、石等适当材料并能在空气和水中硬化的粉状水硬性胶凝材料。1824年英国工程师（泥瓦工）约瑟夫·阿斯普丁获得第一份水泥专利，标志着水泥的发明。水泥从发明至今，由于其具有丰富的原料资源，相对较低的生产成本和良好的胶凝性能，已成为基本建设领域最重要的材料之一。

水泥是一种细磨材料，与水混合形成塑性浆体后，能在空气中水化硬化，并能在水中继续硬化保持强度和体积稳定性的无机水硬性胶凝材料。水泥的品种很多，按水泥熟料矿物一般可分为硅酸盐类水泥、铝酸盐类水泥和硫铝酸盐类水泥，在建筑工程中应用最广的是硅酸盐水泥。常用的水泥品种有硅酸盐水泥、普通硅酸盐水泥、矿渣硅酸盐水泥、火山灰质硅酸盐水泥和粉煤灰硅酸盐水泥等。此外还有一些具有特殊性能的特种水泥，如快硬硅酸盐水泥、白色硅酸盐水泥与彩色硅酸盐水泥、铝酸盐水泥、膨胀水泥、特快硬水泥等。

硅酸盐水泥和普通硅酸盐水泥在实际工程中应用最为普遍。矿渣硅酸盐水泥、火山灰质硅酸盐水泥和粉煤灰硅酸盐水泥中熟料矿物含量比硅酸盐水泥少得多，而且常温下二次水化反应进行缓慢，因此凝结较慢，水化放热较小，早期强度较低。

常用水泥品种的特性及其适用范围如下：

1. 硅酸盐水泥

硅酸盐水泥的早期强度高；水化热较大；抗冻性较好；耐蚀性较差；干缩较小。适用于一般土建工程中钢筋混凝土及预应力混凝土结构；受反复冰冻作用的结构；配置高强混凝土。不适用于大体积混凝土结构；受化学及海水侵蚀的工程。

2. 普通硅酸盐水泥

普通硅酸盐水泥的早期强度高；水化热较大；抗冻性较好；耐蚀性较差；干缩较小。与硅酸盐水泥基本相同。适用于一般土建工程中钢筋混凝土及预应力混凝土结构；受反复冰冻作用的结构；配置高强混凝土。与硅酸盐水泥基本相同。不适用于大体积混凝土结构；受化学及海水侵蚀的工程。与硅酸盐水泥基本相同。

3. 矿渣硅酸盐水泥

矿渣硅酸盐水泥的早期强度较低，后期强度增长较快；水化热较低；耐热性较好；耐蚀性较强；抗冻性差；干缩性较大，泌水较多。适用于高温车间和有耐热、耐火要求的混凝土、大体积混凝土结构、蒸汽养护的结构、有抗硫酸盐侵蚀要求的工程。不适用于早期要求强度高的工程；有抗冻要求的混凝土工程。

4. 火山灰质硅酸盐水泥

火山灰质硅酸盐水泥的早期强度较低，后期强度增长较快；水化热较低；耐蚀性较强；抗渗性好；抗冻性差；干缩性较大多。适用于地下、水中大体积混凝土结构和有抗渗要求的混凝土结构；蒸汽养护的构件；有抗硫酸盐侵蚀要求的工程。不适用于处在干燥环境中的混凝土工程；早期要求强度高的工程；有抗冻要求的混凝土工程。

5. 粉煤灰硅酸盐水泥

粉煤灰硅酸盐水泥的早期强度较低，后期强度增长较快；水化热较低；耐蚀性较强；干缩性较大小；抗裂性较高；抗冻性较差。适用于地上、地下、水中大体积混凝土结构；蒸汽养护的构件；抗裂性要求较高的构件；有抗硫酸盐侵蚀要求的工程。不适用于有抗碳化要求的工程；早期要求强度高的工程；有抗冻要求的混凝土工程。

6. 复合硅酸盐水泥

复合硅酸盐水泥的早期强度较低，后期强度增长较快；水化热较小；抗冻性较差；抗碳化能力较差；耐硫酸盐腐蚀及耐软水侵蚀性较好；其他性能与混合材料有关。适用范围于厚大体积混凝土结构；普通气候环境中的混凝土；在高湿度或水下混凝土；有抗渗要求的混凝土。不适用于要求快硬的混凝土工程；有抗冻要求的混凝土工程。

2.1.1 水泥分类和定义

水泥按其用途及性能分为两类，通用水泥、特种水泥和散装水泥。特种水泥，具有特殊性能的水泥和用于某种工程的水泥。散装水泥，指利用专用设备或容器直接运输出厂的无包装水泥。水泥按其主要水硬性矿物名称主要分为，硅酸盐水泥、铝酸盐水泥、硫铝酸盐水泥、铁铝酸盐水泥、氟铝酸盐水泥。

通用硅酸盐水泥，由硅酸盐水泥熟料、不大于 5% 的石灰石或粒化高炉矿渣、适量石膏磨细制成的水泥。硅酸盐水泥，以硅酸盐水泥熟料和适量的石膏磨细制成的水硬性胶凝材料，其中允许掺加 0 ～ 5% 的混合材料。普通硅酸盐水泥，由硅酸盐水泥熟料、大于 5% 且不大于 20% 混合材料和适量石膏磨细制成的水泥。矿渣硅酸盐水泥，由硅酸盐水泥熟料、大于 20% 且不大于 70% 的粒化高炉矿渣和适量石膏磨细制成的水泥。火山灰质硅酸盐水泥，由硅酸盐水泥熟料、大于 20% 且不大于 40% 的火山灰质混合材料和适量石膏磨细制成的水泥。

粉煤灰硅酸盐水泥，由硅酸盐水泥熟料、大于 20% 且不大于 40% 的粉煤灰和适量石膏磨细制成的水泥。复合硅酸盐水泥，由硅酸盐水泥熟料、大于 20% 且不大于 50% 的两种或两种以上规定混合材料和适量石膏磨细制成的水泥。道路硅酸盐水泥，由铝酸三钙不大于 5%、铁铝酸四钙不小于 16.0%、游离氧化钙不大于 1.0% 的硅酸盐水泥熟料、不大于 10% 的活性混合材料和适量石膏磨细制成主要用于修筑路面的水泥，简称道路水泥。砌筑水泥，由活性混合材料或其他改性材料，加入适量硅酸盐水泥熟料和石膏，磨细制成主要用于配制砌筑砂浆和抹面砂浆的低强度水泥。白色硅酸盐水泥，由氧化铁及铬、锰等染色元素含量少、在基本还原气氛下烧成的硅酸盐水泥熟料，加入适量白色石膏和白色的混合材料磨细制成的水泥。

2.1.2　相关术语

（1）细度：粉状物料的粗细程度。

（2）水泥净浆：由水泥和水拌制所得的塑性或硬化材料。

（3）净浆标准稠度：以规定方法测试达到统一规定的水泥净浆的可塑性程度。

（4）水泥净浆标准稠度用水量：制备具有标准稠度的水泥净浆所需的加水量。

（5）凝结时间：水泥标准稠度净浆从加水拌合开始至失去塑性或达到硬化状态所需的时间。

（6）假凝：水泥净浆或水泥砂浆加水搅拌后迅速失去流动性，但在不加水的情况下重新搅拌，净浆或砂浆的塑性可以恢复，不影响其强度发展。

（7）瞬凝：水泥净浆或水泥砂浆加水搅拌后迅速失去流动性并硬化，同时放出大量的热，在不加水的情况下重新搅拌，净浆或砂浆的塑性不能恢复。

（8）安定性：水泥浆体硬化后因体积膨胀不均匀而发生变形。

（9）标准砂：用于检验水泥胶砂强度、流动度等性能的法定基准材料，由高纯度的天然石英砂经筛洗加工制成。

（10）水灰比：水泥净浆和砂浆中，拌合水与水泥的质量比值。

（11）水泥胶砂：以水泥、标准砂和水按一定比例拌制而成的物料。

（12）水泥胶砂流动度：表示水泥胶砂流动性的一种指标。

（13）水泥胶砂需水量：使水泥胶砂达到一定流动度时所需要的加水量。

（14）水泥胶砂强度：表示水泥力学性能的一种指标。

（15）水泥强度等级：表示水泥力学性能的参数，由规定龄期的水泥胶砂抗折强度值和抗压强度值来确定相应的等级。

（16）养护：水泥试件在规定温度、湿度的环境中放置的过程。

（17）龄期：从水泥加水拌合时起至性能实测时为止的养护时间。

（18）压蒸法：在具有一定压力、温度和水蒸气的环境下加速水泥胶砂试样养护过程，用以检验因方镁石水化而影响水泥体积安定性的快速方法。

2.2　取 样 方 法

2.2.1　取样部位

取样应在有代表性的部位进行，并且不应在污染严重的环境中取样。一般在水泥输送管路中、袋装水泥堆场和散装水泥卸料处或水泥运输机具上。

2.2.2　取样步骤

1. 手工取样

散装水泥，当所取水泥深度不超过 2m 时，每一个编号内采用散装水泥取样器随机取样。通过转动取样器内管控制开关，在适当位置插入水泥一定深度，关闭后小心抽出，将所取样品放入符合要求的容器中，每次抽取的单样量应尽量一致。

袋装水泥，每一个编号内随机抽取不少于20袋水泥，采用袋装水泥取样器取样，将取样器沿对角线方向插入水泥包装袋中，用大拇指按住气孔，小心抽出取样管，将所取样品放入符合要求的容器中，每次抽取的单样量应尽量一致。

2. 自动取样

采用自动取样器取样。该装置一般安装在尽量接近于水泥包装机或散装容器的管路中，从流动的水泥流中取出样品，将所取样品放入符合要求的容器中。

3. 取样量

混合样取样量：混合样的取样量应符合相关水泥标准要求。

分割样取样量：袋装水泥：每1/10编号从一袋中取至少6kg；散装水泥：每1/10编号在5min内取至少6kg。

2.2.3 样品制备与试验

1. 混合样

从一个编号内不同部位取得的全部单样，经充分混匀后得到的样品。每一编号所取水泥单样通过0.9mm方孔筛后充分混匀，一次或多次将样品缩分到相关标准要求的定量，均分为试验样和封存样。试验样按相关标准要求进行试验，封存样按要求贮存以备仲裁。样品不得混入杂物和结块。

2. 分割样

在一个编号内按每1/10编号取得的单样，用于匀质性试验的样品。每一编号所取10个分割样应分别通过0.9mm方孔筛，不得混杂，并按标准的要求进行28d抗压强度匀质性试验。样品不得混入杂物和结块。

2.3 检验方法

2.3.1 材料

1. 试样

水泥试样应充分拌匀，通过0.9mm方孔筛，并记录筛余物况，要防止过筛时混进杂物和结块。

2. 试验用水

试验用水应是洁净的饮用水，如有争议时应以蒸馏水为准。

3. 标准砂

标准砂应符合《水泥胶砂强度检验方法（ISO法）》GB/T 17671的要求。

2.3.2 环境条件要求

1. 试验室

试验室温度为20±2℃，相对湿度不低于50%。试体成型试验室的温度应保持在20±2℃，相对湿度应不低于50%。

2. 养护箱

湿气养护箱的温度为 20±1℃，相对湿度不低于 90%。试体带模养护的养护箱或雾室温度保持在 20±1℃，相对湿度不低于 90%。

3. 养护池

试体养护池水温度应在 20±1℃范围内。

4. 试样及其他要求

水泥试样、拌合水、仪器和用具的温度应与试验室一致。

5. 记录

试验室空气温度和相对湿度及养护池水温在工作期间每天至少记录 1 次。养护箱或雾室的温度与相对湿度至少每 4h 记录 1 次，在自动控制的情况下记录次数可以酌减至一天记录 2 次。在温度给定范围内，控制所设定的温度应为此范围中值。

2.3.3　标准稠度用水量、安定性、凝结时间检验

1. 试验目的

标准稠度用水量方法概述：水泥标准稠度净浆对标准试杆（或试锥）的沉入具有一定阻力。通过试验不同含水量水泥净浆的穿透性，以确定水泥标准稠度净浆中所需加入的水量。有标准法（试杆法）和代用法（试锥法）。

凝结时间方法概述：试针沉入水泥净浆至一定深度所需的时间。凝结时间分为初凝时间和终凝时间。

安定性方法概述：安定性测定有标准法（雷氏法）和代用法（试饼法）。雷氏法是通过测定水泥标准稠度净浆在雷氏夹中沸煮后试针的相对位移表征其体积膨胀的程度。试饼法是通过观测水泥标准稠度净浆试饼沸煮后的外形变化情况表征其体积安定性。

2. 仪器设备

水泥净浆搅拌机；标准法维卡仪；代用法维卡仪；雷氏夹；沸煮箱；雷氏夹膨胀测定仪，标尺最小刻度为 0.5mm；量筒或滴定管，精度为 ±0.5mL。天平，最大称量不小于 1000g，分度值不大于 1g。

3. 材料

水泥试样、拌合水、仪器和用具的温度应与试验室一致。

4. 标准法测定标准稠度用水量

（1）试验前准备工作

维卡仪的滑动杆能自由滑动。试模和玻璃底板用湿布擦拭，将试模放在底板上。调整至试杆接触玻璃板时指针对准零点。搅拌机运行正常。

（2）水泥净浆的拌制

用水泥净浆搅拌机搅拌，搅拌锅和搅拌叶片先用湿布擦过，将拌合水倒入搅拌锅内，然后在 5 ～ 10s 内小心将称好的 500g 水泥加入水中，防止水和水泥溅出。拌合时，先将锅放在搅拌机的锅座上，升至搅拌位置，启动搅拌机，低速搅拌 120s，停 15s，同时将叶片和锅壁上的水泥浆刮入锅中间，接着高速搅拌 120s 停机。

（3）测定步骤

拌合结束后，立即取适量水泥净浆一次性将其装入已置于玻璃底板上的试模中，浆体

超过试模上端，用宽约25mm的直边刀轻轻拍打超出试模部分的浆体5次以排除浆体中的孔隙，然后在试模上表面约1/3处，略倾斜于试模分别向外轻轻锯掉多余净浆。从试模边沿轻抹顶部一次，使净浆表面光滑。在锯掉多余净浆和抹平的操作过程中，注意不要压实净浆；抹平后迅速将试模和底板移到维卡仪上，并将其中心定在试杆下，降低试杆直至与水泥净浆表面接触，拧紧螺丝1～2s后，突然放松，使试杆垂直自由地沉入水泥净浆中。在试杆停止沉入或释放试杆30s时记录试杆距底板之间的距离，升起试杆后，立即擦净；整个操作应在搅拌后1.5min内完成。以试杆沉入净浆并距底板6±1mm的水泥净浆为标准稠度净浆。其拌合水量为该水泥的标准稠度用水量（P），按水泥质量的百分比计。

5. 代用法测定标准稠度用水量

（1）试验前准备工作

维卡仪的滑动杆能自由滑动。试模和玻璃底板用湿布擦拭，将试模放在底板上。调整至试杆接触玻璃板时指针对准零点。搅拌机运行正常。

（2）水泥净浆的拌制

水泥净浆的拌制同上述标准法。

（3）测定步骤

采用代用法测定水泥标准稠度用水量可用调整水量和不变水量两种方法的任一种测定。采用调整水量方法时拌合水量按经验找水，采用不变水量方法时拌合水量用142.5mL。

拌合结束后，立即将拌制好的水泥净浆装入锥模中，用宽约25mm的直边刀在浆体表面轻轻插捣5次，再轻振5次，刮去多余的净浆；抹平后迅速放到试锥下面固定的位置上，将试锥降至净浆表面，拧紧螺丝1～2s后，突然放松，让试锥垂直自由地沉入水泥净浆中。到试锥停止下沉或释放试锥30s时记录试锥下沉深度。整个操作应在搅拌后1.5min内完成。

用调整水量方法测定时，以试锥下沉深度30±1mm时的净浆为标准稠度净浆。其拌合水量为该水泥的标准稠度用水量（P），按水泥质量的百分比计。如下沉深度超出范围需另称试样，调整水量，重新试验。直至达到30±1mm为止。

用不变水量方法测定时，根据式（2.3.3）、（或仪器上对应标尺）计算得到标准稠度用水量P。当试锥下沉深度小于13 mm时，应改用调整水量法测定。

$$P=33.4-0.185S \tag{2.3.3}$$

式中：P——标准稠度用水量，%；

S——试锥下沉深度，mm。

6. 凝结时间的测定

（1）试验前准备工作

调整凝结时间测定仪的试针接触玻璃板时指针对准零点。

（2）试件的制备

以标准稠度用水量按规定制成标准稠度净浆，按规定装模和刮平后，立即放入湿气养护箱中。记录水泥全部加入水中的时间作为凝结时间的起始时间。

（3）初凝时间的测定

试件在湿气养护箱中养护至加水后 30min 时进行第一次测定。测定时，从湿气养护箱中取出试模放到试针下，降低试针与水泥净浆表面接触。拧紧螺丝 1 ～ 2s 后，突然放松，试针垂直自由地沉入水泥净浆。观察试针停止下沉或释放试针 30s 时指针的读数。临近初凝时每隔 5min（或更短时间）测定一次，当试针沉至距底板 4±1mm 时，为水泥达到初凝状态；由水泥全部加入水中至初凝状态的时间为水泥的初凝时间，用分钟（min）表示。

（4）终凝时间的测定

为了准确观测试针沉入的状况，在终凝针上安装了一个环形附件。在完成初凝时间测定后，立即将试模连同浆体以平移的方式从玻璃板取下，翻转 180°，直径大端向上，小端向下放在玻璃板上，再放入湿气养护箱中继续养护，临近终凝时间时每隔 15min（或更短时间）测定一次，当试针沉入试体 0.5mm 时，即环形附件开始不能在试体上留下痕迹时，为水泥达到终凝状态。由水泥全部加入水中至终凝状态的时间为水泥的终凝时间，用分钟（min）表示。

7. 标准法测定安定性

（1）试验前的准备工作

每个试样需成型两个试件，每个雷氏夹需配备两个边长或直径约 80mm、厚度 4 ～ 5mm 的玻璃板，凡与水泥净浆接触的玻璃板和雷氏夹内表面都要稍稍涂上一层油（有些油会影响凝结时间，矿物油比较合适）。

（2）雷氏夹试件的成型

将预先准备好的雷氏夹放在已稍擦油的玻璃板上，并立即将已制好的标准稠度净浆一次装满雷氏夹，装浆时一只手轻轻扶持雷氏夹，另一只手用宽约 25mm 的直边刀在浆体表面轻轻插捣 3 次，然后抹平，盖上稍涂油的玻璃板，接着立即将试件移至湿气养护箱内养护 24h±2h。

（3）沸煮

调整好沸煮箱内的水位，使能保证在整个沸煮过程中都超过试件，不需中途添补试验用水，同时又能保证在 30±5min 内升至沸腾。

脱去玻璃板取下试件，先测量雷氏夹指针尖端间的距离（A），精确到 0.5mm，接着将试件放入沸煮箱水中的试架上，指针朝上，然后在 30±5min 内加热至沸并恒沸 180±5min。

（4）结果判别

沸煮结束后，立即放掉沸煮箱中的热水，打开箱盖，待箱体冷却至室温，取出试件进行判别。测量雷氏夹指针尖端的距离（C），准确至 0.5mm，当两个试件煮后增加距离（C-A）的平均值不大于 5.0mm 时，即认为该水泥安定性合格，当两个试件煮后增加距离（C-A）的平均值大于 5.0mm 时，应用同一样品立即重做一次试验。以复检结果为准。

8. 代用法测定安定性

（1）试验前准备工作

每个样品需准备两块边长约 100mm 的玻璃板，凡与水泥净浆接触的玻璃板都要稍稍涂上一层油。

（2）试饼的成型方法

将制好的标准稠度净浆取出一部分分成两等份，使之成球形，放在预先准备好的玻璃板上，轻轻振动玻璃板并用湿布擦过的小刀由边缘向中央抹，做成直径 70 ～ 80mm、中心厚约 10mm、边缘渐薄、表面光滑的试饼，接着将试饼放入湿气养护箱内养护 24±2h。

（3）沸煮

调整好沸煮箱内的水位，使能保证在整个沸煮过程中都超过试件，不需中途添补试验用水，同时又能保证在 30±5min 内升至沸腾。

脱去玻璃板取下试饼，在试饼无缺陷的情况下将试饼放在沸煮箱水中的箅板上，在 30±5min 内加热至沸并恒沸 180±5min。

（4）结果判别

沸煮结束后，立即放掉沸煮箱中的热水，打开箱盖，待箱体冷却至室温，取出试件进行判别。目测试饼未发现裂缝，用钢直尺检查也没有弯曲（使钢直尺和试饼底部紧靠，以两者间不透光为不弯曲）的试饼为安定性合格，反之为不合格。当两个试饼判别结果有矛盾时，该水泥的安定性为不合格。

9. 试验报告内容

试验报告应包括以下内容：标准稠度用水量、初凝时间、终凝时间、雷氏夹膨胀值或试饼的裂缝、弯曲形态等所有的试验结果。

2.3.4 胶砂强度检验

《水泥胶砂强度检验方法（ISO 法）》GB/T 17671，适用于硅酸盐水泥、普通硅酸盐水泥、矿渣硅酸盐水泥、粉煤灰硅酸盐水泥、复合硅酸盐水泥、石灰石硅酸盐水泥的抗折与抗压强度的检验。其他水泥采用必须研究该标准规定的适用性。

1. 试验目的

根据水泥胶砂不同龄期的抗压强度和抗折强度确定水泥是否符合强度等级的要求。

2. 方法概述

水泥胶砂强度检验方法（ISO 法）为 40mm×40mm×160mm 棱柱试体的水泥抗压强度和抗折强度测定。试体是由按质量计的一份水泥、三份中国 ISO 标准砂，用 0.5 的水灰比拌制的一组塑性胶砂制成。

胶砂用行星搅拌机搅拌，在振实台上成型。也可使用频率为 2800 ～ 3000 次 /min，振幅 0.75mm 振动台成型。

试体连模一起在湿气养护箱中养护 24h，然后脱模在水中养护至强度试验。到试验龄期时将试体从水中取出，先进行抗折强度试验，折断后每截再进行抗压强度试验。

火山灰质硅酸盐水泥、粉煤灰硅酸盐水泥、复合硅酸盐水泥和掺火山灰质混合材料的普通硅酸盐水泥在进行胶砂强度检验时，其用水量按 0.50 水灰比和胶砂流动度不小于 180mm 来确定。当流动度小于 180mm 时，应以 0.01 的倍数递增的方法将水灰比调整至胶砂流动度不小于 180mm。

3. 仪器设备

试验筛；搅拌机属行星式，用多台搅拌机工作时，搅拌锅和搅拌叶片应保持配对使用，叶片与锅之间的间隙，是指叶片与锅壁最近的距离，每月检查一次；试模，由三个水平的模槽组成，可同时成型三条截面为 40mm×40mm，长 160mm 的棱形试体；应备有两个播料器和一金属刮平直尺；振实台；抗折强度试验机；抗压强度试验机，精度 ±1 %，并具有按 2400±200N/s 速率的加荷能力，试验机的最大荷载以 200 ～ 300kN 为佳，可以有两个以上的荷载范围，其中最低荷载范围的最高值大致为最高范围内的最大值的 1/5。抗压强度试验机用夹具。

4. 胶砂组成

（1）中国 ISO 标准砂。

中国 ISO 标准砂可以单级分包装，也可以各级预配合以 1350±5g 量的塑料袋混合包装，但所用塑料袋材料不得影响强度试验结果。

（2）当试验水泥从取样至试验要保持 24 h 以上时，应把它贮存在基本装满和气密的容器里，这个容器应不与水泥起反应。

（3）仲裁试验或其他重要试验用蒸馏水，其他试验可用饮用水。

5. 胶砂制备

（1）胶砂的质量配合比应为一份水泥、三份标准砂和半份水（水灰比为 0.5）。一锅胶砂成三条试体，每锅材料需要量为水泥 450±2g ：标准砂 1350±5g ：水 225±1g 配制。

（2）水泥、砂、水和试验用具的温度与试验室相同，称量用的天平精度应为 ±1g。当用自动滴管加 225mL 水时，滴管精度应达到 ±1mL。

（3）每锅胶砂用搅拌机进行搅拌。先把搅拌机处于待工作状态，然后按以下程序进行操作：

把水加入锅里，再加入水泥，把锅放在固定架上，上升至固定位置。立即开动机器，低速搅拌 30s 后，在第二个 30s 开始的同时均匀地将砂子加入。当各级砂是分装时，从最粗料级开始，依次将所需的每级砂量加完。把机器转至高速再拌 30s。停拌 90s，在第 1 个 15s 内用一胶皮刮具将叶片和锅壁上的胶砂，刮入锅中间。在高速下继续搅拌 60s。各个搅拌阶段，时间误差应在 ±1s 以内。

6. 试件的制备

（1）尺寸为 40mm×40mm×160mm 的棱柱体。

（2）用振实台成型

将空试模和模套固定在振实台上，用一个合适的勺子直接从搅拌锅里将胶砂分 2 层装入试模，装第一层时，每个槽里约放 300g 胶砂，用大播料器垂直架在模套顶部沿每个模槽来回一次将料层播平，接着振实 60 次。再装入第二层胶砂，用小播料器播平，再振实 60 次。移走模套，从振实台上取下试模，用一金属直尺以近似 90° 的角度架在试模模顶的一端，然后沿试模长度方向以横向锯割动作慢慢向另一端移动，一次将超过试模部分的胶砂刮去，并用同一直尺以近乎水平的情况下将试体表面抹平。

在试模上作标记或加字条标明试件编号和试件相对于振实台的位置。

（3）用振动台成型

在搅拌胶砂的同时将试模和下料漏斗卡紧在振动台的中心。将搅拌好的全部胶砂均匀地装入下料漏斗中，开动振动台，胶砂通过漏斗流入试模。振动 120±5s 停车。振动完毕，取下试模，用刮平尺以规定的刮平手法刮去其高出试模的胶砂并抹平。接着在试模上作标记或用字条表明试件编号。

7. 试件的养护

（1）脱模前的处理和养护

去掉留在模子四周的胶砂。立即将做好标记的试模放入雾室或湿箱的水平架子上养护，湿空气应能与试模各边接触。养护时不应将试模放在其他试模上。一直养护到规定的脱模时间时取出脱模。

脱模前，用防水墨汁或颜料笔对试体进行编号和做其他标记。2个龄期以上的试体，在编号时应将同一试模中的三条试体分在2个以上龄期内。

（2）脱模

脱模应非常小心，脱模时可用塑料锤或橡皮榔头或专门的脱模器。对于24h龄期的，应在破型试验前20min内脱模。对于24h以上龄期的，应在成型后20～24h脱模。如经24h养护，会因脱模对强度造成损害时，可以延迟到24h以后脱模，但在试验报告中应予说明。已确定作为24h龄期试验（或其他不下水直接做试验）的已脱模试体，应用湿布覆盖至做试验时为止。

（3）水中养护

将做好标记的试件立即水平或竖直放在20±1℃的水中养护，水平放置时刮平面应朝上。

试件放在不易腐烂的箅子上，并彼此间保持一定间距，以让水与试件的六个面接触。养护期间试件之间间隔或试体上表面的水深不得小于5mm（不宜用木箅子）。

每个养护池只养护同类型的水泥试件。

最初用自来水装满养护池（或容器），随后随时加水保持适当的恒定水位，不允许在养护期间全部换水。

除24h龄期或延迟至48h脱模的试体外，任何到龄期的试体应在试验（破型）前15min从水中取出。揩去试体表面沉积物，并用湿布覆盖至试验为止。

（4）强度试验试体的龄期

试体龄期是从水泥加水搅拌开始试验时算起。不同龄期强度试验在下列时间里进行：24h±15min；48h±30min；72h±45min；7d±2h；＞28d±8h。

8. 试验步骤

（1）总则

用规定的设备以中心加荷法测定抗折强度。

在折断后的棱柱体上进行抗压试验，受压面是试体成型时的两个侧面，面积为40mm×40mm。

当不需要抗折强度数值时，抗折强度试验可以省去。但抗折强度试验应在不使试件受有害应力情况下折断的两截棱柱体上进行。

（2）抗折强度测定

将试体一个侧面放在试验机支撑圆柱上，试体长轴垂直于支撑圆柱，通过加荷圆柱以50±10 N/s的速率均匀地将荷载垂直地加在棱柱体相对侧面上，直至折断。

保持两个半截棱柱体处于潮湿状态直至抗压试验。

抗折强度按下式进行计算：

$$R_{\mathrm{f}}=\frac{1.5F_{\mathrm{f}}L}{b^{3}} \tag{2.3.4-1}$$

式中：F_{f}——折断时施加于棱柱体中部的荷载，N；

L——支撑圆柱之间的距离，mm；

b——棱柱体正方形截面的边长，mm。

（3）抗压强度测定

抗压强度试验通过规定的仪器，在半截棱柱体的侧面上进行。半截棱柱体中心与压力机压板受压中心差应在 ±0.5mm 内，棱柱体露在压板外的部分约有 10mm。

在整个加荷过程中以 2400±200N/s 的速率均匀地加荷直至破坏。

抗压强按下式进行计算：

$$R_{\mathrm{c}}=\frac{F_{\mathrm{c}}}{A} \tag{2.3.4-2}$$

式中：F_{c}——破坏时的最大荷载，N；

A——受压部分面积，mm^2（$40mm\times40mm=1600mm^2$）。

9. 水泥的合格检验

（1）试验结果确定

抗折强度：以一组 3 个棱柱体抗折结果的平均值作为试验结果。当 3 个强度值中有超出平均值 ±10% 时，应剔除后再取平均值作为抗折强度试验结果。

抗压强度：以一组 3 个棱柱体上得到的 6 个抗压强度测定值的算术平均值为试验结果。当 6 个测定值中有 1 个超出 6 个平均值的 ±10%，就应剔除这个结果，而以剩下 5 个的平均数为结果。如果 5 个测定值中再有超过它们平均数 ±10% 的，则此组结果作废。

（2）试验结果表示

各试体的抗折强度记录至 0.1MPa，按规定计算平均值。计算精确至 0.1MPa。各个半棱柱体得到的单个抗压强度结果计算至 0.1MPa，按规定计算平均值，计算精确至 0.1MPa。

（3）试验报告内容

报告应包括所有各单个强度结果（包括按规定舍去的试验结果）和计算出的平均值。

2.3.5 胶砂流动度测定

《水泥胶砂流动度测定方法》GB/T 2419，适用于水泥胶砂流动度的测定。

1. 试验目的

通过水泥胶砂流动度的测定，确定水泥胶砂适宜的用水量。

2. 方法概述

通过测量一定配比的水泥胶砂在规定振动状态下的扩展范围来衡量其流动性。

3. 仪器设备

水泥胶砂流动度测定仪（简称跳桌）；水泥胶砂搅拌机；试模；捣棒，金属材料制成，直径为 20±0.5mm，长度约 200mm；卡尺，量程不小于 300mm 分度值不大于 0.5mm。小刀，刀口平直，长度大于 80mm；天平，量程不小于 1000g，分度值不大于 1g。

4. 试验条件及材料

（1）试验室、设备、拌合水、样品应符合《水泥胶砂强度检验方法（ISO 法）》GB/T

17671 中关于试验室和设备的有关规定。

（2）胶砂组成。

胶砂材料用量按相应标准要求或试验设计确定。

5. 试验方法

（1）如跳桌在 24h 内未被使用，先空跳一个周期 25 次。

（2）胶砂制备按《水泥胶砂强度检验方法（ISO 法）》GB/T 17671 有关规定进行。在制备胶砂的同时，用潮湿棉布擦拭跳桌台面、试模内壁、捣棒以及与胶砂接触的用具，将试模放在跳桌台面中央并用潮湿棉布覆盖。

（3）将拌好的胶砂分两层迅速装入试模，第一层装至截锥圆模高度约 2/3 处，用小刀在相互垂直两个方向各划 5 次，用捣棒由边缘至中心均匀捣压 15 次（图 2.3.5-1）；随后，装第二层胶砂，装至高出截锥圆模约 20mm，用小刀在相互垂直两个方向各划 5 次，再用捣棒由边缘至中心均匀捣压 10 次（图 2.3.5-2）。捣压后胶砂应略高于试模。捣压深度，第一层捣至胶砂高度的 1/2，第二层捣实不超过已捣实底层表面。装胶砂和捣压时，用手扶稳试模，不要使其移动。

（4）捣压完毕，取下模套，将小刀倾斜，从中间向边缘分两次以近水平的角度抹去高出截锥圆模的胶砂，并擦去落在桌面上的胶砂。将截锥圆模垂直向上轻轻提起。立刻开动跳桌，以每秒钟一次的频率，在 25±1s 内完成 25 次跳动。

（5）流动度试验，从胶砂加水开始到测量扩散直径结束，应在 6min 内完成。

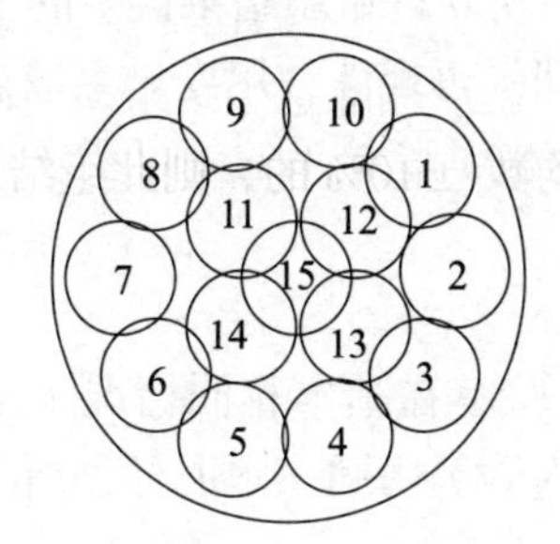

图 2.3.5–1　第一层捣压位置示意图

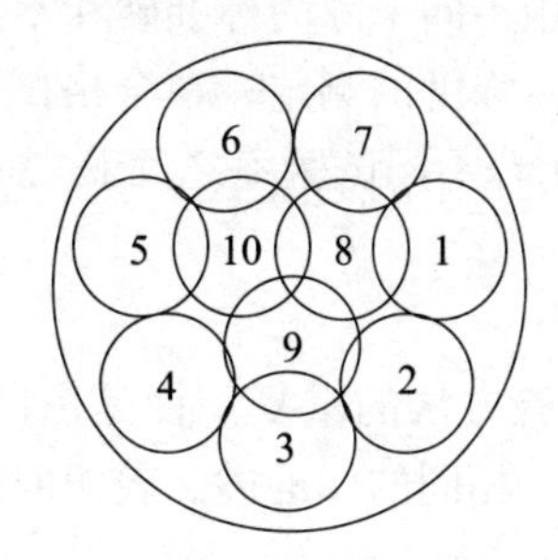

图 2.3.5–2　第二层捣压位置示意图

6. 结果与计算

跳动完毕，用卡尺测量胶砂底面互相垂直的两个方向直径，计算平均值，取整数，单位为毫米。该平均值即为该水量的水泥胶砂流动度。

2.4 综 述 提 示

1. 凝结时间测定注意事项

（1）在最初测定的操作时应轻轻扶持金属柱，使其徐徐下降，以防试针撞弯，但结果以自由下落为准；在整个测试过程中试针沉入的位置至少要距试模内壁 10mm。

（2）临近初凝时，每隔 5min（或更短时间）测定一次，临近终凝时每隔 15min（或更短时间）测定一次，到达初凝时应立即重复测一次，当两次结论相同时才能确定到达初凝状态，到达终凝时需要在试体另外两个不同点测试，确认结论相同才能确定到达终凝状态。

（3）每次测定不能让试针落入原针孔，每次测试完毕须将试针擦净并将试模放回湿气养护箱内，整个测试过程要防止试模受振。

（4）可以使用能得出与标准中规定方法相同结果的凝结时间自动测定仪，有矛盾时以标准规定方法为准。

2. 振实台安装

振实台应安装在高度约 400mm 的混凝土基座上。混凝土体积约为 $0.25m^3$，重约 600kg。需防外部振动影响振实效果时，可在整个混凝土基座下放一层厚约 5mm 的天然橡胶弹性衬垫。将仪器用地脚螺丝固定在基座上，安装后设备呈水平状态，仪器底座与基座之间要铺一层砂浆以保证它们的完全接触。

不同生产厂家的试模和振实台可能有不同的尺寸和重量，采购时考虑其与振实台设备的配套性。

3. 水泥的合格检验

（1）检验方法的精确性

检验方法的精确性是通过其重复性和再现性来测量。合格检验方法的精确性是通过它的再现性来测量的。验收检验方法的精确性和以生产控制为目的的检验方法是通过它的重复现性来测量的。

（2）再现性

抗压强度测量方法的再现性，是同一个水泥样品在不同试验室工作的不同操作人员，在不同的时间，用不同来源的标准砂和不同套设备所获得试验结果误差的定量表达。

对于 28d 抗压强度的测定，在合格试验室之间的再现性，用变异系数表示，可要求不超过 6%。这意味着不同试验室之间获得的两个相应试验结果的差可要求（概率 95%）小于约 15%。

（3）重复性

抗压强度试验方法的重复现性是由同一个试验室在基本相同情况下（相同的操作人员、相同的设备、相同的标准砂、较短时间间隔内等）用同一水泥样品所得试验结果的误差来定量表达。

对于 28d 抗压强度的测定，一个合格的试验室在上述条件下的重复性以变异系数表示，可要求在 1% ～ 3%。

4. 振动台代用设备的验收检验

（1）中国的振实台代用设备为全波振幅 0.75±0.02mm，频率 2800 ～ 3000 次 /min 的振动台，应符合《水泥胶砂振动台》JC/T 723 的有关要求。当要求进行代用振实设备验收时，检验机构应选择 3 套能从市场买到的设备，并排放在检定机构试验室内符合振实台要求标准设备的旁边。

检验机构应对设备在试验条件下的技术性能和所提供的技术说明书进行仔细比较。然后应进行三组对比试验，即每台用检验机构为此目的的选取三个水泥中每一个水泥样和 ISO 基准砂来进行。当三组试验的每一个都可以通过代用设备的验收试验时，该推荐振实设备被认为是可接受的代用品。

（2）代用设备

验收指标。用该设备的振实方法最终所得的 28d 抗压强度与按《水泥试验方法——强度测定》ISO 679 规定方法所得强度之差在 5% 以内为合格。

每个比对试验步骤。用为此目的选取的水泥试样，制备两组 20 对胶砂，一组用推荐的代用振实设备振实成型试件，另一组用标准振实设备振实。两组中每一对应一个接一个地制备，各对次序可以打乱，振实后的棱柱体（试件）的处理按《水泥胶砂强度检验方法（ISO 法）》GB/T 17671 的规定进行。养护 28d 后，对两组的所有 6 个棱柱体进行抗压强度试验，每种振实试验方法的结果应按《水泥胶砂强度检验方法（ISO 法）》GB/T 17671 的规定进行计算，推荐的代用设备振实的为 x，标准振实台的为 y。

每个比对试验的评定。计算下列参数，20 组中用标准设备振实的所有 20 个的抗压强度平均值；20 组中推荐代用设备振实的所有 20 个的抗压强度平均值；计算 $D=100(x-y)/\sqrt{y}$，精确至 0.1，正负不计。

推荐代用设备的验收要求。当计算的三个 D 值的每一个都小于 5 时，应认为这个代用设备可以接受。当其中一个或多个计算的 D 值等于或大于 5 时，这个代用设备不能通过鉴定。

5. 跳桌及其安装

（1）跳桌宜通过膨胀螺栓安装在已硬化的水平混凝土基座上。基座由容重至少为 $2240kg/m^3$ 的重混凝土浇筑而成，基部约为 400mm×400mm 见方，高约 690mm。跳桌推杆应保持清洁，并稍涂润滑油。圆盘与机架接触面不应该有油。凸轮表面上涂油可减少操作的摩擦。

（2）跳桌安装好后，采用流动度标准样（JB W01-1-1）进行检定，测得标样的流动度值如与给定的流动度值相差在规定范围内，则该跳桌的使用性能合格。

6. 水泥试验筛的标定方法

（1）范围

用于水泥试验筛的标定。

（2）原理

用标准样品在试验筛上的测定值，与标准样品的标准值的比值来反映试验筛筛孔的准确度。

（3）试验条件

水泥细度标准样品，符合《水泥细度和比表面积标准样品》GSB 14—1511 要求，或相同等级的标准样品。有争议时以《水泥细度和比表面积标准样品》GSB 14—1511 标准样品为准。

（4）被标定试验筛

被标定试验筛应事先经过清洗、去污、干燥（水筛除外）并和标定试验室温度一致。

（5）标定

将标准样装入干燥洁净的密闭广口瓶中，盖上盖子摇动 2min，消除结块。静置 2min 后，用一根干燥洁净的搅拌棒搅匀样品。按照筛析法称量标准样品精确至 0.01g，将标准样品倒进被标定试验筛，中途不得有任何损失。接着按标准方法规定进行筛析试验操作。每个试验筛的标定应称取 2 个标准样品连续进行，中间不得插做其他样品试验。

2 个样品结果的算术平均值为最终值，但当 2 个样品筛余结果相差大于 0.3% 时应称第 3 个样品进行试验，并取接近的两个结果进行平均作为最终结果。

（6）修正系数计算

修正系数按下式计算，计算精确至 0.01：

$$C=F_s/F_t \tag{2.4}$$

式中：C——试验筛修正系数；

F_s——标准样品的筛余标准值，%；

F_t——标准样品在试验筛上的筛余值，%。

（7）合格判定

当 C 值在 0.80 ~ 1.20 范围内时，试验筛可以继续使用，C 可作为结果修正系数。当 C 值超出 0.80 ~ 1.20 范围时，试验筛应予淘汰。

7. 通用硅酸盐水泥修改单

（1）第 1 号修改单

第 1 号修改单经国家标准化管理委员会于 2009 年 6 月 12 日批准，自 2009 年 9 月 1 日起实施，主要内容如下：

删除第 2 条"规范性引用文件"中"JC/T 420 水泥原料中氯离子的化学分析方法"；"8.4 条氯离子按 JC/T 420 进行试验。"改为"8.4 条氯离子按 GB/T 176 进行试验。"。

（2）第 2 号修改单

2015 年 12 月 1 日起实施，相关条文改用新条文：将 6.3 条中的"、复合硅酸盐水泥"等字删除。6.3 条后补充新条文："6.4 复合硅酸盐水泥的强度等级分为 32.5R、42.5、42.5R、52.5、52.5R 五个等级。"表 3 更改为新表：不同品种不同强度等级的通用硅酸盐水泥，其不同龄期的强度应符合表 3 的规定。即：取消了复合硅酸盐水泥 32.5 强度等级，保留了 32.5R 复合硅酸盐水泥。

（3）第 3 号修改单

2018 年第 15 号中华人民共和国国家标准公告，国家市场监督管理总局、国家标准化管理委员会批准《通用硅酸盐水泥》GB 175—2007 第 3 号修改单，2019 年 10 月 1 日起正式实施，3 号修改单的主要内容是"全面取消 32.5 强度等级复合硅酸盐水泥"。

8. 白色硅酸盐水泥

由白色硅酸盐水泥熟料，加入适量石膏和混合材料磨细制成的水硬性胶凝材料称为白色硅酸盐水泥。白色硅酸盐水泥按强度分为三级，即 32.5 级、42.5 级和 52.5级。技术要求，化学成分为 4 项，即三氧化硫、水泥中水溶性六价铬、氯离子和碱含量。物理性能范围 6 项，即细度、沸煮法安定性、凝结时间、白度、强度和放射性。

9. 细度检验有关筛子的要求

负压筛应附有透明的筛盖，筛盖与筛上口应有良好的密封性。手工筛筛框高度为 50mm，筛子的直径为 150mm。

10. 筛网的标定

（1）由于物料会对筛网产生磨损，试验筛每使用 100 次后需重新标定。

（2）筛余结果的修正：

试验筛的筛网会在试验中磨损，因此筛析结果应进行修正。修正的方法是将上述计算结果乘以该试验筛按规定标定后得到的有效修正系数，即为最终结果。

用 A 号试验筛对某水泥样的筛余值为 5.0%，即 A 号试验筛修正系数为 1.10，则该水泥样的最终结果为：5.0%×1.10 = 5.5%。

合格评定时，每个样品应称取两个试样分别筛析，取筛余平均值为筛析结果。若两次筛余结果绝对值误差大于0.5%时（筛余值大于5.0%时可放至1.0%）应再做一次试验，取两次相近结果的算术平均值，作为最终结果。

第3章　矿物掺合料检验

3.1　概　　述

随着混凝土技术的不断发展，矿物掺合料已成为混凝土中不可缺少的重要部分。现阶段的矿物掺合料主要有粉煤灰、矿渣粉、沸石粉、硅灰等。为了规范混凝土矿物掺合料的应用技术，引导其技术发展，达到改善混凝土的性能、提高工程质量、延长混凝土结构物使用寿命，并有利于工程建设的可持续发展，住建部和质量监督检验检疫总局于2014年5月16日联合发布，并与2015年2月1日实施的《矿物掺合料应用技术规范》GB/T 51003—2014。

目前，在全国各地使用粉煤灰、粒化高炉矿渣粉等掺合料已很普遍。什么是矿物掺合料？以硅、铝、钙等一种或多种氧化物为主要成分，具有规定细度，掺入混凝土中能改善混凝土性能的粉体材料。

1. 矿物掺合料

粉煤灰是使用最常见的矿物掺合料，粉煤灰是煤粉炉烟道气体中收集的粉末，粉煤灰按煤种和氧化钙含量分为F类和C类，F类粉煤灰是由无烟或烟煤燃烧收集的粉煤灰，而C类粉煤灰则是氧化钙含量一般大于10%，由褐煤或次烟煤燃烧收集的粉煤灰。C类粉煤灰又称之为高钙灰。粉煤灰不包括和煤一起燃烧城市垃圾或其他废弃物时、在焚烧炉中燃烧工业或城市垃圾时和循环流化床锅炉燃烧收集的粉末三种情形。粉煤灰对混凝土产生的作用主要有混凝土拌合物和易性得到改善、混凝土的温升降低、混凝土的耐久性提高、混凝土变形减少、成本降低和提高了抗压强度，但是带来了抗碳化性、抗冻性有所降低。

粒化高炉矿渣粉是指从炼铁高炉中排出的，以硅酸盐或铝硅酸盐为主要成分的熔融物，经淬冷成粒后粉磨所得的粉体材料。其具体定义为以粒化高炉矿渣为主要原料，可掺加少量天然石膏，磨制成一定细度的粉末。其主要用于水泥、砂浆和混凝土中。矿渣粉的质量和化学成分、矿物成分密切相关，还和比表面积、活性指数、流动度比密切相关。矿渣粉的比表面积越大，矿渣粉越细，等级越高；活性指数越大，表明矿渣活性越高，对混凝土强度贡献越大；流动度比越大，说明矿渣对改善混凝土的和易性作用越强。矿粉对混凝土的主要影响有提高新拌混凝土的工作性、防止过高水化热和降低早期抗裂的风险、长期强度高，降低碱骨料早期抗裂的风险和对混凝土的干缩有较大的影响。

硅灰是指从冶炼硅铁合金或工业硅时通过烟道排出的粉尘，经收集得到的无定形二氧化硅为主要成分的粉体材料。掺有硅灰的混凝土具有以下性能，硅灰可显著提高混凝土强度，主要用于配制高强混凝土、超高强混凝土；掺有硅灰的混凝土的耐磨性增大很多，比较适用于抗冲刷部位及高速公路的路面；将硅灰掺入混凝土中，还能提高混凝土对侵蚀介质的抵抗能力；将硅灰和减水剂一起掺入可提高混凝土的抗冻性。

沸石粉是指将天然沸石岩或丝光沸石岩磨细组成的粉体材料。沸石粉含有大量的活性二氧化硅和三氧化二铝，其火山灰活性次于硅灰，优于粉煤灰。浮石作为一种廉价并容易开采的矿物，用来作为混凝土用矿物掺合料具有普遍的适用性和经济性。沸石粉是一种多孔结构，在水泥混凝土中起着贮水库作用，自然状态下其吸附的大量水分与空气在混凝土拌合物的亲水作用下，水分进入沸石粉内部，原来的气体被排放到混凝土拌合物中，提高了混凝土的黏性以及骨料的裹浆量，混凝土的粘聚性变好，整体工作性变好。

复合矿物掺合料是指将两种或两种以上矿物掺合料按一定的比例复合后的粉体材料。专指用粉煤灰、粒化高炉矿渣粉、硅灰、石灰石粉、沸石粉、钢渣粉、磷渣粉中两种或两种以上的矿物原料，单独磨细至规定的细度后再按一定的比例混合均匀；或者两种及两种以上的矿物原料按一定的比例混合后再粉磨至规定的细度并达到规定的活性指数的复合材料。

（1）技术要求

粉煤灰和磨细粉煤灰的主要技术要求有7项，即细度（45μm方孔筛筛余、比表面积）、需水量比、烧失量、含水量、三氧化硫、游离氧化钙和氯离子含量。

粒化高炉矿渣粉的主要技术要求有9项，即密度、比表面积、活性指数、流动度比、含水量、三氧化硫、氯离子含量、烧失量和玻璃体含量。

硅灰的主要技术要求有4项，即比表面积、28d活性指数、二氧化硅含量和含水量。

沸石粉的主要技术要求有4项，即28d活性指数、细度（80μm方孔筛筛余）、需水量比和吸铵值。

复合矿物掺合料的主要技术要求有7项，即细度（45μm方孔筛筛余、比表面积）、活性指数、流动度比、含水量、三氧化硫含量、烧失量和氯离子含量。

（2）取样检验规定

散装矿物掺合料：应从每批连续进场的任意3个罐体各取等量试样一份，每份不少于5.0kg，混合搅拌均匀，用四分法缩取比试验需要量大一倍的试样量。

袋装矿物掺合料：应从每批中任抽10袋，从每袋中各取等量试样一份，每份不少于1.0kg，混合搅拌均匀，用四分法缩取比试验需要量大一倍的试样量。

（3）检验项目及批量

矿物掺合料检验项目、组批条件及批量，应符合表3.1的规定。

矿物掺合料检验项目、组批条件及批量 表3.1

矿物掺合料名称	检验项目	组批条件及批量	检验项目的依据及要求
粉煤灰	细度、需水量比、烧失量、安定性（C类粉煤灰）	同一厂家、相同级别连续供应200t/批（不足200t，按一批计）	《用于水泥和混凝土中的粉煤灰》GB/T 1596
粒化高炉矿渣粉	比表面积、流动度比、活性指数	同一厂家、相同级别连续供应500t/批、（不足500t，按一批计）	《用于水泥、砂浆和混凝土中的粒化高炉矿渣粉》GB/T 18046

续表

矿物掺合料名称	检验项目	组批条件及批量	检验项目的依据及要求
硅灰	需水量比、烧失量	同一厂家连续供应 30t/ 批（不足 30t，按一批计）	《矿物掺合料应用技术规范》GB/T 51003
沸石粉	吸铵值、细度、需水量比、活性指数	同一厂家、相同级别、连续供应 120t/ 批（不足 120t，按一批计）	《矿物掺合料应用技术规范》GB/T 51003
复合矿物掺合料	细度（比表面积或筛余量）、流动度比、活性指数	同一厂家、相同级别、连续供应 500t/ 批（不足 500t，按一批计）	《矿物掺合料应用技术规范》GB/T 51003

（4）验收规则

矿物掺合料的验收应按批进行，符合检验项目规定技术要求的方可使用。当其中任一检验项目不符合规定要求时，应降级使用或不宜使用；也可根据工程和原材料实际情况，通过混凝土试验论证，确能保证工程质量时，方可使用。

矿物掺合料储存超过 3 个月时，使用前应按以上第（3）款、第（4）款的规定进行复验。

2. 矿物外加剂

高强高性能混凝土用矿物外加剂是指在混凝土搅拌过程中加入的、具有一定细度和活性的、用于改善新拌混凝土和硬化混凝土性能（特别是混凝土耐久性）的某些矿物类产品。矿物外加剂按照其矿物组成分为 5 类，磨细矿粉、粉煤灰、磨细天然沸石、硅灰和偏高岭土。复合矿物外加剂依其主要组分进行分类，参照该类产品指标进行检验。偏高岭土是指以高岭土类矿物为原料，在适当温度下煅烧后经粉磨形成的以无定型铝硅酸盐为主要成分的产品。矿物外加剂依据性能指标将磨细矿渣分为Ⅰ、Ⅱ级，其他 4 类矿物外加剂不分级。

（1）技术要求

粉煤灰的主要技术要求有 8 项，即三氧化硫、烧失量、氯离子、游离氧化钙、含水率、细度（45μm 方孔筛筛余）、需水量比和活性指数（28d）。

磨细矿渣的主要技术要求有 8 项，即氧化镁、三氧化硫、烧失量、氯离子、含水率、比表面积、需水量比和活性指数（3d、7d、28d 或 7d、28d）。

硅灰的主要技术要求有 7 项，即烧失量、氯离子、二氧化硅、含水率、细度（45μm 方孔筛筛余、比表面积）、需水量比和活性指数（3d、7d、28d）。

磨细天然沸石的主要技术要求有 4 项，即氯离子、吸铵值、细度（45μm 方孔筛筛余）、需水量比和活性指数（28d）。

偏高岭土主要技术要求有 11 项，即氧化镁、三氧化硫、烧失量、氯离子、二氧化硅、三氧化二铝、游离氧化钙、含水率、细度（45μm 方孔筛筛余）、需水量比和活性指数（3d、7d、28d）。

（2）批量

磨细矿渣日产 100t 及以下 50t 为一个取样单位；日产大于 100t 且不大于 2000t 的，

250t为一个取样单位；日产大于2000t的，500t为一个取样单位。硅灰及其复合矿物外加剂以30t为一个取样单位。其他矿物外加剂以120t为一个取样单位，其数量不足者也以一个取样单位计。

（3）取样和留样

取样应随机取样，要有代表性，可以连续取样，也可以在20个以上不同部位取等量样品。每样总质量至少12kg，硅灰和磨细天然沸石取样量可以酌减，但总质量至少4kg，试样混合均匀后，按四分法缩减取比试验用量多1倍的试样。

生产厂每一编号的矿物外加剂试样应分为两等份，一份供产品出厂检验用，另一份密封保存6个月，以备复验或仲裁时用。

（4）出厂检验项目

磨细矿渣出厂检验项目，即含水率、比表面积、需水量比和活性指数（3d、7d、28d）。

粉煤灰出厂检验项目，即烧失量、游离氧化钙、含水率、细度（45μm方孔筛筛余）、需水量比和活性指数（28d）。

磨细天然沸石出厂检验项目，即细度（45μm方孔筛筛余）、需水量比和活性指数（28d）。

硅灰出厂检验项目，即烧失量、二氧化硅、含水率、细度（45μm方孔筛筛余）、需水量比和活性指数（3d、7d、28d）。

偏高岭土出厂检验项目，即二氧化硅、三氧化二铝、含水率、细度（45μm方孔筛筛余）、需水量比和活性指数（3d、7d、28d）。

3.2 矿物掺合料检验

3.2.1 矿物掺合料细度试验

矿物掺合料细度试验方法（气流筛法），规定了矿物掺合料细度试验用负压筛析仪的结构和组成，适用于矿物掺合料的细度检验。

1. 方法概述

利用气流作为筛分的动力和介质，通过旋转的喷嘴喷出的气流作用，应使筛网力的待测粉状物料呈流态化，并应在整个系统负压的作用下，将颗粒通过筛网抽走，从而达到筛分的目的。

2. 仪器设备

负压筛析仪应由45μm或80μm的方孔筛、筛座、真空源和收尘器等组成；天平量程不应小于50g，最小分度值不应大于0.01g。

3. 试验步骤

（1）矿物掺合料样品应置于温度为105～110℃烘干箱内烘至恒重，取出放在干燥器中冷却至室温。

（2）从制备好的样品中应称取约10g试样，精确至0.01g，倒入45μm或80μm的方孔筛筛网上，盖上筛盖。

（3）接通电源，应将定时开关固定在 3min 开始筛析。

（4）开始工作后，应观察负压表，使负压稳定在 4000 ～ 6000Pa；若负压小于 4000Pa，则应停机，清理收尘器中的积灰后再进行筛析。

（5）在筛析过程中，发现有细灰吸附在筛盖上，可用木锤轻轻敲打筛盖，使吸附在筛盖的灰落下。

（6）在筛析 3min 后自动停止工作，停机后观察筛余物，当出现颗粒成球，粘筛或有细颗粒沉积在筛框边缘，用毛刷将细颗粒轻轻刷开，将定时开关固定在手动位置，再筛析 1min ～ 3min 直至筛分彻底为止。

4. 结果计算

将筛网内的筛余物收集称量，准确至 0.01g。对于 45μm 或 80μm 的方孔筛筛余，应按下式计算：

$$F = (G_1/G) \times 100 \tag{3.2.1}$$

式中：F——45μm 或 80μm 方孔筛筛余，%；

G_1——筛余物的质量，g；

G——称取试样的质量，g。

3.2.2　需水量比、流动度比及活性指数试验

1. 仪器设备

试验采用《水泥胶砂强度检验方法（ISO 法）》GB/T 17671 中规定的仪器。

2. 试验用材料

试验应采用基准水泥或合同约定水泥。试验应采用符合《水泥胶砂强度检验方法（ISO 法）》GB/T 17671 中规定的标准砂。试验应采用自来水或蒸馏水。试验应采用受检的矿物掺合料。

3. 试验条件及方法

（1）试验室应符合《水泥胶砂强度检验方法（ISO 法）》GB/T 17671—1999 中有关“试验室”的规定。试验用各种材料和用具预先放在试验室内，使其达到试验室相同温度。

（2）进行需水量比试验时，其胶砂配合比应按表 3.2.2-1 选用。

胶砂配合比　　**表 3.2.2-1**

材料	对比胶砂	受检胶砂		
		粉煤灰	硅灰	沸石粉
水泥（g）	450±2	315±1	405±1	405±1
矿物掺合料（g）	—	135±1	45±1	45±1
ISO 砂（g）	1350±5	1350±5	1350±5	1350±5
水（mL）	225±1	按使受检胶砂流动度达基准胶砂流动度值 ±5mm 调整		

（3）进行流动度比以及活性指数试验时，其胶砂配合比应按表 3.2.2-2 选用。在此沸石粉只进行活性指数检验。

胶砂配合比 表 3.2.2–2

材料	对比胶砂	受检胶砂	
		复合矿物掺合料 粒化高炉矿渣粉	沸石粉
水泥（g）	450±2	225±1	405±1
矿物掺合料（g）	—	225±1	45±1
ISO 砂（g）	1350±5	1350±5	1350±5
水（mL）	225±1		

4. 试验步骤

（1）试验时，应先将水加入搅拌锅里，再加入预先混匀的水泥和矿物掺合料，把锅放置在固定架上，上升至固定位置。然后按现行国家标准《水泥胶砂强度检验方法（ISO法）》GB/T 17671—1999 中的规定进行搅拌，开动机器后，低速搅拌 30s 后，在第二个 30s 开始的同时均匀地将砂子加入。当各级砂是分装时，从最粗料级开始，依次将所需的每级砂量加完。把机器转至高速再拌 30s。

（2）停拌 90s，在第 1 个 15s 内用一胶皮刮具将叶片和锅壁上的胶砂，刮入锅中间。在高速下继续搅拌 60s。各个搅拌阶段，时间误差应在 ±1s 以内。

（3）试件应按《水泥胶砂强度检验方法（ISO 法）》GB/T 17671—1999 的有关规定进行制备。

（4）试件脱模前的处理和养护、脱模、水中养护应按《水泥胶砂强度检验方法（ISO法）》GB/T 17671—1999 的有关规定进行。

（5）试验龄期是从水泥加水搅拌开始试验时算起，不同龄期强度试验在下列时间里进行: 72h±45min；7d±2h；28d±8h。

5. 结果计算

（1）根据表 3.2.2-1 胶砂配合比，测得受检砂浆的用水量，应按下式计算相应矿物掺合料的需水量比，计算结果取整数。

$$R_{w}=\frac{W_{t}}{225}\times100 \quad (3.2.2\text{-}1)$$

式中: R_w——受检胶砂的需水量比，%；

W_t——受检胶砂的用水量，g；

225——对比胶砂的用水量，g。

（2）根据表 3.2.2-2 胶砂配合比，应按《水泥胶砂流动度测定方法》GB/T 2419 进行试验，分别测得对比胶砂和受检砂浆的流动度，应按下式计算受检胶砂的流动度比，计算结果取整数。

$$F=\frac{L_{t}}{L_{0}}\times100 \quad (3.2.2\text{-}2)$$

式中: F——受检胶砂的流动度比，%；

L_t——受检胶砂的流动度，mm；

L_0——对比胶砂的流动度，mm。

（3）在测得相应龄期对比胶砂和受检胶砂抗压强度后，应按下式计算矿物掺合料相应龄期的活性指数，计算结果取整数。

$$A=\frac{R_t}{R_0}\times 100 \qquad (3.2.2\text{-}3)$$

式中：A——矿物掺合料的活性指数，%；

R_t——受检胶砂相应龄期的强度，MPa；

R_0——对比胶砂相应龄期的强度，MPa。

3.3　矿物外加剂检验

3.3.1　吸铵值测定

1. 方法概述

天然磨细沸石通过铵离子净交换即吸铵值来检验沸石粉的总交换容量，是综合评价沸石粉的一个重要指标。

2. 标准试剂

氯化铵溶液 1mol/L，氯化钾溶液 1mol/L，硝酸铵溶液 0.005mol/L，硝酸银溶液 5%，氢氧化钠标准溶液 0.1mol/L，甲醛溶液 38%，酚酞酒精溶液 1%。

3. 仪器设备

干燥器，ϕ300 ～ ϕ400cm；电炉，300 ～ 500W；烧杯，150mL；锥形瓶，250 ～ 300mL；漏斗，ϕ10 ～ ϕ20cm，附中速定性滤纸；滴定管，50mL，最小刻度 0.1mL；分析天平，200g，感量 0.1mg。

4. 试验步骤

（1）取通过 80μm 方孔筛的磨细天然沸石风干样，放入干燥器中 24h 后，称取 1g，精确至 0.1mg，置于 150mL 的烧杯中，加入 100mL 的 1mol/L 的氯化铵溶液。

（2）将烧杯放在电热板或调温电炉上加热微沸 2h（经常搅拌，可补充水，保持杯中溶液至少 30mL）。

（3）趁热用中性定性滤纸过滤，取煮沸并冷却的蒸馏水洗烧杯和滤纸沉淀，再用 0.005mol/L 的硝酸铵溶液淋洗至无氯离子（用黑色比色板滴两滴淋洗液，加入一滴硝酸银溶液，无白色沉淀产生，表明无氯离子）。

（4）移去滤液瓶，将沉淀移到普通漏斗中用煮沸的 1mol/L 氯化钾溶液每次约 30mL 冲洗沉淀物，用一干净烧杯承接，分 4 次洗至 100 ～ 120mL 为止。

（5）在洗液中加入 10mL 甲醛溶液，静置 20min。

（6）在锥形洗液瓶中加入 2 ～ 8 滴酚酞指示剂，用氢氧化钠标准溶液滴定，直至微红色为终点（30s 不褪色），记下消耗的氢氧化钠标准溶液体积。

5. 计算

（1）磨细天然沸石吸铵值按下式计算，计算结果保留至 0.1mmol/kg：

$$A=\frac{M\times V\times 1000}{m} \qquad (3.3.1)$$

式中：A——吸铵值，mmol/kg；

M——氢氧化钠标准溶液的摩尔浓度，mol/L；

V——消耗的氢氧化钠标准溶液的体积，mL；

m——磨细天然沸石风干样放入干燥器中24h的质量，g。

（2）同一样品分别进行两次测试，取其平均值作为试验结果，精确至1mmol/kg。如两次测试结果绝对值之差对于平均值的3%，应查找原因，重新按上述试验方法进行测试。

3.3.2 含水率测定

1. 方法概述

将矿物外加剂放入规定温度的烘干箱内烘至恒重，以烘干前和烘干后的质量之比确定矿物外加剂的含水率。

2. 仪器设备

烘干箱，温度范围0～200℃；天平，最小分度值0.01g。

3. 试验步骤

称取矿物外加剂试样约50g，准确至0.01g，倒入蒸发皿中。将烘干箱温度调整并控制在105～110℃。将矿物外加剂试样放入烘干箱烘至恒重，取出后放在干燥器中冷却至室温后称量，准确至0.01g。

4. 结果计算

（1）矿物外加剂含水率按下式计算，计算结果精确至0.1%。

$$w=\frac{m_1-m_0}{m_1}\times100\% \tag{3.3.2}$$

式中：w——矿物外加剂含水率，%；

m_1——烘干前试样的质量，g；

m_0——烘干后试样的质量，g。

（2）含水率取两次试验结果的平均值，精确至0.1%。

3.3.3 需水量比及活性指数的测试

1. 方法概述

测试受检胶砂和基准胶砂的相同流动度时的用水量，两者用水量之比评价矿物外加剂的需水量比。测试受检胶砂和基准胶砂的抗压强度，采用两种胶砂同龄期的抗压强度之比评价矿物外加剂的活性指数。

2. 仪器设备

采用《水泥胶砂强度检验方法（ISO法）》GB/T 17671—1999中所规定的试验用仪器；采用《水泥胶砂流动度测定方法》GB/T 2419中所规定的试验用仪器；天平，分度值为0.01g。

3. 材料

水泥，采用《混凝土外加剂》GB 8076—2008附录A中规定的基准水泥；砂采用符合《水泥胶砂强度检验方法（ISO法）》GB/T 17671—1999规定的ISO标准砂；水，采用自来水或蒸馏水；矿物外加剂，受检的矿物外加剂；化学外加剂，符合《混凝土外加剂》GB 8076 要求的粉体奈萘标准型高效减水剂。

4. 测试条件

试验室应符合《水泥胶砂强度检验方法（ISO 法）》GB/T 17671—1999 中有关“试验室”的规定。试验用各种材料和用具预先放在试验室内，使其达到试验室相同温度。

5. 测试方法

（1）胶砂配合比

需水量比胶砂配比见表 3.3.3-1，活性指数胶砂配比见表 3.3.3-2。表中所示为一次搅拌量。

需水量比胶砂配比　　表 3.3.3–1

材料	基准胶砂	受检胶砂				
		磨细矿渣	粉煤灰	磨细天然沸石	硅　灰	偏高岭土
基准水泥	450±2	225±1	315±1	405±1	405±1	382±1
矿物外加剂	—	225±1	135±1	45±1	45±1	68±1
ISO 标准砂	1350±5	1350±5	1350±5	1350±5	1350±5	1350±5
水	225±1	使受检胶砂流动度达基准胶砂流动度值 ±5mm				

活性指数胶砂配比　　表 3.3.3–2

材料	基准胶砂	受检胶砂				
		磨细矿渣	粉煤灰	磨细天然沸石	硅　灰	偏高岭土
基准水泥	450±2	225±1	315±1	405±1	405±1	382±1
矿物外加剂	—	225±1	135±1	45±1	45±1	68±1
ISO 标准砂	1350±5	1350±5	1350±5	1350±5	1350±5	1350±5
水	225±1	225±1	225±1	225±1	225±1	225±1

检测时，受检胶砂流动度小于基准胶砂流动度时，使用符合要求的萘系标准型高效减水剂调整受检胶砂，使受检胶砂的流动度与基准胶砂流动度值之差 ±5mm 范围内。当受检胶砂流动度大于基准胶砂流动度时，不作调整，直接成型。

（2）胶砂搅拌和需水量比测试

① 胶砂搅拌

把水加入搅拌锅里，再加入预先混匀的水泥、化学外加剂和矿物外加剂，把锅放置在固定架上，上升至固定位置。然后按《水泥胶砂强度检验方法（ISO 法）》GB/T 17671—1999 中的有关规定进行搅拌。开动机器后，首先低速搅拌 30s，在第二个 30s 开始的同时均匀地将砂子加入。把机器转至高速再拌 30s 后，停拌 90s，在停拌后的第一个 15s 内用一胶皮刮具将叶片和锅壁上的胶砂刮入锅中间。在高速下继续搅拌 60s。各个搅拌阶段，时间误差应在 ±1s 以内。

② 需水量比测试

胶砂流动度测定按《水泥胶砂流动度测定方法》GB/T 2419 进行，调整胶砂用水量使受检胶砂流动度控制在基准胶砂流动度的 ±5mm 之内。

（3）试件的制备

试件应按《水泥胶砂强度检验方法（ISO 法）》GB/T 17671—1999 中第 7 章进行活性指数试验用胶砂试件的制备。

（4）试件的养护

试件脱模前的处理和养护、脱模、水中养护应按《水泥胶砂强度检验方法（ISO 法）》GB/T 17671—1999 的相关规定进行。

（5）强度和试验龄期

试验龄期是从水泥加水搅拌开始试验时算起，不同龄期强度试验在下列时间里进行：72h±45min；7d±2h；28d±8h。

（6）结果计算

① 需水量比

相应矿物外加剂的需水量比，按下式计算，计算结果精确至 1%。

$$R_w=\frac{W_t}{225}\times100\% \tag{3.3.3-1}$$

式中：R_w——受检胶砂的需水量比，%；

W_t——受检胶砂的用水量，g；

225——基准胶砂的用水量，g。

② 矿物外加剂活性指数计算

在测得相应龄期基准胶砂和受检胶砂抗压强度后，按下式计算矿物外加剂的相应龄期的活性指数，计算结果取整数。

$$A=\frac{R_t}{R_0}\times100\% \tag{3.3.3-2}$$

式中：A——矿物外加剂的活性指数，%；

R_t——受检胶砂相应龄期的抗压强度，MPa；

R_0——基准胶砂相应龄期的抗压强度，MPa。

3.4　粉煤灰检验

粉煤灰根据燃煤品种分为 F 类粉煤灰（由无烟煤或烟煤煅烧收集的粉煤灰）和 C 类粉煤灰（由褐煤或次烟煤煅烧收集的粉煤灰，氧化钙含量一般大于或等于 10%）。根据用途分为拌制砂浆和混凝土用粉煤灰、水泥活性混合材料与粉煤灰两类。拌制砂浆和混凝土用粉煤灰分为 3 个等级：Ⅰ级、Ⅱ级、Ⅲ级；水泥活性混合材料用粉煤灰不分级。

拌制砂浆和混凝土用粉煤灰技术要求有理化性能要求、放射性、碱含量、半水亚硫酸钙含量和均匀性共 6 项。理化性能要求又分为 10 项，即细度（45μm 的方孔筛筛余）、需水量比、烧失量、含水量、三氧化硫质量分数、游离氧化钙质量分数，二氧化硅、三氧化二铝和三氧化二铁总质量分数，密度、安定性（雷氏法）和强度活性指数。相关术语如下：

（1）对比水泥

符合《强度检验用水泥标准样品》GSB 14—1510 规定，或符合《通用硅酸盐水泥》GB 175 规定且满足《用于水泥和混凝土中的粉煤灰》GB/T 1596 标准中相关要求的 42.5 强度等级的硅酸盐水泥或普通硅酸盐水泥。

（2）试验样品

对比水泥和被检验粉煤灰按质量比 7 ∶ 3 混合而成。

（3）对比胶砂

对比水泥与规定级配的标准砂按质量比 1 ∶ 3 混合。

（4）试验胶砂

试验样品与规定级配的标准砂按质量比 1 ∶ 3 混合。

3.4.1　细度试验

1. 试验方法

按《水泥细度检验方法　筛析法》GB/T 1345 中 45μm 的负压筛析法进行，筛析时间为 3min。

2. 筛网校正

筛网应采用符合《粉煤灰细度标准样品》GSB 08—2056 规定的或其他同等级标准样品进行校正，筛析 100 个样品后进行筛网校正，结果处理同《水泥细度检验方法　筛析法》GB/T 1345 规定。

3.4.2　需水量比试验

1. 方法概述

按《水泥胶砂流动度测定方法》GB/T 2419 测定试验胶砂和对比胶砂的流动度，二者达到规定流动度范围时的加水量之比为粉煤灰的需水量比。

2. 材料

对比水泥：符合《强度检验用水泥标准样品》GSB 14-1510 规定，或符合《通用硅酸盐水泥》GB 175 规定且按表 3.4.2 配制的对比胶砂流动度在 145 ～ 155mm 内。试验样品：对比水泥和被检验粉煤灰按质量比 7 : 3 混合而成。标准砂应符合《水泥胶砂强度检验方法（ISO 法）》GB/T 17671—1999 规定的 0.5 ～ 1.0mm 的中级砂。水：洁净的淡水。

3. 仪器设备

天平，量程不小于 1000g，最小分度值不大于 1g；搅拌机，行星式水泥胶砂搅拌机；流动度跳桌。

4. 试验步骤

（1）胶砂配比按表 3.4.2 进行。

（2）对比胶砂和试验胶砂分别按《水泥胶砂强度检验方法（ISO 法）》GB/T 17671 规定进行搅拌。

粉煤灰需水量比试验胶砂配比（单位：g）　　表 3.4.2

胶砂种类	对比水泥	试验样品		标准砂
		对比水泥	粉煤灰	
对比胶砂	250	—	—	750
试验胶砂	—	175	75	750

（3）搅拌后的对比胶砂和试验胶砂分别按《水泥胶砂流动度测定方法》GB/T 2419 测定流动度。当试验胶砂流动度达到对比胶砂流动度的 ±2mm 时，记录此时的加水量；当试验胶砂流动度超出对比胶砂流动度的 ±2mm 时，重新调整加水量，直至试验胶砂流动度达到对比胶砂流动度的 ±2mm 为止。

5. 结果计算

粉煤灰需水量比按下式计算，计算结果至 1%：

$$X=\frac{m}{125}\times 100 \tag{3.4.2}$$

式中：X——需水量比，%；

m——试验胶砂流动度达到对比胶砂流动度的 ±2mm 时的加水量，g；

125——对比胶砂的加水量，g。

试验结果有矛盾或需要仲裁检验时。对比水泥宜采用《强度检验用水泥标准样品》GSB 14-1510 强度检验用水泥标准样品。

3.4.3　含水量试验

1. 方法概述

将粉煤灰放入规定温度的烘干箱内烘至恒重，以烘干前后的质量差与烘干前的质量比确定粉煤灰的含水量。

2. 仪器设备

烘干箱，可控制温度 105 ～ 110℃，最小分度值不大于 2℃；天平，量程不小于 50g，最小分度值不大于 0.01g。

3. 试验步骤

称取粉煤灰试样约 50g，精确至 0.01g，倒入已烘干至恒量的蒸发皿中称量，精确至 0.01g。将粉煤灰试样放入 105 ～ 110℃烘干箱内烘至恒重，取出放在干燥器中冷却至室温后称量，精确至 0.01g。

4. 结果计算

含水量按下式计算，结果保留至 0.1%。

$$w=\frac{m_1-m_0}{m_1}\times 100 \tag{3.4.3}$$

式中：w——含水量，%；

m_1——烘干前试样的质量，g；

m_0——烘干后试样的质量，g。

3.4.4　强度活性指数试验

1. 方法概述

按《水泥胶砂强度检验方法（ISO法）》GB/T 17671—1999测定试验胶砂和对比胶砂的28d抗压强度，以二者之比确定粉煤灰的强度活性指数。

2. 材料

对比水泥，符合《强度检验用水泥标准样品》GSB 14-1510规定，或符合《通用强酸盐水泥》GB 175规定的强度等级42.5的硅酸盐水泥或普通硅酸盐水泥。试验样品，对比水泥和被检验粉煤灰按质量比7∶3混合而成。标准砂，符合《中国ISO标准砂》GSB 08-1337规定。水，洁净的淡水。

3. 仪器设备

天平、搅拌机、振实台或振动台、抗压强度试验机等均应符合《水泥胶砂强度检验方法（ISO法）》GB/T 17671—1999的规定。

4. 试验步骤

（1）胶砂配比按表3.4.4进行。

强度活性指数试验胶砂配比（单位：g）　　表3.4.4

胶砂种类	对比水泥	试验样品		标准砂	水
		对比水泥	粉煤灰		
对比胶砂	450	—	—	1350	225
试验胶砂	—	315	135	1350	225

（2）将对比胶砂和试验胶砂分别按《水泥胶砂强度检验方法（ISO法）》GB/T 17671规定进行搅拌、试体成型和养护。

（3）试体养护至28d，按《水泥胶砂强度检验方法（ISO法）》GB/T 17671规定分别测定对比胶砂和试验胶砂的抗压强度。

5. 结果计算

强度活性指数按下式计算，结果保留至1%。

$$H_{28}=\frac{R}{R_0}\times 100 \tag{3.4.4}$$

式中：H_{28}——强度活性指数，%；

R——试验胶砂28d抗压强度，MPa；

R_0——对比胶砂28d抗压强度，MPa。

试验结果有矛盾或需要仲裁检验时。对比水泥宜采用《强度检验用水泥标准样品》GSB 14-1510强度检验用水泥标准样品。

3.4.5　烧失量试验

《用于水泥和混凝土中的粉煤灰》GB/T 1596—2017中规定烧失量试验方法按《水泥

化学分析方法》GB/T 176 进行。标准中规定了烧失量的测定方法是灼烧差减法。试验的基本要求如下:

（1）试验次数与要求：每一项测定的试验次数规定为两次，两次试验结果的绝对差值在重复性限内，用两次试验结果的平均值表示测定结果。

（2）灼烧：将滤纸和沉淀放入预先已灼烧并恒量的坩埚中，为避免产生火焰，在氧化性气氛中缓慢干燥、灰化，并灰化至无黑色炭颗粒后，放入高温炉中，在规定的温度下灼烧。在干燥器中冷却至室温，称量。

（3）恒量: 经第一次灼烧、冷却、称量后，通过连续对每次 15min 的灼烧，然后冷却、称量的方法来检查恒定质量，当连续两次称量之差小于 0.0005g 时，即达到恒量。

1. 方法提要

试样在 950±25℃的高温炉中灼烧，灼烧所失去的质量即为烧失量。

2. 适用范围

烧失量的灼烧差减法不适用于矿渣硅酸盐水泥烧失量的测定，矿渣硅酸盐水泥烧失量的测定按标准规定的方法进行。

3. 试验步骤

称取约 1g 试样，精确至 0.0001g，放入已灼烧恒量的瓷坩埚中，盖上坩埚盖，并留有缝隙，放在高温炉内。从低温开始逐渐升高温度，在 950±25℃下灼烧 15 ～ 20min，取出坩埚，置于干燥器中，冷却至室温，称量。反复灼烧，直至恒量或者在 950±25℃下灼烧 1h（有争议时，以反复灼烧至恒量的结果为准），置于干燥器中冷却至室温后称量。

4. 结果的计算与表示

烧失量的质量分数按下式计算:

$$\omega_{LOI}=\frac{m_1-m_2}{m_1}\times100 \tag{3.4.5}$$

式中: ω_{LOI}——烧失量的质量分数，%；

m_1——试样的质量，g；

m_2——灼烧后试样的质量，g。

3.5 粒化高炉矿渣粉检验

以粒化高炉矿渣为主要原材料，可掺加少量天然石膏，磨制成一定细度的粉体称为粒化高炉矿渣粉（以下简称矿渣粉）。矿渣粉的主要技术要求有 12 项，即密度、比表面积、活性指数（7d、28d）、流动度比、初凝时间比、含水量、三氧化硫、氯离子、烧失量、不溶物、玻璃体含量和放射性。

出厂检验项目包括密度、比表面积、活性指数、流动度比、初凝时间比、含水量、三氧化硫、烧失量、不溶物。

取样方法，按《水泥取样方法》GB/T 12573 规定进行，取样应有代表性，可连续取样，也可以在 20 个以上部位取等量样，总量至少 20kg。试样应混合，按四分法取出比试验量大一倍的试样。

3.5.1　活性指数、流动度比和初凝时间比的测定

1. 样品

（1）对比水泥

符合《通用硅酸盐水泥》GB 175 规定的强度等级为 42.5 的硅酸盐水泥和普通硅酸盐水泥，且 3d 抗压强度 25 ～ 35MPa，7d 抗压强度 35 ～ 45MPa，28d 抗压强度 50 ～ 60MPa，比表面积 350 ～ 400m^2/kg，SO_2 含量（质量分数）2.3% ～ 2.8%，碱含量（Na_2O + 0.658K_2O）（质量分数）0.5% ～ 0.9%。

（2）试验样品

由对比水泥和矿渣粉按质量比 1 : 1 组成。

2. 活性指数、流动度比试验步骤

（1）水泥胶砂配比

对比胶砂和试验胶砂配比如表 3.5.1-1 所示。

水泥胶砂配比　　表 3.5.1–1

水泥胶砂种类	对比水泥（g）	矿渣粉（g）	中国 ISO 标准砂（g）	水（mL）
对比胶砂	450	—	1350	225
试验胶砂	225	225	1350	225

（2）水泥胶砂搅拌程序

按《水泥胶砂强度检验方法（ISO 法）》GB/T 17671 进行。

（3）水泥胶砂流动度试验

按《水泥胶砂流动度测定方法》GB/T 2419 进行对比胶砂和试验胶砂的流动度试验。

（4）水泥胶砂强度试验

按《水泥胶砂强度检验方法（ISO 法）》GB/T 17671 进行对比胶砂和试验胶砂的 7d、28d 水泥胶砂抗压强度试验。

（5）活性指数、流动度计算

① 矿渣粉 7d 活性指数按下式计算，计算结果保留至整数。

$$A_7=\frac{R_7\times100}{R_{07}} \tag{3.5.1-1}$$

式中：A_7——矿渣粉 7d 活性指数，%；

R_{07}——对比胶砂 7d 抗压强度，MPa；

R_7——试验胶砂 7d 抗压强度，MPa。

② 矿渣粉 28d 活性指数按下式计算，计算结果保留至整数。

$$A_{28}=\frac{R_{28}\times100}{R_{028}} \tag{3.5.1-2}$$

式中：A_{28}——矿渣粉 28d 活性指数，%；

R_{028}——对比胶砂 28d 抗压强度，MPa；

R_{28}——试验胶砂 28d 抗压强度，MPa。

③ 矿渣粉流动度比按下式计算，计算结果保留至整数。

$$F=\frac{L\times 100}{L_m} \tag{3.5.1-3}$$

式中：F——矿渣粉流动度比，%；

L_m——对比胶砂流动度，mm；

L——试验胶砂流动度，mm。

3. 矿渣粉初凝时间比试验步骤

（1）水泥净浆配比

水泥净浆配比如表 3.5.1-2 所示。

水泥净浆配比 **表 3.5.1-2**

水泥净浆种类	对比水泥（g）	矿渣粉（g）	水（mL）
对比净浆	500	—	标准稠度用水量
试验净浆	250	250	标准稠度用水量

（2）水泥净浆初凝时间试验

按《水泥标准稠度用水量、凝结时间、安定性检验方法》GB/T 1346 进行对比净浆和试验净浆初凝时间的测定。

（3）水泥净浆初凝时间比计算

矿渣粉初凝时间比按下式计算，计算结果保留至整数。

$$T=\frac{I\times 100}{I_m} \tag{3.5.1-4}$$

式中：T——矿渣粉初凝时间比，%；

I_m——对比净浆初凝时间，min；

I——试验净浆初凝时间，min。

3.5.2 含水量的测定

1. 方法概述

将矿渣粉放入规定温度的烘干箱内烘至恒量，以烘干前和烘干后的质量之差与烘干前的质量之比确定矿渣粉含水量。

2. 仪器设备

烘干箱，可控温度不低于 110℃，最小分度值不大于 2℃；天平，量程不小于 50g，最小分度值不大于 0.01g。

3. 试验步骤

将蒸发皿在烘干箱中烘干至恒量，放入干燥器中冷却至室温后称重。将约 50g 的矿渣粉样品倒入蒸发皿中称重，精确至 0.01g。将矿渣粉样品与蒸发皿一起放入 105 ～ 110℃烘干箱内烘至恒量，取出放在干燥器中冷却至室温后称重，精确至 0.01g。

4. 结果计算

含水量按下式计算，结果保留至 0.1%。

$$W=\frac{(m_1-m_2)\times100}{m_1-m_0} \qquad (3.5.2)$$

式中：W——含水量，%；

m_0——蒸发皿的质量，g；

m_1——烘干前样品与蒸发皿的质量，g；

m_2——烘干后样品与蒸发皿的质量，g。

3.6　天然沸石粉检验

以天然沸石岩为原料，经粉磨至规定细度的粉状材料称为天然沸石粉。沸石粉按性能可分为 3 级，即Ⅰ级、Ⅱ级和Ⅲ级。

1. 沸石粉的技术要求

沸石粉的技术要求主要有 8 项，即吸铵值、细度、活性指数、需水量比、含水量、氯离子含量、硫化物及硫酸盐含量和放射性。

2. 取样

（1）以 120t 相同等级的沸石粉为一批，对于出厂检验，当 5d 的产量不足 120t 时，应按一批计。

（2）取样方法按《水泥取样方法》GB/T 12573 的规定进行。散装沸石粉应从不同部位取 10 份样品，每份不少于 1.0kg，样品应混合均匀，按四分法缩取至比所需量大一倍的试样。袋装沸石粉应从每批中随机抽取 10 袋，并从每袋中各取不少于 1.0kg 的样品，样品应混合均匀，按四分法缩取至比所需量大一倍的试样。

（3）每一批次取得到的试样应充分混匀，出厂检验样品应分为两等份，一份为检验样，另一份为封存样，密封保存 6 个月。当有争议时，对留样进行复检或仲裁检验。

3. 出厂检验

出厂检验项目包括即吸铵值、细度、活性指数、需水量比和含水量。

4. 判定规则

出厂检验符合标准出厂检验要求时，判为出厂检验合格。若其中任何一项不符合要求时，允许在同一批次中重新取样，对不合格项进行复检。复检结果合格时，判为出厂检验合格；当试验结果仍不符合要求时，判为出厂检验不合格。复检不合格时，应根据复检结果降级使用或不使用。

3.6.1　吸铵值试验

1. 方法概述

将样品与氯化铵溶液共热，使 NH_4^+ 被沸石粉充分吸附，经水洗涤后，再经氯化钾溶液作用，将交换的铵离子置换出来，然后加入甲醛，被置换出来的铵离子和甲醛作用生成酸，利用标准氢氧化钠溶液中和滴定，用酚酞作指示剂，通过消耗的氢氧化钠标准溶液量计算其吸铵值。

2. 试剂

氯化铵溶液 1.0mol/L，氯化钾溶液 1.0mol/L，硝酸铵溶液 0.005mol/L，硝酸银溶液

5%，氢氧化钠标准溶液 0.1mol/L，甲醛溶液 38%，酚酞酒精溶液 1%。

3. 仪器设备

干燥器，ϕ300 ~ ϕ500mm；电热板或调温电炉，300 ~ 500W；烧杯，150mL，最小刻度 0.1mL；锥形瓶，250 ~ 300mL；漏斗，ϕ100 ~ ϕ200mm，附中速滤纸；滴定管，50mL，最小刻度 0.1mL；分析天平，量程 200g，感量 0.001g；试验用水，应采用蒸馏水。

4. 试验步骤

（1）取通过 80μm 方孔筛的沸石粉气干样，放入干燥器中 24h 后，称取 1.000g，置于 150mL 的烧杯中，加入 100mL 的 1.0mol/L 的氯化铵溶液。

（2）将烧杯放在电热板或调温电炉上加热微沸 2h，在加热过程中，应经常搅拌，可补充水，应保持杯中溶液至少 30mL。

（3）趁热用中速滤纸过滤，取煮沸并冷却的蒸馏水洗烧杯和滤纸沉淀，再用 0.005mol/L 的硝酸铵淋洗至无氯离子（用黑色比色板滴两滴淋洗液，加入一滴硝酸银溶液，无白色沉淀产生，表明无氯离子）。

（4）移去滤液瓶，将沉淀移到普通漏斗中，用煮沸的 1.0mol/L 氯化钾溶液每次约 30mL 冲洗沉淀物，用一干净烧杯承接，分 4 次洗至 100 ~ 120 mL 为止。

（5）在洗液中加入 10mL 甲醛溶液，静置 20min。

（6）加入 2 ~ 8 滴酚酞指示剂，用氢氧化钠标准溶液滴定，直至微红色为终点（30s 不褪色），记下消耗的氢氧化钠标准溶液体积。

5. 结果计算

（1）沸石粉吸铵值按下式计算，精确至 0.1mmol/100g。

$$A=\frac{M \times V}{m} \times 100\% \tag{3.6.1}$$

式中：A——吸铵值，mmol/100g；

M——NaOH 标准溶液的摩尔浓度，mol/L；

V——消耗的 NaOH 标准溶液的体积，mL；

m——沸石粉质量，g。

（2）同一样品分别进行两次试验，两次试验结果之差的绝对值不大于平均值的 8% 时，取其平均值作为试验结果，精确至 1mmol/100g；当两次试验结果之差超过允许范围时，应重新按上述试验方法进行试验。

3.6.2 活性指数试验

1. 仪器设备及材料

试验用仪器应采用《水泥胶砂强度检验方法（ISO 法）》GB/T 17671 中规定的试验用仪器。试验用沸石粉应采用气干样，不应进行烘干处理。水泥应采用符合《混凝土外加剂》GB 8076 规定的基准水泥或合同约定的水泥。当有争议或仲裁检验时，应采用符合《混凝土外加剂》GB 8076 规定的基准水泥。砂应采用符合《水泥胶砂强度检验方法（ISO 法）》GB/T 17671 中规定的标准砂。水应采用符合《生活饮用水卫生标准》GB 5749 规定的生活饮用水。

2. 试验条件及方法

（1）试验室应符合《水泥胶砂强度检验方法（ISO 法）》GB/T 17671 的规定。

（2）确定活性指数的胶砂配合比符合表 3.6.2 的规定。

胶砂配合比　　表 3.6.2

胶砂种类	水泥（g）	沸石粉（g）	砂（g）	水（g）
对比胶砂	450		1350	225
受检胶砂	405	45	1350	225

（3）按《水泥胶砂强度检验方法（ISO 法）》GB/T 17671 规定进行胶砂的搅拌，分别测定对比胶砂和受检胶砂相应龄期的抗压强度。

3. 结果计算

沸石粉各龄期的活性指数按下式计算，结果应精确至 1%。

$$A=\frac{R_t}{R_0}\times100\% \tag{3.6.2}$$

式中：A——沸石粉活性指数，%,；

R_t——受检胶砂相应龄期的抗压强度，MPa；

R_0——对比胶砂相应龄期的抗压强度，MPa。

3.6.3　需水量比试验

1. 仪器设备及材料

仪器应按《水泥胶砂强度检验方法（ISO 法）》GB/T 17671 中规定的试验用仪器。沸石粉应采用气干样，不应进行烘干处理。水泥应采用符合《混凝土外加剂》GB 8076 规定的基准水泥或合同约定的水泥。当有争议或仲裁检验时，应采用符合《混凝土外加剂》GB 8076 规定的基准水泥。砂应采用符合《水泥胶砂强度检验方法（ISO 法）》GB/T 17671 中规定的标准砂。水应采用符合《生活饮用水卫生标准》GB 5749 规定的生活饮用水。

2. 试验条件及方法

（1）试验环境应符合《水泥胶砂强度检验方法（ISO 法）》GB/T 17671 的规定。

（2）确定需水量比的胶砂配合比符合表 3.6.3 的规定。

胶砂配合比　　表 3.6.3

胶砂种类	水泥（g）	沸石粉（g）	砂（g）	水（g）	流动度（mm）
对比胶砂	450	—	1350	225	L_0
受检胶砂	405	45	1350	W	L_0+2

（3）按《水泥胶砂强度检验方法（ISO 法）》GB/T 17671 规定进行胶砂的搅拌。

（4）按表 3.6.3 规定的胶砂配合比和《水泥胶砂流动度测定方法》GB/T 2419 规定的方法测定流动度。当受检胶砂流动度达到对比胶砂流动度 $L_0\pm2$mm 流动时，记录此时的加水量；当受检胶砂流动度超出对比胶砂流动度 $L_0 \pm 2mm$ 流动范围时，重新调整加水量，直至受检胶砂流动度达到对比胶砂流动度 $L_0 \pm 2mm$ 流动为止。分别测定对比胶砂和受检胶砂的流动度。

3. 结果计算

需水量比按下式计算，精确至 1%：

$$F = \frac{W}{225} \times 100\% \tag{3.6.3}$$

式中：F——沸石粉的需水量比，%；

W——受检胶砂流动度达到对比胶砂流动度 $L_0 \pm 2mm$ 胶砂范围时的加水量，g。

3.6.4 含水量试验

1. 仪器设备

电热烘干箱，可控温度应不低于 110℃，最小分度值不大于 1℃；天平，量程不小于 100g，精确至 0.01g。

2. 试验步骤

称取沸石粉试样约 50g，精确至 0.01g，倒入烘干至恒重的蒸发皿中。将烘干箱温度调整并控制在 105 ～ 110℃范围内。将沸石粉试样放入烘干箱内烘至恒重，取出放在干燥器中冷却至室温后称量，精确至 0.01g。

3. 结果计算

含水量按下式计算，精确至 0.1%。

$$p_w = \frac{m_{w0} - m_{w1}}{m_{w0}} \times 100\% \tag{3.6.4}$$

式中：p_w——含水量，%；

m_{w0}——烘干前试样的质量，g；

m_{w1}——烘干后试样的质量，g。

每个样品应称取两个试样进行试验，取两个试样含水量的算术平均值作为试验结果；两个试样含水量的绝对差值大于 0.2% 时，应重新进行试验。

3.7 硅灰试验

在冶炼硅铁合金或工业硅时，通过烟道排出的粉尘，经收集得到的以无定形二氧化硅为主要成分的粉体材料，称为硅灰。硅灰浆是指以水为载体的含有一定数量硅灰的匀质性浆料。硅灰的分类是按其使用时的状态，可分为硅灰和硅灰浆两类。

1. 技术要求

硅灰的技术要求有 12 项，即固含量（液料）、总碱量、二氧化硅含量、氯含量、含水率（粉料）、烧失量、需水量比、比表面积（BET 法）、活性指数（7d 快速法）、放射性、抑制碱骨料反应性或抗氯离子渗透性。

2. 取样

取样按《水泥取样方法》GB/T 12573 进行，取样应有代表性，可连续取，也可以从

10 个以上不同部位取等量样品，总量至少 5kg，硅灰浆至少 15kg，试样应混合均匀。

3. 检验

出厂检验项目包括二氧化硅含量、含水率（固含量）、需水量比和烧失量。

4. 复验

在产品贮存期间，用户对产品质量提出异议时，可进行复验。复验可以用同一编号封存样品进行。如果使用方要求现场取样，应事先在供货合同中规定。生产厂应在接到用户通知 7d 内会同用户共同取样，送质量监督检验机构检验；生产厂在规定时间内不去现场，用户看会同质检机构取样检验，结果同等有效。

3.7.1　硅灰浆固含量检验

1. 方法概述

在已恒量的称量瓶内放入硅灰浆样品在一定温度下烘至恒量。

2. 仪器设备

烘箱，温度控制范围为 105±5℃；天平，称量 100g，感量 0.0001g；带盖称量瓶，25mm×65mm；干燥器，内盛变色硅胶。

3. 试验步骤

将洁净带盖称量瓶放入烘箱内，于 100 ～ 105℃烘 30min，取出置于干燥器中，冷却 30min 后称量，重复上述过程直至恒重。将 5.000 ～ 10.000g 硅灰浆放入已恒重的称量瓶内，盖上盖称出硅灰浆及称量瓶的总质量。将盛有硅灰浆的称量瓶放入烘箱内，开启瓶盖，升温至 100 ～ 105℃烘干，盖上盖置于干燥器中冷却 30min 后称量。重复上述过程直至恒重。

4. 结果表示

硅灰浆固含量按下式计算，精确至 0.1%：

$$X_{固}=\frac{m_2-m_0}{m_1-m_0}\times 100 \tag{3.7.1}$$

式中：$X_{固}$——硅灰浆固含量，%；

m_0——称量瓶的质量，g；

m_1——称量瓶加硅灰浆的质量，g；

m_2——称量瓶加烘干后硅灰浆的质量，g。

3.7.2　活性指数试验

1. 仪器设备

采用《水泥胶砂强度检验方法（ISO 法）》GB/T 17671—1999 中所规定的试验用仪器。

2. 原材料

水泥采用符合《混凝土外加剂》GB 8076—2008 中规定的基准水泥。允许采用熟料中铝酸三钙（C_3A）含量 6% ～ 8%，总碱量（Na_2O + 0.658K_2O）不大于 1% 的熟料和二水石膏。矿渣共同磨制的强度等级大于（含）42.5 的普通硅酸盐水泥，但仲裁仍需用基准水泥。砂采用符合《水泥胶砂强度检验方法（ISO 法）》GB/T 17671—1999 中规定的标准砂。水采用自来水或蒸馏水。高效减水剂采用符合《混凝土外加剂》GB 8076—2008 中标准型高效减水剂要求的萘系减水剂，要求减水率大于18%。

3. 试验条件及方法

（1）试验条件

试验室应符合《水泥胶砂强度检验方法（ISO法）》GB/T 17671—1999中的规定。试验用各种材料和用具应预先放在试验室内24h以上，使其达到试验室相同的温度。

（2）胶砂配合比

胶砂配合比如表3.7.2所示。

胶砂配合比（单位：g） **表3.7.2**

材料	水泥	硅灰	标准砂	水
基准胶砂	450	—	1350	225
受检胶砂	405	45	1350	225

注：1. 受检胶砂中应加入高效减水剂，使受检胶砂流动度达到基准胶砂流动度值的±5mm。
2. 以上为一次搅拌量，一次成型3个试件。

（3）试验步骤

①搅拌

把水（水和外加剂）加入搅拌锅里，再加入水泥（预先混匀的水泥和硅灰），把锅放在固定架上，上升至固定位置。然后按《水泥胶砂强度检验方法（ISO法）》GB/T 17671—1999中的规定进行搅拌。开动机器后，低速搅拌30s后，在第二个30s开始的同时均匀地将砂子加入。当各级砂是分装时，从最粗料级开始，依次将所需的每级砂量加完。把机器转至高速再拌30s，停拌90s，在第1个15s内用一胶皮刮具将叶片和锅壁上的胶砂，刮入锅中间。在高速下继续搅拌60s。各个搅拌阶段，时间误差应在±1s以内。

②流动度测定

水泥砂浆流动度测定按《水泥胶砂流动度测定方法》GB/T 2419进行。

③试件制备

按《水泥胶砂强度检验方法（ISO法）》GB/T 17671—1999中的规定进行。

④试件的养护

胶砂试件成型后，1d脱模，脱模前，试件应置于温度20±2℃、湿度95%以上的环境中养护；脱模后，试件置于密闭的蒸养箱中，在65±2℃温度下蒸养6d。

⑤强度测定

胶砂试件养护7d龄期后，从蒸养箱中取出，在试验条件下冷却至室温，进行抗压强度试验，抗压强度试验按《水泥胶砂强度检验方法（ISO法）》GB/T 17671—1999中的规定进行。

4. 结果计算

7d龄期硅灰的活性指数按下式计算，计算结果精确到1%：

$$A=\frac{R_t}{R_0}\times100 \tag{3.7.2}$$

式中：A——硅灰的活性指数%；

R_t——受检胶砂7d龄期的抗压强度，MPa；

R_0——对比胶砂7d龄期的抗压强度，MPa。

3.7.3 抑制碱骨料反应试验

1. 方法概述

采用检验碱骨料反应的快速砂浆棒法，通过人工设置碱骨料反应的条件，检验硅灰对碱骨料反应的抑制作用。

2. 仪器设备

烘箱，温度控制范围为105±5℃。天平，称量1000g，感量0.1g。试验筛，筛孔公称直径为4.75mm、2.36mm、1.18mm、600μm、300μm、150μm的方孔筛各一只。测长仪，测量范围为275～300mm，精度0.01mm。水泥胶砂搅拌机，符合《行星式水泥砂浆搅拌机》JC/T 681的规定。恒温恒湿箱或水浴，温度控制80℃ ±2℃。养护筒，由耐碱耐酸高温的材料制成，不漏水，密封，防止容器内湿度下降，筒的容积可以保证试件全部浸没在水中。筒内设有试件架，试件垂直于试件架放置。试模，金属试模。尺寸为25mm×25mm×280mm，试模两端正中有小孔，装有不锈钢测头；镘刀、捣棒、量筒、干燥器等。

3. 原材料

骨料：石英玻璃颗粒（级配满足表3.7.3-1的要求），骨料应洗净并烘干备用。水泥：水泥应采用高碱水泥，碱含量控制在0.95%～1.05%（$Na_2O + 0.658K_2O$），当碱含量低于此值时，可掺浓度为10%的氢氧化钠溶液，将碱含量调至此范围。水：蒸馏水。配合比：胶砂配合比如表3.7.3-2所示。

碱集料反应用砂各粒级质量 表3.7.3-1

筛径	2.36～4.75mm	1.18～2.36mm	600μm～1.18mm	300～600μm	150～300μm
比例（%）	10	25	25	25	15

胶砂配合比（单位：g） 表3.7.3-2

原材料	高碱水泥	玻璃骨料	硅灰
基准胶砂配合比	400	900	—
受检胶砂配合比	360	900	40

注：用水量使流动度控制在100～115mm；每次成型3个试件。

4. 试件成型

成型前24h，将试验所用材料（水泥、砂、拌合用水等）放入20℃ ±2℃的恒温室中。将称好的水泥与砂倒入搅拌锅，应按《水泥胶砂强度检验方法（ISO法）》GB/T 17671—1999的规定进行搅拌。搅拌完成后，将砂浆分两层装入试模内，每层捣40次，测头周围应填实，浇捣完毕后用镘刀刮除多余砂浆，抹平表面，并标明测定方向及编号。

5. 试验步骤

（1）将试件成型完毕后，带模放入标准养护室，养护24±4h后脱模。

（2）脱模后，将试件浸泡在装有自来水的养护筒中，并将养护筒放入温度80±2℃的烘箱或水浴箱中养护24h。同种骨料制成的试件放在同一个养护筒中。

（3）然后将养护筒逐个取出。每次从养护筒中取出一个试件，用抹布擦干表面，立即用测长仪测试件的基长。每个试件至少重复测试两次，取差值在仪器精度范围内的两个读数的平均值作为长度测定值（精确至0.02mm），每次每个试件的测量方向应一致；从取出试件擦干到读数完成应在15±5s内结束，读完数后的试件应用湿布覆盖。全部试件测完基准长度后，把试件装入有浓度为1mol/L氢氧化钠溶液的养护筒中，并确保试件被完全浸泡。溶液温度应保持在80±2℃，将养护筒放回烘箱或水浴箱中。特别要注意，用测定仪测定任一组试件的长度时，均应先调整测长仪的零点。

（4）自测定基准长度之日起，第3d、7d、10d、14d再分别测其长度。测长方法与测基长方法相同。每次测量完毕后，应将试件调头放入原养护筒，盖好筒盖，放回80±2℃的烘箱或水浴箱中，继续养护到下一个测试龄期。操作时防止氢氧化钠溶液溢溅，避免烧伤皮肤。

（5）在测量时应观察试件的变形、裂缝、渗出物等，特别应观察有无胶体物质，并做详细记录。

6. 结果计算

（1）试件的膨胀率应按下式计算，精确至0.01%：

$$E_t=\frac{L_t-L_0}{L_0-2\Delta}\times 100 \tag{3.7.3-1}$$

式中：E_t——试件在t天龄期的膨胀率，%；

L_t——试件在t天龄期的长度，mm；

L_0——试件的基长，mm；

Δ——侧头长度，mm。

以3个试件膨胀率的平均值作为某一龄期膨胀率的测定值。

（2）硅灰混凝土膨胀率降低值按下式计算，精确至1%：

$$R_e=\frac{E_{t0}-E_{t1}}{E_{t0}}\times 100 \tag{3.7.3-2}$$

式中：R_e——膨胀率降低值，%；

E_{t1}——受检砂浆棒长度变化率，%；

E_{t0}——基准砂浆棒长度变化率，%。

3.8 综述提示

1. 矿物掺合料的应用

（1）适用范围

《矿物掺合料应用技术规范》GB/T 51003适用于粉煤灰、粒化高炉矿渣粉、硅灰、石灰石粉、钢渣粉、磷渣粉、沸石粉和复合矿物掺合料的各类在混凝土工程中的应用。包括各类预拌混凝土、现场搅拌混凝土及预制构件混凝土。应注意以下两个问题：一是，采用规范规定以外的矿物掺合料时，应经过充分、系统的试验验证之后再行使用；二是，随着混凝土技术的进步和发展，会有新的矿物掺合料出现，因此，规范规定，当采用新品种矿物掺合料时，在使用前应经过充分、系统的试验验证。

（2）细度试验方法——筛网的校正

筛网的校正采用粉煤灰细度标准样品或其他同等级标准样品，按上述的步骤测定标准样品的细度，筛网校正下式应按下式计算：

$$K = m_0 / m \tag{3.8}$$

式中：K——筛网校正系数，计算至 0.1；

m_0——标准样品筛余标准值，%；

m——标准样品筛余实测值，%。

筛网校正系数范围为 0.8 ～ 1.2，超出该范围筛网不得用于试验；筛析 100 个样品后进行筛网的校正。最终的筛余量结果应为筛网的校正系数和方孔筛筛余的乘积。

（3）相关测试方法的应用

根据《矿物掺合料应用技术规范》GB/T 51003 的规定，矿物掺合料胶砂需水量比、流动度比及活性指数的测试方法，同样适用于粉煤灰、粒化高炉矿渣粉、硅灰、石灰石粉、钢渣粉、磷渣粉、沸石粉和复合矿物掺合料。

（4）矿物掺合料的试验方法

《矿物掺合料应用技术规范》GB/T 51003 包括的试验方法有 5 项内容，即矿物掺合料细度试验方法（气流筛法）、矿物掺合料胶砂胶砂需水量比、流动度比及活性指数的试验方法、含水量试验方法、吸铵值试验方法和石灰石粉亚甲蓝值测试方法。

2. 矿物外加剂的应用

（1）适用范围

高强高性能混凝土矿物外加剂适用于高强高性能混凝土用磨细矿渣、粉煤灰、磨细天然沸石、硅灰和偏高岭土及其复合的矿物外加剂。

（2）细度试验方法

比表面积：磨细矿渣按《水泥比表面积测定方法 勃氏法》GB/T 8074 进行，硅灰按《气体吸附 BET 法测定固态物质比表面积》GB/T 19587 进行。

45μm 方孔筛筛余：粉煤灰按《水泥细度检验方法 筛析法》GB/T 1345 进行，磨细天然沸石、硅灰和偏高岭土按《水泥细度检验方法 筛析法》GB/T 1345 中的水筛法进行。

（3）贮存

在正常运输、贮存条件下，矿物外加剂的储存期从产品生产之日起计算为 180d。储存时间超过储存期的产品，应予复验，检验合格后才能出库使用。

3. 粉煤灰

（1）适用范围

《用于水泥和混凝土中的粉煤灰》GB/T 1596—2017 适用于拌制砂浆和混凝土时作为掺合料的粉煤灰及水泥生产中作为活性材料的粉煤灰。

（2）筛网校正

《用于水泥和混凝土中的粉煤灰》GB/T 1596—2017 规定，筛析 100 个样品后进行筛网校正。《用于水泥和混凝土中的粉煤灰》GB/T 1596—2005（已作废）规定，筛析 150 个样品后进行筛网校正。

（3）烧失量试验方法的新变化

《水泥化学分析方法》GB/T 176—2017 规定，烧失量的试验采用灼烧差减法，反复灼烧，直至恒量或者在 950±25℃下灼烧 1h（有争议时，以反复灼烧至恒量的结果为准）。《水泥化学分析方法》GB/T 176—2008（已作废）规定，反复灼烧，直至恒量。要注意区分它们之间的差别。烧失量的测定分为“水泥烧失量的测定”和“矿渣硅酸盐水泥烧失量的测定”。在矿渣硅酸盐水泥烧失量的测定中，对灼烧后试料中硫酸盐三氧化硫的测定方法做了具体规定。

（4）其他变化

增加了“除另有说明外，标准滴定溶液的有效期为 3 个月，如果超过 3 个月，重新进行标定”；试样的制备“全部通过孔径为 80μm 方孔筛”修改为“全部通过孔径为 150μm 方孔筛”。

4. 矿粉

（1）勃氏透气仪的校准

粒化高炉矿渣粉的比表面积试验，按《水泥比表面积测定方法　勃氏法》GB/T 8074 进行，勃氏透气仪的校准采用《粒化高炉矿渣粉细度和比表面积标准样品》GBS 08-3387 和相同等级的其他标准物质，有争议时以前者为准。

（2）放射性试验的质量比

放射性试验，按《建筑材料放射性核素限量》GB 6566 进行，其中试验样品为矿渣粉和硅酸盐水泥按质量比 1∶1 混合而成。

（3）与原标准相比的主要变化

增加了矿渣粉的“初凝时间比、不溶物”两项技术要求指标；技术要求中，S95 矿渣粉的 7d 活性指数由“大于等于 75%”修改为“大于等于 70%”；矿渣粉的烧失量“小于等于 3.0%”修改为“小于等于 1.0%”；氯离子试验方法由“《水泥原材料中氯的化学分析方法》JC/T 420 进行”修改为“按《水泥化学分析方法》GB/T 176 进行”；出厂检验中增加了“初凝时间比、烧失量和不溶物”检验项目；对比水泥中增加了“3d 抗压强度”技术要求，比表面积由“300 ～ 400m^2/kg”修改为“350 ～ 400m^2/kg”。

5. 硅灰

（1）适用范围

适用于砂浆和混凝土用硅灰。

（2）硅灰的分类

硅灰按其使用时状态，可分为硅灰和硅灰浆。

（3）折算

技术要求中规定，硅灰浆折算为固体含量应按“硅灰技术要求”进行检验；抑制碱骨料反应和抗氯离子渗透性为选择性项目，由供需双方协商决定。

（4）硅灰浆的制样方法

硅灰浆的制样方法参照产品标准中“硅灰浆固含量检验方法”规定的方法进行。

第4章 骨料检验

4.1 概 述

普通混凝土中的骨料包括粗骨料和细骨料。碎石或卵石称为粗骨料，砂称为细骨料。粗骨料是指碎石或卵石。粗骨料按岩石成因分为火成岩、沉积岩和变质岩。细骨料按其产源不同可分为河砂、海沙和山砂；按其细度模数可分为粗砂、中砂、细砂和特细砂；按其加工方法不同可分为天然砂和人工砂两大类。不需加工而直接使用的为天然砂，包括上述的河砂、海沙和山砂；人工砂则是天然石材破碎而成的，或加工粗骨料过程中的碎屑。普通混凝土原材料中的粗骨料、细骨料质量应符合《建设用砂》GB/T 14684、《建设用卵石、碎石》GB/T 14685 或《普通混凝土用砂、石质量及检验方法标准》JGJ 52 的规定，使用经过处理净化的海砂应符合《海砂混凝土应用技术规范》JGJ 206 的规定，再生混凝土骨料应符合《混凝土用再生粗骨料》GB/T 25177 和《混凝土和砂浆用再生细骨料》GB/T 25176 的规定。

为了在建筑工程上合理地选择和使用天然砂、人工砂和碎石、卵石，保证配制的普通混凝土的质量，《普通混凝土用砂、石质量及检验方法标准》JGJ 52 的制定起到了至关重要的作用，适用于一般工业与民用建筑和构筑物中的普通混凝土用砂和石的要求和质量检验。对用于港工、水工、道路等工程的砂和石，可参照执行。

砂是指天然砂即河砂、海砂、山砂及特细砂；人工砂（包括尾矿）以及混合砂。天然砂是指由自然条件作用而形成的，公称粒径小于 5.00mm 的岩石颗粒，按其产源不同，可分为河沙、海砂、山砂。人工砂是指岩石经除土开采、机械碾碎、筛分而成的，公称粒径小于 5.00mm 的岩石颗粒，也称为机制砂。混合砂是指由天然砂和人工砂按一定比例组合而成的砂。

石是指碎石、卵石。碎石是指由天然岩石或卵石经破碎筛分而得，公称粒径大于 5.00mm 的岩石颗粒。卵石是指由自然作用形成的粒径大于 5.00mm 的岩石颗粒。

“对于长期处于潮湿环境的重要混凝土结构所用的砂、石应进行碱活性检验”。长期处于潮湿环境的重要混凝土结构是指处于潮湿或干湿交替环境，直接与水或潮湿土壤接触的混凝土工程；有外部碱源，并处于潮湿环境的混凝土结构工程，如地下构筑物、建筑物桩基、地下室、处于高盐碱地区的混凝土工程、盐碱化学工业污染范围内的工程。引起混凝土中砂石碱活性反应应具备 3 个条件：一是活性骨料，二是有水，三是高碱。骨料产生碱活性反应，直接影响混凝土的耐久性、建筑物的安全及使用寿命。因此将对于长期处于潮湿环境的重要混凝土结构所用的砂石应进行碱活性检验作为强制性条文。

什么是碱活性骨料？碱活性骨料是指能在一定条件下与混凝土中的碱发生反应，导致混凝土产生膨胀、开裂甚至破坏的骨料。

砂的碱活性检验，应采用砂浆棒（快速法）或砂浆长度法进行骨料的碱活性检验。经上述检验判断为有潜在危害时，应控制混凝土中的碱含量不超过 3kg/m³，或采用能抑制碱骨料反应的有效措施。

碎石或卵石的碱活性检验，首先应采用岩相法检验碱活性骨料的品种、类型和数量。当检验出骨料中含有活性二氧化硅时，应采用快速砂浆棒法和砂浆长度法进行碱活性检验；当检验出骨料中含有活性碳酸盐时，应采用岩石柱法碱活性检验。经上述检验，当判定骨料存在潜在碱 - 碳酸盐反应危害时，不宜用作混凝土骨料；否则，应通过专门的混凝土试验，做最后的评定。当判断骨料存在潜在碱 – 硅反应危害时，应控制混凝土中的碱含量不超过 3kg/m³，或采用能抑制碱骨料反应的有效措施。

1. 检验项目

普通混凝土用砂、石，每验收批至少应进行颗粒级配、含泥量、泥块含量检验。对于碎石或卵石还应检验针片状颗粒含量；对于海砂或有氯离子污染的砂，还应检验其氯离子含量；对于海砂，还应检验贝壳含量；对于人工砂及混合砂还应检验石粉含量。对于重要工程或特殊工程，应根据工程要求增加检测项目。对其他指标的合格性有怀疑时，应予检验。《人工砂混凝土应用技术规程》JGJ/T 241—2011 中对细骨料和粗骨料的规定如下：

（1）人工砂进场，应对颗粒级配、压碎指标、泥块含量、石粉含量、亚甲蓝试验和吸水率进行检验；对于有抗冻、抗渗要求的混凝土，还应检验其坚固性；对于有预防混凝土碱骨料反应要求的混凝土，还应进行碱活性试验。

（2）粗骨料应对颗粒级配、含泥量、泥块含量、针片状颗粒含量、压碎值指标和坚固性进行检验；当用于高强混凝土，还应检验其母岩抗压强度；对于有预防混凝土碱骨料反应要求的混凝土，还应进行碱活性试验。

2. 检验批量

（1）使用单位应按砂或石的同产地同规格分批验收。采用大型工具（如火车、货船或汽车）运输的，应以 400m³ 或 600t 为一验收批；采用小型工具（如拖拉机等）运输的，应以 200m³ 或 300t 为一验收批。不足上述量者，应按一验收批进行验收。

（2）当砂或石的质量比较稳定、进料量又较大时，可以 1000t 为一验收批。“当砂或石的质量比较稳定、进料量又较大时，可定期进行检验”是指日进量在 1000t 以上，连续复检 5 次以上合格，可按 1000t 为一批。

4.2 取样与缩分

4.2.1 取样

1. 取样质量

为了试验结果的准确性和代表性，每项试验都需有一定的取样数量。普通混凝土用砂、石对于每一单项检验，每组样品取样数量应满足标准的规定。当需要做多项检验时，可在样品经一项试验后不致影响其他试验结果的前提下，用同组样品进行多项不同的试验。

2. 复验

普通混凝土有砂、石项目检验，除筛分析外，当其余检验项目存在不合格项时，应加倍取样进行复验。当复验仍有一项不满足标准的要求时，应按不合格品处理。

3. 样品标识

每组样品应附有样品卡片，标明样品的编号、取样时间、代表数量、产地、样品质量、要求检验的项目及取样方式等。

4.2.2 样品的缩分

1. 砂的缩分

（1）用分料器法缩分：将样品在潮湿状态下拌合均匀，然后将其通过分料器，留下两个接料斗中的一份，并将另一份再次通过分料器。重复上述过程，直至把样品缩分到试验所需量为止。

（2）人工四分法缩分：将样品置于平板上，在潮湿状态下拌合均匀，并堆成厚度约为20mm的“圆饼”状，然后沿互相垂直的两条直径把“圆饼”分成大致相等的四份，取其对角的两份重新拌匀，再堆成圆饼状。重复上述过程，直至把样品缩分后的材料量略多于进行试验所需量为止。

2. 碎石或卵石的缩分

碎石或卵石缩分时，应将样品置于平板上，在自然状态下拌均匀，并堆成锥体，然后沿互相垂直的两条直径把锥体分成大致相等的四份，取其对角的两份重新拌匀，再堆成锥体。重复上述过程，直至把样品缩分至试验所需量为止。

3. 可不缩分的样品

砂、碎石或卵石的含水率、堆积密度、紧密密度检验所用的试样，可不经缩分，拌匀后直接进行试验。

4.3 砂的检验方法

4.3.1 筛分析试验

1. 试验目的

测定普通混凝土用砂的颗粒级配及粗细程度（细度模数），为设计混凝土配合比时选择砂率作参考。

2. 仪器设备

试验筛，孔径分别为9.5（10.0）mm、4.75（5.0）mm、2.36（2.50）mm、1.18mm、600（630）μm、300μm、150（160）μm的方孔筛，以及筛底、筛盖各1只；天平，称量1000g，感量1g；摇筛机；烘箱，能使温度控制范围为105±5℃；浅盘、硬、软毛刷等。

3. 试样制备

用于筛分析的试样，其颗粒的公称粒径不应大于10.0mm。试验前应先将来样通过公称直径10.0mm的方孔筛，并计算筛余。称取经缩分后样品不少于550g两份，分别装入两个浅盘，在105±5℃的温度下烘干到恒重。冷却至室温备用。

4. 试验步骤

（1）准确称取烘干试样500g（特细砂可称250g），置于按筛孔大小顺序排列（大孔在上、小孔在下）的套筛的最上一只筛（公称直径为5.00mm的方孔筛）上；将套筛装入摇筛机内固紧，筛分10min；然后取出套筛，再按筛孔由大到小的顺序，在清洁的浅盘上逐一进行手筛，直至每分钟的筛出量不超过试样总量的0.1%时为止；通过的颗粒并入下一只筛子，并和下一只筛子中的试样一起进行手筛。按这样顺序依次进行，直至所有的筛子全部筛完为止（当试样含泥量超过5%时，应先将试样水洗，然后烘干至恒重，再进行筛分；无摇筛机时，可改用手筛）。

（2）试样在各只筛子上的筛余量均不得超过按下式计算得出的剩留量，否则应将该筛余试样分成两份或数份，再次进行筛分，并以其筛余量之和作为该筛的筛余量。

$$m_r=\frac{A\sqrt{d}}{300} \tag{4.3.1-1}$$

式中：m_r——某一筛上的剩留量，g；

d——筛孔边长，mm；

A——筛的面积，mm^2。

（3）称取各筛筛余试样的质量（精确至1g），所有各筛的分计筛余量和底盘中的剩余量之和与筛分前的试样总量相比，相差不得超过1%。

5. 试验结果

（1）计算分计筛余（各号筛的筛余量除以试样总量之比的百分率），计算精确至0.1%。

（2）计算累计筛余（该筛的分计筛余与筛孔大于该筛的各筛的分计筛余之和），精确至0.1%。

（3）根据各筛两次试验累计筛余的平均值，评定该试样的颗粒级配分布情况，精确至1%。

（4）砂的细度模数按下式计算，精确至0.01：

$$\mu_f=\frac{(\beta_2+\beta_3+\beta_4+\beta_5+\beta_6)-5\beta_1}{100-\beta_1} \tag{4.3.1-2}$$

式中：μ_f——砂的细度模数；

β_1、β_2、β_3、β_4、β_5、β_6——分别为公称直径5.0mm、2.50mm、1.25mm、630μm、315μm、160μm方孔筛上的累计筛余。

（5）以两次试验结果的算术平均值作为测定值，精确至0.1。当两次试验所得的细度模数之差大于0.20时，应重新取试样进行试验。

根据公称直径0.63mm筛上的累积筛余百分率确定该批砂或该试样属于哪一区砂，根据细度模数确定该批砂或该试样属于粗砂、中砂、细砂。

4.3.2 含泥量试验

1. 试验目的

确定砂中的含泥量，以确定其适宜配置混凝土的强度等级范围。虹吸管法适用于特细砂的试验。含泥量是指砂、石中公称粒径小于0.80μm颗粒的含量。标准法试验如下：

2. 仪器设备

天平，称量1000g，感量1g；烘箱，温度控制范围为105±5℃；试验筛，筛孔公称直径为 80μm 及 1.25mm 的方孔筛各一个；洗砂用的容器及烘干用的浅盘等。

3. 试样制备

样品缩分至 1100g，置于温度为 105±5℃的烘箱中烘干至恒重，冷却至室温后，称取各为 400g 的试样两份备用。

4. 试验步骤

（1）取烘干的试样一份置于容器中，并注入饮用水，使水面高出砂面约 150mm，充分拌匀后，浸泡 2h，然后用手在水中淘洗试样，使尘屑、淤泥和黏土与砂粒分离，并使之悬浮或溶于水中。缓缓地将浑浊液倒入公称直径为 1.25mm，80μm 的方孔套筛（1.25mm 筛放置于上面）上，滤去小于 80μm 的颗粒。试验前筛子的两面应先用水润湿，在整个试验过程中应避免砂粒丢失。

（2）再次加水于容器中，重复上述过程，直到筒内洗出的水清澈为止。

（3）用水淋洗剩留在筛上的细粒，并将 80μm 筛放在水中（使水面略高出筛中砂粒的上表面）来回摇动，以充分洗除小于 80μm 的颗粒。然后将两只筛上剩留的颗粒和容器中已经洗净的试样一并装入浅盘，置于温度为 105±5℃的烘箱中烘干至恒重。取出来冷却至室温后，称试样的质量。

5. 试验结果

砂中含泥量按下式计算，精确至 0.1%：

$$\omega_c=\frac{m_0-m_1}{m_0}\times100\% \tag{4.3.2}$$

式中：ω_c——砂中含泥量，%；

m_0——试验前的烘干试样质量，g；

m_1——试验后的烘干试样质量，g。

试验结果:以两个试样试验结果的算术平均值作为测定值。两次结果之差大于0.5%时，应重新取样进行试验。

4.3.3 泥块含量试验

1. 试验目的

测定砂的泥块含量，为配置混凝土提供数据。砂的泥块含量是指砂中公称粒径大于 1.25mm，经水洗、手捏后变成小于 630μm 的颗粒的含量。

2. 仪器设备

天平，称量 1000g，感量 1g；称量 5000g，感量 5g；烘箱，温度控制范围为105±5℃；试验筛，筛孔公称直径为 630μm 及 1.25mm 的方孔筛各一只；洗砂用的容器及烘干用的浅盘等。

3. 试样制备

将样品缩分至 5000g，置于温度为 105±5℃的烘箱中烘干至恒重，冷却至室温后，用公称直径 1.25mm 的方孔筛筛分，取筛上的砂不少于 400g 分为两份备用。特细砂按实际筛分量。

4. 试验步骤

（1）称取试样约 200g 置于容器中，并注入饮用水，使水面高出砂面 150mm。充分拌匀后，浸泡 24h，然后用手在水中碾碎泥块，再把试样放在公称直径 630μm 的方孔筛上，用水淘洗，直至水清澈为止。

（2）保留下来的试样应小心地从筛里取出，装入水平浅盘后，置于温度为 105±5℃烘箱中烘干至恒重，冷却后称重。

5. 试验结果

砂中泥块含量按下式计算，精确至 0.1 %：

$$\omega_{CL}=\frac{m_1-m_2}{m_1}\times 100\% \tag{4.3.3}$$

式中：ω_{CL}——泥块含量，%；

m_1——试验前的干燥试样质量，g；

m_2——试验后的干燥试样质量，g。

以两次试样试验结果的算术平均值作为测定值。

4.3.4　石粉含量试验

建筑市场随着国民经济的发展日益扩大，天然砂供不应求，人工砂和混合砂应运而生。为了充分地领域有限的资源，解决供需矛盾，从 20 世纪 70 年代起，贵州省首先在建筑工程使用人工砂。由于人工砂颗粒形状棱角多，表面粗糙部光滑，粉末含量较大。对于人工砂或混合砂还应进行石粉含量的检验。

1. 试验目的

测定人工砂和混合砂中小于 80μm 的颗粒是石粉为主还是泥为主。石粉含量是指人工砂中公称粒径小于 80μm，且其矿物组成和化学成分与被加工母岩相同的颗粒含量。

2. 仪器设备

烘箱，温度控制范围为 105±5℃；天平，称量 1000g，感量 1g；称量 100g，感量 0.01g；试验筛，筛孔公称直径为 80μm 及 1.25mm 的方孔筛各 1 只；容器，要求淘洗试样时，保持试样不溅出（深度大于 250mm）；移液管，5mL、2mL 移液管各一个；三片或四片式叶轮搅拌器；定时装置，精度 1s；玻璃容量瓶，容量 1L；温度计，精度 1℃；玻璃棒，2 支，直径 8mm，长 300mm；滤纸，快速；搪瓷盘、毛刷、容量为 1000mL 的烧杯等。

3. 亚甲蓝溶液配制

将亚甲蓝（$C_{16}H_{18}ClN_3S\cdot 3H_2O$）粉末在 105±5℃下烘干至恒重，称取烘干亚甲蓝粉末 10g，精确至 0.01g，倒入盛有约 600mL 蒸馏水（水温加热至 35 ～ 40℃）的烧杯中，用玻璃棒持续搅拌 40min，直至亚甲蓝溶液全部溶解，冷却至 20℃。将溶液倒入 1L 容量瓶中，用蒸馏水淋洗烧杯等，使所有亚甲蓝溶液全部移入容量瓶，容量瓶和溶液的温度应保持在 20±1℃，加蒸馏水至容量瓶 1L 刻度。振荡容量瓶以保证亚甲蓝粉末完全溶解。将容量瓶中溶液移入深色储藏瓶中，标明制备日期、失效日期（亚甲蓝溶液保质期不超过 28d），并置于阴暗处保存。

4. 试样制备

将样品缩分至 400g，放在烘箱中于 105±5℃下烘干至恒重，待冷却至室温后，筛除大于公称直径 5.0mm 的颗粒备用。

5. 试验步骤

（1）亚甲蓝试验方法

① 称取试样 200g，精确至 1g。将试样倒入盛有 500±5mL 蒸馏水的烧杯中，用叶轮搅拌机持续搅拌，直至试验结束。

② 悬浮液中加入 5mL 亚甲蓝溶液，搅拌至少 1min 后，用玻璃棒蘸取一滴悬浮液（所取悬浮液滴应使沉淀物直径在 8 ～ 12mm 内），滴于滤纸（置于空烧杯或其他合适的支撑物上，以使滤纸表面不与任何固体或液体接触）上。若沉淀物周围未出现色晕，再加 5mL 亚甲蓝溶液，继续搅拌 1min，再用玻璃棒蘸取一滴悬浮液，滴于滤纸上，若沉淀物周围仍未出现色晕，重复上述步骤，直至沉淀物周围出现约 1mm 宽的稳定浅蓝色色晕。此时，应继续搅拌，不加亚甲蓝溶液，每 1min 进行一次蘸染试验。若色晕在 4min 内消失，再加入 5mL 亚甲蓝溶液；若色晕在第 5min 消失，再加入 2mL 亚甲蓝溶液。两种情况下，均应继续进行搅拌和蘸染试验，直至色晕可持续 5min。

③ 记录色晕持续 5min 时所加入的亚甲蓝溶液总体积，精确至 1mL。

④ 亚甲蓝 MB 值计算：

$$MB = V/G \times 10 \quad (4.3.4)$$

式中：MB——亚甲蓝值（g/kg），表示每千克 0 ～ 2.36mm 粒级试样所消耗的亚甲蓝克数，精确至 0.01；

G——试样质量，g；

V——所加入的亚甲蓝溶液的总量，mL。

⑤ 亚甲蓝试验结果评定。当 MB 值小于 1.4 时，则判定是以石粉为主；当 MB 值大于等于 1.4 时，则判定为以泥粉为主的石粉。

（2）亚甲蓝快速试验方法

① 制样同上。

② 一次性向烧杯中加入 30mL 亚甲蓝溶液，以持续搅拌 8min，然后用玻璃棒蘸取一滴悬浊液，滴于滤纸上，观察沉淀物周围是否出现明显色晕，出现色晕的为合格，否则为不合格。

（3）试验步骤及计算

人工砂及混合砂中的含泥量或石粉含量试验步骤及计算按砂中含泥量试验（标准法）的规定进行。

4.3.5 压碎值指标试验

1. 试验目的

测定粒级为 315μm ～ 5.00mm 的人工砂的压碎指标。压碎值指标是人工砂坚固性的一项指标。压碎值指标是指人工砂、碎石或卵石抵抗压碎的能力。

方法概述：采用四个粒级的筛分分别进行压碎，然后将四级砂样进行总的压碎值指标计算。

2. 仪器设备

压力试验机，荷载 300kN；受压钢模；天平，称量为 1000g，感量 1g；试验筛，5. 00mm，2.50mm，1.25mm，630μm，315μm，160μm、80μm 的方孔筛；烘箱，温度控

制范围为 105±5℃；其他，瓷盘 10 个，小勺 2 把。

3. 试样制备

将缩分后的样品置于 105±5℃的烘箱内烘干至恒重，待冷却至室温后，筛分成公称粒径为 5.00 ～ 2.50mm、2.50 ～ 1.25mm、1.25 ～ 630μm、630 ～ 315μm 四个粒级，每级试样质量不得少于 1000g。

4. 试验步骤

（1）置圆筒于底盘上，组成受压模，将一单级砂样约 300g 装入模内，使试样距底盘约为 50mm。

（2）平整试模内试样的表面，将加压块放入圆筒内，并转动一周使之与试样均匀接触。

（3）将装好砂样的受压试模置于压力机的支承板上，对准压板中心后，开动机器，以 500 N/s 的速度加荷，加荷至 25kN 时持荷 5s，而后以同样速度卸荷。

（4）取下受压模，移去加压块，倒出压过的试样并称其质量，然后用该粒级的下限筛（如砂样为公称粒级 5.00 ～ 2.50mm 时，其下限筛为筛孔公称直径 2.50mm 的方孔筛）进行筛分，称出该粒级试样的筛余量。

5. 计算

（1）第 i 单级砂样的压碎指标按下式计算，精确至 0.1%：

$$\delta_i=\frac{m_0-m_1}{m_0}\times 100\% \tag{4.3.5-1}$$

式中：δ_i——第 i 单级砂样压碎指标，%；

m_0——第 i 单级试样的质量，g；

m_1——第 i 单级试样的压碎试验后筛余的试样质量，g。

以 3 份试样试验结果的算术平均值作为各单粒级试样的测定值。

（2）四级砂样总的压碎指标按下式计算，精确至 0.1%：

$$\delta_{SCI}=\frac{a_1\delta_1+a_2\delta_2+a_3\delta_3+a_4\delta_4}{a_1+a_2+a_3+a_4} \tag{4.3.5-2}$$

式中：δ_{SCI}——总的压碎指标，%；

a_1、a_2、a_3、a_4——公称直径分别是 2.50mm、1.25mm、630μm、315μm 各方孔筛的分计筛余，%；

δ_1、δ_2、δ_3、δ_4——公称粒径分别为 5.00 ～ 2.50mm、2.50 ～ 1.25mm、1.25mm ～ 630μm、630 ～ 315μm 单级试样压碎指标，%。

4.3.6 氯离子含量试验

1. 试验目的

测定砂中的氯离子含量，防止其对钢筋混凝土及预应力混凝土的侵蚀。

2. 仪器设备

天平，称量 1000g，感量 1g；带塞磨口瓶，容量 1L；三角瓶，容量 300mL；滴定管，容量 10mL 或 25mL；容量瓶，容量 500mL；移液管，容量 50mL、2mL；5%（W/V）铬酸钾指示剂溶液；0.01mol/L 的氯化钠标准溶液；0.01mol/L 的硝酸银标准溶液。

3. 试样制备

取经缩分后样品 2kg，在温度 105±5℃的烘箱中烘干至恒重，经冷却至室温备用。

4. 试验步骤

（1）称取试样 500g，装入带塞磨口瓶中，用容量瓶取 500mL 蒸馏水，注入磨口瓶内，加上塞子，摇动一次，放置 2h，然后每隔 5min 摇动一次，共摇 3 次，使氯盐充分溶解。将磨口瓶上部已澄清的溶液过滤，然后用移液管吸取 50mL 滤液，注入三角瓶中，再加入 5%（*W/V*）铬酸钾指示剂 1mL，用 0.01mol/L 硝酸银标准溶液滴定至呈现砖红色为终点，记录消耗的硝酸银标准溶液的毫升数。

（2）空白试验：用移液管准确吸取 50mL 蒸馏水到三角瓶内，加入 5% 铬酸钾指示剂 1mL，并用 0.01mol/L 的硝酸银标准溶液滴定至溶液呈砖红色为止，记录此点消耗的硝酸银标准溶液的毫升数。

5. 计算

砂中氯离子含量应按下式计算，精确至 0.001%：

$$\omega_{cl}=\frac{C_{AgNO_3}(V_1-V_2)\times0.0355\times10}{m}\times100\% \tag{4.3.6}$$

式中：ω_{cl}——砂中氯离子含量，%；

C_{AgNO_3}——硝酸银标准溶液的浓度，mol/L；

V_1——样品滴定时消耗的硝酸银标准溶液的体积，mL；

V_2——空白试验时消耗的硝酸银标准溶液的体积，mL；

m——试样质量，g。

4.3.7 碱活性试验

1. 试验目的

快速检测硅质细骨料的碱活性。快速法适用于在 1mol/L 氢氧化钠溶液中浸泡试样 14d 以检验硅质骨料与混凝土中的碱产生潜在反应的危害性，不适用于碱碳酸盐反应活性骨料检验。

2. 仪器设备

烘箱，温度控制范围为 105±5℃；天平，称量 1000g，感量 1g；试验筛，筛孔公称直径为 5.0mm、2.50mm、1.25mm、630μm、315μm、160μm 的方孔筛各一只；测长仪，测量范围 280～300mm，精度 0.01mm；水泥砂浆搅拌机；恒温养护箱或水浴，温度控制范围为 80±2℃；养护筒，由耐碱耐高温的材料制成，不漏水、密封，防止容器内湿度下降，筒的容积可以保证全部浸没在水中。筒内设有试件架，试件垂直于试件架放置；试模，金属试模，尺寸为 25mm×25mm×280mm，试模两端正中有小孔，装有不锈钢测头；镘刀、捣棒、量筒、干燥器。

3. 试样制作

（1）将砂样缩分成约 5kg，按标准规定的级配及比例组成合成试验用料，并将试样洗净烘干或晾干备用。

（2）水泥采用普通硅酸盐水泥，水泥与砂的质量比为 1∶2.25，水灰比为 0.47。每组试件 3 条，称取水泥 440g，砂 990g。

（3）成型前 24h，将试验所用材料（水泥、砂、拌合用水等）放入 20±2℃的恒温室中。

（4）将称好的水泥与砂倒入搅拌锅，按《水泥胶砂强度检验方法（ISO 法）》GB/T 17671 的规定进行搅拌。

（5）搅拌完成后将砂浆分 2 层装入试模内，每层捣 40 次，测头周围应填实，浇捣完毕后用镘刀刮除多余砂浆，抹平表面，并标明测定方向及编号。

4. 试验步骤

（1）试件成型完毕后，带模放入标准养护室，养护 24±4h 后脱模。

（2）脱模后，将试件浸泡在装有自来水养护的养护筒中，并将养护筒放入温度（80±2）℃的烘箱或水浴箱中养护 24h。同种骨料制成的试件放在同一个养护筒中。

（3）然后将养护筒逐个取出。每次从养护筒中取出一个试件，用抹布擦干表面，立即用测长仪测试件的基长。每个试件至少重复测试两次，取差值在仪器精度范围内的两个读数的平均值作为长度测定值（精确至 0.02mm），每次每个试件的测量方向应一致，待测的试件须用湿布覆盖。防止水分蒸发；从取出试件擦干到读数完成应在 15±5s 内结束，读完数后的试件应用湿布覆盖。全部试件测完后基准长度后，把试件放入装有浓度为 1mol/L 氢氧化钠溶液的养护筒中，并确保试件被完全浸泡。溶液温度应保持在 80±2℃，将养护筒放回烘箱或水浴箱中。

注意：用测长仪测定任一组试件的长度时，均应先调整测长仪的零点。

（4）自测定基准长度之日起，第 3d、7d、10d、14d 在分别测其长度。测长方法与测基方法相同。每次测量完毕后，应将试件放入原养护筒，盖好筒盖，放回（80±2）℃的烘箱或水浴箱中，继续养护到下一个测试龄期。操作时防止氢氧化钠溶液溢溅，避免烧伤皮肤。

（5）在测量时应观察试件的变形、裂缝、渗出物等，特别应观察有无胶体物质，并作详细记录。

5. 计算

试件中的膨胀率按下式计算，精确至 0.01：

$$\varepsilon_t=\frac{L_t-L_0}{L_0-2\Delta}\times100\% \qquad (4.3.7)$$

式中：ε_t——试件在 t 天龄期的膨胀率，%；

L_t——试件在 t 天龄期的长度，mm；

L_0——试件的基长，mm；

Δ——测头长度，mm。

以三个试件膨胀率的平均值作为某一龄期膨胀率的测定值。任一试件膨胀率与平均值均应符合下列规定：

当平均值小于或等于 0.05% 时，其差值均应小于 0.01%。当平均值大于 0.05% 时，单个测值与平均值的差值均应小于平均值的 20%。当三个试件的膨胀率均大于 0.10% 时，无精度要求。当不符合上述要求时，去掉膨胀率最小的，用其余两个试件的平均值作为该龄期的膨胀率。

6. 结果评定

当14d膨胀率小于0.10%时，可判定为无潜在危害。当14d膨胀率大于0.20%时，可判定为有潜在危害。当14d膨胀率在0.10%～0.20%时，应按标准规定的方法再进行试验判定。

4.4 石的检验方法

4.4.1 筛分析试验

1. 试验目的

测定碎石或卵石的颗粒级配，以便于选择优质粗集料，达到节约水泥和改善混凝土性能的目的。

2. 仪器设备

试验筛，公称直径为100.0mm、80.0mm、63.0mm、50.0mm、50.0mm、31.5mm、25.0mm、20.0mm、16.0mm、10.0mm、5.0mm和2.50mm的方孔筛以及筛的底盘和盖各一只；天平和秤：天平的称量5kg，感量5g；秤的称量：20kg，感量20g；烘箱。温度控制范围为105±5℃；浅盘。

3. 试样制备

试验前，应将样品缩分至标准所规定的试样最少质量，并烘干或风干后备用。

4. 试验步骤

（1）按规定称取试样。

（2）将试样按筛孔大小顺序过筛，当每只筛上的筛余层厚度大于试样的最大粒径值时，应将该筛上的筛余试样分成两份，再次进行筛分，直至各筛每分钟的通过量不超过试样总量的0.1%（注：当筛余试样的颗粒径比公称粒径大20mm以上时，在筛分过程中，允许用手拨动颗粒）。

（3）称取各筛筛余的质量，精确至试样的总质量的0.1%。各筛的分计筛余量和筛底剩余量的总和与筛分前测定的试样总量相比，其相差不得超过1%。

5. 试验结果

计算分计筛余（各筛上筛余量除以试样的百分率），精确至0.1%。计算累计筛余（该筛的分计筛余与筛孔大于该筛的各筛的分计筛余百分率的总和），精确至1%。根据各筛的累计筛余，评定该试样的颗粒级配。

4.4.2 含泥量试验

1. 试验目的

测定碎石或卵石中公称粒径小于80μm的尘屑、淤泥或黏土的总含量。

2. 仪器设备

秤，称量20kg，感量20g；烘箱，温度控制范围为105±5℃；试验筛，筛孔公称直径为1.25mm及80μm的方孔筛各一只；容器，容积约10L的瓷盘或金属盒；浅盘。

3. 试样制备

将样品缩分至规定的量（注意防止细粉丢失），并置于温度为105±5℃的烘箱内烘干至恒重，冷却至室温后分成两份备用。

4. 试验步骤

（1）称取试样一份装入容器中摊平，并注入饮用水，使水面高出石子表面150mm。浸泡2h后，用手在水中淘洗颗粒，使尘屑、淤泥和黏土与较粗颗粒分离，并使之悬浮或溶解于水。缓缓地将浑浊液倒入公称直径为1.25mm及80μm的方孔套筛（1.25mm筛放置上面）上，滤去小于80μm的颗粒。试验前筛子的两面应先用水湿润。在整个试验过程中应注意避免大于80μm的颗粒丢失。

（2）再次加水于容器中，重复上述过程，直至洗出的水清澈为止。

（3）用水冲洗剩留在筛上的细粒，并将公称直径为80μm的方孔筛放在水中（使水面略高出筛内颗粒）来回摇动，以充分洗除小于80μm的颗粒。然后将两只筛上剩留的颗粒和筒中已洗净的试样一并装入浅盘，置于温度为105±5℃的烘箱中烘干至恒重。取出冷却至室温后，称取试样的质量。

5. 试验结果

碎石或卵石的含泥量，按下式计算，精确至0.1%：

$$\omega_c=\frac{m_0-m_1}{m_0}\times100\% \tag{4.4.2}$$

式中：ω_c——含泥量，%；

m_0——试验前烘干试样的质量，g；

m_1——试验后烘干试样的质量，g。

含泥量试验以两个试样试验结果的算术平均值作为测定值。两次结果之差大于0.2%时，应重新取样进行试验。

4.4.3 泥块含量试验

1. 试验目的

测定泥块含量，为配制混凝土提供数据。石泥块含量是指石中公称粒径大于5.00mm，经水洗、手捏后变成小于2.50mm的颗粒的含量。

2. 仪器设备

秤，称量20kg，感量20g；试验筛，筛孔公称直径为2.50mm及5.00mm的方孔筛各一只；水桶及浅盘等；烘箱，温度控制范围为105±5℃。

3. 试样制备

将样品缩分至略大于规定的量，缩分时应防止所含黏土块被压碎。缩分后的试样在105±5℃烘箱内烘至恒重，冷却至室温后分成两份备用。

4. 试验步骤

（1）筛去公称粒径5.00mm以下颗粒，称取质量。

（2）将试样在容器中摊平，加入饮用水使水面高出试样表面，24h后把水放出，用手碾压泥块，然后把试样放在公称直径为2.50mm的方孔筛上摇动淘洗，直至洗出的水清澈为止。

（3）将筛上的试样小心地从筛里取出，置于温度为105±5℃烘箱中烘干至恒重。取出冷却至室温后称取质量。

5. 试验结果

碎石或卵石的泥块含量，按下式计算，精确至0.1%，以两个试样试验结果的算术平均值作为测定值。

$$\omega_{C,L}=\frac{m_1-m_2}{m_1}\times 100\% \tag{4.4.3}$$

式中：$\omega_{C,L}$——泥块含量，%；

m_1——公称直径5mm筛上筛余量，g；

m_2——试验后烘干试样的质量，g。

4.4.4 针状和片状颗粒的总含量试验

1. 试验目的

测定碎石或卵石中粒径小于或等于50mm的中针状和片状颗粒的总含量，以确定其适用范围。针片状颗粒是指凡岩石颗粒的长度大于该颗粒所属粒级的平均粒径2.5倍者为针状颗粒；厚度小于平均粒径0.5倍者为片状颗粒。平均粒径指该粒径上、下限的平均值。

2. 仪器设备

针状规准仪和片状规准仪，或游标卡尺；天平和秤，天平的称量2kg，感量2g；秤的称量20kg，感量20g；试验筛，筛孔公称直径分别为5.00mm、10mm、20.0mm、25.0mm、31.5 mm、50.0mm、63.0mm和80.0mm的方孔筛各一只，根据需要选用；卡尺。

3. 试样制备

将样品在室内风干至表面干燥，并缩分至标准规定的量，称量，然后筛分成所规定的粒级备用。

4. 试验步骤

（1）按所规定的粒级用规准仪逐粒对试样进行鉴定，凡颗粒长度大于针状规准仪上相对应的间距的，为针状颗粒。厚度小于片状规准仪上相应孔宽的，为片状颗粒。

（2）公称粒径大于40mm的可用卡尺鉴定其针片状颗粒，卡尺卡口的设定宽度应符合规定。

（3）称取由各粒级挑出的针状和片状颗粒的总质量。

5. 试验结果

针状和片状颗粒的总含量，按下式计算，精确至1%：

$$\omega_p=\frac{m_1}{m_0}\times 100\% \tag{4.4.4}$$

式中：ω_p——针状和片状颗粒的总含量，%；

m_1——试样中所含针状和片状颗粒的总质量，g；

m_0——试样总质量，g。

4.4.5 岩石的抗压强度试验

1. 试验目的

用于测定碎石的原始岩石在水饱和状态下的抗压强度。

2. 仪器设备

压力试验机，荷载 1000kN；石材切割机或钻石机；岩石磨光机；游标卡尺，角尺等。

3. 试样制备

（1）试验时，取有代表性的岩石样品用石材切割机切割成长为 50mm 的立方体，或用钻石机钻取直径与高度均为 50mm 的圆柱体。然后用磨光机把试件与压力机接触的两个面磨光并保持平行，试件形状须用角尺检查。

（2）至少应制作 6 个试块。对有显著层理的岩石，应取两组试件（12 块）分别测定其垂直和平行于层理的强度值。

4. 试验步骤

（1）用游标卡尺量取试件的尺寸，精确至 0.1mm，对于立方体试件，在顶面和底面上各量取其边长，以各个面上相互平行的两个边长的算术平均值作为宽或高，由此计算面积。对于圆柱体试件，在顶面和底面上各量取相互垂直的两个直径，以其算术平均值计算面积。取顶面和底面积的算术平均值作为计算抗压强度所用的截面积。

（2）将试件置于水中浸泡 48h，水面应至少高出试件顶面 20mm。

（3）取出试件，擦干表面，放在有防护网的压力机上进行强度试验，防止岩石碎片伤人。试验时加压速度为 0.5 ～ 1.0MPa/s。

5. 试验结果

岩石的抗压强度，按下式计算，精确至 1MPa。

$$f=\frac{F}{A} \tag{4.4.5}$$

式中：f——岩石的抗压强度，MPa；

F——破坏荷载，N；

A——试件的截面积，mm^2。

6. 结果评定

以 6 个试件试验结果的算术平均值作为抗压强度测定值。当其中 2 个试件的抗压强度与其他 4 个试件抗压强度的算术平均值相差 3 倍以上时，应以试验结果相接近的 4 个试件的抗压强度算术平均值作为抗压强度测定值。对具有显著层理的岩石，应以垂直于层理及平行于层理的抗压强度的平均值作为其抗压强度。

4.4.6 碱活性试验

随着混凝土高强化的发展趋势，硅酸盐水泥、普通硅酸盐水泥大批量的使用，水泥用量不断增加，从而导致单位体积混凝土的碱含量成倍增加，这一切为碱骨料反应创造了“物质基础”。更值得注意的是我国外加剂生产较多采用硫酸钠作为水泥混凝土早强剂，而防冻剂则多采用硝酸钠、亚硝酸钠、碳酸钾等，这些盐类的可溶性钾、钠离子大大增加了混凝土的总碱量提高了碱骨料反应发生的概率。

我国在 20 世纪 80 年代首次在建筑、桥梁等建设领域中发现。碱骨料反应的主要危害是引起混凝土内部自膨胀应力而导致混凝土开裂。因碱骨料反应时间较为缓慢，短则几年，长则几十年才能被发现，一旦发生破坏几乎无法修补。

《普通混凝土用砂、石质量及检验方法标准》JGJ 52 中，碎石或卵石的碱活性试验的四种方法，即岩相法、快速法、砂浆长度法和岩石柱法等。不同的方法有着不同的适用范围。即，岩相法适用于鉴定碎石、卵石的岩石种类、成分，检验骨料中活性成分的品种和含量。快速法适用于检验硅质骨料与混凝土中的碱产生潜在反应的危害性，不适用于碳酸盐骨料检验。砂浆长度法适用于鉴定硅质骨料与水泥（混凝土）中的碱产生潜在反应的危害性，不适用于碱碳酸盐反应活性骨料检验。岩石柱法适用于检验碳酸盐岩石是否具有碱活性。

1. 试验目的

用快速法检验硅质骨料与混凝土中的碱产生潜在反应的危害性，不适用于碳酸盐骨料检验。本节介绍快速法。

2. 仪器设备

烘箱，温度控制范围为105±5℃；台秤，称量5000g，感量5g；试验筛，筛孔公称直径为5.00mm、2.50mm、1.25mm、630μm、315μm、160μm 的方孔筛各1只；测长仪，测量范围280～300mm，精度0.01mm；水泥砂浆搅拌机；恒温养护箱或水浴，温度控制范围为80±2℃；养护筒，由耐碱耐高温的材料制成，不漏水、密封，防止容器内湿度下降，筒的容积可以保证全部浸没在水中。筒内设有试件架，试件垂直于试件架放置；试模，金属试模，尺寸为25mm×25mm×280mm，试模两端正中有小孔，装有不锈钢测头;镘刀、捣棒、量筒、干燥器等；破碎机。

3. 试样制备

（1）将试样缩分成约5kg，按标准规定的级配及比例组成合成试验用料，并将试样洗净烘干或晾干备用。

（2）水泥采用普通硅酸盐水泥，水泥与砂的质量比为1：2.25，水灰比为0.47。每组试件3条，称取水泥440g，石料990g。

（3）将称好的水泥与砂倒入搅拌锅，按《水泥胶砂强度检验方法（ISO法）》GB/T 17671的规定进行搅拌。

（4）搅拌完成后将砂浆分两层装入试模内，每层捣40次，测头周围应填实，浇捣完毕后用镘刀刮除多余砂浆，抹平表面，并标明测定方向及编号。

4. 试验步骤

（1）试件成型完毕后，带模放入标准养护室，养护24±4h后脱模。

（2）脱模后，将试件浸泡在装有自来水养护的养护筒中，并将养护筒放入温度80±2℃的烘箱或水浴箱中养护24h。同种骨料制成的试件放在同一个养护筒中。

（3）然后将养护筒逐个取出。每次从养护筒中取出一个试件，用抹布擦干表面，立即用测长仪测试件的基准长度。测长应在20±2℃的恒温室中进行，每个试件至少重复测试两次，取差值在仪器精度范围内的两个读数的平均值作为长度测定值（精确至0.02mm），每次每个试件的测量方向应一致，待测的试件须用湿布覆盖，防止水分蒸发；从取出试件擦干到读数完成应在15±5s内结束，读完数后的试件应用湿布覆盖。全部试件测完后基准长度后，把试件放入装有浓度为1mol/L氢氧化钠溶液的养护筒中，确保试件被完全浸泡。溶液温度应保持在80±2℃，将养护筒放回烘箱或水浴箱中。

注：用测长仪测定任一组试件的长度时，均应先调整测长仪的零点。

（4）自测定基准长度之日起，3d、7d、14d后再分别测其长度。测长方法与测基长方法一致。测量完毕后，应将试件放入原养护筒，盖好筒盖，放回 80±2℃的烘箱或水浴箱中，继续养护到下一个测试龄期。操作时防止氢氧化钠溶液溢溅，避免烧伤皮肤。

（5）在测量时应观察试件的变形、裂缝、渗出物等，特别应观察有无胶体物质，并作详细记录。

5. 计算

试件的膨胀率按下式计算，精确至 0.01%：

$$\varepsilon_t=\frac{L_t-L_0}{L_0-2\Delta}\times 100\% \tag{4.4.6}$$

式中：ε_t——试件在 t 天龄期的膨胀率，%；

L_t——试件在 t 天龄期的长度，mm；

L_0——试件的基长，mm；

Δ——测头长度，mm。

以三个试件膨胀率的平均值作为某一龄期膨胀率的测定值。任一试件膨胀率与平均值均应符合下列规定：

当平均值小于或等于 0.05% 时，单个测值与平均值的差值均应小于 0.01%。当平均值大于 0.05% 时，单个测值与平均值的差值均应小于平均值的 20%。当三个试件的膨胀率均大于 0.10% 时，无精度要求。当不符合上述要求时，去掉膨胀率最小的，用其余两个试件的平均值作为该龄期的膨胀率。

6. 结果评定

当 14d 膨胀率小于 0.10% 时，可判定为无潜在危害。当 14d 膨胀率大于 0.20% 时，可判定为有潜在危害。当 14d 膨胀率在 0.10% ～ 0.20% 时，应按标准规定的方法再进行试验判定。

4.5 综述提示

1. 方孔筛筛孔尺寸

为了与国际有关砂石试验方法接轨，砂石试验筛均改为方孔筛，砂、石的公称粒径、筛孔的公称直径和方孔筛筛孔边长之间的关系见表 4.5-1、表 4.5-2。

2. 恒重的概念

恒重是指在相邻两次称量间隔时间不小于 3h 的情况下，前后两次称量之差小于该项试验所要求的称量精度。

砂的公称粒径、砂筛孔的公称直径和方孔筛筛孔边长尺寸　　表 4.5-1

砂的公称粒径	砂筛筛孔的公称直径	方孔筛筛孔边长
5.00mm	5.00mm	4.75mm
2.50mm	2.50mm	2.36mm
1.25mm	1.25mm	1.18mm
630μm	630μm	600μm
315μm	315μm	300μm

续表

砂的公称粒径	砂筛筛孔的公称直径	方孔筛筛孔边长
160μm	160μm	150μm
80μm	80μm	75μm

石筛筛孔的公称直径和方孔筛长尺寸（单位：mm） **表 4.5-2**

石的公称粒径	石筛筛孔的公称直径	方孔筛筛孔边长
2.50	2.50	2.36
5.00	5.00	4.75
10.0	10.0	9.5
16.0	16.0	16.0
20.0	20.0	19.0
25.0	25.0	26.5
31.5	31.5	31.5
40.0	40.0	37.5
50.0	50.0	53.0
63.0	63.0	63.0
80.0	80.0	75.0
100.0	100.0	90.0

3. “建设用砂、碎石或卵石”与“普通混凝土用砂、石”的不同之处

国家标准与行业标准之间还是存在着一定的差别，试验检测人员在平时的检测工作中，一定要针对委托方的具体要求，正确使用标准所规定的检验方法。下面仅此标准之间的不同之处的有关内容如定义、环境条件、习惯称呼和试验方法等作一简要介绍，希望能够引起各位检测人员的重视，避免发生不符合工作的出现。

（1）定义

机制砂：经除土处理，由机械破碎、筛分制成的，粒径小于 4.75mm 的岩石、矿山尾矿或工业废渣颗粒，但不包括软质、风化的颗粒，俗称人工砂。

细度模数：衡量砂粗细程度的指标。

亚甲蓝值：用于判定机制砂中粒径小于 75μm 颗粒的吸附能力的指标。

（2）试验环境

试验环境条件：试验室的温度应保持在 20±5℃。

（3）筛孔尺寸

将习惯所用的筛孔尺寸修改为方孔筛筛孔尺寸。

（4）试验方法

试验方法的名称有的作了修改，比如将砂石的筛分析试验名称修改为颗粒级配；个别试验方法的超出范围给出了的方法，比如砂的颗粒级配时当各号筛筛余量超出规定值时，给出了处理方法；个别试验的试样称量进行了改变，比如砂的含泥量试验的称量由行业标

准的 200g，修改为 500g，并提出了精度的要求，没有给出特细砂的虹吸管法。

（5）评定方法

试验结果的判断方法，均给出了具体的要求，即采用修约值比较法进行评定。

4. 取样质量要求

有机物含量、坚固性、压碎值指标及碱骨料反应检验，应按试验要求的粒级及质量取样。

5. 试验方法的种类

《普通混凝土用砂、石质量及检验方法标准》JGJ 52 规定，砂的表观密度试验分为标准法和简易法；砂的含水率试验分为标准法和快速法；砂中含泥量试验分为标准法和虹吸管法砂的碱活性试验分为快速法和砂浆长度法。碎石或卵石的表观密度试验分为标准法和简易法；碎石或卵石的碱活性试验分为岩相法、快速法、砂浆长度法和岩石柱法。

《建设用砂》GB/T 14684 和《建设用卵石、碎石》GB/T 14685 规定，砂的坚固性分为硫酸钠溶液法、压碎指标法；碱集料反应分为碱—硅酸盐反应、快速碱—硅酸盐反应。碎石和卵石，表观密度分为液体比重天平法、广口瓶法；碱集料反应分为碱—硅酸盐反应、快速碱—硅酸盐反应、碱—碳酸盐反应。

6. 试验环境的要求

国家标准与行业标准在试验环境中最大的差别在于，国家标准规定了对试验环境的要求，试验室的温度应保持在 20±5℃。

7. 人工砂中石粉含量的问题

石粉是指人工砂及混合砂中的小于 75μm 的颗粒。人工砂中的石粉绝大部分是母岩被破碎的细粒，与天然砂中的泥不同，它们在混凝土中的作用也有很大区别。石粉含量高一方面使砂的比表面积增大，增加用水量；另一方面细小的球形颗粒产生的滚珠作用又会改善混凝土和易性。因此，不能将人工砂中的石粉视为有害物质。

第5章　外加剂常规检验

5.1　概　　述

混凝土外加剂是一种在混凝土搅拌之前或拌制过程中加入的，用以改善新拌混凝土和（或）硬化混凝土性能的材料，也是混凝土不可或缺的第五组分，并在我国混凝土工程得到广泛的应用。混凝土外加剂是指混凝土中除胶凝材料、骨料、水和纤维组分以外，在混凝土拌制之前或拌制过程中加入的，用以改善新拌混凝土和（或）硬化混凝土性能，对人、生物及环境安全无有害影响的材料。有害物质限量是指混凝土外加剂中对人、生物、环境或混凝土耐久性能产生危害影响的组分的最大允许值。

各种混凝土外加剂的应用改善了新拌合硬化混凝土性能，促进了混凝土新技术的发展，促进了工业副产品在胶凝材料系统中更多的应用，还有助于节约资源和环境保护，已经逐步成为优质混凝土必不可缺少的材料。近年来，国家基础建设保持高速增长，铁路、公路、机场、煤矿、市政工程、核电站、大坝等工程对混凝土外加剂的需求一直很旺盛，我国的混凝土外加剂行业也一直处于高速发展阶段。

混凝土外加剂包括很多种类和品种，减水剂是混凝土外加剂中最重要的品种，按其减水率大小，可分为普通减水剂（以木质素磺酸盐类为代表）、高效减水剂（包括萘系、密胺系、氨基磺酸盐系、脂肪族系等）和高性能减水剂（以聚羧酸高性能减水剂为代表）。

高性能减水剂是比高效减水剂具有更高减水率、更好坍落度保持性能、较小干燥收缩，具有引气性能的减水剂。与其他减水剂相比，高性能减水剂在配制高强度混凝土和高耐久性混凝土时，具有明显的技术优势和较高的性价比。近几年减缩型聚羧酸系高性能减水剂在我国工程中也有较多的应用，大量的工程实践表明，聚羧酸系高性能减水剂24d收缩率比一般不大于110%，减缩型聚羧酸系高性能减水剂具有更低的收缩率比，一般不大于90%，可以用于控制混凝土早期收缩开裂。因此，在国家标准中增加了早强型、标准型和缓凝型三种型号的高性能减水剂，并针对该类减水剂的技术特点，在大量试验的基础上，提出了具体性能要求和试验方法。

5.1.1　混凝土外加剂分类

混凝土外加剂按其主要使用功能分类如下：改善混凝土拌合物流变性能的外加剂，如各种减水剂和泵送剂等；调节混凝土拌合物凝结时间、硬化过程的外加剂，如缓凝剂、早强剂、促凝剂和速凝剂等；改善混凝土耐久性的外加剂，如引气剂、防水剂和阻锈剂；改善混凝土其他性能的外加剂，如膨胀剂、防冻剂和着色剂等。

1. 改善混凝土拌合物流变性能的外加剂

（1）普通减水剂：在混凝土坍落度基本相同的条件下，能减少拌合用水量的外加剂。

普通减水剂按其功能不同又分为以下几类：标准型普通减水剂，具有减水功能且对混凝土凝结时间没有显著影响的普通减水剂。缓凝型普通减水剂，具有缓凝功能的普通减水剂。早强型普通减水剂，具有早强功能的普通减水剂。引气型普通减水剂，具有引气功能的普通减水剂。

（2）高效减水剂：在混凝土坍落度基本相同的条件下，减水率不小于 14% 的减水剂。高效减水剂按其功能不同又分为以下几类：标准型高效减水剂，具有减水功能且对混凝土凝结时间没有显著影响的高效减水剂。缓凝型高效减水剂，具有缓凝功能的高效减水剂。早强型高效减水剂，具有早强功能的高效减水剂。引气型高效减水剂，具有引气功能的高效减水剂。

（3）高性能减水剂：比在坍落度基本相同的条件下，减水率不小于 25%，与高效减水剂相比坍落度保持性能好、干燥收缩小，且具有一定引气性能的减水剂。高性能减水剂按其功能不同又分为以下几类：标准型高性能减水剂，具有减水功能且对混凝土凝结时间没有显著影响的高性能减水剂。缓凝型高性能减水剂，具有缓凝功能的高性能减水剂。早强型高性能减水剂，具有早强功能的高性能减水剂。减缩型高性能减水剂，28d 收缩率比不大于 90% 的高性能减水剂。

（4）防冻剂：能使混凝土在负温下硬化，并在规定养护条件下达到预期性能的外加剂。防冻剂可由组分不同分为以下几类：无氯盐防冻剂，氯离子含量不大于 0.1% 的防冻剂。复合型防冻剂，兼有减水、早强、引气等功能，由多种组分复合而成的防冻剂。

（5）泵送剂：能改善混凝土拌合物泵送性能的外加剂。防冻泵送剂，既能使混凝土在负温下硬化，并在规定养护条件下达到预期性能，又能改善混凝土拌合物泵送性能的外加剂。

（6）早强剂：能加速混凝土早期强度发展的外加剂。

（7）引气剂：能通过物理作用引入均匀分布、稳定而封闭的微小气泡，且能保留在硬化混凝土中的外加剂。

（8）防水剂：能降低砂浆、混凝土在静水压力下透水性的外加剂。水泥基渗透结晶型防水剂，以硅酸盐水泥的活性化学物质为主要成分制成的、掺入水泥混凝土拌合物中用以提高混凝土致密性与防水性的外加剂。

（9）多功能外加剂：能改善新拌合（或）硬化混凝土两种及两种以上性能的外加剂。

2. 性能术语

（1）匀质性：外加剂产品呈均匀、同一状态的性能。

（2）粘聚性：新拌混凝土的组成材料之间有一定的粘聚力，不离析分层、保持整体均匀的性能。

（3）含固量：液体外加剂中除水以外其他有效物质的质量百分数。

（4）含水率：固体外加剂在规定温度下烘干后所失去水的质量占其质量的百分比。

（5）相对耐久性指标：受检混凝土经快冻快融 200 次后动弹性模量的保留值，以百分数表示。

（6）抗冻融循环次数：受检混凝土经快速冻融相对动弹性模量折减为 60% 或质量损失 5% 时的最大冻融循环次数。

（7）有害物质限量：混凝土外加剂中对人、生物、环境或混凝土耐久性能产生危害影响的组分的最大允许值。

（8）相容性：混凝土原材料共同使用时相互匹配、协同发挥作用的能力。

（9）限制膨胀率：掺有膨胀剂的试件在规定的纵向器具限制下的膨胀率。

3. 检验术语

（1）胶凝材料总量：每立方米混凝土中水泥和矿物掺合料质量的总和。

（2）外加剂掺量：外加剂占胶凝材料总量的质量百分数。

（3）推荐掺量范围：由供应方推荐给使用方的外加剂掺量范围。

（4）重复性条件：在同一实验室，由同一操作员使用相同的设备，按相同的试验方法，在短时间内对同一相互独立进行的试验条件。

（5）重复性限：一个数值，在重复性条件下，两个试验结果的绝对差小于或等于此数的概率为 95%。

（6）再现性条件：在不同的实验室，由不同的操作员使用不同的设备，按相同的试验方法，对同一试验样品相互独立进行的试验条件。

（7）再现性限：一个数值，在再现性条件下，两个试验结果的绝对差小于或等于此数的概率为 95%。

5.1.2　检验项目及批量

《混凝土外加剂应用技术规范》GB 50119，适用于普通减水剂、高效能减水剂、聚羧酸系高性能减水剂、引气剂、引气减水剂、泵送剂、早强剂、缓凝剂、防水剂、防冻剂、速凝剂、膨胀剂和阻锈剂共 13 类混凝土外加剂在混凝土工程中的应用。

1. 检验项目及批量

（1）普通减水剂

检验项目：pH 值、密度（或细度）、含固量（或含水率）、减水率，早强型普通减水剂还应检验 1d 抗压强度比；缓凝型普通减水剂还应检验凝结时间差。

初始或经时坍落度（或扩展度）应按进场批次，采用工程实际使用的原材料和配合比与上批留样进行平行对比试验。

检验批及取样：按每 50t 为一检验批，不足 50t 时也按一个检验批。每一检验批取样量不应少于 0.2t 胶凝材料所需用的减水剂量。

（2）高效减水剂

检验项目：pH 值、密度（或细度）、含固量（或含水率）、减水率；缓凝型高效减水剂还应检验凝结时间差。初始或经时坍落度（或扩展度）应按进场批次，采用工程实际使用的原材料和配合比与上批留样进行平行对比试验。

检验批及取样：同“普通减水剂”。

（3）聚羧酸系高性能减水剂

检验项目：pH 值、密度（或细度）、含固量（或含水率）、减水率；早强型聚羧酸系高性能减水剂还应检验 1d 抗压强度比；缓凝型聚羧酸系高性能减水剂还应检验凝结时间差；初始或经时坍落度（或扩展度）应按进场批次，采用工程实际使用的原材料和配合比与上批留样进行平行对比试验。

检验批及取样：同“普通减水剂”。

（4）引气剂及引气减水剂

检验项目：pH 值、密度（或细度）、含固量（或含水率）、含气量、含气量经时损失；引气减水剂还应检测减水率。含气量按进场批次，采用工程实际使用的原材料和配合比与上批留样进行平行对比试验，初始含气量允许偏差为 ±1.0%。

检验批及取样：引气剂按每 10t 为一检验批，不足 10t 时也按一个检验批；引气减水剂按每 50t 为一检验批，不足 50t 时也按一个检验批。每一检验批取样量不应少于 0.2t 胶凝材料所需用的外加剂量。

（5）早强剂

检验项目：密度（或细度）、含固量（或含水率）、碱含量、氯离子含量和 1d 抗压强度比。检验含有硫氰酸盐、甲酸盐等早强剂的氯离子含量时，采用离子色谱法。

检验批及取样：同“普通减水剂”。

（6）缓凝剂

检验项目：密度（或细度）、含固量（或含水率）和混凝土凝结时间差。凝结时间的检测按进场批次，采用工程实际使用的原材料和配合比与上批留样进行平行对比，初、终凝结时间允许偏差为 ±1h。

检验批及取样：按每 20t 为一检验批，不足 20t 时也按一个检验批。每一检验批取样量不应少于 0.2t 胶凝材料所需用的外加剂量。

（7）泵送剂

检验项目：pH 值、密度（或细度）、含固量（或含水率）、减水率和坍落度 1h 经时变化值。减水率和坍落度 1h 经时变化值应按进场批次，采用工程实际使用的原材料和配合比与上批留样进行平行对比试验，减水率允许偏差为 ±2%，坍落度 1h 经时变化值允许偏差为 ±20mm。

检验批及取样：同“普通减水剂”。

（8）防冻剂

检验项目：氯离子含量、密度（或细度）、含固量（或含水率）、碱含量和含气量；复合类防冻剂还应检测减水率。检验含有硫氰酸盐、甲酸盐等防冻剂的氯离子含量时，采用离子色谱法。

检验批及取样：按每 100t 为一检验批，不足 100t 时也按一个检验批。每一检验批取样量不应少于 0.2t 胶凝材料所需用的外加剂量。

（9）速凝剂

检验项目：密度（或细度）、水泥净浆初凝和终凝时间。水泥净浆初凝和终凝时间应按进场批次，采用工程实际使用的原材料和配合比与上批留样进行平行对比试验，其允许偏差为 ±1min。

检验批及取样：同“普通减水剂”。

（10）膨胀剂

检验项目：水中 7d 限制膨胀率、细度。

检验批及取样：按每 200t 为一检验批，不足 200t 时也按一个检验批。每一检验批取样量不应少于 10kg。

（11）防水剂

检验项目：密度（或细度）、含固量（或含水率）。

检验批及取样：同“普通减水剂”。

2. 基本要求

（1）混凝土外加剂是在拌制混凝土过程中掺入，用以改善混凝土性能的物质。各类外加剂掺入混凝土（砂浆）中的性能指标，按《混凝土外加剂》GB 8076，《砂浆、混凝土防水剂》JC/T 474、《混凝土防冻剂》JC/T 475 要求。掺外加剂混凝土所用原材料应符合下列标准的规定：

水泥，应符合《通用硅酸盐水泥》GB 175、《中热硅酸盐水泥、低热硅酸盐水泥》GB/T 200 的规定。

掺外加剂混凝土所用砂、石，应符合《普通混凝土用砂、石质量及检验方法标准》JGJ 52 的规定。

掺外加剂混凝土所用粉煤灰和粒化高炉矿渣粉，应符合《用于水泥和混凝土中的粉煤灰》GB/T 1596 和《用于水泥、砂浆和混凝土中的粒化高炉矿渣粉》GB/T 18046 的规定，并应检验外加剂与混凝土原材料的相容性，应符合要求后再使用。硅灰应符合《高强高性能混凝土用矿物外加剂》GB/T 18736 的规定。

掺外加剂混凝土用水，包括拌合用水和养护用水，应符合《混凝土用水标准》JGJ 63 的规定。

（2）试配掺外加剂的混凝土应采用工程实际使用的原材料，检测项目应根据设计和施工要求确定，检测条件应与施工条件相同。当用所用原材料或混凝土性能要求发生变化时，应重新试配。

5.2　外加剂匀质性试验

匀质性是指外加剂产品呈均匀、同一状态的性能。《混凝土外加剂匀质性试验方法》GB/T 8077，适用于高性能减水剂（早强型、标准型、缓凝型）、高效能减水剂（早强型、标准型、缓凝型）、普通减水剂（早强型、标准型、缓凝型）、引气减水剂、泵送剂、早强剂、缓凝剂、引气剂、防水剂、防冻剂和速凝剂共 11 类混凝土外加剂。试验方法包括含固量、含水率、密度、细度、pH 值、表面张力、氯离子含量、硫酸钠含量、水泥净浆流动度、水泥胶砂减水率和总碱量等 11 种试验方法。

5.2.1　基本要求

（1）试验的次数与要求：每项测定的试验次数规定为两次。用两次试验结果的平均值表示测定结果。

（2）水：采用的水为蒸馏水或同等纯度的水（水泥净浆流动度、水泥砂浆减水率除外）。

（3）化学试剂：所用的化学试剂除特别注明外，均为分析纯化学试剂。

（4）空白试验：使用相同量的试剂，不加入试样，按照相同的测试步骤进行试验，对得到的测定结果进行校正。

（5）灼烧：将滤纸和沉淀放入预先已灼烧并恒量的坩埚中，为避免产生火焰，在氧化性气氛中缓慢干燥、灰化，灰化至无黑色炭颗粒后，放入高温炉中，在规定的温度下灼烧。在干燥器中冷却至室温，称量。

（6）恒量：经第一次灼烧、冷却、称量后，通过连续对每次15min的灼烧，然后冷却、称量的方法来检查恒定质量，当连续两次称量之差小于0.0005g时，即达到恒量。

5.2.2 含固量试验

含固量是指含固量是指液体外加剂中除水以外其他有效物质的质量百分数。

1. 方法提要

将已恒量的称量瓶内放入被测液体试样于一定的温度下烘至恒量。

2. 仪器设备

天平：分度值0.0001g；带盖称量瓶：65mm×25mm；鼓风电热恒温干燥箱：温度范围0～200℃；干燥器：内盛变色硅胶。

3. 试验步骤

（1）将洁净带盖称量瓶放入烘箱内，于100～105℃烘30min，取出置于干燥器内，冷却30min后称量，重复上述步骤直至恒量。

（2）将被测液体试样装入已经恒量的称量瓶内，盖上盖称出液体试样及称量瓶的总质量。液体试样称量：3.0000～5.0000g。

（3）将盛有试样的称量瓶放入烘箱内，开启瓶盖，升温至100～105℃（特殊品种除外）烘干，盖上盖置于干燥器内冷却30min后称量，重复上述步骤直至恒量。

4. 试验结果

含固量，按下式计算：

$$X_{固}=\frac{m_2-m_0}{m_1-m_0}\times100 \tag{5.2.2}$$

式中：$X_{固}$——含固量，%；

m_0——称量瓶的质量，g；

m_1——称量瓶加液体试样的质量，g；

m_2——称量瓶加液体试样烘干后的质量，g。

重复性限为0.30%；再现性限为0.50%。

5.2.3 含水率试验

含水率是指固体外加剂在规定温度下烘干后所失去水的质量占其质量的百分比。

1. 方法提要

将已恒量的称量瓶内放入被测粉状试样于一定的温度下烘至恒量。

2. 仪器设备

天平：分度值0.0001g；带盖称量瓶：65mm×25mm；鼓风电热恒温干燥箱：温度范围0～200℃；干燥器：内盛变色硅胶。

3. 试验步骤

（1）将洁净带盖称量瓶放入烘箱内，于100～105℃烘30min，取出置于干燥器内，冷却30min后称量，重复上述步骤直至恒量。

（2）将被测粉状试样装入已经恒量的称量瓶内，盖上盖称出粉状试样及称量瓶的总质量。粉状试样称量：1.0000 ～ 2.0000g。

（3）将盛有粉状试样的称量瓶放入烘箱内，开启瓶盖，升温至 100 ～ 105℃（特殊品种除外）烘干，盖上盖置于干燥器内冷却 30min 后称量，重复上述步骤直至恒量。

4. 试验结果

含水率，按下式计算：

$$X_{水}=\frac{m_1-m_2}{m_1-m_0}\times 100 \tag{5.2.3}$$

式中：$X_{水}$——含水率，%；

m_0——称量瓶的质量，g；

m_1——称量瓶加粉状试样的质量，g；

m_2——称量瓶加粉状试样烘干后的质量，g。

重复性限为 0.30%；再现性限为 0.50%。

5.2.4 密度试验

密度试验方法有比重瓶法、液体比重天平法和精密密度计法 3 种。下面介绍密度（比重瓶法）的试验方法。本节介绍比重瓶法。

1. 方法提要

将已校正容积的比重瓶，灌满被测溶液，在 20±1℃恒温，在天平上称出质量。

2. 测试条件

被测溶液的温度为 20±1℃；如有沉淀应滤去。

3. 仪器设备

密度瓶：25mL 或 50mL；天平：分度值 0.0001g；干燥器：内盛变色硅胶；超级恒温器或同等条件的恒温设备。

4. 试验步骤

（1）比重瓶容积的校正

① 比重瓶依次用水、乙醇、丙酮和乙醚洗涤并吹干，塞上瓶塞连瓶一起放入干燥器瓶内，取出称量比重瓶的质量，直至恒量。

② 然后将预先煮沸并经冷却的水装入瓶中，塞上塞子，使多余的水分从塞子毛细管流出，用吸水纸吸干瓶外的水。

③ 注意不能让吸水纸吸出塞子毛细管里的水，水要保持与毛细管上口相平，立即在天平上称出比重瓶装满水后的质量。

④ 比重瓶在 20℃时容积按下式计算：

$$V=\frac{m_1-m_0}{0.9982} \tag{5.2.4-1}$$

式中：V——比重瓶在 20℃时的容积，mL；

m_0——干燥的比重瓶质量，g；

m_1——比重瓶盛满 20℃水的质量，g；

0.9982——20℃时纯水的密度，g/mL。

（2）外加剂溶液密度的测定

将已校正 V 值比重瓶洗净、干燥、灌满被测定溶液，塞上塞子后浸入 20±1℃恒温 20min 后取出，用吸水纸吸干瓶外的水及由毛细管溢出的溶液后，在天平上称出比重瓶装满外加剂溶液后的质量。

5. 试验结果

外加剂溶液的密度，按下式计算：

$$\rho=\frac{m_2-m_0}{V}=\frac{m_2-m_0}{m_1-m_0}\times 0.9982 \quad (5.2.4\text{-}2)$$

式中：ρ——20℃时外加剂溶液密度，g/mL。

m_2——比重瓶装满 20℃外加剂溶液后的质量，g。

重复性限为 0.001g/mL；再现性限为 0.002g/mL。

5.2.5 细度试验

1. 方法提要

采用孔径为 0.315mm 的试验筛，称取烘干试样倒入筛内，用人工筛样，称取筛余物质量，计算出筛余物的百分含量。

2. 仪器设备

天平：分度值 0.001g；试验筛：孔径为 0.315mm 的铜丝网筛布。

3. 试验步骤

（1）外加剂试样应充分拌匀并经 100 ～ 105℃（特殊物品除外）烘干，称取烘干试样 10g，称准至 0.001g 倒入筛内，用人工筛样，将近筛完时，应一手执筛往复摇动，一手拍打，摇动速度每分钟约 120 次。

（2）其间，筛子应向一定方向旋转数次，使试样分散在筛布上，直至每分钟通过质量不超过 0.005g 时为止。称量筛余物，称准至 0.001g。

4. 试验结果

细度用筛余（%）表示，按下式计算：

$$筛余=\frac{m_1}{m_0}\times 100 \quad (5.2.5)$$

式中：m_1——筛余物质量，g；

m_0——试样质量，g。

重复性限为 0.40%；再现性限为 0.60%。

5.2.6 pH 值试验

1. 方法提要

根据奈斯特方程，利用一对电极在不同 pH 值溶液中能产生不同电位差，这一对电极由测试电极（玻璃电极）和参比电极（饱和甘汞电极）组成，在 25℃时每相差一个单位 pH 值时产生 59.15mV 的电位差，pH 值可在仪器的刻度表上直接读出。

2. 仪器设备

酸度计；甘汞电极；玻璃电极；复合电极；天平，分度值 0.0001g。

3. 测试条件

液体试样直接测试。粉体试样溶液的浓度为 10g/L。被测溶液的温度为 20±3℃。

4. 试验步骤

（1）校正

按仪器的出厂说明书校正仪器。

（2）测量

当仪器校正好后，先用水，再用测试溶液冲洗电极，然后再将电极浸入被测溶液中轻轻摇动试杯，使溶液均匀。待到酸度计的读数稳定 1min，记录读数。测量结束后，用水冲洗电极，以待下次测量。

5. 结果表示

酸度计测出的结果即为溶液的 pH 值。

重复性限为 0.2；再现性限为 0.5。

5.2.7　水泥净浆流动度试验

水泥净浆流动度：在规定的试验条件下，水泥浆体在玻璃平板上自由流淌后，净浆底部互相垂直的两个方向直径的平均值。

1. 方法提要

在水泥净浆搅拌机中，加入一定量的水泥、外加剂和水进行搅拌。将搅拌好的净浆注入截锥圆模内，提起截锥圆模，测定水泥净浆在玻璃平面上自由流淌的最大直径。

2. 仪器设备

双转双速水泥净浆搅拌机；截锥圆模：上口直径 36mm，下口直径 60mm，高度为 60mm 的金属制品；玻璃板：400mm×400mm×5mm；秒表；钢直尺：300mm；刮刀；天平：分度值 0.01g；分度值 1g。

3. 试验步骤

（1）将玻璃板放置在水平位置，用湿布抹擦玻璃板、截锥圆模、搅拌器及搅拌锅，使其表面湿而不带水滴。将截锥圆模放在玻璃板的中央，并用湿布覆盖待用。

（2）称取水泥 300g，倒入搅拌锅内。加入推荐掺量的外加剂 87g 或 105g 水，立即搅拌（慢速 120s，停 15s、快速 120s）。

（3）将拌好的净浆迅速注入截锥圆模内，用刮刀刮平，将截锥圆模按垂直方向提起，同时开启秒表计时，任水泥净浆在玻璃板上流动，至 30s，用直尺量取流淌部分互相垂直的两个方向的最大直径，取平均值作为水泥净浆流动度。

4. 结果表示

表示净浆流动度时，应注明用水量，所用水泥的强度等级标号、名称、型号及生产厂和外加剂掺量。

重复性限为 5mm；再现性限为 10mm。

5.2.8　水泥胶砂减水率试验

胶砂减水率是指在胶砂流动度基本相同时，基准胶砂和掺外加剂的受检胶砂用水量之差与基准胶砂用水量之比，以百分数表示。

1. 方法提要

先测定基准胶砂流动度的用水量，再测定掺外加剂胶砂流动度的用水量，经计算得出水泥砂浆减水率。

2. 仪器设备

胶砂搅拌机；跳桌、截锥圆模及套模、圆柱捣棒、卡尺；抹刀；天平，分度值 0.01g 和分度值 1g。

3. 材料

水泥；水泥强度检验用 ISO 标准砂；外加剂。

4. 试验步骤

（1）基准胶砂流动度用水量测定

① 先将搅拌机处于工作状态，然后按以下程序进行操作：把水加入锅里，再加入水泥 450g，把锅放在固定架上，上升至固定位置，然后立即开动机器，低速搅拌 30s 后，在第二个 30s 开始的同时均匀地将砂子加入，机器转至高速再拌 30s。停拌 90s，在第一个 15s 内用一抹刀将叶片和锅壁上的胶砂刮入锅内，在高速下继续搅拌 60s，各个阶段搅拌时间误差应在 ±1s 以内。

② 在拌合胶砂的同时，用湿布抹擦跳桌的玻璃台面，捣棒、截锥圆模及模套内壁，并把它们置于玻璃台面中心，盖上湿布，备用。

③ 将拌好的胶砂迅速分两次装入模内，第一次装至截锥圆模的 2/3 处，用抹刀在相互垂直的两个方向各划 5 次，并用捣棒自边缘向中心均匀捣 15 次，接着装第二层胶砂，装至高出截锥圆模月 20mm，用抹刀划 10 次，同样用捣棒捣 10 次，在装胶砂与捣实时，用手将截锥圆模按住，不要使其产生移动。

④ 捣好后取下模套，用抹刀将高出截锥圆模的胶砂刮去并抹平，随机将截锥圆模程序向上提起置于台上，立即开动跳桌，以每秒一次的频率使跳桌连续跳动 25 次。

⑤ 跳动完毕用卡尺量出胶砂底部流动直径，取相互垂直的两个直径的平均值为该用水量时的胶砂流动度，用毫米表示。

⑥ 重复上述步骤，直至流动度达到 180±5mm。当胶砂流动度为 180±5mm 时的用水量即为基准胶砂流动度的用水量。

（2）掺外加剂胶砂流动度用水量测定

将水和外加剂加入锅里搅拌均匀，按上述（1）的操作步骤测出掺外加剂胶砂流动度达 180±5mm 时的用水量。

5. 结果表示

胶砂减水率按下式计算：

$$\text{胶砂减水率}=\frac{M_0-M_1}{M_0}\times 100 \tag{5.2.8}$$

式中：M_0——基准胶砂流动度为 180±5mm 时的用水量，g；

M_1——掺外加剂的胶砂流动度为 180±5mm 时的用水量，g。

注明所有水泥的等级、名称、型号及生产厂。

重复性限为 1.0%；再现性限为 1.5%。

5.3　混凝土性能试验

5.3.1　概述

混凝土外加剂性能主要通过掺外加剂混凝土（砂浆）来反映，混凝土性能受外加剂、检测所用原材料以及检测条件三者的影响。要正确区别由外加剂所引起的混凝土性能变化，必须尽量固定检测所用原材料和检测条件，以便可以准确评定外加剂的性能质量。受检混凝土性能试验方法如下：

1. 材料

（1）水泥：基准水泥是指符合相关标准规定的，专门用于检测混凝土外加剂性能的水泥。基准水泥是检验混凝土外加剂性能的专用水泥，基准水泥出厂每 15t 为一批号。每一批号应取有代表性的三个样品，分别测定比表面积、测定结果均须符合规定。有效储存期为自生产之日起半年。

（2）砂：符合《建设用砂》GB/T 14684 中Ⅱ区要求的细度模数为 2.6 ～ 2.9 的中砂，其含泥量小于 1%。

（3）石子：符合《建设用卵石、碎石》GB/T 14685 要求的公称粒径 5 ～ 20mm 的碎石或卵石，采用二级配，其中 5 ～ 10mm 占 40%，10 ～ 20mm 占 60%，满足连续级配要求，针片状颗粒质量小于 10%，孔隙率小于 47%，含泥量小于 0.5%。如有争议，以碎石检测结果为准。

（4）水：符合《混凝土用水标准》JGJ 63 混凝土拌合用水的技术要求。

（5）外加剂：需要检测的外加剂。按生产厂家推荐的掺量。外加剂掺量是指外加剂占胶凝材料总量的质量百分数。推荐掺量范围是指由供应方推荐给使用方的外加剂掺量范围。

2. 配合比

基准混凝土是指符合相关标准试验条件规定的，未掺有外加剂的混凝土。配合比按《普通混凝土配合比设计规程》JGJ 55 进行设计。掺非引气型外加剂的受检混凝土和其对应的基准混凝土的水泥、砂、石的比例相同。

水泥用量：掺高性能减水剂或泵送剂的基准混凝土和受检混凝土的单位水泥用量为 360kg/m^3；掺其他外加剂的基准混凝土和受检混凝土单位水泥用量为 330kg/m^3。胶凝材料总量是指每立方米混凝土中水泥和矿物掺合料质量的总和。

砂率：掺高性能减水剂或泵送剂的基准混凝土和受检混凝土的砂率均为 43% ～ 47%。掺其他外加剂的基准混凝土和受检混凝土的砂率为 36% ～ 40%。但掺引气减水剂或引气剂的受检混凝土的砂率应比基准混凝土的砂率低 1% ～ 3%。

外加剂掺量：按生产厂家指定掺量。

用水量：掺高性能减水剂或泵送剂的基准混凝土和受检混凝土的坍落度控制在 210±10mm，用水量为坍落度在 210±10mm 时的最小用水量。掺其他外加剂的基准混凝土和受检混凝土的坍落度控制在 80±10mm。用水量包括液体外加剂、砂、石材料中所含的水量。

3. 混凝土搅拌

采用符合标准要求的公称容量为 60L 的单卧轴式强制搅拌机。搅拌机的拌合量应不少于 20L，不宜大于 45L。

外加剂为粉状时，将水泥、砂、石、外加剂一次投入搅拌机，干拌均匀，再加入拌合水，一起搅拌 2min。外加剂为液体时，将水泥、砂、石一次投入搅拌机，干拌均匀，再加入掺有外加剂的拌合水一起搅拌 2min。

出料后，在铁板上用人工翻拌至均匀，再行试验。各种混凝土试验材料及环境温度均应保持在 20±3℃。

4. 试件制作

（1）各类混凝土试件制作、养护等按《普通混凝土拌合物性能试验方法标准》GB/T 50080 进行，但混凝土预养护温度为 20±3℃。标准养护是指在温度 20±2℃、相对湿度大于 95% 条件下进行的养护。

（2）检测项目及所需数量详见表 5.3.1。试验时，检验同一种外加剂的三批混凝土的制作宜在开始试验一周内的不同日期完成；对比的基准混凝土和受检混凝土应同时成型；试验龄期参考标准的受检混凝土性能指标的试验项目栏；试验前后应仔细观察试样，对有明显缺陷的试样和试验结果都应舍弃。受检混凝土是指符合相关标准试验条件规定的，掺有外加剂的混凝土。

检测项目及所需数量　　　　表 5.3.1

<table>
<tr><th colspan="2" rowspan="2">检测项目</th><th rowspan="2">外加剂类别</th><th rowspan="2">检测类别</th><th colspan="4">检测所需数量</th></tr>
<tr><th>混凝土拌合批数</th><th>每批取样数目</th><th>基准混凝土总取样数目</th><th>受检剂混凝土总取样数目</th></tr>
<tr><td colspan="2">减水率</td><td>除早强剂、缓凝剂外各种外加剂</td><td rowspan="6">混凝土拌合物</td><td rowspan="9">3</td><td>1 次</td><td>3 次</td><td>3 次</td></tr>
<tr><td colspan="2">泌水率比</td><td rowspan="3">各种外加剂</td><td>1 个</td><td>3 个</td><td>3 个</td></tr>
<tr><td colspan="2">含气量</td><td>1 个</td><td>3 个</td><td>3 个</td></tr>
<tr><td colspan="2">凝结时间差</td><td>1 个</td><td>3 个</td><td>3 个</td></tr>
<tr><td rowspan="2">1h 经时变化量</td><td>坍落度</td><td>高性能减水剂、泵送剂</td><td>1 个</td><td>3 个</td><td>3 个</td></tr>
<tr><td>含气量</td><td>引气剂、引气减水剂</td><td>1 个</td><td>3 个</td><td>3 个</td></tr>
<tr><td colspan="2">抗压强度比</td><td rowspan="2">各种外加剂</td><td rowspan="3">硬化混凝土</td><td>6、9 或 12 块</td><td>18、27 或 36 块</td><td>18、27 或 36 块</td></tr>
<tr><td colspan="2">收缩率比</td><td>1 条</td><td>3 条</td><td>3 条</td></tr>
<tr><td colspan="2">相对耐久性</td><td>引气剂、引气减水剂</td><td>1 条</td><td>3 条</td><td>3 条</td></tr>
</table>

5.3.2　坍落度及坍落度经时变化量测定

1. 取样

每批混凝土取一个试样。坍落度和坍落度 1h 经时变化量均以三次试验结果的平均值表示。

2. 坍落度测定

混凝土坍落度按照《普通混凝土拌合物性能试验方法标准》GB/T 50080 测定。但坍落度为 210±10mm 的混凝土，分两层装料，每层装入高度为筒高的一半，每层用插捣棒插捣 15 次。

3. 坍落度 1h 经时变化量测定

（1）当要求测定此项时，应将按照本节要求搅拌的混凝土留下足够一次混凝土坍落度的试验数量，并装入用湿布擦过的试样筒内，容器加盖，静置至 1h（从加水搅拌时开始计算）。

（2）然后倒出，在铁板上用铁锹翻拌至均匀后，再按照坍落度测定方法测定坍落度。计算出机时和 1h 之后的坍落度之差值，即得到坍落度的经时变化量。

（3）坍落度 1h 经时变化量，按下式计算：

$$\Delta Sl = Sl_0 - Sl_{1h} \tag{5.3.2}$$

式中：ΔSl——坍落度经时变化量，mm；

Sl_0——出机时测得的坍落度，mm；

Sl_{1h}——1h 后测得的坍落度，mm。

4. 试验结果

三次试验的最大值和最小值与中间值之差有一个超过 10mm 时，将最大值和最小值一并舍去，取中间值作为该批的试验结果；最大值和最小值与中间值之差均超过 10mm 时，则应重做。

坍落度及坍落度 1 小时经时变化量测定值以 mm 表示，结果表达修约到 5mm 。

5.3.3　减水率测定

减水率为坍落度基本相同时基准混凝土和掺外加剂混凝土单位用水量之差与基准混凝土单位用水量之比。

1. 计算

减水率按下式计算，应精确至 0.1%：

$$W_R = \frac{W_0 - W_1}{W_0} \times 100 \tag{5.3.3}$$

式中：W_R——减水率，%；

W_0——基准混凝土单位用水量，kg/m^3；

W_1——受检剂混凝土单位用水量，kg/m^3。

2. 试验结果

减水率以三批检测的算术平均值计，精确到 1%。若三批检测的最大值或最小值中有一个与中间值之差超过中间值 15% 时，把最大值与最小值一并舍去，取中间作为该组检测的减水率。若有两个测值与中间差均超过 15% 时，则该批检测结果无效，应该重做。

5.3.4　泌水率比测定

1. 泌水率测定

（1）先用湿布湿润容积为 5L 的带盖（内径 185mm，高 200mm），将混凝土拌合物一次装入，在振动台上振动 20s，然后用抹刀轻轻抹平，加盖以防止水分蒸发。试样表面应比筒口边低约 20mm。

（2）自抹面开始计算时间，在前 60min，每隔 10min 用吸液管吸出泌水一次，以后每隔 20min 用吸水一次，直至连续三次无泌水为止。

（3）每次吸水前 5min，应将桶底一侧垫高约 20mm，使筒倾斜，以便于吸水。吸水后，将筒轻轻放平盖好。

（4）将每次吸出的水都注入带塞量筒，最后计算出总的泌水量，精确至 1g。

2. 计算

（1）泌水率，按下式计算：

$$B=\frac{V_W}{(W/G)\,G_W}\times 100 \tag{5.3.4-1}$$

$$G_W=G_1-G_0 \tag{5.3.4-2}$$

式中：B——泌水率，%；

V_W——泌水总质量，g；

W——混凝土拌合物的用水量，g；

G——混凝土拌合物的总质量，g；

G_W——试样质量，g；

G_1——筒及试样质量，g；

G_0——筒质量，g。

（2）泌水率比，按下式计算：

$$R_B=\frac{B_t}{B_c}\times 100 \tag{5.3.4-3}$$

式中：R_B——泌水率比，%；

B_t——受检混凝土泌水率，%；

B_c——基准混凝土泌水率，%。

3. 试验结果

泌水率试验时，从每批混凝土拌合物中取一个试样，泌水率取三个试样的算术平均值，精确到 0.1%。若三个试样的最大值或最小值中有一个与中间值之差大于中间值的 15%，则把最大值与最小值一并舍去，取中间作为该组试验的泌水率。如果最大值和最小值与中间值之差均大于中间值的 15% 时，则应重做。

5.3.5 含气量和含气量经时变化量测定

1. 取样

含气量和含气量 1h 经时变化量的测定试验时，从每批混凝土拌合物取一个试样。

2. 试验步骤

（1）含气量测定按《普通混凝土拌合物性能试验方法标准》GB/T 50080 用气水混合式含气量测定仪，并按仪器说明进行操作，但混凝土拌合物应一次装满并稍高于容器，用振动台振实 15 ～ 20s。

（2）含气量 1h 经时变化量测定。

（3）当要求测定此项时，将搅拌的混凝土留下足够一次含气量试验的数量，并装入用湿布擦过的试样筒内，容器加盖，静置至 1h（从加水搅拌时开始计算），然后倒出，在铁板上用铁锹翻拌均匀后，1h 再按照含气量测定方法测定含气量。计算出机时和 1h 之后的含气量之差值，即得到含气量的经时变化量。

3. 计算

含气量 1h 经时变化量，按下式计算：

$$\Delta A = A_0 - A_{1h} \tag{5.3.5}$$

式中：ΔA——含气量经时变化量，%；

A_0——出机后测得的含气量，%；

A_{1h}——1 小时后测得的含气量，%。

4. 试验结果

含气量以三个试样测值的算术平均值来表示。若三个试样中的最大值或最小值中有一个与中间值之差超过 0.5% 时，将最大值与最小值一并舍去，取中间值作为该批的试验结果。如果最大值与最小值与中间值之差均超过 0.5%，则应重做。

含气量和 1h 经时变化量测定值精确到 0.1%。

5.3.6　凝结时间差测定

1. 计算

凝结时间差为掺外加剂混凝土的凝结时间之差，凝结时间按《普通混凝土拌合物性能试验方法标准》GB/T 50080 规定，按下式计算：

$$\Delta T = T_t - T_c \tag{5.3.6-1}$$

式中：ΔT——凝结时间之差，min；

T_t——受检混凝土的初凝或终凝时间，min；

T_c——基准混凝土的初凝或终凝时间，min。

2. 试验步骤

凝结时间采用贯入阻力仪测定，仪器精度为 10N。

（1）将混凝土拌合物用 5mm（圆孔筛）振动筛筛出砂浆，拌匀后装入上口内径为 160mm，下口内径为 150mm，净高 150mm 的刚性不渗水的金属圆筒，试样表面应略低于筒口约 10mm，用振动台振实，约 3 ～ 5s，置于 20±2℃的环境中，容器加盖。

（2）一般基准混凝土在成型后 3 ～ 4h，掺早强剂的在成型后 1 ～ 2h，掺缓凝剂的在成型后 4 ～ 6h 开始测定，以后每 0.5h 或 1h 测定一次，但在临近初、终凝可以缩短测定间隔时间。每次测点应避开前一次测孔，其净距为试针直径的 2 倍，但至少不小于 15mm，试针与容器边缘之距离不小于 25mm。测定初凝时间用截面积为 $100mm^2$ 的试针，测定终凝时间用 $20mm^2$ 的试针。

（3）测试时，将砂浆试样筒置于贯入阻力仪上，测针端部与砂浆表面接触，然后在 10±2s 内均匀地使测针贯入砂浆 25±2mm 深度。记录贯入阻力，精确至 10N，记录测量时间，精确至 1min。

3. 计算

贯入阻力按下式计算，精确到 0.1MPa：

$$R=\frac{P}{A} \tag{5.3.6-2}$$

式中：R——贯入阻力值，MPa；

P——贯入深度达 25mm 时所需的净压力，N；

A——贯入阻力仪试针的截面积，mm^2。

4. 绘制曲线

根据计算结果，以贯入阻力值为纵坐标，测试时间为横坐标，绘制贯入阻力值与时间关系曲线。求出贯入阻力值达 3.5MPa 时，对应的时间作为初凝时间。贯入阻力值达 28MPa 时，对应的时间作为终凝时间。从水泥与水接触时开始计算凝结时间。

5. 试验结果

试验时，每批混凝土拌合物取一个试样，凝结时间取三个试样的平均值。若三批试验的最大值或最小值之中有一个与中间值之差超过 30min，把最大值与最小值一并舍去，取中间值作为该组试验的凝结时间。若两测值与中间值之差均超过 30 min 组试验结果无效，则应重做。凝结时间以 min 表示，并修约到 5min。

5.3.7　抗压强度比测定

抗压强度比以掺外加剂混凝土与基准混凝土同龄期抗压强度之比表示。

1. 试件制作

受检混凝土与基准混凝土的抗压强度按《混凝土物理力学性能试验方法标准》GB/T 50081 进行试验和计算。试件制作时，用振动台振动。试件预养温度为 20±3℃。

2. 计算

抗压强度比，按下式计算，精确到 1%。

$$R_f=\frac{f_t}{f_c}\times 100 \tag{5.3.7}$$

式中：R_f——抗压强度比，%；

f_t——受检混凝土的抗压强度，MPa；

f_c——基准混凝土的抗压强度，MPa。

3. 试验结果

试验结果以三批试验测值的平均值表示。若三批试验中有一批的最大值或最小值与中间值的差值超过中间值的 15%，则把最大值与最小值一并舍去，取中间值作为该批的试验结果。如有两批测值与中间值的差均超过中间值的 15%，则试验结果无效，应该重做。

5.3.8　收缩率比测定

收缩率比以龄期 24d 掺外加剂混凝土与基准混凝土干缩率比值表示。

1. 试件制作

掺外加剂及基准混凝土的收缩率按《普通混凝土长期性能和耐久性能试验方法标准》GB/T 50082 进行测定和计算，试件用振动台成型，振动 15 ～ 20s。每批混凝土拌合物取一个试样，以三个试样收缩率的算术平均值表示，计算精确至 1%。

2. 计算

收缩率比，按下式计算：

$$R_{\varepsilon}=\frac{\varepsilon_{t}}{\varepsilon_{e}}\times 100 \quad (5.3.8)$$

式中：R_{ε}——收缩率比，%；

ε_{t}——受检混凝土的收缩率，%；

ε_{e}——基准混凝土的收缩率，%。

5.3.9　相对耐久性试验

相对耐久性指标是以掺外加剂混凝土冻融 200 次后的动弹性模量是否不小于 80% 评定外加剂质量。

试件成型、养护等同前。标养 28d 后进行冻融循环试验（快冻法），按现行国家标准《普通混凝土长期性能和耐久性能试验方法标准》GB/T 50082 进行。每批混凝土拌合物取一个试样，相对动弹模量以三个试件测值的算术平均值表示。

5.3.10　相容性快速试验

相容性是指混凝土原材料共同使用时相互匹配、协同发挥作用的能力。混凝土外加剂相容性快速试验方法的主要特点是采用工程实际使用的原材料如水泥、矿物掺合料、细骨料、其他外加剂等，用砂浆扩展度法取代了水泥净浆流动度法。砂浆扩展度是指在规定的试验条件下，水泥砂浆在玻璃平板上自由流淌后，砂浆底部互相垂直的两个方向直径的平均值。

混凝土外加剂的相容性不仅与水泥的特征有关，还与混凝土的其他材料如矿物掺合料、细骨料质量等以及配合比相关。混凝土外加剂相容性快速试验方法适用于含减水组分的各类混凝土外加剂与胶凝材料、细骨料和其他外加剂的相容性试验。

1. 仪器设备

水泥胶砂搅拌机；砂浆扩展度筒；捣棒应采用直径为 4±0.2mm、长 300±3mm 的钢棒，端部应磨圆；玻璃板的尺寸应为 500mm×5mm；钢直尺的量程为 500mm，分度值为 1mm；秒表的分度值为 0.1s；时钟分度值为 1s；天平的量程为 100g，分度值为 0.01g；台秤的量程为 5kg，分度值为 1g。

2. 试验前要求

（1）应采用工程实际使用的外加剂、水泥和矿物掺合料。

（2）工程实际使用的砂，应筛除粒径大于 5mm 以上的部分，并应自然风干至气干状态。

（3）砂浆配合比应采用与工程实际使用使用的混凝土配合比中去除粗骨料后的砂浆配合比，水胶比应降低 0.02，砂浆总量不应小于 1.0L。

（4）砂浆初始扩展度要求：普通减水剂的砂浆初始扩展度应为 260±20mm；高效减水剂、聚羧酸系高效减水剂和泵送剂的砂浆初始扩展度应为 350±20mm。

（5）试验应在砂浆成型室标准试验条件下进行，试验室温度应保持在 20±2℃，相对湿度不应低于 50%。

3. 试验步骤

（1）将玻璃板水平放置，用湿布将玻璃板、砂浆扩展度筒、搅拌叶片及搅拌锅内壁均匀擦拭，使其表面润湿。

（2）将砂浆扩展度筒置于玻璃板中央，并用湿布覆盖待用。

（3）按砂浆配合比的比例分别称取水泥、矿物掺合料、砂、水及外加剂待用。

（4）外加剂为液体时，先将胶凝材料、砂加入搅拌锅内预拌 10s，再将外加剂与水混合均匀加入；外加剂为粉状时，先将胶凝材料、砂及外加剂加入搅拌锅内预搅拌 10s，再加剂与水。

（5）加水后立即启动胶砂搅拌机，并按胶砂搅拌机程序进行搅拌，从加水时刻开始计时。

（6）搅拌完毕，将砂浆分两次倒入砂浆扩展度筒，每次倒入约筒高的 1/2，并用捣棒自边缘向中心按顺时针方向均匀插捣 15 下，各次插捣应在截面上均匀分布。插捣筒边砂浆时，捣棒看稍微沿筒壁倾斜。插捣底层时，捣棒应贯穿筒内砂浆深度，插捣第二层时，捣棒应插透本层至下一层的表面。插捣完毕后，砂浆表面应用刮刀刮平，将筒缓慢匀速垂直提起，10s 后用钢直尺量取相互垂直的两个方向的最大直径，并取其平均值为砂浆扩展度。

（7）砂浆扩展度未达到要求时，应调整外加剂的掺量，重复上述（1）～（6）的试验步骤，直至砂浆初始扩展度达到要求。

（8）将试验砂浆重新倒入搅拌锅内，并用湿布覆盖搅拌锅，从计时开始后 10min（聚羧酸系高性能减水剂应做）、30min、60min，开启搅拌机，快速搅拌 1min，按上述第（7）步骤测定砂浆扩展度。

4. 试验结果评价

应根据外加剂掺量和砂浆扩展度经时损失判断外加剂的相容性；试验结果有异议，可按实际混凝土配合比进行试验验证；应注明外加剂、水泥、矿物掺合料和砂的品种、等级、生产厂及试验室温度、湿度等。

5.3.11 限制膨胀率的测定

补偿收缩混凝土的限制膨胀率测定方法适用于测定膨胀剂混凝土的限制膨胀率及限制干缩率。

1. 仪器设备

测量仪，可用千分表、支架和标准杆组成，千分表分辨率应为 0.001mm；纵向限制器，应由纵向限制钢筋与钢板焊接制成。纵向限制器一般检验可重复使用 3 次，仲裁检验只允许使用 1 次。

2. 试验室环境条件

用于混凝土试件成型和测量的试验室温度为 20±2℃；用于养护混凝土试件的恒温水槽的温度应为 20±2℃；恒温恒湿室温度为 20±2℃，相对湿度应为 60%±5%。每日应检查、记录温度变化情况。

3. 试件制作

（1）用于成型试件的模型宽度和高度均应为 100mm，长度应为大于 360mm。

（2）同一条件应有 3 条试件供测长用，试件全长应为 355mm，其中混凝土部分尺寸应为 100mm×100mm×300mm。

（3）首先应把纵向限制器具放入试模中，然后将混凝土一次装入试模，把试模放在振动台上振动至表面呈现水泥浆，不泛气泡为止，刮去多余的混凝土并抹平；然后把试件置于温度为 20±2℃的标准养护室内养护，试件表面用塑料布或湿布覆盖。

（4）应在成型 12 ～ 16h 且抗压强度达到 3 ～ 5MPa 后再拆模。

4. 试件测长和养护

（1）测量前 3h，将测量仪、标准杆放在标准试验室内，用标准杆校正测量仪并调整千分表零点。测量前，将试体及测量仪测头擦净。每次测量时，试体记有标志的一面与测量仪的相对位置必须一致，纵向限制器测头与测量仪测头应正确接触，读数应精确至 0.001mm。不同龄期的试体应在规定时间 ±1h 内测量。试体脱模后在 1h 内测量试体的初始长度。测定完初始长度的试件立即放入恒温水槽中养护，应在规定龄期时进行测量。测长的龄期应从成型日算起，宜测量 3d、7d 和 14d 的长度变化。14d 后，应将试件移至恒温恒湿室养护，应分别测量空气中 28d、42d 的长度变化。

（2）养护时，应注意不损伤试体测头。试件之间应保持 25mm 以上间隔，试件支点距限制钢板两端宜为 70mm。

5. 结果计算

各龄期的限制膨胀率应按下式计算，应取现近的 2 个试件测定值的平均值作为限制膨胀率的测量结果，计算值应精确至 0.001%。

$$\varepsilon=\frac{L_1-L}{L_0}\times 100 \tag{5.3.11}$$

式中：ε——所测龄期的限制膨胀率，%；

L_1——所测龄期的试体长度测量值，mm；

L——初始长度测量值，mm；

L_0——试件的基准长度，300mm。

5.4　混凝土防冻剂试验

5.4.1　概述

防冻剂按其成分可分为强电解质无机盐类（氯盐类、氯盐阻锈类、无氯盐类）、水溶性有机化合物类、有机化合物与无机盐复合类、复合型防冻剂。防冻剂是指能使混凝土在负温下硬化，并在规定养护条件下达到预期性能的外加剂。受检负温混凝土是指按照标准规定的试验条件配制掺防冻剂并按规定条件养护混凝土。规定温度，是指受检混凝土在负温养护时的温度，该温度允许波动范围为 ±2℃，标准规定温度为 -5℃、-10℃、-15℃。无氯盐防冻剂是指氯离子含量小于等于 0.1 的防冻剂称为无氯盐防冻剂。抗冻融循环次数是指受检混凝土经快速冻融相对动弹性模量折减为 60% 或质量损失 5% 时的最大冻融循环次数。

1. 技术要求

（1）匀质性技术要求

防冻剂匀质性技术要求包括含固量、含水率、密度、氯离子含量、碱含量、水泥净浆流动度和细度共7项。

（2）掺防冻剂混凝土技术性能

掺防冻剂混凝土技术性能的试验项目包括减水率、泌水率比、含气量、凝结时间差、抗压强度比、28d收缩率比、渗透高度比、50次冻融强度损失比、对钢筋锈蚀作用和释放氨量共9项。

2. 掺防冻剂混凝土试验项目及数量

掺防冻剂混凝土试验项目及数量按方法标准的规定。材料、配合比及搅拌按《混凝土外加剂》GB 8076规定，混凝土坍落度控制为80±10mm。

3. 批量

同一品种的防冻剂，每50t为一批，不足50t也可为一批。

4. 抽样及留样

取样应具有代表性、可连续取，也可以从20个以上的不同部位取等量样品。液体防冻剂取样应注意从容器的上、中、下三层分别取样。每批取样量不少于0.15t水泥所需用的防冻剂（以其最大掺量计）。

每批取得的样品应充分混匀，分为两等分，一份按照标准规定的方法项目进行试验，另一份密封保存半年，以备有疑问时交国家指定的检验机构进行复试或仲裁。

5. 混凝土拌合物性能试验

坍落度试验应在混凝土出机后5min内完成。

6. 硬化混凝土性能的试件制作

基准混凝土试件和受检混凝土试件应同时制作。混凝土试件制作、养护参照《普通混凝土拌合物性能试验方法标准》GB/T 50080进行，掺与不掺防冻剂的混凝土坍落度为80±10mm，试件制作采用震动台振实，振动时间为10～15s，环境及预养温度为20±3℃。掺防冻剂受检混凝土，规定温度为−5℃、−10℃、−15℃，试件预养时间为6h、5h、4h，将预养后的试件移入冰箱（或冰室）内并用塑料布覆盖试件，其环境温度应于3～4h内均匀地降至规定温度，养护7d后脱模，转标养达到规定龄期进行检测。

5.4.2　抗压强度比试验

以受检标养混凝土、受检负温混凝土与基准混凝土抗压强度之比表示:

$$R_{28}=\frac{f_{\mathrm{CA}}}{f_{\mathrm{C}}}\times 100 \qquad (5.4.2\text{-}1)$$

$$R_{-7}=\frac{f_{\mathrm{AT}}}{f_{\mathrm{C}}}\times 100 \qquad (5.4.2\text{-}2)$$

$$R_{-7+28}=\frac{f_{\mathrm{AT}}}{f_{\mathrm{C}}}\times 100 \qquad (5.4.2\text{-}3)$$

$$R_{-7+56}=\frac{f_{\mathrm{AT}}}{f_{\mathrm{C}}}\times 100 \qquad (5.4.2\text{-}4)$$

式中：28——受检标养混凝土与基准混凝土标养 28d 的抗压强度比，%；

f_{AT}——不同龄期（f_{-7}、f_{-7+28}、f_{-7+56}）的受检负温混凝土抗压强度，MPa；

f_{CA}——受检标养混凝土 28d 的抗压强度，MPa；

f_C——基准混凝土标养 28d 的抗压强度，MPa；

R_{-7}——受检混凝土负温养护 7d 的抗压强度与基准混凝土标准养护 28d 抗压强度之比，%；

R_{-7+28}——受检混凝土负温养护 7d 再转标准养护 28d 的抗压强度与基准混凝土标准养护 28d 抗压强度之比，%；

R_{-7+56}——受检混凝土负温养护 7d 再转标准养护 28d 的抗压强度与基准混凝土标准养护 28d 抗压强度之比，%；

每批一组，3 块试件数据取值原则同《混凝土物理力学性能试验方法标准》GB/T 50081 规定。以三组检测结果强度的平均值计算抗压强度比，精确至 1%。

5.4.3　收缩率比测定

收缩率参照《普通混凝土长期性能和耐久性能试验方法》GBJ 82—1985，基准混凝土试样应在 3d 龄期（从搅拌混凝土加水时算起）从标养室取出移入恒温室内 3 ～ 4h 测定其初始长度，经 28d 后再测定其长度。受检负温混凝土，在规定负温条件下养护 7d，拆模后先标养 3d，从标养室取出后移入恒温恒湿室内 3 ～ 4h 测定初始长度，经 28d 后再测量其长度。

以 3 个试件测值的算术平均值作为该混凝土的收缩率。

收缩率比按下式计算，精确至 1%。

$$S_r=\frac{\varepsilon_{AT}}{\varepsilon_C}\times 100 \tag{5.4.3}$$

式中：S_r——收缩率之比，%

ε_{AT}——受检负温混凝土的收缩率，%；

ε_C——基准混凝土的收缩率，%。

5.5　砂浆、混凝土防水剂试验

5.5.1　概述

《砂浆、混凝土防水剂》JC/T 474 适用于砂浆、混凝土防水剂。砂浆、混凝土防水剂，是指能降低砂浆、混凝土在静水压力下的透水性的外加剂。基准混凝土（砂浆），按照标准规定的试验方法配制的不掺防水剂的混凝土（砂浆）。受检混凝土（砂浆），按照标准规定的试验方法配制的掺防水剂的混凝土（砂浆）。

1. 防水剂匀质性指标

防水剂匀质性指标有密度、氯离子含量、总碱量、细度、含水率和含固量共 6 项。

2. 受检砂浆性能的试验项目

受检砂浆是指符合相关标准试验条件规定的，掺有外加剂的水泥砂浆。受检砂浆的性能的试验项目主要包括 6 项，即安定性、凝结时间、抗压强度比、透水压力比、吸水量比（48h）和收缩率比（28d）。

3. 受检混凝土性能的试验项目

受检混凝土的性能的试验项目主要包括 7 项，即安定性、泌水率比、凝结时间差、抗压强度比、渗透高度比、吸水量比（48h）和收缩率比（28d）。

4. 受检砂浆的试配

（1）材料和配比

水泥、拌合水应符合《混凝土外加剂》GB 8076—1997 中规定的水泥、砂应为符合《水泥强度试验用标准砂》GB 178 规定的标准砂。水泥与标准砂的质量比为 1：3，用水量根据各项检测要求确定，防水剂掺量采用生产厂家的推荐掺量。

（2）搅拌、成型及养护

采用机械搅拌或人工搅拌。粉状防水剂掺入水泥中，液体或膏状防水剂掺入拌合水中。先将干料干拌至基本均匀，再加入拌合水拌至均匀。

在 20±3℃环境温度下成型，采用混凝土振动台振动 15s。然后静停 24±2h 脱模。如果是缓凝产品，需要时可适当延长脱模时间。随后将试件在 20±2℃、相对湿度大于 95% 的条件下养护至龄期。

5. 受检混凝土的试配

试验用的各种原材料应符合《混凝土外加剂》GB 8076 的规定。防水剂掺量采用生产厂的推荐掺量。基准混凝土与受检混凝土的配合比，搅拌应符合《混凝土外加剂》GB 8076 的规定，但混凝土坍落度可以选择 80±10mm 或 180±10mm。当采用 180±10mm 坍落度混凝土时，砂率宜为 38% ～ 42%。

5.5.2　抗压强度比试验

1. 受检砂浆试验方法

（1）确定用水量

按照《水泥胶砂流动度测定方法》GB/T 2419 确定基准砂浆和受检砂浆的用水量，水泥与砂的比例为 1：3，将二者流动度均控制在 140±5mm。

（2）试验步骤

试验共进行 3 次，每次用有底试模成型 70.7mm×70.7mm×70.7mm 的基准和受检试件各 2 组，每组 6 块，2 组的试件分别养护至 7d、28d，测定抗压强度。

砂浆试件的抗压强度，按下式计算，精确至 0.1MPa：

$$f_m=\frac{P_m}{A_m} \tag{5.5.2-1}$$

式中：f_m——受检砂浆或基准砂浆 7d 或 28d 的抗压强度，MPa；

P_m——破坏荷载，N；

A_m——试件的受压面积，mm^2。

抗压强度比，按下式计算：

$$R_{fm}=\frac{f_{tm}}{f_{rm}}\times 100 \tag{5.5.2-2}$$

式中：R_{fm}——砂浆的 7d 或 28d 抗压强度比，%；

f_{tm}——不同龄期（7d 或 28d）的受检砂浆的抗压强度，MPa；

f_{rm}——不同龄期（7d 或 28d）的基准砂浆的抗压强度，MPa。

2. 受检混凝土试验方法

抗压强度比按照《混凝土外加剂》GB 8076 的规定进行试验。

5.5.3　透水压力比试验

1. 试件制作

（1）按《水泥胶砂流动度测定方法》GB/T 2419 确定基准砂浆和受检砂浆的用水量，二者保持相同的流动度，并以基准砂浆在 0.3 ～ 0.4MPa 压力下透水为准，确定水灰比。用上口径 70mm，下口径 40mm，高 30mm 的截头圆锥带底金属试模成型基准和受检试件，成型后用塑料布将试件盖好静停一昼夜。

（2）脱模后放入 20±2℃的水中养护至 7d，取出待表面干燥后，用密封材料密封装入渗透仪中进行透水检测。

2. 试验步骤

（1）水压从 0.2MPa 开始，恒压 2h，增至 0.3MPa，以后每隔 1h 增加水压 0.1MPa，当 6 个试件中有 3 个试件端面出现渗水现象时，即可停止试验，记下当时的水压值。

（2）若加压至 1.5MPa，恒压 1h 还没透水，应停止升压。砂浆透水压力为每组 6 个试件中 4 个未出现渗水时的最大水压力。

3. 试验结果

透水压力比，按下式计算，精确至 1%。

$$R_{pm}=\frac{P_{tm}}{P_{rm}}\times 100 \quad (5.5.3)$$

式中：R_{pm}——受检砂浆与基准砂浆透水压力比，%；

P_{tm}——受检砂浆的透水压力，MPa；

P_{rm}——基准砂浆的透水压力，MPa。

5.5.4　吸水量比试验

1. 受检砂浆吸水量比（48h）

（1）试验步骤

按照抗压强度的成型和养护方法，成型基准和受检试件，养护 28d 后取出在 75 ～ 80℃温度下烘干 48±0.5h 后称量，然后将试件放入水槽。试件成型面朝下，下部用两根 ϕ10mm 的钢筋垫起，试件在水下高度 35mm。要经常加水，并在水槽上要求的水面高度处开溢水孔，以保持水面恒定。水槽应加盖，放入温度为 20±3℃，相对湿度 80% 以上恒温室中，但注意试件表面不得有结露或滴水。然后在 48±0.5h 时取出，用挤干的湿布擦去表面水，称量并记录。称量采用感量 1g，最大称量范围为 1000g 的天平。

（2）结果计算

吸水量，按下式计算：

$$W_{m}=M_{m1}-M_{m0} \quad (5.5.4\text{-}1)$$

式中：W_{m}——砂浆试件的吸水量，%；

M_{m1}——砂浆试件吸水后质量，g；

M_{m0}——砂浆试件干燥后质量，g。

试验结果以 6 块试件平均值表示，精确至 1g。吸水量比，按下式计算，精确至 1%：

$$R_{wm}=\frac{W_{tm}}{W_{rm}}\times100 \tag{5.5.4-2}$$

式中：R_{wm}——受检砂浆与基准砂浆吸水量比，%；

W_{tm}——受检砂浆的吸水量，g；

W_{rm}——基准砂浆的吸水量，g。

2. 受检混凝土吸水量比试验方法

（1）试验步骤

按照抗压强度试件的成型和养护方法成型基准和受检试件。养护 28d 后取出在 75～80℃烘箱中烘干 48±0.5h 后称量。然后将试件成型面朝下放水槽中，下部用两根 ϕ10 的钢筋垫起，试件在水中高度为 50mm，要经常加水，并在水槽上要求的水面高度处开溢水孔。水槽应加盖，置于温度 20±3℃，相对湿度 80% 以上的恒温室中，但试件表面不得有水滴或结露，在 48±0.5h 时将试件取出，用挤干的湿布擦去表面水，称量并记录。称量采用感量 1g，最大称量范围为 5000g 的天平。

（2）结果计算

结果计算与“砂浆吸水量比”相同。

5.5.5 受检砂浆收缩率比试验

（1）试验步骤

按照“抗压强度比”试验步骤确定的配合比，采用《建筑砂浆基本性能试验方法标准》JGJ/T 70 试验方法测定基准和受检砂浆试件的收缩值，测定龄期为 28d。

（2）结果计算

收缩率比按下式计算，精确至 1%：

$$R_{\varepsilon m}=\frac{\varepsilon_{tm}}{\varepsilon_{rm}}\times100 \tag{5.5.5}$$

式中：$R_{\varepsilon m}$——受检砂浆与基准砂浆 28d 收缩率之比，%；

ε_{tm}——受检砂浆的收缩率，%；

ε_{rm}——基准砂浆的收缩率，%。

5.6 混凝土膨胀剂试验

《混凝土膨胀剂》GB/T 23439 适用于硫铝酸钙类、氧化钙类与硫铝酸钙 - 氧化钙类粉状混凝土膨胀剂。混凝土膨胀剂是指与水泥、水拌合后经水化反应生成钙矾石、氢氧化钙或钙矾石或氢氧化钙，使混凝土产生体积膨胀的外加剂。

混凝土膨胀剂按水化产物分为硫铝酸钙类混凝土膨胀剂、氧化钙类混凝土膨胀剂和硫铝酸钙 - 氧化钙类混凝土膨胀剂三类。按限制膨胀率分为Ⅰ型和Ⅱ型两类。

混凝土膨胀剂物理性能指标包括细度（比表面积、1.18mm 筛筛余）、凝结时间（初凝、终凝）、限制膨胀率（水中 7d、空气中 21d）和抗压强度（7d、28d）共 4 项。

5.6.1　试验材料

1. 水泥

采用《混凝土外加剂》GB 8076 规定的基准水泥。因故得不到基准水泥时，允许采用由熟料与二水石膏共同粉磨而成的强度等级为 42.5MPa 的硅酸盐水泥，且熟料中 C_3A 含量 6% ～ 4%，C_3S 含量 55% ～ 60%，游离氧化钙含量不超过 1.2%，碱（Na_2O＋$0.654K_2O$）含量不超过 0.7%，水泥的比表面积 350±10m^2/kg。

2. 标准砂

符合《水泥胶砂强度检验方法（ISO 法）》GB/T 17671 要求。

3. 水

符合《混凝土用水标准》JGJ 63 要求。

5.6.2　细度试验

比表面积测定按《水泥比面积测定方法 勃氏法》GB/T 8074 的规定进行。1.18mm 筛筛余测定按《试验筛 技术要求和检验 第 1 部分：金属丝编织网试验筛》GB/T 6003.1 规定的金属筛。参照《水泥细度检验方法 筛析法》GB/T 1345 中手工干筛法进行。

5.6.3　凝结时间试验

凝结时间测定按《水泥标准稠度用水量、凝结时间、安定性检验方法》GB/T 1346 的规定进行，膨胀剂内掺 10%。

5.6.4　抗压强度试验

1. 抗压强度材料及用量

每成型 3 条试体需称量的材料及用量，见表 5.6.4。

抗压强度材料及用量（单位：g）　　表 5.6.4

材料	代号	材料质量
水泥	C	427.5±2.0
膨胀剂	E	22.5±0.1
标准砂	S	1350.0±5.0
拌合水	W	225.0±1.0

2. 试验

抗压强度检验按照《水泥胶砂强度检验方法（ISO 法）》GB/T 17671 的规定进行。

5.6.5　限制膨胀率试验

限制膨胀率是指掺有膨胀剂的试件在规定的纵向器具限制下的膨胀率。试验方法分为两类，即试验方法 A 和试验方法 B。

1. 试验方法 A

（1）仪器设备

搅拌机、振动台、试模（40mm×40mm×160mm）及下料漏斗，按《水泥胶砂强度检验方法（ISO 法）》GB/T 17671 规定。测量仪由千分表、支架和标准杆组成，千分表的分辨率为 0.001mm。纵向限制器，不应变形，出厂检验使用次数不应超过 5 次，第三方检测机构检验时，不得超过 1 次。

（2）环境条件

试验室、养护箱、养护水的温度、湿度符合《水泥胶砂强度检验方法（ISO 法）》GB/T 17671 的规定。恒温恒湿（箱）室温度为 20±2℃，湿度为 60%±5%。每日检查、记录温度湿度变化情况。

（3）试验材料

水泥，采用《混凝土外加剂》GB 8076 规定的基准水泥。因故得不到基准水泥时，允许采用由熟料与二水石膏共同粉磨而成的强度等级为 42.5MPa 的硅酸盐水泥，水泥的比表面积 350±10m^2/kg。

标准砂，符合《水泥胶砂强度检验方法（ISO）》GB/T 17671 要求。

水，符合《混凝土用水标准》JGJ 63 要求。

（4）水泥胶砂配合比

① 每成型 3 条试体需称量的材料及用量，见表 5.6.5。

限制膨胀率试验材料及用量（单位：g）　　表 5.6.5

材料	代号	材料质量
水泥	C	607.5±2.0
膨胀剂	E	67.5±0.2
标准砂	S	1350.0±5.0
拌合水	W	270.0±1.0

注：$\frac{E}{C+E}=0.10$；$\frac{S}{C+E}=2.00$；$\frac{W}{C+E}=0.40$

② 按《水泥胶砂强度检验方法（ISO 法）》GB/T 17671 规定进行。同一条件有 3 条试体供测长用，试体全长 158mm，其中胶砂部分尺寸为 40mm×40mm×140mm。

③ 脱模时间以方法标准规定配备试体的抗压强度达到 10±2MPa 时的时间确定。

（5）试体测长

① 测量前 3h，将测量仪、标准杆放在标准试验室内，用标准杆校正测量仪并调整千分表零点。测量前，将试体及测量仪测头擦净。每次测量时，试体记有标志的一面与测量仪的相对位置必须一致，纵向限制器测头与测量仪测头应正确接触，读数应精确至 0.001mm。不同龄期的试体应在规定时间 ±1h 内测量。

② 试体脱模后在 1h 内测量试体的初始长度。

③ 测定完初始长度的试件立即放入水中养护，测量放入水中第 7d 的长度。然后放入

恒温恒湿（温度 20±2℃，相对湿度为 60%±5%）箱养护，测量放入空气第 21d 的长度。也可根据需要测量不同龄期的长度，观察膨胀收缩变化趋势。

④ 养护时，应注意不损伤试体测头。试件之间应保持 15mm 以上间隔，试件支点距限制钢板两端约 30mm。

（6）结果计算

各龄期限制膨胀率，按下式计算：

$$\varepsilon=\frac{L_1-L}{L_0}\times100 \tag{5.6.5}$$

式中：ε——所测龄期的限制膨胀率，%；

L_1——所测龄期的试体长度测量值，mm；

L——试体的初始长度测量值，mm；

L_0——试件的基准长度，140mm。

取相近的 2 个试件测定值的平均值为限制膨胀率的测量结果，计算值精确至 0.001%。

2. 试验方法 B

仪器设备、环境条件、试验材料、水泥胶砂配合比均同试验方法 A。但是，测量仪由千分表、支架、养护水槽组成，千分表的分辨率为 0.001mm。

（1）试体测长

① 测量前 3h，将测量仪、恒温水槽、自来水放在标准试验室内恒温，并将试体及测量仪测头擦净。

② 试体脱模后在 1h 内应固定在测量支架上，将测量支架和试体一起放入未加水的恒温水槽，测量试体的初始长度。之后向恒温水槽注入 20±2℃的自来水，水面应高于试体的水泥砂浆部分，在水中养护期间不准移动试体和恒温水槽。

③ 测量试体放入水中第 7d 的长度，然后在 1h 内放掉恒温水槽中的水，将测量支架和试体一起取出放入恒温恒湿（箱）室养护，调整千分表读数至出水前的长度值，再测量试体放入空气中第 21d 的长度。也可以记录试体放入恒温恒湿（箱）室时千分表的读数，再测量试体放入空气中第 21d 的长度，计算时进行校正。

④ 根据需要也可以测量不同龄期的长度，观察膨胀收缩变化趋势。

⑤ 数应精确至 0.001mm。不同龄期的试体应在规定时间 ±1h 内测量。

（2）结果计算

同试验方法 A。

5.7　混凝土防冻泵送剂试验

混凝土防冻泵送剂是指即能使混凝土在负温下硬化，并在规定养护条件下达到预期性能，又能改善混凝土拌合物泵送性能的外加剂。《混凝土防冻泵送剂》JG/T 377 适用于规定温度为 −5℃、−10℃、−15℃的混凝土防冻泵送剂。

混凝土防冻泵送剂的分类，按防冻泵送剂性能分为 Ⅰ 型和 Ⅱ 型；按规定温度分为 −5℃、−10℃、−15℃。使用条件规定，按标准规定温度检验合格的防冻泵送剂，可在最低使用温度比规定使用温度低 5℃的条件下使用。

混凝土防冻泵送剂的技术要求有受检混凝土性能指标包括减水率、泌水率比、含气量、凝结时间差、坍落度经时变化量、抗压强度比、收缩率比和 50 次冻融强度损失率比共 8 项。防冻泵送剂的匀质性指标包括含固量、含水率、密度、细度和总碱量共 5 项。以及氯离子含量、释放氨的量。

取样数量，每一批号不应少于 0.2t 水泥所需用的防冻泵送剂量。每一批号取样应充分混匀，分为两等份，其中一份按标准规定的方法项目进行试验，另一份密封封存半年，以备有疑问时，提交国家指定的检验机构进行复验或仲裁。

复验，以封存样进行。如使用单位要求现场取样，应事先在供货合同中规定，并在生产和使用单位人员在场的情况下于现场去混合样，复验安装型式检验项目检验。

5.7.1 试件制备

1. 材料

水泥、砂、石子、水，按《混凝土外加剂》GB 8076 的规定执行。外加剂，需要检测的防冻泵送剂。

2. 配合比

基准混凝土配合比按《普通混凝土配合比设计》JGJ 55 进行设计，受检混凝土和基准混凝土的水泥、砂、石的比例相同。配合比设计应符合：混凝土单位水泥用量为 $360kg/m^3$；砂率为 43% ～ 47%；防冻泵送剂按生产厂家指定掺量；基准混凝土和受检混凝土的坍落度控制为 210±10mm，用水量为坍落度在 210±10mm 时的最小用水量，用水量包括液体防冻泵送剂，砂、石材料中所含的水量。

3. 搅拌

按《混凝土外加剂》GB 8076 的规定执行。

4. 试件制作

（1）各种混凝土材料应提前至少 24h 移入试验室，材料及试验环境温度均应保持在 20±3℃。

（2）基准混凝土试件和受检混凝土试件应同时制作，混凝土试件制作及标准养护按《混凝土物理力学性能试验方法标准》GB/T 50081 进行。试件制作采用振动台振实，振动时间为 10 ～ 15s。掺防冻泵送剂的受检混凝土试件应在 20±3℃环境温度下预养 6h 后（从搅拌加水时间算起）移入冰箱或冰室内并用塑料布覆盖试件，其环境温度应于 3 ～ 4h 内均匀地降至规定温度，养护 7d 后（从搅拌加水时间算起）脱模，放置在 20±3℃环境温度下解冻，解冻时间为 6h。解冻后进行抗压强度试验或转标准养护。

5. 试验项目及数量

试验项目及数量见产品标准。

5.7.2 混凝土拌合物性能试验

1. 减水率

按《混凝土外加剂》GB 8076 的规定执行。

2. 泌水率比

按《混凝土外加剂》GB 8076 的规定执行，在振动台振动 15s。

3. 含气量

按《混凝土外加剂》GB 8076 的规定执行，在振动台振动 10 ～ 15s。

4. 坍落度和坍落度 1h 经时变化量

混凝土坍落度按《普通混凝土拌合物性能试验方法标准》GB/T 50080 进行。但坍落度在 210±10mm 的混凝土拌合物分两层装料，每层装入高度为筒高一半，每层用插捣棒插捣 15 次。坍落度 1h 经时变化量，按《混凝土外加剂》GB 8076 的规定执行。

5. 凝结时间差

按《混凝土外加剂》GB 8076 的规定执行。

5.7.3　硬化混凝土性能试验

1. 抗压强度比试验方法

（1）以受检标养混凝土、受检负温混凝土与基准混凝土在不同条件下的抗压强度之比表示，分别按下式计算：

$$R_{28}=\frac{f_{CA}}{f_C}\times100\% \tag{5.7.3-1}$$

$$R_{-7}=\frac{f_{AT}}{f_C}\times100\% \tag{5.7.3-2}$$

$$R_{-7+28}=\frac{f_{AT}}{f_C}\times100\% \tag{5.7.3-3}$$

式中：R_{28}——受检标养混凝土与基准混凝土标养 28d 的抗压强度之比，%；

f_{CA}——受检标养混凝土 28d 的抗压强度，MPa；

f_C——基准混凝土标养 28d 的抗压强度，MPa；

R_{-7}——受检负温混凝土负温养护 7d 的抗压强度与基准混凝土标养 28d 抗压强度之比，%；

f_{AT}——不同龄期（−7d，−7＋28d）的受检混凝土的抗压强度，MPa；

R_{-7+28}——受检负温混凝土在规定温度下负温养护 7d 再转标准养护 28d 的抗压强度与基准混凝土标养 28d 抗压强度之比，%。

（2）受检混凝土和基准混凝土每组 3 块试件，每组强度值的确定按《混凝土物理力学性能试验方法标准》GB/T 50081 的规定。受检混凝土和基准混凝土以 3 批试验结果强度的平均值计算抗压强度比，结果精确到 1%。若 3 批试验中有一批最大值或最小值与中间值的差值超过中间值的 15%，则把最大值或最小值一并舍去，取中间值作为该批的试验结果，如有两批测值与中间值的差均超过中间值的 15%，则试验结果无效，应重做。

2. 50 次冻融强度损失率比试验方法

参照《普通混凝土长期性能和耐久性能试验方法标准》GB/T 50082 中抗冻试验的慢冻法进行。基准混凝土在标养 28d 后进行冻融试验。受检负温混凝土在龄期为 −7＋28d 进行冻融试验。根据计算出的强度损失率再按下式计算负温混凝土与基准混凝土强度损失率之比，计算精确到 1%。

$$D_r=\frac{\Delta f_{AT}}{\Delta f_C}\times100\% \tag{5.7.3-4}$$

式中：D_r——50 次冻融强度损失率比，%；

Δf_{AT}——受检混凝土 50 次冻融强度损失率，%；

Δf_C——基准混凝土 50 次冻融强度损失率，%。

5.8 综 述 提 示

1. 匀质性试验方法

（1）多种试验方法

匀质性试验中有关一个试验含两种及两种以上试验方法的有密度分为比重瓶法、液体比重天平法和精密密度计法；氯离子含量分为电位滴定法和离子色谱法；硫酸钠含量分为重量法和离子交换重量法；总碱量分为火焰光度法和原子吸收光谱法。

（2）细度试验

细度试验方法一般采用的基本上都是 80μm 或 45μm 的试验筛，但是在混凝土外加剂匀质性试验方法中，对于细度试验则使用的是 0.315mm 的试验筛；一般的细度试验方法大多采用的是负压筛析法，而混凝土外加剂匀质性试验细度采用人工法。

（3）相容性问题

什么是相容性？含减水组分的混凝土外加剂与胶凝材料、骨料、其他外加剂相匹配时，拌合物的流动性及其经时变化程度。相容性是用来评价混凝土外加剂与其他材料共同使用时是否能够达到预期效果。若能达到预期效果改善新拌合硬化混凝土性能的效果，其相容性较好，反之，相容性较差。按照现行国家标准检验合格的各种混凝土外加剂用于实际工程中，由于混凝土原材料质量波动、配合比不同、施工温度等诸多因素，因此混凝土外加剂普遍存在相容性问题。

2. 相对耐久性指标

首先，要明确《混凝土外加剂》GB 8076 中强制性检验项目有 3 个，即抗压强度比、收缩率比和相对耐久性。其次，相对耐久性指标不是一个参数。最后，理解和掌握以下内容：

（1）相对耐久性指标是以掺外加剂混凝土冻融 200 次后的动弹性模量是否不小于 80% 评定外加剂质量。对于检验的参数来讲，应该称为动弹性模量，而不是称为相对耐久性。

（2）动弹性模量测定，目前主要用于检验混凝土在各种因素作用下内部结构的变化情况。它是快冻法试验中检测的一个基本指标，因此，列入耐久性测定的范畴之内。动弹性模量一般以共振法进行测定，其原理是使试件在一个可调频率的周期性外力作用下产生受迫振动。如果这个外力的频率等于试件的基频振动频率，就会产生共振，试件的振幅达到最大。这样测得试件的基频频率后再由质量及几何尺寸等因素计算得出动弹性模量值。

（3）需要注意的是，此试验方法测得的动弹性模量与单面冻融试验方法中测试的动弹性模量所用仪器不同、原理不同、结果不同，应注意区分。

3. 防冻剂的使用

（1）适用范围

《混凝土防冻剂》JC/T 475 适用于规定温度为 −5℃、−10℃、−15℃的水泥混凝土防冻剂。按此标准规定温度检测合格的防冻剂，可在比规定温度低 5℃的条件下使用。

（2）防冻剂中钢筋锈蚀试验方法的变化

混凝土防冻剂产品标准中规定的钢筋锈蚀的试验方法规定，钢筋锈蚀采用在新拌合硬化砂浆中阳极极化曲线来测试，测试方法见《混凝土外加剂》GB 8076 附录 B 和 C。但是此标准于 2008 年进行了修订，删除了原标准中的测定方法，制定了用离子色谱法测定混凝土外加剂中氯离子含量的测定方法。

4. 防水剂含水率的测定

《砂浆、混凝土防水剂》JC/T 474 规定，匀质性中的含水率的测定方法按《混凝土防冻剂》JC/T 475—2004 中规定进行。需要注意的是，凡是注明日期的引用文件，其随后所有的修改单或修订版均不适用于该标准。

5. 限制膨胀率的仪器设备

（1）试验方法

混凝土膨胀剂限制膨胀率的试验方法，分为试验方法 A 和试验方法 B。

（2）仪器设备

试验方法 A：测量仪由千分表、支架和标准杆组成，如图 5.8-1 所示。

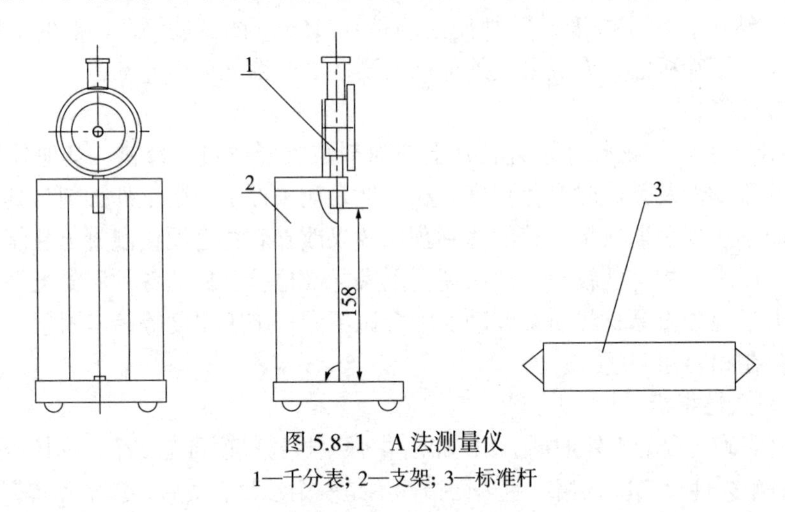

图 5.8-1　A 法测量仪

1—千分表；2—支架；3—标准杆

试验方法 B：测量仪由千分表、支架和养护水槽组成，如图 5.8-2 所示。

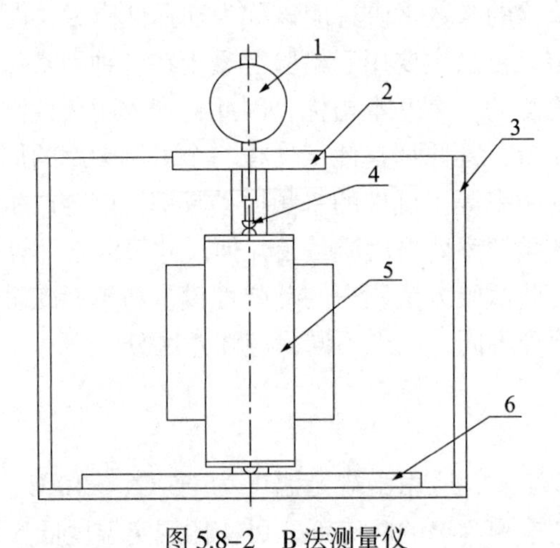

图 5.8-2　B 法测量仪

1—千分表；2—支架；3—养护水槽；4—上测头；5—试体；6—下端板

6. 泵送剂与防冻泵送剂的区别

（1）概念

能改善混凝土拌合物泵送性能的外加剂称为泵送剂。所谓泵送性能，就是混凝土拌合物具有能顺利通过输送管道、不阻塞、不离析、粘塑性良好的性能。泵送剂采用由减水剂、缓凝剂、引气剂、润滑剂等复合而成。

（2）应用

混凝土泵送剂和混凝土防冻剂的应用有几十年的历史，对于产品的性能指标要求也早有规定。《混凝土防冻剂》JC/T 475 和《混凝土外加剂》GB 8076 都列有泵送剂。在过去很长时间内，泵送剂和防冻剂都是分别掺加使用的，后来为了方便施工，提高混凝土质量，越来越多地使用同时具有泵送和防冻功能的复合外加剂。实际上，我国用于冬期泵送混凝土施工的防冻泵送剂的生产已有十几年的历史，对于防冻泵送剂的生产应用技术也相对成熟。但是没有防冻泵送剂的产品标准，对生产、验收、检验、监督带来了诸多困难。

（3）标准变化

为了更好地促进混凝土技术的发展，提高混凝土冬期施工的技术水平，满足建筑工程施工对防冻泵送剂的需要，合理评价防冻泵送剂的技术性能，结合防冻泵送剂的生产和应用检验，针对混凝土防冻泵送剂的特点，住房和城乡建设部于 2012 年 2 月 29 日发布并于 2012 年 8 月 1 日实施《混凝土防冻泵送剂》JG/T 377—2012 行业标准。而《混凝土泵送剂》JC/T 473—2001 于 2011 年 8 月 15 日作废。

第6章　普通混凝土性能试验

6.1 概　　述

混凝土是当代最主要的土木工程材料之一。混凝土是由胶凝材料、粗细骨料（或称集料），水、必要时掺入一定数量的化学外加剂和矿物质混合材料，按适当比例配制，经均匀搅拌、密实成型和养护而制成具有一定可塑性并经硬化形成的，具有所需形状、强度和耐久性的人造石材。在建筑工程中应用最多的是水泥混凝土，即以水泥、砂、石和水为主要原材料及加入外加剂和矿物掺合料等材料，经拌合、成型、养护等工艺制作的、硬化后具有强度的工程材料。混凝土具有原料丰富，价格低廉，生产工艺简单的特点，因而使其用量越来越大。同时混凝土还具有抗压强度高，耐久性好，强度等级范围宽等特点。这些特点使其使用范围十分广泛，不仅在各种土木工程中使用，就是造船业，机械工业，海洋的开发，地热工程等，混凝土也是重要的材料。

水泥混凝土从发明到现在，也不过100多年的历史，但已经是当今社会使用量最大的建筑材料。我国混凝土每年使用量超过50亿m^3，因为混凝土具有许多优点：原材料丰富，价格便宜；良好的可塑性，易于成型；性能可调性好；强度高，耐久性好；可利用工业废料，降低成本；生产能耗相对降低。

据统计，世界混凝土的年产量已接近100亿m^3，随着社会的发展，需求量将进一步增大，将面临资源短缺与环境恶化的形状。混凝土的发展趋势，主要有两个方面即商品化和高性能混凝土（简称HPC）。所谓高性能混凝土的高性能也包含两个方面的内容，即新拌混凝土要求高工作性（即和易性）；硬化混凝土要求高强度的同时还要求具有高耐久性。

今后混凝土的发展要从保护环境、节约能源、节约资源、再生循环利用和提高混凝土耐久性等角度出发，才能不断改善其性能。随着科学技术的进步和人民生活水平的不断提高，绿色混凝土和智能化混凝土也将成为未来混凝土的发展方向。

6.1.1　混凝土

1. 混凝土分类

（1）按表观密度分类

混凝土按表观密度分类可分为普通混凝土、轻混凝土、重混凝土等。

① 普通混凝土是指干表观密度为2000～2800kg/m^3的混凝土。一般采用天然砂、石做骨料配制而成，在建筑工程中用量最大、用途最广泛，主要用于各种承重结构。

② 轻混凝土是指干表观密度不大于1950kg/m^3的混凝土。它又可以分为3类，一是轻骨料混凝土，用膨胀珍珠岩、浮石、陶粒、煤渣等做骨料；二是多孔混凝土，如泡沫混

凝土、加气混凝土等；三是无砂大孔混凝土，即组成材料中不加细骨料。轻混凝土主要用于轻质承重结构和保温隔热材料。

③ 重混凝土是指干表观密度大于 2800kg/m^3。常用重晶石、铁矿石、铁屑等做骨料，主要用于防辐射的屏蔽材料。

（2）按胶凝材料分类

混凝土按胶凝材料分类可分为水泥混凝土、沥青混凝土、树脂混凝土、聚合物混凝土。

（3）按混凝土强度等级分类

混凝土按强度等级可分为低强混凝土、中强混凝土、高强混凝土和超高强混凝土。低强混凝土是指强度等级小于 C30；中强混凝土是指强度等级大于等于 C30 且小于 C60；高强混凝土是指强度等级大于等于 C60 且小于等于 C100；超高强混凝土是指强度等级大于 C100。

（4）按施工工艺分类

混凝土按施工工艺可分为普通浇筑混凝土、预拌混凝土、离心成型混凝土、喷射混凝土、泵送混凝土、碾压混凝土等。预拌混凝土是指在搅拌站生产的、在规定时间内运至使用地点、交付时处于拌合物状态的混凝土。泵送混凝土是指可在施工现场通过压力泵及输送管道进行浇筑的混凝土。喷射混凝土是指采用喷射设备喷射到浇筑面上的、可快速凝结硬化的混凝土。

（5）按用途分类

混凝土按用途可分为结构混凝土、防水混凝土、防辐射混凝土、大体积混凝土、耐酸混凝土和道路混凝土。大体积混凝土是指体积较大的、可能由水泥水化热引起的温度应力导致有害裂缝的结构混凝土。防辐射混凝土是指采用特殊的重骨料配制的能够有效屏蔽原子核辐射和中子辐射的混凝土。

（6）按配筋分类

混凝土按配筋分类可分为钢筋混凝土、钢纤维混凝土、预应力混凝土、素混凝土和钢管混凝土等。钢筋混凝土是指配置受力的普通钢筋、钢筋网或钢筋骨架的混凝土。素混凝土是指无筋或不配置受力钢筋的混凝土。预应力混凝土是指由配置受力的预应力钢筋通过张拉或其他方法建立预加应力的混凝土。钢纤维混凝土是指掺加短钢纤维作为增强材料的混凝土。钢管混凝土是指钢管与灌注其中的混凝土的总称。合成纤维混凝土是指掺加合成纤维作为增强材料的混凝土。

（7）其他类别

自密实混凝土是指无须外力振捣，能够在自重作用下流动密实的混凝土。清水混凝土是指直接以混凝土成型后的自然表面作为饰面的混凝土。加气混凝土是指以硅质材料和钙质材料为主要原材料，掺加发气剂，经加水搅拌，由化学反应形成空隙，经浇筑成型、预养切割、蒸汽养护等工艺制成的多孔材料。泡沫混凝土是指通过机械方法将泡沫剂在水中充分发泡后拌入胶凝材料中形成泡沫浆体，经养护硬化形成的多孔材料。补偿收缩混凝土是指采用膨胀剂或膨胀水泥配制，产生 0.2 ～ 1.0 MPa 自应力的混凝土。

（8）按流动性分类

混凝土按流动性分类可分为干硬性混凝土、塑性混凝土、流动性混凝土和大流动性混凝土。干硬性混凝土，是指拌合物坍落度小于 10mm 且需用维勃稠度（s）表示取其稠度的混凝土；塑性混凝土，是指拌合物坍落度 10 ～ 90mm 的混凝土；流动性混凝土，是指拌合物坍落度 100 ～ 150mm 的混凝土；大流动性混凝土，是指拌合物坍落度不低于 160mm 的混凝土。

2. 混凝土特点

混凝土的优点是原材料丰富，加工简单，能耗低；可浇筑不同形状、大小的制品构件；可现浇、可预制也可加入各种外加剂；与钢筋收缩膨胀率相近；可做各种饰面等。混凝土的缺点是自重大，抗拉强度低，易开裂等。

6.1.2　原材料质量

1. 水泥

水泥质量主要控制项目应包括凝结时间、安定性、胶砂强度、氧化镁和氯离子含量，碱含量低于 0.6% 的水泥主要控制项目还应包括碱含量，中、低热硅酸盐水泥或低热矿渣硅酸盐水泥主要控制项目还应包括水化热。

2. 粗骨料

粗骨料质量主要控制项目应包括颗粒级配、针片状颗粒含量、含泥量、泥块含量、压碎值指标和坚固性，用于高强混凝土的粗骨料还应包括岩石抗压强度。

3. 细骨料

细骨料质量主要控制项目应包括颗粒级配（细度模数）、含泥量、泥块含量、坚固性、氯离子含量和有害物质含量；人工砂主要控制项目除应包括石粉含量和压碎值指标，人工砂主要控制项目可不包括氯离子含量和有害物质含量。

4. 矿物掺合料

（1）粉煤灰的质量主要控制项目应包括细度、需水量比、烧失量和三氧化硫含量；C 类粉煤灰的主要控制项目还应包括游离氧化钙含量和安定性。

（2）粒化高炉矿渣粉的质量主要控制项目应包括比表面积、活性指数、流动度比。

（3）硅灰的质量主要控制项目应包括比表面积和二氧化硅含量。

（4）矿物掺合料的质量主要控制项目还应包括放射性。

5. 外加剂

外加剂的质量主要控制项目应包括掺外加剂混凝土性能和外加剂匀质性两个方面，混凝土性能方面的主要控制项目应包括减水率、凝结时间差和抗压强度比；外加剂匀质性地面的主要控制项目应包括 pH 值、氯离子含量和碱含量。

引气剂和引气减水剂主要控制项目还应包括含气量。防冻剂主要控制项目还应包括含气量和 50 次冻融强度损失率比。膨胀剂主要控制项目还应包括凝结时间、限制膨胀率和抗压强度。

6. 混凝土用水

混凝土用水主要控制项目应包括 pH 值、不溶物含量、可溶物含量、硫酸根离子含量、氯离子含量、水泥凝结时间差和水泥胶砂强度比。当混凝土骨料为碱活性时，主要控制项目还应包括碱含量。

6.1.3 混凝土性能要求

1. 拌合物性能

（1）混凝土拌合物性能试验方法应符合《普通混凝土拌合物性能试验方法标准》GB/T 50080 的有关规定。坍落度经时损失试验方法应符合《混凝土质量控制标准》GB 50164 的有关规定。

（2）混凝土拌合物的稠度可采用坍落度、维勃稠度或扩展度表示。坍落度检验适用于坍落度不小于 10mm 的混凝土拌合物；维勃稠度检验适用于维勃稠度 5 ～ 10s 的混凝土拌合物；扩展度适用于泵送高强混凝土和自密实混凝土。

混凝土拌合物的坍落度等级划分为 5 级，即 S1、S2、S3、S4 和 S5，其对应的坍落度分别为 10 ～ 40mm、50 ～ 90mm、100 ～ 150mm、160 ～ 210mm 和大于等于 220mm。

混凝土拌合物的维勃稠度等级划分为 5 级，即 V0、V1、V2、V3 和 V4，其对应的维勃稠度分别为大于等于 31s、30 ～ 21s、21 ～ 11s、10 ～ 6s 和 5 ～ 3s。

混凝土拌合物的扩展度等级划分为 6 级，即 F1、F2、F3、F4、F5 和 F6，其对应的扩展度分别为小于等于 340mm、350 ～ 410mm、420 ～ 480mm、490 ～ 550mm、560 ～ 620mm 和大于等于 630mm。

（3）混凝土拌合物稠度允许偏差，是指可以接受的实测值与设计值的差值。当坍落度设计值为小于等于 40mm、50 ～ 90mm、大于等于 100mm 时，允许偏差分别为 ±10mm、±20mm 和 ±30mm；当维勃稠度设计值为大于等于 11s、10 ～ 6s 和小于等于 5s 时，允许偏差分别为 ±3s、±2s 和 ±1s；当扩展度设计值大于等于 350mm 时，允许偏差为 ±30mm。

2. 混凝土物理力学性能

（1）混凝土力学性能试验方法应符合《混凝土物理力学性能试验方法标准》GB/T 50081 的有关规定。混凝土抗压强度应按《混凝土强度检验评定标准》GB/T 50107 的有关规定进行检验评定，并应合格。

（2）混凝土强度等级应按立方体抗压强度标准值划分为 19 个强度等级，分别为 C10、C15、C20、C25、C30、C35、C40、C45、C50、C55、C60、C65、C70、C75、C80、C85、C90、C95 和 C100。

（3）长期性能和耐久性能

混凝土长期性能和耐久性能试验方法应符合《普通混凝土长期性能和耐久性能试验方法标准》GB/T 50082 的有关规定。混凝土抗冻性能等级快冻法分为 9 个等级，即 F50、F100、F150、F200、F250、F300、F350、F400 和大于 F400；慢冻法分为 5 个抗冻标号，即 D50、D100、D150、D200 和大于 D200。混凝土抗渗等级分为 6 个等级，即 P4、P6、P8、P10、P12 和大于 P12。抗硫酸盐等级分为 6 个等级，即 KS30、KS60、KS90、KS120、KS150 和大于 KS150。

6.1.4 配合比控制

混凝土配合比设计应符合《普通混凝土配合比设计规程》JGJ 55 的有关规定。对首次使用、使用间隔时间超过 3 个月的配合比应进行开盘鉴定，开盘鉴定应符合下列规定：生产使用的原材料应与配合比设计一致；混凝土拌合物性能满足施工要求；混凝土强度评定、混凝土耐久性应符合设计要求。

6.1.5　质量控制

1. 原材料进场

原材料进场检验对于混凝土质量控制具有极其重要的应用，因为原材料质量是混凝土质量的基本保证。出现结块的水泥不得用于混凝土工程，水泥出厂超过 3 个月（硫铝酸盐水泥超过 45d），应进行复验，合格者方可使用；粗细骨料堆场应有遮雨设施；矿物掺合料存储超过 3 个月时，应进行复验，合格者方可使用；外加剂的送检样品应与工程大批量进货一致，粉状外加剂如有结块，应进行检验，合格者应经过粉碎至全部通过 600μm 筛孔后方可使用。液态外加剂如有沉淀等异常现象，应经检验合格后方可使用。

2. 计量

（1）原材料计量宜采用电子计量设备，精度应符合《建筑施工机械与设备　混凝土搅拌站（楼）》GB/T 10171 的有关规定，具有有效的检定证书。混凝土生产单位每月应自检 1 次；每一工作班开始前，应对计量设备进行零点校准。

（2）每盘混凝土原材料计量的允许偏差（按质量计）分别为胶凝材料 ±2%、粗细骨料 ±3%、拌合用水 ±1% 和外加剂 ±1%。原材料计量偏差应每班检查 1 次。

（3）搅拌

① 混凝土搅拌宜采用强制式搅拌机。混凝土搅拌机应符合《混凝土搅拌机》GB/T 9142 的有关规定。原材料投料方式应满足混凝土搅拌技术要求和拌合物质量要求。

② 混凝土搅拌最短时间与搅拌机机型、混凝土坍落度及搅拌机出料量有关。混凝土搅拌的最短时间甚至全部出料装入搅拌筒中起，到开始卸料止的时间。混凝土搅拌时间应每班检查 2 次。对于强制式搅拌机，当混凝土坍落度分别为小于等于 40mm、大于 40 且小于 100mm 和大于等于 100 时，搅拌机出料量为小于 250L、250 ～ 500L 和大于 500L 时，混凝土搅拌最短时间为分别为 60s、90s、120s；60s、60s、90s 和 60s。

③ 同一盘混凝土的搅拌匀质性应符合下列规定：混凝土中砂浆密度两次测值的相对误差不应大于 0.8%；混凝土中稠度两次测值的相对误差不应大于规定的混凝土拌合物稠度允许偏差的绝对值。

6.1.6　质量检验

1. 混凝土原材料质量检验

（1）混凝土原材料进场时应进行检验，检验样品应随机抽取。检验批量如下：散装水泥应按每 500t 为一个检验批，袋装水泥应每 200t 为一个检验批；粉煤灰或粒化高炉矿渣粉等矿物掺合料应每按 200t 为一个检验批；硅灰应每按 30t 为一个检验批；砂、石骨料应每 $400m^3$ 或 600t 为一个检验批；外加剂应按每 50t 为一个检验批；水应按同一水源不少于一个检验批。

（2）检验批扩大一倍的应符合下列条件之一：对经产品认证机构认证符合要求的产品；来源稳定且连续 3 次检验合格；同一厂家的同批出厂材料，用于同时施工且属于同一工程项目的多个单位工程。

（3）不同批次或非连续供应不足一个检验批的混凝土原材料应作为一个检验批。

2. 混凝土拌合物性能检验

在生产施工过程中，应在搅拌地点和浇注地点分别对混凝土拌合物进行抽样检验。检验频率应符合下列规定：混凝土坍落度抽样检验频率应符合《混凝土强度检验评定标准》GB/T 50107 的有关规定；同一工程、同一配合比、采用同一批次水泥和外加剂的混凝土的凝结时间应至少检验 1 次；同一工程、同一配合比的混凝土的氯离子含量应至少检验 1 次。

3. 硬化混凝土性能检验

强度检验评定应符合《混凝土强度检验评定标准》GB/T 50107 的有关规定；耐久性能检验评定应符合《混凝土耐久性检验评定标准》JGJ/T 193 的有关规定；长期性能检验规则可按《混凝土耐久性检验评定标准》JGJ/T 193 中耐久性检验的有关规定执行；混凝土力学性能应符合《混凝土物理力学性能试验方法标准》GB/T 50081 的规定。

6.2 普通混凝土配合比设计

混凝土配合比设计是将混凝土中各种组成的材料，经过计算、试配、调整最后确定各种材料用量之间的比例关系达到满足强度和耐久性的要求和施工进度的要求，做到经济合理。混凝土配合比是生产、施工的关键环节之一，对于保证混凝土工程质量和节约资源具有重要意义。混凝土配合比设计不仅仅应满足试配强度要求，还应满足施工性能、其他力学性能、长期性能和耐久性能的要求。

普通混凝土配合比设计的适用范围非常广泛，除一些专业工程以及特殊构筑物混凝土外，一般混凝土都可以采用。

6.2.1 要求

1. 设计原则

混凝土配合比设计的任务就是在满足以下要求的条件下，比较合理地确定水泥、砂、石水以及外加剂、掺合料用量的比例关系。普通混凝土配合比设计原则如下：

满足混凝土结构设计强度等级的要求；混凝土拌合物具有适应施工条件的工作性能，如流动性、可泵性等；对某些特殊要求的混凝土，还应满足抗冻性、抗渗性、抗侵蚀等耐久性能的要求；节约水泥、降低成本，达到经济目的。

2. 基本条件

（1）设计前资料的收集

混凝土配合比设计前资料的收集。在设计混凝土配合比之前，通过委托单位填写的检测委托书，预先掌握以下必要的原始资料：了解混凝土结构设计所要求的强度等级、施工条件等，以便确定混凝土的配制强度；了解工程所处环境对于混凝土性能及耐久性能的要求，以便确定最大水胶比和最小胶凝材料用量。

（2）工程性质及要求

了解工程的性质、施工方式，合理选择水泥的品种，确定所用粗骨料的最大粒径和混凝土拌合物的稠度等性能指标。掌握原材料的性能指标，如水泥的品种、强度等级；砂、石的表观密度、堆积密度和颗粒级配以及石子的最大粒径等；外加剂和掺合料的品种、性能及最佳掺量。

3. 基本规定

（1）混凝土拌合物性能、力学性能和耐久性能的试验方法应分别符合《普通混凝土拌合物性能试验方法标准》GB/T 50080、《混凝土物理力学性能试验方法标准》GB/T 50081 和《普通混凝土长期性能和耐久性能试验方法标准》GB/T 50082 的有关规定。

（2）采用工程实际使用的原材料，并应满足现行国家标准的有关要求；配合比设计应以干燥状态骨料为基准，细骨料含水率应小于 0.5%，粗骨料含水率应小于 0.2%。

（3）混凝土的最大水胶比，应符合《混凝土结构设计规范》GB 50010（2015 年版）的有关规定。

（4）混凝土的最小胶凝材料用量，除配制 C15 及其以下强度等级的混凝土外，混凝土的最小胶凝材料用量应符合规程的有关规定。

（5）矿物掺合料在混凝土中的掺量应通过试验确定。采用硅酸盐水泥或普通水泥时，钢筋混凝土中矿物掺合料最大掺量、预应力钢筋混凝土中矿物掺合料最大掺量，宜符合规程的有关规定。对基础大体积混凝土，粉煤灰、粒化高炉矿渣粉和复合掺合料的最大掺量可增加 5%。采用掺量大于 30% 的 C 类粉煤灰的混凝土应以实际使用的水泥和粉煤灰掺量进行安定性检验。

（6）混凝土拌合物中水溶性氯离子最大含量应符合规程的有关规定，其测试方法应符合《水运工程混凝土试验检测技术规范》JTS/T 236 中混凝土拌合物中氯离子含量的快速测定法的规定。

（7）长期处于潮湿或水位变动的寒冷和严寒环境，以及盐冻环境的混凝土应掺用引气剂。引气剂掺量应根据混凝土含气量要求经试验确定；掺用引气剂的混凝土最小含气量应符合规程的有关规定，最大不宜超过 7.0%。

（8）对于有预防混凝土碱骨料反应设计要求的工程，宜掺用适量粉煤灰或其他矿物掺合料；混凝土中最大碱含量不应大于 3.0kg/m^3，对于矿物掺合料碱含量，粉煤灰碱含量可取实测值的 1/6，粒化高炉矿渣粉碱含量可取实测值的 1/2。

6.2.2　方法

混凝土配合比设计，实际上是确定胶凝材料、砂、石和水四项基本组成材料之间的 3 个比例关系，即水胶比、砂率和单位用水量。胶凝材料与用水量之间的对比关系，用水胶比表示；砂与砂、石总量之间的关系，用砂率表示；水泥浆与骨料之间的对比关系，通常用单位用水量表示。水胶比、砂率和单位用水量是混凝土配合比的 3 个重要参数。

水胶比是指混凝土中用水量与胶凝材料的质量比。对混凝土的强度和耐久性起着决定的作用。砂率是指砂在砂和石中所占比例。即砂的质量与砂、石总质量之比。合理的砂率即能保证混凝土达到最大的密实度，又能使水泥用量最少。单位用水量是指每立方米混凝土中用水量的多少。直接影响混凝土的流动性、粘聚性、保水性、密实度和强度。

在我国现行的混凝土配合比设计中，通常采用两种方法，即体积法和质量法。混凝土配合比设计的方法通常采用计算试验法。首先，根据原始资料进行计算，得出“计算配合比”；其次，经试配得出和易性满足要求的“试拌配合比”；最后，经强度复核确定出满足设计、施工及耐久性要求的，且较为经济合理的“设计配合比”。试验室混凝土配合比设计工作结束，施工现场应根据设计配合比，考虑现场砂、石的含水状况，进行调整得出最终的“施工配合比”。普通混凝土配合比设计的目的是满足设计和施工要求，保证混凝土工程质量，并且达到经济合理。根据《普通混凝土配合比设计规程》JGJ 55—2011（以下简称规程），进行普通混凝土配合比设计。

1. 确定混凝土配制强度

为了使所配制的混凝土在工程使用时，其强度标准值具有不小于95%的强度保证率，配合比设计时的混凝土配制强度应比设计要求的强度标准值要高，根据混凝土强度等级的定义及相关标准、规程的规定，混凝土的配制强度按以下两种情况的要求确定。

当混凝土的设计强度等级小于C60时，配制强度按下式计算：

$$f_{cu,0} \geqslant f_{cu,k}+1.645\sigma \tag{6.2.2-1}$$

式中：$f_{cu,0}$——混凝土配制强度，MPa；

$f_{cu,k}$——混凝土立方体抗压强度标准值，这里取混凝土的设计强度等级值，MPa；

σ——混凝土强度标准差，MPa。

混凝土强度标准差的计算应按下列规定确定：

① 当具有近1～3个月的同一品种、同一强度等级混凝土的强度资料时，且试件组数不小于30时，其混凝土强度标准差σ按下式计算：

$$\sigma=\sqrt{\frac{\sum_{i=1}^{n} f_{cu,i}^{2}-nm_{f_{cu}}^{2}}{n-1}} \tag{6.2.2-2}$$

式中：σ——混凝土强度标准差；

$f_{cu,i}$——第i组的试件强度，MPa；

$m_{f_{cu}}$——n组试件的强度平均值，MPa；

n——试件组数，n值应大于或者等于30。

② 当没有近期的同一品种、同一强度等级混凝土强度资料时，其强度标准差可按规程的有关取值。

上式（6.2.2-1）σ中为生产单位的混凝土强度标准差的统计计算值，计算时强度试件组数不应少于25组。对于强度等级不大于C30的混凝土，当混凝土强度标准差计算值不小于3.0MPa时，应按式（6.2.2-2）计算结果取值；当混凝土强度标准差计算值小于3.0 MPa时，应取3.0 MPa。

对于强度等级大于C30且小于C60的混凝土，当混凝土强度标准差计算值不小于4.0 MPa时，应按式（6.2.2-2）计算结果取值；当混凝土强度标准差计算值小于4.0MPa时，应取4.0 MPa。

当设计强度等级大于或等于C60时，配制强度按下式计算：

$$f_{cu,0} \geqslant 1.15 f_{cu,k} \tag{6.2.2-3}$$

当设计强度等级大于或等于C60时属于高强混凝土。高强混凝土是指强度等级不低于C60的混凝土。高强混凝土的强度等级应按立方体抗压强度标准值划分为C60、C65、C70、C75、C80、C85、C90、C95、C100。

2. 计算水胶比

根据试配强度计算水胶比，混凝土强度等级小于C60等级时，混凝土水胶比宜按下式

计算:

$$W/B=\frac{\alpha_a f_b}{f_{cu,0}+\alpha_a\alpha_b f_b} \tag{6.2.2-4}$$

式中: W/B——混凝土水胶比;

α_a、α_b——回归系数，按规程的有关的规定取值;

f_b——胶凝材料（水泥与矿物掺合料按使用比例混合）28d 胶砂强度，可实测且试验方法应按《水泥胶砂强度检验方法（ISO 法）》GB/T 17671 执行；当无实测值时，可按规程的有关规定确定。

回归系数的确定:

根据工程所使用的原材料，通过试验建立的水胶比与混凝土强度关系式来确定。当不具备上述试验统计资料时，可按规程的有关规定采用。回归系数与粗骨料有关，采用碎石时，α_a、α_b 分别为 0.53 和 0.20；采用卵石时，α_a、α_b 分别为 0.49 和 0.13。

当胶凝材料 28d 胶砂抗压强度值无实测值时，可按下式计算:

$$f_b=\gamma_f\gamma_s f_{ce} \tag{6.2.2-5}$$

式中: γ_f、γ_s——粉煤灰影响系数和粒化高炉矿渣粉影响系数，可按规程的有关规定选用;

f_{ce}——水泥 28d 胶砂抗压强度; MPa，可实测，也可按规程的有关规定确定。

当水泥 28d 胶砂抗压强度无实测值时，可按下式计算:

$$f_{ce}=\gamma_c f_{ce,g} \tag{6.2.2-6}$$

式中: γ_c——水泥强度等级值的富余系数，可按实际统计资料确定；当缺乏实际统计资料时，也可规程的有关规定选用。当水泥强度等级值为 32.5、42.5 和 52.5 时，其富裕系数分别为 1.12、1.16 和 1.10。

$f_{ce,g}$——水泥强度等级值，MPa。

由于控制最大水胶比是保证混凝土耐久性的重要手段，而水胶比又是混凝土配合比设计的首要参数，所以要求混凝土的最大水胶比应符合《混凝土结构设计规范》GB 50010（2015 年版）中对不同环境条件的混凝土最大水胶比的规定。

3. 确定用水量和外加剂用量

设计混凝土配合比时，应该力求采用最小单位用水量，按骨料品种、粒径、施工要求的流动性指标等，根据本地区或本单位的经验数据选用，也可以参考工程的有关规定选取。

每立方米干硬性或塑性混凝土的用水量计算:

混凝土水胶比在 0.40 ~ 0.80 范围时，可按规程的有关规定选取；混凝土水胶比小于 0.40 时，可通过试验确定。

掺外加剂时，每立方米流动性或大流动性混凝土的用水量按下式计算:

$$m_{w0}=m'_{w0}(1-\beta) \tag{6.2.2-7}$$

式中: m_{w0}——计算配合比每立方米混凝土的用水量，kg/m^3；

m'_{w0}——未掺外加剂时推定的满足实际坍落度要求的每立方米混凝土用水量，kg/m^3，以 90mm 坍落度的用水量为基础，按每增大 20mm 坍落度相应增加 $5kg/m^3$ 用水量来计算，当坍落度增大到 180mm 以上时，随坍落度相应增加的用水量可减少;

β——外加剂的减水率，%，应经混凝土试验确定。

每立方米混凝土中外加剂用量计算：

$$m_{a0}=m_{b0}\beta_a \tag{6.2.2-8}$$

式中：m_{a0}——计算配合比每立方米混凝土中外加剂用量，kg/m^3；

m_{b0}——计算配合比每立方米混凝土中胶凝材料用量，kg/m^3；计算应符合规程的有关规定；

β_a——外加剂掺量（%），应经混凝土试验确定。

4. 计算水泥用量

水泥用量的计算是需要在确定胶凝材料用量、矿物掺合料用量的前提下，才能计算出水泥的用量。计算分别如下：

根据用水量和计算的水胶比，按下式计算每立方米混凝土的胶凝材料用量：

$$m_{b0}=\frac{m_{w0}}{W/B} \tag{6.2.2-9}$$

式中：m_{b0}——计算配合比每立方米混凝土中胶凝材料用量，kg/m^3；

m_{w0}——计算配合比每立方米混凝土的用水量，kg/m^3；

W/B——混凝土水胶比。

在控制最大水胶比的条件下，设计规程对最小胶凝材料也进行了限制。规定的最小胶凝材料用量是满足混凝土施工性能和掺加矿物掺合料后满足混凝土耐久性能的胶凝材料用量下线。

根据胶凝材料的用量，按下式计算每立方米混凝土的矿物掺合料用量：

$$m_{f0}=m_{b0}\beta_f \tag{6.2.2-10}$$

式中：m_{f0}——计算配合比每立方米混凝土中矿物掺合料用量，kg/m^3；

β_f——矿物掺合料掺量，%，可按规程的有关确定。

对于掺加的矿物掺合料，规程中给出了最大限量的规定。规定矿物掺合料最大掺量主要目的是为了保证混凝土耐久性能。矿物掺合料在混凝土中的实际掺量是通过试验确定的，在规程配合比调整和确定步骤中规定了耐久性试验验证，以确保满足工程设计提出的耐久性要求。规程中分别给出了三种情况的规定，一是对钢筋混凝土中矿物掺合料最大掺量的规定；二是对预应力混凝土中矿物掺合料最大掺量的规定；三是对基础大体积混凝土，粉煤灰、粒化高炉矿渣和复合掺合料的最大掺量给出了具体规定，最大掺量看增加 5%。另外，对掺量大于 30% 的 C 类粉煤灰的混凝土提出了具体要求，应以实际使用的水泥和粉煤灰掺量进行安定性检验。

根据胶凝材料用量、矿物掺合料用量，按下式计算每立方米混凝土的水泥用量：

$$m_{c0}=m_{b0}-m_{f0} \tag{6.2.2-11}$$

式中：m_{c0}——计算配合比每立方米混凝土中水泥用量，kg/m^3。

5. 合理选择砂率

混凝土拌合物的合理砂率是指在水泥用量及用水量一定的情况下，使混凝土拌合物具有最大流动性，且能保持黏聚性和保水性良好的砂率值。混凝土拌合物的和易性，通过试验求出合理砂率及混凝土中砂的品种、粒径及混凝土的水胶比。

砂率应根据骨料的技术指标、混凝土拌合物性能和施工要求，参考既有历史资料确定。当缺乏砂率的历史资料时，混凝土砂率的确定：坍落度小于 10mm 的混凝土，其砂率应经试验确定；坍落度为 10 ～ 60mm 的混凝土砂率，可根据粗骨料品种、最大公称粒径及水胶比按规程的有关规定选取；坍落度大于 60mm 的混凝土砂率，可经试验确定，也可在规程有关规定的基础上，按坍落度每增大 20mm、砂率增大 1% 的幅度予以调整。

6. 计算砂、石用量

（1）质量法

质量法是一种比较简便的混凝土配合比设计方法。质量法的原理是如果所用原材料质量情况比较稳定，所制成的混凝土拌合物的质量将接近一个固定值。因此，可以假定一个混凝土的质量值，再根据各项材料之间的关系，计算出各种材料的用量。表观密度的计算值，可根据本单位累计的试验资料确定，在无资料时可按 2350 ～ 2450kg/m³。

质量法粗、细骨料的用量，按下列公式计算：

$$m_{f0}+m_{c0}+m_{s0}+m_{g0}+m_{w0}=m_{cp} \tag{6.2.2-12}$$

$$\beta_s=\frac{m_{s0}}{m_{s0}+m_{g0}}\times100\% \tag{6.2.2-13}$$

式中：m_{g0}——计算配合比每立方米混凝土的粗骨料用量，kg/m³；

m_{s0}——计算配合比每立方米混凝土的细骨料用量，kg/m³；

β_s——砂率，%；

m_{cp}——每立方米混凝土拌合物的假定质量，kg/m³，可取 2350 ～ 2450kg/m³。

（2）体积法

体积法又称为绝对体积法。这种方法是假设混凝土拌合物的体积等于各组成材料绝对体积和混凝土拌合物中所含空气体积之总和。当采用体积法计算混凝土配比时，砂率应按式（5.4.3-13）计算，解下列方程式，得到粗、细骨料用量：

$$\frac{m_{c0}}{\rho_c}+\frac{m_{f0}}{\rho_f}+\frac{m_s}{\rho_s}+\frac{m_g}{\rho_g}+\frac{m_{w0}}{\rho_w}+0.01a=1$$

$$\beta_s=\frac{m_{s0}}{m_{s0}+m_{g0}}\times100\% \tag{6.2.2-14}$$

式中：ρ_c——水泥密度，kg/m³，应按《水泥密度测定方法》GB/T 208 测定，也可取 2900 ～ 3100kg/m³；

ρ_f——矿物掺合料密度，kg/m³，可按《水泥密度测定方法》GB/T 208 测定；

ρ_g——粗骨料的表观密度，kg/m³，应按《普通混凝土用砂、石质量及检验方法标准》JGJ 52 测定；

ρ_s——细骨料的表观密度，kg/m³，应按《普通混凝土用砂、石质量及检验方法标准》JGJ 52 测定；

ρ_w——水的密度，kg/m³，可取 1000 kg/m³；

α——混凝土的含气量百分数，在不使用引气剂或引气型外加剂时，可取为 1。

7. 计算配合比

经过上述的准备工作及计算，即可得到计算配合比，即 1m³ 混凝土组成材料用量水泥：砂：石：外加剂：用水量。

$$m_{c0}、m_{s0}、m_{g0}、m_{w0}、m_{a0}=1:m_{s0}/m_{c0}:m_{g0}/m_{c0}:m_{w0}/m_{c0}:m_{a0}/m_{c0} \quad (6.2.2\text{-}15)$$

混凝土配合比计算公式中的骨料，均以干燥状态（指含水率小于 0.5% 的细骨料和含水率小于 0.2% 的粗骨料）为基准。

8. 试配、调整与确定

以上计算出的初步配合比的各种材料是借助经验公式、图表算出或查得的，能否满足设计要求，还需要通过试验及试配调整来完成。

（1）试配要求

设备：混凝土试配应采用强制式搅拌机，搅拌机应符合《混凝土试验用搅拌机》JG/T 244 的规定，搅拌方法宜与施工采用的方法相同。

成型：试验室成型条件应符合《普通混凝土拌合物性能试验方法标准》GB/T 50080 的规定。

搅拌：每盘混凝土试配的最小搅拌量应符合规程的有关规定，并不应小于搅拌机公称容量的 1/4 且不应大于搅拌机公称容量。

试拌：在计算初步配合比的基础上进行试拌。计算水胶比宜保持不变，并应通过调整配合比其他参数使混凝土拌合物性能符合设计和施工要求，然后修正计算配合比，提出试拌配合比。在试拌配合比的基础上，进行混凝土强度试验，并应符合下列规定：

① 应至少采用三个不同的配合比。当采用三个不同的配合比时，其中一个应为规程确定的试拌配合比，另外两个配合比的水胶比宜较试拌配合比分别增加和减少 0.05，用水量应与试拌配合比相同，砂率可分别增加和减少 1%。

② 进行混凝土强度试验时，应继续保持拌合物性能符合设计和施工要求。

③ 进行混凝土强度试验时，每个配合比至少应制作一组试件，标准养护到 28d 或设计规定龄期时试压。

（2）配合比的调整与确定

① 配合比调整

a. 根据混凝土强度试验结果，宜绘制强度和胶水比的线性关系图或插值法确定略大于配制强度对应的胶水比；

b. 在试拌配合比的基础上，用水量和外加剂用量应根据确定的水胶比作调整；

c. 胶凝材料用量应以用水量乘以确定的胶水比计算得出；

d. 粗骨料和细骨料用量应根据用水量和胶凝材料用量进行调整。

② 混凝土拌合物表观密度和配合比校正系数

配合比调整后的混凝土拌合物的表观密度按下式计算：

$$\rho_{c,c}=m_c+m_f+m_g+m_s+m_w \quad (6.2.2\text{-}16)$$

混凝土配合比校正系数按下式计算：

$$\delta=\frac{\rho_{c,t}}{\rho_{c,c}} \quad (6.2.2\text{-}17)$$

式中：$\rho_{c,c}$——混凝土拌合物表观密度计算值，kg/m³；

m_c——每立方米混凝土的水泥用量，kg/m³；

m_f——每立方米混凝土的矿物掺合料用量，kg/m³；

m_g——每立方米混凝土的粗骨料用量，kg/m³；

m_s——每立方米混凝土的细骨料用量，kg/m^3；

m_w——每立方米混凝土的用水量，kg/m^3；

δ——混凝土配合比校正系数；

$\rho_{c,t}$——混凝土拌合物表观密度实测值，kg/m^3。

当混凝土拌合物表观密度实测值与计算值之差的绝对值不超过计算值的 2% 时，配合比可维持不变；当二者之差超过 2% 时，应将配合比中每项材料用量均乘以校正系数。

配合比调整后，应测定拌合物水溶性氯离子含量，试验结果应符合规程的规定。对耐久性有设计要求的混凝土应进行相关耐久性试验验证。生产单位可根据常用材料设计出常用的混凝土配合比备用，并应在使用过程中予以验证或调整。遇有下列情况之一时，应重新进行配合比设计：对混凝土性能有特殊要求时；水泥、外加剂或矿物掺合料品种质量有显著变化时。

6.2.3　特殊要求配合比

有特殊要求的混凝土对原材料及配合比的要求，见表 6.2.3。

有特殊要求的混凝土对原材料及配合比的要求　　表 6.2.3

混凝土种类	原材料材料	配合比
抗渗混凝土	1．水泥宜采用普通硅酸盐水泥； 2．粗骨料宜采用连续级配，其最大公称粒径不宜大于 40.0mm，含泥量不得大于 1.0%，泥块含量不得大于 0.5%； 3．细骨料宜采用中砂，含泥量不得大于 3.0%，泥块含量不得大于 1.0%； 4．抗渗混凝土宜掺用外加剂和矿物掺合料；粉煤灰等级应为Ⅰ级或Ⅱ级	1．最大水胶比应符合规定； 2．每立方米混凝土中的胶凝材料用量不宜小于 320kg； 3．砂率宜为 35% ～ 45%
抗冻混凝土	1．水泥应采用硅酸盐水泥或普通硅酸盐水泥； 2．粗骨料宜选用连续级配，其含泥量不得大于 1.0%，泥块含量不得大于 0.5%； 3．细骨料含泥量不得大于 3.0%，泥块含量不得大于 1.0%； 4．粗、细骨料均应进行坚固性试验，并应符合《普通混凝土用砂、石质量及检验方法标准》JGJ 52 的规定； 5．抗冻等级不小于 F100 的抗冻混凝土宜掺用引气剂； 6．在钢筋混凝土和预应力混凝土中不得掺用含有氯盐的防冻剂；在预应力混凝土中不得用含有亚硝酸盐或碳酸盐的防冻剂	1．最大水胶比和最小胶凝材料用量应符合规定； 2．复合矿物掺合料掺量宜符合规定；其他矿物掺合料掺量应符合规定； 3．掺用引气剂的混凝土最小含气量应符合规定
高强混凝土	1．水泥应选用硅酸盐水泥或普通硅酸盐水泥 2．粗骨料宜采用连续级配，其最大公称粒径不宜大于 25.0mm，针片状颗粒含量不宜大于 5.0%；含泥量不应大于 0.5%，泥块含量不应大于 0.2% 3．细骨料的细度模数宜为 2.6 ～ 3.0，含泥量不应大于 2.0%，泥块含量不应大于 0.5%； 4．宜采用减水率不小于 25% 的高性能减水剂； 5．宜复合掺用粒化高炉矿渣粉、粉煤灰和硅灰等矿物掺合料；粉煤灰等级不应低于Ⅱ级；对强度等级不低于 C80 的高强混凝土宜掺用硅灰	1．水胶比、胶凝材料用量和砂率可按规定选取，并应经试配确定； 2．外加剂和矿物掺合料的品种、掺量，应通过试配确定；矿物掺合料掺量宜为 25% ～ 40%；硅灰掺量不宜大于 10%； 3．水泥用量不宜大于 500kg/m^3

续表

混凝土种类	原材料材料	配合比
泵送混凝土	1．泵送混凝土宜选用硅酸盐水泥、普通硅酸盐水泥、矿渣硅酸盐水泥和粉煤灰硅酸盐水泥； 2．粗骨料宜采用连续级配，其针片状颗粒含量不宜大于10%；粗骨料的最大公称粒径与输送管径之比宜符合规定； 3．细骨料宜采用中砂，其通过公称直径315μm筛孔的颗粒含量不宜少于15%； 4．泵送混凝土应掺用泵送剂或减水剂，并宜掺用矿物掺合料	1．泵送混凝土的胶凝材料用量不宜小于300kg/m^3； 2．泵送混凝土的砂率宜为35%～45%
大体积混凝土	1．水泥宜采用中、低热硅酸盐水泥或低热矿渣硅酸盐水泥，水泥的3d和5d水化热应符合规定。当采用硅酸盐水泥或普通硅酸盐水泥时，应掺加矿物掺合料，胶凝材料的3d和7d水化热分别不宜大于240kJ/kg和270kJ/kg 2．粗骨料宜为连续级配，最大公称粒径不宜小于31.5mm，含泥量不应大于1.0% 3．细骨料宜采用中砂，含泥量不应大于3.0% 4．宜掺用矿物掺合料和缓凝型减水剂	1．水胶比不宜大于0.55，用水量不宜大于175kg/m^3； 2．在保证混凝土性能要求的前提下，宜提高每立方米混凝土中的粗骨料用量；砂率宜为38%～42%； 3．在保证混凝土性能要求的前提下，应减少胶凝材料中的水泥用量，提高矿物掺合料掺量，混凝土中矿物掺合料掺量应符合规定； 4．在配合比试配和调整时，控制混凝土绝热温升不宜大于50℃； 5．大体积混凝土配合比应满足施工对混凝土凝结时间的要求

6.3　普通混凝土拌合物性能试验

混凝土各组成材料按一定比例，经搅拌均匀后，尚未凝结硬化的材料称为混凝土拌合物，又称混凝土混合物或新拌混凝土。混凝土拌合物的性能直接关系到混凝土是否能达到预期的强度和耐久性。

混凝土的主要性能包括拌合物的和易性、强度、变形性能和耐久性。为了便于施工操作，新拌混凝土必须具备良好的和易性；硬化后的混凝土必须达到设计所要求的强度等级；混凝土在凝结、硬化及长期使用过程中，不可避免地产生变形，若变形过大将会影响结构的正常使用。除此之外，还必须具备与环境相适应的耐久性。

混凝土拌合物主要性质为和易性，也称工作性。和易性是指混凝土拌合物的施工操作难易程度和抵抗离析作用程度的性质。混凝土拌合物应具有良好的和易性。和易性是一个综合性的技术指标，包括流动性、粘聚性、保水性三个主要方面：

（1）流动性，是指混凝土拌合物在自重或外力作用下产生流动，并且能够均匀、密实地填满模板的性能。流动性的大小，反映出拌合物的稠度，直接影响混凝土施工的难易程度。

（2）粘聚性，是指混凝土各组分之间具有一定的粘聚力，不致产生分层离析现象。混凝土拌合物在施工过程中相互间有一定粘聚力，不分层，能保持整体均匀的性能。在外力作用下，混凝土拌合物各组成材料的沉降各不相同，如果配合比例不当，粘聚性差，则施工中易发生分层（即混凝土拌合物各组分出现层状分离现象）、离析（即混凝土拌合物内某些组分分离、析出现象）、泌水等情况。致使混凝土硬化后产生“蜂窝”“麻面”等缺陷，影响混凝土强度和耐久性。

（3）保水性，是指混凝土内部保持水分的能力，不产生严重的泌水现象。混凝土拌合物保持水分不易析出的能力。保水性差的混凝土拌合物，在运输与浇捣中，以及在凝结硬化前很易泌水（又称析水，从水泥浆中泌出部分拌合水的现象），并聚集到混凝土表面，引起表面疏松，或积聚在骨料或钢筋的下表面形成孔隙，从而削弱了骨料或钢筋与水泥石的粘结力，影响混凝土的质量。

《普通混凝土拌合物性能试验方法标准》GB/T 50080，适用于建设工程中普通混凝土拌合物性能试验，包括坍落度试验及坍落度经时损失试验、扩展度试验及扩展度经时损失试验、维勃稠度试验、倒置坍落度筒排空试验、间隙通过性试验、漏斗试验、扩展时间试验、凝结时间试验、泌水试验、压力泌水试验、表观密度试验、含气量试验、均匀性试验、抗离析性能试验、温度试验和绝热温升试验等。

6.3.1　基本规定

（1）骨料最大公称粒径应符合《普通混凝土用砂、石质量及检验方法标准》JGJ 52 的规定。骨料最大公称粒径指的是符合该标准中规定的公称粒径上限对应的圆孔筛的孔径的公称粒径。

（2）试验室的温湿度试验条件会影响到混凝土拌合物性能的测试，所以规定：试验环境相对湿度不宜小于 50%，温度应保持在 20±5℃；所用材料、试验设备、容器及辅助设备的温度宜与试验室温度保持一致。

（3）为了避免外界天气对试验代表性和客观性的影响，规定：现场试验时，应避免混凝土拌合物试样受到风、雨雪及阳光直射的影响。

（4）为了保证混凝土拌合物试验用试样的代表性和客观性，规定制作混凝土拌合物性能试验用试样所采用的搅拌机应符合《混凝土试验用搅拌机》JG/T 244 的规定。

（5）为了保证试验的客观科学，以及试验结果的准确，试验设备使用前应经过校准，处于正常工作状态，确保其满足试验要求。

6.3.2　试样的制备

1. 取样

（1）同一组混凝土拌合物的取样应从同一盘混凝土或同一车混凝土中取样。取样量应多于试验所需量的 1.5 倍，且宜不小于 20L。

（2）混凝土拌合物的取样应具有代表性，宜采用多次采样的方法。一般在同一盘混凝土或同一车混凝土中的约 1/4 处、1/2 处和 3/4 处之间分别取样，并搅拌均匀；第一次取样和最后一次取样不宜超过 15min。

（3）在取样后 5min 内开始各项性能试验。

2. 试验室制备混凝土拌合物

（1）混凝土拌合物的搅拌

① 混凝土拌合物应采用搅拌机搅拌，搅拌前应将搅拌机冲洗干净，并预拌少量同种混凝土拌合物或水胶比相同的砂浆，搅拌机内壁挂浆后将剩余料卸出。

② 称好的粗骨料、胶凝材料、细骨料和水应依次加入搅拌机，难溶和不溶的粉状外加剂宜与胶凝材料同时加入搅拌机，液体和可溶外加剂宜与拌合水同时加入搅拌机。

③ 混凝土拌合物宜搅拌 2min 以上，直至搅拌均匀。

④ 混凝土拌合物一次搅拌量不宜少于搅拌机公称容量的 1/4，不应大于搅拌机公称容量，且不应少于 20L。

（2）材料称量

试验室搅拌混凝土时，材料用量应以质量计。骨料的称量精度应为 ±0.5%；水泥、掺合料、水、外加剂的称量精度均应为 ±0.2%。

3. 试验记录及试验报告

（1）试验记录

在试验室制备混凝土拌合物时，应记录以下内容：工程名称、结构部位；混凝土加水时间和搅拌时间；混凝土标记；取样方法；试样编号；试样数量；环境温度及取样的天气情况；取样混凝土的温度。

（2）试验报告

除应记录以上的内容并写入试验报告外，尚应记录下列内容并写入试验报告：试验环境温度；试验环境湿度；各种原材料品种、规格、产地及性能指标；混凝土配合比和每盘混凝土的材料用量。

6.3.3 坍落度试验

坍落度的试验方法宜用于骨料最大粒径不大于 40mm、坍落度不小于 10mm 的混凝土拌合物稠度测定。坍落度，是指混凝土拌合物在自重作用下坍落的高度。

1. 仪器设备

坍落度仪，由坍落度筒、漏斗、测量标尺、平尺、捣棒和底板等组成；钢直尺，2 把，量程不应小于 300mm，分度值不应大于 1mm；底板：应采用平面尺寸不小于 1500mm×1500mm、厚度不小于 3mm 的钢板，其最大挠度不应大于 3mm。

2. 试验步骤

（1）坍落度筒内壁和底板应润湿无明水；底板应放置在坚实水平面上，并把坍落度筒放在底板中心，然后用脚踩住两边的脚踏板，坍落度筒在装料时应保持在固定的位置。

（2）混凝土拌合物试样应分三层均匀地装入坍落度筒内，每装一层混凝土拌合物，应用捣棒由边缘到中心按螺旋形均匀插捣 25 次，捣实后每层混凝土拌合物试样高度约为筒高的 1/3。

（3）插捣底层时，捣棒应贯穿整个深度，插捣第二层和顶层时，捣棒应插透本层至下一层的表面。

（4）顶层混凝土拌合物装料应高出筒口，插捣过程中，混凝土拌合物低于筒口时，应随时添加。

（5）顶层插捣完后，取下装料漏斗，应将多余混凝土拌合物刮去. 并沿筒口抹平。

（6）清除筒边底板上的混凝土后，应垂直平稳地提起坍落度筒. 并轻放于试样旁边；当试样不再继续坍落或坍落时间达 30s 时，用钢尺测量出筒高与坍落后混凝土试体最高点之间的高度差，作为该混凝土拌合物的坍落度值。

3. 试验结果

坍落度筒的提离过程宜控制在 3 ～ 7s；从开始装料到提坍落度筒的整个过程应连续

进行，并应在 150s 内完成。将坍落度筒提起后混凝土发生一边崩坍或剪坏现象时，应重新取样另行测定；第二次试验仍出现一边崩坍或剪坏现象，应予记录说明。混凝土拌合物坍落度值测量应精确至 1mm，结果应修约至 5mm。

6.3.4　坍落度经时损失试验

坍落度经时损失的试验方法可用于混凝土拌合物的坍落度随静置时间变化的测定。

1. 仪器设备

同坍落度试验方法要求的设备。

2. 试验步骤

应测量出机时的混凝土拌合物的初始坍落度值。将全部混凝土拌合物试样装入塑料桶或不被水泥浆腐蚀的金属桶内，应用桶盖或塑料薄膜密封静置。自搅拌加水开始计时，静置 60min 后应将桶内混凝土拌合物试样全部倒入搅拌机内，搅拌 20s，进行坍落度试验，得出 60min 坍落度值。

3. 试验结果

计算初始坍落度值与 60min 坍落度值的差值，可得到 60min 混凝土坍落度经时损失试验结果。当工程要求调整静置时间时，则应按实际静置时间测定并计算混凝土坍落度经时损失。

6.3.5　扩展度试验

扩展度的试验方法适宜用于骨料最大公称粒径不大于 40mm、坍落度不小于 160mm 混凝土扩展度的测定。扩展度是指混凝土拌合物坍落后扩展的直径。

1. 仪器设备

坍落度仪，应符合《混凝土坍落度仪》JG/T 248 的规定，由坍落度筒、漏斗、测量标尺、平尺、捣棒和底板等组成；钢直尺，量程不应小于 1000mm，分度值不应大于 1mm；底板，应采用平面尺寸不小于 1500mm×1500mm、厚度不小于 3mm 的钢板，其最大挠度不应大于 3mm。

2. 试验步骤

（1）试验设备准备、混凝土拌合物装料和插捣应符合坍落度试验步骤中（1）～（5）条的规定。

（2）清除筒边底板上的混凝土后，应垂直平稳地提起坍落度筒，坍落度筒的提离过程宜控制在 3 ～ 7s；当混凝土拌合物不再扩散或扩散持续时间已达 50s 时，应使用钢尺测量混凝土拌合物展开扩展面的最大直径以及与最大直径呈垂直方向的直径。

（3）扩展度试验从开始装料到测得混凝土扩展度值的整个过程应连续进行，并应在 4min 内完成。

3. 试验结果

当两直径之差小于 50mm 时，应取其算术平均值作为扩展度试验结果；当两直径之差不小于 50mm 时，应重新取样另行测定。发现粗骨料在中央堆集或边缘有浆体析出时，应记录说明。混凝土拌合物扩展度值测量应精确至 1mm，结果修约至 5mm。

6.3.6 扩展度经时损失试验

扩展度经时损失的试验方法可用于混凝土拌合物的扩展度随静置时间变化的测定。

1. 仪器设备

同扩展度试验要求的设备。

2. 试验步骤

(1)测量出机时的混凝土拌合物的初始扩展度值。

(2)将全部混凝土拌合物试样装入塑料桶或不被水泥浆腐蚀的金属桶内，应用桶盖或塑料薄膜密封静置。

(3)自搅拌加水开始计时，静置60min后应将桶内混凝土拌合物试样全部倒入搅拌机内，搅拌20s，即进行扩展度试验，得出60min扩展度值。

3. 试验结果

计算初始扩展度值与60min扩展度值的差值，可得到60min混凝土扩展度经时损失试验结果。当工程要求调整静置时间时，则应按实际静置时间测定并计算混凝土扩展度经时损失。

6.3.7 凝结时间试验

凝结时间的试验方法适用于从混凝土拌合物中筛出的砂浆用贯入阻力法来测定坍落度值不为零的混凝土拌合物的初凝时间和终凝时间。

1. 仪器设备

贯入阻力仪，最大测量值不应小于1000N，精度应为±10N；测针长100mm；测针的承压面积应为$100mm^2$、$50mm^2$和$20mm^2$三种；砂浆试样筒，并配有盖子；试验筛；振动台；捣棒。

2. 试验步骤

(1)用试验筛从混凝土拌合物中筛出砂浆，然后将筛出的砂浆搅拌均匀；将砂浆一次分别装入三个试样筒中。取样混凝土坍落度不大于90mm时，宜用振动台振实砂浆；取样混凝土坍落度大于90mm时，宜用捣棒人工捣实。用振动台振实砂浆时，振动应持续到表面出浆为止，不得过振；用捣棒人工捣实时，应沿螺旋方向由外向中心均匀插捣25次，然后用橡皮锤敲击筒壁，直至表面插捣孔消失为止。振实或插捣后，砂浆表面宜低于砂浆试样筒口约10mm，并应立即加盖。

(2)砂浆试样制备完毕，编号后应置于温度为20±2℃的环境中待测，并在整个测试过程中，环境温度应始终保持20±2℃。在整个测试过程中，除在吸取泌水或进行贯入试验外，试样筒应始终加盖。现场同条件测试时，试验环境应与现场一致。

(3)凝结时间测定从混凝土搅拌加水开始计时。根据混凝土拌合物的性能，确定测针试验时间，以后每隔0.5h测试一次，在临近初凝和终凝时，应缩短测试间隔时间。

(4)在每次测试前2min，将一片20±5mm厚的垫块垫入筒底一侧使其倾斜，用吸液管吸去表面的泌水，吸水后应复原。

(5)测试时，将砂浆试样筒置于贯入阻力仪上，测针端部与砂浆表面接触，应在10±2s内均匀地使测针贯入砂浆25±2mm深度，记录最大贯入阻力值，精确至10N；记录测试时间，精确至 1min。

（6）每个砂浆筒每次测试 1 ～ 2 个点，各测点的间距不应小于 15mm，测点与试样筒壁的距离不应小于 25mm。

（7）每个试样的贯入阻力测试不应少于 6 次，直至单位面积贯入阻力大于 28MPa 为止。

（8）根据砂浆凝结状况，在测试过程中应以测针承压面积从大到小顺序更换测针，更换测针应按下列规定选用，单位面积贯入阻力为 0.2 ～ 3.5MPa、3.5 ～ 20MPa、20 ～ 28MPa 时，测针面积分别为 $100mm^2$、$50mm^2$ 和 $20mm^2$。

3. 试验结果

单位面积贯入阻力的结果计算以及初凝时间和终凝时间的确定应按下列方法进行：

（1）单位面积贯入阻力的计算

$$f_{PR}=\frac{P}{A} \tag{6.3.7-1}$$

式中：f_{PR}——单位面积贯入阻力，MPa，精确至 0.1MPa；

P——贯入阻力，N；

A——测针面积，mm^2。

（2）凝结时间的确定

①线性回归方法

凝结时间宜按下式通过线性回归方法确定；根据下式可求得当单位面积贯入阻力为 3.5MPa 时对应的时间应为初凝时间，单位面积贯入阻力为 28MPa 时对应的时间为终凝时间。

$$\ln(t)=a+b\ln(f_{PR}) \tag{6.3.7-2}$$

式中：t——单位面积贯入阻力对应的测试时间，min；

f_{PR}——贯入阻力，MPa；

a、b——线性回归系数。

②绘图拟合方法

凝结时间也可用绘图拟合方法确定，应以单位面积贯入阻力位纵坐标，测试时间为横坐标，绘制出单位面积贯入阻力与测试时间之间的关系曲线；分别以 3.5MPa 和 28MPa 绘制两条平行于横坐标的直线，与曲线交点的横坐标应分别为初凝时间和终凝时间；凝结时间结果应用 h : min 表示，精确至 5min。

（3）试验结果

以三个试样的初凝时间和终凝时间的算术平均值作为此次试验初凝时间和终凝时间的试验结果。三个测值的最大值或最小值中有一个与中间值之差超过中间值的 10% 时，应以中间值为试验结果；最大值和最小值与中间值之差均超过中间值的 10% 时，应重新试验。

6.3.8　泌水试验

泌水的试验方法适用于骨料最大粒径不大于 40mm 的混凝土拌合物泌水的测定。泌水，是指混凝土拌合物析出水分的现象。

1. 仪器设备

容量筒：容积应为5L，并应配有盖子；量筒：容量为100mL、分度值1mL，并应带塞；振动台；捣棒；电子天平：最大量程应为20kg，感量不应大于1g。

2. 试验步骤

（1）用湿布润湿容量筒内壁后应立即称量，并记录容量筒的质量。

（2）混凝土拌合物试样按下列要求装入容量筒，并进行振实或插捣密实，振实或插捣密实的混凝土拌合物表面应低于容量筒筒口30±3mm，并用抹刀抹平。

① 混凝土拌合物坍落度不大于90mm时，宜用振动台振实，应将混凝土拌合物一次性装容量筒内，振动持续到表面出浆为止，并应避免过振。

② 混凝土拌合物坍落度大于90mm时，宜用人工插捣，应将混凝土拌合物分两层装入，每层的插捣次数为25次；捣棒由边缘向中心均匀地插捣，插捣底层时捣棒应贯穿整个深度，插捣第二层时，捣棒应插透本层至下一层的表面；每一层捣完后应使用橡皮锤沿容量筒外壁敲击5～10次，进行振实，直至混凝土拌合物表面插捣孔消失并不见大气泡为止。

③ 自密实混凝土应一次性填满，且不应进行振动和插捣。

（3）将筒口及外表面擦净，称量并记录容量筒与试样的总质量，盖好筒盖并开始计时。

（4）在吸取混凝土拌合物表面泌水的整个过程中，应使容量筒保持水平、不受振动；除了吸水操作外，应始终盖好盖子；室温应保持在20±2℃。

（5）计时开始后60min内，应每隔10min吸取1次试样表面泌水；60min后，每隔30min吸1次试样表面泌水，直至不再泌水为止。每次吸水前2min，应将一片35±5mm厚的垫块垫入筒底一侧使其倾斜，吸水后应平稳地复原盖好。吸出的水应盛放于量筒中，并盖好塞子；记录每次的吸水，并应计算累计吸水量，精确至1mL。

3. 试验结果

（1）泌水量按下式计算：

$$B_a=\frac{V}{A} \tag{6.3.8-1}$$

式中：B_a——单位面积混凝土拌合物的泌水量，精确至0.01 mL/mm^2；

V——累计的泌水量，mL；

A——混凝土拌合物试样外露的表面面积，mm^2。

（2）泌水量结果

泌水量取三个试样测值的平均值。三个测值中的最大值或最小值，有一个与中间值之差超过中间值的15%时，应以中间值作为试验结果；最大值和最小值与中间值之差均超过中间值的15%时，应重新试验。

（3）泌水率按下式计算：

$$B=\frac{V_W}{(W/m_T)\ m}\times 100 \tag{6.3.8-2}$$

$$m=m_2-m_1 \tag{6.3.8-3}$$

式中：B——泌水率，精确至1%；

V_W——泌水总量，mL；
m——混凝土拌合物试样质量，g；
m_T——试验拌制混凝土拌合物的总质量，g；
W——试验拌制混凝土拌合物拌合用水量，mL；
m_2——容量筒及试样总质量，g；
m_1——容量筒质量，g。

（4）泌水率结果

泌水率取三个试样测值的平均值。三个测值中的最大值或最小值，有一个与中间值之差超过中间值的 15% 时，应以中间值为试验结果；最大值和最小值与中间值之差均超过中间值的 15% 时，应重新试验。

6.3.9　表观密度试验

表观密度的试验方法可用于混凝土拌合物捣实后的单位体积质量的测定。

1. 仪器设备

容量筒，筒外壁应有提手。骨料最大公称粒径不大于 40mm 的混凝土拌合物宜采用容积不小于 5L 的容量筒，筒壁厚不应小于 3mm；骨料最大公称粒径大于 40mm 的混凝土拌合物应采用内径与内高均大于骨料最大公称粒径 4 倍的容量筒；电子天平，最大量程应为 50kg，感量不大于 10g；振动台；捣棒。

2. 试验步骤

（1）测定容量筒容积的步骤

① 将干净的容量筒与玻璃板一起称重。

② 将量筒灌满水，缓慢将玻璃板从筒口一侧推到另一侧，容量筒内应满水并且不应存在气泡，擦干容量筒外壁，再次称重。

③ 两次称重结果之差除以该温度下水的密度应为容量筒容积；常温下水的密度可取 1kg/L。

（2）容量筒内外壁应擦干净，称出容量筒质量，精确至 10g。

（3）混凝土拌合物试样应按下列要求进行装料，并插捣密实：

① 混凝土拌合物坍落度不大于 90mm 时，宜用振动台振实；振动台振实时，应一次性将混凝土拌合物一次性装填至高出容量筒筒口；装料时可用捣棒稍加插捣，振动过程中混凝土低于筒口，应随时添加混凝土，振动直至表面出浆为止。

② 混凝土拌合物坍落度大于 90mm 时，混凝土拌合物宜用捣棒插捣密实。插捣时，应根据容量筒的大小决定分层与插捣次数：用 5L 容量筒时，混凝土拌合物应分两层装入，每层的插捣次数应为 25 次；用大于 5L 的容量筒时，每层混凝土的高度不应大于 100mm，每层插捣次数应按每 10000mm^2 截面不小于 12 次计算。各次插捣应由边缘向中心均匀地插捣，插捣底层时捣棒应贯穿整个深度，插捣第二层时，捣棒应插透本层至下一层的表面；每一层捣完后应使用橡皮锤沿容量筒外壁敲击 5 ～ 10 次，进行振实，直至混凝土拌合物表面插捣孔消失并不见大气泡为止；

③ 自密实混凝土应一次性填满，且不应进行振动和插捣。

（4）将筒口多余的混凝土拌合物刮去，表面有凹陷应填平；应将容量筒外壁擦净，称出混凝土拌合物试样与容量筒总质量，精确至 10g。

3. 试验结果

混凝土拌合物的表观密度，按下式计算，精确至 $10kg/m^3$：

$$\rho=\frac{m_2-m_1}{V}\times1000 \tag{6.3.9-1}$$

式中：ρ——混凝土拌合物表观密度，$10kg/m^3$；

m_1——容量筒质量，kg；

m_2——容量筒和试样总质量，kg；

V——容量筒容积，L。

6.3.10 含气量试验

含气量的试验方法宜用于骨料最大粒径不大于 40mm 的混凝土拌合物含气量测定。含气量为气体占混凝土体积的百分比。

1. 仪器设备

含气量测定仪；捣棒；振动台；电子天平：最大量程应为 50kg，感量不应大于 10g。

2. 试验步骤

（1）测定所用骨料的含气量

① 计算试样中粗、细骨料的质量：

$$m_g=\frac{V}{1000}\times m'_g \tag{6.3.10-1}$$

$$m_s=\frac{V}{1000}\times m'_s \tag{6.3.10-2}$$

式中：m_g、m_s——拌合物试样中的粗、细骨料质量，kg；

m'_g、m'_s——混凝土配合比中每立方米混凝土的粗、细骨料质量，kg；

V——含气量测定仪容器容积，L。

② 先向含气量测定仪的容器中先注入 1/3 高度的水，然后把质量为 m_g、m_s 的粗、细骨料称好，搅拌拌匀，倒入容器，加料同时应进行搅拌；水面每升高 25mm 左右，应轻捣 10 次，加料过程中应始终保持水面高出骨料的顶面；骨料全部加入后，应浸泡约 5min，再用橡皮锤轻敲容器外壁，排净气泡，除去水面泡沫，加水至满，擦净容器口边缘，加盖拧紧螺栓，保持密封不透气。

③ 关闭操作阀和排气阀，打开排水阀和加水阀，应通过加水阀向容器内注入水；当排水阀流出的水流中不出现气泡时，应在注水的状态下，同时关闭加水阀和排水阀。

④ 关闭排气阀，向气室内打气，应加压至大于 0.1MPa，且压力表显示值稳定；应打开排气阀调压至 0.1MPa，同时关闭排气阀。

⑤ 开启操作阀，使气室里的压缩空气进入容器，待压力表显示值稳定后记录压力值，然后开启排气阀，压力表显示值应回零；应根据含气量与压力值之间的关系曲线确定压力值对应的骨料含气量，精确至 0.1%。

⑥ 混凝土所用骨料的含气量应以两次测量结果的平均值作为试验结果；两次测量结果的含气量相差大于 0.5% 时，应重新试验。

（2）混凝土拌合物含气量的测定

① 用湿布擦净混凝土含气量测定仪容器内壁和盖的内表面，装入混凝土拌合物试样。

② 混凝土拌合物的装料及密实方法根据拌合物的坍落度而定，规定如下：

a. 坍落度不大于 90mm 时，混凝土拌合物宜用振动台振实；振动台振实时，应一次性将混凝土拌合物一次性装填至高出含气量测定仪容器口；振实过程中混凝土拌合物低于容器口时，应随时添加；振动直至表面出浆为止，并应避免过振。

b. 坍落度大于 90mm 时，混凝土拌合物宜用捣棒插捣密实。插捣时，混凝土拌合物应分 3 层装入，每层捣实后高度约为 1/3 容器高度；每层装料后由边缘向中心均匀地插捣 25 次，捣棒应插透本层至下一层的表面；每一层捣完后用橡皮锤沿容器外壁敲击 5 ～ 10 次，进行振实，直至拌合物表面插捣孔消失。

c. 自密实混凝土应一次性填满，且不应进行振动和插捣。

③ 刮去表面多余的混凝土拌合物，用抹刀刮平，表面有凹陷应填平抹光。

④ 擦净容器口边缘，加盖并拧紧螺栓，应保持密封不透气。

⑤ 按测试骨料含气量的测试步骤测得混凝土拌合物的未校正含气量，精确至 0.1%。

⑥ 混凝土拌合物未校正的含气量应以两次测量结果的平均值作为试验结果；两次测量结果的含气量相差大于 0.5% 时，应重新试验。

3. 试验结果

混凝土拌合物含气量按下式计算，精确至 0.1%：

$$A=A_0-A_g \tag{6.3.10-3}$$

式中：A——混凝土拌合物含气量，%；

A_0——混凝土拌合物的未校正含气量，%；

A_g——骨料的含气量，%。

4. 含气量测定仪的标定和率定

（1）擦净容器，并将含气量测定仪全部安装好，测定含气量测定仪的总质量，精确至 10g。

（2）向容器内注水至上沿，然后加盖并拧紧螺栓，保持密封不透气；关闭操作阀和排气阀，打开排水阀和加水阀，应通过加水阀向容器内注入水；当排水阀流出的水流中不出现气泡时，应在注水的状态下，关闭加水阀和排水阀；应将含气量测定仪外表面擦净，再次测定总质量，精确至 10g。

（3）含气量测定仪的容积按下式计算，精确至 0.01L：

$$V=\frac{m_{A2}-m_{A1}}{\rho_w} \tag{6.3.10-4}$$

式中：V——气量仪的容积，L；

m_{A1}——含气量测定仪的总质量，kg；

m_{A2}——水、含气量测定仪的总质量，kg；

ρ_w——容器内水的密度，可取 1kg/L。

（4）关闭排气阀，向气室内打气，应加压至大于 0.1MPa，且压力表显示值稳定；应打开排气阀调压至 0.1MPa，同时关闭排气阀。

（5）开启操作阀，使气室里的压缩空气进入容器，压力表显示值稳定后测得压力值应为含气量为 0 时对应的压力值。

（6）开启排气阀，压力表显示值应回零；关闭操作阀、排水阀和排气阀，开启加水阀，宜借助标定管在注水阀口用量筒接水；用气泵缓缓地向气室内打气，当排出的水是含气量测定仪容积的 1% 时，应按上述（4）和（5）的操作步骤测得含气量为 1% 时的压力值。

（7）继续测取含气量分别为 2%、3%、4%、5%、6%、7%、8%、9%、10% 时的压力值。

（8）含气量分别为 0、1%、2%、3%、4%、5%、6%、7%、8%、9%、10% 的试验均应进行两次，以两次压力值的平均值作为测量结果。

（9）根据含气量 0、1%、2%、3%、4%、5%、6%、7%、8%、9%、10% 的测量结果，绘制含气量与压力值之间的关系曲线。

（10）混凝土含气量测定仪的标定和率定应保证测试结果准确。

6.3.11 试验报告和试验记录

1. 取样记录

一般取样和试验室制备混凝土拌合物需要记录内容的有关规定如下：取样日期、时间和取样人；工程名称、结构部位；混凝土加水时间和搅拌时间；混凝土标记；取样方法；试样编号；试样数量；环境温度及取样的天气情况；取样混凝土的温度。

2. 试验室制备的记录

在试验室制备混凝土拌合物时，除应记录以上内容外，还应记录下列内容：试验室环境温度；试验室环境湿度；各种原材料品种、规格、产地及性能指标；混凝土配合比和每盘混凝土的材料用量。

3. 试验报告

将相关记录的内容以及所做的试验项目实测值写入试验报告。

6.4 混凝土物理力学性能试验

《混凝土物理力学性能试验方法标准》GB/T 50081，适用于建设工程中混凝土物理力学性能试验，包括抗压强度、轴心抗压强度、静力受压弹性模量、泊松比、劈裂抗拉强度、抗折强度、轴向拉伸、混凝土与钢筋的握裹强度、混凝土粘结强度、耐磨性、导温系数、导热系数、比热容、线性膨胀系数、硬化混凝土密度和吸水率试验等试验。不适用水利水电工程中的全级配混凝土和碾压混凝土。常用术语如下：

（1）混凝土：以水泥、骨料和水为主要原材料，根据需要加入矿物掺合料和外加剂等材料，按一定配合比，经拌合、成型、养护等工艺制作的、硬化后具有强度的工程材料。

（2）抗压强度：立方体试件单位面积上所能承受的最大压力。

（3）轴心抗压强度：棱柱体试件轴向单位面积时所能承受的最大应力。

（4）静力受压弹性模量：棱柱体试件或圆柱体试件轴向承受一定压力时，产生单位变形所需要的压力。

（5）劈裂抗拉强度：立方体试件或圆柱体试件上下表面中间承受均布压力劈裂破坏时，压力作用的竖向平面内产生近似均布的极限拉应力。

（6）抗折强度：混凝土试件小梁承受弯矩作用折断破坏时，混凝土试件表面所承受的极限拉应力。

（7）轴向拉伸强度：混凝土试件轴向单位面积所能承受的最大拉力。

（8）粘结强度：通过劈裂抗拉强度试验测定的新老混凝土材料之间的粘结应力。

（9）表观密度：硬化混凝土烘干试件的质量与表观体积之比，表观体积是硬化混凝土固体体积加闭口孔隙体积。

6.4.1　基本规定

1. 一般规定

（1）试验环境相对湿度不宜小于 50%，温度应保持在 20±5℃。

（2）试验仪器设备应具有有效期内的计量检定或校准证书。

2. 试件的横截面尺寸

（1）试件的最小横截面尺寸应根据混凝土中骨料的最大粒径按表 6.4.1 选用。

试件的最小横截面尺寸　　表 6.4.1

骨料最大粒径（mm）		试件最小横截面尺寸（mm×mm）
劈裂抗拉强度试验	其他试验	
19.0	31.5	100×100
37.5	37.5	150×150
—	63.0	200×200

（2）试模的要求

试模应符合《混凝土试模》JG/T 237 的有关规定，当混凝土强度不低于 C60 时，宜采用铸铁或铸钢试模成型；应定期对试模进行核查，核查周期不超过 3 个月。

3. 试件的尺寸测量与公差

当试件公差不能满足要求时，原则上试件应作废弃处理，当必须用于试验时，也可通过加工处理，在满足试件公差要求的前提下进行试验。

（1）要求

试件各边长、直径和高的尺寸公差不得超过 1mm；试件承压面的平面度公差不得超过 0.0005d，d 为试件边长；试件相邻面间的夹角应为 90°，其公差不得超过 0.5°；试件制作时应采用符合标准要求的试模并精确安装，应保证试件的尺寸公差满足要求。

（2）测量方法

① 试件的边长和高度宜采用游标卡尺进行测量，应精确至 0.1mm；

② 圆柱形试件的直径应采用游标卡尺分布在试件的上部、中部和下部相互垂直的两个位置上共测量 6 次，取测量的算术平均值作为直径值，应精确至 0.1mm；

③ 试件承压面的平面度可采用钢板尺和塞尺进行测量。测量时，应将钢板尺立起横放在试件承压面上，慢慢旋转 360°，用塞尺测量其最大间隙作为平面度值，也可采用其他专用设备测量，结果应精确至 0.01mm；

④ 试件相邻面的夹角应采用游标量角器进行测量，应精确至 0.1°。

6.4.2　试件的制作和养护

1. 仪器设备

试模，应符合《混凝土试模》JG/T 237 的有关规定，当混凝土强度不低于 C60 时，宜采用铸铁或铸钢试模成型；应对定期对试模进行核查，核查周期不超过 3 个月。振动台，应符合《混凝土试验用振动台》JG/T 245 的有关规定。捣棒，应符合《混凝土坍落度仪》JG/T 248 的有关规定，直径应为 16±0.2mm，长度应为 600±5mm，端部应呈圆球形；橡皮锤或木槌的锤头质量应为 0.25～0.50kg。对于干硬性混凝土应备置成型套模、压重钢板、压重块或其他加压装置。

2. 取样与试样的制备

混凝土取样与试样的制备应符合《普通混凝土拌合物性能试验方法标准》GB/T 50080 的有关规定；每组试件所用的拌合物应从同一盘混凝土或同一车混凝土中取样；取样或试验室拌制的混凝土应尽快成型；制备混凝土试样时，应采取劳动防护措施。

3. 试件的制作

混凝土试件制作应在确保混凝土充分密实、避免分层离析的原则下选择成型方法，具体采用哪种成型方法可根据拌合物稠度或试验目的确定。试件制作一般有振动台振实、人工插捣、插入式振动棒振实、自密实混凝土成型和干硬性混凝土成型 5 种成型方法。

试件成型前，应检查试模的尺寸并符合标准的有关规定；应将试模擦拭干净，在其内壁上均匀地涂刷一薄层矿物油或其他不与混凝土发生反应的隔离剂，试模内壁隔离剂应均匀分布，不应有明显沉积。混凝土在入模前应保证其匀质性。根据混凝土拌合物的稠度确定适宜的成型方法。成型方法如下：

（1）振动台振实成型

将混凝土拌合物一次装入试模，装料时应用抹刀沿各试模内壁插捣，并使混凝土拌合物高出试模口；试模应附着或固定在振动台上，振动时应防止试模在振动台上自由跳动，振动应持续到表面出浆且无明显大气泡溢出为止，不得过振。

（2）人工插捣成型

混凝土拌合物应分两层装入模内，每层的装料厚度大致相等；插捣应按螺旋方向从边缘向中心均匀进行，在插捣底层混凝土时，捣棒应达到试模底部，插捣上层时，捣棒应贯穿上层后插入下层 20～30 mm；插捣时捣棒应保持垂直，不得倾斜。插捣后应用抹刀沿试模内壁插拔数次。每层插捣次数按在 10000mm^2 截面积内不得少于 12 次；插捣后应用橡皮锤或木槌轻轻敲击试模四周，直至插捣棒留下的空洞消失为止。

（3）插入式振捣棒成型

将混凝土拌合物一次装入试模，装料时应用抹刀沿试模壁插捣，并使混凝土拌合物高出试模口；宜用直径为 ϕ25 的插入式振捣棒；插入试模振捣时，振捣棒距试模底板 10～20mm 且不得触及试模底板，振动应持续到表面出浆且无明显大气泡溢出为止，不得过振；振捣时间宜为 20s；振捣棒拔出时应缓慢，拔出后不得留有孔洞。

（4）自密实混凝土成型

将混凝土拌合物分两次装入试模，每层的装料厚度宜相等，中间间隔 10s，混凝土应高出试模口，不应使用振动台、人工插捣或振动棒方法成型。

（5）干硬性混凝土成型

混凝土拌合完成后，应倒在不吸水的底板上，采用四分法取样装入铸铁或铸钢的试模中。通过四分法将混合均匀的干硬性混凝土料装入试模约 1/2 高度，用捣棒进行均匀插捣；插捣密实后，继续装料之前，试模上方应加上套模，第二次装料应略高于试模顶面，然后进行均匀插捣，混凝土顶面应略高于试模顶面。插捣应按螺旋方向从边缘向中心均匀进行。在插捣底层混凝土时，捣棒应达到试模底部；插捣上层时，捣棒应贯穿上层后插入下层 10 ～ 20mm ；插捣时捣棒应保持垂直，不得倾斜。每层插捣完毕后，用平刀沿试模内壁插一遍；每层插捣次数按在 10000 mm^2 截面积内不得少于 12 次；装料插捣完毕后，将试模附着或固定在振动台上，并放置压重钢板和压重块或其他加压装置，应根据混凝土拌合物的稠度调整压重块的质量或加压装置的施加压力；开始振动，振动时间不宜少于混凝土的维勃稠度，且应表面泛浆为止。

试件成型后刮除试模上口多余的混凝土，待混凝土临近初凝时，用抹刀沿着试模口抹平。试件表面与试模边缘不得超过 0.5mm。制作的试件应有明显和持久的标记，且不破坏试件。

4. 试件的养护

（1）标准养护

试件成型抹面后应立即用不透水的薄膜覆盖表面或采取其他保持试件表面湿度的方法。试件成型后应在温度为 20±5℃、相对湿度大于 50% 的室内静置 1 ～ 2d，试件静置期间应避免受到振动和冲击，静置后编号标记、拆模，当试件有严重缺陷时，应按废弃处理。试件拆模后应立即放入温度为 20±2℃，相对湿度为 95% 以上的标准养护室中养护，或在温度为 20±2℃的不流动的氢氧化钙饱和溶液中养护。标准养护室内的试件应放在支架上，彼此间隔 10 ～ 20 mm，试件表面应保持潮湿，并不得被水直接冲淋试件。

（2）养护龄期

试件可根据设计龄期或需要进行确定。龄期应从搅拌加水开始计时，养护龄期允许偏差为 3d±2h、7d±6h、28d±20h。

（3）同条件养护

结构实体混凝土同条件养护试件的拆模时间可与实际构件的拆模时间相同，结构实体混凝土同条件养护应符合《混凝土结构工程施工质量验收规范》 GB 50204 的规定。

6.4.3 抗压强度试验

1. 仪器设备

压力试验机，试件破坏最大荷载宜大于压力机全量程的 20% 且小于压力机全量程的 80%，示值相对误差应为 ±1%，应具有加荷速度指示装置或加荷速度控制装置，并应能均匀、连续地加荷，球座应转动灵活、置于试件顶面，并凸面朝上，其他要求应符合现行国家标准液压式万能试验机和试验机通用技术要求的有关规定。当压力试验机的上、下承压板的平面度、表面硬度和粗糙度不符合要求时，上、下承压板与试件之间应各垫以钢垫板，钢垫板应符合现行国家标准的有关规定。混凝土强度不小于 60MPa 时，试件周围应设防网罩。游标卡尺的量程不应小于 200mm，分度值宜为 0.02mm ；塞尺最小叶片厚度不应大于 0.02mm，同时应配置直板尺。游标量角器的分度值应为 0.1°。

2. 试件尺寸和数量

立方体试件边长 150mm 为标准试件；立方体试件边长为 100mm 和 200mm 是非标准试件；每组试件应为 3 块。

3. 试验步骤

（1）试件达到试验龄期时，从养护地点取出后，应检查其尺寸和形状，尺寸公差应满足“试件的测量与公差”的规定，试件取出后应尽快进行试验。

（2）试件放置在试验机前，应将试件表面与上、下承压板面擦拭干净。

（3）以试件成型时的侧面为承压面，应将试件安放在试验机的下压板或垫板上，试件的中心应与试验机下压板中心对准。

（4）启动试验机，试件表面与上、下承压板或钢垫板应均匀接触。

（5）试验过程中应连续均匀地加荷，加荷速度应取 0.3 ～ 1.0MPa/s。当立方体抗压强度小于 30MPa 时，加荷速度宜取 0.3 ～ 0.5MPa/s；立方体抗压强度为 30 ～ 60MPa 时，加荷速度宜取 0.5 ～ 0.8MPa/s；立方体抗压强度不小于 60MPa 时，加荷速度宜取 0.8 ～ 1.0MPa/s。

（6）手动控制压力机加荷速度时，当试件接近破坏开始急剧变形时，应停止调整试验机油门，直至破坏并记录破坏荷载。

4. 试验结果计算及确定

（1）混凝土立方体抗压强度应按下式计算，精确至 0.1MPa：

$$f_{cc}=\frac{F}{A} \tag{6.4.3}$$

式中：f_{cc}——混凝土立方体试件抗压强度，MPa；

F——试件破坏荷载，N；

A——试件承压面积，mm^2。

（2）强度值确定：

取三个试件测值的算术平均值作为该组试件的强度值，精确至 0.1MPa；当三个测值中的最大值或最小值中有一个与中间值的差值超过中间值的 15% 时，则应把最大及最小值剔除，取中间值作为该组试件的抗压强度值；当最大值和最小值与中间值的差值均超过中间值的 15%，该组试件的试验结果无效。

（3）换算系数：

当混凝土强度等级小于 C60 时，用非标准试件测得的强度值均应乘以尺寸换算系数对 200mm×200mm×200mm 试件可取为 1.05；对 100mm×100mm×100mm 试件可取为 0.95。

当混凝土强度等级不小于 C60 时，宜采用标准试件；当使用非标准试件时，混凝土强度等级不大于 C100 时，尺寸换算系数宜由试验确定，在未进行试验确定的情况下，对 100mm×100mm×100mm 试件可取为 0.95；混凝土强度等级大于 C100 时，尺寸换算系数应经试验确定。

6.4.4 抗折强度试验

1. 仪器设备

压力试验机应符合本书 6.4.3 节第 1 条的规定，试验机应能施加均匀、连续、速度可控的荷载；抗折试验装置，双点加荷的加荷头应使两个相等的荷载同时垂直作用在试件跨度的两个三分点处；与试件接触的两个支座头和两个加荷头应采用直径为 20 ～ 40mm、长度不小于 $b+10$mm 的硬钢圆柱，支座立脚点应为固定铰支，其他 3 个应为滚动支点，见图 6.4.4。

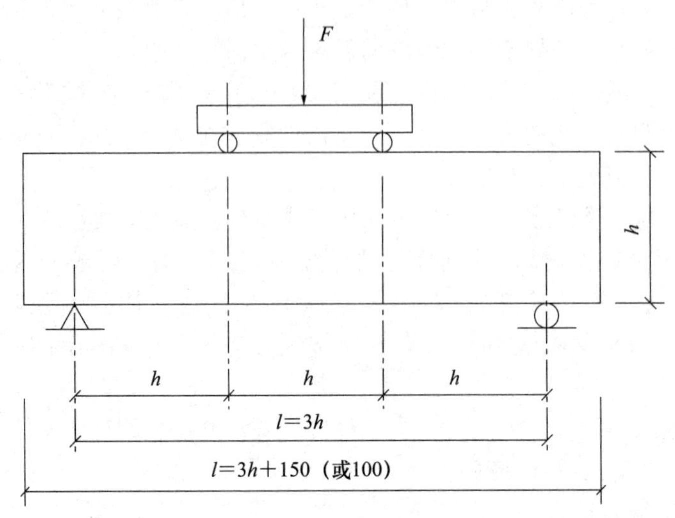

图 6.4.4　抗折试验装置

2. 试件尺寸和数量及表面质量

棱柱体试件边长 150mm×150mm×600mm 或 150mm×150mm×550mm 为标准试件；棱柱体试件边长为 100mm×100mm×400mm 是非标准试件；在试件长向中部 1/3 区段内表面不得有直径超过 5mm、深度超过 2mm 的孔洞；每组试件应为 3 块。

3. 试验步骤

（1）试件达到试验龄期时，从养护地点取出后，应检查其尺寸和形状，尺寸公差应满足“试件的测量与公差”的规定，试件取出后应尽快进行试验。

（2）试件放置在试验装置前，应将试件表面擦拭干净，并在试件侧面画出加荷线位置。

（3）试件安装时，可调整支座和加荷头位置，安装尺寸偏差不得大于 1mm，见上图。试件的承压面应为试件成型时的侧面。支座及承压面与圆柱的接触面应平稳、均匀，否则应垫平。

（4）试验过程中应连续均匀地加荷，当对应的立方体抗压强度小于 30MPa 时，加荷速度宜取 0.02 ～ 0.05MPa/s；对应的立方体抗压强度为 30 ～ 60MPa 时，加荷速度宜取 0.05 ～ 0.08MPa/s；对应的立方体抗压强度不小于 60MPa 时，加荷速度宜取 0.08 ～ 0. 10MPa/s。

（5）手动控制压力机加荷速度时，当试件接近破坏时，应停止调整试验机油门，直至破坏并记录破坏荷载及试件下边缘断裂位置。

4. 试验结果计算及确定

（1）若试件下边缘断裂位置处于两个集中荷载作用线之间，则试件的抗折强度按下式计算，精确至 0.1MPa：

$$f_f = \frac{Fl}{bh^2} \tag{6.4.4}$$

式中：f_f——混凝土抗折强度，MPa；

F——试件破坏荷载，N；

l——支座间跨度，mm；

h——试件截面高度，mm；

b——试件截面宽度，mm。

（2）抗折强度值的确定：应以3个试件测值的算术平均值为该组试件的抗折强度值，精确至0.1MPa；3个测值中的最大值或最小值中有一个与中间值的差值超过中间值的15%时，应把最大及最小值舍除，取中间值作为该组试件的抗折强度值；当最大值和最小值与中间值的差值均超过中间值的15%，该组试件的试验结果无效。

（3）3个试件中当有一个折断面位于两个集中力之外时，混凝土抗折强度值应按另两个试件的试验结果计算。当这两个测值的差值不大于这两个测值的较小值的15%时，该组试件的抗折强度值应按这两个测值的平均值计算，否则该组试件试验无效。当有两个试件的下边缘断裂位置位于两个集中荷载作用线之外时，该组试件试验无效。

（4）试件尺寸换算系数，当试件尺寸为100mm×100mm×400mm非标准试件时，应乘以尺寸换算系数0.85；当混凝土强度等级不小于C60时，宜采用标准试件；当使用非标准试件时，尺寸换算系数应由试验确定。

6.4.5 试验或检测报告

1. 委托单位记录内容

委托单位名称、工程名称和施工部位、检测项目名称和要说明的其他内容。

2. 试件制作单位记录内容

试件编号、试件制作日期、混凝土强度等级、试件的尺寸和形状，原材料的品种、规格和产地以及混凝土配合比、成型方法、养护条件、试验龄期和要说明的其他内容。

3. 试验和检测单位记录内容

试件收到的日期、试件的尺寸及形状，试样编号、试验日期，仪器设备的名称、型号和编号，试验室温度和湿度、养护条件及试验龄期、混凝土强度等级、测试结果和要说明的其他内容。

6.5 普通混凝土长期性能和耐久性能试验

混凝土长期性能和耐久性能主要包括抗冻、抗渗、收缩、徐变、碳化和混凝土中钢筋锈蚀等性能。混凝土的长期性能和耐久性能，是指混凝土在使用过程中，在内部或外部的自身及环境因素的长期作用下，保持自身工作能力的一种性能。换句话说，混凝土结构在设计使用年限内抵抗外界环境或内部本身所产生的侵蚀破坏作用的能力。

混凝土的长期性能和耐久性能试验，包括抗冻试验（慢冻法、快冻法和单面冻融法）、动弹性模量试验（共振法）、抗渗试验（渗水高度法、逐级加压法）、抗氯离子渗透试验（RCM法、电通量法）、收缩试验（非接触法、接触法）、早期抗裂试验、受压徐变试验、碳化试验、混凝土中钢筋锈蚀试验、抗压疲劳变形试验、抗硫酸盐侵蚀试验、碱骨料反应试验，共 12 类 15 种试验方法。

6.5.1　基本要求

1. 混凝土取样

混凝土取样应符合《普通混凝土拌合物性能试验方法标准》GB/T 50080 中的规定。每组试件所用的拌合物应从同一盘混凝土或同一车混凝土中取样。

2. 试件的横截面尺寸

试件的最小横截面尺寸宜按标准的有关规定选用。骨料最大公称粒径应符合《普通混凝土用砂、石质量及检验方法标准》JGJ 52 的规定。试件应采用符合《混凝土试模》JG/T 237 规定的试模制作。

3. 试件的制作和养护

试件的制作和养护应符合《混凝土物理力学性能试验方法标准》GB/T 50081 中的规定。

在制作混凝土长期性能和耐久性能试验用试件时要求如下：不应采用憎水性脱模剂；宜同时制作与相应耐久性能试验龄期对应的混凝土立方体抗压强度用试件；所采用的振动台和搅拌机应分别符合现行行业标准的相关规定。

6.5.2　抗冻性能试验

当混凝土受到不断变化的温度和湿度反复作用时，混凝土表面会开裂和剥落并逐步深入到内部而导致混凝土的整体瓦解，并最终丧失其性能，这种破坏称之混凝土冰冻破坏。混凝土抵抗冰冻破坏的能力称之为抗冻性。

混凝土试件成型后，经过标准养护或同条件养护，在规定的冻融循环次数下检验其保持强度和外观完整性的能力。混凝土抗冻性能试验分为慢冻法、快冻法和单面冻融法（或称盐冻法）三种。试验方法不同，试验结果的评定指标也不相同。

慢冻法适用于测定混凝土试件在气冻水融条件下，以经受的冻融循环次数来表示的混凝土抗冻性能。混凝土抗冻标号，是指用慢冻法测得的最大冻融循环次数来划分的混凝土的抗冻性能等级。慢冻法以抗冻标号作为试验结果的评定指标，抗冻标号是以同时满足强度损失率不超过 25%、质量损失率不超过 5% 的最大循环次数来表示，如 D25、D50、D100、D150、D200、D250、D300 和 D300 以上。

快冻法适用于测定混凝土试件在水冻水融条件下，以经受的快速冻融循环次数来表示的混凝土抗冻性能。混凝土抗冻等级，是指用快冻法测得的最大冻融循环次数来划分的混凝土的抗冻性能等级。快冻法以抗冻等级作为试验结果的评定指标，抗冻等级是以同时满足相对动弹性模量不小于 60%、质量损失率不超过 5% 的最大循环次数来表示。

单面冻融法（或称盐冻法）适用于测定混凝土试件在大气环境中且与盐接触的条件下，以能够经受的冻融循环次数或者表面剥落质量或超声波相对动弹性模量来表示的混凝土抗冻性能。单面冻融法试验是用于测定混凝土试件在大气环境中且与盐接触的条件下，以能够经受的冻融循环次数或者表面剥落或超声波相对动弹性模量来表示的混凝土抗冻性能。

本节仅介绍抗冻试验的快冻法试验。

1. 仪器设备

试件盒宜采用具有弹性的橡胶材料制作；快速冻融装置应符合《混凝土抗冻试验设备》JG/T 243 的规定。除应在测温试件中埋设温度传感器外，尚应在冻融箱内防冻液中心、中心与任何一个对角线的两端分别设有温度传感器。运转时冻融箱内防冻液各点温度的极差不得超过 2℃；称量设备的最大量程应为 20kg，感量不应超过 5g；混凝土动弹性模量测定仪应符合标准的规定；温度传感器（包括热电偶、电位差计等）应在 −20 ～ 20℃范围内测定试件中心温度，且测量精度应为 ±0.5℃。

2. 试件要求

快冻法抗冻试验应采用尺寸为 100mm×100mm×400mm 的棱柱体试件，每组试件应为 3 块。成型试件时，不得采用憎水性脱模剂。

除制作冻融试验的试件外，尚应制作同样形状、尺寸，且中心埋有温度传感器的测温试件，测温试件应采用防冻液作为冻融介质。测温试件所用混凝土的抗冻性能应高于冻融试件。测温试件的温度传感器应埋设在试件中心。温度传感器不应采用钻孔后插入的方式埋设。

3. 试验步骤

（1）在标准养护室内或同条件养护的试件应在养护龄期为 24d 时提前将冻融试验的试件从养护地点取出，随后应将冻融试件放在 20±2℃水中浸泡，浸泡时水面应高出试件顶面 20 ～ 30mm。在水中浸泡时间应为 4d，试件应在 28d 龄期时开始进行冻融试验。始终在水中养护的试件，当试件养护龄期达到 28d 时，可直接进行后续试验。对此种情况，应在试验报告中予以说明。

（2）当试件养护龄期达到 28d 时应及时取出试件，用湿布擦除表面水分后应对外观尺寸进行测量，试件的外观尺寸应满足标准的要求，并应编号、称量试件初始质量；然后应按标准的规定测定其横向基频的初始值。

（3）将试件放入试件盒内，试件应位于试件盒中心，然后将试件盒放入冻融箱内的试件架中，并向试件盒中注入清水。在整个试验过程中，盒内水位高度应始终保持至少高出试件顶面 5mm。

（4）测温试件盒应放在冻融箱的中心位置。

（5）冻融循环过程：

① 每次冻融循环应在 2 ～ 4h 内完成，且用于融化的时间不得少于整个冻融循环时间的 1/4。

② 在冷冻和融化过程中，试件中心最低和最高温度应分别控制在 −18±2℃和 5±2℃内。在任意时刻，试件中心温度不得高于 7℃，且不得低于 −20℃。

③ 每块试件从 3℃降至 −16℃所用的时间不得少于冷冻时间的 1/2；每块试件从 −16℃升至 3℃所用时间不得少于整个融化时间的 1/2，试件内外的温差不宜超过 28℃。

④ 冷冻和融化之间的转换时间不宜超过 10min。

（6）每隔 25 次冻融循环宜测量试件的横向基频。测量前应先将试件表面浮渣清洗干净并擦干表面水分，然后应检查其外部损伤并称量试件的质量。随后应按标准规定的方法测量横向基频。测完后，应迅速将试件调头重新装入试件盒内并加入清水，继续试验。试件的测量、称量及外观检查应迅速，待测试件应用湿布覆盖。

（7）当有试件停止试验被取出时，应另用其他试件填充空位。当试件在冷冻状态下因故中断时，试件应保持在冷冻状态，直至恢复冻融试验为止，并应将故障原因及暂停时间在试验结果中注明。试件在非冷冻状态下发生故障的时间不宜超过两个冻融循环的时间。在整个试验过程中，超过两个冻融循环时间的中断故障次数不得超过两次。

4. 停止试验条件

当冻融循环出现下列情况之一时，可停止试验：达到规定的冻融循环次数；试件的相对动弹性模量下降到 60%；试件的质量损失率达 5%。

5. 试验结果计算

动弹性模量，按下式计算：

$$P_i=\frac{f_{ni}^2}{f_{0i}^2}\times 100 \tag{6.5.2-1}$$

式中：P_i——经 N 次冻融循环后第 i 个混凝土试件的相对动弹性模量（%），精确至 0.1；

f_{ni}^2——经 N 次冻融循环后第 i 个混凝土试件的横向基频，Hz；

f_{0i}^2——冻融循环试验前第 i 个混凝土试件横向基频初始值，Hz。

$$P=\frac{1}{3}\sum_{i=1}^{3}P_i \tag{6.5.2-2}$$

式中：P——经 N 次冻融循环后一组混凝土试件的相对动弹性模量（%），精确至 0.1。相对动弹性模量 P 应以 3 个试件试验结果的算术平均值作为测定值。当最大值或最小值与中间值之差超过中间值的 15% 时，应剔除此值，并应取其余两值的算术平均值作为测定值；当最大值和最小值与中间值之差均超过中间值的 15% 时，应取中间值作为测定值。

单个试件的质量损失率，按下式计算：

$$\Delta W_{ni}=\frac{W_{0i}-W_{ni}}{W_{0i}}\times 100 \tag{6.5.2-3}$$

式中：ΔW_{ni}——N 次冻融循环后第 i 个混凝土试件的质量损失率（%），精确至 0.01；

W_{0i}——冻融循环试验前第 i 个混凝土试件的质量，g；

W_{ni}——N 次冻融循环后第 i 个混凝土试件的质量，g。

一组试件的平均质量损失率，按下式计算：

$$\Delta W_n=\frac{\sum_{i=1}^{3}\Delta W_{ni}}{3}\times 100 \tag{6.5.2-4}$$

式中：ΔW_n——N 次冻融循环后一组混凝土试件的平均质量损失率（%），精确至 0.1。

6. 试验结果判定

每组试件的平均质量损失率应以 3 个试件的质量损失率试验结果的算术平均值作为测定值。当某个试验结果出现负值，应为 0，再取 3 个试件的平均值。当 3 个值中的最大值或最小值与中间值之差超过 1% 时，应剔除此值，并应取其余 2 个两值的算术平均值作为测定值。当最大值和最小值与中间值之差均超过 1% 时，应取中间值作为测定值。

7. 确定混凝土抗冻等级

混凝土抗冻等级应以相对动弹性模量下降至不低于 60% 或者质量损失率不超过 5% 时

的最大冻融循环次数来确定，并用符号 F 表示。

6.5.3　抗渗性能试验

混凝土的抗渗性能是指混凝土抵抗液体或气体的渗透作用的能力，抗渗性是混凝土的一项重要物理性能，除关系到混凝土的挡水及防水作用外，还直接影响混凝土的抗冻性及抗侵蚀性。因此，抗渗性是提高和保证混凝土耐久性的主要性能指标。

混凝土试件成型后，经过标准养护或同条件养护，检验其加至规定水压力（设计抗渗等级）的能力。混凝土抗渗性能试验分为渗水高度法和逐级加压法。

渗水高度法适用于以测定硬化混凝土在恒定水压力下的平均渗水高度来表示的混凝土抗水渗透性能。渗水高度法，是以试件渗水高度的算术平均值作为该组试件渗水高度的测定值。渗水高度法一般适用于抗渗等级较高的混凝土。

逐级加压法适用于通过逐级施加水压力来测定以抗渗等级来表示的混凝土的抗水渗透性能。逐级加压法，是以每组 6 个试件中有 4 个试件未出现渗水时的最大水压力乘以 10 来确定。逐级加压法尤其适用于抗渗等级较低的混凝土。

本节仅介绍抗渗试验的逐级加压法试验。

1. 仪器设备

混凝土抗渗仪，抗渗仪施加水压力范围应为 0.1 ～ 2.0MPa；试模；密封材料宜用石蜡加松香、水泥加黄油或橡胶套等其他有效密封材料；钢尺的分度值应为 1mm；钟表的分度值应为 1min；辅助设备应包括螺旋加压器、烘箱、电炉、浅盘、铁锅和钢丝刷等。安装试件的加压设备可为螺旋加压或其他加压形式。

2. 试验步骤

（1）按标准规定的方法进行试件的制作和养护。抗水渗透试验应以 6 个试件为一组。

（2）试件拆模后，应用钢丝刷刷去两端面的水泥浆膜，并应立即将试件送入标准养护室进行养护。

（3）抗水渗透试验的龄期宜为 28d。应在到达试验龄期的前一天，从养护室取出试件，并擦拭干净。待试件表面晾干后，按下列方法进行试件密封：

① 当用石蜡密封时，应在试件侧面裹涂一层熔化的内加少量松香的石蜡。然后应用螺旋加压器将试件压入经过烘箱或电炉预热过的试模中，使试件与试模底平齐，并应在试模变冷后解除压力。试模的预热温度，应以石蜡接触试模，即缓慢熔化，但不流淌为准。

② 用水泥加黄油密封时，其质量比应为（2.5 ～ 3）: 1。应用三角刀将密封材料均匀地刮涂在试件侧面上，厚度应为 1 ～ 2mm。应套上试模并将试件压入，应使试件与试模底齐平。

③ 试件密封也可以采用其他更可靠的密封方式。目前使用方便的密封方法是专用密封圈密封，效果较好。

（4）试件准备好之后，启动抗渗仪，并开通 6 个试位下的阀门，使水从 6 个孔中渗出，水应充满试位坑，在关闭 6 个试位下的阀门后应将密封好的试件安装在抗渗仪上。试验时，水压应从 0.1MPa 开始，以后应每隔 8h 增加 0.1MPa 水压，并应随时观察试件端面渗水情况。

（5）当6个试件中有3个试件表面出现渗水时，或加至规定压力（设计抗渗等级）在8h内6个试件中表面渗水试件少于3个时，可停止试验，并记下此时的水压力。

（6）在试验过程中，当发现水从试件周边渗出时，应按规定重新进行密封。

3. 计算

混凝土的抗渗等级应以每组6个试件中有4个试件未出现渗水时的最大水压力乘以10来确定。

混凝土的抗渗等级，按下式计算：

$$P = 10H - 1 \tag{6.5.3}$$

式中：P——混凝土抗渗等级；

H——6个试件中有3个试件渗水时的水压力，MPa。

4. 确定抗渗等级

抗渗等级的确定可能会有以下3种情况：

（1）当某一次加压后，在8h内6个试件中有2个试件出现渗水时（此时水压力为H），则此组混凝土抗渗等级为：$P = 10H$。

（2）当某一次加压后，在8h内6个试件中有3个试件出现渗水时（此时水压力为H），则此组混凝土抗渗等级为：$P = 10H - 1$。

（3）当加压至规定数字或者设计指标时，在8h内6个试件中表面渗水的试件少于2个（此时水压力为H），则此组混凝土抗渗等级为：$P > 10H$。

6.5.4　混凝土耐久性检验评定

《混凝土耐久性检验评定标准》JGJ/T 193，对混凝土耐久性检验评定作出了规定。该标准适用于建筑与市政工程中混凝土耐久性的检验与评定。评定标准规定的检验评定的混凝土耐久性项目，是当今工程中最主要的混凝土耐久性项目，可以满足工程对混凝土耐久性控制的基本要求。对于一些与耐久性相关的特殊项目，可按照设计要求进行。混凝土耐久性检验评定的项目包括抗冻性能、抗水渗透性能、抗硫酸盐侵蚀性能、抗氯离子渗透性能、抗碳化性能和早期抗裂性能。当混凝土需要进行耐久性检验评定时，检验评定的项目及其等级或限值应根据设计要求确定。

1. 基本规定

《普通混凝土长期性能和耐久性能试验方法标准》GB/T 50082，提出了若干混凝土耐久性的标准试验方法，但不包括对试验结果等级的评定，更不包括对工程混凝土耐久性检验结果的评定。

2. 有关控制方面的要求

（1）原材料的质量控制是保证混凝土耐久性的重要环节，混凝土原材料应符合国家现行有关标准的规定，满足设计要求。

（2）混凝土耐久性检验评定应与强度检验评定相结合，强度符合要求是耐久性检验评定的前提条件。进行耐久性检验评定的混凝土，其强度应满足设计要求，且强度检验评定应符合《混凝土强度检验评定标准》GB/T 50107的规定。

（3）混凝土配合比设计是保证混凝土耐久性的重要环节。《普通混凝土配合比设计规程》JGJ 55中保证混凝土耐久性的相关技术规定有最大水胶比、最小胶凝材料用量等。

（4）混凝土的质量控制应符合《混凝土质量控制标准》GB 50164 的规定。混凝土生产与施工是保证混凝土耐久性的重要环节。为了最大限度保证耐久性检验评定与实际结构中混凝土的耐久性相当，除了对原材料、配合比设计等提出要求外，还必须加强混凝土生产和施工阶段的质量控制。

3. 性能等级划分与试验方法

（1）混凝土抗冻性能（快冻法）按抗冻等级划分 F50、F100、F150、F200、F250、F300、F350、F400 和大于 F400，共分 9 九级。混凝土抗渗性能（逐级加压法）按抗渗等级划分 P4、P6、P8、P10、P12 和大于 P12，共分为 6 级。

（2）试验方法

混凝土耐久性检验项目的试验方法应符合《普通混凝土长期性能和耐久性能试验方法标准》GB/T 50082 的规定。

4. 检验

（1）检验批及试验组数

同一检验批混凝土的强度等级、龄期、生产工艺和配合比应相同。对于同一工程、同一配合比的混凝土，检验批不应少于 1 个。对于同一检验批，设计要求的各个检验项目应至少完成 1 组试验。

（2）检验结果

按《普通混凝土长期性能和耐久性能试验方法标准》GB/T 50082 进行试验得到的结果为试验结果。如果检验批只进行 1 组试验，试验结果即为检验结果。对于抗冻试验、抗水渗透试验和抗硫酸盐侵蚀试验，当同一检验批进行 1 组以上试验时，应取所有组试验结果中的最小值作为检验结果。

当试验结果介于所列相邻两个等级之间时，应取等级较低者作为检验结果。例如，快冻法进行了 2 组试验，其试验结果分别为 F125 和 F150，取最小值 F125，但 F125 介于规定抗冻等级的 F100 号 F150 之间，此时取 F100 作为检验结果。

为了偏于安全的试验结果作为检验结果，规定对于抗氯离子试验、碳化试验、早期抗裂试验，当同一检验批进行 1 组以上试验时，应取所有组试验结果中的最大值作为检验结果。

6.5.5 试验报告

1. 委托单位提供的内容

委托单位和见证单位名称；工程名称及施工部位；要求检测的项目名称；要说明的其他内容。

2. 试件制作单位提供的内容

试件编号；试件制作日期；混凝土强度等级；试件的形状和尺寸；原材料的品种、规格和产地以及混凝土配合比；养护条件；试验龄期；要说明的其他内容。

3. 试验或检测单位提供的内容

试件收到日期;试件的形状和尺寸;试验编号;试验日期;仪器设备的名称、型号及编号;试验室温（湿）度；养护条件及试验龄期；混凝土实际强度；要说明的其他内容。

6.6 高强混凝土检验

近年来，高强混凝土及其应用技术迅速发展并逐步成熟，在我国得到广泛应用，总结和归纳高强混凝土技术成果和应用经验，《高强混凝土应用技术规程》JGJ/T 281 标准的实施，有利于进一步促进高强混凝土的健康发展。该标准的适用于高强混凝土原材料控制、性能要求、配合比设计、施工和质量检验。

由于高强混凝土强度等级高，因此其特性和有关技术要求与常规的普通混凝土有所不同，原材料、混凝土性能、配合比和施工的控制要求也比常规的普通混凝土严格。该规程是针对高强混凝土的原材料、混凝土性能、配合比和施工和质量检验的专用标准，可以指导我国高强混凝土的应用。

什么是高强混凝土？高强混凝土是指强度等级不低于 C60 的混凝土。高强混凝土属于普通混凝土的范畴，由于强度等级高带来的技术特殊性，《预拌混凝土》GB/T 14902 将高强混凝土列为特制品。

6.6.1 基本要求

1. 基本原则

高强混凝土质量控制的基本原则主要内容，包括高强混凝土拌合物性能、力学性能、长期性能和耐久性能等。高强混凝土拌合物性能包括坍落度、扩展度、倒置坍落度筒排空时间、坍落度经时损失、凝结时间、不离析和不泌水等；力学性能包括抗压强度、轴压强度、弹性模量、抗折强度和劈拉强度等；长期性能和耐久性能主要包括收缩、徐变、抗冻、抗硫酸盐侵蚀、抗氯离子渗透、抗碳化和抗裂等性能。

2. 标准应用

（1）高强混凝土技术要求高，预拌混凝土有利于质量控制，《预拌混凝土》GB/T 14902 将高强混凝土列为特制品。

（2）强度等级不小于 C60 的纤维混凝土、补偿收缩混凝土、清水混凝土和大体积混凝土可属于高强混凝土范畴。由于以上四种混凝土都有较大的特殊性，所以有各自的专业技术标准，即《纤维混凝土应用技术规程》JGJ/T 221、《补偿收缩混凝土应用技术规程》JGJ/T 178、《清水混凝土应用技术规程》JGJ 169 和《大体积混凝土施工标准》GB 50496 等。

（3）预防混凝土碱骨料反应对于高强混凝土工程非常重要，尤其是在不得不采用碱活性骨料的情况下。《预防混凝土碱骨料反应技术规范》GB/T 50733 中包括了抑制骨料碱活性有效性的检验和预防混凝土碱骨料反应技术措施等重要内容。

6.6.2 原材料

1. 水泥

（1）配制高强混凝土宜选用硅酸盐水泥或普通硅酸盐水泥。硅酸盐水泥或普通硅酸盐水泥之外的通用硅酸盐水泥内掺混合材比例高，混合材品质也较低，胶砂强度低，与之比较，采用硅酸盐水泥或普通硅酸盐水泥并掺加较高质量的矿物掺合料配制高强混凝土更具有技术和经济的合理性。

（2）由于采用胶砂强度低于 50MPa 的水泥配制 C80 级以上强度等级混凝土的技术经济合理性较差，甚至难以实现强度等级上限水平。所以，配制 C80 级以上强度等级混凝土时，水泥 28d 胶砂强度不宜低于 50MPa。

（3）混凝土碱骨料反应的重要条件之一就是混凝土中有较高的碱含量，引起混凝土碱骨料反应的有效碱含量主要来自于水泥。因此，采用低碱水泥是预防混凝土碱骨料反应的重要技术措施。所以，宜采用碱含量低于 0.6% 的水泥。

（4）氯离子含量的限制。烧成后的水泥熟料中残留的氯离子含量很低，但在粉磨工艺中采用的助磨剂良莠不齐，严格控制氯离子含量有利于避免熟料烧成后粉磨时掺入不良材料。高强混凝土水泥用量较高，控制水泥中氯离子含量有利于控制混凝土中总的氯离子含量。所以规定，水泥中氯离子含量不应大于 0.03%。

（5）配制高强混凝土对水泥要求较严，不得使用结块水泥和过期水泥。过期水泥指出厂超过 3 个月的水泥。

（6）在水泥供应紧张时，散装水泥运到搅拌站输入储罐时，经常会温度过高，如立即采用，会对混凝土性能带来不利影响。所以，使用时水泥温度不宜高于 60℃。

2. 矿物掺合料

高强混凝土中可掺入较大掺量的矿物掺合料，有利于改善高强混凝土技术性能和经济性。改善高强混凝土的技术性能主要包括泵送性能、减少水化热、减少收缩等。常用的掺合料主要是粉煤灰、粒化高炉矿渣粉和硅灰等。硅灰是指在冶炼硅铁合金或工业硅时，通过烟道收集的以无定形二氧化硅为主要成分的粉体材料。

粉煤灰、粒化高炉矿渣粉、硅灰应分别符合《用于水泥和混凝土中的粉煤灰》GB/T 1596、《用于水泥、砂浆和混凝土中的粒化高炉矿渣粉》GB/T 18046 和《砂浆和混凝土用硅灰》GB/T 27690 等要求。

（1）年发电能力较大的电厂产出的粉煤灰，一般可达到Ⅱ级灰或Ⅰ级灰质量水平。实践表明，Ⅱ级粉煤灰也能够满足高强混凝土的配制要求。目前，许多高强混凝土工程采用的是Ⅱ级灰。C 类粉煤灰为高钙灰，由于潜在的游离氧化钙问题，技术安全性不及 F 类粉煤灰。所以，规程规定配制高强混凝土宜采用Ⅰ级或Ⅱ级的 F 类粉煤灰。

（2）S95 级及以上的粒化高炉矿渣粉，活性较好，易于配制 C80 及以上强度等级的高强混凝土。

（3）对硅灰要求质量较高，当配制 C80 及以上强度等级的高强混凝土时，硅灰的 SiO_2 含量宜大于 90%，比表面积不宜小于 $15\times10^3m^2/kg$。

（4）矿物掺合料属于工业废渣，可能出现放射性问题，应避免使用放射性不符合要求的矿物掺合料。矿物掺合料的放射性应符合《建筑材料放射性核素限量》GB 6566 的规定。

3. 细骨料

（1）天然砂包括河砂、山砂和海沙等，人工砂是采用除软质岩和风化岩之外的岩石经机械破碎和筛分制成的砂。《普通混凝土用砂、石质量及检验方法标准》JGJ 52、《人工砂混凝土应用技术规程》JGJ/T 241 包括了天然砂和人工砂的规定。高强混凝土用砂宜为非碱活性，不宜采用再生细骨料。

（2）采用细度模数为 2.6 ～ 3.0 的Ⅱ区中砂配制高强混凝土有利于混凝土性能和经济

性的优化。砂的含泥量和泥块含量会影响混凝土强度和耐久性，高强混凝土的强度对此更为敏感。规定砂的含泥量和泥块含量分别不大于 2.0% 和 0.5%。高强混凝土胶凝材料用量多，控制人工砂的石粉含量，从而有利于控制混凝土收缩等不利影响。亚甲蓝值应小于 1.4，石粉含量不大于 5%。

（3）规定人工砂的压碎指标值应小于 25%，主要是便于对人工砂颗粒强度控制，对于实现高强混凝土的强度要求是比较重要的。

（4）通常高强混凝土用于重要结构，且水泥用量略高，出于安全性考虑，尽量不要采用碱活性骨料。

4. 粗骨料

（1）粗骨料应符合《普通混凝土用砂、石质量及检验方法标准》JGJ 52 的规定。高强混凝土用粗骨料宜为非碱活性，不宜采用再生粗骨料。

（2）岩石抗压强度高的粗骨料有利于配制高强混凝土，尤其是混凝土强度等级值越高越明显。试验研究和工程实践表明，用于高强混凝土的岩石的抗压强度比混凝土设计强度等级值高 30% 是比较合理的。

（3）连续级配粗骨料堆积密度相对比较紧密，空隙率比较小，有利于混凝土性能，也有利于节约其他更重要资源的原材料。试验和实践表明，高强混凝土粗骨料的最大公称粒径为 25mm 比较合理，既有利于强度、控制收缩，也有利于施工性能，经济上也比较合理。

（4）粗骨料含泥量和泥块含量较多，明显影响混凝土强度，高强混凝土多次更为敏感。所以规定，含泥量不应大于 0.5%，泥块含量不应大于 0.2%。

（5）针片状颗粒含量较多，则级配较差，空隙率比较大，针片状颗粒易于断裂，这些都会对混凝土性能产生影响，强度等级值越高影响越明显，同时对混凝土泵送性能影响也比较明显。所以，规定针片状颗粒含量不宜大于 5%，且不应大于 8%。

5. 外加剂

《混凝土外加剂》GB 8076 规定的外加剂品种包括高性能减水剂、高效减水剂、普通减水剂、引气减水剂、泵送剂、早强剂、缓凝剂和引气剂等;《混凝土外加剂应用技术规范》GB 50119，规定了不同剂种外加剂的应用技术要求。配制高强混凝土对外加剂要求严格，结块的粉状外加剂不得使用。液态外加剂当有沉淀等异常现象时，应经检验合格后再使用。

（1）《混凝土外加剂》GB 8076 规定的高性能减水剂包括不同品种，但规定减水率不小于 28%。工程实践表明，采用减水率不小于 28% 的聚酸系高性能减水剂配制 C80 及以上等级的混凝土具有良好的表现，也是目前的主要做法。所以，规定采用高性能减水剂的减水率不宜小于 28%。

（2）外加剂应与水泥和矿物掺合料有良好的适应性，并应经试验验证。原因是外加剂品种多，差异大，掺量范围也不同，在实际工程应用时，不同产地、品种或品牌的水泥对外加剂和矿物掺合料的适应情况用差异，可能对水泥和矿物掺合料产生适应性问题，只有通过试验验证，才能证明是否适用。

（3）补偿收缩高强混凝土宜采用膨胀剂。膨胀剂是与水泥、水拌合后经水化反应成钙矾石、氢氧化钙或钙矾石和氢氧化钙，使混凝土产生体积膨胀的外加剂。膨胀剂及其应用应符合《混凝土膨胀剂》GB/T 23439 和《补偿收缩混凝土应用技术规程》JGJ/T 178 的规定。对于高强混凝土结构，减少高强混凝土早期收缩是非常重要的，采用适量膨胀剂可以在一定程度上改善高强混凝土早期收缩。

（4）采用抗冻剂是混凝土冬期施工常用的低成本方法，高强混凝土也可采用。防冻剂应符合《混凝土防冻剂》JC/T 475 的规定。

6. 拌合水

（1）高强混凝土用水设计要求与其他普通混凝土用水并无差异。《混凝土用水标准》JGJ 63 中有对各种水用于混凝土的规定。

（2）混凝土企业设备洗刷水碱含量高，且水中粉体颗粒含量高，质量却不高，不适宜配制高强混凝土。未经淡化处理的海水不得用于高强混凝土。

6.6.3　混凝土性能

1. 拌合物性能

（1）试验研究和工程实践表明，泵送高强混凝土拌合物性能在上述给出的技术范围内，即能满足泵送施工要求和硬化混凝土的各方面性能，并在一般情况下，泵送高强混凝土坍落度 220 ～ 250mm，扩展度 500 ～ 600mm，坍落度经时损失 0 ～ 10mm，对工程用比较强的适应性。泵送高强混凝土拌合物的性能技术要求如下：坍落度大于等于 220mm、扩展度大于等于 500mm、倒置坍落度筒排空时间大于 5s 且小于 20s 和坍落度经时损失小于等于 10mm/h。

（2）高强混凝土拌合物不应离析和泌水，凝结时间应满足施工要求。

（3）高强混凝土拌合物性能试验方法与普通混凝土拌合物性能试验方法基本相同。高强混凝土拌合物的坍落度、扩展度、凝结时间的试验方法应符合《普通混凝土拌合物性能试验方法标准》GB/T 50080 的规定；坍落度经时损失试验方法应符合《混凝土质量控制标准》GB 50164 的规定；倒置坍落度筒排空时间试验方法应符合《高强混凝土应用技术规程》JGJ/T 281 的规定。

2. 力学性能

高强混凝土的强度等级应按立方体抗压强度标准值划分为 C60、C65、C70、C75、C80、C85、C90、C95 和 C100 九个强度等级。立方体抗压强度标准值是指按标准方法制作和养护的边长为 150mm 的立方体试块，在 28d 龄期用标准试验方法测得的具有不小于 95% 保证率的抗压强度值。

高强混凝土力学性能试验方法应符合《混凝土物理力学性能试验方法标准》GB/T 50081 的规定。该方法标准规定了抗压强度、轴压强度、弹性模量、抗折强度和劈拉强度对试验方法。

3. 长期性能和耐久性能

高强混凝土的抗冻、抗硫酸盐侵蚀、抗氯离子渗透、抗碳化和抗裂等耐久性能等级划分应符合《混凝土质量控制标准》GB 50164 和《混凝土耐久性检验评定标准》JGJ/T 193 的规定。

高强混凝土长期性能和耐久性能的试验方法应符合《普通混凝土长期性能和耐久性能试验方法标准》GB/T 50082 的规定。该标准规定了收缩、徐变、抗冻、抗水渗透、抗硫酸盐侵蚀、碳化和抗裂等与高强混凝土长期性能和耐久性能有关的试验方法。

6.6.4　配合比

《普通混凝土配合比设计规程》JGJ 55 包括了高强混凝土配合比设计的技术内容，因此对高强混凝土配合比设计也是适用的。

1. 高强混凝土配制强度计算

$$f_{cu,0} \geqslant 1.15 f_{cu,k} \tag{6.6.4}$$

式中：$f_{cu,0}$——混凝土配制强度，MPa；

$f_{cu,k}$——混凝土立方体抗压强度标准值，MPa。

2. 确定材料用量

高强混凝土配合比应经试验确定，在缺乏试验依据的情况下，水胶比、凝结材料用量和砂率应按规程规定选取；外加剂和矿物掺合料的品种、掺量、应通过试配确定，矿物掺合料掺量宜为 25% ～ 40%，硅灰掺量不宜大于 10%。

3. 试配

配合比试配应采用工程实际使用的原材料，进行混凝土拌合物性能、力学性能和耐久性能的试验，试验结果应满足设计和施工的要求。

《普通混凝土配合比设计规程》JGJ 55 中配合比设计过程中经历计算配合比、试拌配合比，然后形成设计配合比。生产和施工现场会出现各种情况，需要对设计配合比进行适应性调整后才能用于生产和施工。

6.6.5　质量检验

高强混凝土的检验规则与常规的普通混凝土一致，原材料质量检验、拌合物性能检验和硬化混凝土性能检验，应符合《混凝土质量控制标准》GB 50164 的规定。

高强混凝土性能以满足设计和施工要求为合格；设计和施工未提出要求的性能可不评价。

6.6.6　试验方法

高强混凝土拌合物黏性较大，流动速度也较慢，对泵送施工有影响。该试验方法可用于检验评价混凝土拌合物的流动速度与输送管壁的黏滞性。对于高强混凝土，排空时间越短，拌合物与输送管壁的黏滞性就越小，流动速度就越大，有利于高强混凝土的泵送施工。

倒置坍落度筒排空试验方法，适用于倒置坍落度筒中混凝土拌合物排空时间的测定。

1. 仪器设备

倒置坍落度筒；台架，当倒置坍落度筒支撑在台架上时，其小口端距地面不应小于 500mm，且坍落度筒中轴线应垂直于地面；台架应能承受装填混凝土和插捣；捣棒；秒表，精度 0.01s；小铲和抹刀。

2. 试样制备

混凝土拌合物取样与试验的制备应符合《普通混凝土拌合物性能试验方法标准》GB/T 50080 的有关规定。

3. 试验步骤

（1）将倒置坍落度筒支撑在台架上，筒内壁应湿润且无明水，关闭封盖。

（2）用小铲将混凝土拌合物分两层装入筒内，每层捣实后高度宜为筒高的 1/2。每层用捣棒沿螺旋方向由外向中心插捣 15 次，捣棒应在横截面上均匀分布，插捣筒边混凝土时，捣棒可以稍稍斜插。插捣第一层时，插捣应贯穿混凝土拌合物整个深度；插捣第二层时，插捣应插透第一层表面下 50mm。插捣完刮去多余的混凝土拌合物，用抹刀抹平。

（3）打开封盖，用秒表测量自开盖至坍落度筒内混凝土拌合物全部排空的时间，精确至 0.01s。从开始装料到打开封盖的整个过程应在 150s 内完成。

倒置坍落度筒排空试验结果应符合下式要求：

$$|t_{sf1} - t_{sf2}| \leqslant 0.05 t_{sf,m} \tag{6.6.6}$$

式中：$t_{sf,m}$——两次试验测得的倒置坍落度筒中混凝土拌合物排空时间的平均值（s）；

t_{sf1}，t_{sf2}——两次试验分别测得的倒置坍落度筒中混凝土拌合物排空时间（s）。

4. 试验结果

试验应进行两次，并应取两次试验测得排空时间的平均值作为试验结果，计算应精确至 0.1s。

6.7 预拌混凝土检验

6.7.1 概述

预拌混凝土是指水泥、骨料、水以及根据需要掺入的外加剂、矿物掺合料等组分按一定比例，在搅拌站经计量、拌制后出售的并采用运输车，在规定的时间内运至使用地点的混凝土拌合物，即在搅拌站（楼）生产的，通过运输设备送至使用地点的、交货时为拌合物的混凝土。

1. 质量证明文件

质量证明文件主要包括混凝土配合比通知单、混凝土质量合格证、强度检验报告、混凝土运输单以及合同规定的其他资料。对于大批量、连续生产的混凝土还包括稠度、凝结时间、坍落度经时损失、泌水、表观密度等基本性能试验报告。

2. 其他要求

（1）在混凝土中、水泥、骨料、外加剂和拌合用水等都可能含有氯离子，可能引起混凝土结构中钢筋的锈蚀，应严格控制其氯离子的含量。

（2）首次使用的混凝土配合比应进行开盘鉴定。开盘鉴定是为了验证混凝土的实际质量与设计要求的一致性。开盘鉴定资料包括混凝土原材料检验报告、混凝土配合比通知单、强度试验报告以及配合比设计所要求的性能等。

（3）混凝土拌合物稠度包括坍落度、坍落扩展度、维勃稠度等。通常，在现场测定坍落度。但是，对于大流动度的混凝土，仅用坍落度已无法全面反映混凝土的流动性能，所以坍落度大于 220mm 的混凝土，还应测量坍落扩展度。

（4）混凝土有耐久性指标要求时，应在施工现场随机抽取试件进行耐久性试验，其结果应符合《普通混凝土长期性能和耐久性能试验方法标准》GB/T 50082 的规定和设计要求。

（5）在混凝土中加入具有引气功能的外加剂后，能够增加混凝土的含气量，有利于提高混凝土的抗冻性，使混凝土具有更好的耐久性能和长期性能。混凝土有抗冻要求时，应在施工现场进行混凝土含气量检验，其结果应符合国家现行有关标准的规定和设计要求。

6.7.2　分类与性能等级

1. 分类

预拌混凝土分为常规品和特制品。常规品是指特制品以外的普通混凝土，混凝土种类及其代号应符合《预拌混凝土》GB/T 14902 的有关规定。

2. 性能等级

（1）强度等级划分

混凝土强度等级划分为 C10、C15、C20、C25、C30、C35、C40、C45、C50、C55、C60、C65、C70、C75、C80、C85、C90、C95 和 C100。

（2）其他等级的划分

混凝土拌合物坍落度和扩展度等级的划分、耐久性能的等级划分、混凝土抗冻、抗渗和抗硫酸盐侵蚀性能的等级划分、混凝土抗氯离子渗透性能（84d）的等级划分（RCM 法）、混凝土抗碳化性能的等级划分与《混凝土质量控制标准》GB 50154 的有关规定一致，不再赘述。

6.7.3　原材料及配合比

1. 原材料

（1）水泥应符合《通用硅酸盐水泥》GB 175、《中热硅酸盐水泥　低热硅酸盐水泥》GB/T 200、《道路硅酸盐水泥》GB/T 13693 的规定。水泥进场时应提供出厂检验报告等质量证明文件，并应进行检验。检验项目和检验批量应符合《混凝土质量控制标准》GB 50164 的规定。

（2）普通混凝土用骨料应符合《普通混凝土用砂、石质量及检验方法标准》JGJ 52 及其他现行国家标准的规定。骨料进场时应进行检验。普通混凝土用骨料检验项目及检验批量应符合《混凝土质量控制标准》GB 50164 的规定。

（3）拌制混凝土用水应符合《混凝土用水标准》JGJ 63 规定。检验频率应符合《混凝土结构工程施工质量验收规范》GB 50204 的规定。

（4）外加剂的质量应符合《混凝土外加剂》GB 8076、《混凝土膨胀剂》GB/T 23439、《混凝土外加剂应用技术规范》GB 50119 和《混凝土防冻剂》JC/T 475 的规定。外加剂进场应提供出厂检验报告等质量证明文件，并应进行检验。检验项目和检验批量应符合《混凝土质量控制标准》GB 50164 的规定。

（5）矿物掺合料：粉煤灰应符合《用于水泥和混凝土中的粉煤灰》GB/T 1596、粒化高炉矿渣粉应符合《用于水泥、砂浆和混凝土中的粒化高炉矿渣粉》GB/T 18046 的规定。硅灰应符合《高强高性能混凝土用矿物外加剂》GB/T 18736 等的规定。矿物掺合料应提供出厂检验报告等质量证明文件，并应进行检验。检验项目和检验批量应符合《混凝土质量控制标准》GB 50164 的规定。

2. 混凝土配合比

普通混凝土配合比设计应根据合同要求由供货方按《普通混凝土配合比设计规程》JGJ 55的规定进行。应根据工程要求对设计配合比进行施工适用性调整后确定施工配合比。

6.7.4 质量要求

1. 强度

混凝土强度应满足设计要求，检验评定应符合《混凝土强度检验评定标准》GB/T 50107的规定。

2. 坍落度和坍落度经时损失

混凝土坍落度实测值与控制目标值的允许偏差应符合标准的规定。常规品的泵送混凝土控制目标值不宜大于180mm，并应满足施工要求，坍落度经时损失不宜大于30mm/h；特制品的坍落度应满足相关标准规定和施工要求。

3. 扩展度

混凝土扩展度实测值与控制目标值的允许偏差应符合标准的规定。自密实混凝土控制目标值不宜小于550mm，并应满足施工要求。

4. 含气量

混凝土含气量实测值不宜大于7%，并与合同规定值的允许偏差不宜超过 ±1.0%。

5. 水溶性氯离子总含量

混凝土拌合物中水溶性氯离子最大含量实测值应符合标准的有关规定。

6. 耐久性能

混凝土耐久性能应满足设计要求，检验评定应符合《混凝土耐久性检验评定标准》JGJ/T 193的规定。

7. 其他性能

当需方提出混凝土其他性能有要求时，应按国家现行有关标准规定进行试验，无相应标准时应按合同规定进行试验，试验结果应符合标准或合同的要求。

6.7.5 制备

1. 材料贮存

（1）各种材料应分仓贮存，并应有明显的标识。

（2）水泥应按生产厂家、水泥品种及强度等级分别标识和贮存，同时应防止水泥受潮及污染。不应采用结块水泥；水泥应用生产时的温度不宜高于60℃；水泥出厂3个月应进行复验，合格者方可使用。

（3）骨料堆场应为能排水的硬质地面，并应有防尘和遮雨设施；不同品种、规格的骨料应分别贮存，避免混杂或污染。

（4）外加剂应按生产厂家、品种分别标识和贮存；粉状外加剂应防止受潮结块，如有结块，应进行检验，合格者应经粉碎至全部通过300μm方孔筛筛孔后方可使用；液体外加剂应贮存在密闭容器内，并应防晒和防冻。如有沉淀等异常现象，应经检验合格后方可使用。

（5）矿物掺合料应按品种、质量级别和产地分别标识和贮存，不应与水泥等其他粉状料混杂，并应防潮、防雨。

（6）纤维应按品种、规格和生产厂家分别标识和贮存。

2. 搅拌

（1）搅拌机型式应为强制式。

（2）预拌应保持预拌混凝土拌合物质量均匀；同一盘混凝土的搅拌匀质性应符合《混凝土质量控制标准》GB 50164的规定。

（3）预拌混凝土搅拌时间规定：

当采用搅拌运输车运送混凝土的情况，混凝土在搅拌机中的搅拌时间应符合设备说明书的要求，并且不宜少于30s（从全部材料投完算起）。当采用翻斗车运送混凝土时，应适当延长搅拌时间。在制备特制品或采用引气剂、膨胀剂和粉状外加剂的混凝土时，应适当延长搅拌时间。

3. 计量

（1）固体原材料应按质量进行计量，水和液体外加剂可按体积进行计量。

（2）原材料计量应采用电子计量设备。计量设备应能连续计量不同混凝土配合比的各种原材料，并应具有逐盘记录和储存计量结果（数据）的功能，其精度应符合《建筑施工机械与设备　混凝土搅拌站（楼）》GB/T 10171的规定。

（3）计量设备应具有法定计量部门签发的有效检定证书，并应定期校验。混凝土生产单位每月应至少自检1次；每一工作班开始前，应对计量设备进行零点校准。

（4）原材料的计量允许偏差不应超过《预拌混凝土》GB/T 14902的有关规定，并应每班检查1次。

4. 试验方法

（1）混凝土强度试验方法应符合《混凝土物理力学性能试验方法标准》GB/T 50081的规定。

（2）混凝土坍落度、扩展度、含气量和表观密度的试验方法应符合《普通混凝土拌合物性能试验方法标准》GB/T 50080的规定。

（3）混凝土拌合物的经时损失的试验方法应符合《混凝土质量控制标准》GB 50164的规定。

（4）混凝土拌合物中氯离子含量应按《水运工程混凝土试验检测技术规范》JTS/T 236中混凝土拌合物中氯离子含量快速测定方法或其他精确度更高的方法进行测定。

（5）混凝土耐久性能的试验方法应符合《普通混凝土长期性能和耐久性能试验方法标准》GB/T 50082的规定。

（6）对合同中有特殊要求的其他检验项目，其试验方法应按国家现行有关标准的规定；无标准的，则应按合同规定进行。

5. 检验规则

（1）一般规定

① 预拌混凝土质量的检验分为出厂检验和交货检验。出厂检验是指在预拌混凝土出厂前对其质量进行的检验。交货检验是指在交货地点对预拌混凝土质量进行的检验。

② 出厂检验的取样试验工作应由供方承担；交货检验的取样试验工作应由需方承担，当需方不具备试验和人员的技术资质时，供需双方可协商确定并委托有检验资质的单位承担，并应在合同中予以明确。

③ 交货检验的试验结果应在试验结束后 10d 内通知供方。

④ 预拌混凝土质量验收应以交货检验结果为依据。

（2）检验项目

① 常规品应检验混凝土强度、拌合物坍落度和设计要求的耐久性能；掺有引气型外加剂的混凝土还应检验拌合物的含气量。

② 特制品应检验混凝土强度、拌合物坍落度和设计要求的耐久性能，掺有引气型外加剂的混凝土还应检验拌合物的含气量外，还应按相关标准和合同规定检验其他项目。

（3）取样与组批

① 混凝土出厂检验应在搅拌地点取样；混凝土交货检验应在交货地点取样，交货检验试样应随机从同一运输车卸料量的 1/4 ～ 3/4 抽取。

② 混凝土交货检验取样及坍落度试验应在混凝土运到交货地点时开始算起 20min 内完成，试件的制作应在混凝土运到交货地点时开始算起 40min 内完成。

③ 混凝土强度检验的试样，其取样频率规定：

出厂检验的试样，每 100 盘相同配合比的混凝土取样不应少于 1 次；每一个工作班相同配合比的混凝土不足 100 盘时应按 100 盘计，每次取样至少进行 1 组试验。交货检验的取样频率应符合《混凝土强度检验评定标准》GB/T 50107 的规定。

④ 混凝土拌合物坍落度检验试样的取样频率应与混凝土强度检验的取样频率一致。

⑤ 同一配合比混凝土拌合物中的水溶性氯离子含量检验应至少取样检验一次。

⑥ 混凝土耐久性能检验的取样频率应符合《混凝土耐久性检验评定标准》JGJ/T 193 的规定。

⑦ 混凝土的含气量、扩展度及其他特殊要求项目检验的取样频率应按国家现行有关标准和合同规定。

（4）评定

混凝土强度检验结果满足混凝土设计要求，检验评定符合《混凝土强度检验评定标准》GB/T 50107 的规定时为合格。混凝土坍落度、扩展度和含气量的检验结果分别符合规定时为合格；若不符合要求，则应立即用试样余下部分或重新取样进行试验，当复验结果分别符合规定时，仍评定为合格。混凝土拌合物中水溶性氯离子含量检验结果符合规定为合格。混凝土耐久性能检验结果符合规定时为合格。其他的混凝土性能检验结果符合规定时为合格。

6.8 综 述 提 示

1. 混凝土配合比要求

（1）骨料状态的要求

混凝土配合比设计中为什么粗骨料、细骨料采用干燥状态？原因是根据我国骨料的实际情况和技术条件，我国长期以来一直在建设工程中采用以干燥状态骨料为基准的混凝土配合比设计，具有可操作性，应用情况良好。

（2）最大水胶比的限制

《混凝土结构设计规范》GB 50010—2010（2015 年版）中“结构混凝土材料的耐久性基本要求”的规定，对最大水胶比进行了限制，其与环境等级有关。环境等级分为一、二 a、二 b、三 a 和 3b。

（3）矿物掺合料最大掺量的限制

对于钢筋混凝土和预应力混凝土中矿物掺合料均进行了最大掺量的限制（给出了采用硅酸盐水泥和普通硅酸盐水泥时的限量），在符合其规定的基础上，还要注意以下问题：

当采用其他硅酸盐水泥时，宜将水泥混合材掺量 20% 以上的混合材量计入矿物掺合料。复合掺合料各组分的掺量不宜超过单掺时的最大掺量。在混合使用两种及两种以上矿物掺合料时，矿物掺合料总掺量应符合规程中复合掺合料的相关规定。

（4）水溶性氯离子最大含量的限制

混凝土拌合物中水溶性氯离子最大含量的规定，是按四类环境条件，即干燥环境、潮湿但不含氯离子的环境，潮湿且含有氯离子的环境、盐渍土环境，除冰盐等侵蚀性物质的腐蚀环境来划分的。规程采用的测定混凝土拌合物中氯离子的方法，与测试硬化后混凝土中氯离子的方法相比，时间大大缩短，有利于配合比设计和控制。

规程规定的氯离子含量是相对混凝土中水泥用量的百分比，与控制氯离子相对混凝土中胶凝材料用量的百分比相比，偏于安全。

（5）碱含量的控制

将混凝土中碱含量控制在 3.0kg/m^3 以内，并掺加适量粉煤灰和粒化高炉矿渣粉等矿物掺合料，对预防混凝土碱骨料反应具有重要意义。混凝土中碱含量是测定的混凝土各原材料碱含量计算之和，而实测的粉煤灰和粒化高炉矿渣粉等矿物掺合料碱含量并不是参与碱骨料反应的有效碱含量，对于矿物掺合料中有效碱含量，粉煤灰碱含量取实测值的 1/6，粒化高炉矿渣粉碱含量取实测值 1/2，已经被混凝土工程界采纳。

（6）粉煤灰影响系数和粒化高炉矿渣粉影响系数选取的要求

宜采用Ⅰ级、Ⅱ级粉煤灰宜取上限值；采用 S55 级粒化高炉矿渣粉宜取下限值，采用 S95 级粒化高炉矿渣粉宜取上限值，采用 S105 级粒化高炉矿渣粉可取上限值加 0.05；当超出表中的掺量时，粉煤灰和粒化高炉矿渣粉影响系数应经试验确定。

（7）用水量选取的要求

塑性用水量表中的用水量系采用中砂时的取值。采用细砂时，每立方米混凝土用水量可增加 5 ～ 10kg；采用粗砂时，可减少 5 ～ 10kg。掺用矿物掺合料和外加剂时，用水量应相应调整。

（8）混凝土的砂率选取的要求

混凝土的砂率表数值系中砂的选用砂率，对细砂或粗砂，可相应地减少或增大砂率；采用人工砂配制混凝土时，砂率可适当增大；只用一个单粒级粗骨料配制混凝土时，砂率应适当增大。

2. 混凝土拌合物试验

（1）骨料最大公称粒径概念

骨料最大公称粒径指的是符合《普通混凝土用砂、石质量及检验方法标准》JGJ 52 标准中规定的公称粒级上限对应的圆孔筛的筛孔的公称直径。

（2）坍落度试验关注点

当坍落度值较大时，应借助其他试验方法测试混凝土拌合物的其他性能指标，以综合评价混凝土拌合物性能。混凝土拌合物发生一边崩坍或剪坏现象时，可能由于插捣不均匀或提筒歪斜造成，因此应重新取样另行测定，再次仍出现该现象，应记录注明。

在实际操作过程中，混凝土拌合物坍落度测量应精确至 1mm，结果表达修约至 5mm。例如，坍落度试验操作中测得坍落度为 185mm，测得坍落度试验测量结果表达应为 185mm。

（3）坍落度经时损失试验

坍落度经时损失试验是在坍落度试验方法基础上增加的，根据工程实际需要用以评定混凝土拌合物的和易性随静置时间的变化。试验所用仪器设备与坍落度试验完全相同。根据工程要求，静置时间可进行相应的调整，当需要得到不同静置时间的坍落度经时损失试验结果时，则需要分别进行试验。

坍落度经时损失的试验步骤，首先，测得混凝土拌合物的初始坍落度值，塑料桶和铁桶作为容器均不会吸水，不会对混凝土拌合物性能产生影响；此外对混凝土拌合物采用塑料薄膜或桶盖覆盖，避免水分挥发和试验温度波动对混凝土拌合物性能的影响；自搅拌加水开始计时，静置达到要求时间后，再次搅拌测试静置后的坍落度值，与初始坍落度值之差即为坍落度经时损失试验结果。

（4）扩展度试验关注点

坍落度试验中，当坍落度大于 160mm 属于大流动性混凝土，其拌合物已具有一定的扩展度，这与《混凝土质量控制标准》GB 50164—2011 中根据混凝土拌合物的坍落度划分的坍落度等级 S4 相一致。

扩展度的试验步骤，扩展度试验是在坍落度试验的基础上进行的，首先，按照坍落度试验进行装料、插捣和提起坍落度筒。混凝土扩展时间等等 50s 后，扩展度基本稳定，扩展度结果几乎不会发生变化，当扩展度不再扩展难以判断时，可根据扩展时间达 50s 时进行测试。在实际操作过程中，混凝土拌合物扩展度测量应精确至 1mm，结果表达修约至 5mm。例如，扩展度试验操作中测得坍落度为 469mm，测得坍落度试验测量结果表达应为 450mm。

（5）扩展度经时损失试验

扩展度经时损失试验是在扩展度试验方法基础上增加的，根据工程实际需要用以评定混凝土拌合物的和易性随静置时间的变化。试验所用仪器设备与坍落度试验完全相同。根据工程要求，静置时间可进行相应的调整，当需要得到不同静置时间的坍落度经时损失试验结果时，则需要分别进行试验。

扩展度经时损失的试验步骤，首先，测得混凝土拌合物的初始扩展度值，塑料桶和铁桶作为容器均不会吸水，不会对混凝土拌合物性能产生影响；此外对混凝土拌合物采用塑料薄膜或桶盖覆盖，避免水分挥发和试验温度波动对混凝土拌合物性能的影响；自搅拌加水开始计时，静置达到要求时间后，再次搅拌测试静置后的扩展度值，与初始扩展度值之差即为扩展度经时损失试验结果。

（6）其他要求

为了能够有效地避免插捣不均匀、提筒时歪斜以及底板干湿不匀引起的对混凝土扩展的阻力不同等其他因素导致的试验误差，规定“测量混凝土拌合物展开扩展面的最大直径以及与最大直径呈垂直方向的直径”。

从扩展度表现的形状中就能观察出来抗离析性能的优劣。抗离析性能强的混凝土，在扩展过程中，始终保持其匀质性，不论是扩展的中心或边缘，粗骨料的分布都是均匀的，也无浆体从边缘析出。如果粗骨料在中央挤堆。

（7）凝结时间试验关注点

适用范围的扩大，凝结时间试验方法也可适用于砂浆或灌注料凝结时间的测定。测试过程要求：

① 关于确定测针试验开始时间，随各种拌合物的性能不同而不同。在一般情况下，基准混凝土成型后 2 ～ 3h，掺早强剂的混凝土 1 ～ 2h，掺缓凝剂的混凝土 4 ～ 6h 后开始测针测试。

② 在测试贯入时，应掌握好测针贯入速度，贯入速度过快或过慢，会影响贯入阻力测值的大小。根据我国的测试经验，测针采用 3 个尺寸的规格，可根据规定选择和更换测针；当不符合规定的要求时，宜按规定的要求更换测针后再测试 1 次。

③ 线性回归方法确定凝结时间

凝结时间通过线性回归方法确定时，应将贯入阻力值和对应测试时间分别取自然对数，进行线性回归。

④ 绘图确定凝结时间

绘图确定混凝土凝结时间则是将混凝土拌合物初凝时间和终凝时间分别定义为单位面积贯入阻力 3.5MPa 和 28MPa 时的时间。当单位面积贯入阻力 3.5MPa 时，混凝土在振动力的作用下不在呈现塑性；而当单位面积贯入阻力 28MPa 时，混凝土立方体抗压强度大约为 0.5MPa。

（8）表观密度试验关注点

用规定的容量筒测定拌合物的密度。当用振动台振实时，应保证混凝土振动密实，振动泌浆停止也是防止混凝土拌合物过振，尽可能与混凝土成型要求保持一致。

（9）含气量试验有关测定仪标定的提示

① 含气量测定容器及含气量与气体压力之间的关系曲线直接影响着混凝土拌合物含气量测定结果的准确性，因此混凝土含气量测定仪的标定和率定是十分重要的。

② 由于含气量测定仪容器在制作过程中有一定误差，在使用过程中会存在碰撞变形可能，而且混凝土含气量测定仪在使用过程中测试精度受影响因素较多，试验室应经常对凝土含气量测定仪进行标定和率定，以保证含气量测试结果准确。

3. 混凝土物理力学性能试验

（1）混凝土的定义

《混凝土物理力学性能试验方法标准》GB/T 50081—2019，规定的混凝土不局限于干表观密度在 2000 ～ 2800kg/m^3 范围内的普通混凝土。

（2）试件的尺寸测量和公差

试件各边长、直径和高的尺寸公差不得超过 1mm。广义的解释，尺寸公差简称公差，是指允许的，最大极限尺寸减最小极限尺寸之差的绝对值的大小，或允许的上偏差减下偏差之差大小。尺寸公差是一个没有符号的绝对值。

公差包括尺寸公差和形位公差。试件的形位公差是否符合要求，对其力学性能，特别是对高强混凝土的力学性能影响甚大。对试件承压面平整度公差主要是靠试模内表面的平面度来控制，而试件相邻面夹角公差不但靠试模相邻面夹角控制，而且还取决于与每次安装试模的精度。所以要使试件的形位公差符合要求，不但应采用符合标准要求的试模来制作试件，而且必须对试模的安装引起高度的重视。

（3）试模的技术指标

试模内表面要求：光滑平整，不得有砂眼、裂纹或划痕；试模内表面和上口面粗糙度。不得大于 3.2μm；内部尺寸误差，不得大于公称尺寸的 ±0.2%，且不大于 1mm；夹角，90°±0.2°；平面度，100mm 不大于 0.04mm；缝隙，不应大于 0.1mm；耐用性，在正常使用情况下，试模应至少正常使用 50 次或当使用少于 50 次时，使用期至少 6 个月。

（4）试模的核查方法

① 内部尺寸测量：对组装试模，经一次拆卸再组装后采用分度值为 0.02mm 的游标卡尺和深度尺进行测量；采用工程塑料制作的整体试模，应分别在 20±2℃和 60±2℃的环境温度条件下，保持 1h 后，用分度值不大于 0.02mm 的游标卡尺和深度尺进行测量。

② 夹角测量：采用铸铁或铸钢制作的试模，经一次拆卸再组装后，用精度为 0 级刀口直角尺和塞规测量立方体和棱柱体试模各相邻侧面之间的夹角，圆柱体试模底板与圆柱体母线的夹角；采用工程塑料制作的整体试模，直接用精度为 0 级刀口直角尺和塞规测量立方体和棱柱体试模各相邻侧面之间的夹角，圆柱体试模底板与圆柱体母线的夹角。

③ 平面度测量：采用精度为 0 级的刀口直角尺和塞规进行测量。

④ 缝隙测量：对组装试模，其缝隙采用塞规进行测量。

（5）钢垫板的使用要求

对于有的使用时间较长的压力试验机，上下压板有磨损现象，特别是压板的中心，出现压试件处磨成凹状，其平整度严重影响对平整度要求较高的高强混凝土的抗压强度。为提高高强混凝土抗压强度试验的精度避免试验误差，规定在强度等级不小于 C60 的抗压强度试验时，如压力机上下压板不符合钢垫板要求时，必须使用钢垫板。

（6）尽快成型的要求

混凝土拌合物取样和拌制后应尽快成型，一般不宜超过 15min，一般在成型前要做坍落度试验，大约 5 ～ 10min，15min 成型是完全做得到的。

（7）振动台成型规定

振动台振实，试模应牢牢地附着或固定在振动台上，不容许有任何跳动，振动持续至表面出浆为止；且应避免混凝土离析。

4. 混凝土耐久性试验

（1）慢冻法与快冻法的区别

抗冻标号主要是反映慢冻法的评价指标。慢冻法与快冻法的区别不仅仅是冻融时间长短不同，而且其冻融试验条件也不同。

慢冻法采用的试验条件是气动水融法，该条件对于并非长期与水接触或者不是直接浸泡在水中的工程，如对抗冻要求不太高的工业与民用建筑，以气动水融“慢冻法”的试验方法为基础的抗冻标号测定法，其优点是试验条件与该类工程的实际使用条件比较符合。但是，慢冻法检验抗冻标号的试验方法所需要的试验周期长，劳动强度大，仍然是其主要的缺陷。

快冻法采用的是水冻水融的试验方法，这与慢冻法的气动水融方法有显著区别。快冻法试验是在原方法标准快冻法的基础上，参照美国、日本等标准修订而来，试验采用的参数、方法、步骤及对仪器设备的要求与美国相关标准基本相同。在我国的铁路、水工、港工等行业，该方法已成为检验混凝土抗冻性的唯一方法。由于水工、港工等工程对混凝土抗冻性要求高，其冻融循环次数高达 200 ～ 300 次，且经常处于水环境中，因此如以慢冻法检验所耗费的时间及劳动量较大，所以一般采用水冻水融为基础的快冻法，以提高试验效率。

（2）骨料最大公称粒径

骨料最大公称粒径指的是符合《普通混凝土用碎石或卵石质量标准及检验方法》JGJ 53—1992 中规定的公称粒径上限对应的圆孔筛的孔径的公称直径。

（3）筛筛孔尺寸与石颗粒级配的对应关系

石筛筛孔尺寸与碎石或卵石颗粒级配范围的对应关系如下：石的公称直径、石筛筛孔的公称直径和方孔筛筛孔边长分别为 2.50mm、2.50mm、2.36mm；5.00mm、5.00mm、4.75mm；10.0mm、10.0mm、9.5mm；16.0mm、16.0mm、16.0mm；20.0mm、20.0mm、19.0mm；25.0mm、25.0mm、26.5mm；31.5mm、31.5mm、31.5mm；40.0mm、40.0mm、37.5mm 等。

（4）确定抗冻等级的条件

抗冻等级确定的三个条件：一是相对动弹性模量下降到 60%（即小于等于 60%）；二是质量损失率不超过 5%；三是冻融循环达到规定的次数。三个指标达到任何一个，以此时的冻融循环次数来确定抗冻等级。当以 300 次作为停止试验条件时，则抗冻等级大于等于 F300。

（5）关于试件的制作

对于普通混凝土长期性能和耐久性能试验，除制作进行检验的试件外，尚需制作相应数量的对比试件或者基准试件及辅助试件。

① 对比试件或者基准试件是指为确定长期性能和耐久性能或耐久性能相对指标时用以作为基准的试件，如抗冻标号测定中的标准养护试件，对比试件或者基准试件必须与试验用试件用同一盘混凝土制作。

② 辅助试件是指试验时不测取读数或者虽然测取读数但仅用以作为试验控制而不在结果计算中使用的，如耐久性指标测定中的温控试件及补控试件，辅助试件并不要求与试验试件于同一盘混凝土制作。

（6）关注试件尺寸的公差要求

由于普通混凝土长期性能和耐久性能试验涉及 12 类 17 种试验方法，各试验方法所用的试件形状和尺寸不完全相同，试件尺寸公差对试验结果的影响也不一样。所以，条款 3.3.3 规定“除特别指明试件的尺寸公差以外，所有试件各边长、直径或高度的公差不得超过 1mm”。

（7）特殊试件的制作方法

混凝土长期性能和耐久性能试验所用的多数试件的养护方法与力学性能所用试件的制作和养护基本相同。但是，对于特殊的试验，其试件的制作方法均在相应的试验方法中给出了具体的规定，如非接触法收缩试验、早期抗裂试验等。

（8）脱模剂使用的限制问题

制作试件时用机油（尤其是黏度大的机油）或者其他憎水性脱模剂，对混凝土长期性能和耐久性能试验结果有明显影响。尤其是对抗冻、收缩、抗硫酸盐侵蚀等与水分交换过程有关的试验结果影响比较显著。对于这类试件的制作，一般选用水性脱模剂或者采用塑料薄膜等代替脱模剂。

（9）快冻冻融装置的要求

由于目前国内市场上部分抗冻试验设备质量较差，尤其是温度控制能力较差，为了促进我国抗冻试验设备质量的提高，保证试验质量，对抗冻试验设备的温度控制方面进行了更严格的规定：要求除了测温试件安装温度传感器外，还要在冻融试验箱的中心处以及试验箱中心与任意对角线两端安装温度传感器，以便对试验箱温度进行监测，以保证试验箱温度均匀性和满足试验要求。

5. 高强混凝土试验

（1）关注专业技术标准

高强混凝土属于普通混凝土的范畴。强度等级不小于 C60 的纤维混凝土、补偿收缩混凝土、清水混凝土和大体积混凝土可属于高强混凝土的范畴。由于纤维混凝土、补偿收缩混凝土、清水混凝土和大体积混凝土都有较大的特殊性，所以有各自的专业技术标准。

（2）水泥的选用

配制高强混凝土宜选用新型干法窑或旋窑生产的硅酸盐水泥或普通硅酸盐水泥。采用胶砂强度低于 50MPa 的水泥配制 C80 及其以上强度等级混凝土的计算经济合理性较差，甚至难以实现强度等级上限水平的配制目的。

（3）石粉含量的高度关注

高强混凝土胶凝材料用量多，控制人工砂的石粉含量，有利于减少混凝土中粉体含量，从而有利于控制混凝土收缩等不利影响。所以，规定人工砂的压碎指标值便于人工砂颗粒强度控制，对实现高强混凝土的强度要求是比较重要的。

（4）骨料的堆积密度

连续级配粗骨料的优点是堆积相对比较紧密，空隙率比较小，有利于混凝土性能，也有利于节约其他更重要的资源的原材料。试验表明，高强混凝土粗骨料的最大公称粒径为 25mm 比较合理，既有利于强度、收缩控制，也有利于施工性能，经济上也比较合理。

（5）配制强度计算

对于高强混凝土配制强度计算公式，《普通混凝土配合比设计规程》JGJ 55 和《公路桥涵施工技术规范》JTG/T 3650 都已经采用，实际上这一公式已经在公路、桥涵和建筑工程等混凝土工程中得到应用和检验。

（6）配合比参数的变化

高强混凝土配合比参数变化范围相对比较小，适合于根据经验直接选择参数然后通过试验确定配合比。试验表明，标准给出的配合比参数对高强混凝土配合比设计具有实际应用的指导意义。对于泵送后期混凝土，为保证泵送顺利，推荐控制每立方米高强混凝土拌合物中粉体浆体的体积为 340 ～ 360L（水泥、粉煤灰、粒化高炉矿渣粉、硅灰和水等密度可知大致，容易估算粉体浆体的体积），这也有利于配合比参数的优选。

对于高强混凝土，较高强度等级水胶比较低，在满足拌合物施工性能要求前提下宜采用较少的胶凝材料用量和较小的砂率，矿物掺合料掺量应满足混凝土性能要求并兼顾经济性，这些规律与常规的普通混凝土配合比设计没有太大差别。

（7）配合比的试配

配合比试配采用的工程实际原材料，以基本干燥为准，即细骨料含水率小于0.5%，粗细骨料含水率小于0.2%。高强混凝土配合比设计不仅应满足强度要求，还应满足施工性能、其他力学性能和耐久性能的要求。

6. 预拌混凝土试验

（1）骨料进场检验要求

普通混凝土用骨料检验项目及检验批量应符合《混凝土质量控制标准》GB 50164的规定，规定如下：

① 粗骨料质量主要控制项目应包括颗粒级配、针片状颗粒含量、含泥量、泥块含量、压碎值指标和坚固性，用于高强混凝土的粗骨料还应包括岩石抗压强度。

② 细骨料质量主要控制项目应包括颗粒级配（细度模数）、含泥量、泥块含量、坚固性、氯离子含量和有害物质含量；人工砂主要控制项目除应包括石粉含量和压碎值指标，人工砂主要控制项目可不包括氯离子含量和有害物质含量。

③ 检验批量

使用单位应按砂或石的同产地同规格分批验收。采用大型工具（如火车、货船或汽车）运输的，应以400m^3或600t为一验收批；采用小型工具（如拖拉机等）运输的，应以200m^3或300t为一验收批。不足上述量者，应按一验收批进行验收。

当砂或石的质量比较稳定、进料量又较大时，可以1000t为一验收批。“当砂或石的质量比较稳定、进料量又较大时，可定期进行检验”是指日进量在1000t以上，连续复检5次以上合格，可按1000t为一批。

（2）混凝土拌合用水的水质检验

混凝土拌合用水项目有6项，即pH值、不溶物、可溶物、氯离子、硫酸根和碱含量。检验频率，同一水源检查不少于一次。

（3）试验方法的确定

混凝土拌合物坍落度经时损失的试验方法应符合《混凝土质量控制标准》GB 50164—2011附录A的规定；混凝土拌合物中水溶性氯离子含量的试验方法应按《水运工程混凝土试验检测技术规范》JTS/T 236中混凝土拌合物氯离子含量快速测定方法或其他精确度更高的方法进行测定。

第7章　钢筋物理性能与工艺性能检验

7.1　概　　述

建筑用的钢筋，要求具有较高的强度，良好的塑性，便于加工和焊接，并应与混凝土之间具有足够的黏结力。钢筋种类很多，通常按其强度分类、按化学成分分类、按加工工艺分类、按钢筋的外形分类、按应力应变曲线图形分类、按其在构件中的作用分类、按钢筋的供货方式分类等。

建筑结构大部分采用钢筋混凝土结构，钢筋是钢筋混凝土结构中受力的重要材料，而且是隐蔽材料，为了保证建筑结构的安全，必须严格控制建筑钢材的质量，按照国家标准对其进行质量检验，以保证在结构中不使用劣质钢筋。钢筋对混凝土结构的承载能力至关重要，对其质量应从严要求。

热轧钢筋是经热轧成型并自然冷却的成品钢筋，由低碳钢和普通合金钢在高温状态下压制而成，主要用于钢筋混凝土和预应力混凝土结构的配筋，是土木建筑工程中使用量最大的钢材品种之一。热轧钢筋分为热轧光圆钢筋和热轧带肋钢筋两种。热轧带肋钢筋是指经热轧成型并自然冷却而表面通常带有两条纵肋和沿长度方向均匀分布的横肋钢筋。热轧光圆钢筋经热轧成型并自然冷却的表面平整、截面为圆形的钢筋。热轧钢筋为软钢，断裂时会产生颈缩现象，伸长率较大。热轧钢筋应具备一定的强度，即屈服点和抗拉强度，它是结构设计的主要依据。同时，为了满足结构变形、吸收地震能量以及加工成型等要求，热轧钢筋还应具有良好的塑性、韧性、可焊性和钢筋与混凝土间的粘结性能。

冷轧带肋钢筋是指热轧圆盘条经冷轧减径后，在其表面带有沿长度方向均匀分布的三面或两面横肋的钢筋。冷轧带肋钢筋强度高，塑性好，综合力学性能优良，握裹力强，与混凝土粘结牢固，即节约钢材，又可提高结构的整体强度和抗震能力，质量稳定，属高效钢筋。CRB550为普通混凝土钢筋，其他牌号为预应力混凝土用钢筋。主要用于混凝土结构构件中楼板配筋、墙体分布钢筋、梁柱箍筋及先张法预应力混凝土中小型结构构件预应力筋。

预应力混凝土用钢丝质量稳定、安全可靠、强度高、无接头、施工方便。主要用于大型预应力混凝土构件，如大跨度的屋架、薄腹梁、吊车梁或桥梁等，还可用于预应力混凝土构件，如轨枕、压力管道等。

预应力混凝土用钢绞线强度高，与混凝土粘结性好，断面面积大，使用根数少，在结构中排列布置方便，易于锚固，克服了钢丝强度高但直径小，使用不便的缺点；且具有较好的柔韧性，质量稳定，施工简便，使用可根据要求的长度切割。主要用于大荷载、大跨度、曲线配筋的预应力混凝土结构。

预应力混凝土用螺纹钢筋（也称精轧螺纹钢筋）是在整根钢筋上轧有外螺纹的大直径、高强度、高尺寸精度的直条钢筋。该钢筋在任意截面处都拧上带有内螺纹的连接器进行连接或拧上带螺纹的螺帽进行锚固。精轧螺纹钢筋广泛应用于大型水利工程、工业和民用建筑中的连续梁和大型框架结构，公路、铁路大中跨桥梁、核电站及地锚等工程。它具有连接、锚固简便，粘着力强，张拉锚固安全可靠，施工方便等优点，而且节约钢筋，减少构件面积和重量。

钢筋是否符合质量标准，直接影响建筑物的质量和使用安全。施工中必须加强对钢筋的进场验收工作。钢筋应有出厂质量证明书或试验报告，每捆（盘）钢筋应有标牌。钢筋的外观检查，要求钢筋表面不得有裂缝、结疤和折叠。钢筋表面的凸块不得超过横肋的高度，外形尺寸应符合规定。

7.1.1　常用钢筋

钢筋主要用于混凝土结构，钢筋混凝土结构用普通钢筋（普通钢筋是指用于各种混凝土结构构件中非预应力筋的总称）和预应力混凝土结构用预应力钢筋（预应力筋是指用于混凝土结构构件中施加预应力的钢丝、钢绞线和预应力螺纹钢筋等的总称）。

1. 热轧光圆钢筋

热轧光圆钢筋是指经热轧成型、横截面通常为圆形、表面光滑的成品钢筋。牌号由 HPB 加屈服强度特征值构成。HPB 是热轧光圆钢筋英文的缩写。热轧光圆钢筋的牌号为钢筋屈服强度的特征值为 300 级，即 HPB300。钢筋的公称直径范围为 6 ～ 22mm，推荐的钢筋公称直径为 6mm、8mm、10mm、12mm、16mm、20mm。

（1）力学性能和工艺性能

热轧光圆钢筋的力学性能和工艺性能包括下屈服强度、抗拉强度、断后伸长率、最大力总延伸率、冷弯试验等。

钢筋的下屈服强度、抗拉强度、断后伸长率、最大总延伸率等力学性能特征值应符合产品标准的规定。对于没有明显屈服的钢筋，下屈服强度特征值应采用规定非比例延伸强度。伸长率类型可从断后伸长率或最大力总延伸率中选定，仲裁检验时采用最大力总延伸率。按规定的弯芯直径弯曲 180°后，钢筋受弯部位表面不得产生裂纹。

（2）表面质量

钢筋应无有害的表面缺陷，按盘卷交货的钢筋应将头尾有害缺陷部分切除。试样可使用钢丝刷清理，清理后的重量、尺寸、截面面积和拉伸性能满足产品标准的相关要求，表面锈皮、表面不平整或氧化铁皮不作为拒收的理由。当带有上述规定的缺陷以外的表面缺陷的试验不符合拉伸性能或弯曲性能要求时，则认为这些缺陷是有害的。

（3）检验项目和取样数量

每批钢筋的检验项目、抽取数量、取样方法和试验方法见产品标准。其他检验项目有化学成分、尺寸、表面等。

（4）检验批量

钢筋应按批进行检查和验收，每批由同一牌号、同一炉罐号、同一尺寸的钢筋组成。每批重量通常不大于 60t，超过 60t 的部分，每增加 40t（或不足 40t 的余数），增加一个拉伸试验试样和一个弯曲试验试样。

（5）复验与判定

钢筋的复验与判定应符合《钢及钢产品 交货一般技术要求》GB/T 17505 的规定。但钢筋的重量偏差项目不合格时不准许复验。

2. 热轧带肋钢筋

热轧带肋钢筋是指横截面通常为圆形，且表面带肋的混凝土结构用钢材。热轧带肋钢筋又分为普通热轧钢筋和细晶粒热轧钢筋。普通热轧钢筋是指按热轧交货状态的钢筋。细晶粒热轧钢筋是指在热轧过程中，通过控轧和控冷工艺形成的细晶粒钢筋，其晶粒度为 9 级和更细。带肋钢筋是指横截面通常为圆形，且表面带肋的混凝土结构用钢材。

钢筋按屈服强度特征值分为 400、500、600 级。普通热轧钢筋的牌号分为两类，即由 HRB 加屈服强度特征值构成、由 HRB 加屈服强度特征值加 E 构成。HRB 是热轧光圆钢筋英文的缩写，E 是地震英文的首位字母。细晶粒热轧钢筋的牌号也分为两类，即由 HRBF 加屈服强度特征值构成、由 HRBF 加屈服强度特征值加 E 构成。

钢筋的公称直径通常在 6 ～ 50mm。热轧普通钢筋的牌号为 HRB400、HRB500、HRB600 和 HRB400E、HRB500E；细晶粒热轧钢筋的牌号为 HRBF400、HRBF500 和 HRBF400E、HRBF500E。

（1）力学性能

钢筋的下屈服强度、抗拉强度、断后伸长率、最大力总延伸率等力学性能特征值应符合产品标准的规定。公称直径 28 ～ 40mm各牌号钢筋的断后伸长率可降低 1%；公称直径大于 40mm 各牌号钢筋的断后伸长率可降低 2%。对于没有明显屈服的钢筋，下屈服强度特征值应采用规定塑性延伸强度。伸长率类型可从断后伸长率或最大力总延伸率中选定，但仲裁检验时采用最大力总延伸率。

（2）工艺性能

钢筋应进行弯曲试验。按产品标准规定的弯曲压头直径弯曲 180°后，钢筋受弯部位表面不得产生裂纹。

对牌号带 E 的钢筋应进行反向弯曲试验。经反向弯曲试验后，钢筋受弯部位表面不得产生裂纹。根据需方要求，其他牌号钢筋也可进行反向弯曲试验。可用反向弯曲代替弯曲试验。反向弯曲试验的弯曲压头应比弯曲试验相应增加一个钢筋公称直径。

（3）表面质量

钢筋应无有害的表面缺陷。试样可使用钢丝刷清理，清理后的重量、尺寸、截面面积和拉伸性能满足产品标准的相关要求，表面锈皮、表面不平整或氧化铁皮不作为拒收的理由。当带有上述规定的缺陷以外的表面缺陷的试验不符合拉伸性能或弯曲性能要求时，则认为这些缺陷是有害的。

（4）检验项目和取样数量

每批钢筋的检验项目、抽取数量、取样方法和试验方法见产品标准。其他检验项目有化学成分、尺寸、表面、金相组织等。

（5）检验批量

钢筋应按批进行检查和验收，每批由同一牌号、同一炉罐号、同一尺寸的钢筋组成。每批重量通常不大于 60t，超过 60t 的部分，每增加 40t（或不足 40t 的余数），增加一个拉伸试验试样和一个弯曲试验试样。

（6）复验与判定

钢筋的复验与判定应符合现行国家标准《钢及钢产品 交货一般技术要求》GB/T 17505 的规定。钢筋的重量偏差项目不合格时不允许复验。

3. 钢筋焊接网

钢筋焊接网是指纵向钢筋和横向钢筋分别以一定的间距排列且互为直角、全部交叉点均用电阻点焊方法焊接在一起的网片。钢筋焊接网按钢筋的牌号、直径、长度和间距分为定型钢筋焊接网和定制钢筋焊接网。

（1）性能要求

焊接网钢筋的力学性能和工艺性能应分别符合相应标准中相应牌号的规定。对于公称直径不小于 6mm 的焊接网用冷轧带肋钢筋，冷轧带肋钢筋的最大力总伸长率应不小于 2.5%，钢筋的强屈比应不小于 1.05。钢筋焊接网焊点的抗剪力应不小于试样受拉钢筋规定屈服力值的 0.3 倍。

（2）表面质量

钢筋焊接网表面不应有影响使用的缺陷，当性能符合要求时，钢筋表面浮锈和因矫直造成的钢筋表面轻微损伤不作为拒收的理由。钢筋焊接网允许因取样产生的局部空缺。

（3）检验项目和取样数量

每批钢筋焊接网的检验项目、取样方法及试验方法见产品标准。其他检验项目有网片尺寸、网片表面等。

（4）检验批量

钢筋焊接网应按批进行检查和验收，每批由同一型号、同一原材料来源、同一生产设备并在同一连续时段内制造的钢筋焊接网组成，重量不大于 60t。

（5）复验

钢筋焊接网的拉伸、弯曲和抗剪力试验结果如不合格，则应从该批钢筋焊接网中任取双倍试样进行不合格项目的检验，复验结果全部合格时，该批钢筋焊接网判定为合格。

4. 余热处理钢筋

钢筋混凝土用余热处理钢筋是指热轧后利用热处理原理进行表面控制冷却，并利用芯部余热自身完成回火处理所得到产品钢筋。其基圆上形成环状的淬火自回火组织。

钢筋混凝土用余热处理钢筋按屈服强度特征值分为 400 级、500 级，按用途分为可焊和非可焊。可焊指的是焊接规程中规定的闪光对焊和电弧焊等工艺。由 RRB 加规定的屈服强度特征值构成和由 RRB 加规定的屈服强度特征值加可焊构成。

公称直径范围为 8 ～ 50mm，RRB400、RRB500 钢筋推荐的公称直径为 8mm、10mm、12mm、16mm、20mm、25mm、32mm、40mm、50mm，RRB400W 钢筋推荐直径为 8mm、10mm、12mm、16mm、20mm、25mm、32mm、40mm。

（1）力学性能

力学性能试验条件为交货状态或人工时效状态。在有争议时，试验条件按人工时效进行。钢筋的力学性能特性值应符合产品标准的规定。公称直径 28 ～ 40mm 各牌号钢筋的断后伸长率可降低 1%。公称直径大于 40mm 各牌号钢筋的断后伸长率可降低 2%。对于没有明显屈服的钢筋，屈服强度特征值应采用规定非比例延伸强度。根据供需双方协议，伸长率类型可从断后伸长率或最大力总延伸率中选定，但仲裁检验时采用最大力总延伸率。

（2）工艺性能

按产品标准规定的弯曲直径弯曲 180°后，钢筋受弯部位表面不得产生裂纹。

根据需方要求，钢筋可进行反向弯曲试验。反向弯曲试验的弯曲直径应增加一个钢筋公称直径。反向弯曲试验，先正向弯曲 90°后再反向弯曲 20°。经反向弯曲试验后，钢筋受弯曲部位表面不得产生裂纹。

（3）表面质量

钢筋应无有害的表面缺陷。试样可使用钢丝刷清理，清理后的重量、尺寸、截面面积和拉伸性能不低于产品标准的相关要求，锈皮、表面不平整或氧化铁皮不作为拒收的理由。当带有上述规定的缺陷以外的表面缺陷的试验不符合拉伸性能或弯曲性能要求时，则认为这些缺陷是有害的。

（4）检验项目和取样数量

每批钢筋的检验项目、抽取数量、取样方法和试验方法见产品标准。拉伸试验结果有争议时，仲裁试验按《金属材料 拉伸试验 第 1 部分：室温试验方法》GB/T 228.1 进行。其他检验项目有化学成分、疲劳试验、连接性能、金相组织、尺寸、表面等。

（5）检验批量

钢筋应按批进行检查和验收，每批由同一牌号、同一炉罐号、同一规格、同一余热处理制度的钢筋组成。每批重量不大于 60t。超过 60t 的部分，每增加 40t（或不足 40t 的余数），增加一个拉伸试验试样和一个弯曲试验试样。

（6）复验与判定

钢筋的复验与判定应符合《钢及钢产品 交货一般技术要求》GB/T 17505 的规定。

5. 冷轧带肋钢筋

冷轧带肋钢筋可用于楼板配筋、墙体分布钢筋、梁柱箍筋及圈梁、构造柱配筋，但不得用于有抗震设防要求的梁、柱纵向受力筋及板柱结构配筋。

冷轧带肋钢筋是指热轧圆盘条经冷轧后，在其表面带有沿长度方向均匀分布的横肋的钢筋。冷轧带肋钢筋按延性高低分为两类，即冷轧带肋钢筋 CRB、高延性冷轧带肋钢筋 CRB 加抗拉强度特征值加 H。H 为高延性英文首位字母。

钢筋分为 CRB550、CRB650、CRB800、CRB600H、CRB680H、CRB800H 六个牌号。CRB550、CRB600H 为普通混凝土用钢筋，CRB650、CRB800、CRB800H 为预应力混凝土用钢筋，CRB680H 即可作为普通钢筋混凝土用钢筋，也可作为预应力混凝土用钢筋使用。

公称直径范围为 CRB550、CRB600H、CRB680H 的钢筋公称直径为 4 ～ 12mm。CRB650、CRB800、CRB800H 公称直径为 4mm、5mm、6mm。

（1）力学性能和工艺性能

钢筋的力学性能和工艺性能应符合产品标准的规定。当进行弯曲试验时，受弯部位表面不得产生裂纹。反复弯曲试验的弯曲半径应符合产品标准的规定。

牌号为 CRB680H 作为普通钢筋混凝土用钢筋使用时，对反复弯曲和应力松弛不做要求；当该牌号钢筋作为预应力混凝土用钢筋使用时，应进行反复弯曲试验代替 180°弯曲试验，并检测松弛率。

（2）表面质量

钢筋表面不得有裂纹、折叠、结疤、油污及其他影响使用的缺陷。钢筋表面可有浮锈，但不得有锈皮及目视可见的麻坑等腐蚀现象。

（3）检验项目和取样数量

每批钢筋的检验项目、抽取数量、取样方法和试验方法见产品标准。其他试验项目有应力松弛、尺寸、表面等。

（4）检验批量

钢筋应按批进行检查和验收，每批应由同一牌号、同一外形、同一规格、同一生产工艺和同一交货状态的钢筋组成，每批不大于 60t。

（5）复验与判定

钢筋的复验与判定应符合《钢及钢产品 交货一般技术要求》GB/T 17505 的规定。

6. 高延性冷轧带肋钢筋

高延性冷轧带肋钢筋是指热轧圆盘条经过冷轧成型及回火热处理获得的具有较高延性的冷轧带肋钢筋。钢筋的牌号由 CRB 和钢筋的抗拉强度特征值及代表高延性的字母 H 组成。C、R、B 分别为冷轧、带肋、钢筋三个词的英文首位字母。带肋钢筋牌号包括 CRB600、CRB650H、HCRB800H 三个牌号。

钢筋公称直径范围、外形。钢筋的公称直径范围为 5 ～ 12mm。外形，推荐采用二面或四面横肋。

（1）力学性能和工艺性能

钢筋的力学性能和工艺性能应符合产品标准的规定。当进行弯曲试验时，钢筋受弯部位表面不得产生裂纹。力学性能试验条件为交货状态或人工时效状态。在有争议时试验条件按人工时效进行。人工时效工艺条件：加热试样到 100℃，在 100±10℃下保温 60 ～ 75min，然后在静止的空气中自然冷却至室温。根据供需双方协议，伸长率类型可从 $A_{5.65}$（或 $A_{11.3}$、A_{100}）或 A_{gt} 中选定。如伸长率类型未经协议确定，则伸长率采用 $A_{5.65}$（或 $A_{11.3}$、A_{100}），仲裁检验时采用 A_{gt}。钢筋的强屈比值应不小于 1.05。供方在保证 1000h 松弛率合格基础上，允许使用推算法确定 1000h 松弛值。

（2）表面质量

钢筋表面不得有裂纹、折叠、结疤、油污及其他影响使用的缺陷。钢筋表面可有浮锈，但不得有锈皮及目视可见的麻坑等腐蚀现象。

（3）检验项目和取样数量

钢筋出厂检验的试验项目、取样方法和试验方法见产品标准。其他检验项目有应力松弛试验、尺寸、表面等。

（4）检验批量

钢筋应按批进行检查和验收，每批应由同一牌号、同一外形、同一规格、同一生产工艺和同一交货状态的钢筋组成，每批重量不大于 60t。

（5）复验与判定规则

钢筋的复验与判定应符合《钢及钢产品 交货一般技术要求》GB/T 17505 的规定。

7. 低碳钢热轧圆盘条

（1）力学性能和工艺性能

低碳钢热轧圆盘条是指低碳钢经热轧工艺轧成圆形断面并卷成盘状的连续长条。盘条的力学性能和工艺性能应符合产品标准的规定。经供需双方协商并在合同中注明，可做冷弯性能试验。直径大于 12mm 的盘条，冷弯性能指标由供需双方协商确定。

（2）检验项目和试验方法

盘条的检验项目、试验方法按产品标准的规定。其他检验项目有化学成分、尺寸、表面等。

（3）表面质量

盘条应将头尾有害缺陷切除。盘条的截面不应有缩孔、分层及夹杂。盘条表面应光滑，不应有裂纹、折叠、耳子、结疤，允许有压痕及局部的凸块、划痕、麻面，其深度或高度（从实际尺寸算起）B 级和 C 级精度不应大于 0.10mm，A 级精度不得大于 0.20mm。

（4）复验与判定

盘条的复验与判定按《型钢验收、包装、标志及质量证明书的一般规定》GB/T 2101 的规定。

8. 预应力混凝土用钢丝

（1）分类

预应力钢丝是指优质碳素结构钢盘条经索氏体化处理后，冷拉制成的用于预应力混凝土的钢丝。钢丝按加工状态分为冷拉钢丝和消除应力钢丝两类。钢丝按外形分为圆钢、螺旋肋、刻痕三种。钢丝的公称直径通常在 3 ～ 12mm。

（2）力学性能

① 压力管道用无涂（镀）层冷拉钢丝的力学性能包括最大力的最大值、0.2% 屈服力、每 210mm 扭矩的扭转次数、断面收缩率、氢脆敏感性能负载为 70% 最大力时，断裂时间和应力松弛性能初始力为最大力 70% 时，1000h 应力松弛率等。

② 消除应力的光圆及螺旋带肋钢丝的力学性能包括最大力的最大值、0.2% 屈服力、最大力总伸长率、反复弯曲性能和应力松弛性能等。

③ 消除应力的刻钢丝的力学性能，除弯曲次数外其他同消除应力的光圆及螺旋带肋钢丝的力学性能的规定。对所有规格消除应力的刻钢丝，其弯曲次数均应不小于 3 次。

（3）检验项目及取样数量

不同品种钢丝的检验项目、取样数量、取样部位、检验方法应符合产品标准的规定。其他检验项目有表面、外形尺寸、消除应力钢丝伸直性、断面收缩率、扭转、墩头强度、弹性模量、应力松弛性能、氢脆敏感性（压力管道用冷拉钢丝）等。

钢丝表面不得有裂纹和油污，也不允许有影响使用的拉痕、机械损伤等。允许有深度不大于钢丝公称直径 4% 的不连续纵向表面缺陷。消除应力的钢丝表面允许存在回火颜色。

（4）检验批量

钢丝应按批进行检查和验收，每批钢丝由同一牌号、同一规格、同一加工状态的钢丝组成，每批质量不大于 60t。

（5）复验与判定规则

钢丝的复验与判定规则按《钢丝验收、包装、标志及质量证明书的一般规定》GB/T 2103 的规定。

9. 预应力混凝土用钢绞线

预应力钢绞线是指由冷拉光圆钢丝及刻痕钢丝捻制而成的钢丝束。预应力混凝土钢绞线：标准型钢绞线，由冷拉光圆钢丝捻制成的钢绞线。刻痕绞线，由刻痕钢丝捻制成的钢绞线。模拔型钢绞线，捻制后再经冷拔成的钢绞线。

钢绞线按结构分为 8 类，其代号为：用两根钢丝捻制的钢绞线，1×2；用 3 根钢丝捻制的钢绞线，1×3；用 3 根刻痕钢丝捻制的钢绞线，1×3I；用 7 根钢丝捻制的标准型钢绞线，1×7；用 6 根刻痕钢丝和一根光圆中心钢丝捻制的标准型钢绞线，1×7I；用 7 根钢丝捻制又经模拔的钢绞线，1×7C；用 19 根钢丝捻制的 1 + 9 + 9 西鲁式钢绞线，1 + 19S；用 19 根钢丝捻制的 1 + 6 + 6/6 瓦林吞式钢绞线，1 + 19W。

（1）力学性能

结构钢绞线的力学性能应符合产品标准的规定。2% 屈服力应为整根钢绞线实际最大力的 88% ～ 95%。

（2）出厂检验项目和取样数量

产品的工厂检查由供方质量检验部门按产品标准规定，需方可按产品标准进行检查验收见产品标准的规定。其他检验项目有表面、外形尺寸、钢绞线伸直性、弹性模量、应力松弛性能等。

（3）表面质量

钢绞线表面不得有油、润滑脂等物质。钢绞线表面不得有影响使用性能的有害缺陷。允许存在轴向表面缺陷，但其深度应小于单根钢丝直径的 4%。允许钢绞线表面有轻微浮锈。表面不能有目视可见的锈蚀凹坑。钢绞线表面允许存在回火颜色。

（4）检验批量

钢绞线应成批进行检查和验收，每批钢绞线由同一牌号、同一规格、同一工艺捻制的钢丝组成，每批质量不大于 60t。

（5）复验与判定规则

当某一项检验结果不符合标准相应规定时，则该盘卷不得交货。并从同一批未经试验的钢绞线盘卷中取双倍数量的试样进行该不合格项目的复验，复验结果即使有一个试样不合格，则整批钢绞线不得交货，或进行逐盘检验合格者交货。

10. 预应力混凝土用螺纹钢筋

预应力混凝土用螺纹钢筋是指一种热轧成带或不连续的外螺纹的直调钢筋，该钢筋在任意截面处，均可用带有匹配形状的内螺纹的连接器或锚具进行连接或锚固。

预应力混凝土用螺纹钢筋以屈服强度划分级别，其代号为“PSB”加上规定屈服强度最小值表示。钢筋的公称直径范围为 15 ～ 75mm，推荐的钢筋公称直径为 25mm、32mm。

（1）力学性能

钢筋的力学性能包括屈服强度、抗拉强度、断后伸长率、最大力下总伸长率、应力松弛性能共 5 项。

（2）检验项目和取样数量

每批钢筋的检验项目、取样方法和试验方法见产品标准的规定。其他检验项目有化学成分、表面、疲劳、应力松弛性能等。

（3）表面质量

钢筋表面不得有横向裂纹、结疤和折叠。允许有不影响力学性能和连接的其他缺陷。

（4）检验批量

钢筋应按批进行检查和验收，每批应由同一炉号、同一规格、同一交货状态的钢筋组成，每批为60t。

（5）复验与判定规则

钢筋的复验与判定规则符合《钢及钢产品 交货一般技术要求》GB/T 17505的规定。

7.1.2 冷轧带肋钢筋规程规定

（1）检验批规定

《冷轧带肋钢筋混凝土结构技术规程》JGJ 95规定，CRB550、CRB600H钢筋的重量偏差、拉伸试验和弯曲试验的检验批重量不应超过10t，每个检验批的检验应符合下列规定：

① 每个检验批由3个试样组成。应随机抽取3捆（盘），从每捆（盘）抽一根钢筋（钢筋一端），并任一端截去500mm后取一个长度不小于300mm的试样。3个试样均应进行重量偏差检验，再取其中2个试样分别进行拉伸试验和弯曲试验。

② 检验重量偏差时，试件切开应平滑与长度方向垂直，重量和长度的量测精度分别不低于0.5g和0.5mm。重量偏差按规程规定进行检验。

③ 拉伸试验和弯曲试验的结果应符合《冷轧带肋钢筋》GB/T 13788及《冷轧带肋钢筋混凝土结构技术规程》JGJ 95的有关规定确定。

④ 当有试验项目不合格时，应在未抽取过试样的捆（盘）中另取双倍数量的试样进行该项目复验。如复验试样全部合格，判定该项目检验项目复验合格。对于复验不合格的检验批应逐捆（盘）检验不合格项目，合格捆（盘）可用于工程。

（2）检验项目及不合格处理规定

CRB650、CRB650H、CRB800、CRB800H和CRB970，钢筋的重量偏差、拉伸试验和反复弯曲试验的检验批重量不应超过5t，当连续10批且每批检验结果均合格时，可改为重复不超过10t为一个检验批进行检验。每个检验批的检验应符合下列规定：

① 每个检验批由3个试样组成。应随机抽取3盘，从每盘任一端截去500mm后取一个长度不小于300mm的试样。3个试样均应进行重量偏差检验，再取其中2个试样分别进行拉伸试验和弯曲试验。

② 重量偏差检验应符合规程的规定。

③ 拉伸试验和弯曲试验的结果应符合《冷轧带肋钢筋》GB/T 13788及《冷轧带肋钢筋混凝土结构技术规程》JGJ 95的有关规定确定。

④ 当有试验项目不合格时，应在未抽取过试样的盘中另取双倍数量的试样进行该项目复验。如复验试样全部合格，判定该项目检验项目复验合格。对于复验不合格的检验批应逐盘检验不合格项目，合格捆（盘）可用于工程。

（3）检验方法规定

冷轧带肋钢筋拉伸试验、弯曲试验、反复弯曲试验应按《金属材料 拉伸试验 第1部分：室温试验方法》GB/T 228.1、《金属材料 弯曲试验方法》GB/T 232 和《金属材料 线材 反复弯曲试验方法》GB/T 238 的有关规定执行。

（4）高延性冷轧带肋钢筋的技术指标

高延性二面肋钢筋的力学性能和工艺性能应符合规程的规定。当进行弯曲试验时，钢筋受弯曲部位表面不得有裂纹。

7.2 金属材料拉伸试验

《金属材料 拉伸试验 第1部分：室温试验方法》GB/T 228.1—2010，提供了两种试验速率的控制方法。方法A为应变速率（包括横梁位移速率），方法B为应力速率。方法A旨在减小测定应变速率敏感参数时试验速率的变化和减小试验结果的测量不确定度。将来拟推荐使用应变速率的控制模式进行拉伸试验。应变速率是指用引伸计标距测量时单位时间的应变增加值。应力速率是指单位时间应力的增加。应力速度只用于方法B试验的弹性阶段。

方法概述：试验系用拉力拉伸试样，一般拉至断裂，测定一项或几项力学性能。除非另有规定，试验一般在室温10～35℃范围内进行。对温度要求严格的试验，试验温度应为23±5℃。

7.2.1 试样形状和尺寸

试样的形状和尺寸取决于要被试验的金属产品的形状和尺寸。具有恒定横截面的产品可以不经机加工而进行试验。未经机加工的产品或试棒的一段长度，两夹头间的自由长度应足够，以使原始标距的标记与夹头有合理的距离。

原始标距与横截面面积有 $L_0=k\sqrt{S_0}$ 关系的试样称为比例试样。国际上使用的比例系数 k 的值为5.65。原始标距应不小于15mm。当试样横截面积太小，以至于采用比例系数 k 为5.65的值不能符合这一最小标距要求时，可以采用较高的值（优先采用11.3的值）或采用非比例试样。非比例试样其原始标距 L_0 与原始横截面积 S_0 无关。

比例拉伸试样是指满足比例关系的试样，当比例系数 $k=5.65$ 时为短试样，$L_0=5d_0$；$k=11.3$ 时为长试样，$L_0=10d_0$。根据制品的尺寸和材质给以规定的平行长度和标距长度。试样平行长 L：圆形试样不小于 L_0+d_0，钢筋拉伸的长度为 $5d_0+200$mm 或 $10d_0+200$mm。需要注意的是，由于对钢筋重量偏差检验的要求，试样的长度约500mm，在重量偏差检验完成，需要试验人员按照实际情况对试样进行必要的切割。

7.2.2 原始横截面积的测定

1. 测量尺寸

宜在试样平行长度中心区域以足够的点数测量试样的相关尺寸。

2. 横截面积

原始横截面积是平均横截面积，应根据测量的尺寸计算。原始横截面面积的计算准确度依赖于试样本身特性和类型。拉伸试验方法标准给出了不同类型试样横截面积的评估方法，并提供了测量准确度的详细说明。

7.2.3 原始标距的标记

1. 概念

标距是指测量伸长用的试样圆柱或棱柱部分的长度。原始标距是指室温下施力前的试样标距。断后标距是指在室温下将断后的两部分试样紧密地对接在一起，保证两部分的轴线位于同一条直线上，测量试样断裂后的标距。

2. 标记划线

应用小标记、细划线或细墨线标记原始标距，但不得用引起过早断裂的缺口作标记。

3. 比例试样

对于比例试样，如果原始标距的计算值与其标记值之差小于10%，可将原始标距的计算值按《数值修约规则与极限数值的表示和判定》GB/T 8170修约至最接近5mm的倍数。原始标距的标记应准确到 ±1%。如平行长度比原始标距长许多，例如不经机加工的试样，可以标出一系列套叠的原始标距。有时，可以在试样表面划一条平行于试样纵轴的线，并在此线上标记原始标距。

7.2.4 试验设备的准确度

1. 试验机的准确度

试验机的测力系统应按照《静力单轴试验机的检验 第1部分：拉力和（或）压力试验机 测力系统的检验与校准》GB/T 16825.1进行校准，并且其准确度应为1级或优于1级。

2. 引伸计的准确度

引伸计的准确度级别应符合《金属材料单轴试验用引伸计系统的标定》GB/T 12160的要求。测定上屈服强度、下屈服强度、屈服点延伸率、规定塑性延伸强度、规定总延伸强度，规定残余延伸强度，以及规定残余延伸强度的验证试验，应使用不劣于1级准确度的引伸计；测定其他具有较大延伸率的性能，例如抗拉强度、最大力总延伸率和最大力塑性延伸率，断裂总延伸率，以及断后伸长率，应使用不劣于2级准确度的引伸计。

3. 计算机控制的拉伸试验机

计算机控制拉伸试验机应满足《静力单轴试验机用计算机数据采集系统的评定》GB/T 22066的要求。计算机控制的拉伸试验机是指用于监控试验的机器，由计算机进行数据采集和处理。

7.2.5 试验要求

1. 设定试验力零点

为了确保夹持系统的重量在测力时得到补偿和保证夹持过程中产生的力不影响力值的测量，要求设定试验力零点。在试验加载链装配完成后，试样两端被夹持之前，应设定测量系统的零点。一旦设定了力值零点，在试验期间力测量系统不能再发生变化。

2. 试验的夹持方法

应使用例如楔形夹头、螺纹夹头、平推夹头、套环夹具等合适的夹具夹持试样。

应尽最大努力确保夹持的试样受轴向拉力的作用，尽量减少弯曲。这对试验脆性材料或测定塑性延伸强度、规定总延伸强度、规定残余延伸强度或屈服强度时尤为重要。

3. 应变速率控制的试验速率（方法 A）

方法 A 是为了减小测定应变速率敏感参数（性能）时的试验速率变化和试验结果的测量不确定度。

在测定上屈服强度或规定塑性延伸强度、规定总延伸强度和规定残余延伸强度时，应变速率尽可能保持恒定，在测定这些性能时，应选择下面两个范围之一：

（1）范围一：速率＝ $0.00007s^{-1}$，相对误差 ±20%。

（2）范围二：速率＝ $0.00025s^{-1}$，相对误差 ±20%（如果没有其他规定，推荐选用该速率）。

4. 应力速率控制的试验速率（方法 B）

试验速率取决于材料特性并应符合下列要求。如果没有其他规定，在应力达到规定屈服强度的一半之前，可以采用任意的速率。超过这点以后的试验速率应满足下述规定。

（1）上屈服强度试验速率

在弹性范围内和直至上屈服强度，试验机夹头的分离速率尽可能保持恒定并在标准规定的应力速率范围内。

（2）下屈服强度试验速率

如果仅测定下屈服强度，在试样平行长度的屈服期间应变速率应在 $0.00025 \sim 0.0025s^{-1}$。平行长度内的应变速率应尽可能保持恒定。如不能直接调节这一应变速率，应通过调节屈服即将开始前的应力速率来调整，在检测完成之前不再调节试验机的控制。

任何情况下，弹性范围内的应力速率不得超过标准规定的最大速率。

（3）上屈服强度和下屈服强度试验速率

如在同一试验中测定上屈服强度和下屈服强度，测定下屈服强度的条件应符合下屈服强度测定的要求。

（4）抗拉强度、断后伸长率、最大力总延伸率试验速率

测定屈服强度或塑性延伸强度后，试验速率可以增加到不大于 $0.008s^{-1}$ 的应变速率。如果仅仅需要测定材料的抗拉强度，在整个试验过程中可以选取不超过 $0.008s^{-1}$ 的单一试验速率。

7.2.6　试验方法和速率的选择

除非另有规定，只要能满足《金属材料　拉伸试验　第 1 部分：室温试验方法》GB/T 228.1 的规定，检验检测机构可以自行选择方法 A 或方法 B 和试验速率。

7.2.7　上屈服强度的测定

上屈服强度可以从力 - 延伸曲线图或峰值力显示器上测得，定义为首次下降前的最大力值对应的应力。上屈服强度是指试样发生屈服而力首次下降前的最大应力。

7.2.8　下屈服强度的测定

下屈服强度可以从力 - 延伸曲线上测得，定义为首次不计初始瞬间时效时屈服阶段中最小力所对应的应力。下屈服强度是指在屈服期间，不计初始瞬间时的最小应力。

对于上、下屈服强度位置判定的基本原则:

(1)屈服前的第 1 个峰值应力(第 1 个极大值应力)判为上屈服强度,不管其后的峰值应力比它大还是比它小。

(2)屈服阶段中如呈现两个或两个以上的谷值应力,舍去第 1 个谷值应力(第 1 个极小应力)不计,取其余谷值应力中之最小者判为下屈服强度,如只呈现 1 个下降谷,此谷值判为下屈服强度。

(3)屈服阶段中呈现屈服平台,平台应力判为下屈服强度;如果呈现多个而且后者高于前者的屈服平台,判第 1 个平台为下屈服强度。

(4)正确的判定结果应是下屈服强度一定低于上屈服强度。

7.2.9 最大力总延伸率的测定

最大力总延伸率是指最大力时原始标距的总延伸(弹性延伸加塑性延伸)与引伸计标距之比的百分率。

在用引伸计得到的力-延伸曲线图上测定最大力总延伸。最大力总延伸率按下式计算:

$$A_{gt}=\frac{\Delta L_m}{L_e}\times 100 \tag{7.2.9}$$

式中: L_e——引伸计标距;

ΔL_m——最大力下的延伸。

7.2.10 断后伸长率的测定

为了测定断后伸长率,应将试样断裂的部分仔细地配接在一起使其轴线处于同一直线上,并采取特别措施确保试样断裂部分适当接触后测量试样断后标距。这对小截面试样尤为重要。

断后伸长率,按下式计算:

$$A=\frac{L_u-L_0}{L_0}\times 100 \tag{7.2.10}$$

式中: L_0——原始标距;

L_u——断后标距。

应使用分辨率足够的量具或测量装置测定断后伸长量,并准确到 ±0.25mm。

7.2.11 试验结果数值的修约

试验测定的性能结果数值应按照相关产品标准的要求进行修约。如未规定具体要求,应按照如下要求进行修约:

(1)强度性能值修约至 1MPa。

(2)屈服点延伸率修约至 0.1%,其他延伸率和断后伸长率修约至 0.5%。

(3)断面收缩率修约至 1%。

7.2.12 试验报告

试验报告应至少包括以下信息,除非双方另有约定:标准编号;注明试验条件信息;

试样标识；材料名称、牌号（如已知）；试样类型；试样的取样方法和位置（如已知）；试验控制模式和试验速率或试验速率范围，如果与方法 A、方法 B 推荐的方法不同；试验结果。

7.3　金属材料弯曲试验

《金属材料 弯曲试验方法》GB/T 232，规定了金属材料承受弯曲塑性变形能力的试验方法，适用于金属材料相关产品标准规定试样的弯曲试验，但不适用金属管材和金属焊接接头的弯曲试验，金属管材和金属焊接接头的弯曲试验由其他标准规定。

方法概述：弯曲试验是以圆形、方形、矩形或多边形横截面试样在弯曲装置上经受弯曲塑性变形，不改变加力方向，直至达到规定的弯曲角度。

弯曲试验时，试样两臂的轴线保持在垂直于弯曲轴的平面内。如为弯曲 180º 角的弯曲试验，按照相关产品标准要求，可以将试样弯曲至两臂直接接触或两臂相互平行且相距规定距离，可以使用垫块控制规定距离。

7.3.1　试验设备

一般规定：弯曲试验应在配备下列弯曲装置之一的试验机或压力机上完成试验：配有两个支辊和一个弯曲压头的支辊式弯曲装置、配有一个 V 形模具和一个弯曲压头的 V 形模具式弯曲装置、虎钳式弯曲装置；支辊式弯曲装置；V 形模具式弯曲装置；虎钳式弯曲装置；其他弯曲装置（符合弯曲试验原理）。

7.3.2　试样

试验使用圆形、方形或多边形横截面的试样。试样表面不得有划痕和损伤。试样的宽度应按照相关产品标准的要求。试样的厚度或直径应按照相关产品标准的要求。试样的长度应根据试样厚度或直径和使用的试验设备确定。

7.3.3　试验程序

1. 特别提示

试验过程中应采取足够的安全措施和防护装置。

2. 试验温度

试验一般在 10 ～ 35℃室温范围内进行。对温度要求严格的试验，试验温度应为 23±5℃。

3. 试验方法

由相关产品标准规定，采用下列方法之一完成试验。试样在所给定的条件进行弯曲，在作用力下的弯曲程度可分下列三种类型：

试样在给定的条件和力作用下弯曲至规定的角度；试样在力作用下弯曲至两臂相距规定距离且相互平行；试样在力作用下弯曲至两臂直接接触。

4. 试样弯曲至规定弯曲角度试验

将试样放于两支辊或 V 形模具上，试样轴线应与弯曲压头轴线垂直，弯曲压头在两支座之间的中点处对试样连续施加使其弯曲，直至达到规定的弯曲角度。弯曲试验时，应当缓慢地施加弯曲力，以使材料能够自由地进行塑性变形。

当出现争议时，试验速率应为 1±0.2mm/s。

5. 试样弯曲至两臂相互平行的试验

首先对试样进行初步弯曲，然后将试样置于两平行压板之间，连续施加力压其两端使进一步弯曲，直至两臂平行。试验时可以加或不加内置垫块。垫块厚度等于规定的弯曲压头直径，除非产品标准中另有规定。

6. 试样弯曲至两臂直接接触的试验

首先对试样进行初步弯曲，然后将试样置于两平行压板之间，连续施加力压其两端使进一步弯曲，直至两臂直接接触。

7.3.4 试验结果评定

（1）应按照相关产品标准的要求评定弯曲试验结果。如未规定具体要求，弯曲试验后不使用放大仪器观察，试样弯曲外表面无可见裂缝应评定为合格。

（2）以相关产品规定的弯曲角度作为最小值；若规定弯曲压头直径，以规定的弯曲压头直径作为最大值。

7.3.5 试验报告

试验报告至少应包括下列内容：标准编号；试样标识（材料牌号、炉号、取样方向等）；试样的形状和尺寸；材料名试验条件（弯曲压头直径，弯曲角度）；与试验标准的偏差；试验结果。

7.4 金属材料反复弯曲试验

《金属材料 线材 反复弯曲试验方法》GB/T 238，适用于直径或特征尺寸为 0.3～10mm 的金属线材反复弯曲塑性变形能力的测定。

方法概述：反复弯曲试验是将试样一端固定，绕规定半径的圆柱支辊弯曲 90°，再沿相反方向弯曲的重复弯曲试验。

7.4.1 试验设备

试验机应按原理和基本尺寸制造，并能记录弯曲次数。圆柱支辊与加块：应有足够的硬度；支辊半径不得超出标准规定的公称尺寸允许偏差。弯曲臂及拔杆：对于所有尺寸的圆柱支辊，弯曲臂的转动轴心至圆柱支辊顶部的距离均为 1.0mm；拔杆孔应稍大，且孔径应符合标准的规定。

7.4.2 试样

（1）线材试样应尽可能地平直。但试验时，在其弯曲平面内允许有轻微的弯曲。

（2）必要时试样可以用手矫直。在试样不能用手矫直时，可在木材、塑料等硬度低于试样材料的平面上用相同材料的锤头矫直。

（3）在矫直过程中，试样不得产生任何扭曲，也不得有影响试验结果的表面损伤。

（4）沿着试样纵向中性轴线存在局部硬弯的试样不得矫直，试验部位存在硬弯的试样不得用于试验。

7.4.3　试验程序

（1）试验一般应在室温 10 ～ 35℃内进行，对温度要求严格的试验，试验温度应为 23±5℃。

（2）圆柱支辊半径应符合相关产品标准的要求。如未规定具体要求，圆形试样可根据标准规定所列线材直径选择圆柱支辊半径、圆柱支辊顶部至拔杆底部距离以及拔杆孔直径。

（3）使弯曲臂处于垂直位置，将试样由拔杆孔插入，试样下端用夹块夹紧，并使试样垂直于圆柱支辊轴线。

（4）弯曲试验是将试样弯曲 90°，再向相反方向连续交替进行；将试样自由端弯曲 90°，再返回至起始位置作为第 1 次弯曲。然后，依次向相反方向进行连续而不间断地反复弯曲。

（5）弯曲操作以每秒不超过一次的均匀速率平稳无冲击的进行，必要时，应降低弯曲速率以确保试样产生的热不至影响试验结果。

（6）试验中为确保试样与圆柱支辊圆弧面的连续接触，可对试样施加某种形式的张紧力。除非相关产品标准中另有规定，施加的张紧力不得超过试样公称抗拉强度相对力的 2%。当有争议时，张紧力应等于试样公称抗拉强度相对力的 2%。

（7）连续试验至相关产品标准中规定的弯曲次数，或者连续试验至试样完全断裂为止。如果某些产品有特殊要求，可以根据规定连续试验至出现肉眼可见的裂纹为止。

（8）试样断裂的最后一次弯曲不计入弯曲次数。

7.4.4　试验报告

试验报告应包括以下内容：国家标准编号；试样标识（如材质、批号等）；试样公称直径或特征尺寸；试样制备的详细情况（如矫直情况）；试验条件（如圆柱支辊半径、施加的张紧力）；终止试验的判据；试验结果。

7.5　反向弯曲试验

7.5.1　试样

1. 制取

试样应从符合交货状态的钢筋产品上制取。

2. 矫直

对于从盘卷上制取的试样，在任何试验前应进行简单的弯曲矫直，并确保最小的塑性变形。试样的矫直方式（手工、机械）应记录在试验报告中。

3. 人工时效

当对试样进行人工时效时，时效的工艺条件应记录在试验报告中。

7.5.2 试验设备

1. 弯曲装置

弯曲设备应采用如图 7.5.2-1 所示试验原理。图 7.5.2-1 显示了弯芯和支辊旋转、传送辊固定的结构，同样可能存在传送辊旋转和支辊固定的情况。弯曲试验也可通过使用带有两个支辊和一个弯芯。

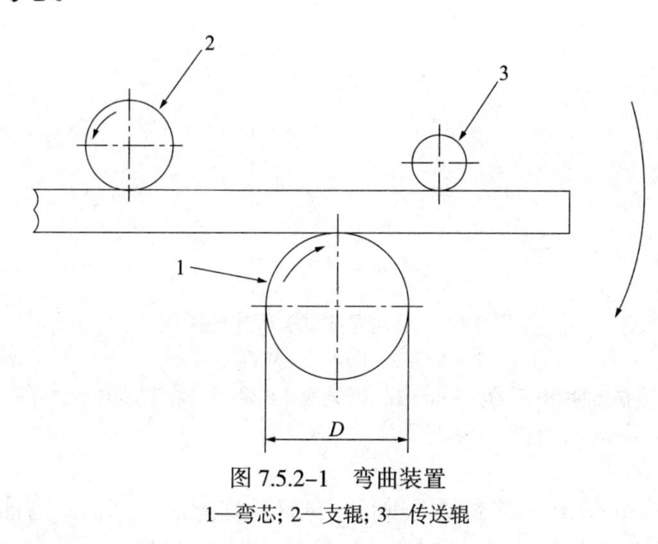

图 7.5.2–1 弯曲装置

1—弯芯; 2—支辊; 3—传送辊

2. 反向弯曲装置

反向弯曲可在图 7.5.2-1 所示的弯曲装置上进行，另一种可选用的反向弯曲装置图，见图 7.5.2-2。

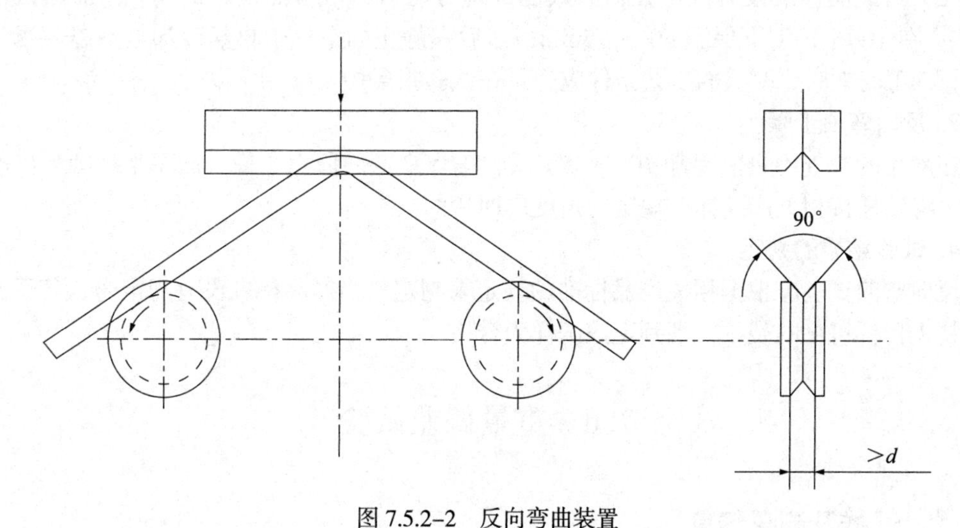

图 7.5.2–2 反向弯曲装置

7.5.3 试验程序

试验程序由弯曲步骤、人工时效步骤和反向弯曲步骤组成，试验程序通过图 7.5.3 举例说明。

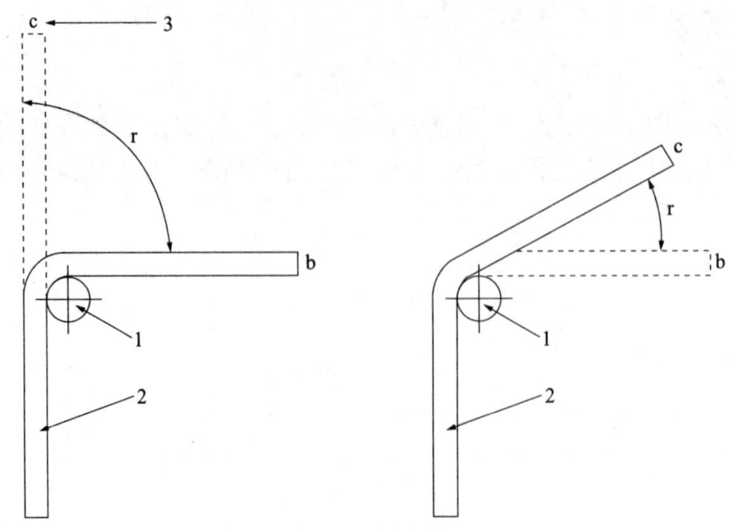

图 7.5.3　反向弯曲试验程序的图例

1—弯芯；2—试样；3—初始位置；

b—在“弯曲”中描述的操作后的位置；c—在“反向弯曲步骤”中描述的操作后的位置；r—弯曲角度

1. 弯曲步骤

弯曲步骤应在 10 ～ 35℃的温度下进行，试样应在弯芯上弯曲。弯曲角度和弯芯直径应符合相关产品标准的规定。试样应有目视仔细检查裂纹和裂缝。

2. 人工时效步骤

（1）人工时效的温度和时间应满足相关产品标准的规定。

（2）当产品标准没有规定任何时效的处理方法时，可参照推荐的工艺：加热试样到 100℃，在 100±10℃下保温 60 ～ 75min，然后在静止的空气中自然冷却至室温。当对试样进行人工时效时，时效的工艺条件应记录在试验报告中。

3. 反向弯曲步骤

在静止的空气中自然冷却 10 ～ 35℃后，确保在弯曲原点（最大曲率半径圆弧段的中间点）将试样按相关产品标准规定的角度向回弯曲。

4. 试验结果的判定

反向弯曲试验应根据相关产品标准的规定来判定。当产品标准没有规定时，若反向弯曲试样无目视可见的裂纹，则判定该试样为合格。

7.6　重量偏差试验

7.6.1　试样及测量精度

（1）重量偏差应在有垂直端面的试件上测量，试件的数量和长度应符合相关产品标准的规定。

（2）试样的长度测量精确到 1mm，重量的测量精确度应至少为 ±1%。

7.6.2 试验方法

测量钢筋重量偏差时，试样应从不同根钢筋上截取，数量不少于5支，每支试样长度不小于500mm，长度应逐支测量，精确到1mm，测量试样总重量时应精确度不大于总重量的1%。钢筋实际重量与理论重量的偏差按下式计算：

重量偏差=[试样实际总重量−(试样总长度×理论重量)/(试样总长度×理论重量)]×100%

7.6.3 盘卷钢筋调直检验

1. 力学性能和重量偏差的检验

盘卷钢筋调直后应进行力学性能和重量偏差的检验，其强度、断后伸长率、重量偏差应符合国家现行标准的有关规定。力学性能和重量偏差的检验如下：

（1）应对3个试件先进行重量偏差检验，再取其中2个试件进行力学性能检验。断裂伸长率的量测标距为5倍钢筋直径。

（2）重量偏差应按下式计算：

$$\Delta=\frac{W_d-W_0}{W_0}\times100$$

式中：Δ——重量偏差，%；

W_d——3个调直钢筋试件的实际重量之和，kg；

W_0——钢筋理论重量，kg，取每米理论重量（kg/m）与3个调直钢筋试件长度之和（m）的乘积。

（3）检验重量偏差时，试件切口应平滑并与长度方向垂直，其长度不应小于500mm，长度和重量的量测精确分别为1mm和1g。

（4）采用无延伸功能的机械设备调直的钢筋，可不按上述规定进行检验。

2. 延伸功能机械设备的判定

对钢筋调直机械设备是否具有延伸功能的判定，可由施工单位检查并经监理单位确认；当不能判定或对判定结果有争议时，应按上述规定执行。

3. 复验规定

考虑到建筑工程钢筋检验的实际情况，盘卷钢筋调直后的重量偏差不符合要求时不允许复验。

7.7 钢筋焊接接头试验

目前我国生产的钢筋、钢丝品种比较多，其中进行焊接的有5种，热轧光圆钢筋、热轧带肋钢筋（含普通热轧钢筋和细晶粒热轧钢筋）、余热处理钢筋、冷轧带肋钢筋、冷拔低碳钢丝。这些钢筋、钢丝的力学性能和化学性能应分别符合国家现行标准的规定。

《钢筋焊接接头试验方法标准》JGJ/T 27，适用于工业与民用建筑及一般构筑物的混凝土结构中钢筋焊接接头的拉伸试验、弯曲试验、剪切试验、冲击试验、疲劳试验、金相试验、硬度试验和晶粒度的测定。

钢筋焊接接头试验方法标准，适用于电阻点焊、闪光对焊、电弧焊、电渣压力焊、气压焊（包括固态气压焊和熔态气压焊）接头和预埋件钢筋 T 形接头（包括角焊、穿孔塞焊、埋弧压力焊、埋弧螺柱焊）的拉伸试验。

在工程开工或者每批钢筋正式焊接之前，无论采用何种焊接工艺方法，均须采用与生产相同条件进行焊接工艺试验。每种牌号、每种规格钢筋试件数量和要求应满足现行标准的规定。若第 1 次未通过，应改进工艺，调整参数，直至合格为止。

1. 钢筋的焊接方法

钢筋焊接的方法有钢筋电阻点焊、钢筋闪光对焊、箍筋闪光对焊、钢筋电弧焊、钢筋电渣压力焊、钢筋气压焊、预埋钢筋埋弧压力焊和预埋钢筋埋弧螺柱焊等。其中，电弧焊分为帮条焊和搭接焊（分为单面焊和双面焊）；电弧焊分为熔槽帮条焊、坡口焊（分为平焊、立焊）、钢筋与钢板搭接焊、窄间隙焊、预埋件钢筋（分为角焊、穿孔塞焊、埋弧压力焊、埋弧螺柱焊）；气压焊分为固态和熔态两种。

2. 焊接方法的特性

（1）钢筋电阻点焊

钢筋电阻点焊是指将两根钢筋（钢丝）安放成交叉叠接形式，压紧于两极之间，利用多种热熔化母材金属，加压形成焊点的一种压焊方法。电阻点焊利用电焊机进行交叉钢筋的焊接，可成型为钢筋网片或骨架，以代替人工绑扎。同人工绑扎相比较，电焊具有功效高、节约劳动力、成品整体性好、节约材料、降低成本等特点。

（2）钢筋闪光对焊

钢筋闪光对焊是指将两根钢筋以对接形式水平安放在对焊机上，利用电阻热使接触点金属熔化，产生强烈闪光和飞溅，迅速施加顶锻力完成的一种压焊方法。钢筋闪光电焊具有高效率、材料省、施焊方便，宜优先使用。

（3）箍筋闪光对焊

箍筋闪光对焊是指将待焊箍筋两端以对接形式安放在对焊机上，利用电阻热使接触点金属熔化，产生强烈闪光和飞溅，迅速施加顶锻力，焊接形成封闭环式箍筋的一种压焊方法。封闭式箍筋闪光对焊技术在建筑工程中应用，它改变了传统的箍筋制作工艺、节约钢材，利用结构受力，满足抗震设防要求。主要适用于钢筋混凝土结构中梁、柱、墙基础构件内箍筋制作安装工程。

（4）钢筋电弧焊

钢筋电弧焊是指以焊条作为一极，钢筋为另一极，利用焊条接电流通过产生的电弧热进行焊接的一种熔焊方法。钢筋电弧焊应包括帮条焊、搭接焊、坡口焊、窄间隙焊和熔槽帮条焊 5 种接头形式。钢筋电弧焊设备简单，价格便宜，维护方便；不需要辅助气体防护，并且具有较强的抗风能力；操作灵活，适应性强，凡焊条能够到达的地方都能进行焊接；应用范围广，可以焊接工业应用中的大多数金属和合金；此外，焊条电弧焊还可以进行异种金属的焊接、铸铁的补焊及各种金属材料的堆焊。

（5）钢筋电渣压力焊

钢筋电渣压力焊是指将两钢筋安放成竖向对接形式，通过直接引弧法或间接引弧法，利用焊接电流通过两钢筋端面间隙，在焊剂层下形成电弧过程和电渣过程，产生电弧热，熔化钢筋，加压完成的一种压焊方法。钢筋电渣压力焊适用于竖向钢筋，或者倾斜度在

10°范围内钢筋的焊接；若再增大倾斜度，会影响熔池的维持和焊包成型。

电渣压力焊应用于柱、墙等构筑物现浇混凝土结构中竖向受力钢筋的连接，不得用于梁、板等构件中水平钢筋的连接。

（6）钢筋气压焊

钢筋气压焊是指采用氧乙炔火焰或氧液化石油火焰（或其他火焰），对两钢筋对接处加热，使其达到热塑性状态（固态）或熔化状态（熔态）后，加压完成的一种压焊方法。气压焊用的多嘴环管加热器和加压器比较轻巧，能随意移动，故可在多种焊接位置施焊。气压焊可用于钢筋在垂直位置、水平位置或倾斜位置的对接焊接。

（7）预埋钢筋埋弧压力焊

预埋钢筋埋弧螺柱焊是指将钢筋与钢板安放成 T 形接头形式，利用焊接电流通过，在焊剂层下产生电弧，形成熔池，加压完成的一种压焊方法。预埋件不仅起着预制构件之间的联系作用，还借助它传递应力。焊点是否牢固可靠，对于结构物的安全度将产生影响。考虑到预埋件的实际情况，允许将外观不合格接头经补焊后，提交二次验收。

（8）预埋钢筋埋弧螺柱焊

预埋钢筋埋弧螺柱焊是指用电弧螺柱焊焊枪加持钢筋，使钢筋垂直对准钢板，采用螺柱焊电源设备产生强电流，短时间的焊接电弧，在溶剂层保护下使钢筋焊接端面与钢板间产生熔池，适时将钢筋插入熔池，形成 t 形接头的焊接方法。预埋钢筋埋弧螺柱焊的特点是强电流、短时间，它主要依靠埋弧螺柱焊机和焊枪来实施。

3. 外观质量

钢筋焊接接头力学性能检验时，应在具体外观质量检查合格后随机切取试件进行试验。试验方法应按《钢筋焊接接头试验方法标准》JGJ/T 27 有关规定执行。

（1）闪光对焊接头外观质量

对焊接头表面应呈圆滑、带毛刺状，不得有肉眼可见的裂纹；与电极接触处的钢筋表面不得有明显烧伤；接头的弯折角度不得大于 2°；接头处的轴线偏移不得大于钢筋直径的 1/10，且不得大于 1mm。

（2）箍筋闪光对焊外观质量

对焊接头表面应呈圆滑、带毛刺状，不得有肉眼可见的裂纹；轴线偏移不得大于钢筋直径的 1/10，且不得大于 1mm；对焊接头所在直线边的顺直度检测结果凹凸不得大于 5mm；对焊箍筋外皮尺寸应符合设计图纸的规定，允许偏差应为 ±5mm；与电极接触处的钢筋表面不得有明显烧伤。

（3）电弧焊外观质量

焊缝表面应平整，不得有凹陷或焊瘤；焊接接头区域，不得有肉眼可见的裂纹；焊缝余高应为 2 ～ 4mm；咬边深度、气孔、夹渣等缺陷允许值及接头尺寸的允许偏差，应符合现行标准的规定。当模拟试件试验结果不符合要求时，应进行复验。复验应从现场焊接接头中切取，其数量和要求与初始试验相同。

（4）电渣压力焊外观质量

四周焊包凸出钢筋表面的高度，当钢筋直径为 25mm 及以下时，不得小于 4mm，当钢筋直径为 28mm 及以上时，不得小于 6mm；钢筋与电极接触处，应无烧伤缺陷；接头处的弯折角度不得大于 2°；接头处的轴线偏移不得大于 1mm。

（5）气压焊外观质量

接头处的轴线偏移不得大于钢筋直径的1/10，且不得大于1mm；当不同直径钢筋焊接时，应按较小钢筋直径计算；接头处表面不得有肉眼可见的裂纹；接头处的弯折角度不得大于2°。

（6）预埋件钢筋T形接头外观质量

埋弧压力焊或埋弧螺柱焊时，四周焊包凸出钢筋表面的高度，当钢筋直径为18mm及以下时，不得小于3mm，当钢筋直径为20mm及以上时，不得小于4mm；焊缝表面不得有、气孔、夹渣和肉眼可见的裂纹；钢筋咬边深度不得超过0.5mm；钢筋相对钢板的直角偏差不得大于2°。

4. 检验批量

（1）闪光对焊接头检验批

闪光电焊是一种高生产率的焊接方法，每个班每一焊工所焊接的接头数量可超过100个，甚至超过200个，故每批的接头数量为300个。如果同一台班的焊接接头数量较少，而又连续生产时，可以累积计算。一周内不足300个，亦按一批计算；超过300个时，按两批计算。

力学性能试验时，应从每批接头中随机切取6个接头，其中3个做拉伸试验，3个做弯曲试验。异径钢筋接头可只做拉伸试验。

（2）箍筋闪光电焊接头检验批

根据箍筋的特点、受力以及数量较多情况，规定检验批的批量为600个接头，每批抽查5%进行外观质量检查；力学性能检验时只做拉伸试验。每个检验批中应随机切取3个对焊接头做拉伸试验。

（3）钢筋电渣压力焊检验批

钢筋电渣压力焊接头应进行外观质量检查和力学性能检验，以300个同牌号钢筋焊接接头为一批。不足300个时，仍作为一批。

在现浇钢筋混凝土结构中，应以300个同牌号钢筋接头作为一批；在房屋结构中，应在不超过连续二层楼中300个同牌号钢筋接头作为一批；当不足300个接头时，仍应作为一批。每批随机切取3个接头试件做拉伸试验。

（4）电弧焊接头检验批

在现浇混凝土结构中，以300个同牌号钢筋、同形式接头作为一批；在房屋结构中，应在不超过连续二层楼中300个同牌号钢筋、同形式接头作为一批；每批随机切取3个接头，做拉伸试验。在装配式结构中，可按生产条件制作模拟试件，每批3个做拉伸试验。钢筋与钢板搭接可只进行外观质量检查。

在同一批中若有3种不同直径的钢筋焊接接头，应在最大直径钢筋接头和最小直径钢筋接头中分别切取3个试件进行拉伸试验。钢筋电渣压力焊接头、钢筋气压焊接头取样均同。

（5）气压焊接头检验批

在现浇混凝土结构中，应以300个同牌号钢筋、同形式接头作为一批；在房屋结构中，应在不超过连续二层楼中300个同牌号钢筋接头作为一批；当不足300个接头时，仍应作为一批；在柱、墙的竖向钢筋连接中，应从每批接头中随机切取3个接头做拉伸试验；在梁、板的水平钢筋连接中，应另取 3 个接头做弯曲试验；在同一批中，异径钢筋气压焊接头可只做拉伸试验。

（6）预埋件钢筋 T 形接头检验批

力学性能检验时，应以 300 件同类型预埋件作为一批。一周内连续焊接时，可累计计算。当不足 300 件时，亦应按一批计算。应从每批预埋件中随机切取 3 个接头做拉伸试验。

预埋件钢筋 T 形接头拉伸试验时，应采用专用夹具。

7.7.1 拉伸试验

钢筋焊接接头拉伸试验方法是指对各种钢筋焊接接头在室温在 10 ～ 35℃条件下进行拉伸试验的方法。拉伸试验的目的是测定钢筋焊接接头抗拉强度，观察断裂位置和断口特征，判定延性断裂或脆性断裂。延性断裂是指形成暗淡且无光泽的纤维状剪切断口的断裂。脆性断裂是指由解理断裂或许多晶粒沿晶面断裂而产生有光泽断口的断裂。热影响区是指焊接或热切割过程中，钢筋母材因受热的影响（但未熔化），使金属组织和力学性能发生变化的区域。

1. 试验设备

拉力试验机或万能试验机，根据钢筋的牌号和直径应选用试配的拉力试验机或万能试验机；夹紧装置，根据试样规格选用，在拉伸过程中不得与钢筋产生相对位移，夹持长度按试样直径确定。钢筋直径不大于 20mm 时，夹持长度宜为 70 ～ 90mm ；钢筋直径大于 20mm 时，夹持长度宜为 90 ～ 120mm ；预埋件钢筋 T 形接头拉伸试验夹具有两种。使用时，夹具拉杆（板）应夹紧于试验机的上钳口，试样的钢筋应穿过垫块（板）中心孔夹紧于试验机的下钳口内；钢筋电阻点焊接头剪切试验夹具有三种。

2. 试验方法

（1）钢筋焊接接头的母材应符合现行国家标准的规定，并按钢筋、钢丝公称横截面积计算。试验前，可采用游标卡尺复核试样的钢筋直径和钢板的厚度。有争议时，按《混凝土结构工程施工质量验收规范》GB 50204 的规定。

（2）对试样进行轴向拉伸试验时，加载应连续平稳，试验速率应符合《金属材料 拉伸试验 第 1 部分:室温试验方法》GB/T228.1 的有关规定，将试验拉至断裂（或出现颈缩），自动采集最大力或读取最大力，也可从拉伸曲线图上确定试验过程中的最大力。

（3）当试样断口上出现气孔、夹渣、未焊透等焊接缺陷时，应在试验记录中注明。

（4）抗拉强度按下式计算：

$$R_{m}=\frac{F_{m}}{S_{0}} \tag{7.7.1}$$

式中：R_m——抗拉强度，MPa ；

F_m——最大力，N ；

S_0——原始试样的钢筋公称横截面积，mm^2。

试验结果数值应修约到 5MPa，并应按《数值修约规则与极限数值的表示和判定》GB/T 8170 执行。

7.7.2　弯曲试验

钢筋焊接接头弯曲试验方法是指对钢筋闪光对焊接头、钢筋气压焊接头采用支辊式装置进行弯曲试验的方法。

1. 试样

（1）钢筋焊接接头弯曲试样的长度宜为两支辊内侧距离加 150mm，两支辊内侧距离在试验期间保持不变。两支辊内侧距离按下式确定：

$$L=(D+3a)\pm a/2 \tag{7.7.2}$$

式中：L——两支辊内侧距离，mm；

D——弯曲压头直径，mm；

a——弯曲试样直径，mm。

（2）试样受压面的金属毛刺和镦粗变形部分宜去除至与母材外表面齐平。

2. 试验设备

（1）钢筋焊接接头弯曲试验时，宜采用支辊式弯曲装置，并应符合《金属材料 弯曲试验》GB/T 232 中有关规定。

（2）钢筋焊接接头弯曲试验可在压力机或万能试验机上进行，不得使用钢筋弯曲机对焊接接头进行弯曲试验。

3. 试验方法

（1）钢筋焊接接头进行弯曲试验时，试样应放在两支点上，并应使焊缝中心与弯曲压头中心线一致，应缓慢地对试样施加荷载，以使材料能够自由地进行塑性变形；当出现争议时，试验速率应为 1±0.2mm/s，直至达到规定的弯曲角度或出现裂纹、破断为止。

（2）弯曲压头直径和弯曲角度（a 为弯曲试样直径），按规定。

7.7.3　试验结果评定

1. 拉伸试验结果评定

钢筋闪光对焊接头、电弧焊接头、电渣压力焊接头、气压焊接头、箍筋闪光对焊接头、预埋件钢筋 T 形接头的拉伸试验，应从每一检验批接头中切取 3 个接头进行试验，并应按下列规定对试验结果进行评定：

（1）符合下列条件之一，应评定该检测批接头拉伸试验合格：

① 3 个试件均断于钢筋母材，呈延性断裂，其抗拉强度大于或等于钢筋母材抗拉强度标准值。

② 2 个试件断于钢筋母材，呈延性断裂，其抗拉强度大于或等于钢筋母材抗拉强度标准值；另一试件断于焊缝，呈脆性断裂，其抗拉强度大于或等于钢筋母材抗拉强度标准值的 1.0 倍（试件断于热影响区，呈延性断裂，应视作与断于钢筋母材等同；试件断于热影响区，呈脆性断裂，应视作与断于焊缝等同）。

（2）符合下列条件之一，应进行复验：

① 2 个试件断于钢筋母材，呈延性断裂，其抗拉强度大于或等于钢筋母材抗拉强度标准值；另一试件断于焊缝，或热影响区，呈脆性断裂，其抗拉强度小于钢筋母材抗拉强度标准值的 1.0 倍。

②1个试件断于钢筋母材，呈延性断裂，其抗拉强度大于或等于钢筋母材抗拉强度标准值；另2个试件断于焊缝或热影响区，呈脆性断裂。

（3）3个试件均断于焊缝，呈脆性断裂，其抗拉强度均大于或等于钢筋母材抗拉强度标准值的1.0倍，应进行复验。当3个试件中有1个试件抗拉强度小于钢筋母材的抗拉强度标准值的1.0倍，应评定该批接头拉伸试验不合格。

（4）复验时，应切取6个试件进行试验。试验结果，若有4个或4个以上试件断于钢筋母材，呈延性断裂，其抗拉强度大于或等于钢筋母材抗拉强度标准值，另2个或2个以下试件断于焊缝，呈脆性断裂，其抗拉强度大于或等于钢筋母材抗拉强度标准值的1.0倍，应评定该检验批接头拉伸试验复验合格。

（5）可焊接余热处理钢筋RRB400W焊接接头拉伸试验结果，其抗拉强度应符合同级别热轧带肋钢筋抗拉强度标准值540MPa的规定。

（6）预埋件钢筋T形接头拉伸试验结果，3个试件的抗拉强度均大于或等于规定值时，应评定该检验批接头拉伸试验合格。若有一个接头试件抗拉强度小于标准的规定值时，应进行复验。

复验时，应切取6个试件进行试验。复验结果，其抗拉强度均大于或等于标准的规定值时，应评定该检验批接头拉伸试验复验合格。

2. 弯曲试验结果评定

（1）当试验结果，弯曲至90°，有2个或3个试件外侧（含焊缝和热影响区）未发生宽度达到0.5mm的裂纹，应评定该检验批接头弯曲试验合格。

（2）当有2个试件发生宽度达到0.5mm的裂纹，应进行复验。

（3）当有3个试件发生宽度达到0.5mm的裂纹，应评定该检验批接头弯曲试验不合格。

（4）复验时，应切取6个试件进行试验。复验结果，当不超过2个试件发生宽度达到0.5mm的裂纹时，应评定该检验批接头弯曲试验复验合格。

7.7.4 试验报告

1. 钢筋焊接接头拉伸试验记录

钢筋焊接接头拉伸试验记录应包括下列内容：试验编号；试验条件（试验设备、试验速率等）；原始试样的钢筋牌号、公称直径及实测直径；焊接方法；试验拉断（或颈缩）过程中的最大力；断裂（或颈缩）位置及离焊口距离；断口特征。

2. 钢筋焊接接头弯曲试验记录

钢筋焊接接头弯曲试验记录应包括下列内容：试验编号；试验条件（试验设备、试验速率等）；试样标识；原始试样的钢筋牌号和公称直径；焊接方法；弯曲后试样受拉面有无裂纹及裂纹宽度；断裂时的弯曲角度；断口位置及特征；有无焊接缺陷。

3. 钢筋焊接接头试验报告

钢筋焊接接头试验报告应包括下列内容：工程名称，取样部位；批号、批量；钢筋生产厂家和钢筋批号、钢筋牌号、规格；焊接方法；焊工姓名及合格证书编号；施工单位；焊接工艺试验时的力学性能试验报告。

7.8　钢筋机械连接接头试验

钢筋机械连接是指通过钢筋与连接件或其他介入材料的机械咬合作用或钢筋端面的承压作用，将一根钢筋中的力传递至另一根钢筋的连接方法。《钢筋机械连接技术规程》JGJ 107，对建筑工程混凝土结构中钢筋机械连接接头性能要求、接头应用、接头的现场加工与安装以及接头的现场检验与验收作出了统一规定，与《混凝土结构设计规范》GB 50010（2015 年版）配套使用，以确保各类机械接头的质量和合理应用。除建筑工程外，一般构筑物及公路和铁路桥梁、大坝、核电站等其他工程结构，也可参考。

常用的钢筋机械连接接头类型有套筒挤压接头、锥螺纹接头、镦粗直螺纹接头、滚轧直螺纹接头、套筒灌浆接头、熔融金属充填接头等。

7.8.1　接头性能要求

1. 检验项目

接头性能应包括单向拉伸、高应力反复拉压、大变形反复拉压和抗疲劳性能，应根据性能的等级和应用场合选择相应的检验项目。

2. 接头等级

接头应根据极限抗拉强度、残余变形、最大力下总伸长率以及高应力和大变形条件下反复拉压性能，分为下列三个等级：

Ⅰ级接头：连接件极限抗拉强度大于或等于被连接钢筋抗拉强度标准值的 1.10 倍，残余变形小并具有高延性及反复拉压性能。

Ⅱ级接头：连接件极限抗拉强度不小于被连接钢筋抗拉强度标准值，残余变形小并具有高延性及反复拉压性能。

Ⅲ级接头：连接件极限抗拉强度不小于被连接钢筋屈服强度标准值的 1.25 倍，残余变形小并具有一定的延性及反复拉压性能。

3. 接头极限抗拉强度及变形性能

（1）接头极限抗拉强度

Ⅰ级、Ⅱ级、Ⅲ级接头的极限抗拉强度必须符合现行行业标准的规定。Ⅰ级接头极限抗拉强度试验中需要判断钢筋拉断和连接件破坏两种情况。钢筋拉断是指断于钢筋母材、套筒外钢筋丝头和钢筋镦粗过渡段。连接件破坏是指断于套筒、套筒纵向抗裂或钢筋从套筒中拔出以及其他连接组件破坏。

（2）接头变形性能

接头变形性能包括单向拉伸（包括残余变形、最大力下总伸长率）、高应力反复拉压（残余变形）、大变形反复拉压（残余变形）等。Ⅰ级、Ⅱ级、Ⅲ级接头应能经受规定的高应力和大变形反复拉压循环，且在经历拉压循环后，其极限抗拉强度仍应符合现行行业标准的规定。

7.8.2　工艺检验要求

钢筋连接工程开工前，应对不同钢厂的进场钢筋进行接头工艺检验，主要检验接头技术提供单位采用的接头类型（如剥肋滚轧直螺纹接头、镦粗直螺纹接头）和接头形式（如标准型、异径型）、加工工艺参数是否与本工程中进场钢筋相适应，以提高实际工程中抽样试件的合格率，减少在工程应用后发现问题造成的经济损失。

施工过程中如更换钢筋生产厂、改变接头加工工艺或接头技术提供单位，应补充进行工艺检验。现场工艺检验中增加了残余变形检验的要求，目的是控制现场接头加工质量、克服钢筋接头型式检验结果与施工现场接头质量严重脱节的重要措施。工艺检验要求如下：

（1）各种类型和型式接头都应进行工艺检验，检验项目包括单向拉伸极限抗拉强度和残余变形。

（2）每种规格钢筋接头试件不应少于 3 根。

（3）接头试件测量残余变形后可继续进行极限抗拉强度试验，并宜按现行行业标准规定的单向拉伸加载制度进行试验。

（4）每根试件极限抗拉强度和 3 根接头试件残余变形平均值均应符合现行行业标准的相应规定。

（5）工艺检验不合格时，应进行工艺参数调整，合格后方可按最终确认的工艺参数进行接头批量加工。

7.8.3 检验批量

接头现场抽检项目应包括极限抗拉强度试验、加工和安装质量检验。抽检应按验收批进行。同钢筋生产厂、同强度等级、同规格、同类型和同型式接头，应以 500 个为一个验收批进行检验与验收，不足 500 个也应作为一个验收批。

7.8.4 现场工艺检验

（1）现场工艺检验接头残余变形的仪表布置、测量标距和加载速度应符合现行行业标准中“试件型式检验的仪表布置和变形测量标距”和“测量接头试件残余变形时的加载应力速率”的规定。现场工艺检验中，按现行行业标准中规定的加载制度进行接头残余变形检验时，可采用不大于 $0.012A_s f_{yk}$ 的拉力作为名义上的零荷载。

（2）现场抽检接头试件的极限抗拉强度试验应采用零到破坏的一次加载制度。

（3）合格评定：强度检验，每个接头试件的强度实测值均应符合现行行业标准中相应接头等级的强度要求。变形检验，3 个试件残余变形和最大力总伸长率实测值的平均值应符合现行行业标准中的相应规定。

7.8.5 检验结果评定

1. 合格评定

对接头的每一验收批，应在工程结构中随机截取 3 个接头试件做极限抗拉强度试验，按设计要求的接头等级进行评定。当 3 个接头试件的极限抗拉强度均符合现行行业标准中相应等级的强度要求时，该验收批应评为合格。

2. 复验评定

当仅有 1 个试件的极限抗拉强度不符合要求，应再取 6 个试件进行复检。复检中如仍有 1 个试件的极限抗拉强度不符合要求，则该验收批应评为不合格。

3. 见证取样要求

对封闭环形钢筋接头、钢筋笼接头、地下连续墙预埋套筒接头、不锈钢钢筋接头、装配式结构构件间的钢筋接头和有疲劳性能要求的接头，可见证取样，在已加工并检验合格的钢筋丝头成品中随机割取钢筋试件，按现行行业标准相应要求与随机抽取的进场套筒组装成 3 个接头试件做极限抗拉强度试验，按设计要求的接头等级进行评定。

4. 检验批扩大

同一接头类型、同型式、同等级、同规格的现场检验连续 10 个验收批抽样试件抗拉强度试验一次合格率为 100% 时，验收批接头数量可扩大为 1000 个；当验收批接头数量少于 200 个时，可按现行行业标准相应规定的抽样要求随机抽取 2 个试件做极限抗拉强度试验，当 2 个试件的极限抗拉强度均满足规程的强度要求时，该验收批应评为合格。当有 1 个试件的极限抗拉强度不满足要求，应再取 4 个试件进行复检，复检中仍有 1 个试件极限抗拉强度不满足要求，该验收批应评为不合格。

5. 有效认证产品扩大

对有效认证的接头产品，验收批数量可扩大至 1000 个；当现场抽检连续 10 个验收批抽样试件极限抗拉强度检验一次合格率为 100% 时，验收批接头数量可扩大为 1500 个。当扩大后的各验收批中出现抽样试件极限抗拉强度检验不合格的评定结果时，应将随后的各验收批数量恢复为 500 个，且不得再次扩大验收批数量。

7.9　综 述 提 示

1. 试验结果数据的修约

对于试验结果数据的修约是根据《金属材料 拉伸试验 第 1 部分：室温试验方法》GB/T 228.1—2010 的规定，“试验测定的性能结果数值应按照相关产品标准的要求进行修约。”《冶金技术标准的数值修约与检测数值的判定》YB/T 081—2013 中规定，金属材料的拉伸试验结果按照如下要求进行修约：

（1）上屈服强度、下屈服强度、抗拉强度，实测值小于等于 200MPa 时，修约间隔为 1MPa；实测值 200 ～ 1000MPa 时，修约间隔为 5MPa；实测值大于 1000MPa 时，修约间隔为 10MPa。

（2）断后伸长率，实测值小于等于 10% 时，修约间隔为 0.5%；实测值大于 10% 时，修约间隔为 1%。

（3）最大力总延伸率，修约间隔为 0.5%。

2. 焊接钢筋弯曲装置的规定

（1）用于金属材料试验的弯曲装置有多种，根据钢筋焊接接头的特点，《钢筋焊接接头试验方法标准》JGJ/T 27—2014 规定钢筋焊接接头弯曲试验采用支辊式弯曲装置。

（2）如果钢筋弯曲机对钢筋焊接接头进行弯曲试验，弯曲试样受压面和受拉面时随着钢筋弯曲机的弯曲轴心不断移动，不能正确检验钢筋焊接接头部位的弯曲性能。

（3）弯曲试验可在万能试验机、手动或电动液压弯曲试验器上进行；根据焊接接头实际情况，宜将试件受压面金属毛刺、镦粗部分消除。

3. 施焊的钢筋进场复验规定

《钢筋焊接及验收规程》JGJ 18—2012 第 3.0.6 条为强制性条文，钢筋进场时，应按国家现行相关标准的规定抽取试件并作力学性能和重量偏差检验，检验结果必须符合国家现行有关标准的规定。检验数量，按进场的批次和产品的抽样检验方案确定。检验方法，检查产品合格证、出厂检验报告和进场复验报告。

4. 工艺检验的要求

《钢筋焊接及验收规程》JGJ 18—2012 第 4.1.3 条为强制性条文，在钢筋工程焊接开工之前，参与该项工程施焊的焊工必须进行现场条件下的焊接工艺检验，应经试验合格后，方准于焊接生产。在工程开工之前或每批钢筋正式焊接之前，无论采取何种焊接工艺方法，均须采用与生产相同条件进行焊接工艺试验，以便了解钢筋焊接性能，以及掌握担负生产的焊工的技术水平。每种牌号、每种规格钢筋试件数量和要求与现行行业标准中规定相同。若第 1 次未通过，应改进工艺，调整参数，直至合格为止。

在焊接过程中，如果钢筋牌号、直径发生变更，应同样进行焊接工艺试验。这是强制性条文的规定，应严格执行。

5. 钢筋电弧焊接头的要求

（1）钢筋电弧焊形式

钢筋电弧焊是钢筋焊接中常用焊接方法之一，这种方法包括帮条焊、搭接焊、坡口焊、熔槽帮条焊 5 种接头形式。焊接时，引弧应在垫板、帮条或形成焊缝的部位进行，不得烧伤主筋。焊缝表面应光滑，焊缝余高应平缓过渡，弧坑应填满。焊缝余高是指焊缝表面两焊趾连线上的那部分金属高度。

（2）钢筋帮条焊接头长度

当帮条牌号与主筋相同时，帮条直径可与主筋相同或小一个规格；当帮条直径与主筋相同时，帮条牌号可与主筋相同或低一个牌号等级。

钢筋帮条焊接头长度由钢筋牌号、焊接形式确定。钢筋牌号为 HPB300 单面焊、双面焊帮条长度分别为大于等于$8d$、大于等于$4d$；钢筋牌号为 HPB300 单面焊、双面焊帮条长度分别为大于等于$8d$、大于等于$4d$；钢筋牌号为 HRB400、HRBF400、HRB500、HRBF500、RRB400W 单面焊、双面焊帮条长度分别为大于等于$10d$、大于等于$5d$（d为主筋直径，mm）。

（3）钢筋搭接焊接头长度

钢筋搭接焊接头的长度同上述的帮条焊接头长度。

（4）拉伸试验断于焊缝的判断

钢筋电弧焊接头拉伸试验结果不应断于焊缝，如图 7.9-1 所示。若有一个试件断于钢筋母材，呈脆性断裂；或有一个试件断于钢筋母材，其抗拉强度又小于钢筋母材抗拉强度标准值，应视该项试验无效，并检验钢筋的化学成分和力学性能。

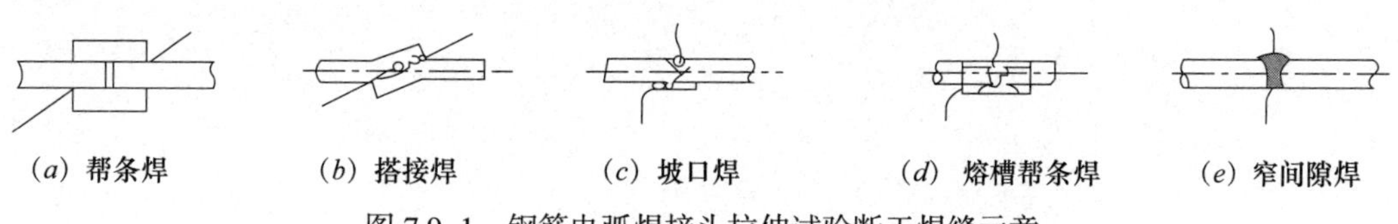

(*a*) 帮条焊　(*b*) 搭接焊　(*c*) 坡口焊　(*d*) 熔槽帮条焊　(*e*) 窄间隙焊

图 7.9-1　钢筋电弧焊接头拉伸试验断于焊缝示意

6. 钢筋气压焊接头要求

接头处的轴线偏移不得大于钢筋直径的 1/10，且不得大于 1mm，如图 7.9-2（*a*）所示；固态气压焊接头镦粗直径不得小于钢筋直径的 1.0 倍，熔态气压焊接头镦粗直径不得小于钢筋直径的 1.2 倍，如图 7.9-2（*b*）所示；镦粗长度不得小于钢筋直径的 1.0 倍，且凸起部分平缓圆滑，如图 7.9-2（*c*）所示。不满足上述规定值时，重新焊接。

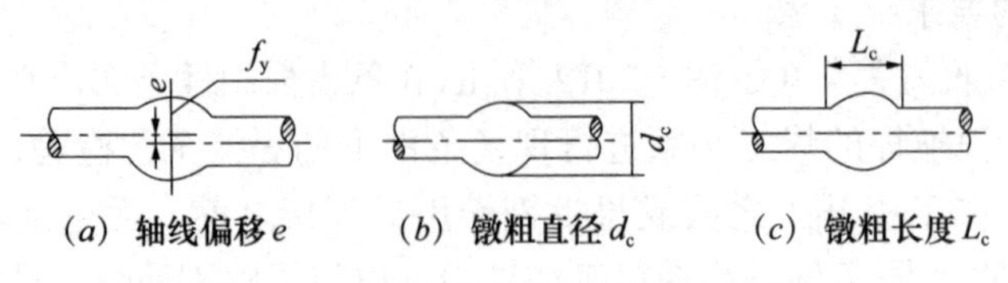

图 7.9–2　钢筋气压焊接头外观图示

7. 重量偏差的复验

有关重量偏差项目检验不符合产品标准的要求或不合格时，是否允许复验的问题，一直都是关注的对象。原则上来讲，重量偏差不符合要求时不允许复验。

在《混凝土结构工程施工质量验收规范》GB 50204—2015 中已明确规定，重量偏差不符合要求时不允许复验。2018 年 9 月 1 日及 2018 年 11 月 1 日分别实施的《钢筋混凝土用钢 第 1 部分：热轧光圆钢筋》GB/T 1499.1—2017 和《钢筋混凝土用钢 第 2 部分 热轧带肋钢筋》GB/T 1499.2—2018 中，分别在“复验与判定”中明确规定“钢筋的重量偏差项目不合格时不准许复验”。

第8章　墙体与屋面材料性能检验

8.1 概　　述

我国的墙体材料大致可划分为淘汰型产品、过渡型产品和发展型产品，其划分的原则是依据产品的技术性、政策性、经济性三大要素。不符合三大要素中任何一项均应视为淘汰型产品（如技术不成熟、国家政策不允许或造价昂贵缺少市场竞争力的产品），过渡型产品则不完全符合三大要素中某一要素的某项要求（如一些地区仍在使用的黏土空心砖、混凝土实心砖等），对于符合或基本符合三大要素的墙材则应为倡导的发展型产品，设计中应积极采用。当前我国墙体材料应用现状不容乐观，调查分析表明淘汰型产品被大量、广泛地应用着，低劣产品的应用已对建筑质量构成隐患。

墙体材料的发展趋势是淘汰和限制使用实心黏土砖，大力发展多孔砖、空心砖、废渣砖、各种建筑砌块和建筑板材等新型墙体材料。新型墙体材料是区别于传统的砖瓦、灰砂石等传统墙材的墙材新品种，包括的品种和门类很多。有石膏或水泥轻质隔墙板、彩钢板、加气混凝土砌块、钢丝网架泡沫板、小型混凝土空心砌块、石膏板、石膏砌块、陶粒砌块、烧结多孔砖、页岩砖、实心混凝土砖、PC大板、水平孔混凝土墙板、活性炭墙体、新型隔墙板等。新型墙体材料的发展对建筑技术产生巨大的影响，并可能改变建筑物的形态或结构。

新型墙体材料包括新出现的原料和制品，也包括原有材料的新制品。新型墙体材料具有轻质、高强度、保温、节能、节土、装饰等优良特性。采用新型墙体材料不但使房屋功能大大改善，还可以使建筑物内外更具现代气息，满足人们的审美要求；有的新型墙体材料可以显著减轻建筑物自重，为推广轻型建筑结构创造了条件，推动了建筑施工技术现代化，大大加快了建房速度。

墙体材料是指块体材料、板材、砂浆、灌孔混凝土及保温、连接及其他材料。块体材料是指由烧结或非烧结生产工艺制成的实（空）心或多孔正六面体块材。墙板是指用于围护结构的各类外墙及分隔室内空间的各类隔墙板。块体包括烧结普通砖、烧结多孔砖、烧结空心砖和空心砌块、混凝土实心砖、混凝土多孔砖、蒸压灰砂砖、蒸压灰砂空心砖、蒸压粉煤灰砖、普通混凝土小型砌块、轻集料混凝土小型空心砌块和蒸压加气混凝土砌块等。建筑板材的种类比较多其特点是轻质、高强、低能耗、多功能便于拆装、施工劳动效率高、减薄墙体的厚度、降低造价等。轻质多孔条板又称玻璃纤维增强水泥轻质多孔隔墙条板轻质多孔条板是以硫铝酸盐水泥轻质砂浆为基材以耐碱玻璃纤维或其网格布作为增强材料并加入发泡剂和防水剂等制成的具有若干个圆孔的条形板。具有密度小、耐水、韧性好、不燃、易加工等特点，主要用于非承重的内隔墙和复合墙体的外墙面。墙板按类别进行划分，水泥类墙用板材包括预应力混凝土空心墙板、玻璃纤维增强轻质多孔隔墙条板、纤维增强低碱度水泥建筑平板、水泥木屑板；石膏类墙用板材包括纸面石膏板、石膏空心条板、石膏纤维板；植物纤维类板材包括稻草（麦秸）板、蔗渣板；复合墙板包括混凝土夹芯板、泰柏板、轻型夹芯板等。

1. 墙体材料

（1）烧结普通砖

烧结普通砖是指以黏土、页岩、煤矸石、粉煤灰、建筑渣土、淤泥（江河湖淤泥）、污泥等为主要原料，经焙烧而成主要用于建筑物承重部位的普通砖。烧结普通砖按砖的主要原料分为黏土砖、页岩砖、煤矸石砖、粉煤灰砖、建筑渣土砖、淤泥砖、污泥砖、固体废弃物砖。砖的强度等级分为五级 MU30、MU25、MU20、MU15、MU10，其外形为直角六面体，公称尺寸为长度 240mm，宽度 115mm，高度 53mm。

3. 5 万～ 15 万块为一批，不足 3.5 万块按一批计。

外观质量检验的试样采用随机抽样法，在每一检验批的产品堆垛中抽取；尺寸偏差检验和其他项目的样品用随机抽样法从外观质量检验后的样品在抽取。

淤泥砖、污泥砖、固体废弃物砖应进行冻融试验。严重风化地区的砖应进行冻融试验；其他地区的砖抗风化性能满足产品标准的要求时，不做冻融试验，否则，应进行冻融试验。

尺寸偏差、强度等级、抗风化性能、泛霜和石灰爆裂、放射性核素限量和欠火砖、酥砖、螺旋纹砖等试验结果不符合产品标准的规定时，判为不合格。外观质量采用二次抽样方案，根据产品标准规定的质量指标进行判定。

欠火砖：未到达烧结温度或保持烧结温度时间不够的砖，其特征是声音沙哑、土心，抗风化性能和耐久性差。酥砖：干砖坯受湿（潮）气雨淋后成反潮坯，或湿坯受冻后的冻坯，这类砖坯焙烧后为酥砖；或砖坯入窑后焙烧时预热过急，导致烧成的砖易为酥砖。酥砖极易从外观就能辨别出来。这类砖的特征是声音哑，强度低，抗风化性能和耐久性能差。螺旋纹砖：以螺旋挤出机成型砖坯时，坯体内部形成螺旋状分层的砖，其特征是强度低、声音哑、抗风化性能差，受冻后会层层脱皮，耐久性能差。

（2）烧结多孔砖

烧结多孔砖是指以黏土、页岩、煤矸石、粉煤灰、淤泥（江河湖淤泥）及其他固体废弃物等为主要原料，经焙烧而成主要用于建筑物承重部位的多孔砖。烧结多孔砖按砖的主要原料分为黏土砖、页岩砖、煤矸石砖、粉煤灰砖、淤泥砖及其他固体废弃物砖。砖的强度等级分为五级 MU30、MU25、MU20、MU15、MU10，砖的密度等级分为四级 1000、1100、1200、1300。其外形一般为直角六面体，在与砂浆的结合面上应设增加结合力的粉刷槽；砖规格尺寸分别为 290mm、240mm、190mm、180mm、140mm、115mm、90mm。

3. 5 万～ 15 万块为一批，不足 3.5 万块按一批计。

外观质量检验的试样采用随机抽样法，在每一检验批的产品堆垛中抽取；其他项目的样品用随机抽样法从外观质量检验合格的样品中抽取。

（3）蒸压灰砂实心砖

以石灰和砂为主要原料，允许掺加颜料和外加剂，经焙烧制备，压制成型、高压蒸气养护而成的实心砖称为蒸压灰砂实心砖。标准砖外形为直角六方体，公称尺寸为长度

240mm，宽度为115mm，高度为53mm。其他规格尺寸产品，用户与生产商协商确定。

按抗压强度分为MU10、MU15、MU20、MU25、MU30五个强度等级。按强度等级分批验收。以同一批原材料、同一生产工艺、同一规格尺寸，强度等级相同的10万块为一批，不足10万块亦按一批计。

从外观质量和尺寸允许偏差检验合格的同批产品中，按产品标准的规定抽取样品，分别制作检验项目用试件，同一性能检测用试件，应来自不同的样品。

（4）混凝土实心砖

混凝土实心砖是指以水泥、骨料，以及需要加入的掺合料、外加剂等，经加水搅拌、成型、养护制成的混凝土实心砖。砖的主规格尺寸为长度240mm，宽度115mm，高度53mm。密度等级分为3级，A级、B级、C级。强度等级按抗压强度分为6级，MU40、MU35、MU30、MU25、MU20、MU15。同一种原材料、同一种生产工艺、相同质量等级的10万块为一批，不足10万块亦为一批。

尺寸偏差和外观质量检验的试样采用随机抽样法，在每一检验批的产品堆垛中抽取50块进行检验；其他项目的样品用随机抽样法从外观质量检验合格的样品中抽取。尺寸偏差和外观质量采用二次抽样方案，根据规定的质量指标进行判定。强度、密度、干燥收缩率和相对含水率，抗冻性、碳化系数、软化系数分别符合产品标准的技术要求指标时，则判该批产品相应等级合格，其中有一项不合格，则判该批产品相应等级不合格。

（5）蒸压粉煤灰砖

蒸压粉煤灰砖是指以粉煤灰、生石灰为主要原料，可掺加适量石膏等外加剂和其他集料，经坯料制备、高压蒸汽养护而制成的砖。砖分带槽（设在砖大面上的沟槽）和不带槽两种。砖的外形为直角六面体，公称尺寸为长度240mm，宽度115mm，高度53mm。强度等级分为MU30、MU25、MU20、MU15、MU10五个强度等级。

同一批原材料、同一种生产工艺生产、同一规格型号、同一强度等级和同一龄期的每10万块砖为一批，不足10万块按一批计。

尺寸偏差和外观质量检验的试样采用随机抽样法，在每一检验批的产品中抽取50块进行检验；其他项目的样品用随机抽样法从尺寸偏差和外观质量检验合格的样品中抽取。尺寸偏差和外观质量采用二次抽样方案，根据规定的质量指标进行判定。强度等级、吸水率、线性干燥收缩值、抗冻性、碳化系数和放射性核素限量符合规定时，判为合格，否则判不合格。

2. 屋面材料

（1）防水材料进场检验项目

① 高聚物改性沥青防水卷材的物理性能检验包括6项，即可溶物含量、拉力、最大拉力时延伸率、耐热度、低温柔度和不透水性。外观质量检验：表面平整、边缘整齐，无孔洞、缺边、裂口、胎基未浸透，矿物粒料粒度，每卷卷材的接头。

② 合成高分子防水卷材的物理性能检验包括4项，即断裂拉伸强度、扯断伸长率、低温弯折性和不透水性能。外观质量检验：表面平整、边缘整齐，无气泡、裂纹、粘结疤痕，每卷卷材的接头。

③ 高聚物改性沥青防水涂料物理性能检验包括5项，即固体含量、耐热性、低温柔性、不透水性、断裂伸长率或抗裂性。外观质量检验分为水乳型和溶剂型。水乳型：无色

差、凝胶、结块、明显沥青丝；溶剂型：黑色黏稠状、细腻、均匀胶状液体。

④ 合成高分子防水涂料的物理性能检验包括 5 项，即固体含量、拉伸强度、断裂伸长率、低温柔性和不透水性。外观质量检验分为反应固化型和挥发固化型。反应固化型：均匀黏稠状、无凝胶、结块；挥发固化型：经搅拌后无结块，呈均匀状态。

⑤ 聚合物水泥防水涂料物理性能检验包括 5 项，即固体含量、拉伸强度、断裂伸长率、温柔性和不透水性。外观质量检验分为液体组分和固体组分。液体组分：无杂质、无凝胶的均匀乳液；固体组分：无杂质、无结块的粉末。

⑥ 高分子胶粘剂物理性能检验包括 2 项，即剥离强度、浸水 168h 后的剥离强度保持率。外观质量检验：均匀液体、无杂质、无分散颗粒和凝胶。

⑦ 改性沥青胶粘剂物理性能检验包括 1 项，即剥离强度。外观质量检验：均匀液体、无杂质、无凝胶。

（2）保温材料进场检验项目

① 模塑聚苯乙烯泡沫塑料进场检验项目包括 4 项，即表观密度、压缩强度、导热系数和燃烧性能。外观质量检验：色泽均匀，阻燃型应掺有颜色的颗粒；表面平整，无明显收缩变形和膨胀变形；熔结良好；无明显油渍和杂质。

② 挤塑聚苯乙烯泡沫塑料进场检验项目包括 3 项，即压缩强度、导热系数和燃烧性能。外观质量检验：表面平整、无夹杂物，颜色均匀；无明显起泡、裂口、变形。

③ 硬质聚氨酯泡沫塑料进场检验项目包括 4 项，即表观密度、压缩强度、导热系数和燃烧性能。外观质量检验：表面平整，无严重凹凸不平。

④ 膨胀珍珠岩制品（憎水型）进场检验项目包括 4 项，即表观密度、抗压强度、导热系数和燃烧性能。外观质量检验：弯曲度、缺棱、掉角、裂纹。

⑤ 泡沫混凝土砌块进场检验项目包括 4 项，即干密度、抗压强度、导热系数和燃烧性能。外观质量检验：缺棱掉角；平面弯曲；裂纹、粘模和损坏深度，表面酥松、层裂；表面油污。

⑥ 玻璃棉、岩棉、矿渣棉制品进场检验项目包括 3 项，即表观密度、导热系数和燃烧性能。外观质量检验：表面平整，伤痕、污迹、破损，覆层与基材粘贴。

8.2　砌墙砖试验

砌墙砖按原料分为黏土砖、页岩砖、煤矸石砖和粉煤灰砖；按工艺分为烧结砖和非烧结砖；按外形分为实心砖和多孔砖、空心砖；按用途分为承重砖和非承重砖。

8.2.1　抗折强度试验

1. 砌墙砖

（1）仪器设备

材料试验机，示值相对误差不大于 ±1%，其下加压板应为球铰支座，预期最大破坏荷载应在量程的 20% ～ 80%；抗折夹具，抗折试验的加荷形式为三点加荷，其上压辊和下支辊的曲率半径为 15mm，下支辊应有一个为铰接固定；钢直尺，分度值不应大于 1mm。

（2）试样数量

试样数量为 10 块。

（3）试样处理

试样应放在温度为 20±5℃的水中浸泡 24h 后取出，用湿布拭去其表面水分进行抗折强度试验。

（4）试验步骤

① 按规定的测量方法测量试样的宽度和高度尺寸各 2 个，分别取算术平均值，精确至 1mm。

② 调整抗折夹具下支辊的跨距为砖规格长度减去 40mm。但规格长度为 190mm 的砖，其跨距为 160mm。

③ 将试样大面平放在下支辊上，试样两端面与下支辊的距离应相同，当试样有裂缝或凹陷时，应使有裂缝或凹陷的大面朝下，以 50 ～ 150N/s 的速度均匀加荷，直至试样断裂，记录最大破坏荷载。

（5）试验结果

每块试样的抗折强度按下式计算，试验结果以试样抗折强度的算术平均值和单块最小值表示。

$$R_c=\frac{3PL}{2BH^2} \tag{8.2.1-1}$$

式中：R_c——抗折强度，MPa；

P——最大破坏荷载，N；

L——跨距，mm；

B——试样宽度，mm；

H——试样高度，mm。

2. 蒸压粉煤灰砖

（1）仪器设备

材料试验机：示值误差不大于 1%，其量程选择应能使试件的预期破坏荷载在满量程的 20% ～ 80%；抗折夹具；钢直尺规格为 400mm，分度值为 1mm。

（2）试件

① 试件数量

蒸压粉煤灰砖抗折强度试件为 10 个。

② 试件制备

不带砌筑砂浆槽的砖试件制备：取 10 块整砖放在 20±5℃的水中浸泡 24h 后取出，用湿布擦去表面水分，进行抗折强度试验。

带砌筑砂浆槽的砖试件制备：用强度等级不低于 42.5 的普通硅酸盐水泥调制成稠度适宜的水泥净浆。试样在 20±5℃的水中浸泡 15min，在钢丝网上滴水 3min。立即用水泥净浆将砌筑砂浆槽抹平，在温度 20±5℃，湿度 50%±15% 环境下养护 2d 后，按照①进行试件制备。

（3）试验步骤

① 测量试样的宽度和高度尺寸，分别测量两次取平均值，精确至 1mm。

② 调整抗折夹具下支辊的跨距为砖规格长度减去 40mm。但规格长度为 190mm 的砖，其跨距为 160mm。

③ 将试样大面平放在下支辊上，试样两端面与下支辊的距离应相同，以 50 ～ 150N/s 的速度均匀加荷，加荷应均匀平稳，不应发生冲击和振动，直至试件破坏为止，记录最大破坏荷载。

（4）试验结果

抗折强度按下式计算，精确至 0.01MPa。抗折强度以 10 个试件抗折强度的算术平均值和单块最小值表示，精确至 0.1MPa。

$$f_z=\frac{3PL}{2BH^2} \tag{8.2.1-2}$$

式中: f_z——抗折强度，MPa；

P——破坏荷载，N；

L——抗折两支撑钢棒轴心间距，mm；

B——试件宽度，mm；

H——试件高度，mm。

8.2.2　抗压强度试验

1. 砌墙砖

（1）仪器设备

材料试验机，示值相对误差不超过 ±1%，其上、下加压板至少应有 1 个球铰支座，预期最大破坏荷载应在量程的 20% ～ 80%；钢直尺，分度值不应大于 1mm；振动台、制样模具、搅拌机；抗压强度试验用净浆材料。

（2）试样数量

试样数量为 10 块。

（3）试件制备

一次成型制样:

① 一次成型制样适用于采用样品中间部位切割，交错叠加灌浆制成强度试验试样的方式。

② 将试样锯成两个半截砖，两个半截砖用于叠合部分的长度不得小于 100mm。如果不足 100mm 时，应另取备用试样补足。

③ 将已切割开的半截砖放入室温的净水中浸 20 ～ 30min 后取出，在铁丝网架上滴水 20 ～ 30min，以断口相反方向装入制样模具中。用插板控制两个半砖间距，不应大于 5mm，砖大面与模具间距不应大于 3mm，砖断面、顶面与模具间垫以橡胶垫或其他密封材料，模具内表面涂油或脱模剂。

④ 将净浆材料（以石膏和细集料为原料，掺入外加剂，再加入适量的水，经砂浆搅拌机搅拌均匀制成，在砌墙砖抗压强度试验中用于找平受压面的浆体材料）按照配制要求，置于搅拌机中搅拌均匀。

⑤ 将装好试样的模具置于振动台上，加入适量搅拌均匀的净浆材料，振动时间为 0.5 ～ 1min，静置至净浆材料达到初凝时间（15 ～ 19min）后拆模。

二次成型制样：

① 二次成型制样适用于采用整块样品上下表面灌浆制成强度试验试样的方式。

② 将整块样品放入室温的净水中浸 20～30min 后取出，在铁丝网架上滴水 20～30min。

③ 按照净浆材料配制要求，置于搅拌机中搅拌均匀。

④ 模具内表面涂油或脱模剂，加入适量搅拌均匀的净浆材料，将整块试样一个承压面与净浆接触，装入制样模具中，承压面找平层厚度不应大于 3mm。接通振动台电源，振动 0.5 ～ 1min，停止振动，静置至净浆材料初凝（15 ～ 19min）后拆模。按同样方法完成整块试样另一承压面的找平。

非成型制样：

① 非成型制样适用于试样无需进行表面找平处理制样的方式。

② 将试样锯成两个半截砖，两个半截砖用于叠合部分的长度不得小于 100mm。如果不足 100mm，应另取备用试样补足。

③ 两个半截砖断口相反叠放，叠合部分不得小于 100mm，即为抗压强度试样。

（4）试样养护

① 一次成型制样、二次成型制样在不低于 10℃的不通风室内养护 4h。

② 非成型制样不需养护，试样气干状态直接进行试验。

（5）试验步骤

① 测量每个试样连接面或受压面的长、宽尺寸各两个，分别取平均值，精确至 1mm。

② 将试件平放在加压板的中央，并垂直于受压面加荷，应均匀平稳，不得发生冲击或振动。加荷速度以 2 ～ 6 kN/s 为宜，直至试件破坏为止，记录最大破坏荷载。

（6）试验结果

每块试样的抗压强度按下式计算，以试样抗压强度的算术平均值和标准值或单块最小值表示。

$$R_p=\frac{P}{L\times B} \tag{8.2.2-1}$$

式中：R_p——抗压强度，MPa；

P——最大破坏荷载，N；

L——受压面（连接面）的长度，mm；

B——受压面（连接面）的宽度，mm。

2. 蒸压粉煤灰砖

（1）仪器设备

材料试验机的示值误差不大于 1%，其量程选择应能使试件的预期破坏荷载在满量程的 20% ～ 80%。钢直尺规格为 400mm，分度值为 1mm；切割设备。

（2）试件

① 试件数量：蒸压粉煤灰砖抗压强度试件为 10 个。

② 试件制备

不带砌筑砂浆槽的砖试件制备：将 10 块整砖放在 20±5℃的水中浸泡 24h 后取出，用湿布擦去水分；采用样品中间部位切割，交错叠加制备抗压强度试件；交错叠加部位的长度以 100mm 为宜，但不应小于 90mm，如果不足 90mm，应另取备用试件补足。

带砌筑砂浆槽的砖试件制备：采用样品中间部位切割。用强度等级不低于 42.5 的普通硅酸盐水泥调制成稠度适宜的水泥净浆。试样在 20±5℃的水中浸泡 15min，在钢丝网上滴水 3min。立即用水泥净浆将砌筑砂浆槽抹平，在温度 20±5℃，相对湿度 50%±15% 环境下养护 2d 后，按照①进行试件制备。

（3）试验步骤

① 测量叠加部分的长度和宽度，分别测量两次取平均值，精确至 1mm。

② 将试件放在试验机的下压板上，要尽量保证试件的重心与试验机压板中心重合。

③ 试验机加荷应均匀平稳，不应发生冲击或振动。加荷速度以 4 ～ 6kN/s 为宜，直至试件破坏为止，记录最大破坏荷载。

（4）试验结果

抗压强度按下式计算，精确至 0.01MPa。抗压强度以 10 个试件抗压强度的算术平均值和单块最小值表示，精确至 0.1MPa。

$$R=\frac{P}{LB} \tag{8.2.2-2}$$

式中：R——试件的抗压强度，MPa；

P——破坏荷载，N；

L——受压面的长度，mm；

B——受压面的宽度，mm。

3. 混凝土实心砖

（1）仪器设备

材料试验机的示值相对误差不大于 ±1%，其下加压板应为球铰支座，预期最大破坏荷载应在量程的 20% ～ 80%；钢直尺分度值不应大于 1mm；水平尺规格为 250 ～ 300mm；试样制备平台；玻璃平板或不锈钢平板，厚度不小于 6mm。

（2）试样

试样数量 10 块。

（3）试件制备

① 试样高度大于等于 40mm、小于 90mm 的混凝土砖试样制备：

将试样切断或锯成两个半截砖，断开的半截砖长不得小于 90mm。如果不足 90mm 时，应另取备用试样补足。

在试样制备平台上，将已断开的两个半截砖的坐浆面用不滴水的湿抹布擦拭后，以断口相反方向叠放，两者中间抹以厚度不超过 3mm、用 42.5 级的普通硅酸盐水泥调制成适宜水泥净浆粘结，水、灰比小于等于 0.3，上下两面用厚度不超过 3mm 的同种水泥浆抹平。制成的试件上下两面须相互平行，并垂直于侧面。

② 试样高度大于等于 90mm 的混凝土砖试样制备

试样制作采用坐浆法操作，即将玻璃板置试样制备平台上，其上铺一张湿的垫纸，纸上铺一层厚度不超过 3mm 的用 42.5 级的普通硅酸盐水泥调制成适宜水泥净浆，再将试样的坐浆面用湿抹布湿润后，将受压面平稳地放在水泥浆上，在另一受压面上稍加压力，使整个水泥层与砖受压面相互粘结，砖的侧面应垂直于玻璃板。待水泥浆适当凝固后，连同玻璃板翻放在另一铺纸放浆的玻璃板上，再进行坐浆，用水平尺校正好玻璃板的水平。

（4）试样养护

制成的抹面试样应置于不低于 20±5℃的不通风室内养护不少于 3d 再进行试验。

（5）试验步骤

① 测量每个试样连接面或受压面的长、宽尺寸各两个，分别取平均值，精确至 1mm。

② 将试件平放在加压板的中央，并垂直于受压面加荷，应均匀平稳，不得发生冲击或振动。加荷速度以 4 ～ 6kN/s 为宜，直至试件破坏为止，记录最大破坏荷载。

（6）试验结果

每块试样的抗压强度按下式计算，精确至 0.01MPa。试验结果以试样抗压强度的算术平均值和单块最小值表示，并精确至 0.1MPa。

$$R_p=\frac{P}{L\times B} \tag{8.2.2-3}$$

式中：R_p——抗压强度，MPa；

P——最大破坏荷载，N；

L——受压面（连接面）的长度，mm；

B——受压面（连接面）的宽度，mm。

（7）在抗压强度试块制作过程中，允许用其他抹面材料替代水泥，以缩短试块养护周期。

8.2.3 冻融试验

1. 仪器设备

低温箱或冷冻室：试样放入箱（室）内温度可调至 -20℃或 -20℃以下；水槽，保持槽中水温 10 ～ 20℃为宜；台秤：分度值不大于 5g；电热鼓风干燥箱：最高温度 200℃；抗压强度试验设备。

2. 试样数量

试样数量为 10 块，其中 5 块用于冻融试验，5 块用于未冻融强度对比试验。

3. 试验步骤

（1）用毛刷清理试样表面，将试样放入鼓风干燥箱中在 105±5℃下干燥至恒质（在干燥过程中前后两次称量相差不超过 0.2%，前后两次称量时间间隔为 2h），称其质量 m_0，并检查外观，将缺棱和裂纹作标记。

（2）将试样浸在 10 ～ 20℃的水中，24h 后取出，用湿布拭去表面水分，以大于 20mm 的间距大面侧向立放于预先降至 -15℃以下的冷冻箱中。

（3）当箱内温度再降至 -15℃时开始计时，在 -15 ～ -20℃下冰冻：烧结砖冻 3h；非烧结砖冻 5h。然后取出放入 10 ～ 20℃的水中融化：烧结砖为 2h；非烧结砖为 3h。如此为一次冻融循环。

（4）每 5 次冻融循环，检查一次冻融过程中的破坏情况，如冻裂、缺棱、掉角、剥落等。

（5）冻融循环后，检查并记录试样在冻融过程中的冻裂长度、缺棱掉角和剥落的破坏情况。

（6）经冻融循环后的试样，放入鼓风干燥箱中，按规定干燥至恒质，称其质量 m_1。

（7）若试件在冻融过程中，发现试件呈明显破坏，应停止本组样品的冻融试验，并记录冻融次数，判定本组样品冻融试验不合格。

（8）干燥后的试样和未经冻融的强度对比试样按规定进行抗压强度试验。

4. 试验结果

（1）外观结果：冻融循环结束后，检查并记录试样在冻融过程中的冻裂长度、缺棱掉角和剥落等破坏情况。

（2）强度损失率，按下式计算：

$$P_m=\frac{P_0-P_1}{P_0}\times100 \quad (8.2.3\text{-}1)$$

式中：P_m——强度损失率，%；

P_0——试样冻融前强度，MPa；

P_1——试样冻融后强度，MPa。

（3）质量损失率，按下式计算：

$$G_m=\frac{m_0-m_1}{m_0}\times100 \quad (8.2.3\text{-}2)$$

式中：G_m——质量损失率，%；

m_0——试样冻融前干质量，kg；

m_1——试样冻融后干质量，kg。

（4）试验结果以试样冻后抗压强度或抗压强度损失率、冻后外观质量或质量损失率表示与评定。

8.2.4　体积密度试验

1. 仪器设备

鼓风干燥箱，最高温度200℃；台秤，分度值不应大于5g；钢直尺，分度不应大于1mm；砖用卡尺，分度值为0.5mm。

2. 试样数量

试样数量为5块，所取试样应外观完整。

3. 试验步骤

（1）清理试样表面，然后将试样置于105±5℃鼓风干燥箱中干燥至恒质（在干燥过程中前后两次称量相差不超过0.2%，前后两次称量时间间隔为2h），称其质量，并检查外观情况，不得有缺棱，掉角等破损。如有破损者，须重新换取备用试样。

（2）将干燥后的试样按外观测量检测的规定，测量其长、宽、高尺寸各2次，分别取平均值计算体积。

4. 试验结果

每块试样的体积密度按下式计算，试验结果以试样体积密度的算术平均值表示。

$$\rho=\frac{m}{V}\times10^9 \quad (8.2.4)$$

式中：ρ——体积密度，kg/m³；

m——试样干质量，kg；

V——试样体积，mm^3。

8.2.5 石灰爆裂试验

1. 仪器设备

蒸煮箱；钢直尺，分度值不应大于 1mm。

2. 试样数量

试样数量为 5 块，所取试样为未经雨淋或浸水，且近期生产的外观完整的试样。

3. 试验步骤

（1）试验前检查每块试样，将不属于石灰爆裂的外观缺陷作标记。

（2）将试样平行侧立于蒸煮箱内的箅子板子上，试样间隔不得小于 50mm，箱内水面应低于箅上板 40mm。

（3）加盖蒸 6h 后取出。

（4）检查每块试样上因石灰爆裂（含试验前已出现的爆裂）而造成的外观缺陷，记录其尺寸。

4. 结果评定

试验结果以试样石灰爆裂区域的尺寸最大者表示。

8.2.6 吸水率和饱和系数试验

1. 仪器设备

鼓风干燥箱，最高温度 200℃；台秤，分度值不应大于 5g；蒸煮箱。

2. 试样数量

吸水率试验为 5 块，饱和系数试验为 5 块（所取试样尽可能用整块试样，如需制取应为整块试样的 1/2 或 1/4）。

3. 试验步骤

（1）清理试样表面，然后置于 105±5℃鼓风干燥箱中干燥至恒质（在干燥过程中，前后两次称量相差不超过 0.2%，前后两次称量时间间隔为 2h），除去粉尘后，称其干质量。

（2）将干燥试样浸入水中 24h，水温 10～30℃。

（3）取出试样用湿毛巾拭去表面水分，立即称量。称量时试样表面毛细孔渗出于盘秤中水的质量也应计入吸水质量中，所得质量为浸泡 24h 的湿质量。

（4）将浸泡 24h 的湿试样侧立放入蒸煮箱的箅子板上，试样间距不得小于 10mm，注入清水，箱内水面应高于试样表面 50mm，加热至沸腾，沸煮 3h，饱和系数试验沸煮 5h，停止加热冷却至常温。

（5）按规定称量沸煮 3h 的湿质量；饱和系数试验称量沸煮 5h 的湿质量。

4. 试验结果

（1）常温水浸泡 24h 试样吸水率，按下式计算：

$$W_{24}=\frac{m_{24}-m_0}{m_0}\times 100 \qquad (8.2.6\text{-}1)$$

式中：W_{24}——常温水浸泡 24h 试样吸水率，%；

m_0——试样干质量，kg；

m_{24}——试样浸水 24h 的湿质量，kg。

（2）试样沸煮 3h 吸水率，按下式计算：

$$W_3=\frac{m_3-m_0}{m_0}\times 100 \tag{8.2.6-2}$$

式中：W_3——试样沸煮 3h 吸水率，%；

m_0——试样干质量，kg；

m_3——试样沸煮 3h 的湿质量，kg。

（3）每块试样的饱和系数，按下式计算：

$$K=\frac{m_{24}-m_0}{m_5-m_0} \tag{8.2.6-3}$$

式中：K——试样饱和系数；

m_{24}——常温水浸泡 24h 试样湿质量，kg。

m_0——试样干质量，kg；

m_5——试样沸煮 5h 的湿质量，kg。

（4）吸水率以试样的算术平均值表示；饱和系数以试样的算术平均值表示。

8.2.7 试验报告

试验报告内容应包括下列内容：委托单位；试样名称、编号、数量、规格尺寸及状态；试（抽）样日期；检验项目；依据标准；检验类别；试验结果与评定；报告编号及报告日期；检验单位与检测人员、审核人员和批准人员签字。

8.3 蒸压加气混凝土砌块试验

《蒸压加气混凝土砌块》GB/T 11968，适用于民用与工业建筑物中使用的蒸压加气混凝土砌块。蒸压加气混凝土，以硅质材料和钙质材料为主要原材料，掺加发气剂及其他调节材料，通过配料浇注、发气静停、切割、蒸压养护等工艺制成的多孔硅酸盐建筑制品。蒸压加气混凝土砌块是指蒸压加气混凝土中用于墙体砌筑的矩形块材。

试样，是指用于检验的代表总体特性量值的少量物质（试样包括蒸压加气混凝土砌块、蒸压加气混凝土板生产中同一模的砌块、端头块或板中锯取部分）。试件，是指从试样中按规定尺寸锯切的用于性能检验试验的小块物质。平行试件，是指与试件在同一块试样中同时锯切用于对比或留存的另一组试件。

1. 分类

（1）砌块按尺寸偏差分为Ⅰ型和Ⅱ型。Ⅰ型适用于薄灰缝砌筑，Ⅱ型适用于厚灰缝砌筑。

（2）按抗压强度分为 A1.5、A2.0、A2.5、A3.5、A5.0 五个级别。强度级别 A1.5、A2.0 适用于建筑保温。

（3）按干密度分为 B03、B04、B05、B06、B07 五个级别。干密度级别 B03、B04 适

用于建筑保温。

2. 抽样

（1）同品种、同规格、同等级的砌块，以 30000 块为一批，每天不足 30000 块亦为一批，随机抽取 50 块进行尺寸允许偏差和外观质量检验。

（2）从外观与尺寸允许偏差与外观检验合格的砌块中，随机抽取 6 块砌块制作 1 组试件，进行如下项目检验：干密度 3 组；抗压强度 3 组。

3. 判定

（1）若受检的 50 块砌块中，尺寸允许偏差和外观质量的不合格规定的砌块数量不超过 5 块时，判定该批砌块尺寸允许偏差与外观检验质量合格；若不合格规定的砌块数量超过 5 块时，判定该批砌块尺寸允许偏差与外观检验质量不合格。

（2）以 3 组抗压强度试件测定结果判定抗压强度级别，以 3 组干密度试件测定结果判定干密度级别。抗压强度平均值和最小值、干密度平均值均符合规定，判定该批砌块抗压强度和干密度合格；若抗压强度平均值和最小值、干密度平均值之一不符合规定，判定该批砌块抗压强度和干密度不合格。

（3）出厂检验中受检验产品的尺寸允许偏差、外观质量、干密度、抗压强度各项检验全部符合相应的技术要求规定时判定为合格；否则判定为不合格。

4. 干密度和抗压强度试验

《蒸压加气混凝土砌块》GB/T 11968，对干密度和抗压强度试验进行了以下规定：

（1）干密度和抗压强度试验按《蒸压加气混凝土性能试验方法》GB/T 11969 的规定进行。

（2）抗压强度试件尺寸为 100mm×100mm×100mm 立方体，当试件不能满足 100mm×100mm×100mm 立方体制作要求时，试件应按规定所列几何形状制作，相应的抗压强度应按尺寸效应系数换算。

8.3.1 尺寸偏差检测

1. 量具

采用钢直尺，规格为 1000mm，分度值为 1mm。

2. 尺寸测量

用钢直尺分别在长度、宽度、高度的两个对应面的中部各测量一个尺寸，取绝对偏差最大的值，精确至 1mm。

8.3.2 干密度、含水率和吸水率试验

《蒸压加气混凝土性能试验方法》GB/T 11969，规定了蒸压加气混凝土干密度、含水率和吸水率、力学性能、干燥收缩、抗冻性、碳化、干湿循环等项目的试验方法和试验报告。适用于民用和工业建筑物中使用的蒸压加气混凝土。干密度，是指在 105℃温度条件下烘至恒质测得的单位体积的质量。

1. 仪器设备

电热鼓风干燥箱，最高温度 200℃；托盘天平或台秤，称量 2000g，感量 0.1g；钢板直尺，规格为 300mm，分度值为 1mm；游标卡尺或数显卡尺，规格为 300mm，分度值为

1mm；恒温水槽，水温 20±2℃；试验室，室温 20±5℃。

2. 试件

（1）试件的制备采用机锯，锯切时不得将试件弄湿。

（2）试件延制品发气方向中心部分上、中、下顺序锯取一组，“上”块表面距离制品顶面 30mm，“中”块在制品正中处，“下”块的下表面离制品底面 30mm。

（3）试件表面应平整，不得有裂缝或明显缺陷，尺寸允许偏差为 ±1mm，平整度应不大于 0.5mm，垂直度应不大于 0.5mm。试件应逐块编号，从同一块试样中锯切的试件为同一组试件，以“Ⅰ、Ⅱ、Ⅲ…”表示组号；当同一组试件有上、中、下位置要求时，以下标“上、中、下”注明试件锯取的位置；当同一组试件没有位置要求，则以下标“1、2、3…”注明，以区别不同试件；平行试件“Ⅰ、Ⅱ、Ⅲ…”加注上标“+”以示区别。试件以“↑”标明发气方向。

（4）试件为 2 组 100mm×100mm×100mm 立方体。试件也可采用抗压强度平行试件。

3. 干密度、含水率试验步骤

（1）取试件 1 组，逐一量取长、宽、高三个方向的轴线尺寸，精确至 0.1mm，计算试件的体积；并称取试件质量，精确至 1g。

（2）将试件放入电热鼓风干燥箱内，在 60±5℃下保持 24h，然后在 80±5℃下保持 24h，再在 105±5℃下烘至恒质。恒质是指在烘干过程中间隔 4h，前后两次质量差不超过 2g。

4. 吸水率试验步骤

（1）取另 1 组试件放入电热鼓风干燥箱内，在 60±5℃下保持 24h，然后在 80±5℃下保持 24h，再在 105±5℃下烘至恒质。

（2）试件在室内冷却 6h 后，放入水温为 20±2℃的恒温水槽内，然后加水至试件高度的 1/3，保持 24h，再加水至试件高度的 2/3，经 24h 后，加水高出试件 30mm 以上，保持 24h。

（3）将试件从水中取出，用湿布抹去表面水分，立即称取每块质量，精确至 1g。

5. 试验结果

（1）干密度，按下式计算：

$$r_0=\frac{M_0}{V}\times 10^6 \qquad (8.3.2\text{-}1)$$

式中：r_0——干密度，kg/m³；

M_0——试件烘干后质量，g；

V——试件体积，mm³。

（2）质量含水率，按下式计算：

$$W_s=\frac{M-M_0}{M_0}\times 100\% \qquad (8.3.2\text{-}2)$$

式中：W_s——质量含水率，%；

M——试件烘干前的质量，g。

（3）体积含水率，按下式计算：

$$W_v=\frac{M-M_0}{1 \cdot (V/1000)}\times 100\% \tag{8.3.2-3}$$

式中：W_v——体积含水率，%；

1——水在20℃时的密度，g/cm^3。

（4）质量吸水率，按下式计算：

$$W_r=\frac{M_g-M_0}{M_0}\times 100\% \tag{8.3.2-4}$$

式中：W_r——质量吸水率，%；

M_g——试件吸水后质量，g。

（5）体积吸水率，按下式计算：

$$W_g=\frac{M_g-M_0}{1 \cdot (V/1000)}\times 100\% \tag{8.3.2-5}$$

式中：W_g——体积吸水率，%；

1——水在20℃时的密度，g/cm^3。

试验结果按1组试件试验的算术平均值进行评定，干密度的计算精确至$1kg/m^3$，质量含水率、体积含水率、质量吸水率和体积吸水率计算精确至0.1%。

8.3.3 抗压强度试验

1. 仪器设备

材料试验机，精度（示值的相对误差）不应低于±2%，其量程的选择应能使试件的预期最大破坏荷载处在全量程的20%～80%范围内；托盘天平或磅秤，称量2000g，感量1g；游标卡尺或数显卡尺，规格为300mm，分度值为1mm；电热鼓风干燥箱，最高温度200℃；钢板直尺，规格为300mm，分度值为1mm。

2. 试验室

试验室室温为20±5℃。

3. 试件

（1）试件制备，按规定进行。试件受压面的平整度应小于0.1mm，相邻面的垂直度应小于1mm。

（2）试件尺寸和数量，100mm×100mm×100mm立方体试件1组，平行试件1组。

（3）试件应在含水率为10%±2%下进行试验。如果含水率超过以上范围时，宜在60±5℃条件下烘至所要求的含水率，并应在室内放置6h以后进行抗压强度试验。

（4）当受检样品尺寸不能满足抗压强度试验时，允许按以下尺寸制作：100mm×100mm×50mm，试件的受压面100mm×100mm；50mm×50mm×50mm，试件的受压面50mm×50mm。相应的抗压强度应按尺寸相应系数换算。

4. 试验步骤

（1）检查试件外观。

（2）测量试件的尺寸，精确至0.1mm，并计算试件的受压面积。

（3）将试件放在材料试验机的下压板的中心位置，试件的受压方向应垂直于制品的发气方向。

（4）开动试验机，当上压板与试件接近时，调整球座，使接触均衡。

（5）以 2.0±0.5kN/s 的速度连续而均匀地加荷，直到试件破坏，记录破坏荷载。

（6）试验后应立即称取破坏后的全部或部分试件质量，然后在 105±5℃下烘干至恒质，计算其含水率。

（7）抗压强度，按下式计算：

$$f_{cc}=\frac{P_1}{A_1} \tag{8.3.3}$$

式中：f_{cc}——试件的抗压强度，MPa；

P_1——破坏荷载，N；

A_1——试件受压面积，mm^2。

5. 抗压强度尺寸效应系数

尺寸效应系数，是指非标尺寸试件与标准立方体试件（100mm×100mm×100mm）抗压强度的比值。蒸压加气混凝土砌块抗压强度尺寸效应系数应符合表 8.3.3 的规定。

蒸压加气混凝土砌块抗压强度尺寸效应系数 表 8.3.3

试件类型	试件几何形状（mm）	试件受压面（mm）	尺寸效应系数
标准试件	100×100×100	100×100	1
立方体替代试件（1）	100×100×50	100×100	0.94
立方体替代试件（2）	50×50×50	50×50	0.90
圆柱体替代试件（1）	ϕ100×100	ϕ100	1
圆柱体替代试件（2）	ϕ100×50	ϕ100	0.95

8.3.4 试验报告

试验报告内容应包括：产品名称；标准编号、试验项目；试件编号、尺寸及数量；试验条件；所用的主要试验仪器；试验结果：每项性能试验的单个值和每组的算术平均值，同时给出相应的含水率和干密度，干燥收缩试验还应给出干燥收缩曲线图；试验单位、试验人、报告审核人、日期及其他。

8.4 墙用板材试验

随着建筑结构体系的改革和大开间、多功能框架结构的发展，各种轻质和复合板材也蓬勃兴起，主要包括水泥类墙板、石膏类墙板、植物纤维类板材和复合墙板等。本节主要介绍建筑用轻质隔墙条板、玻璃纤维增强水泥轻质多孔隔墙条板和蒸压加气混凝土板。

1. 轻质隔墙条板

（1）分类

按构造断面分为空心条板、实心条板和复合条板三种类型；按板的构造类型分为普通板、门窗框板和异形板三种类型；轻质条板可采用不同企口和开口形式。

（2）规格尺寸

长度尺寸宜不大于3.3m，为层高减去楼板顶部结构件厚度及技术处理空间尺寸，应符合设计要求，由供需双方协商确定；宽度尺寸，主规格为600mm；厚度尺寸，主规格为90mm、120mm；其他规格尺寸可由供需双方协商确定，其相关技术指标应符合相近规格产品的要求。

（3）组批

同类别、同规格的条板为一检验批，不足151块，按151～280块批量算。

（4）判定

① 若受检板的外观质量、尺寸偏差项目均符合相应规定时，则判该板是合格板；若受检板的外观质量、尺寸偏差中有一项或一项以上不符合相应规定时，则判该板是不合格板。

② 出厂检验要求：若面密度、抗弯承载、出厂含水率项目均符合相应规定时，则判该批产品为合格批；若两项以上检验不符合相应规定时，则判该批产品为批不合格。若发现有一个项目不合格，则按规定对该不合格项目抽第二样本进行检验。第二样本检验若无任一结果不合格，则判该批产品为合格批；若仍有一个结果不合格则判该批产品为批不合格。

2. 玻璃纤维增强水泥轻质多孔隔墙条板

（1）分类

按板的厚度分为90型、120型；按板型分为普通板、门框板、窗框板、过梁板。

（2）规格尺寸

90型：长度2500～3000mm，宽度600mm，厚度90mm；120型：长度2500～3500mm，宽度600mm，厚度120mm。

（3）分级

按其外观质量、尺寸偏差及物理力学性能分为一等品、合格品。

（4）组批

产品出厂检验外观和尺寸偏差按正常二次抽样方案进行。抗折破坏荷载、气干面密度和出厂含水率在以上检验合格的产品中采取4块进行检验。

（5）判定

① 若受检板外观质量、尺寸偏差符合相应规定时，这则判该板是合格板；若有1项或多于1项不符合相应规定时，则判该板是不合格板。

② 若外观质量、尺寸偏差和物理性能全部合格，则判为合格，若有1项或多于1项不合格则判为不合格。

3. 蒸压加气混凝土板

（1）分类

按使用部位和功能分为屋面板、楼板、外墙板、隔墙板等；按抗压强度分为A2.5、A3.5、A5.0三个级别，其中屋面板、楼板的强度级别不低于A3.5，外墙板和隔墙板的强度级别不低于A2.5；按承载力允许值分为屋面板、楼板和外墙板，其常用承载力允许值划分。

（2）规格尺寸

长度为1800～6000mm；宽度为600mm；厚度分别为75mm、100mm、120mm、125mm、150mm、175mm、200mm、250mm和300mm。

（3）组批

采用相同原材料、相同生产工艺连续生产产品时，由同级别、同配筋的板材，组成一个受检批。屋面板、楼 3000 块、外墙板 5000 块、隔墙板 10000 块为一批，在 3 个月内生产总数不足规定时，也应作为一个检验批。

（4）判定

① 受检的 10 块板中，尺寸偏差不符合规定的板不超过 2 块时，判该批板尺寸偏差合格；不符合规定的板超过 2 块时，判该批板尺寸偏差不合格。

② 受检的 10 块板中，外观质量全部符合规定时，判该批板外观质量合格；若不符合规定的板超过 1 块时，判该批板外观质量不合格。

③ 抗压强度和干密的判定，应符合《蒸压加气混凝土砌块》GB/T 11968 的规定。

④ 其他项目的检验，应符合《蒸压加气混凝土板》GB/T 15762 的相关规定。

8.4.1　外观质量试验

轻质隔墙条板的物理性能包括可冲击性能、抗弯承载（板自重倍数）、抗压强度、软化系数、面密度、含水率、干燥收缩值、吊挂力、抗冻性、空气隔声声量、耐火极限和燃烧性能。

试验环境及试验条件：试验应在常温常湿条件下进行。

1. 量具

钢直尺，精度 0.5mm。

2. 测量方法

对于受测板，视距约为 0.5m，目测有无外露增强筋或纤维、贯通裂缝、泛霜；用钢直尺量测板面裂缝的长度、蜂窝气孔、缺棱掉角数据，读数精确至 1mm，用刻度放大镜量测裂缝的宽度，并记录缺陷数量。

8.4.2　尺寸偏差试验

1. 量具

钢卷尺，精度 1mm；游标卡尺 0 ～ 150mm；钢直尺，精度 0.5mm；内外卡钳、塞尺 0 ～ 10mm；靠尺 2m。

2. 测量方法

（1）长度：量测 3 处，板边两处：靠近两板边 100mm 范围内，平行于该板边；板中一处：过两板端中点。用钢卷尺拉测，读数精确至 1mm，取 3 处测量数据的最大值和最小值为检测结果。

（2）宽度：量测 3 处，板端两处：靠近两板端 100mm 范围内，平行于该板边；板中一处：过两板边中点。用钢卷尺配合直角尺拉测，读数精确至 1mm，取 3 处测量数据的最大值和最小值为检测结果。

（3）厚度：在各距板两端 100mm，两边 100mm 及横向中线处布置测定，共量测 6 处。用钢直尺、外卡钳和游标卡尺配合测量，读数精确至 0.01mm，记录测量数据。取 6 处测量数据的最大值和最小值为检测结果，修约至 0.5mm。

（4）对角线差：用钢卷尺量测两条对角线的长度，读数精确至 1mm，取两个测量数据的差值为检测结果，修约至 1mm。

（5）侧向弯曲：通过板边端点沿板面拉直测线，用钢直尺量测板两侧的侧向弯曲处，取最大值为检测结果，修约至 0.5mm。

8.4.3　抗冲击性能试验

1. 试样

试验条板的长度尺寸不应小于 2m。

2. 组装

取条板 3 块为一组样本，按标准规定组装并固定，上下钢管中心间距为板长减去 100mm。板缝用与板材材质相符的专用砂浆粘结，板与板之间挤紧，接缝处用玻璃纤维布搭接，并用砂浆压实、刮平。

3. 固定砂袋

24h 后将装有 30kg 重，粒径 2mm 以下细砂的标准砂袋用直径 10mm 左右是绳子固定在其中心距板面 100mm 的钢环上，使砂袋垂旋状态时的重心位于 $L/2$ 高度处。

4. 试验步骤

以绳长为半径沿圆弧将砂袋在与板面垂直的平面内拉开，使重心提高 500mm（标尺测量），然后自由摆动下落，冲击设定位置，反复 5 次。

5. 试验结果

目测板面有无贯通裂缝，记录试验结果。试验结果仅适用于所测条板长度尺寸以内的条板。

8.4.4　抗弯承载试验

1. 试样

试验条板的长度尺寸不应小于 2m。

2. 支座

将完成面密度测试的条板支在支座长度大于板宽的两个平行支座上，其一为铰支座，另一为滚动支座，支座中间间距调至 $L-100$（mm，L 为跨距），两端伸出长度相等。

3. 加载

空载静置 2min，按照不少于 5 级施加荷载，每级荷载不大于板自重的 30%。

4. 荷载布置

用堆荷方式从两端向中间均匀加荷，堆长相等，间隙均匀，堆宽与板宽相同。

5. 持荷时间

前 4 级每级加荷后静置 2min，第 5 级加荷至板自重的 1.5 倍，静置 5min。此后，如继续施加荷载，按此分级加荷方式循环，直至断裂破坏。

6. 记录

记录第 1 级荷载至第 5 级荷载（或断裂破坏前 1 级荷载）荷载总和作为试验结果。

7. 试验结果

试验结果仅适用于所测条板长度尺寸以内的条板。

8.4.5　抗压强度试验

1. 试样

沿条板的板宽方向依次截取厚度为条板厚度尺寸，高度为 100mm、长度为 100mm 的单元体试件（对于空心条板，长度包括一个完整孔及两条完整孔间肋的单元体试件），3 块为一组样本。

2. 试样处理

处理试件的上表面和下表面，使之成为相互平行且与试件孔洞圆柱轴线垂直的平面。可特制水泥砂浆处理上表面和下表面，并用水平尺调至水平。

3. 养护

表面经处理的试件，置于不低于 10℃的不通风室内养护 72h，用钢直尺分别测量试件受压面长度、宽度尺寸各 2 个，取其平均值，修约至 1mm。

4. 试验

将试件置于试验机承压板上，使试件的轴线与试验机压板的压力中心重合，以 0.05 ～ 0.10MPa/s 的速度加荷，直至试件破坏。记录最大破坏荷载。

5. 计算

每个试件的抗压强度按下式计算，修约至 0.01MPa。

$$R_p=\frac{P}{L\times B} \tag{8.4.5}$$

式中：R_p——试件的抗压强度，MPa；

P——破坏荷载，N；

L——试件受压面的长度，mm；

B——试件受压面的宽度，mm。

6. 结果判定

条板的抗压强度按 3 个试件抗压强度的算术平均值计算，修约至 0.1MPa。如果其中一个试件的抗压强度与 3 个试件抗压强度的平均值之差超过 20%，则抗压强度值按另 2 个试件的抗压强度的算术平均值计算；如两个试件与抗压强度平均值之差超过规定，则试验结果无效，重新取样进行试验。

8.4.6　面密度试验

1. 试样

取条板 3 块为一组样本进行试验，当条板的含水率小于等于 12% 时，用精度不低于 0.5kg，量程不小于 500kg 的磅秤称取试验条板质量，读数精确至 0.5kg。

2. 测量

按照规定的测量方法测量条板的长度和宽度，结果以平均值表示，修约至 1mm。

3. 计算

每块试验条板的面密度按下式计算，修约至 0.1kg/m²。

$$\rho=\frac{m}{L\times B} \tag{8.4.6}$$

式中：ρ——试验条板的面密度，kg/m^2；

m——试验条板的质量，kg；

L——试验条板的长度，mm；

B——试验条板的宽度，mm。

条板的面密度以 3 个试件的算术平均值表示，修约至 $1kg/m^2$。

8.4.7 含水率试验

1. 试样

从条板上沿板长方向截取 3 件为一组样本，试件高度为 100mm，长度为与条板宽度尺寸相同、厚度与条板厚度相同。试件试验地点如远离取样处，则在取样后应立即用塑料袋将试件包装密封。

2. 称取试件

试件取样后立即称取其取样质量，精确至 0.01kg，如试件为用塑料袋密封运至者，则在开封前先将试件连同包装袋一起称量；然后称量包装袋的质量，称前应观察袋内是否出现由试件析出的水珠，应将水珠擦干。计算两次称量所得质量的差值，作为试件取样时质量，修约至 0.01kg。

3. 试验步骤

将试件送入电热鼓风干燥箱内（试件烘干温度水泥条板 105℃、石膏条板 50℃、复合条板 60℃）干燥 24h。此后每隔 2h 称量 1 次，直至前后两次称量值之差不超过后一次称量值的 0.2% 为止。

4. 称量

试件在电热鼓风干燥箱内冷却至与室温不超过 20℃时取出，立即称量其绝干质量，精确至 0.01kg。

5. 计算

每个试件的含水率按下式计算，修约至 0.1%；条板的含水率以 3 个试件含水率的算术平均值表示，修约至 1%。

$$W_1=\frac{m_1-m_0}{m_0}\times 100 \tag{8.4.7}$$

式中：W_1——试件的含水率，%；

m_1——试件的取样质量，kg；

m_0——试件的绝干质量，kg。

8.4.8 吊挂力试验

1. 试样

取试验条板 1 块，在板中高 1800mm 处，切深乘以高乘以宽为 50mm×40mm×90mm 的孔洞，清残灰后，用水泥水玻璃浆（或其他粘结剂）粘结成符合要求的钢板吊挂件。吊挂件孔与板面间距为 100mm。24h 后，检查吊挂件安装是否牢固，否则重新安装。

2. 固定

将试验条板按标准要求固定，上下管间距为 $L-100$（mm，L 为跨距）。

3. 试验

通过钢板吊挂件的圆孔，分二级施加荷载，第 1 级加荷载 500N，静置 5min，第 2 级再加荷载 500N。静置 24h。观察吊挂区周围板面有无宽度超过 0.5mm 以上的裂缝。

4. 记录

记录试验结果。

8.5　屋面瓦试验

瓦是指建筑物屋面覆盖及装饰的板状或块状制品。瓦的种类很多，一般常用的有烧结瓦、琉璃瓦、混凝土瓦、玻纤胎沥青瓦等。烧结瓦是指由黏土或其他无机非金属原料，经成型、烧结工艺处理，用于建筑物屋面覆盖及装饰用的板状或块状烧结制品。通常根据形状、表面状态及吸水率不同来进行分类和具体产品命名。琉璃瓦是指以瓷土、陶土为主要原材料，经成型、干燥和表面施釉焙烧而制成的釉面光泽明显的瓦。混凝土瓦是指用混凝土制成的瓦。玻纤胎沥青瓦的平面沥青瓦是指以玻纤毡为胎基，用沥青材料浸渍涂盖后，表面覆以隔离材料，并且表面平整的沥青瓦。玻纤胎沥青瓦的叠合沥青瓦是指采用玻纤毡为胎基生产的沥青瓦，在其实际使用的外露面的部分区域，用沥青粘合了一层或多层沥青瓦材料形成叠合状，俗称叠瓦。

1. 烧结瓦

（1）物理性能

瓦的物理性能试验包括抗吸水率、抗弯曲性能、抗冻性能、抗盐性能、耐急冷急热性、抗渗性能、耐酸碱性能、抗风性能和模拟雨淋等。

（2）检验批量

同类别、同等级、同规格的瓦，每 10000 ～ 35000 件为一检验批。不足该数量时，也按一批计。

（3）抽样

单项检验的样品按产品标准规定的样本大小直接在检验批中抽取。出厂检验和型式检验的物理性能试验的样品，从尺寸偏差和外观质量检查后的样品中抽取。非破坏性试验项目的试样，可用于其他项目的检验。

（4）判定规则

单件试样的判定：以该件试样测量和试验结果和相应检测项目的技术要求来判定。

单项检验的判定：按照产品标准规定的“抽样与判定”来判定。

检验批的判定：型式检验的判定，规定的物理性能合格，按尺寸偏差、外观质量检验的最低等级判定，其中有一项不合格则判为不合格；出厂检验的判定，按出厂检验项目和在时效范围内最近一次型式检验中其他检验项目的检验结果进行综合判定。

2. 玻纤胎沥青瓦

（1）物理力学性能

玻纤胎沥青瓦的试验项目包括 14 项，即可溶物含量、胎基，拉力、耐热度、柔度、撕裂强度、不透水性、耐钉子拔出性能、矿物料粘附性、自粘胶耐热度、叠层剥离强度、人工气候加速老化（外观、色差、柔度）、燃烧性能和抗风揭性能等。

（2）检验批量

以同一类型、同一规格 20000m^2 或每一班产量为一批，不足 20000m^2 亦作为一批。矿物料粘附性以同一类型、同一规格每月为一批量检验一次。

（3）抽样

在每批产品中随机抽取 5 包进行质量、规格尺寸、外观检查。在上述检查合格后，从 5 包中，每包抽取同样数量的沥青瓦片数 1 ～ 4 片并标注编号，抽取量满足试验要求。

（4）判定规则

规格尺寸、单位面积质量、外观均符合产品标准规定时，判其规格尺寸、单位面积质量、外观合格。若有一项不符合标准规定时，允许在该批产品中随机另抽 5 包重新检验，全部达到标准规定时，则判其规格尺寸、单位面积质量、外观合格；若仍有不符合标准规定的即判该批产品不合格。

物理力学性能:

① 进行可溶物含量测定时，同时检查试件胎基类型，若符合标准规定，则判该批产品胎基合格，若不符合标准规定，则判该批产品不合格。

② 对于可溶物含量，纵向和横向拉力、撕裂强度、耐钉子拔出性能、矿物料粘附性、叠层剥离强度和人工气候加速老化后色差，以试件测定值的算术平均值作为试验结果。达到标准规定时，则判该项性能合格。

③ 耐热度、不透水性、人工气候加速老化后外观、自粘胶耐热度、燃烧性能和抗风揭性能一组每个试件都符合标准规定时，则判该项性能合格；若有一个试件不符合标准规定时，则判该项性能不合格。

④ 柔度以每面 5 个试件中 4 个符合标准规定为该面合格，两面均符合标准规定，判该项性能合格。人工气候加速老化后柔度以 3 个试件中 2 个试件符合标准规定，判该项性性能合格。

⑤ 试验结果符合产品标准“物理力学性能”的规定，判该批产品物理力学性能合格。若仅有一项不符合规定时，允许在该批产品中随机另抽取 5 包进行单项复验，符合标准规定时，判该批产品物理力学性能合格；否则判该批产品物理力学性能不合格。

3. 混凝土瓦

（1）物理性能试验

混凝土瓦的物理性能试验包括质量标准差、承载力、耐热性能、吸水率、抗渗性能、抗冻性能、放射性核素限量等。

（2）抽样

应随机抽样。抽样前应预先确定好抽样方案，所抽取的试样应具有代表性，试样应在产品堆场抽取。

试验数量应符合产品标准的规定。外观质量、尺寸偏差及质量标准差检验合格的试样，可用于其他项目的检验。

（3）判定

当试样检验项目全部满足产品标准要求时，判定其合格。

（4）复验

在所抽取的试样中，尺寸偏差和外观质量检验不合格试样总数不超过 3 片，且物理力学性能检验不合格试样项目不超过 1 项，允许进行复验。复验只针对不合格项目进行。复验只允许 1 次。

复验时样品应从同一批次中抽取，数量为该项目检验数量的双倍，并分为两组进行检验。若复验后所具有两组结果均达到要求，则判定该批次产品合格；若两组结果中仍存在不合格项目，则判定该批次产品不合格。

8.5.1　抗弯曲性能试验

1. 仪器设备

弯曲强度试验机；钢直尺，精度为 1mm ；秒表，精度为 0.1s。

2. 试样准备

以自然干燥状态下的整件瓦作为试件，试样数量为 5 件。

3. 试验步骤

（1）将试样放在支座上，调整支座金属棒间距，并使压头位于支座金属棒的正中，对于跨距要求搭接不足的瓦（J 形瓦、S 形瓦先保证一个支座金属棒位于瓦峰宽的中央），调整间距使支座金属棒以外瓦的长度为 15±2mm。其中对于波形瓦类，要在压头和瓦之间放置与瓦上表面波浪形状相吻合的平衡物，平衡物由硬质木块和金属制成，宽度约为 20mm。

（2）试验前先校正试验机零点，启动试验机，压头接触试样时不应冲击，以 50 ～ 100N/s 的速度均匀加荷，直至断裂，记录断裂时的最大荷载。

4. 结果计算与评定

（1）平瓦、板瓦、脊瓦、滴水瓦、勾头瓦、S 形瓦、J 形瓦、波形瓦的试验结果以每件试样断裂时的最大荷载表示，精确至 10N。

（2）三曲瓦、双筒瓦、鱼鳞瓦、牛舌瓦的弯曲强度按下式计算：

$$R=\frac{3PL}{2bh^2} \tag{8.5.1}$$

式中：R——试样的弯曲强度，MPa ；

P——试样断裂时的最大荷载，N ；

L——跨距，mm ；

b——试样的宽度，mm ；

h——试样断裂面上的最小厚度，mm。

（3）三曲瓦、双筒瓦、鱼鳞瓦、牛舌瓦的试验结果以每件试样的弯曲强度表示，精确至 0.1MPa。

8.5.2　耐急冷急热性试验

1. 仪器设备

烘箱，能升温至 200℃ ；试样架；能通过流动冷水的水槽；温度计。

2. 试验准备

以自然干燥状态下的整件瓦作为试件，试样数量为 5 件。

3. 试验步骤

（1）测量冷水温度，保持15±5℃为宜。

（2）检查外观，将裂纹（含釉裂），磕碰、釉粘和缺釉处作标记，并记录其缺陷情况。

（3）将试样放入预先加热到温度比冷水高150±2℃的烘箱中的试样架上。试样之间、试样与箱壁之间应不小于20mm的间距。关上烘箱门。

（4）在5min内使烘箱重新达到预先加热的温度，开始计时。在此温度下保持45min。打开烘箱门，取出试样立即浸没于装有流动冷水的水槽中，急冷5min。如此为一次急冷急热循环。

4. 试验结果

试验结果以每件试样的外观破坏程度表示。此项试验建议适用于有釉类瓦。

8.5.3 吸水率试验

1. 仪器设备

烘箱，工作温度为110±5℃，也可使用能获得相同检测结果的其他干燥系统；干燥器；能真空容器和真空系统，能容纳所要求数量试样的足够大容积的真空容器和抽真空能达到10±1kPa并保持30min的真空系统；鹿皮或其他合适材料；天平，称量精度为所测试样质量0.01%；去离子水或蒸馏水。

2. 试样准备

以自然干燥状态下的整件瓦或抗弯曲性能试验后的瓦的一半作为制样样品，在中间部位分别切取最小边长100mm×瓦厚度作为试样，试样数量为5块。

3. 试验步骤

（1）将试样擦拭干净后放入干燥箱中干燥至恒重（即每隔24h的两次连续质量之差小于0.1%），作为干燥时质量。试验过程中试样放在硅胶或其他干燥剂的干燥器内冷却至室温，不应使用酸性干燥剂，每块试验按规定的测量精度（试样的质量：$50 \leqslant m \leqslant 100$、$100 < m \leqslant 500$、$500 < m \leqslant 1000$、$1000 < m \leqslant 3000$、$m > 3000$，测量精度分别为0.02、0.05、0.25、0.50、1.00）称量和记录。

（2）将试样竖直放入真空容器中，使试样互不接触，抽真空至10±1kPa，并保持30min后停止抽真空，加入足够的水将试样覆盖并高出50mm，让试样浸泡15min后取出。将一块浸湿过的鹿皮用手拧干，将鹿皮放在平台上依次轻轻擦干试样表面，然后称重并记录，作为吸水饱和的质量，试样的测量精度同上。

4. 结果计算与评定

吸水率按下式计算：

$$E=\frac{m_1-m_0}{m_0}\times 100 \tag{8.5.3}$$

式中：E——吸水率，%；

m_1——干燥时质量，g；

m_0——真空下吸水饱和的质量，g。

试验结果以每块试验试样的吸水率表示，精确至0.1%。

8.5.4　抗渗性能试验

1. 仪器设备和材料

试样架；水泥砂浆或沥青与砂子的混合料；70% 石蜡与 30% 松香的熔化剂；油灰刀。

2. 试样制备

以自然干燥状态下的整件瓦作为试件，试样数量为 3 件。

3. 试验步骤

（1）将试样擦拭干净，用水泥砂浆或沥青与砂子的混合料在瓦的正面四周筑起一圈高度为 25mm 的密封挡，作为围水框；或在瓦头、瓦尾处筑密封挡，与两瓦边形成围水槽。再用 70% 石蜡与 30% 松香的熔化剂作密封接缝处，应保证密封挡不漏水，形成的围水面积应接近于瓦的实用面积。

（2）将制作好的试样放置在便于观察的试样架上，使其保持水平，待平稳后，缓慢地向围水框注入清洁的水，水位高度距瓦面最浅处不小于 15mm，试验过程一直保持这一高度，将此试验装置在温度为 15 ～ 30℃，空气相对湿度不小于 40% 的条件下，存放 3h。

4. 试验结果

试验结果以每件试样的渗水程度表示。此项试验建议适用于无釉类瓦。

8.6　综 述 提 示

1. 烧结普通砖试验

（1）标准的变化

《烧结普通砖》GB/T 5101—2017 替代《烧结普通砖》GB/T 5101—2003，与《烧结普通砖》GB/T 5101—2003 相比，主要内容的变化：

将建筑渣土、淤泥、污泥及其他固体废弃物纳入制砖原料范围；取消了术语“烧结装饰砖”，增加了“建筑渣土”“淤泥”“污泥”“其他固体废弃物”；取消了优等品、一等品质量等级，采取合格、不合格判定质量；增加了“一般要求”一章；取消了强度等级评定方法中抗压强度平均值和单块最小值评定方法，采用强度平均值和强度标准值评定方法；将抗压强度标准值的接受参数 $K=1.8$ 调整到 $K=1.83$；出厂检验项目增加了“欠火砖、酥砖、螺旋纹砖”；增加了欠火砖、酥砖、螺旋纹砖的检验方法；将“西藏自治区”由非严重风化区移至严重风化区。

（2）抗风化性能

风化区用风化指数进行划分。风化指数是指日气温从正温降至负温或负温升至正温的每年平均天数与每年从霜冻之日起至消失霜冻之日这一期间降雨总量的平均值的乘积。风化指数大于或等于 12700 为严重风化区，风化指数小于 12700 为非严重风化区。全国风化区有 14 个省、直辖市或自治区划分为严重风化区，18 个省、直辖市或自治区划分为非严重风化区。我省属于非严重风化区。各地如有可靠数据，也可按计算的风化指数划分本地区的风化区。

严重风化区中黑龙江省、吉林省、辽宁省、内蒙古自治区和新疆维吾尔自治区的砖应进行冻融试验。其他地区的抗风化性能（即5h沸煮吸水率、饱和系数）符合产品标准的规定时可不做冻融试验，否则应进行冻融试验。淤泥砖、污泥砖、固体废弃物砖应进行冻融试验。

抗风化性能包括吸水率和饱和系数，即5h沸煮吸水率及饱和系数。

（3）强度等级

强度等级试验。按《砌墙砖试验方法》GB/T 2542规定的方法进行。其中试样数量为10块，加荷速度为（5±0.5）kN/s，试验后按下式计算出强度标准差。

$$s=\sqrt{\frac{1}{9}\sum_{i=1}^{10}(f_i-\bar{f})^2} \tag{8.6-1}$$

式中：s——10块试样的抗压强度标准差，MPa，精确至0.01MPa；

$\bar{f}$——10块试样的抗压强度平均值，MPa，精确至0.1MPa；

f_i——试样i的抗压强度值，MPa，精确至0.01MPa。

结果计算与评定。按抗压强度平均值、强度标准值，评定砖的强度等级。

样本量$n=10$时的强度标准值按下式计算：

$$f_k=\bar{f}-1.83s \tag{8.6-2}$$

式中：f_k——强度标准值，MPa，精确至0.1MPa。

（4）欠火砖、酥砖、螺旋纹砖检验方法

① 用看颜色、听声音、观划痕颜色的方法确定出该厂家生产的合格的标准样品砖，作为检验欠火砖、酥砖、螺旋纹砖的参照物。

② 检验试样50块，在检测砖的外观质量的同时，进行欠火砖、酥砖、螺旋纹砖的检测，用观察试样砖的颜色、金属物件敲击试样听声音、在试样表面划痕查看划痕颜色方法进行综合判定。试样的颜色、声音、划痕明显不同于标准砖时，判定为欠火砖、酥砖、螺旋纹砖。

③ 对欠火砖、酥砖、螺旋纹砖判定结果有争议时，将有争议的砖样按产品标准的规定进行冻融试验，试验结果应符合产品标准的规定，判合格，否则，判不合格。

2. 蒸压加气混凝土砌块试验

《蒸压加气混凝土性能试验方法》GB/T 11969—2020，将于2021年8月1日实施，与2006版标准相比，除编辑性修改外主要技术变化如下：删除了砌块等级、A7.5、A10.0、强度等级级别和B08干密度级别；修改了以抗压强度和干密度分级及以抗压强度分级、出厂检验抽样批量的规定；增加了产品的分类，分为Ⅰ型和Ⅱ型，以及尺寸偏差和外观质量要求。

（1）干密度和抗压强度试验

干密度和抗压强度试验按《加气混凝土性能试验方法》GB/T 11969的规定进行。抗压强度试件试件尺寸为100mm×100mm×100mm立方体，当试件不能满足100mm×100mm×100mm立方体制作要求时，试件应按《加气混凝土性能试验方法》GB/T 11969附录A所列几何形状制作，相应的抗压强度应按尺寸效应系数换算。

（2）试验方法的选择

凡是注明日期的引用文件，仅注日期的版本适用于本文件。凡是不注明日期的引用文件，其最新版本（包括所有的修改单）适用本文件。

3. 玻纤胎沥青瓦试验

（1）出厂检验

出厂检验项目包括：单位面积质量、规格尺寸、外观、可溶物含量、胎基、拉力、柔度、不透水性、耐钉子拔出性能和矿物料粘附性。

（2）试验方法

规格尺寸、单位面积质量试验包括规格尺寸、厚度、单位面积质量。可溶物含量、胎基试验按《建筑防水卷材试验方法　第 6 部分：沥青防水卷材　长度　宽度和平直度》GB/T 328.6 进行。拉力试验按《建筑防水卷材试验方法　第 8 部分：沥青防水卷材　拉伸性能》GB/T 328.8 进行。耐热度按《建筑防水卷材试验方法　第 11 部分：沥青防水卷材　耐热性》GB/T 328.11—2007 中方法 B 进行。柔度、撕裂强度、耐钉子拔出性能、自粘胶耐热度、叠层剥离强度、抗揭风性能试验按《玻纤胎沥青瓦》GB/T 20474 进行。不透水性按《建筑防水卷材试验方法　第 10 部分：沥青和高分子防水卷材　不透水性》GB/T 328.10—2007 中方法 A 进行。人工气候加速老化试验按《建筑防水材料老化试验方法》GB/T 18244 中的弧灯老化方法进行。燃烧性能试验按《建筑材料可燃性试验方法》GB/T 8626 进行。

4. 烧结瓦试验

物理性能试验方法：抗弯曲性能、抗冻性能、耐急冷急热性、吸水率、抗渗性能按《屋面瓦》GB/T 36584 进行试验。

第9章 防水材料常规检验

9.1 概 述

建筑防水材料是建筑材料的一个重要组成部分，其性质在建筑材料中属于功能性材料，建筑物和构筑物之所以要采用防水材料其主要目的是为了防潮、防渗、防漏。建筑防水材料的性能、质量、品种直接影响到建筑工程的结构形式和施工方法。目前，建筑防水材料已广泛应用于工业与民用建筑、市政基础设施、地下工程、道路桥梁、隧道涵洞、国防军工等领域。

建筑物和构筑物的防水是依靠具有防水性能的材料来实现的，防水材料质量的优劣直接关系到防水层的耐久年限。对建筑防水材料要求如下：具有良好的耐久性，对光、热、臭氧等应具有一定的承受能力。具有抗水渗透和耐酸碱性能。对外界温度和外力具有一定的适应性，即材料的拉伸强度要高，断裂伸长率要大，能承受温差变化和外力与基层收缩、开裂所引起的变形。整体性好，既能保持自身的粘结性，又能与基层牢固粘结，同时在外力作用下，有较高的剥离强度，形成稳定的不透水整体。

防水材料是指能防止雨水、地下水和其他水分渗透作用的材料，广泛应用于建筑物的屋面、地下室、卫生间、墙面以及水利、道路、桥梁、隧道等工程。建筑防水工程按所用材料不同分为刚性防水和柔性防水。刚性防水常采用涂抹防水砂浆、浇筑掺外加剂的混凝土等做法。柔性防水则采用铺设防水卷材、涂覆防水涂料等做法。

建筑防水材料的分类是按材料的种类来划分，大致分为防水卷材、防水涂料、密封材料和刚性防水材料。防水卷材包括沥青类防水卷材、改性沥青类防水卷材和合成高分子防水卷材。防水涂料包括乳化沥青类防水涂料、改性沥青类防水涂料、合成高分子类防水涂料和水泥基类防水涂料。密封材料包括非定型密封材料和定型密封材料密封材料。刚性防水材料包括防水混凝土、防水砂浆、外加剂（防水剂、减水剂、膨胀剂等）、注浆堵漏材料、瓦材。施工方法由热熔法向冷粘法发展。防水设计也由多层向单层防水发展，由单一材料向复合型多功能材料发展。

9.2 防水卷材试验

防水卷材是建筑防水材料的重要品种，是具有一定宽度和厚度并可卷曲的片状定型防水材料。目前防水卷材主要有沥青防水卷材、高聚物改性沥青防水卷材和合成高分子防水卷材三大系列。防水卷材要满足建筑防水工程的要求，必须具备良好的不透水性、温度稳定性、机械强度、柔韧性和大气稳定性等各项性能。沥青防水卷材成本低、应用广泛，但是其温度敏感性差、低温柔性差，在大气作用下易老化，防水耐用年限短。高聚物改性沥青防水卷材和合成高分子防水卷材较沥青防水卷材优异，是防水卷材发展的方向。

沥青防水卷材是指以沥青为主要浸涂材料所制成的卷材，分有胎卷材和无胎卷材两大类。石油沥青纸胎油毡是指用低软化点石油沥青浸渍原纸，然后用高软化点石油沥青涂盖油纸两面，在涂刷或撒布隔离材料所制成的纸胎沥青防水卷材。高分子防水卷材是指以合成橡胶、合成树脂或两者共混为基料，加入适当助剂和填料，经混炼压延或挤出等工序而成的防水卷材，可制成增强或不增强的。橡胶防水卷材是指以橡胶或热塑性弹性体为基料，加入增塑剂、防老剂、硫化剂、填料等添加剂，用压延或挤出成型方法加工而成的防水卷材。聚氯乙烯防水卷材是指以聚氯乙烯为基料，加入添加剂之后制得的一种塑料防水卷材。三元乙丙防水卷材是指以三元的乙烯 - 丙烯嵌段共聚橡胶为基料制得的一种橡胶防水卷材。

1. 石油沥青纸胎油毡

油毡是以原纸为胎基增强材料，以沥青为浸涂材料所制成的防水卷材，包含石油沥青纸胎油毡和煤沥青纸胎油毡两类产品。石油沥青纸胎油毡系采用低软化点石油沥青浸渍原纸，然后用高软化点石油沥青涂盖油纸两面，再涂或撒隔离材料所制成的一种纸胎沥青防水卷材。

油毡按卷重和物理性能分为Ⅰ型、Ⅱ型、Ⅲ型。Ⅰ型、Ⅱ型油毡用于辅助防水、保护隔离层、临时性建筑防水、防潮及包装等；Ⅲ型油毡适用于屋面工程的多层防水。

（1）试验项目

石油沥青纸胎油毡物理性能试验项目包括单位面积浸涂材料总量、不透水性、吸水率、耐热度、拉力（纵向）和柔度。

（2）批量

以同一类型的 1500 卷卷材为一批，不足 1000 卷也可作为一批。在该批产品中随机抽取 5 卷进行卷重、面积和外观检查。

（3）判定规则

① 卷重、面积和外观

在抽取的 5 卷中检查结果均符合产品标准规定时，判卷重、面积和外观合格。若其中有一项不符合要求，允许在该批产品中随机另抽 5 卷重新对不合格项进行复验。若达到要求则判卷重、面积和外观合格，若仍不符合要求，则判该批产品不合格。

② 物理性能

从卷重、面积和外观合格的卷材中任取 1 卷进行物理性能试验。浸涂材料总量、吸水率、拉力各项试验结果的平均值达到要求判该项合格。不透水性、耐热度每组试件都达到要求判该项合格。柔度每面 5 个试件中 4 个达到要求判该项合格。各项试验结果均符合物理性能规定，则判该批产品物理性能合格，若仅有一项不符合要求，允许在该批产品中随机抽取 1 卷，对不合格项进行单项复验，达到要求则该批产品物理性能合格，否则判不合格。

③ 总判定

卷重、面积和外观和物理性能均符合产品标准的全部要求，则判该批产品合格。

2. 弹性体改性沥青防水卷材

弹性体改性沥青防水卷材，是以苯乙烯－丁二烯－苯乙烯（SBS）热塑性弹性体作石油沥青改性剂做涂层，用玻纤毡、聚酯毡、玻纤增强聚酯毡为胎基，两面覆以隔离材料所做成的一种性能优异的防水材料，具有耐热、耐寒、耐腐蚀、抗老化、热塑性好、抗拉力大、延伸率高、抗撕裂性强等优点。

（1）分类

按胎基分为聚酯毡、玻纤毡、玻纤增强聚酯毡。按上表面隔离材料分为聚乙烯膜、细砂、矿物粒料。下表面隔离材料分为细砂、聚乙烯膜。按材料性能分为Ⅰ型和Ⅱ型。

（2）规格

公称宽度：卷材为1000mm。公称厚度：聚酯毡卷材为3mm、4mm、5mm；玻纤毡卷材为3mm、4mm；玻纤增强聚酯毡卷材为5mm。公称面积：每卷卷材为$7.5m^2$、$10m^2$、$15m^2$。

（3）用途

弹性体改性沥青防水卷材主要适用于工业与民用建筑的屋面和地下防水工程。玻纤增强聚酯毡卷材可用于机械固定单层防水，但需通过抗风荷载试验。玻纤毡卷材适用于多层防水中的底层防水。外露使用采用上表面隔离材料为不透明的矿物粒料的防水卷材。地下防水工程采用表面隔离材料为细砂的防水卷材。

（4）材料性能

材料性能包括可溶物含量、耐热性、低温柔性、不透水性、拉力（最大峰拉力、次高峰拉力）、延伸率（最大峰时延伸率、第二峰时延伸率）、浸水后质量增加、热老化（拉力保持率、延伸率保持率、低温柔性、尺寸变化率、质量损失）、渗油性、接缝剥离强度、钉杆撕裂强度、矿物粒料粘附性、卷材下表面沥青涂盖层厚度和人工气候加速老化（外观、拉力保持率、低温柔性）。

（5）批量

以同一类型、同一规格的$10000m^2$为一批，不足$10000m^2$亦可作为一批。

（6）判定规则

① 单位面积质量、面积、厚度及外观

抽取的5卷样品均符合产品标准规定时，判为单位面积质量、面积、厚度及外观合格。若其中有一项不符合规定，允许从该批产品中再随机抽取5卷样品，对不合格项进行复查。如全部达到标准规定时则判为合格；否则，判该批产品不合格。

② 材料性能

从单位面积质量、面积、厚度及外观合格的卷材中任取1卷进行材料性能试验。

可溶物含量、拉力、延伸率、吸水率、耐热性、接缝剥离强度、钉杆撕裂强度、矿物粒料粘附性、卷材下表面沥青涂盖厚度以其算术平均值达到标准规定的指标判为该项合格。

不透水性以3个试件分别达到标准规定判该项合格。低温柔性两面分别达到标准规定时判为该项合格。渗油性以最大值符合标准规定判为该项合格。热老化、人工气候加速老化各项结果达到产品标准规定时判为该项合格。

各项试验结果均符合产品标准规定，则判该批产品材料性能合格。若有一项不符合规定，允许在该批产品中再随机抽取5卷，从中任取1卷对不合格项进行单项复验，达到标准规定时，则该批产品材料性能合格。

③ 总判定

试验结果符合产品标准的全部要求时，则判该批产品合格。

3. 聚氯乙烯（PVC）防水卷材

（1）分类

按产品的组成分为均质卷材、带纤维背衬卷材、织物内增强卷材、玻璃纤维内增强卷材、玻璃纤维内增强带纤维背衬卷材。

均质的聚氯乙烯防水卷材是指不采用内增强材料或背衬材料的聚氯乙烯防水卷材。带纤维背衬聚氯乙烯卷材是指用织物如聚酯无纺布等复合在卷材下表面的聚氯乙烯防水卷材。织物内增强聚氯乙烯防水卷材是指用聚酯或玻纤网格布在卷材中间增强的聚氯乙烯防水卷材。玻璃纤维内增强的聚氯乙烯防水卷材是指在卷材中加入短切玻璃纤维或玻璃纤维无纺布。对拉伸性能等力学性能无明显影响，仅提高产品尺寸稳定性的聚氯乙烯防水卷材。

（2）规格

公称长度规格为 15m、20m、25m。公称宽度规格为 1.00m、2.00m。厚度规格为 1.20mm、1.50mm、1.80mm、2.00mm。其他规格可由供需双方商定。

（3）材料性能指标

材料性能指标包括中间胎基上面树脂层厚度、拉伸性能（最大拉力、拉伸强度、最大拉力时伸长率、断裂伸长率）、热处理尺寸变化率、低温弯折性、不透水性、抗冲击性能、抗静态荷载、接缝剥离强度、直角撕裂强度、梯形撕裂强度、吸水率（浸水后、晾置后）、热老化（时间、外观、最大拉力保持率、拉伸强度保持率、最大拉力时伸长率保持率、断裂伸长率保持率、低温弯折性）、耐化学性（外观、最大拉力保持率、拉伸强度保持率、最大拉力时伸长率保持率、断裂伸长率保持率、低温弯折性）、人工气候加速老化（时间、外观、最大拉力保持率、拉伸强度保持率、最大拉力时伸长率保持率、断裂伸长率保持率、低温弯折性）等。

（4）抽样

以同类型的 10000m^2 卷材为一批，不足 10000m^2 也可作为一批。在该产品中随机抽取 3 卷进行尺寸偏差和外观检查，在上述检查合格的试件中任取 1 卷，在距外层端部 500mm 处截取 3m（出厂检验为 1.5m）进行材料性能检验。

（5）判定规则

① 尺寸偏差、外观

尺寸偏差和外观符合产品标准规定时判为合格。若有不合格项，允许在该批产品中随机抽 3 卷进行复检，复检合格的为合格，若仍有不合格的判为该批产品不合格。

② 材料性能

对于中间胎基上面树脂层厚度、拉伸性能、热处理尺寸变化率、接缝剥离强度、撕裂强度、吸水率以其算术平均值达到标准规定时，则判该项合格。

低温弯折性、不透水性、抗冲击性能、抗静态荷载、抗风揭能力所有试件均符合标准规定时，则该项合格，若有 1 个试件不符合标准规定则判该项不合格。

热老化、耐化学性、人工气候加速老化所有项目符合标准规定，则判该项合格。

③ 试验结果符合产品标准规定，判该批产品材料性能合格。若仅有一项不符合标准

规定，允许在该批产品中随机抽取 1 卷，进行单项复验，符合标准规定时则判该批产品材料性能合格，否则判该批产品材料性能不合格。

4. 湿铺防水卷材

（1）类型

产品按增强材料分为高分子膜基防水卷材，聚酯胎基防水卷材，高分子膜基防水卷材分为高强度类、高延伸类，高分子膜可以位于卷材的表层或中间。产品按粘结表面分为单面粘合、双面粘合。

（2）规格

产品厚度：高强度类、高延伸类为 1.5mm、2.0mm。聚酯胎基类为 3.0mm。其他规格可由供需双方商定。

（3）用途

湿铺防水卷材用于非外露防水工程，采用水泥净浆或水泥砂浆与混凝土基层粘结，卷材间宜采用自粘搭接。

（4）物理力学性能

物理力学性能有 14 项，包括可溶物含量、拉伸性能（拉力、最大拉力时伸长率、拉伸时现象）、撕裂力、耐热性（70℃，2h）、低温柔性（−20℃）、不透水性（0.3MPa 120min）、卷材与卷材剥离强度（搭接边）（无处理、浸水处理、热处理）、渗油性、与水泥砂浆剥离强度、热老化（80℃），168h（拉力保持率、伸长率保持率、低温柔性，−18℃）、尺寸变化率、热稳定性等。

（5）批量

以同一类型、同一规格 10000m^2 为一批，不足 10000m^2 按一批计。

（6）抽样

在每产品中随机抽取 5 卷进行面积、单位面积质量、厚度、外观检查。在上述检查合格后，从中随机抽取 1 卷至少 1.5m^2 的试样进行物理力学性能检测。

（7）判定规则

面积、单位面积质量、厚度、外观均符合产品标准规定时，判为单位面积质量（聚酯胎基类）、面积、厚度、外观合格。对不符合的项目，允许在该批产品中随机另抽 5 卷重新检验，全部达到产品标准规定即判其面积、单位面积质量、厚度、外观合格，若仍有不符合产品标准规定的即判该批产品不合格。

物理力学性能试验结果全部符合产品标准的规定，判该批产品物理力学性能合格。若其中仅有 1 项不符合产品标准的规定，允许在该批产品中随机另抽 1 卷进行单项复测，合格则判该批产品物理力学性能合格，否则判该批产品物理力学性能不合格。

5. 石油沥青玻璃纤维胎防水卷材

石油沥青玻璃纤维胎防水卷材是以玻纤胎为胎基，浸涂石油沥青，两面覆以隔离材料制成的防水卷材。

（1）类型

按单位面积质量分为 15、25 号。按上表面材料分为 PE 膜、砂面，也可按生产厂要求采用其他类型的上表面材料。按力学性能分为 Ⅰ 型、Ⅱ 型。

（2）规格

卷材公称宽度为 1m。卷材公称面积 $10m^2$、$20m^2$。

（3）材料性能

石油沥青玻璃纤维胎防水卷材材料性能有 7 项，包括可溶物含量（15 号、25 号、试验现象）、拉力（纵向、横向）、耐热性、低温柔性、不透水性、钉杆撕裂强度、热老化（外观、拉力保持率、质量损失率、低温柔性）。

（4）批量

以同一类型、同一规格 $10000m^2$ 为一批，不足 $10000m^2$ 亦作为一批。

（5）抽样

在每批产品中随机抽取 5 卷进行尺寸偏差、外观、单位面积质量检查。在上述检查合格后，从中随机抽取 1 卷，取至少 $1.5m^2$ 的样品进行检测。

（6）判定规则

尺寸偏差、外观、单位面积质量均符合产品标准规定时，判其尺寸偏差、外观、单位面积质量合格。对不符合的项目，允许在该批产品中随机另抽 5 卷重新检验，全部达到产品标准规定即判其尺寸偏差、外观、单位面积质量合格，若仍有不符合产品标准规定的即判该批产品不合格。

试验结果符合产品标准规定，判该批产品材料性能合格。若其中仅有 1 项不符合标准规定，允许在该批产品中随机另抽 1 卷进行单项复测，合格则判该批产品材料性能合格，否则判该批产品材料性能不合格。

总判定：试验结果符合产品标准的全部相关要求时判该批产品合格。

6. 高分子防水材料—片材

以高分子材料为主材料，以挤压或压延等方法生产，用于各类工程防水、防渗、防潮、隔气、防污染、排水等的匀质片（以高分子合成材料为主要材料，各部位截面结构一致的防水片材）、复合片（以高分子合成材料为主要材料，复合织物等保护层或增强层，以改变其尺寸稳定性和力学特性，各部位截面结构一致的防水片材）、异型片（以高分子合成材料为主要材料，经特殊工艺加工成表面为连续凸凹壳体或特定几何形状的防、排水片材）、自粘片（在高分子片材表面复合一层自粘材料和隔离保护层，以改善和提高其与基层的粘结性能，各部位截面结构一致的防水片材）、点（条）粘片（匀质片材与织物的保护层多点（条）在规定区域内均匀分布，利用粘接点（条）的间距，使其具有切向排水功能的防水片材）等称为高分子防水材料片材。工程中常遇到的主要原材料有三元乙丙橡胶、氯丁橡胶、氯化聚乙烯等。

（1）片材的分类

片材分为 5 大类 12 小类 30 个品种，即匀质片（硫化橡胶类 /JL1、JL2、JL3，非硫化橡胶类 / JF1、JF2、JF3，树脂类 /JS1、JS2、JS3），复合片（硫化橡胶类 /FL、非硫化橡胶类 /FF、树脂类 /FS1、FS2），自粘片（硫化橡胶类 /ZJL1、ZJL2、ZJL3、ZFL，非硫化橡胶类 /ZJF1、ZJF2、ZJF3、ZFF，树脂类 /ZJS1、ZJS2、ZJS3、ZFS1、ZFS2），异形片（树脂类 / 防排水保护板 /YS），点（条）粘片（树脂类 /DS1/TS1、DS2/TS2、DS3/TS3）。

匀质片是指以高分子合成材料为主要材料，各部位截面结构一致的防水片材。复合片是指以高分子合成材料为主要材料，复合织物等保护或增强层，以改变尺寸稳定性和力学特性，各部位截面结构一致的防水片材。自粘片是指在高分子片材表面复合一层自粘材料和隔离保护层，以改善和提高与其基层的粘接性能，各部位截面结构一致的防水片材。异形片是指以高分子合成材料为主要材料，经特殊工艺加工成表面为连接凸凹壳体和特定几何形状的防（排）水片材。点（条）粘片是指匀质片与织物等保护层多点（条）粘接在一起，粘接点（条）在规定区域内均匀分布，利用粘接点（条）的间距，使其具有切向排水功能的防水片材。

（2）物理性能

① 匀质片的物理性能

匀质片材的物理性能 11 项，包括拉伸强度、拉断伸长率、撕裂强度、不透水性、低温弯折、加热伸缩量、热空气老化、耐碱性、臭氧老化、人工气候老化、粘结剥离强度。

注意事项，人工气候老化、粘结剥离强度为推荐项目。非外露使用可以不考核臭氧老化、人工气候老化、加热伸缩量、60℃拉伸强度性能。

② 复合片的物理性能

复合片材的物理性能 12 项，包括拉伸强度、拉断伸长率、撕裂强度、不透水性、低温弯折、加热伸缩量、热空气老化、耐碱性、臭氧老化、人工气候老化、粘结剥离强度、复合强度。

注意事项，人工气候老化、粘合性能为推荐项目。非外露使用可以不考核臭氧老化、人工气候老化、加热伸缩量、高温（60℃）拉伸强度性能。

③ 自粘片的物理性能

自粘片的物理性能有 3 项，包括低温弯折、持粘性、剥离强度。

④ 异形片的物理性能

异形片的物理性能有 6 项，包括拉伸强度、拉断伸长率、抗压性能、排水截面积、热空气老化、耐碱性。

注意事项：壳体形状和高度无具体要求，但性能指标需满足标准规定。

⑤ 点（条）粘片的物理性能

点（条）粘片的物理性能有 3 项，包括常温 23℃拉伸强度、常温 23℃拉断伸长率、剥离强度。

（3）检验项目

匀质片、复合片、自粘片和点（条）粘片：规格尺寸、外观质量、常温 23℃拉伸强度和拉断伸长率、撕裂强度、低温弯折、不透水性、复合强度（FS2）、自粘片持粘性及剥离强度、点（条）粘片粘结部位的常温 23℃时拉伸强度和拉断伸长率以及剥离强度，按批进行出厂检验。

异形片：规格尺寸、外观质量、拉伸强度、拉断伸长率、抗压性能、排水截面积按批进行出厂检验。

（4）组批与抽样

以连续生产的同品种、同规格的 5000m² 片材为一批（不足 5000m² 时，以连续生产的同品种、同规格的片材量为一批，日产量超过 8000 则以 8000 为一批），随机抽取 3 卷进行规格尺寸和外观质量检验，在上述检验合格的样品中再随机抽取足够的试样进行物理性能检验。

（5）判定规则

规格尺寸、外观质量及物理性能各项指标全部符合技术要求，则为合格品。规格尺寸或外观质量若有一项不符合要求，则该卷片材为不合格品；此时需另外抽取 3 卷进行复试，复试结果如仍有 1 卷不合格，则应对该批产品进行逐卷检查，剔除不合格品。

物理性能有一项指标不符合技术要求，应另取双倍试样进行该项复试，复试结果若仍不合格，则该批产品为不合格品。

9.2.1　拉伸性能

1. 沥青防水卷材

（1）试验目的

试件以恒定的速度拉伸至断裂。连续记录试验中拉力和对应的长度变化。

（2）仪器设备

拉伸试验机，应有连续记录力和对应距离的装置，能按下面规定的速度均匀的移动夹具。有足够的量程（至少 2000N）和夹具移动速度（100±10）mm/min，夹具宽度不小于 50mm；拉伸试验机的夹具，夹持方法不应在夹具内外产生过早的破坏；为防止从夹具中的滑移超过极限值，允许用冷却的夹具，同时实际的试件伸长用引伸计测量；力值测量应符合《拉力、压力和万能试验机》JJG 139—1999 的 2 级（即 ±2%）拉力试验机。

（3）试件制备

整个拉伸试验应制备两组试件，一组纵向 5 个试件，一组横向 5 个试件。试件在试样上距边缘 100mm 以上任意裁取，用模板，或用裁刀，矩形试件宽为 50±0.5mm，长为（200mm ＋ 2× 夹持长度），长度方向为试验方向。表面的非持久层应去除。

试件在试验前在 23±2℃和相对湿度 30% ～ 70% 的条件下至少放置 20h。

（4）试验步骤

① 将试件紧紧地夹在拉伸试验机的夹具中，注意试件长度方向的中线与试验机夹具中心在一条线上。夹具间距离为 200±2mm，为防止试件从夹具中滑移应作标记。当用引伸计时，试验前应设置标距间距离为 180±2mm。为防止试件产生任何松弛，推荐加载不超过 5N 的力。

② 试验在 23±2℃进行，夹具移动的恒定速度为 100±10mm/min。

③ 连续记录拉力和对应的夹具（或引伸计）间距离。

（5）试验结果

① 记录得到的拉力和距离，或数据记录，最大的拉力和对应的由夹具（或引伸计）距离与起始距离的百分率计算延伸率。

② 去除任何在夹具 10mm 以内断裂或在试验机夹具中滑移超过极限值的试件的试验结果，用备用件重测。

③ 最大拉力单位为 N/50mm，对应的延伸率用百分率表示，作为试件同一方向结果。

④ 分别记录每个方向 5 个试件的拉力值和延伸率，计算平均值。

⑤ 拉力的平均值修约到 5N，延伸率的平均值修约到 1%。

⑥ 同时对于复合增强的卷材在应力应变图上有两个或更多的峰值，拉力和延伸率应记录两个最大值。

（6）试验报告

试验报告至少包括以下信息：相关产品试验需要的所有数据；涉及的方法标准及偏离；抽样信息；试件制备细节；试验结果；试验日期。

2. 高分子防水卷材拉伸性能

（1）试验目的

试件以恒定的速度拉伸至断裂。连续记录试验中拉力和对应的长度变化，特别记录最大拉力。

（2）仪器设备

拉伸试验机；拉伸试验机的夹具；这种夹持方法不应导致在夹具附近产生过早的破坏；力值测量应2级（即 ±2%）拉力试验机。

（3）试样制备

除非有其他规定，整个拉伸试验应准备两组试件，一组纵向5个试件，一组横向5个试件。试件在距试样边缘100±10mm以上裁取，用模板或用裁刀。试件尺寸：方法A：试样边长为（50±0.5）mm×200mm的矩形试件，如图9.2.1-1所示。方法B：试样为（6±0.4）mm×115mm的哑铃形试件，如图9.2.1-2所示。表面的非持久层应去掉。试件中的网格布、织物层，衬垫或复合增强层在长度或宽度方向应裁取一样的经纬数，避免切断筋。

试件在试验前在（23±2）℃和相对湿度（50±5）%的条件下至少放置20h。

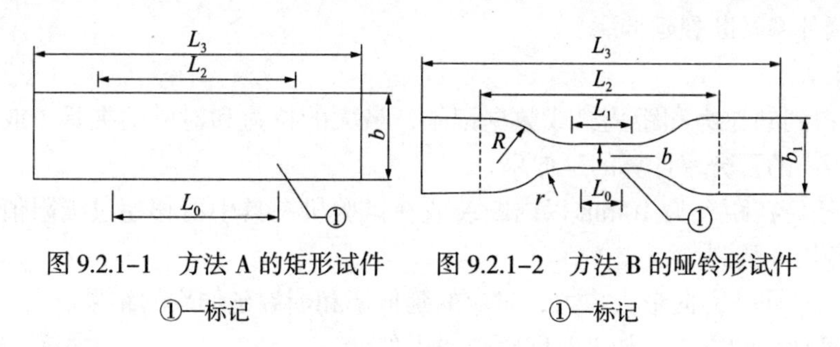

图9.2.1–1　方法A的矩形试件　　图9.2.1–2　方法B的哑铃形试件

①—标记　　①—标记

（4）试验步骤

① 方法B厚度的测量

采用《建筑防水卷材试验方法 第5部分：高分子防水卷材 厚度、单位面积质量》GB/T 328.5方法测量的试件有效厚度。有效厚度是指卷材提供防水功能的厚度，包括表面构造，但不包括表面结构和背衬，如图9.2.1-3所示。

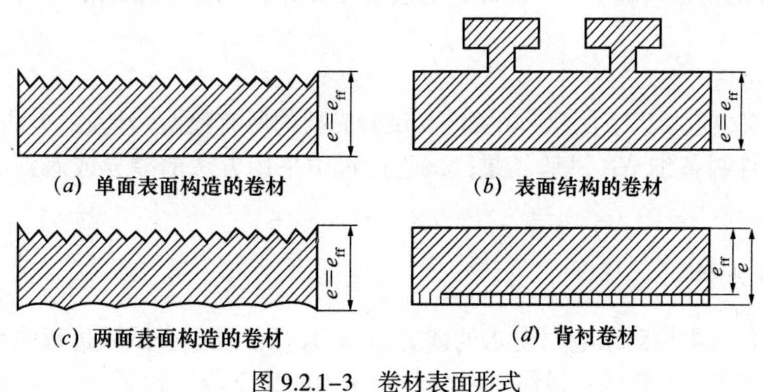

图9.2.1–3　卷材表面形式

e—全厚度；e_{ff}—有效厚度

用机械装置测量厚度，若有表面结构或背衬影响，采用光学测量装置。能测量厚度精确到 0.01mm，测量面平整，直径 10mm，施加中卷材背面的压力为 20kPa。

测量前试件在 23±2℃和相对湿度 50%±5% 条件下至少放置 2h，试验在 23±2℃进行。试验卷材表面和测量装置的测量面洁净。记录每个试件的相关厚度，精确到 0.01mm，计算所有试件测量结果的平均值。

机械测量法，开始测量前检查测量装置的零点，在所有测量结束后再检查一次。在测定厚度时，测量装置下足应避免测量变形。

结果表示，卷材有效厚度取所有试件去除表面结构或背衬后的厚度平均值，精确至 0.01mm。

② 将试件紧紧地夹在拉伸试验机的夹具中，注意试件长度方向的中线与试验机夹具中心在一条线上。为防止试件产生任何松弛推荐加载不超过 5N 的力。

③ 试验在 23±2℃进行，夹具移动的恒定速度为：方法 A：100±10mm/min；方法 B：500±50mm/min。

④ 连续记录拉力和对应的夹具（或引伸计）间分开的距离，直至试件断裂。

⑤ 试件的破坏形式应记录。

⑥ 对于有增强层的卷材，在应力应变图上有 2 个或更多的峰值，应记录 2 个最大峰值的拉力和延伸率及断裂延伸率。

（5）结果表示

① 记录得到的拉力和距离，或数据记录，最大的拉力和对应的夹具（或标记）间距离并按起始距离的百分率计算的延伸率。

② 去除任何在距夹具 10mm 以内断裂或在试验机夹具中滑移超过极限值的试件的试验结果，用备用件重测。

③ 记录试件同一方向最大拉力，对应的延伸率和断裂延伸率的结果。

④ 测量延伸率的方式，如夹具间距离或引伸计。

⑤ 分别记录每个方向 5 个试件的值，计算算术平均值和标准偏差，方法 A 拉力的单位为 N/50mm，方法 B 拉伸强度的单位为 MPa（N/mm^2）。

⑥ 拉伸强度根据有效厚度计算（见《建筑防水卷材试验方法 第 5 部分：高分子防水卷材 厚度、单位面积质量》GB/T 328.5）。

⑦ 方法 A 的结果精确至 N/50mm，方法 B 的结果精确至 0.1MPa，延伸率精确至两位有效数字。

（6）试验报告

试验报告至少包括以下信息：相关产品试验需要的所有数据；涉及的方法标准及偏离；抽样信息；试件制备细节；试验结果；试验过程中采用方法的差异或遇到的异常；试验日期。

9.2.2　不透水性

不透水性是指柔性防水卷材防水的能力，如：A 法：在整个试验过程中承受水压后试件表面的滤纸不变色。B 法：最终压力与开始压力相比下降不超过 5%。不透水性试验方法适用于沥青和高分子防水卷材按规定步骤测定不透水性，即产品耐积水或有限表面承受水压。本方法也可用于其他防水材料。

1. 试验目的

对于沥青、塑料、橡胶有关范畴的卷材，在标准中给出两种试验方法的试验步骤。方法A适用于卷材低压力的使用场合，如：屋面、基层、隔汽层。试件满足试件直到60kPa压力24h。方法B适用于卷材高压力的使用场合，如：特殊屋面、隧道、水池。试件采用有四个规定形状尺寸狭缝的圆盘保持规定水压24h，或采用7孔圆盘保持规定水压30min，观测试件是否保持不渗水。

2. 仪器设备

方法A：一个带法兰盘的金属圆柱体箱体，孔径150mm，并连接到开放管子末端或容器，其间高差不低于1m。方法B：组成设备的装置应符合有关规定，产生的压力作用于试件的一面。试件用有四个狭缝的盘（或7孔圆盘）盖上。缝的形状尺寸和孔的尺寸形状符合规定。

3. 试件制备

（1）制备

试件在卷材宽度方向均匀裁取，最外一个距卷材边缘100mm。试件的纵向与产品的纵向平行并标记。在相关的产品标准中应规定试件数量，最少3块。试件尺寸，方法A：圆形试件，直径为200±2mm。方法B：试件直径不小于盘外径（约130mm）。

（3）试验条件

试验前试件在23±5℃放置至少6h。

4. 试验步骤

（1）试验条件

试验在23±5℃进行，产生争议时，在23±2℃相对湿度50%±5%进行。

（2）方法A步骤

① 放试件在设备上，旋紧翼形螺母固定夹环。打开进水阀让水进入，同时打开空气阀，排出空气，直至水出来关闭空气阀，说明设备已水满。

② 调整试件上表面所要求的压力。上表面是指在使用现场，卷材朝上的面，通常是成卷卷材的里面。

③ 保持压力24±1h。

④ 检查试件，观察上面滤纸有无变色。

（3）方法B步骤

① 试验装置中充水直到满出，彻底排出水管中空气。

② 试件的上表面朝下放置在透水盘上，盖上规定的开缝盘（或7孔圆盘），其中一个缝的方向与卷材纵向平行。放上封盖，慢慢夹紧直到试件夹紧在盘上，用布或压缩空气干燥试件的非迎水面，慢慢加压到规定的压力。

③ 达到规定压力后，保持压力24±1h（7孔盘保持规定压力30±2min）。

④ 试验时观察试件的不透水性（水压突然下降或试件的非迎水面有水）。

5. 结果表示

（1）方法A：试件有明显的水渗到上面的滤纸产生变色，认为试验不符合。所有试件通过认为卷材不透水。

（2）方法 B：所有试件在规定的时间不透水认为不透水性试验通过。

6. 试验报告

试验报告包括以下信息：相关产品试验需要的所有数据；涉及的方法标准及偏离；抽样信息；试件制备细节；试验结果；试验过程中采用方法的差异或遇到的异常；试验日期。

9.2.3　耐热性

耐热性是指沥青卷材试件垂直悬挂在规定温度条件下，涂盖层与胎体相比滑动 2mm 时的能力。沥青防水卷材耐热性试验方法分为 A 法和 B 法。耐热极限是指沥青卷材试件垂直悬挂涂盖层与胎体相比滑动 2mm 时的温度。滑动是指由于涂盖层位移在卷材表面引起的记号 1 与记号 2 间的最大距离。

沥青防水卷材耐热性试验方法规定了沥青屋面防水卷材在温度升高时的抗流动性测定，试验卷材的上表面和下表面在规定温度或连续在不同温度测点的耐热性极限。试验用来检验产品的耐热性要求，或测定规定产品的耐热性极限，如测定老化后性能的变化结果。本方法不适用于无增强层的沥青卷材。

1. 方法 A

（1）试验目的

从试样裁取的试件，在规定温度分别垂直悬挂在烘箱中。在规定的时间后测量试件两面涂盖层相对于胎体的位移。平均位移超过 2.0mm 为不合格。耐热性极限是通过在两个温度结果间插值测定。

（2）仪器设备

鼓风烘箱（不提供新鲜空气）在试验范围内最大温度波动 ±2℃。当门打开 30s 后，恢复温度到工作温度的时间不超过 5min；热电偶连接到外面的电子温度计，在规定范围内能测量到 ±1℃；悬挂装置（如夹子）至少 100mm 宽，能夹住试件的整个宽度在一条线，并被悬挂在试验区域；光学测量装置（如读数放大镜）刻度至少 0.1mm；金属圆插销的插入装置内径约 4mm；画线装置画直的标记线；墨水记号线的宽度不超过 0.5mm，白色耐水墨水；硅纸。

（3）试件制备

① 矩形试件尺寸（115±1）mm×（100±1）mm，试件均匀的在试样宽度方向裁取，长边是卷材的纵向。试件应距卷材边缘 150mm 以上，试件从卷材的一边开始连续编号，卷材上表面和下表面应标记。

② 去除任何非持久保护层，适宜的方法是常温下用胶带粘在上面，冷却到接近假设的冷弯温度，然后从试件上撕去胶带，另一方法是用压缩空气吹（压力约 0.5MPa，喷嘴直径约 0.5mm），假若上面的方法不能除去保护膜，用火焰烤，用最少的时间破坏膜而不损伤试件。

③ 在试件纵向的横断面一边，上表面和下表面的大约 15mm 一条的涂盖层去除直至胎体，若卷材有超过一层的胎体，去除涂盖料直到另外一层胎体。在试件的中间区域的涂盖层也从上表面和下表面的 2 个接近处去除，直至胎体。为此，可采用热刮刀或类似装置，小心地去除涂盖层不损坏胎体。两个内径约 4mm 的插销在裸露区域穿过胎体。任何表面浮着的矿物料或表面材料通过轻轻敲打试件去除。然后标记装置放在试件两边插入插

销定位于中心位置，在试件表面整个宽度方向沿着直边用记号笔垂直画一条线（宽度约0.5mm），操作时试件平放。

④ 试件试验前至少放置在23±2℃的平面上2h，相互之间不要接触或粘住，有必要时，将试件分别放在硅纸上防止粘结。

（4）试验步骤

① 试验准备

烘箱预热到规定试验温度，温度通过与试件中心同一位置的热电偶控制。整个试验期间，试验区域的温度波动不超过 ±2℃。

② 规定温度下耐热性的测定

按要求制备的一组3个试件露出的胎体处用悬挂装置夹住，涂盖层不要夹到。必要时，用如硅纸的不粘层包住两面，便于在试验结束时除去夹子。

制备好的试件垂直悬挂在烘箱的相同高度，间隔至少30mm。此时烘箱的温度不能下降太多，开关烘箱门放入试件的时间不超过30s。放入试件后加热时间为120±2min。

加热周期一结束，试件和悬挂装置一起从烘箱中取出，相互间不要接触，在23±2℃自由悬挂冷却至少2h。然后除去悬挂装置，按要求，在试件两面画第二个标记，用光学测量装置在每个试件的两面测量两个标记底部间最大距离 ΔL，精确到0.1mm。

（5）结果计算与表示

① 平均值计算：计算卷材每个面3个试件的滑动值的平均值，精确到0.1mm。

② 耐热性：耐热性按规定试验，在此温度卷材上表面和下表面的滑动平均值不超过2.0mm认为合格。

2. 方法B

（1）试验目的

从试样裁取的试件，在规定温度分别垂直悬挂在烘箱中。在规定的时间后测量试件两面涂盖层相对于胎体的位移及流淌、滴落。

（2）仪器设备

鼓风烘箱（不提供新鲜空气）在试验范围内最大温度波动 ±2℃。当门打开30s后，恢复温度到工作温度的时间不超过5min；热电偶连接到外面的电子温度计，在规定范围内能测量到 ±1℃；悬挂装置洁净无锈的钢丝或回形针；硅纸。

（3）试件制备

① 矩形试件尺寸（100±1）mm×（50±1）mm，按规定试验。试件均匀的在试样宽度方向裁取，长边是卷材的纵向。试件应距卷材边缘150mm以上，试件从卷材的一边开始连续编号，卷材上表面和下表面应标记。

② 去除任何非持久保护层，适宜的方法是常温下用胶带粘在上面，冷却到接近假设的冷弯温度，然后从试件上撕去胶带，另一方法是用压缩空气吹（压力约0.5MPa，喷嘴直径约0.5mm），假若上面的方法不能除去保护膜，用火焰烤，用最少的时间破坏膜而不损伤试件。

③ 试件试验前至少在23±2℃平放2h，相互之间不要接触或粘住，有必要时，将试件分别放在硅纸上防止粘结。

（4）试验步骤

① 烘箱预热到规定试验温度，温度通过与试件中心同一位置的热电偶控制。整个试验期间，试验区域的温度波动不超过 ±2℃。

② 按要求制备的一组 3 个试件，分别在距试件短边一端 10mm 处的中心打一小孔，用细铁丝或回形针穿过，垂直悬挂试件在规定温度，间隔至少 30mm，此时烘箱的温度不能下降太多，开关烘箱门的时间不要超过 30s。放入试件后加热时间为 120±2min。

③ 加热周期一结束，试件和悬挂装置一起从烘箱中取出，相互间不要接触，目测观察并记录试件表面的涂盖层有无滑动、流淌、滴落、集中性气泡。

（5）结果计算与表示

试件任一端涂盖层不应与胎基发生位移，试件下端的涂盖层不应超过胎基，无滑动、流淌、滴落、集中性气泡，为规定温度下的耐热性符合要求。一组 3 个试件都应符合要求。

3. 试验报告

试验报告至少包括以下信息：相关产品试验需要的所有数据；涉及的方法标准及偏离；抽样信息；试件制备细节及选择方法；试验结果；试验日期。

9.2.4　低温柔性

柔性是指沥青防水卷材试件在规定温度下弯曲无裂缝的能力。冷弯温度是指沥青防水卷材绕规定的棒弯曲无裂缝的最低温度。裂缝是指沥青防水卷材涂盖层的裂纹扩展到胎体或完全贯穿无增强卷材。沥青防水卷材低温柔性试验方法规定了增强沥青屋面防水卷材低温柔性的试验方法，没有增强的沥青防水卷材也可按本方法进行。

低温柔性试验方法要求卷材的上表面和下表面都要通过规定温度的试验或继续在不同温度范围测定作为极限温度的冷弯温度。该方法可用于测定产品的最低冷弯温度或测定产品规定的冷弯温度，例如测定产品在加速老化后性能的变化。

1. 试验目的

从试样裁取的试件，上表面和下表面分别绕浸在冷冻液中的机械弯曲装置上弯曲 180°弯曲后，检查试件涂盖层存在的裂纹。

2. 仪器设备

试验装置；整个装置浸入能控制温度在＋20 ～ −40℃、精度 0.5℃温度条件的冷冻液中；冷冻液可用任一混合物：丙烯乙二醇 / 水溶液（体积比 1∶1）低至 −25℃，或低于 −20℃的乙醇 / 水混合物（体积比 2∶1)。用一支测量精度 0.5℃的半导体温度计检查试验温度，放入试验液体中与试验试件在同一水平面。

试件在试验液体中的位置应平放且完全浸入，用可移动的装置支撑，该支撑装置应至少能放一组 5 个试件。试验时，弯曲轴从下面顶着试件以 360mm/min 的速度升起，这样试件能弯曲 180°，电动控制系统能保证在每个试验过程和试验温度的移动速度保持在 360±40mm/min。裂缝通过目测检查，在试验过程中不应有任何人为的影响。为了准确评价，试件移动路径是在试验结束时，试件应露出冷冻液，移动部分通过设置适当的极限开关控制限定位置。

3. 试件制备

（1）用于试验的矩形试件尺寸（150±1）mm×（25±1）mm，试件从试样宽度方向上均匀的裁取，长边在卷材的纵向，试件裁取时应距卷材边缘不少于 150mm，试件应从卷材的一边开始做连续的记号，同时标记卷材的上表面和下表面。

（2）去除表面的任何保护膜，适宜的方法是常温下用胶带粘在上面，冷却到接近假设的冷弯温度，然后从试件上撕去胶带，另一方法是用压缩空气吹（压力约 0.5MPa，喷嘴直径约 0.5mm），假若上面的方法不能除去保护膜，用火焰烤，用最少的时间破坏膜而不损伤试件。

（3）试件试验前应在 23±2℃的平板上放置至少 4h，并且相互之间不能接触，也不能粘在板上。可以用硅纸垫，表面的松散颗粒用手轻轻敲打除去。

4. 试验步骤

（1）仪器准备

在开始所有试验前，两个圆筒间的距离应按试件厚度调节，即：弯曲轴直径＋ 2mm ＋ 2 倍试件的厚度。然后装置放入已冷却的液体中，并且圆筒的上端在冷冻液面下约 10mm，弯曲轴在下面的位置。弯曲轴直径根据产品不同可以为 20mm、30mm、50mm。

（2）试件条件

冷冻液达到规定的试验温度，误差不超过 0.5℃，试件放于支撑装置上，且在圆筒的上端，保证冷冻液完全浸没试件。试件放入冷冻液达到规定温度后，开始保持在该温度 1h±5min。半导体温度计的位置靠近试件，检查冷冻液温度，然后进行低温柔性试验。

（3）低温柔性

两组各 5 个试件，全部试件在规定温度处理后，一组是上表面试验，另一组下表面试验，试验按下述进行：

① 试件放置在圆筒和弯曲轴之间，试验面朝上，然后设置弯曲轴以 360±40mm/min 速度顶着试件向上移动，试件同时绕轴弯曲。轴移动的终点在圆筒上面 30±1mm 处。试件的表面明显露出冷冻液，同时液面也因此下降。

② 在完成弯曲过程 10s 内，在适宜的光源下用肉眼检查试件有无裂纹，必要时，用辅助光学装置帮助。假若有一条或更多的裂纹从涂盖层深入到胎体层，或完全贯穿无增强卷材，即存在裂缝。一组 5 个试件应分别试验检查。假若装置的尺寸满足，可以同时试验几组试件。

5. 试验结果

一个试验面 5 个试件在规定温度至少 4 个无裂缝为通过，上表面和下表面的试验结果要分别记录。

6. 试验报告

试验报告至少包括以下信息：相关产品标准需要的所有数据；涉及的方法标准及偏离；抽样信息；试件制备细节；试验结果；试验日期。

9.2.5 低温弯折性

高分子防水卷材低温弯折性试验方法规定了高分子屋面防水卷材暴露在低温下弯折性能的测定方法。上表面是指在使用现场，卷材朝上的面，通常是成卷卷材的里面。下表面是指在使用现场，卷材朝下的面，通常是成卷卷材的外面。全厚度是指卷材的厚度，包括表面的任何突出的表面结构。

1. 试验目的

试验的原理是放置已弯曲的试件在合适的弯折装置上，将弯曲试件在规定的低温温度放置 1h。在 1s 内压下弯曲装置，保持在该位置 1s。取出试件在室温下，用 6 倍放大镜检查弯折区域。

2. 仪器设备

弯折板;环境箱，空气循环的低温空间，可调节温度至 -45℃，精度 ±2℃ ;检查工具，6 倍玻璃放大镜。

3. 试件制备

每个试验温度取 4 个 100mm×50mm 试件，两个卷材纵向（L），两个卷材横向（T）。试验前试件应在 23±2℃和相对湿度 50%±5% 的条件下放置至少 20h。

4. 试验步骤

（1）温度

除了低温箱，试验步骤中所有操作在 23±5℃进行。

（2）厚度

根据《建筑防水卷材试验方法 第 5 部分：高分子防水卷材 厚度、单位面积质量》GB/T 328.5 测量每个试件的全厚度。

（3）弯曲

沿长度方向弯曲试件，将端部固定在一起，例如用胶粘带。卷材的上表面弯曲朝外，如此弯曲固定一个纵向、一个横向试件，再卷材的上表面弯曲朝内，如此弯曲另外一个纵向和横向试件。

（4）平板距离

调节弯折试验机的两个平板间的距离为试件全厚度的 3 倍。检测平板间 4 点的距离应符合标准规定。

（5）试件位置

放置弯曲试件在试验机上，胶带端对着平行于弯板的转轴。放置翻开的弯折试验机和试件于调好规定温度的低温箱中。

（6）弯折

放置 1h 后，弯折试验机从超过 90° 的垂直位置到水平位置，1s 内合上，保持该位置 1s，整个操作过程在低温箱中进行。

（7）条件

从试验机中取出试件，恢复到 23±5℃。

（8）检查

用 6 倍放大镜检查试件弯折区域的裂纹或断裂。

5. 试验结果

按照规定重复进行弯折程序，卷材的低温弯折温度，为任何试件不出现裂纹。

6. 试验报告

试验报告至少包括以下信息：涉及的方法标准及偏离；确定试验产品的所有必要信息；抽样信息；试件制备细节；试验结果；试验过程中采用方法的差异或遇到的异常；试验日期。

9.2.6 可溶物含量（浸涂材料含量）

沥青防水卷材可溶物含量（浸涂材料含量）试验方法规定了沥青屋面防水卷材可溶物含量或浸涂材料总量的测定方法。浸涂材料含量是指单位面积防水卷材中除表面隔离材料和胎基外，可被选定溶剂溶出的材料和卷材填充料的质量。可溶物含量是指单位面积防水卷材中可被选定溶剂溶出的材料的质量。

1. 试验目的

试件在选定的溶剂中萃取直至完全后，取出让溶剂发挥，然后烘干可得到可溶物含量，将烘干后的剩余部分通过规定的筛子的为填充料质量，筛余的为隔离材料质量，清除胎基上的粉末后得到胎基质量。

2. 仪器设备

分析天平，称量范围大于100g，精度0.001g；萃取器，500mL索氏萃取器；鼓风干燥箱，温度波动度±2℃；试样筛，筛孔为315μm或其他规定孔径的筛网；溶剂，三氯乙烯（化学纯）或其他合适溶剂；滤纸，直径不小于150mm。

3. 试件制备

（1）整个试验准备3个试件。

（2）试件在试样上距边缘100mm以上任意裁取，用模板帮助，或用裁刀，正方形试件尺寸为（100±1）mm×（100±1）mm。

（3）试件在试验前至少在23±2℃和相对湿度30%～70%的条件下放置20h。

4. 试验步骤

（1）每个试件先进行称量，对于表面处理为粉状的沥青防水卷材，试件先用软毛刷刷除表面的隔离材料，然后称量试件。将试件用干燥好的滤纸包好，用线扎好，称量其质量。将包扎好的试件放入萃取器中，溶剂量为烧瓶容量的1/2～2/3，进行加热萃取，萃取至回流的溶剂第1次变成浅色为止，小心取出滤纸包，不要破裂，在空气中放置30min以上，使溶剂挥发。再放入105±2℃的鼓风干燥箱干燥2h，然后取出放入干燥器中冷却至室温。

（2）将滤纸包从干燥器中取出称量，然后将滤纸包在试样筛上打开，下面放一容器接着，将滤纸包中的胎基表面的粉末都刷除下来，称量胎基。敲打震动试验筛直至其中没有材料落下，扔掉滤纸和扎线，称量留在筛网上的材料质量，称量筛下的材料质量。对于表面疏松的胎基（如聚氨毡、玻纤毡等），将称量后的胎基放入超声清洗池中清洗，取出在105±2℃烘干1h，然后放入干燥器中冷却至室温，称量其质量。

5. 结果计算与表示

记录得到的每个试件的称量结果，然后按以下要求计算每个试件的结果，最终结果取3个试件的平均值。

（1）可溶物含量

可溶物含量，按下式计算：

$$A=(M_2-M_3)\times 100 \qquad (9.2.6\text{-}1)$$

式中：A——可溶物含量，g/m^2；

（2）浸涂材料含量

① 表面隔离材料非粉状的产品浸涂材料含量，按下式计算：

$$B = (M_0 - M_5) \times 100 - E \quad (9.2.6\text{-}2)$$

② 表面隔离材料为粉状的产品浸涂材料含量，按下式计算：

$$B = M_1 \times 100 - E \quad (9.2.6\text{-}3)$$

式中：B——浸涂材料含量，g/m^2；

E——胎基单位面积质量，g/m^2。

（3）胎基单位面积质量

胎基表面疏松的产品胎基单位面积质量，按下式计算：

$$E = M_7 \times 100 \quad (9.2.6\text{-}4)$$

其他胎基单位面积质量，按下式计算：

$$E = M_4 \times 100 \quad (9.2.6\text{-}5)$$

式中：E——胎基单位面积质量，g/m^2；

6. 试验报告

试验报告至少包括以下信息：相关产品试验需要的所有数据；涉及的方法标准及偏离；抽样信息；试件制备细节；试验结果；试验日期。

9.3　防水涂料试验

防水涂料是一种流态或半流态物质，可用刷、喷等工艺涂布在基层表面，能与基层表面形成一定弹性和厚度的连续薄膜，使基层表面与水隔绝，从而起到防水、防潮作用。涂刷大多采用冷施工，施工质量容易保证，维修也较简单，特别适合于各种复杂不规则部位的防水，能形成无接缝的完整防水膜。目前，防水涂料广泛应用于屋面工程、地下室防水工程和地面防潮、防渗等。

防水涂料是为适应建筑堵漏而发展起来的一类新型防水材料。它具有防水卷材的特性，还具有施工简便、易于维修等特点，特别适用于构造复杂部位的防水。涂刷在建筑物表面，经溶剂或水分的挥发或两种组分的化学反应形成一种薄膜，使建筑物表面与水隔绝，从而起到防水、密封的作用，这些黏稠液体称为防水涂料。

防水涂料的基本特点是：成膜快，不仅能在平面，而且能在立面、阴阳角及各种复杂表面，迅速形成完整的防水膜；防水性好，形成的防水膜有较好的延伸性、耐水性和耐老化性能；冷施工，使用时无须加热，既减少环境污染，又便于操作。

防水涂料按液态类型可分为溶剂型、水乳型和反应型 3 种。溶剂型涂料的品种繁多，质量也好、黏结性好，但成本高、安全性差，使用不是很普遍；水乳型的价格较低，但黏结性差。按成膜物质的主要成分分为沥青基防水涂料、高聚物改性沥青防水涂料和合成高分子防水涂料三大类。

沥青基防水涂料是指以沥青为主要成分配制而成的水乳型或溶剂型防水涂料。聚合物乳液防水涂料是指以水为连续相，将聚合物成膜物质分散在水中、水包油型（O/W）防水涂料。

1. 聚氨酯防水涂料

在防水基层上涂布一定厚度的无定形糊状高分子合成材料，经过常温交联固化形成一种称为涂膜防水。聚氨酯涂膜防水材料是双组分型。它是由含异氰酸基（-NCO）的聚氨酯高聚物和含有多羟基（−OH）或氨基（$-NH_2$）的固化剂以及增韧剂、催化剂、防霉剂、填充剂、稀释剂等混合物组成。这种涂料有优异的耐候、耐油、耐磨、耐臭氧、耐海水、不燃烧及一定的耐碱性能，使用温度范围为＋80～−30℃。施工厚度在1.5～2.0mm时，使用寿命达10年以上。适用于屋面、地下室、浴室、混凝土构件伸缩缝防水等。

（1）分类

按组分分为：单组分、多组分两种；按基本性能分为：Ⅰ型、Ⅱ型和Ⅲ型；按是否暴露使用分为：外露和非外露；按有害物质限量分为：A类和B类。

（2）物理力学性能

① 基本性能

基本性能有18项，包括固体含量、表干时间、实干时间、流平性、拉伸强度、断裂伸长率、撕裂强度、低温弯折性、不透水性、加热伸缩率、粘结强度、吸水率、定伸时老化、热处理、碱处理、酸处理、人工气候老化、燃烧性能。

② 可选性能

可选性能有4项，包括硬度、耐磨性、耐冲击性、接缝动态变形能力。根据产品应用的工程或环境条件由供需双方商定选用，并在订货合同和产品包装上明示。

（3）批量

以同一类型15t为一批，不足15t亦可作为一批（多组分产品按组分配套组批）。

（4）抽样

在每批产品中随机抽取两组样品，一组样品用于检验，另一组样品封存备用。每组至少5kg（多组分产品按配比抽取），抽样前产品应搅拌均匀。若采用喷涂方式取样量根据需要抽取。

（5）判定规则

① 单项判定

外观：抽取的样品外观符合标准规定时，判该项合格。

② 物理力学性能

固体含量、拉伸强度、断裂伸长率、撕裂强度、热处理后拉伸强度保持率、处理后断裂伸长率、加热伸缩率、粘结强度、吸水率、耐磨性以其平均值达到标准规定的指标判为该项合格。

硬度项目以其值达到标准规定的指标判为该项合格。

不透水性、低温弯折性和定伸时老化项目以3个试件均达到标准规定的指标判为该项合格。

流平性、表干时间、实干时间、燃烧性能、耐冲击性、接缝动态变形能力项目达到标准规定的指标判为该项合格。

各项试验结果均符合标准规定，则判该批产品合格。若有一项指标不符合标准规定，则用备用样对不合格项进行单项复验。若符合标准规定时，则判该批产品性能合格，否则判定为不合格。

2. 水乳型沥青防水涂料

水乳型沥青防水涂料是以水为介质，采用化学乳化剂和/或乳化剂制得的沥青基防水涂料。其中，水性沥青基薄质防水涂料，是用化学乳化剂配制的乳化沥青为基料，掺有氯丁胶乳或再生胶等橡胶水分散体的防水涂料。这种防水涂料，常温时为液体，具有流动性；水性沥青基厚质防水涂料，是用矿物胶体乳化剂配制的乳化沥青为基料，含有石棉纤维或其他无机矿物填料的防水涂料。这种防水涂料，常温时为膏体或黏稠体，不具有流动性。

（1）分类

产品按性能分为 H 型和 L 型。

（2）物理力学性能

水乳型沥青防水涂料的物理力学性能有 8 项，包括固体含量、耐热度、不透水性、粘结强度、表干时间、实干时间、低温柔度、断裂伸长率。

（3）批量

以同一类型、同一规格 5t 为一批，不足 5t 亦作为一批。

（4）抽样

在每批产品中按《色漆、清漆和色漆与清漆用原材料取样》GB/T 3186 规定取样，总共取 2kg 样品，放入干燥密闭容器中密封好。

（5）判定规则

① 单项判定

外观：抽取的样品外观符合标准规定时，判该项合格，否则判该批产品不合格。

② 物理力学性能

固体含量、粘结强度、断裂伸长率以其算术平均值达到标准规定的指标判为该项合格。

耐热度、不透水性、低温柔度以每组 3 个试件分别达到标准规定的指标判为该项合格。

表干时间、实干时间达到标准规定的指标判为该项合格。

各项试验结果均符合标准规定，则判该批产品物理力学性能合格。若有 2 项和 2 项以上不符合标准规定，则判该批产品物理力学性能不合格。若仅有 1 项指标不符合标准规定，允许在该批产品中再抽同样数量的产品，对不合格项进行单项复验。达到标准规定时则判该批产品物理力学性能合格，否则判定为不合格。

总判定：外观、物理力学性能均符合标准的全部要求时，判该批产品合格。

3. 聚合物水泥防水涂料

聚合物水泥防水涂料，是指以丙烯酸酯、乙烯 - 乙酸乙烯酯等聚合物乳液和水泥为主要原料，加入填料及其他助剂配制而成，经水分挥发和水泥水化反应固化成膜的双组分水性防水涂料。

（1）分类

产品按物理力学性能分为Ⅰ型、Ⅱ型和Ⅲ型。Ⅰ型适用于活动量较大的基层，Ⅱ型和Ⅲ型适用于活动量较小基层。

（2）技术要求

① 外观

产品的两组分经分别搅拌后，其液体组分应为无杂质、无凝胶的均匀乳液；固体组分应为无杂质、无结块的粉末。

② 物理力学性能:产品物理力学性能有 7 项，包括固体含量、拉伸强度、断裂伸长率、低温柔性、粘结强度、不透水性、抗渗性（砂浆背水面）。

③ 自闭性

产品的自闭性为可选项目，指标由供需双方商定。

（3）批量

以同一类型的 10t 产品为一批，不足 10t 也作为一批。

（4）抽样

产品的液体组分抽样按《色漆、清漆和色漆与清漆用原材料取样》GB/T 3186 的规定进行，配套固体组分的抽样按《水泥取样方法》GB/T 12573 中袋装水泥的规定进行，两组分共取 5kg 样品。

（5）判定规则

① 单项判定

外观质量符合标准规定时，则判该项目合格。否则判该批产品不合格。低温柔性、不透水性试验每个试件均符合标准规定时，则判该项目合格。抗渗性试验结果符合标准规定时，则判该项目合格。其余项目试验结果的算术平均值符合标准规定时，则判该项目合格。

② 综合判定

出厂检验和型式检验中所有项目的检验结果均符合标准规定的全部要求时，该批产品合格。若有 1 项指标不符合标准时，允许在同批产品中加倍抽样进行单项复验，若该项仍不符合标准，则判该批产品为不合格。

9.3.1 标准试验条件

建筑防水涂料试验方法规定了标准试验条件、涂膜制备、固体含量、耐热性、粘结强度、潮湿基面粘结强度、拉伸性能、撕裂强度、定伸时老化、加热伸缩率、低温柔性、不透水性、干燥时间等性能的试验方法。该方法适用于建筑防水涂料。

试验室标准试验条件：温度 23±2℃，相对湿度 50%±10%。严格条件可选择温度 23±2℃，相对湿度 50%±5%。

9.3.2 涂膜制备

1. 试验器具

涂膜模框，涂抹模框的材质，玻璃、金属或塑料；电热鼓风烘箱，控温精度 ±2℃。

2. 试验步骤

（1）准备工作

试验前模框、工具、涂料应在标准试验条件下放置 24h 以上。

（2）制样

称取所需的试验样品量，保证最终涂膜厚度 1.5±0.2mm。

① 单组分防水涂料应将其混合均匀作为试料，多组分防水涂料应生产厂规定的配比精确称量后，将其混合均匀作为试料。

② 在必要时可以按生产厂家指定的量添加稀释剂，当稀释剂的添加量有范围时，取其中间值。将产品混合后充分搅拌 5min，在不混入气泡的情况下倒入模框中。模框不得

翘曲且表面平滑，为便于脱模，涂覆前可用脱模剂处理。

③ 样品按生产厂的要求一次或多次涂覆（最多三次，每次间隔不超过 24h），最后一次将表面刮平，然后按表 9.3.2-1 进行养护。

涂膜制备的养护条件　　表 9.3.2–1

分类		脱模前的养护条件	脱模后的养护条件
水性	沥青类	在标准条件 120h	40±2℃ 48h 后，标准条件 4h
	高分子类	在标准条件 96h	40±2℃ 48h 后，标准条件 4h
溶剂型、反应型		标准条件 96h	标准条件 72h

按要求及时脱模，脱模后将涂膜翻面养护，脱模过程中应避免损伤涂膜。为便于脱模可在低温下进行，但脱模温度不能低于低温柔性的温度。

（3）检查涂模外观

从表面光滑、无明显气泡的涂膜上按表 9.3.2-2 规定裁取试件。

试件形状和数量　　表 9.3.2–2

项目		试件形状（尺寸 /mm）	数量 / 个
拉伸性能		符合《硫化橡胶或热塑性橡胶拉伸应力应变性能的测定》GB/T 528 中规定的哑铃 I 型	5
撕裂强度		符合《硫化橡胶或热塑性橡胶撕裂强度的测定》GB/T 529 中规定的无割口直角形	5
低温弯折性、低温柔性		100×25	3
不透水性		150×150	3
加热伸缩率		300×30	3
定伸时老化	热处理	符合《硫化橡胶或热塑性橡胶拉伸应力应变性能的测定》GB/T 528 中规定的哑铃 I 型	3
	人工气候老化		3
热处理	拉伸性能	120×25，处理后再裁取符合《硫化橡胶或热塑性橡胶拉伸应力应变性能的测定》GB/T 528 规定哑铃 I 型	6
	低温弯折性、低温柔性	100×25	3
碱处理	拉伸性能	120×25，处理后再裁取符合《硫化橡胶或热塑性橡胶拉伸应力应变性能的测定》GB/T 528 规定哑铃 I 型	6
	低温弯折性、低温柔性	100×25	3
酸处理	拉伸性能	120×25，处理后再裁取符合《硫化橡胶或热塑性橡胶拉伸应力应变性能的测定》GB/T 528 规定哑铃 I 型	6
	低温弯折性、低温柔性	100×25	3
紫外线处理	拉伸性能	120×25，处理后再裁取符合《硫化橡胶或热塑性橡胶拉伸应变性能的测定》GB/T 528 规定哑铃 I 型	6
	低温弯折性、低温柔性	100×25	3

续表

项目		试件形状（尺寸 /mm）	数量 / 个
人工气候老化	拉伸性能	120×25，处理后再裁取符合《硫化橡胶或热塑性橡胶拉伸应变性能的测定》GB/T 528 规定哑铃 I 型	6
	低温弯折性、低温柔性	100×25	3

9.3.3 固体含量

1. 试验器具

天平，感量 0.001g；电热鼓风烘箱，控温精度 ±2℃；干燥器，内放变色硅胶或无水氯化钙；培养皿，直径 60 ～ 75mm。

2. 试验步骤

（1）将样品（对于固体含量试验不能添加稀释剂）搅匀后，取 6±1g 的样品倒入已干燥称量的培养皿中并铺平底部，立即称量。

（2）再放入到表 9.3.3 规定温度的烘箱中，恒温 3h，取出放入干燥器中，在标准试验条件下冷却 2h，然后称量。

（3）对于反应型涂料，应在称量后在标准试验条件下放置 24h，再放入烘箱。

涂料加热温度 　表 9.3.3

涂料种类	水性	溶剂型、反应型
加热温度（℃）	105±2	120±2

3. 试验结果

固体含量按下式计算：

$$X=\frac{m_2-m_0}{m_1-m_0}\times100 \tag{9.3.3}$$

式中：X——固体含量，%；

m_0——培养皿质量，g；

m_1——干燥前试样和培养皿质量，g；

m_2——干燥后试样和培养皿质量，g。

试验结果取两次平行试验的平均值，结果计算精确到 1%。

4. 试验报告

试验报告至少包括以下信息：试验标准编号；确定试验产品的所有必要细节；制备试件信息；试验温度和时间；试验结果；试验过程中采用方法的差异或遇到的异常；试验日期。

9.3.4 耐热性

1. 试验器具

电热鼓风烘箱。控温精度 ±2℃；铝板，厚度不小于 2mm，面积大于 100mm×50mm，中间上部有一小孔，便于悬挂。

2. 试验步骤

（1）将样品搅匀后，将样品按生产厂的要求分 2 ～ 3 次涂覆（每次间隔不超过 24h）在已清洁干净的铝板上，涂覆面积为 100mm×50mm，总厚度 1.5mm，最后一次将表面刮平，按表 9.3.2-1 条件进行养护，不需要脱模。

（2）然后将铝板垂直悬挂在已调节到规定温度的电热鼓风干燥箱内，试件与干燥箱壁间的距离不小于 50mm，试件的中心宜与温度计的探头在同一位置，在规定温度下放置 5h 后取出，观察表面现象。

（3）试验 3 个试件。

3. 试验结果

试验后所有试件都不应产生流淌、滑动、滴落，试件表面无密集气泡。

4. 试验报告

试验报告包括以下信息：试验标准编号；确定试验产品的所有必要细节；制备试件信息；试验温度和时间；试验结果；试验过程中采用方法的差异或遇到的异常；试验日期。

9.3.5　拉伸性能

1. 试验器具

拉伸试验机，测量值在量程 15% ～ 85%，示值精度不低于 1%，伸长范围大于 500mm；电热鼓风干燥箱，控温精度 ±2℃；冲片机及哑铃 I 型裁刀；厚度计，接触面直径 6mm，单位面积压力 0.02MPa，分度值 0.01mm。

2. 试验步骤

（1）将涂膜裁取符合要求的哑铃 I 型试件，并画好间距为 25mm 的平行标线，用厚度计测量试件标线中间和两端 3 点的厚度，取其算术平均值作为试件厚度。

（2）调整拉伸试验机夹具间距约 70mm，将试件夹在试验机上，保持试件长度方向的中线与试验机夹具中心在一条线上，按规定的拉伸速度进行拉伸至断裂，记录试件断裂时的最大荷载，断裂时标线间距离，精确到 0.1mm。

（3）测试五个试件，若有试件断裂在标线外，应舍弃用备用件补测。

3. 结果计算

（1）拉伸强度

试件的拉伸强度，按下式计算：

$$T_L = \frac{P}{B \times D} \tag{9.3.5-1}$$

式中：T_L——拉伸强度，MPa；

P——最大拉力，N；

B——试件中间部位宽度，mm；

D——试件厚度，mm。

试验结果取 5 个试件的算术平均值作为试验结果，结果精确到 0.01MPa。

（2）断裂伸长率

试件的断裂伸长率，按下式计算：

$$E = (L_1 - L_0) / L_0 \times 100 \tag{9.3.5-2}$$

式中：E——断裂伸长率，%；

L_0——试件起始标线间距离 25mm；

L_1——试件断裂时标线间距离，mm。

试验结果取 5 个试件的算术平均值作为试验结果，结果精确到 1%。

（3）保持率

拉伸性能保持率，按下式计算，结果精确到 1%：

$$R_t = (T_1 / T) \times 100 \tag{9.3.5-3}$$

式中：R_t——样品处理后拉伸性能保持率，%；

T_1——样品处理前平均拉伸强度；

T——样品处理后平均拉伸强度。

4. 试验报告

试验报告至少包括以下信息：试验标准编号；确定试验产品的所有必要细节；制备试件信息；试验温度和时间；试验结果；试验过程中采用方法的差异或遇到的异常；试验日期。

9.3.6 低温柔性

1. 试验器具

低温冰柜，控温精度 ±2℃；圆棒或弯板，直径 10mm、20mm、30mm。

2. 试验步骤

（1）将涂膜按要求裁取 100mm×25mm 试件 3 块进行试验，将试件和弯板放入已经调节到规定温度的低温冰柜的冷冻液中，温度计探头应与试件在同一水平位置。

（2）在规定的温度下保持 1h，然后在冷冻液中将试件迅速在 3s 内绕圆棒弯曲 180°（无上、下表面区分），立即取出试件用肉眼观察其表面有无裂纹、断裂。

3. 结果评定

所有试件应无裂纹。

4. 试验报告

试验报告包括以下信息：试验标准编号；确定试验产品的所有必要细节；制备试件信息；试验温度和圆棒直径；试验结果；试验过程中采用方法的差异或遇到的异常；试验日期。

9.3.7 低温弯折性

1. 试验器具

低温冰柜，控温精度 ±2℃；弯折仪；6 倍放大镜。

2. 试验步骤

（1）按要求裁取的 3 个 100mm×25mm 试件，沿长度方向弯曲试件，将端部固定在一起，例如用胶粘带，一次弯曲 3 个试件。

（2）调节弯折仪的两个平板间的距离为试件厚度的 3 倍。放置弯曲试件在试验机上，胶带端对着平行于弯板的转轴。放置翻开的弯折试验机和试件于调好规定温度的低温箱中。

（3）在规定温度放置 1h 后，在规定温度弯折试验机从超过 90° 的垂直位置到水平位置，1s 内合上，保持该位置 1s，整个操作过程在低温箱中进行。

（4）从试验机中取出试件，恢复到 23±5℃，用 6 倍放大镜检查试件弯折区域的裂纹或断裂。

3. 结果评定

所有试件应无裂纹。

4. 试验报告

试验报告至少包括以下信息：试验标准编号；确定试验产品的所有必要细节；制备试件信息；试验温度；试验结果；试验过程中采用方法的差异或遇到的异常；试验日期。

9.3.8 不透水性

1. 试验器具

不透水仪；金属网，孔径为 0.2mm。

2. 试验步骤

（1）按要求裁取的 3 个约 150mm×150mm 试件，在标准试验条件下放置 2h，试验在 23±5℃进行，将装置中充水直到满出，彻底排出装置中空气。

（2）将试件放置在透水盘上，再在试件上加一相同尺寸的金属网，盖上 7 孔圆盘。慢慢夹紧直到试件夹紧在圆盘上，用布或压缩空气干燥试件的非迎水面，慢慢加压到规定的压力。

（3）达到规定压力后，保持压力 30±2min。试验时观察试件的透水情况（水压突然下降或试件的非迎水面有水）。

3. 结果评定

所有试件在规定时间应无透水现象。

4. 试验报告

试验报告包括以下信息：试验标准编号；确定试验产品的所有必要细节；制备试件信息；试验压力；试验结果；试验过程中采用方法的差异或遇到的异常；试验日期。

9.3.9 干燥时间

1. 试验器具

计时器，分度至少 1min；铝板，规格 120mm×50mm×（1 ～ 3）mm；线棒涂布器，200μm。

2. 试验步骤

（1）表干时间

试验前铝板、工具、涂料应在标准试验条件下放置 24h 以上。在标准试验条件下，用线棒涂布器将按生产厂要求混合搅拌均匀的样品涂布在铝板上制备涂膜，涂布面积为 100mm×50mm，记录涂布结束时间，对于多组分涂料从混合开始记录时间。静置一段时间后，用无水乙醇擦净手指，在距试件边缘不小于 10mm 范围内用手指轻触涂膜表面，若无涂料粘附在手指上即为表干，记录时间，试验开始到结束的时间即为表干时间。

（2）实干时间

按上述制备试件，静置一段时间后，用刀片在距试件边缘不小于 10mm 范围内切割涂膜，若底层及膜内均无粘附手指现象，则为实干，记录时间，试验开始到结束的时间即为实干时间。

3. 试验结果

平行试验两次，以两次结果的平均值作为最终结果，有效数字应精确到实际时间的10%。

4. 试验报告

试验报告至少包括以下信息：试验标准编号；确定试验产品的所有必要细节；制备试件信息；试验结果；试验过程中采用方法的差异或遇到的异常；试验日期。

9.4　防水密封材料试验

防水密封历来是人们所关注的问题，以建筑工程领域为例，防水技术是保证建筑工程结构免受雨水、地下水、生活用水侵蚀的一项专门技术，在整个建筑工程中占有重要的地位。防水密封材料的应用十分广泛，例如建筑工程中的幕墙安装；建筑物的窗户玻璃安装及门窗密封以及嵌缝；混凝土和砖墙墙体伸缩缝及桥梁、道路、机场跑道伸缩缝接缝嵌缝；污水及其他给水排水管道的对接密封等。

所谓密封材料是指能承受接缝位移以达到气密、水密目的而嵌入建筑接缝中的定形和非定形的材料。密封件材料有金属材料（铝、铅、铟、不锈钢等），也有非金属材料（橡胶、塑料、陶瓷、石墨等）、复合材料（如橡胶－石棉板、气凝胶毡－聚氨酯），但使用最多的是橡胶类弹性体材料。

定形密封材料是指具有一定形状和尺寸的密封材料，它是根据工程要求而制成的各种带、条、垫状的密封衬垫材料。建筑领域应用的主要产品有止水带、密封垫、遇水膨胀橡胶等。

非定形密封材料即密封胶，是溶剂型、乳液型、反应型等黏稠状的密封材料。多数非定形密封材料是以橡胶、树脂等高分子合成材料为基料制成的。广义上的非定形密封材料还包括嵌缝材料。嵌缝材料是指用填充挤压的方法将缝隙密封并具有不透水性的材料。本章主要介绍非定型密封防水材料、定型密封防水材料。非定型密封防水材料选择常用的4种，即建筑防水沥青嵌缝油膏、硅酮和改性硅酮建筑密封胶、混凝土接缝用建筑密封胶和聚氯乙烯建筑防水接缝材料。定型密封防水材料选择常用的4种，即高分子防水材料止水带、高分子防水材料遇水膨胀橡胶、高分子防水材料盾构法隧道管片用橡胶密封垫和丁基橡胶防水密封胶粘带等。

1. 建筑防水沥青嵌缝油膏

嵌缝膏是指由油脂、合成树脂等与矿物填充材料混合制成的，表面形成硬化膜而内部硬化缓慢的密封材料。

（1）分类

油膏按耐热性和低温柔性分为702和801两个型号。

（2）外观

油膏为黑色均匀膏状，无结块或未浸透的填料。

（3）物理力学性能

油膏的物理力学性能有8项检验指标，包括密度、施工度、耐热性、温度、下垂值、低温柔性、拉伸粘结性、浸水后拉伸粘结性、渗出性、渗出幅度、渗出张数和挥发性等。

（4）批量

以同一型号的产品 20t 为一批，不足 20t 亦按一批。

（5）抽样

每批随机抽取三份产品，离表皮大约 50mm 处各取样 1kg，装入密封容器内，一份作试验用，另两份留作备查。

（6）判定规则

单项结果判定：外观不符合标准规定则为不合格品。耐热性、低温柔性、渗出性试验每个试件均符合规定，则判该项目合格。密度、施工度、拉伸粘结性、浸水后拉伸粘结性、挥发性每组试件的平均值符合规定，则判该项目合格。

综合判定：在出厂检验和型式检验中，检验结果符合标准要求时，则判该批产品合格。若有 2 项或 2 项以上指标不符合规定时，则判该批产品不合格；若有一项不符合规定时，可用备用样品对不合格项进行复验。复验结果符合要求，则判该批产品合格；若该项仍不符合要求，则判该批产品不合格。

2. 硅酮和改性硅酮建筑密封胶

硅酮和改性硅酮建筑密封胶的国家现行标准，适用于普通装饰装修和建筑幕墙非结构性装配用硅酮建筑密封胶，以及建筑接缝和干缩位移接缝用改性硅酮建筑密封胶。硅酮建筑密封胶是指以聚硅氧烷为主要成分、室温固化的单组分和多组分密封胶，按固化体系分为酸性和中性。改性硅酮建筑密封胶是指以端硅烷基聚醚为主要成分、室温固化的单组分和多组分密封胶。

（1）分类

产品按组分分为单组分 Ⅰ 和多组分 Ⅱ 两个类型。硅酮建筑密封胶按用途分为 3 类：建筑接缝用 F 类；普通装饰装修镶装玻璃用 Gn 类，不适用于中空玻璃；Gw 类建筑幕墙非结构性装配用，不适用于中空玻璃。改性硅酮建筑密封胶按用途分为 2 类：建筑接缝用 F 类；干缩位移接缝用 R 类，常见于装配式预制混凝土外挂墙板接缝。

（2）外观

产品应为细腻、均匀膏状物，不应有气泡、结皮或凝胶。

（3）理化性能

硅酮建筑密封胶的理化性能有 14 项检验指标，包括密度、下垂度、表干时间、挤出性、适用期、弹性恢复率、拉伸模量、定伸粘结性、冷拉－热压后粘结性、紫外线辐照后粘结性、质量损失率、烷烃增塑剂等。

改性硅酮建筑密封胶的理化性能有 12 项检验指标，包括密度、下垂度、表干时间、挤出性、适用期、弹性恢复率、定伸永久变形、拉伸模量、定伸粘结性、冷拉－热压后粘结性、质量损失率等。

（4）批量

以同一类型、同一级别的产品每 5t 为一批进行检验，不足 5t 也作为一批。

（5）抽样

单组分产品由该批产品中随机抽取 3 件包装箱，从每件包装箱中随机抽取 4 支样品，共取 12 支。多组分产品按配比随机取样，共抽取 6kg，取样后应立即密封包装。

取样后，将样品均分为两份，一份检验，另一份备用。

（6）判定规则

单项判定：下垂度、表干时间、定伸粘结性、浸水后定伸粘结性、紫外线辐照后粘结性试验，每个试件均符合规定，则判该项合格。其余项目试验结果符合标准规定，判该项合格。高模量、低模量产品在23℃和 -20℃拉伸模量符合指标规定时，则判该项合格。

综合判定：检验结果符合规定的全部要求时，则判该批产品合格。若有2项或2项以上指标不符合规定时，则判该批产品不合格；若有一项指标不符合规定时，用备用样品进行单项复验，如该项仍不合格，则判该批产品为不合格。

3. 混凝土接缝用建筑密封胶

（1）分类

产品按组分分为单组分Ⅰ和多组分Ⅱ两个品种。产品按流动性分为下垂型和自流平型两个类型。产品按照满足接缝密封功能的位移能力进行分级，可以分为4个级别即50级、35级、25级和12.5级。次级别分级，50级、35级、25级、20级按国家标准划分，产品按拉伸模量分为高模量和低模量两个次级别。12.5级按国家标准划分的次级别为12.5E，即弹性恢复率大于或等于40%的弹性密封胶。

（2）外观

产品应为细腻、均匀膏状物或黏稠液体，不应有气泡、结皮或凝胶。产品的颜色与供需双方商定的样品相比，不得有明显的差异。

（3）理化性能

混凝土用建筑密封胶的理化性能有11项检验指标，包括流动性、下垂度、流平性、表干时间、挤出性、适用期、弹性恢复率、拉伸模量、定伸粘结性、浸水后定伸粘结性、浸油后定伸粘结性、冷拉－热压后粘结性、质量损失率等。

（4）批量

以同一类型、同一级别的产品每5t为一批进行检验，不足5t也作为一批。

（5）抽样

单组分产品由该批产品中随机抽取3件包装箱，从每件包装箱中随机抽取4支样品，共取12支。多组分产品按配比随机取样，共抽取6kg，取样后应立即密封包装。取样后，将样品均分为两份，一份检验，另一份备用。

（6）判定规则

单项判定：流动性、表干时间、定伸粘结性、浸水后定伸粘结性、浸油后定伸粘结性、冷拉－热压后粘结性，每个试件均符合规定，则判该项合格。其余项目试验结果符合标准规定，判该项合格。

综合判定：检验结果符合规定的全部要求时，则判该批产品合格。外观质量不符合标准规定时，则判该批产品不合格。有2项或2项以上指标不符合规定时，则判该批产品不合格；若有一项指标不符合规定时，用备用样品进行单项复验，如该项仍不合格，则判该批产品为不合格。

4. 聚氯乙烯建筑防水接缝材料

聚氯乙烯建筑防水接缝材料适用于以聚氯乙烯为基料，加入改性材料及其他助剂配制而成的聚氯乙烯建筑防水接缝材料（简称PVC接缝材料）。

（1）分类及型号

PVC 接缝材料按施工工艺分为两种类型：J 型，是指用热塑法施工的产品，俗称聚氯乙烯胶泥；G 型，是指用热熔法施工的产品，俗称塑料油膏。PVC 接缝材料按耐热性 80℃和低温柔性 -10℃为 801 号耐热性 80℃和低温柔性 -20℃为 802 两个型号。

（2）外观

J 型 PVC 接缝材料为均匀黏稠状物，无结块、无杂质。G 型 PVC 接缝材料为黑色块状物，无焦渣等杂物、无流淌现象。

（3）物理力学性能

聚氯乙烯建筑防水接缝材料的物理力学性能有 7 项检验指标，包括密度、下垂度、低温柔性、拉伸粘结性、浸水拉伸性、恢复率、挥发率等。

（4）批量

以同一类型、同一型号的产品 20t 为一批，不足 20t 也作一批进行出厂检验。

（5）抽样

抽样按《色漆、清漆和色漆与清漆用原材料　取样》GB/T 3186 进行。抽样时，取 3 个试样（每个试样 1kg）其中 2 个试样备用。

（6）判定规则

外观质量：符合产品标准的规定，为外观合格产品。

单项判定:密度、下垂度、低温柔性以 3 个试件全部符合标准要求为合格;拉伸粘结性、浸水拉伸性、恢复率以 5 个试件中，3 个相近数据的算术平均值符合标准要求为合格。

综合判定：在出厂检验和型式检验中，产品有 2 项指标不符合标准，则该产品为不合格产品；产品有 1 项指标不符合标准时，可用备用试样中进行该项复验；如仍不符合标准，则该批产品为不合格产品。

5. 高分子防水材料止水带

高分子防水止水带适用于全部或部分浇捣于混凝土中或外贴于混凝土表面的橡胶止水带、遇水膨胀橡胶复合止水带、具有钢边的橡胶止水带以及沉管隧道接头缝用橡胶止水带和橡胶复合止水带。

（1）分类

止水带按用途分为变形缝用止水带、施工缝用止水带和沉管隧道接头缝用止水带三种类型。其中沉管隧道接头缝用止水带又分为可卸式止水带、压缩式止水带。

止水带按结构形式分为普通止水带和复合止水带两种类型。其中复合止水带又分为与钢边复合的止水带、与遇水膨胀橡胶复合的止水带和与帘布复合的止水带。

（2）外观质量

止水带中心孔偏差不允许超过壁厚设计值的 1/3。止水带表面不允许有开裂、海绵状等缺陷。在 1m 长度范围内，止水带表面深度不大于 2mm、面积不大于 $10mm^2$ 的凹陷、气泡、杂质、明疤等缺陷不得超过 3 处。

（3）物理性能

止水带橡胶材料的物理性能有 10 项检验指标，包括硬度、拉伸强度、拉断伸长率、压缩永久变形、撕裂强度、脆性温度、热空气老化、臭氧老化、橡胶与金属粘合、橡胶与帘布粘合强度。

（4）批量与抽样

变形缝用止水带、施工缝用止水带以同标记、连续生产5000m为一批（不足5000m按一批计），从外观质量和尺寸公差检验合格的样品中随机抽取足够的试样，进行橡胶材料的物理性能检验。沉管隧道接头缝用止水以每100m制品所需要的胶料为一批，抽取足够胶料单独制样进行橡胶材料的物理性能检验。

（5）判定规则

尺寸公差、外观质量及橡胶材料物理性能各项指标全部符合技术要求，则为合格品。尺寸公差、外观质量若有1项不合格，则为不合格品。橡胶材料物理性能若有1项指标不符合技术要求，则应在同批次产品中另取双倍试样进行该项复试，复试结果若仍不合格，则该批产品为不合格品。

6. 高分子防水材料遇水膨胀橡胶

高分子防水材料遇水膨胀橡胶适用于水溶性聚氨酯预聚体、丙烯酸钠高分子吸水性树脂等吸水性材料与天然、氯丁等橡胶制得的遇水膨胀橡胶防水橡胶。主要用于各种隧道、顶管、人防等地下工程、基础工程的接缝、防水密封和船舶、机车等工业设备的防水密封。

（1）分类

产品按工艺性能可分为制品型、腻子型两种类型；按其在静态蒸馏水中的体积膨胀倍率可分为：制品型有≥150%、≥250%、≥400%、≥600%等；腻子型有≥150%、≥220%、≥300%等；按截面积可分为圆形、矩形、椭圆形、其他形状4类。

（2）制品型外观质量

每米遇水膨胀橡胶表面允许有深度不大于2mm、面积不大于16mm^{2}的凹陷、气泡、杂质、明疤等缺陷不得超过4处。

（3）物理性能

制品型遇水膨胀橡胶胶料的物理性能有6项检验指标，包括硬度、拉伸强度、拉断伸长率、体积膨胀倍率、反复浸水试验、低温弯折。

腻子型遇水膨胀橡胶的物理性能有3项检验指标，包括体积膨胀倍率、高温流淌性、低温试验。

（4）批量与抽样

以1000m或5t同标记的遇水膨胀橡胶为一批，抽取1%进行外观质量检验，并在任意1m处随机取3点进行规格尺寸检验（腻子型除外）；在上述检验合格的产品中随机抽取足够的试样，进行物理性能检验。

（5）判定规则

尺寸公差、外观质量及物理性能各项指标全部符合技术要求，则为合格品。规格尺寸或外观质量若有1项不符合要求，则另外抽取100m进行复试，复试结果如仍有不合格项，则应对该批产品进行100%检验，剔除不合格品。物理性能若有1项指标不符合技术要求，则应另取双倍试样进行该项复试，复试结果如仍不合格，则该批产品为不合格品。

7. 高分子防水材料盾构法隧道管片用橡胶密封垫

盾构法隧道管片用橡胶密封垫适用于以橡胶为主体材料，盾构法隧道拼装式管片防水用橡胶密封垫。主要用于地铁、公路、铁路、给水排水、电力工程等盾构法隧道接缝的防水。

所谓盾构法是暗挖法施工中的一种全机械化施工方法，它是将盾构机械在地中推进，通过盾构外壳和管片支承四周围岩防止发生往隧道内的坍塌，同时在开挖面前方用切削装置进行土体开挖，通过出土机械运出洞外，靠千斤顶在后部加压顶进，并拼装预制混凝土管片，形成隧道结构的一种机械化施工方法。

（1）分类

橡胶密封垫按功能分为弹性橡胶密封垫、遇水膨胀橡胶密封垫、弹性橡胶与遇水膨胀橡胶复合密封垫等三类。其中弹性橡胶密封垫包括氯丁橡胶密封垫、三元乙丙橡胶密封垫。

（2）外观质量

外观质量的缺陷有 5 项，即气泡、杂质、接头缺陷、凹痕和中孔偏心。

（3）物理性能

弹性橡胶密封垫成品的物理性能有 7 项检验指标，包括硬度、硬度偏差、拉伸强度、拉断伸长率、压缩永久变形、热空气老化、防霉等级等。若成品截面构造不具备切片制样的条件，用硫化胶料标准试样测试。

遇水膨胀橡胶密封胶料的物理性能有 6 项检验指标，包括硬度、拉伸强度、拉断伸长率、体积膨胀倍率、反复浸水试验、低温弯折等。

（4）批量与抽样

成品性能检验同种类、同规格的 300 环橡胶密封垫为一批，从每批中随机抽取 3 环进行规格尺寸、外观质量的检验，从检验合格的样品中再任意抽取 1 框，进行物理性能检验。

半成品胶料性能检验，弹性橡胶密封垫胶料以 6000kg 为一批，遇水膨胀橡胶胶料以 2000kg 为一批。每批抽取足够样品进行物理性能检验。

（5）判定规则

规格尺寸、外观质量应全部符合技术要求，如有 1 项不符合要求，应对未抽取产品进行 100% 检验。物理性能各项性能应全部符合技术要求。如有不合格项，应另取双倍试样进行不合格项复试，复试结果如仍不合格，则该批产品为不合格品或该批胶料不合格。对于非检验批项目，复试结果出现不合格时，应改为按批检验。

8. 丁基橡胶防水密封胶粘带

丁基橡胶防水密封胶粘带适用于高分子防水卷材、金属板屋面等建筑防水工程中接缝密封用卷状丁基橡胶胶粘带。所谓丁基橡胶胶粘带是指以饱和聚异丁烯橡胶、丁基橡胶、卤化丁基橡胶为主要原材料制成的，具有粘结密封功能的弹塑性单面或双面卷状胶粘带。

（1）分类

丁基橡胶防水密封胶粘带按粘结面分为单面胶粘带和双面胶粘带两类；单面胶粘带产品按覆面材料分为单面无纺布面材料、单面铝箔覆面材料和单面其他覆面材料三类；按用途分为高分子防水卷材用和金属板屋面用两类。

（2）规格

厚度通常为 1.0mm、1.5mm、2.0mm；宽度为 15mm、20mm、30mm、40mm、50mm、60mm、80mm、100mm；长度为 10m、15m、20m。其他规格可由供需双方商定。

（3）外观

丁基胶粘带应卷紧卷齐，在 5 ～ 35℃环境温度下易于展开，开卷时无破损、粘连或脱落现象。丁基胶粘带表面应平整，无团块、杂物、空洞、外伤及色差。

（4）理化性能

丁基胶粘带的理化性能有 6 项检验指标，包括持粘性、耐热性、低温柔性、剪切状态下的粘合性、剥离强度、剥离强度保持率。

（5）批量与抽样

以同一类型、同一品种的 10000m 产品为一批，不足 10000m 也作为一批。每批至少抽取 6 卷样品，3 卷用作检验，3 卷备用。

（6）判定规则

单项判定：持粘性、剪切状态下的粘合性、剥离强度和剥离强度保持率测定时，每组试样结果的平均值符合规定，并且剥离强度和剥离强度保持率均符合规定，则判该项合格。耐热性、低温柔性测定时，每个试样的结果均符合规定，则判该项合格。

综合判定：在出厂检验和型式检验中，所测项目符合标准要求的产品为合格品。外观质量不符合规定的产品为不合格品。产品有 2 项或 2 项以上指标不符合规定时，则该批产品不合格；产品有 1 项指标不符合规定时，允许对 3 卷备用样品进行单项复验，如该项仍不合格，则该批产品不合格。

9.4.1 密度的测定

建筑密封材料试验方法密度的测定方法适用于测定建筑和土木工程用密封胶的密度，其中金属环法适用于非下垂型密封胶，金属模框法适用于非下垂型和自流平型密封胶。

1. 试验目的

在金属环或金属模框中填充密封胶制成试件，填充前后分别称量金属环或金属模框以及试件在空气中和在试验液体中的质量，计算密封胶的密度。

2. 标准试验条件

标准试验条件为：温度 23±2℃，相对湿度 50%±5%。

3. 试验器具

腐蚀性的金属环，每个环上设有吊钩，以便称量时用不吸水的丝线悬挂，金属环形状及尺寸如图 9.4.1（*a*）所示；腐蚀性的金属模框，金属环形状及尺寸如图 9.4.1（*b*）所示；密度天平，分度值为 0.001g，能称量试件在液体中的质量和在空气中的质量。

4. 材料

防粘材料，用于制备金属环试件，如潮湿的滤纸；试验液体，温度 23±2℃，含量低于 0.25%（质量分数）的低泡沫表面活性剂水溶液。对于水溶液或吸水性等水敏感性密封胶，应采用密度为 0.69g/mL 的化学纯 2，2，4−三甲基戊烷（异辛烷）。

5. 试验步骤

试验前，待测样品及所用试验器具和材料应在标准试验条件下放置至少 24h。按各方商定可选用金属环法或金属模框法进行试验。每种方法应制备 3 个试件。

（1）金属环法

① 用密度天平称量每个金属环在空气中的质量和在试验液体中的质量。

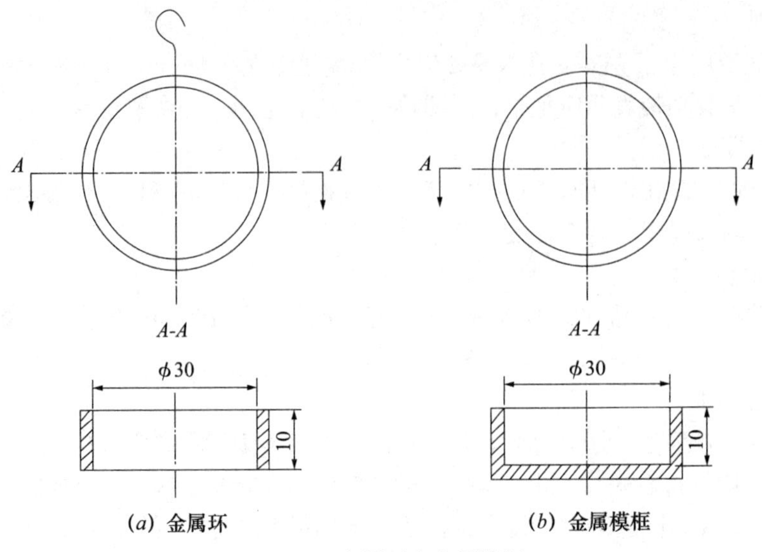

(a) 金属环　　(b) 金属模框

图 9.4.1　金属环和金属模框

② 将金属环表面附着的试验液体擦拭干净后放在防粘材料时，然后将按方法标准规定处理好的密封胶试样填满金属环。嵌填试样时应注意下列事项：避免形成气泡、将密封胶在金属环的内表面上压实，确保充分接触；修整密封胶表面，使之与金属环的上缘齐平；立即从防粘材料上移走金属环试件，以使密封胶的背面齐平。

③ 立即称量已填满试样的金属环试件在空气中的质量和在试验液体中的质量，且应在 30s 内完成。对于水敏感性密封胶，在异辛烷中的称量应在表干后立即进行。

（2）金属模框法

① 用密度天平称量每个金属模框在空气中的质量和在试验液体中的质量。

② 将金属模框表面附着的试验液体擦拭干净，然后将按方法标准规定处理好的密封胶试样填满金属模框。嵌填试样时应注意下列事项：避免形成气泡、将密封胶在金属模框的内表面上压实，确保充分接触；对于金属模框试件，填满后可轻轻振动试件或采取其他措施，以便排除金属模框内底部不易排出的气泡；修整密封胶表面，使之与金属模框的上缘齐平。

③ 立即称量已填满试样的金属模框试件在空气中的质量和在试验液体中的质量，且应在 30s 内完成。对于水敏感性密封胶，在异辛烷中的称量应在表干后立即进行。

6. 结果计算

每个试件的密度应按下式计算。

$$D=\frac{m_3-m_1}{(m_3-m_4)-(m_1-m_2)}\times D_w \tag{9.4.1}$$

式中：D——23℃时密封胶的密度，g/cm^3；

m_1——填充密封胶前金属环或金属模框在空气中称量的质量，g；

m_2——填充密封胶前金属环或金属模框在试验液体中称量的质量，g；

m_3——试件制备后立即在空气中称量的质量，g；

m_4——试件制备后立即在试验液体中称量的质量，g；

D_w——23℃时试验液体的密度，g/cm³。

7. 试验结果

试验结果以 3 个试件的算术平均值表示，精确至 0.01g/cm³。

8. 试验报告

试验报告应写明下述内容：实验室名称和试验日期；试验标准编号；样品名称类别（化学种类）、颜色；密封胶的生产批号；所用试验方法（金属环法或金属模框法）和试验液体；每个试件密封胶的密度单值，以及密度的平均值；与方法标准规定的试验条件的任何偏离。

9.4.2 表干时间的测定

建筑密封材料表干时间的测定方法适用于测定用挤枪或刮刀施工的嵌缝密封材料的表面干燥性能。

1. 试验目的

在规定条件下将密封材料试样填充到规定形状的模框中，用在试样表面放置薄膜或指触的方法测量其干燥程度。报告薄膜或手指上无粘附试样所需的时间。

2. 标准试验条件

试验室标准试验条件为：温度 23±2℃、相对湿度 50%±5%。

3. 试验器具

黄铜板，尺寸为 19mm×38mm，厚度约为 6.4mm；模框，矩形，内部尺寸为 25mm×95mm，外形尺寸为 50mm×120mm，厚度为 3mm；玻璃板，尺寸为 80mm×130mm，厚度为 5mm；聚氯乙烯膜，2 张，尺寸为 25mm×130mm，厚度约 0.1mm；刮刀；无水乙醇。

4. 试件制备

用丙酮等溶剂清洗模框和玻璃板。将模框居中放置在玻璃板上，用在 23±2℃下至少放置过 24h 的试样小心填充模框，勿混入空气。多组分试样在填充前应按生产厂的要求将各组分混合均匀，用刮刀刮平试样，使之厚度均匀。同时制备 2 个试件。

5. 试验步骤

A 法：将制备好的试件在标准条件下静置一定的时间，然后在试样表面纵向 1/2 处放置聚乙烯薄膜，薄膜上中心位置加载黄铜板。30s 后移去黄铜板，将薄膜以 90° 角从试样表面在 15s 内匀速揭下。相隔适当时间在另外部位重复上述操作，直至无试样粘附在聚乙烯条上为止。记录试样成型后至试样不再粘附在聚乙烯条上所经历的时间。

B 法：将制备好的试件在标准条件下静置一定的时间，然后用无水乙醇擦净手指端部，轻轻接触试件上 3 个不同部位的试样。相隔适当时间重复上述操作，直至无试样粘附在手指上为止。记录试样成型后至试样不再粘附在手指上所经历的时间。

6. 数值修约

表干时间少于 30min 时，精确至 5min；表干时间在 30min ～ 1h 时，精确至 10min；表干时间在 1 ～ 3h 时，精确至 30min；表干时间超过 3h 时，精确至 1h。

7. 试验报告

试验报告应写明下述内容：采用的试验方法；样品的名称、类型、批号；试验方法（A 法或 B）；表干时间（min 或 h）。

9.4.3　流动性的测定

建筑密封材料流动度的测定方法适用于测定非下垂型密封材料的下垂度和自流平型密封材料的流平性。

1. 试验目的

在规定条件下，将非下垂型密封材料填充到规定尺寸的模具中，在不同温度下以垂直或水平位置保持规定时间，报告试样流出模具端部的长度。

在规定条件下，将自流平型密封材料注入规定尺寸的模具中，在水平位置保持规定时间，报告试样表面流平情况。

2. 试验器具

下垂度模具；流平性模具；鼓风干燥箱，温度能控制在 50±2℃、70±2℃；低温恒温箱，温度能控制在 5±2℃；钢直尺，刻度单位为 0.5mm；聚乙烯条，厚度不大于 0.5mm，宽度能遮盖住下垂度模具内侧底面的边缘；在试验条件下，长度变化不大于 1mm。

3. 下垂度的测定

（1）试件制备

将下垂度模具用丙酮等溶剂清洗干净并干燥之，将聚乙烯条衬在模具底部，使之盖住模具上部边缘，并固定在外侧，然后把已在 23±2℃下放置 24h 的密封材料用刮刀填入模具内，制备试件时应注意避免形成气泡；在模具内表面上将密封材料压实；修整密封材料的表面，使其与模具的表面和末端齐平；放松模具背面的聚乙烯条。按试验步骤确定所用模具的数量。

（2）试验步骤

对每一试验温度 70℃和 / 或 50℃和 / 或 5℃及试验步骤 A 或试验步骤 B，各测试一个试件。根据各方协商，试件可按试验步骤 A 或试验步骤 B 测试。

试验步骤 A：将制备好的试件立即垂直放置在已调节至 70±2℃和 / 或 50±2℃的干燥箱或 5±2℃的低温箱内，模具的延伸端向下，放置 24h。然后从干燥箱或低温箱中取出试件，用钢板尺在垂直方向上测量每一试件中试样从底面往延伸端向下移动的距离。

试验步骤 B：将制备好的试件立即水平放置在已调节至 70±2℃和 / 或 50±2℃的干燥箱或 5±2℃的低温箱内，使试样的外露面与水平面垂直，放置 24h。然后从干燥箱或低温箱中取出试件，用钢板尺在水平方向上测量每一试件超出槽形模具前端的最大距离。

（3）如果试验失败，允许重复一次试验，但只能重复一次。当试样从槽形模具中滑脱时，模具内表面可按生产方的建议进行处理，然后重复进行试验。

4. 流平性的测定

（1）将流平性模具用丙酮溶剂清洗干净并干燥之，然后将试样和模具在 23±2℃下放置 24h。每组制备一个试件。

（2）将试样和模具在 5±2℃的低温箱中处理 16 ～ 24h，然后沿水平放置的模具一端到另一端注入约 100g 试样，在此温度下放置 4h，观察试样表面是否光滑平整。

多组分试样在低温处理后取出，按规定配比将各组分混合 5min，然后放入低温箱内静置 30min，再按上述方法试验。

5. 试验报告

试验报告应写明下述内容：采用的试验方法标准；样品的名称、类别和批号；下垂度模具的类型（阳极氧化或非阳极氧化铝合金或其他材料）、内部尺寸、内表面处理情况；采用的下垂度试验温度和试验步骤（步骤 A 或步骤 B）；下垂度试验每一试件的下垂值，精确至 1mm；流平性试验试样自流平情况；与试验方法标准规定试验条件的不同点。

9.5　地下工程防水材料试验

随着地下空间的开发利用，地下工程的埋置越来越深，工程所处的水文地质条件和环境条件越来越复杂，地下工程渗漏水的情况时有发生，严重影响了地下工程的使用功能和结构耐久性。为适应我国地下工程建设的需要使地下工程能合理正常使用，充分发挥其经济效益、社会效益、战备效益，《地下工程防水技术规范》GB 50108 对地下工程的防水设计、施工内容作出了相应的规定。

为进一步适应我国地下工程建设的需要，促进防水材料和防水技术的发展，《地下防水工程质量验收规范》GB 50208，适用于房屋建筑、市政隧道、防护工程、地下铁道等地下防水工程质量验收，并与《地下工程防水技术规范》GB 50108 配套使用。

地下工程是建造在地下或水底以下的工程建筑物和构筑物，包括各种工业、交通、民用和军事等地下建筑工程。市政隧道是指修建在城市地下用作敷设各种市政设施地下管线的隧道以及城市公路隧道、城市人行隧道等工程。防护工程是指为战时防护要求而修建的国防和人防工程。地下铁道是指城市地铁车站和连接各车站的区间隧道。

目前，国内主要使用的卷材品种有高聚物改性沥青类防水卷材包括弹性体改性沥青防水卷材、塑性体改性沥青防水卷材和自粘聚合物改性沥青防水卷材；合成高分子类防水卷材包括三元乙丙、聚氯乙烯、聚乙烯丙纶和高分子自粘胶膜防水卷材。

按地下工程应用防水涂料的分类有有机涂料和无机涂料。有机涂料主要包括合成橡胶类、合成树脂类和橡胶沥青类。无机防水涂料主要包括掺用外加剂、掺合料的水泥基防水涂料和水泥基渗透结晶性防水涂料。地下工程用常用防水材料如下：

（1）防水卷材主要有聚氯乙烯防水卷材、高分子防水材料片材、弹性体改性沥青防水卷材、改性沥青聚乙烯胎防水卷材、带自粘层的防水卷材、自粘聚合物改性沥青防水卷材、预铺防水卷材和湿铺防水卷材等。

（2）防水涂料主要有聚氨酯防水涂料、聚合物乳液建筑防水涂料、聚合物水泥防水材料和建筑防水涂料用聚合物乳液等。

（3）密封材料主要有聚氨酯建筑密封胶、聚硫建筑密封胶、混凝土建筑接缝用密封和丁基橡胶防水密封胶粘带等。

（4）其他防水材料主要有高分子防水材料止水带、高分子防水材料遇水膨胀橡胶、高分子防水卷材胶粘剂、沥青基防水卷材用基层处理剂、膨润土橡胶遇水膨胀止水条、遇水膨胀止水胶和钠基膨润土防水毯。

（5）刚性防水材料主要有水泥基渗透结晶型防水材料、砂浆、混凝土防水剂、混凝土膨胀剂和聚合物水泥防水砂浆。

防水材料试验方法主要有:《建筑防水材料试验方法》GB/T 328、《建筑胶粘剂试验方法 第1部分：陶瓷砖胶粘剂试验方法》GB/T 12954.1、《建筑密封材料试验方法》GB/T 13477、建筑防水涂料试验方法 GB/T 16777 和《建筑防水材料老化试验方法》GB/T 18244 等。

9.5.1　抽样检验

防水材料进场应按规范的规定进场抽样检验，检验应执行见证取样制度，并出具材料进场检验报告。对产品性能检测报告的要求如下：

（1）防水材料必须送至经过省级以上建设行政主管部门资质批准和市场监管部门资质认定（计量认证）的检测单位进行检测。

（2）见证人员必须按照防水材料标准中组批与抽样的规定进行随机取样。

（3）检验项目应符合防水材料标准和工程设计的要求。

（4）检测方法应符合现行防水材料标准的规定，检测结论明确。

（5）检测报告应有主检、审核、批准人签章，盖有“检测专用章”。复印报告未重新加盖“检测专用章”无效。

1. 高聚物改性沥青类防水卷材

（1）抽样数量：大于1000卷抽5卷，每500～1000卷抽4卷，100～499卷抽3卷，100卷以下抽2卷，进行规格尺寸和外观质量检验。在外观质量检验合格的卷材中任取1卷作物理性能检验。

（2）外观质量：检验项目有9项，即断裂、折皱、孔洞、边缘不整齐，胎体露白、未浸透、撒布材料粒度、颜色、每卷卷材的接头。

（3）物理性能检验：检验项目有6项，即可溶物含量、拉力、延伸率、低温柔度、热老化后低温柔度、不透水性。

2. 合成高分子类防水卷材

（1）抽样数量：大于1000卷抽5卷，每500～1000卷抽4卷，100～499卷抽3卷，100卷以下抽2卷，进行规格尺寸和外观质量检验。在外观质量检验合格的卷材中任取1卷作物理性能检验。

（2）外观质量：检验项目有5项，即折痕、杂质、胶块、凹痕、每卷卷材的接头。

（3）物理性能：检验项目有5项，即断裂拉伸强度、断裂延伸率、低温弯折性、不透水性、撕裂强度。

3. 有机防水涂料

（1）抽样数量：每5t为一批，不足5t按一批抽样。

（2）外观质量：检验项目有3项，即均匀黏稠体、无胶凝、无结块等。

（3）物理性能检验：检验项目有5项，即潮湿基面粘结强度、涂膜抗渗性、浸水168h后拉伸强度、浸水168h后断裂延伸率、耐水性。

4. 无机防水涂料

（1）抽样数量：每10t为一批，不足10t按一批抽样。

（2）外观质量：检验项目有两大类，即液体组分：无杂质、胶凝的均匀乳液；固体组分：无杂质、结块的粉末。

（3）物理性能：检验项目有3项，即抗折强度、粘结强度和抗渗性。

5. 膨润土防水材料

（1）抽样数量：每100卷为一批，不足100卷按一批抽样；100卷以下抽5卷，进行尺寸偏差和外观质量检验。在外观质量检验合格的卷材中任取1卷作物理性能检验。

（2）外观质量检验：检验项目有6项，即表面平整、厚度均匀、无破洞、破边、无残留断针、针刺均匀。

（3）物理性能：检验项目有4项，即单位面积质量、膨润土膨胀指数、渗透系数和滤失量。

6. 混凝土建筑接缝用密封胶

（1）抽样数量：每2t为一批，不足2t按一批抽样。

（2）外观质量：检验项目有5项，即细腻、均匀膏状物或黏稠液体、无气泡、结皮和胶凝现象。

（3）物理性能：检验项目有3项，即流动性、挤出性和定伸粘结性。

7. 橡胶止水带

（1）抽样数量：每月同标记的止水带产量为一批抽样。

（2）外观质量：检验项目有9项，即尺寸公差、开裂、缺胶、海绵状、中心孔偏心、凹痕、气泡、杂质、明疤。

（3）物理性能：检验项目有3项，即拉伸强度、扯断伸长率和撕裂强度。

8. 腻子型遇水膨胀止水条

（1）抽样数量：每5000m为一批，不足5000m按一批抽样。

（2）外观质量：检验项目有5项，即尺寸公差、柔软、弹性匀质、色泽均匀、无明显凹痕。

（3）物理性能：检验项目有4项，即硬度、7d膨胀率、最终膨胀率和耐水性。

9. 遇水膨胀止水胶

（1）抽样数量：每5t为一批，不足5t按一批抽样。

（2）外观质量：检验项目有6项，即细腻、黏稠、均匀膏状物、无气泡、结皮和胶凝。

（3）物理性能：检验项目有3项，即表干时间、拉伸强度和体积膨胀倍率。

10. 弹性橡胶密封垫材料

（1）抽样数量：每月同标记的密封垫材料产量为一批抽样。

（2）外观质量：检验项目有7项，即尺寸公差、开裂、缺胶、凹痕、气泡、杂质和明疤。

（3）物理性能：检验项目有4项，即硬度、伸长率、拉伸强度和压缩永久变形。

11. 遇水膨胀橡胶密封垫胶料

（1）抽样数量：每月同标记的膨胀橡胶产量为一批抽样。

（2）外观质量：检验项目有7项，即尺寸公差、开裂、缺胶、凹痕、气泡、杂质和明疤。

（3）物理性能：检验项目有5项，即硬度、拉伸强度、扯断伸长率、体积膨胀倍率和低温弯折。

12. 聚合物水泥防水砂浆

（1）抽样数量：每 10t 为一批，不足 10t 按一批抽样。

（2）外观质量：检验项目有两大类，即干粉类：均匀，无结块；乳胶类：液料经搅拌后均匀无沉淀，粉料均匀、无结块。

（3）物理性能：检验项目有 3 项，即 7d 粘结强度、7d 抗渗性和耐水性。

9.5.2　胶粘剂剪切性能试验

国内许多防水材料生产企业，一般只提供合格的防水材料辅助材料，施工单位一般不会考虑是否相互匹配，采购后就直接使用在工程中，影响了工程质量。为了不过多的增加试验费用，在进场检验材料的同时，应按其用途将主材和辅材一并送检，并进行两种材料的剪切性能和剥离性能检验。采用胶粘剂和胶粘带的防水卷材接缝应进行粘结质量的检验。对防水卷材接缝粘结质量检验有四种检验方法，即胶粘剂的剪切性能试验方法、胶粘剂的剥离性能试验方法、胶粘带的剪切性能试验方法、胶粘带的剥离性能试验方法等。

1. 试样制备

（1）防水卷材表面处理和胶粘剂的使用方法，均按生产企业提供的技术要求进行；试样粘合时应用手辊反复压实，排除气泡。

（2）卷材 - 卷材拉伸剪切强度试样应将与胶粘剂配套的卷材沿纵向裁取 300mm×200mm 试片 2 块，用毛刷在每块试片上涂刷胶粘剂样品，涂胶面 100mm×300mm，进行粘合，在粘合的试样上裁取 5 个宽度为 50±1mm 的试件。

2. 试验条件

（1）标准试验条件应为温度 23±2℃和相对湿度 30% ～ 70%。

（2）拉伸试验机应有足够的承载能力，不应小于 2000N，夹具拉伸速度为 100±10mm/min，夹持宽度不应小于 50mm，并配有记录装置。

（3）试样应在标准试验条件下放置至少 20h。

3. 试验步骤

（1）试件应稳固地放入拉伸试验机的夹具中，试件的纵向轴线应与拉伸试验机及夹具的轴线重合。夹具内侧间距应为 200±5mm，试件不应承受预荷载。

（2）在标准试验条件下，拉伸速度应为 100±10mm/min，记录试件拉力最大值和破坏形式。

4. 试验结果

（1）每个试件的拉伸剪切强度按下式计算，并精确到 0.1N/mm。

$$\sigma = P/b \tag{9.5.2}$$

式中：σ——拉伸剪切强度，N/mm；

P——最大拉伸剪切力，N；

b——试件粘合面宽度 50mm。

（2）计算试验结果时，应舍去试件距拉伸试验机夹具 10mm 范围内的破坏及从拉伸试验机夹具中滑移超过 2mm 的数据，用备用试件重新试验。

（3）试验结果应以每组 5 个试件是算术平均值表示。

（4）在拉伸剪切时，若试件是卷材断裂，则应报告为卷材破坏。

9.5.3 胶粘剂的剥离性能试验

1. 试样制备

（1）防水卷材表面处理和胶粘剂的使用方法，均按生产企业提供的技术要求进行；试样粘合时应用手辊反复压实，排除气泡。

（2）卷材－卷材剥离强度试样应将与胶粘剂配套的卷材沿纵向裁取 300mm×200mm 试片 2 块，用胶粘剂进行粘合，在粘合的试样上裁取 5 个宽度为 50±1mm 的试件。

2. 试验条件

按上述的胶粘剂的剪切性能试验方法中的规定执行。

3. 试验步骤

（1）将试件未胶接一端分开，试件应稳固地放入拉伸试验机的夹具中，试件的纵向轴线应与拉伸试验机及夹具的轴线重合。夹具内侧间距应为 100±5mm，试件不应承受预荷载。

（2）在标准试验条件下，拉伸速度应为 100±10mm/min 的拉伸速度将试件分离。

（3）试验结果应连续记录直至试件分离，并应在报告中说明破坏形式，即粘附破坏、内聚破坏或卷材破坏。

4. 试验结果

（1）每个试件应从剥离力和剥离长度的关系曲线上记录最大的剥离力，并按下式计算剥离强度。

$$\sigma_T = F/B \tag{9.5.3}$$

式中：σ_T——最大剥离强度，N/50mm；

F——最大的剥离力，N；

B——试件粘合面宽度 50mm。

（2）计算试验结果时，应舍去试件距拉伸试验机夹具 10mm 范围内的破坏及从拉伸试验机夹具中滑移超过 2mm 的数据，用备用试件重新试验。

（3）每个试件在至少 100mm 剥离长度内，由作用于试件中间 1/2 区域内 10 个等分点处的剥离力的平均值，计算平均剥离强度。

（4）试验结果应以每组 5 个试件的算术平均值表示。

9.6 综 述 提 示

由于地下工程使用年限长，质量要求高，工程渗漏维修无法更换材料等特点，防水卷材产品标准中的某些技术指标不能满足地下工程的需要，《地下防水工程质量验收规范》GB 50208 中列出了防水卷材及其配套材料的主要物理性能。性能指标依据下列产品标准：《弹性体改性沥青防水卷材》GB 18242、《改性沥青聚乙烯胎防水卷材》GB 18967、《聚氯乙烯（PVC）防水卷材》GB 12952、《高分子防水材料 第 1 部分：片材》GB/T 18173.1（三元乙丙橡胶，代号 JL1）、《高分子防水材料 第 1 部分：片材》GB/T 18173.1（聚乙烯，代号 FS2）、《自粘聚合物改性沥青防水卷材》GB 23441、《带自粘层的防水卷材》GB/T 23260、《沥青基防水卷材用基层处理剂》JC/T 1069，《高分子防水卷材胶粘剂》JC/T 863

和《丁基橡胶防水密封胶粘带》JC/T 942 等。

防水涂料品种较多，选择适用于地下工程防水规定的材料。对设计和施工单位来说确有一定难度。根据地下工程防水对涂料的规定及现有涂料的性能，《地下防水工程质量验收规范》GB 50208 中列出了有机防水涂料和无机防水涂料的主要物理性能。性能指标依据下列产品标准:《聚氨酯防水涂料》GB/T 19250、《聚合物水泥防水涂料》GB/T 23445、《水泥基渗透结晶型防水涂料》GB 18445 和《聚合物乳液建筑防水涂料》JC/T 864、《水乳型沥青防水涂料》JC/T 408 等。

1. 质量指标与产品标准的差异

（1）与《弹性体改性沥青防水卷材》GB 18242—2008 相比

地下工程用弹性体改性沥青防水卷材的质量指标有 5 项，即可溶物含量、拉伸性能（拉力、延伸率)、低温柔度、热老化后低温柔度和不透水性。

差异：① 取消了聚乙烯膜胎体防水卷材；② 不透水性检验指标发生变化，保持时间由产品标准的 30min 变更为 120min。

（2）与《自粘聚合物改性沥青防水卷材》GB 23441—2009 相比

地下工程用自粘聚合物改性沥青防水卷材的质量指标有 5 项要求，即可溶物含量、拉伸性能（拉力、延伸率)、低温柔度、热老化后低温柔度和不透水性。

差异：① 取消了耐热性的检验指标，增加了热老化后低温柔度的检验指标。② 由于聚酯胎体取消了产品性能Ⅰ型和Ⅱ型的分类，聚酯胎体的低温柔度检验指标由 −20℃提高为 −22℃。③ 由于无胎体取消了产品性能Ⅰ型和Ⅱ型的分类，无胎体的拉力检验指标由 150N/50mm、200N/50mm 变更为 180N/50mm ；沥青断裂延伸率检验指标由 250%、150% 变更为 200% ；低温柔度检验指标由 −20℃、−30℃变更为 −25℃ ；不透水性检验指标的压力由 0.2MPa 变更为 0.3MPa。

（3）与《高分子防水材料 第 1 部分：片材》GB/T 18173.1—2012（三元乙丙橡胶，代号 JL1）相比

地下工程用三元乙丙橡胶防水卷材的质量指标有 5 项要求，即断裂拉伸强度、断裂伸长率、低温弯折性、撕裂强度和不透水性。

差异：① 在断裂拉伸强度、断裂伸长率中没有常温、高温和低温的规定。② 不透水性检验指标发生变化，保持时间由产品标准的 30min 变更为 120min。

（4）与《高分子防水材料 第 1 部分：片材》GB/T 18173.1—2012（聚乙烯，代号 FS2）相比

地下工程用聚乙烯防水卷材的质量指标有 6 项要求，即断裂拉伸强度、断裂伸长率、低温弯折性、撕裂强度、不透水性和复合强度。

差异：① 断裂拉伸强度检验指标的单位表述发生了变化，由原来的 N/cm 变更为 N/10mm。② 不透水性检验指标发生变化，保持时间由产品标准的 30min 变更为 120min。③ 撕裂强度检验指标由 50N 变更为 20N/10mm。④ 复合强度检验指标由 0.8MPa 变更为 1.2N/mm。

（5）与《聚氯乙烯（PVC）防水卷材》GB 12952—2011 相比

地下工程用聚氯乙烯（PVC）防水卷材的质量指标有 5 项，即断裂拉伸强度、断裂伸长率、低温弯折性、撕裂强度和不透水性。

差异：① 由于不考虑按组分分类的缘故，不在区分类别。② 拉伸强度检验指标由10.0MPa提高到12MPa。③ 裂伸长率检验指标由100%、150%、200%，提高到250%。④ 低温弯折性检验指标由 -25℃提高到 -20℃。⑤ 裂强度检验指标由50N/mm、150N/mm、220N/mm、250N/mm变更为4.0kN/m，单位及数值均发生了变化。

（6）与《高分子防水材料 第2部分：止水带》GB/T 18173.2—2014相比

地下工程用止水带（变形缝、施工缝用止水带）的质量指标有8项，即硬度、拉伸强度、扯断伸长率、压缩永久变形、撕裂强度、脆性温度、热老化和橡胶与金属粘合。

差异：① 变形缝用止水带的拉伸强度检验指标分别由10MPa，提高到15MPa。② 施工缝用止水带的拉伸强度检验指标分别由10MPa，提高到12MPa。③ 施工缝用止水带的撕裂强度检验指标由30kN/m降低到25kN/m。④ 施工缝用止水带的脆性温度检验指标由 -45℃降低到 -40℃。⑤ 变形缝用止水带的热老化70℃ ×168h的拉伸强度检验指标由9MPa提高到12MPa。⑥ 施工缝用止水带的热老化70℃ ×168h的拉伸强度检验指标由9MPa提高到10MPa。⑦ 橡胶与金属粘合检验指标由“橡胶间破坏”修改为“断面在弹性体内”。

（7）与《聚合物水泥防水砂浆》JC/T 984—2011相比

地下工程用防水砂浆的质量指标有7项，即粘结强度、抗渗性、抗折强度、干缩率、吸水率、冻融循环和耐水性。

差异：① 由于地下工程用防水砂浆没有按聚合物水泥防水砂浆的物理性能进行分类为Ⅰ型和Ⅱ型，故其检验指标基本上是按Ⅱ型规定的。② 聚合物水泥防水砂浆的冻融循环检验指标由25次提高到50次。③ 增加了耐水性检验指标。耐水性检验指标是指砂浆浸水168h后的粘结强度及抗渗性的保持率。

2. 防水工程现场检测

《建筑防水工程现场检测技术规范》JGJ/T 299—2013，根据工程实际需求，在总结国内建筑防水工程检测实践经验的基础上，借鉴国外先进技术和方法，制定了建筑防水工程中与基层质量和防水层质量相关的10项技术指标的现场检测方法。建筑防水工程现场的检测方法分为两类，一类是无损检测方法，即基层平整度检测、含水率检测、单位面积含水量检测、超声波厚度检测、不透水性检测、蓄水试验、淋水试验、红外热像法渗漏水检测等；另一类是局部破损检测方法，即正拉粘结强度检测、割开法厚度检测、剥离强度检测、落锤法柔性检测、摆锤法柔性检测等。检测方法选择的原则是在满足检测要求的前提下，宜优先选取无损检测方法进行检测。

警示：10种现场检测方法均不能代替施工和验收阶段已有明确规定的各种材料和衡量施工质量的检测方法，也不能代替针对防水材料质量进行试验室检测的各项标准，仅适用于工程现场对防水工程中的基层、防水层质量进行检测。

3. 防水卷材试验样品、试样、试件放置规定

（1）样品存放温度条件

在裁取试样前样品（用于剪裁试样的一卷防水卷材）应在20±10℃放置至少24h。无争议时可在产品规定的展开温度范围内裁取试样（样品中用于裁取试件的部分）。

（2）试样及放置条件

试样是指在样品中用于裁取试件的部分。在平面上展开抽取的样品，根据试件需要的长度在整个卷材宽度上裁取试样。若无合适的包装保护，将卷材外面的一层去除。试样用能识别的材料标记卷材上表面和机器生产方向。若无其他相关标准规定，在裁取试件前试样应在 23±2℃放置至少 20h。

（3）试件裁取

试件是指在试样上准确裁取的样片。纵向是指卷材平面上与机器生产方向平行的方向。横向是指卷材平面上与机器生产方向垂直的方向。在裁取试件（从试样上准确裁取的样片）前检查试样，试样不应有由于抽样或运输造成的折痕，保证试样没有规定的外观缺陷。根据相关标准规定的检测性能和需要的试件数量裁取试件。试件用能识别的方式来标记卷材的上表面和机器生产方向。

（4）SBS 卷材的制备

试件制备规定，将取样卷材切除距外层卷头 2500mm 后，取 1m 长的卷材按现行国家标准《建筑防水卷材试验方法 第 4 部分：沥青防水卷材 厚度、单位面积质量》GB/T 328.4 取样方法均匀分布裁取试件，卷材性能试件的形状和数量按产品标准规定裁取。

第 10 章　建筑砂浆常规检验

建筑砂浆是由水泥基胶凝材料、细骨料、水以及根据性能确定的其他组分按适当比例配合、拌制并经硬化而成的工程材料。常用作砌筑、抹面和粘贴饰面材料。建筑砂浆的种类很多，按生产方式分为施工现场拌制的砂浆和由专业生产厂生产的预拌砂浆。按胶凝材料不同，可分为水泥砂浆、石灰砂浆和混合砂浆等。按用途可分为砌筑砂浆、抹面砂浆、装饰砂浆和特种砂浆（包括防水砂浆、保温砂浆、吸声砂浆）。水泥砂浆是指以水泥、细骨料和水为主要原材料，也可根据需要加入矿物掺合料等配制而成的砂浆。水泥混合砂浆是指以水泥、细骨料和水为主要原材料，并加入石灰膏、电石膏、黏土膏中的一种或多种，也可根据需要加入矿物掺合料等配制而成的砂浆。

砌筑砂浆一般分为现场配制砂浆和预拌砌筑砂浆，现场配制砂浆又分为水泥砂浆和水泥混合砂浆，预拌砌筑砂浆（商品砂浆）是由专业生产厂生产的湿拌砌筑砂浆和干混砌筑砂浆。它的工作性、耐久性优良，生产时不分水泥砂浆和水泥混合砂浆。目前，现场配制水泥砂浆时，有单纯用水泥作为胶凝材料进行拌制的，也有掺入粉煤灰等活性掺合料与水泥一起作为凝结材料拌制的砂浆，因此水泥砂浆包括单纯用水泥为胶凝材料拌制的砂浆，也包括掺入活性掺合料与水泥共同拌制的砂浆。

10.1　砌筑砂浆试验

10.1.1　概述

砌筑砂浆是指将砖、石、砌块经砌筑成为砌体，起粘结、衬垫和传力作用的砂浆。砌筑砂浆的组成材料包括水泥、砂、水、外加剂、掺加料。所用原材料不应对人体、生物和环境造成有害影响，并应符合《建筑材料放射性核素限量》GB 6566 的规定。砌体结构工程中施工质量对砌筑砂浆的规定如下：

1. 水泥

水泥的强度及安定性是判定水泥质量是否合格的两项主要技术指标，因此在水泥使用前应进行复验。水泥进场时应对其品种、等级、包装或散装仓号、出厂日期等进行检查，并应对其强度、安定性进行复验，其质量必须符合《通用硅酸盐水泥》GB 175 的有关规定。当在使用中对水泥质量有怀疑或水泥出厂超过 3 个月（快硬硅酸盐水泥超过 1 个月）时，应复查试验，并按复验结果使用。不同品种的水泥不得混合使用。抽检数量按同一生产厂家、同品种、同等级、同批号连续进场的水泥，袋装水泥不超过 200t 为一批，散装水泥不超过 500t 为一批，每批抽样不少于 1 次。

2. 砂

砂浆用砂宜采用过筛中砂，不应混有杂物。砂中含泥量、泥块含量、石粉含量、云母、轻物质、有机物、硫化物、硫酸盐及氯盐含量（配筋砌体砌筑砂浆）等应符合《普通混凝土用砂、石质量及检验方法标准》JGJ 52 的相关规定；人工砂、山砂及特细砂，应经试配能满足砌筑砂浆技术条件要求。

3. 掺合料

拌制水泥混合砂浆的粉煤灰、建筑生石灰、建筑生石灰粉的品质指标应符合《建筑生石灰》JC/T 479 的有关规定及相关标准规定。建筑生石灰、建筑生石灰粉熟化为石灰膏，其熟化时间分别不得少于 7d 和 2d。石灰膏的用量，应按稠度 120±5mm 计量。

4. 拌合用水

拌制砂浆用水的水质，应符合《混凝土用水标准》JGJ 63 的有关规定。

5. 砂浆配合比

砌筑砂浆应进行配合比设计。当砌筑砂浆的组成材料有变化时，其配合比应重新确定。砌筑砂浆的稠度宜按规范的规定采用。

6. 外加剂

在砂浆中掺入的砌筑砂浆增塑剂、早强剂、缓凝剂、防冻剂、防水剂等砂浆外加剂，其品种和用量应经有资质的检测单位检验和试配。

7. 计量要求

配制砌筑砂浆时，各组分材料应采用质量计量，水泥基各种外加剂配料的允许偏差为 ±2%；砂、粉煤灰、石灰膏等配料的允许偏差为 ±5%。

8. 搅拌时间

砌筑砂浆应采用机械搅拌，搅拌时间自投料完起算，水泥砂浆和水泥混合砂浆不得少于 120s。水泥粉煤灰砂浆和掺外加剂的砂浆不得少于 180s。掺增塑剂的砂浆，其搅拌方式、搅拌时间应符合《砌筑砂浆增塑剂》JG/T 164 的有关规定。干混砂浆及加气混凝土砌块专用砂浆宜按掺用外加剂的砂浆确定搅拌时间或按产品说明书采用。

9. 砂浆试块强度

同一验收批砂浆试块强度平均值应大于或等于设计强度等级值的 1.10 倍。同一验收批砂浆试块抗压强度的最小一组平均值应大于或等于设计强度等级值的 85%。

10. 抽检数量

（1）每一检验批且不超过 250m^3 砌体的各类、各强度等级的普通砌筑砂浆，每台搅拌机应至少抽检 1 次。验收批的预拌砂浆、蒸压加气混凝土砌块专用砂浆，抽检可为 3 组。

（2）在砂浆搅拌机出料口或在湿拌砂浆的储存容器出料口随机取样制作砂浆试块（现场拌制的砂浆，同盘砂浆只应作 1 组），试块标养 28d 后作强度试验。预拌砂浆中的湿拌砂浆稠度应在进场时取样检验。

11. 现场检验

当施工中或验收时遇到砂浆试块缺乏代表性或试块数量不足、对砂浆试块的试验结果有怀疑或有争议、砂浆试块的试验结果不能满足设计要求和发生工程事故需要进一步分析原因的 4 种情况时，可采用现场检验方法对砂浆或砌体强度进行实体检测，并判定其强度。

10.1.2 配合比设计

砌筑砂浆的配合比设计应根据原材料的性能、砂浆技术要求、块体种类及施工水平进行计算或查表选择，并应经试配、调整后确定。砂浆的技术条件和配合比设计方法，是满足设计和施工要求，保证砌筑砂浆经济合理的关键。

1. 砌筑砂浆

（1）材料要求

① 砌筑砂浆所用原材料不应对人体、生物与环境造成有害的影响，并应符合《建筑材料放射性核素限量》GB 6566 的规定。

② 水泥宜采用通用硅酸盐水泥或砌筑水泥，且应符合《通用硅酸盐水泥》GB 175 和《砌筑水泥》GB/T 3183 的规定。水泥强度等级应根据砂浆品种及强度等级的要求进行选择。M15 及以下强度等级的砌筑砂浆宜选用 32.5 级的通用硅酸盐水泥或砌筑水泥; M15 以上强度等级的砌筑砂浆宜选用 42.5 级通用硅酸盐水泥。

③ 砂宜选用中砂，并应符合建筑用砂的行业标准，且应全部通过 4.75mm 的筛孔。

④ 砌筑砂浆用石灰膏、电石膏应符合标准要求。

⑤ 粉煤灰、粒化高炉矿渣粉、硅灰、天然沸石粉应分别符合《用于水泥和混凝土中的粉煤灰》GB/T 1596 等其他相关标准的规定。当采用其他品种矿物掺合料时，应有充足的技术依据，并应在使用前进行试验验证。

⑥ 采用保水增稠材料时，应在使用前进行试验验证，并应有完整的型式检验报告。外加剂应符合国家现行有关标准的规定，引气型外加剂还应有完整的型式检验报告。

⑦ 拌制砂浆用水应使用清洁的淡水，并符合相关规定。

（2）技术条件

① 水泥砂浆及预拌砂浆的强度等级可分为 M5、M7.5、M10、M15、M20、M25、M30；水泥混合砂浆的强度等级可分为 M5、M7.5、M10、M15。

② 砌筑砂浆拌合物的表观密度、砌筑砂浆的稠度、保水率、试配抗压强度和砌筑砂浆施工时的稠度应同时满足行业标准的要求。

③ 有抗冻性要求的砌体工程，砌筑砂浆应进行冻融试验。砌筑砂浆的抗冻性应符合标准的规定，且当设计对抗冻有明确要求时，尚应符合设计规定。

④ 砌筑砂浆中的水泥和石灰膏、电石膏等材料的用量可按标准的规定选用。

⑤ 砂浆中可掺入保水增稠材料、外加剂等，掺量应经试配后确定。

⑥ 砂浆试配时应采用机械搅拌。搅拌时间应自开始加水算起，并应符合规定: 对水泥砂浆和水泥混合砂浆，搅拌时间不得少于 120s；对预拌砂浆和掺有粉煤灰、外加剂、保水增稠材料等的砂浆，搅拌时间不得少于 180s。

（3）现场配制水泥混合砂浆的试配

① 配合比计算步骤:

计算砂浆试配强度; 计算每立方米砂浆中的水泥用量; 计算每立方米砂浆中石灰膏用量; 确定每立方米砂浆中的砂用量; 按砂浆稠度选每立方米砂浆用水量。

② 砂浆试配强度的计算:

$$f_{m,0} = kf_2 \tag{10.1.2-1}$$

式中：$f_{m,0}$——砂浆的试配强度，精确至 0.1MPa；

f_2——砂浆强度等级值，精确至 0.1MPa；

k——系数，按标准规定取值。

③ 砂浆强度标准差的确定：

有统计资料时，砂浆强度标准差按下式计算：

$$\sigma=\sqrt{\frac{\sum_{i=1}^{n} f_{m,i}^{2}-n\mu_{fm}^{2}}{n-1}} \quad (10.1.2\text{-}2)$$

式中：$f_{m,i}$——统计周期内同一品种砂浆第 i 组试件的强度，MPa；

μ_{fm}——统计周期内同一品种砂浆 n 组试件强度的平均值，MPa；

n——统计周期内同一品种砂浆的总组数，$n \geqslant 25$。

当无统计资料时，砂浆强度标准差可按标准规定取值。

④ 水泥用量的计算：

每立方米砂浆中的水泥用量，按下式计算：

$$Q_C = 1000\,(f_{m,0} - \beta)\,/\,(\alpha \times f_{ce}) \quad (10.1.2\text{-}3)$$

式中：Q_C——每立方米砂浆的水泥用量，精确至 1kg；

f_{ce}——水泥的实测强度，精确至 0.1MPa；

α、β——砂浆的特征系数，其中 α 取 3.03，β 取 −15.09。

配合比设计时注意：各地区也可用本地区试验资料确定 α、β 值，统计用的试验组数不得少于 30 组。

在无法取得水泥的实测强度值时，可按下式计算：

$$f_{ce} = \gamma_c \cdot f_{ce,k} \quad (10.1.2\text{-}4)$$

式中：$f_{ce,k}$——水泥强度等级值，MPa；

γ_c——水泥强度等级值的富余系数，宜按实际统计资料确定;无统计资料时可取 1.0。

⑤ 石灰膏用量计算：

$$Q_D = Q_A - Q_C \quad (10.1.2\text{-}5)$$

式中：Q_D——每立方米砂浆的石灰膏用量，精确至 1kg；石灰膏使用时的稠度宜为 120±5mm；

Q_C——每立方米砂浆的水泥用量，精确至 1kg；

Q_A——每立方米砂浆中水泥和石灰膏总量，精确至 1kg，可为 350kg。

⑥ 每立方米砂浆中的砂用量，应按干燥状态（含水率小于 0.5%）的堆积密度值作为计算值。

⑦ 每立方米砂浆中的用水量，可根据砂浆稠度等要求选用 210 ～ 310kg。此用水量是砂浆稠度为 70 ～ 90mm，中砂时用水量的参考范围。

确定用水量时注意：混合砂浆中的用水量，不包括石灰膏中的水；当采用细砂或粗砂时，用水量分别取上限或下限；稠度小于 70mm 时，用水量可小于下限；施工现场气候炎热或干燥季节，可酌量增加用水量。

（4）现场配制水泥砂浆的试配

水泥砂浆的材料用量、水泥粉煤灰砂浆材料用量可按标准规定选用。试配强度应按本节前述计算。

2. 预拌砂浆

（1）预拌砌筑砂浆的要求

在确定湿拌砂浆稠度时，应考虑砂浆在运输和储存过程中的稠度损失；湿拌砂浆应根据凝结时间要求确定外加剂掺量；干混砂浆应明确拌制时的加水量范围；预拌砂浆的搅拌、运输、储存及性能等应符合《预拌砂浆》GB/T 25181 的规定。

（2）预拌砂浆的试配要求

预拌砂浆生产前应进行试配，试配强度应按《砌筑砂浆配合比设计规程》JGJ/T 98 规定的计算确定，试配时稠度取 70 ～ 80mm；预拌砂浆中可掺入保水增稠材料、外加剂等，掺量应经试配后确定。

（3）预拌砌筑砂浆性能要求

根据相关标准对干混砌筑砂浆、湿拌砌筑砂浆性能进行了规定，预拌砌筑砂浆性能应按标准规定确定。

3. 砌筑砂浆配合比试配、调整与确定

（1）试配搅拌

砌筑砂浆试配时应考虑工程实际要求，搅拌应符合规定。

（2）确定基准配合比

按计算或查表所得配合比进行试拌时，应按《建筑砂浆基本性能试验方法标准》JGJ/T 70 测定砌筑砂浆拌合物的稠度和保水率。当稠度和保水率不能满足要求时，应调整材料用量，直到符合要求为止，然后确定为试配时的砂浆基准配合比。

（3）试配

试配时至少应采用三个不同的配合比，其中一个配合比应为按基准配合比，其余两个配合比的水泥用量应按基准配合比分别增加及减少 10%。在保证稠度、保水率合格的条件下，可将用水量、石灰膏、保水增稠材料或粉煤灰等活性掺合料用量作相应调整。

（4）试配配合比

砂浆试配时稠度应满足施工要求，并应按现行行业标准《建筑砂浆基本性能试验方法标准》JGJ/T 70，分别测定不同配合比砂浆的表观密度及强度；并应选定符合试配强度及和易性要求、水泥用量最低的配合比作为砂浆的试配配合比。

（5）试配配合比的校正

砂浆试配配合比尚应按下列步骤进行校正：

① 应根据上述确定的砂浆配合比材料用量，按式（8-6）计算砂浆的理论表观密度值：

$$\rho_t = Q_C + Q_D + Q_S + Q_W \tag{10.1.2-6}$$

式中：ρ_t——砂浆的理论表观密度值，精确至 $10kg/m^3$。

② 按下式计算砂浆配合比校正系数 δ：

$$\delta = \rho_C / \rho_t \tag{10.1.2-7}$$

式中：ρ_C——砂浆的实测表观密度值，精确至 $10kg/m^3$。

当砂浆的实测表观密度值与理论表观密度值之差的绝对值不超过理论值的 2% 时，可将按得出的试配配合比确定为砂浆设计配合比；当超过 2% 时，应将试配配合比中每项材料用量均乘以校正系数后，确定为砂浆设计配合比。

（6）预拌砂浆的试配、调整与确定

预拌砂浆生产前应进行试配、调整与确定，并应符合《预拌砂浆》GB/T 25181 的规定。

10.2　抹灰砂浆试验

10.2.1　概述

抹灰工程是建筑装饰工程中有关重要组成部分，它具有工程量大，工期长、用工多、占用建筑物总造价的比例高等特点。为了确保抹灰砂浆质量，为抹灰砂浆的设计、施工及验收提供一个统一的标准，达到合理利用材料、降低资源和能源消耗，减少污染，可操作性强，保证工程质量的目的，住房和城乡建设部发布了《抹灰砂浆技术规程》JGJ/T 220。

一般抹灰包括水泥砂浆、水泥混合砂浆、聚合物水泥砂浆和粉刷石膏等抹灰；保温层薄抹灰包括保温层外面聚合物砂浆薄抹灰；装饰抹灰包括水刷石、斩假石、干粘石和假面砖等装饰抹灰；清水砌体勾缝包括清水砌体砂浆勾缝和原浆勾缝。

随着建筑技术的发展，为改善抹灰砂浆的和易性、施工性及抗裂等性能，外加剂、增稠剂以及纤维等在抹灰砂浆中的应用越来越广，只要这些物质的掺入不影响抹灰砂浆的规定性能，就可使用。目前，抹灰砂浆中常用的外加剂包括减水剂、防水剂、缓凝剂、塑化剂、砂浆防冻剂等。

1. 品种

一般抹灰工程用砂浆，也称抹灰砂浆，是指将水泥、细骨料和水以及根据性能确定的其他组分按规定比例拌合在一起，配制成砂浆后，大面积涂抹于建筑物的表面，它具有保护和找平基体、满足使用要求和增加美观的作用。

传统的用于一般抹灰砂浆品种有石灰砂浆、水泥混合砂浆、水泥砂浆、聚合物水泥砂浆、膨胀珍珠岩砂浆和麻刀石灰、纸筋石灰砂浆。通过调研，石灰砂浆、膨胀珍珠岩砂浆和麻刀石灰、纸筋石灰砂浆已基本不再使用。所以，目前正常使用的抹灰砂浆为：水泥抹灰砂浆、水泥粉煤灰抹灰砂浆、水泥石灰抹灰砂浆、掺塑化剂水泥抹灰砂浆、聚合物水泥砂浆、石膏抹灰砂浆及预拌抹灰砂浆。

一般抹灰工程用砂浆，大面积涂抹于建筑物墙、顶棚、柱等表面的砂浆，包括水泥抹灰砂浆、水泥粉煤灰抹灰砂浆、水泥石灰抹灰砂浆、掺塑化剂水泥抹灰砂浆、聚合物水泥砂浆、水泥石灰抹灰砂浆、石膏抹灰砂浆等，也称抹灰砂浆。

水泥抹灰砂浆，以水泥为胶凝材料，加入细骨料和水按一定比例配制而成的抹灰砂浆。水泥粉煤灰抹灰砂浆，以水泥、粉煤灰为胶凝材料，加入石灰膏、细骨料和水按一定比例配制而成的抹灰砂浆，简称混合砂浆。

掺塑化剂水泥抹灰砂浆，以水泥（或添加粉煤灰）为胶凝材料，加入细骨料、水和适量塑化剂按一定比例配制而成的抹灰砂浆。

聚合物水泥砂浆，以水泥为胶凝材料，加入细骨料、水和适量聚合物按一定比例配制而成的抹灰砂浆。包括普通聚合物水泥抹灰砂浆（无压折比要求）、柔性聚合物水泥抹灰砂浆（压折比≤ 3）及防水聚合物水泥抹灰砂浆。

预拌抹灰砂浆，专业生产厂的用于抹灰工程的砂浆。界面砂浆，提高抹灰砂浆层与基层粘结强度的砂浆。

2. 基本要求

（1）一般抹灰工程用砂浆宜选用预拌抹灰砂浆。抹灰砂浆应采用机械搅拌。

（2）预拌抹灰砂浆性能应符合《预拌砂浆》GB/T 25181 的规定，预拌抹灰砂浆的施工与质量验收应符合《预拌砂浆应用技术规程》JGJ/T 223 的规定。

（3）抹灰砂浆的品种及强度等级应满足设计要求。除特别说明外，抹灰砂浆性能的试验方法应按《建筑砂浆基本性能试验方法标准》JGJ/T 70 执行。

（4）配制强度等级不大于 M20 的抹灰砂浆，宜用 32.5 级通用硅酸盐水泥或砌筑水泥；配制强度等级大于 M20 的抹灰砂浆，宜用强度等级不低于 42.5 级通用硅酸盐水泥或砌筑水泥。通用硅酸盐水泥宜采用散装水泥。

（5）用通用硅酸盐水泥拌制抹灰砂浆时，可掺入适量的石灰膏、粉煤灰、粒化高炉矿渣粉、沸石粉等，不应掺入消石灰粉。用砌筑水泥拌制抹灰砂浆时，不得再用粉煤灰等矿物掺合料。

（6）拌制抹灰砂浆，可根据需要掺入改善砂浆性能的添加剂。添加剂是指改善抹灰砂浆性能的材料的总称。

（7）抹灰砂浆的搅拌时间应自加水开始计算，并应符合下列规定：水泥抹灰砂浆和混合砂浆，搅拌时间不得小于 120s；预拌砂浆和掺有粉煤灰、添加剂等的抹灰砂浆，搅拌时间不得小于 180s。

（8）检验外墙及顶棚抹灰工程质量的砂浆拉伸粘结强度，应在工程实体上取样检测。抹灰砂浆拉伸粘结强度试验方法应按《抹灰砂浆技术规程》JGJ/T 220 的规定进行。

3. 原材料要求

（1）抹灰砂浆所用原材料不应对人体、生物与环境造成有害的影响，并应符合《建筑材料放射性核素限量》GB 6566 的规定。配制抹灰砂浆的原材料水泥、粉煤灰等可能含有放射性物质，会对人体产生伤害。

（2）为响应国家节能减排的号召，节约资源，提倡采用散装水泥或砌筑水泥。通用硅酸盐水泥和砌筑水泥应符合《通用硅酸盐水泥》GB 175 和《砌筑水泥》GB/T 3183 的规定，还应符合下列规定：应分批复验水泥的强度和安定性，并应以同一生产厂家、同一编号的水泥为一批；当对水泥质量有怀疑或水泥出厂超过 3 个月时，应重新复验，复验合格的，可继续使用。不同品种、不同等级、不同厂家的水泥不得混合使用。

（3）抹灰砂浆宜采用中砂，不得含有杂质，砂的含泥量不得超过 5%，且不应含有 4.75mm 以上粒径的颗粒，并应符合《普通混凝土用砂、石质量及检验方法标准》JGJ 52 的规定。为合理利用资源，其他种类的砂，如人工砂、山砂及细砂应经试配试验证明能满足抹灰砂浆要求后再使用。

（4）其他要求，抹灰砂浆拌合用水应符合《混凝土用水标准》JGJ 63 的规定；粉煤灰应符合《用于水泥和混凝土中的粉煤灰》GB/T 1596 的规定；磨细生石灰粉应符合《建筑生石灰》JC/T 479 的规定；界面砂浆应符合《混凝土界面处理剂》JC/T 907 的规定；纤维、聚合物、缓凝剂等应具有产品合格证书、产品性能检测报告。

4. 检验批划分

（1）相同砂浆品种、强度等级、施工工艺的室外抹灰工程，每 1000m^2 划分为一个检验批，不足 1000m^2，也应划分为一个检验批。

（2）相同砂浆品种、强度等级、施工工艺的室内抹灰工程，每 50 个自然间（大面积房间和走廊可按抹灰面积 30m^2 计为 1 间）应划分为一个检验批，不足 50 间的也应划分为一个检验批。

（3）砂浆抗压强度试块应符合下列规定：砂浆抗压强度验收时，同一检验批砂浆试块不应少于 3 组。砂浆试块应在使用地点或出料口随机取样，砂浆稠度应与试验室的稠度一致。砂浆试块的养护条件应与实验室的养护条件相同。

（4）抹灰层拉伸粘结强度的检测批量：抹灰层拉伸粘结强度检测时，相同砂浆品种、强度等级、施工工艺的外墙、顶棚抹灰工程每 5000m^2 应为一个检验批，每个检验批应取 1 组试件进行检测，不足 5000m^2 的也应取 1 组。

5. 试验结果判定

（1）同一验收批的抹灰层拉伸粘结强度平均值应大于或等于规定值，且最小值应大于或等于规定值的 75%。当同一验收批的抹灰层拉伸粘结强度试验少于 3 组时，每组试件拉伸粘结强度均应大于规定值。

（2）同一验收批的砂浆试块抗压强度平均值应大于或等于设计强度等级值，且抗压强度最小值应大于或等于设计强度等级值的 75%。当同一验收批的试块少于 3 组时，每组试块抗压强度均应大于设计强度等级值。

（3）不合格的处理

当内墙抹灰工程中抗压强度检验不合格时，应在现场对内墙抹灰层进行拉伸粘结强度检测，并应以其检测结果为准。当外墙或顶棚抹灰施工中抗压强度检测不合格时，应对外墙或顶棚抹灰砂浆加倍取样进行抹灰层拉伸粘结强度检测，并应以其检测结果为准。

6. 检测报告

抹灰工程质量验收检查与检测试验相关的内容主要有原材料的产品性能检测报告和复验报告；砂浆配合比报告及试块抗压强度检测报告；外墙及顶棚抹灰层拉伸粘结强度检测报告等。水泥强度和安定性复验应合格，界面砂浆的粘结性能复验应合格。

10.2.2　抹灰砂浆的要求

1. 水泥抹灰砂浆

水泥抹灰砂浆强度高，耐水性好，适用于墙面、墙裙、防潮要求的房间、屋檐、压檐墙、门窗洞口等部位。

（1）为保证水泥抹灰砂浆的和易性及施工性的要求，需要加入较多的水泥，因此，规定其最低强度等级为 M15。

（2）为方便施工会在水泥抹灰砂浆中掺入塑化剂，虽改善了和易性，满足了施工的要求，但有些塑化剂的掺入会大幅度降低砂浆密度，从而影响砂浆质量，特别是耐久性。因此，规定水泥抹灰砂浆的表观密度大于 1900kg/m^3。

（3）砂浆保水性不好，不但影响砂浆的可操作性，还会降低砂浆与基体的粘结性能，而粘结强度低砂浆易空鼓、起壳和开裂。若一味提高保水性和粘结强度又会增加砂浆成本，根据大量的验证试验，既考虑到抹灰砂浆质量，又不过多增加施工成本，所以规定保水率不宜小于82%，拉伸粘结强度不小于0.20MPa。

2. 水泥粉煤灰抹灰砂浆

（1）粉煤灰的掺入会改善砂浆和易性，但会使强度有一定幅度降低，特别是早期强度，因此规定最低强度等级为M5。当强度等级大于M15，粉煤灰掺加量很少，意义不大。

（2）水泥粉煤灰抹灰砂浆强度等级不高，为节约资源宜采用32.5水泥。因为砌筑水泥中会掺入大量粉煤灰等掺合料，而粉煤灰要与水泥水化物之一的氢氧化钙反应，再掺入粉煤灰因不能提供足够的氢氧化钙，会影响粉煤灰的水化反应从而影响砂浆的耐久性，因此规定配制水泥粉煤灰抹灰砂浆不能使用砌筑水泥。

（3）为方便施工会在水泥粉煤灰抹灰砂浆中掺入塑化剂，虽改善了和易性，满足了施工要求，但大幅度降低了砂浆密度，从而影响砂浆质量，特别是耐久性。因此，规定水泥粉煤灰抹灰砂浆的表观密度大于1900kg/m^3。

（4）砂浆保水性不好，不但影响砂浆的可操作性，还会降低砂浆与基体的粘结性能，而粘结强度低砂浆易空鼓、起壳和开裂。若一味提高保水性和粘结强度又会增加砂浆成本，根据大量的验证试验，既考虑到抹灰砂浆质量，又不过多增加施工成本，所以规定保水率不宜小于82%，拉伸粘结强度不小于0.15MPa。

3. 水泥石灰抹灰砂浆

（1）石灰膏的掺入会提高砂浆和易性，但会大幅度的降低砂浆强度，因此规定其最低强度等级为M2.5。

（2）经统计水泥石灰抹灰砂浆的表观密度大于1800kg/m^3。

（3）砂浆保水性不好，不但影响砂浆的可操作性，还会降低砂浆与基体的粘结性能，而粘结强度低砂浆易空鼓、起壳和开裂。若一味提高保水性和粘结强度又会增加砂浆成本，根据大量的验证试验，既考虑到抹灰砂浆质量，又不过多增加施工成本，所以规定保水率不宜小于88%，拉伸粘结强度不小于0.15MPa。

4. 掺塑化剂水泥抹灰砂浆

（1）塑化剂的掺入会降低水泥抹灰砂浆的强度，因此规定其强度等级分别M5、M10、M15。

（2）塑化剂的掺入会降低水泥抹灰砂浆的密度，密度降低太多会影响砂浆抹灰质量，特别是耐久性，因此，要求其拌合物的表观密度不应小于1800kg/m^3。

（3）塑化剂的掺入会提高水泥抹灰砂浆的保水性，但是会降低水泥抹灰砂浆的强度，因此，规定其保水性不宜小于88%，拉伸粘结强度不应小于0.15MPa。

（4）塑化剂的掺入会将气泡引入抹灰砂浆中，使用时间过长，抹灰砂浆中气泡消完后。和易性变差，难以施工，影响抹灰质量，因此，要求使用时间不应超过2.0h。

5. 聚合物水泥抹灰砂浆

（1）聚合物的掺入会大幅度降低砂浆强度，强度太低表层宜起灰、易脱落，因此规定聚合物水泥抹灰砂浆的抗压强度不应小于5.0MPa。

（2）聚合物水泥抹灰砂浆所用的聚合物掺量少，品种多，计量精度要求高，现场配制难度大，计量精度也不易满足使用要求。而工厂化生产的干混聚合物抹灰砂浆性能稳定，质量有保证。面层砂浆对表层质感和光洁度要求高，要求采用不含砂的腻子。

（3）根据不同基体材料及使用条件选择不同的聚合物水泥抹灰砂浆：普通聚合物水泥砂浆（压折比无要求）、柔性聚合物水泥砂浆（压折比≤ 3），有防水要求时应选择具有防水性能的聚合物水泥砂浆。聚合物水泥抹灰砂浆的柔性要求与基体的变形大小有关：基体变形大，砂浆本身刚性就不能太高，应有一定的柔性；基体变形小，砂浆抗压强度要求高，柔性要求低。而最能反映水泥基材料柔性指标，故用压折比来衡量。

（4）聚合物的加入，不但会大大降低水泥砂浆的强度，而且砂浆凝结时间也会延长，故水泥强度等级不宜小于 42.5 级。同时由于聚合物水泥抹灰砂浆抗压强度要求不高，因此宜采用 42.5 级通用硅酸盐水泥。有些生产厂家也采用具有早强的硫铝酸盐水泥等特种水泥。

（5）聚合物水泥抹灰砂浆一般使用厚度在 3 ～ 5mm，有的中间还有一道网格布，砂粒径太粗，将影响砂浆的粘结和表面平整度，因此，规定砂的粒径不宜大于 1.18mm。

（6）对聚合物水泥抹灰砂浆应根据产品说明书加水，机械搅拌至合适稠度，不得有生粉团，并经 6min 以上静置，再次拌合后，方可使用。

（7）抹灰砂浆的涂抹、大面找平都需要时间，抹灰砂浆凝结时间短，来不及找平；砂浆凝结时间长，可能导致当班操作人员到了下班时间还不能找平。因此规定了聚合物水泥抹灰砂浆的可操作时间。

（8）聚合物水泥抹灰砂浆的使用厚度为 3 ～ 5mm，保水性不好，砂浆快速失水会变成干粉，失去强度。故对保水性提出了较高的要求。聚合物水泥抹灰砂浆主要用于与混凝土、加气混凝土砌块、EPS 板等基体粘结，粘结牢固难度大，故对拉伸粘结强度提出了比其他水泥基抹灰砂浆高的要求。

（9）P6 是混凝土的最低防水要求，抹灰砂浆作为混凝土表面的覆盖材料，如果对其防水性能用要求，其抗渗等级应满足 P6，即要求聚合物水泥抹灰砂浆的抗渗压力值不应小于 0.6MPa。

10.2.3　配合比设计

1. 一般规定

（1）试配强度计算

抹灰砂浆 施工前应进行配合比设计，砂浆的试配抗压强度应按下式计算：

$$f_{m,0} = k f_2 \quad (10.2.3\text{-}1)$$

式中：$f_{m,0}$——砂浆的试配抗压强度，精确至 0.1MPa；

f_2——砂浆抗压强度等级值，精确至 0.1MPa；

k——砂浆生产（拌制）质量水平系数，取 1.15 ～ 1.25。

（2）要求

抹灰砂浆配合比应采用质量计量。抹灰砂浆的分层度宜为 10 ～ 20mm。抹灰砂浆可加入纤维，掺量应经试验确定。用于外墙的抹灰砂浆的抗冻性应满足设计要求。

2. 水泥抹灰砂浆

强度等级应为 M15、M20、M25、M30。拌合物的表观密度不应小于 1900kg/m^3。保水率不宜小于 82%，拉伸粘结强度不应小于 0.20MPa。水泥抹灰砂浆配合比的材料用量可按规定选用。

3. 水泥粉煤灰抹灰砂浆

强度等级应为M5、M10、M15。配制水泥粉煤灰抹灰砂浆不应使用砌筑水泥。拌合物的表观密度不应小于1900kg/m³。保水率不宜小于82%，拉伸粘结强度不应小于0.15MPa。水泥抹灰砂浆配合比的设计应符合下列规定：粉煤灰取代水泥的用量不宜超过30%；用于外墙时，水泥用量不宜少于250kg/m³；配合比的材料用量可按规定选用。

4. 水泥石灰抹灰砂浆

强度等级应为M5、M7.5、M10。拌合物的表观密度不宜小于1800kg/m³。保水率不宜小于88%，拉伸粘结强度不应小于0.15MPa。水泥石灰抹灰砂浆配合比的材料用量可按规定选用。

5. 掺塑化剂水泥抹灰砂浆

强度等级应为M5、M10、M15。拌合物的表观密度不宜小于1800kg/m³。保水率不宜小于88%，拉伸粘结强度不应小于0.15MPa。掺塑化剂水泥抹灰砂浆配合比的材料用量可按规定选用。规定的水泥用量是参考值，各地需要根据实际材料特性进行试配，在满足砂浆可操作性和强度条件下，选择水泥用量少的砂浆配合比。

6. 聚合物水泥抹灰砂浆

抗压强度等级不应小于M5.0。宜为专业工厂生产的干混砂浆，且用于面层时，宜采用不含砂的水泥基腻子。砂浆种类应与使用条件相匹配。宜用42.5级通用硅酸盐水泥。宜选用粒径不大于1.18mm的细砂。应搅拌均匀，静停时间不宜少于6min，拌合物不应有生粉团。可操作时间宜为1.5～4h。保水率不宜小于99%，拉伸粘结强度不应小于0.30MPa。具有防水性能要求的，抗渗性能不应小于P6级。抗压强度试验方法应符合《水泥胶砂强度检验方法（ISO法）》GB/T 17671的规定。

7. 配合比试配、调整与确定

（1）抹灰砂浆试配时，应考虑工程实际需要，搅拌应符合《砌筑砂浆配合比设计规程》JGJ/T 98的规定，试配强度按上述计算确定。

（2）选取抹灰砂浆配合比的材料用量后，应先进行试拌，测定拌合物的稠度和分层度（或保水率），当不能满足要求时，应调整材料用量，直到满足要求为止。

（3）抹灰砂浆试配时，至少应采用3个不同的配合比，其中一个配合比应为前述查表得出的基准配合比，其余两个配合比的水泥用量应按基准配合比分别增加和减少10%。在保证稠度、分层度（或保水率）满足要求的条件下，可将用水量或石灰膏、粉煤灰等矿物掺合料用量作相应调整。

（4）抹灰砂浆的试配稠度应满足施工要求，并应按《建筑砂浆基本性能试验方法标准》JGJ/T 70分别测定不同配合比的抗压强度、分层度（或保水率）及拉伸粘结强度。符合要求的且水泥用量最低的配合比，作为抹灰砂浆配合比。拉伸粘结强度是指按上述方法标准在试验室进行的测定。

（5）抹灰砂浆配合比的校正

抹灰砂浆的配合比还应按下列步骤进行校正：

① 按下式计算抹灰砂浆的理论表观密度值：

$$\rho_t = \Sigma Q_i \qquad (10.2.3\text{-}2)$$

式中：ρ_t——砂浆的理论表观密度值，kg/m^3；

Q_i——每立方米砂浆中各种材料用量，kg。

② 按下式计算砂浆配合比校正系数

$$\delta = \rho_c / \rho_t \quad (10.2.3\text{-}3)$$

式中：ρ_c——砂浆的实测表观密度值，kg/m^3。

③ 当砂浆实测表观密度值与理论表观密度值之差的绝对值不超过理论表观密度值的 2% 时，按选定的配合比，可确定为抹灰砂浆的配合比；当超过 2% 时，应将配合比中每项材料用量乘以校正系数后，可确定为抹灰砂浆的配合比。

（6）预拌砂浆

预拌砂浆生产前，应按上述的步骤进行试配、调整与确定。

（7）聚合物水泥抹灰砂浆

聚合物水泥抹灰砂浆试配时的稠度、抗压强度及拉伸粘结强度应符合《抹灰砂浆技术规程》JGJ/T 220 的相关规定。

10.2.4　现场拉伸粘结强度试验

1. 试验时间

抹灰砂浆现场拉伸粘结强度试验应在抹灰层施工完成 28d 后进行。

2. 仪器设备

拉伸粘结强度检测仪，应符合《数显式粘结强度检测仪》JG/T 507 的规定；钢直尺，分度值应为 1mm；手持切割锯；胶粘剂，粘结强度宜大于 3.0MPa；顶部拉拔板，用 45 号钢或铬钢材料制作，长 × 宽为 100mm×100mm，厚度为 6 ～ 8mm 的方形板，或直径为 50mm 的圆形板。拉拔板中心位置应有与粘结强度检测仪连接的接头。

3. 试验步骤

（1）抹灰层达到规定龄期时进行拉伸粘结强度试验取样，且取样面积不应小于 $2m^2$，取样数量为 7 个。

（2）按顶部拉拔板的尺寸切割试样，试样尺寸应与拉拔板的尺寸相同。切割应深入基层，且切入基层的深度不应大于 2mm。损坏的试样应废弃。

（3）粘贴顶部拉拔板的要求：在粘贴前，应清除顶部拉拔板及抹灰层表面污渍并保持干燥，当现场温度低于 5℃时，顶部拉拔板宜先预热；胶粘剂应按使用说明书的配比使用，应搅拌均匀、随用随配、涂布均匀，硬化前不得受水浸；顶部拉拔板粘贴后应及时用胶带等进行固定。

（4）在顶部拉拔板上安装带有万向接头的拉力杆。

（5）安装专用穿心式千斤顶，拉力杆应通过穿心千斤顶中心，并应与顶部拉拔板垂直。

（6）调整千斤顶活塞，使活塞升出 2mm，并将数字式显示器调零，再拧紧拉力杆螺母。

（7）匀速摇转手柄升压，直至抹灰层断开，并记录粘结强度检测仪的数字显示器峰值（粘结力检测值）。

（8）检测后降压至千斤顶复位，取下拉力杆螺母及拉力杆。

（9）测量断面边长，在各边分别距外侧量两个数值或相互垂直测量两个直径，取其平均值作为边长或直径（精确到 1mm），并记录。

（10）将顶部拉拔板表面胶粘剂清理干净，用 50 号砂布擦拭拉拔板表面直至出现光泽。

（11）将拉拔板放置在干燥处，再次使用前应将拉拔板表面污渍清除干净。

4. 试验结果

抹灰层与基体拉伸粘结强度检测结果的有效性判定应符合下列规定：

当破坏发生在抹灰砂浆与基层连接界面时，检测结果可认定为有效，如图 10.2.4-1 所示。当破坏发生在抹灰砂浆层内时，检测结果可认定为有效，如图 10.2.4-2 所示。

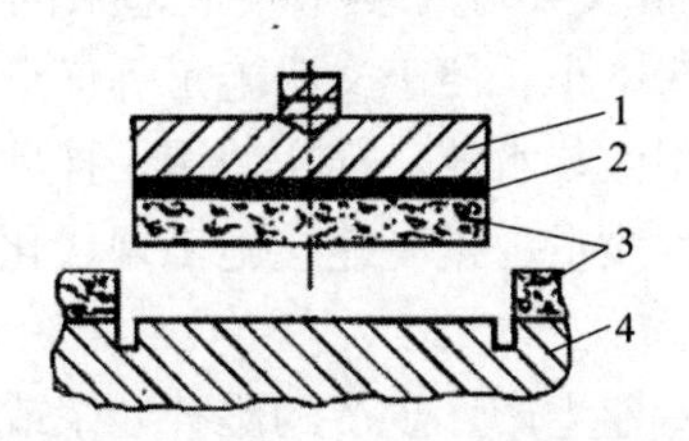

图 10.2.4–1　破坏发生在抹灰砂浆与基层连接界面示意图
1—顶部拉拔板；2—粘结层；3—抹灰砂浆；4—基层

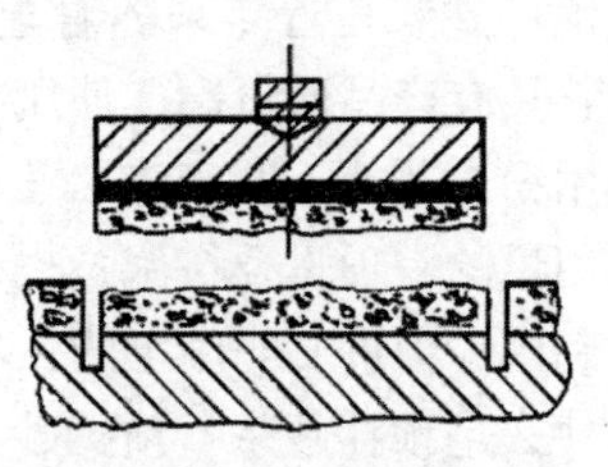

图 10.2.4–2　破坏发生在抹灰砂浆层示意图

当破坏发生在基层内，检测数据大于或等于粘结强度规定值时，检测结果可认定为有效；试验数据小于粘结强度规定值时，检测结果应认定为无效，如图 10.2.4-3 所示。

当破坏发生在粘结层，检测数据大于或等于粘结强度规定值时，检测结果可认定为有效；试验数据小于粘结强度规定值时，检测结果应认定为无效，如图 10.2.4-4 所示。

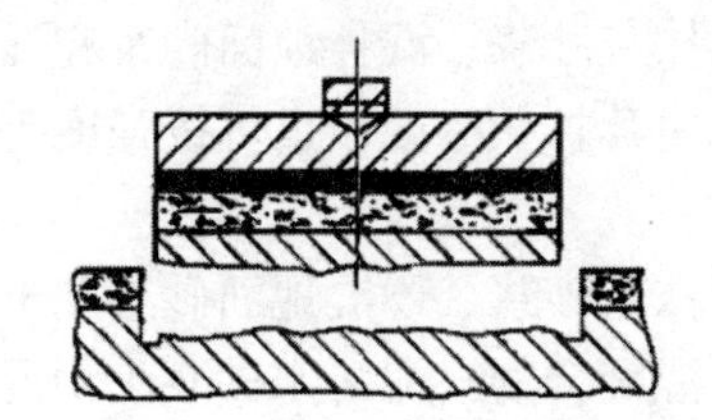

图 10.2.4–3　破坏发生在基层内示意图

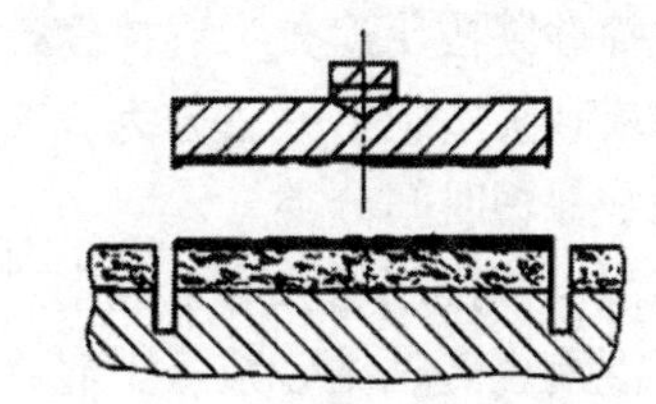

图 10.2.4–4　破坏发生时在粘结层内示意图

5. 结果计算

（1）试样拉伸粘结强度应按下式计算：

$$R_i = X_i / S_i \tag{10.2.4}$$

式中：R_i——第 i 个试样的粘结强度，MPa，精确到 0.1MPa；

X_i——第 i 个试样的粘结力，N，精确到 1N；

S_i——第 i 个试样的断面面积，mm^2，精确到 $1mm^2$。

（2）应取 7 个试样拉伸粘结强度的平均值作为试验结果。当 7 个测定值中有一个超出平均值的 20%，应去掉最大值和最小值，并取剩余 5 个试样粘结强度的平均值作为试验结果。当剩余 5 个测定值中有一个超出平均值的 20%，应再次去掉其中的最大值和最小值，取剩余 3 个试样粘结强度的平均值作为试验结果。当 5 个测定值中有两个超出平均值的 20%，该组试验结果应判定为无效。

6. 争议处理

对现场拉伸粘结强度试验结果有争议时，应以采用方形顶部拉拔板测定的测试结果为准。

10.3　预拌砂浆检验

10.3.1　概述

预拌砂浆是近年来随着建筑业科技进步和文明施工要求发展起来的一种新型建筑材料，它具有产品质量高、使用方便、对环境污染小、便于文明施工等优点。预拌砂浆可大量利用粉煤灰等工业废渣，并可促进推广应用散装水泥，推广使用预拌砂浆是提高散装水泥使用量的一项重要措施，也是保证建筑工程质量、提高建筑施工现代化水平、实现资源综合利用、促进文明施工的一项重要技术手段。

什么是预拌砂浆？预拌砂浆是指包括由专业生产厂生产的湿拌砂浆或干混砂浆。湿拌砂浆是指水泥、细骨料、矿物掺合料、外加剂、添加剂和水，按一定比例在专业厂经计量、拌制后，运至使用地点，并在规定时间内使用的拌合物。干混砂浆是指胶凝材料、干燥细骨料、添加剂以及根据性能确定的其他组分，按一定比例，在专业生产厂经计量、混合而成的干态混合物，在使用地点按规定比例加水或配套组分拌合使用。

用于建筑工程中量大面广的砂浆主要有砌筑砂浆、抹灰砂浆及地面砂浆，此外还有防水砂浆、陶瓷砖粘结砂浆、界面砂浆等。而且绝大部分砂浆为水泥基的。

1. 分类

（1）湿拌砂浆按用途分为湿拌砌筑砂浆、湿拌抹灰砂浆、湿拌地面砂浆和湿拌防水砂浆；湿拌抹灰砂浆按施工方法分为普通抹灰砂浆和机喷抹灰砂浆；也可按强度等级、抗渗等级、稠度和保塑时间分类。

（2）干混砂浆按用途分为干混砌筑砂浆、干混抹灰砂浆、干混地面砂浆和干混普通防水砂浆、干混陶瓷砖粘结砂浆、干混界面砂浆、干混聚合物水泥防水砂浆、干混自流平砂浆、干混耐磨地坪砂浆、干混填缝砂浆、干混饰面砂浆和干混修补砂浆。

干混砌筑砂浆按施工厚度分为普通砌筑砂浆和薄层砌筑砂浆；干混抹灰砂浆按施工厚度或施工方法分为普通抹灰砂浆、薄层砌筑砂浆和机喷抹灰砂浆；干混砌筑砂浆、干混抹灰砂浆、干混地面砂浆和干混普通防水砂浆又可按强度等级、抗渗等级进行分类。

抹灰砂浆主要用于墙面找平，对整个建筑物起到保护作用。适用于建筑物及构件表面，以及浴室和其他潮湿房屋的抹灰工程。产品和传统抹灰砂浆相比，本品经多种聚合物添加剂改性后，具有如下优点：粘结力强、不空鼓，具有良好的抗下坠性能及和易性、施工性；基层无须特别处理，可减少抹灰工序次数及散落浪费，机械施工工效更高；较低收缩率，有利于减少裂缝。

2. 对材料的要求

预拌砂浆所用原材料不应对人体、生物及环境造成有害的影响，并应符合《建筑材料放射性核素限量》GB 6566等相关标准的规定。

（1）水泥：通用硅酸盐水泥应符合《通用硅酸盐水泥》GB 175的规定，硫铝酸盐水泥、铝酸盐水泥、白色硅酸盐水泥应分别符合其相应标准的规定；通用硅酸盐水泥应采用散装水泥。对进厂水泥应按国家现行标准的规定按批进行复验，复验合格后方可使用。

（2）骨料：细骨料应符合《建设用砂》GB/T 14684 的规定，且不应含有粒径大于4.75mm 的颗粒；天然细骨料的含泥量应小于 5.0%，泥块含量应小于 2.0%；细骨料最大粒径、颗粒级配等应满足相应品种砂浆的要求；再生骨料，应符合相关标准的规定或通过试验验证，且不应对砂浆性能产生不利影响。对进厂骨料应按国家现行相关标准的规定按批进行复验，复验合格后方可使用。

（3）矿物掺合料：粉煤灰、粒化高炉矿渣粉、天然沸石粉、硅灰应分别符合其现行相关标准的规定；矿物掺合料的掺量应符合相关标准的规定，并应通过试验验证。对进厂矿物掺合料应按国家现行相关标准的规定按批进行复验，复验合格后方可使用。

（4）外加剂：外加剂应符合国家现行标准的规定；外加剂的掺量应符合相关标准的规定，并应通过试验确定；砌筑砂浆增塑剂应符合其现行标准的规定。对进厂外加剂应按国家现行相关标准的规定按批进行复验，复验合格后方可使用。

（5）添加剂：保水增稠材料、可再分散乳胶粉、颜料、纤维等应符合相关标准的规定或通过试验验证；保水增稠材料用于砌筑砂浆时应符合《砌筑砂浆增塑剂》JG/T 164 的规定。对进厂添加剂应按国家现行相关标准的规定按批进行复验，复验合格后方可使用。

（6）填料：重质碳酸钙、轻质碳酸钙、石英粉、滑石粉等应符合相关标准的规定或通过试验验证。

（7）拌合水：拌制砂浆用水应符合《混凝土用水标准》JGJ 63 的规定。

3. 技术要求

（1）湿拌砂浆

湿拌砌筑砂浆用于承重墙时，砌体的抗剪强度应符合《砌体结构设计规范》GB 50003 的规定，湿拌砌筑砂浆拌合物的表观密度不应小于 1800kg/m^3。

对湿拌砂浆的性能要求主要有 9 项，即保水率、压力泌水率、14d 拉伸粘结强度、28d 收缩率、抗冻性、28d 抗压强度、28d 抗渗压力、稠度、保塑时间。

（2）干混砂浆

粉状产品的外观应均匀、无结块。双组分产品液料组分经搅拌后应呈均匀状态、无沉淀，粉料组分应均匀、无结块。

对干混砌筑砂浆、干混抹灰砂浆、干混地面砂浆和干混普通防水砂浆的性能要求主要有 7 项，即保水率、凝结时间、2h 稠度损失率、压力泌水率、14d 拉伸粘结强度、28d 收缩率、抗冻性。需要说明，要根据干混砂浆的不同种类，选择不同性能的要求。干混砌筑砂浆、干混抹灰砂浆、干混地面砂浆和干混普通防水砂浆，性能还有抗压强度；干混普通防水砂浆性能要求又有抗渗压力的要求；其他性能指标要根据产品标准的要求确定。

（3）干混陶瓷砖粘结砂浆

干混陶瓷砖粘结砂浆的性能指标有 1 项，但分为 5 个类别，即拉伸粘结强度（原强度、浸水后、热老化后、冻融循环后和晾置时间）。

（4）干混界面砂浆

干混界面砂浆的性能指标有 1 项，但分为 5 个类别，即拉伸粘结强度（未处理 14d、浸水处理、热老化处理、冻融循环处理和晾置时间）。

（5）干混聚合物水泥防水砂浆

干混聚合物水泥防水砂浆的性能指标有 11 项，即凝结时间、抗渗压力、抗压强度、抗折强度、柔韧性、粘结强度、耐碱性、耐热性、抗冻性、收缩率、吸水率。

凝结时间可根据用户需要及季节变化进行调整；当产品使用的厚度不大于 5.0mm 时，测定涂层试件抗渗压力，当产品使用的厚度大于 5.0mm 时，测定砂浆试件抗渗压力，亦可根据产品用途，选择测定涂层或砂浆试件的抗渗压力。

（6）干混自流平砂浆

干混自流平砂浆的性能指标有 7 项，流动度、拉伸粘结强度、尺寸变化率、抗冲击性、24h 抗压强度、24h 抗折强度、耐磨性。

需要说明，对于 20min 流动度，用户若有要求由供需双方协商解决；对于耐磨性，适用于有耐磨要求的地面。

（7）干混耐磨地坪砂浆

干混耐磨地坪砂浆的性能指标有 7 项，即外观、骨料含量偏差、抗折强度、抗压强度、耐磨度比、表面强度和颜色。

（8）干混填缝砂浆

水泥基填缝剂的基本性能有 4 项，即耐磨性、抗压强度、抗折强度、吸水量。

（9）干混饰面砂浆

干混饰面砂浆的性能指标有 7 项，即可操作时间、初期干燥抗裂性、吸水量、强度、抗泛碱性、耐沾污性、耐候性。抗泛碱性、耐沾污性、耐候性试验仅适用于外墙饰面砂浆。

（10）干混修补砂浆

干混修补砂浆的性能指标有 7 项，抗压强度、抗折强度、压折比、拉伸粘结强度、干缩率、界面弯拉强度、氯离子含量。

4. 制备

（1）计量：计量设备应定期进行校验；计量设备应满足精度要求，并应具有实际计量结果逐盘记录和储存功能；固体原材料应按质量计，水和液体外加剂可按体积计；原材料的计量允许偏差应符合标准的规定。

（2）生产：湿拌砂浆的搅拌时间应参照搅拌机的技术参数、砂浆配合比、外加剂和添加剂的品种及掺量、投料量等通过试验确定，砂浆拌合物应搅拌均匀，且从全部材料投完算起搅拌时间不应少于 30s；生产中应测定细骨料的含水率，每一工作班不应少于 1 次，根据测定结果及时调整用水量和细骨料用量。

5. 检验项目

（1）交货检验

供需双方应在合同规定的交货地点对湿拌砂浆质量进行检验。湿拌砂浆交货检验的取样试验工作应由需方承担。当需方不具备试验条件时，供需双方可协商确定承担单位，并应在合同中予以明确。

干混砂浆交货时的质量验收可抽取实物试样，以其检验结果为依据，或以同批号干混砂浆的型式检验报告为依据。采取的验收方法由供需双方商定并在合同中注明。

（2）出厂检验项目

湿拌砂浆检验项目：湿拌砌筑砂浆有稠度、保水率、保塑时间和抗压强度。湿拌抹灰砂浆包括普通抹灰砂浆有稠度、保水率、保塑时间、抗压强度和拉伸粘结强度；机喷抹灰砂浆有稠度、保水率、保塑时间、压力泌水率、抗压强度和拉伸粘结强度。湿拌地面砂浆有稠度、保水率、保塑时间和抗压强度。湿拌防水砂浆有稠度、保水率、保塑时间、抗压强度、拉伸粘结强度和抗渗压力。

干混砂浆检验项目：干混砌筑砂浆的普通砌筑砂浆有保水率、2h 稠度损失率和抗压强度；干混砌筑砂浆的薄层砌筑砂浆有保水率、抗压强度。干混抹灰砂浆的普通抹灰砂浆有保水率、2h 稠度损失率、抗压强度和拉伸粘结强度；干混抹灰砂浆的薄层抹灰砂浆有保水率、抗压强度和拉伸粘结强度；干混抹灰砂浆的机喷抹灰砂浆有保水率、2h 稠度损失率、压力泌水率、抗压强度、拉伸粘结强度。干混地面砂浆有保水率、2h 稠度损失率和抗压强度。干混普通防水砂浆有保水率、2h 稠度损失率、抗压强度、拉伸粘结强度和抗渗压力。干混陶瓷砖粘结砂浆有拉伸粘结原强度和晾置时间。干混界面砂浆有拉伸粘结强度（未处理、处理后、晾置时间）、横向变形。

干混聚合物水泥防水砂浆、干混自流平砂浆、干混耐磨地坪砂浆或和干混饰面砂浆的出厂检验项目，应分别符合《聚合物水泥防水砂浆》JC/T 984、《地面用水泥基自流平砂浆》JC/T 985、《混凝土地面用水泥基耐磨材料》JC/T 906 和《墙体饰面砂浆》JC/T 1024 的规定。

6. 取样与组批

（1）湿拌砂浆

出厂检验的湿拌砂浆试样应在搅拌地点随机取样，取样频率和组批规定如下：

① 稠度、保水率、保塑时间、压力泌水率、抗压强度和拉伸粘结强度检验的试样，每 50m^3 相同配合比的湿拌砂浆取样不应少于 1 次；每一工作班相同配合比的湿拌砂浆不足 50m^3 时，取样不应少于 1 次。

② 抗渗压力、抗冻性、收缩率检验的试样，每 100m^3 相同配合比的湿拌砂浆取样不应少于 1 次；每一工作班相同配合比的湿拌砂浆不足 100m^3 时，取样不应少于 1 次。

③ 交货检验的湿拌砂浆试样应在交货地点随机取样。当从运输车中取样时，砂浆试样应在卸料过程中卸料量的 1/4 ～ 3/4 采取，且应从同一运输车中采取。

④ 交货检验湿拌砂浆试样应及时取样，保水率、压力泌水率试验应在湿拌砂浆运到交货地点时开始算起 20min 内完成，其他性能检验用试件的制作应在 30min 内完成。

⑤ 试验取样的总量不宜少于试验用量的 3 倍。

（2）干混砂浆

① 根据生产厂产量和生产设备条件，干混砂浆按同品种、同规格型号分批，每批为一取样单位，取样应随机进行。

② 出厂检验试样应在出料口随机取样，试样应混合均匀。试样总量不应少于试验用量的 3 倍。

③ 交货检验以抽取实物试样的检验结果为验收依据，供需双方应在交货地点共同取样和签封。每批取样应随机进行，试样不应少于试验用量的 6 倍。将试样分为两等份，一

份由供方封存 50d，另一份由需方按标准规定进行检验。在 50d 内，需方经检验认为产品质量有问题而供方又有异议时，双方应将供方保存的试样送检。

④ 交货检验以生产厂同批干混砂浆的型式检验报告为验收依据时，交货时需方应在同批干混砂浆中随机抽取试样，试样不应少于试验用量的 3 倍。双方共同签封后，由需方保存 3 个月。在 3 个月内，需方对于干混砂浆质量有疑义时，供需双方应将签封的试样送检。

7. 判定规则

（1）湿拌砂浆，检验项目符合《预拌砂浆》GB/T 25181 的相关要求时，可判定该批产品合格；当有一项指标不符合要求时，则判定该批产品不合格。

（2）干混砂浆，检验项目符合《预拌砂浆》GB/T 25181 的相关要求时，可判定该批产品合格；当有一项指标不符合要求时，则判定该批产品不合格。

10.3.2　稠度损失率试验

1. 试验条件

标准试验条件为环境温度 20±5℃；标准存放条件为环境温度 23±2℃，相对湿度 55%±5%。

2. 仪器设备

砂浆搅拌机；砂浆稠度测定仪；秤，称量 20kg，感量 20g；容量筒，容积为 10L。

3. 试验步骤

（1）称取不少于 10kg 的干混砂浆，按标准规定的稠度确定用水量，按《建筑砂浆基本性能试验方法标准》JGJ/T 70 规定的方法进行搅拌。

（2）砂浆搅拌完毕，立即按《建筑砂浆基本性能试验方法标准》JGJ/T 70 规定的方法测定砂浆的初始稠度。测完的砂浆应废弃。

（3）将剩余砂浆拌合物装入用湿布擦过的 10L 容量筒内，容器表面不覆盖，然后置于标准存放条件下。

（4）从砂浆加水开始计时，2h 时测试砂浆的稠度。测试稠度前应将容量筒内的砂浆拌合物全部倒入砂浆搅拌机中，搅拌 60s。

4. 结果计算

砂浆稠度损失率按下式计算：

$$\Delta S_{2h}=\frac{S_0-S_{2h}}{S_0}\times100 \quad (10.3.2)$$

式中：ΔS_{2h}——2h 砂浆稠度损失率，%，精确到 1%；

S_0——砂浆初始稠度，mm；

S_{2h}——2h 的砂浆稠度，mm。

10. 3. 3　界面砂浆试验

界面砂浆试验方法适用于改善砂浆层、水泥混凝土、加气混凝土或以粉煤灰、石灰、页岩、陶粒等为主要原材料制成的砌块或砖等材料基面粘结性能的水泥基界面剂的性能检验。

1. 试验条件

标准试验条件为温度23±2℃，相对湿度50%±5%。

2. 试验材料

所有试验材料（包括拌和水）试验前应在标准试验条件下放置至少24h，进行试验的界面剂应在贮存期限内。

3. 仪器设备

拉伸试验用试验机，应有适度的灵敏度和量程，测量精度为 ±1%；恒温鼓风烘箱，控温精度为 ±2℃；试验用压块，边长40mm×40mm，质量为1.600±0.015kg。

4. 试样拌和

（1）取2kg的界面剂主要组合，根据生产商提供的配比量取其余各组分，如果给定范围，则取中间值。采用符合《行星式水泥胶砂搅拌机》JC/T 681规定的行星搅拌机，在自转140±5r/min及公转62±5r/min的低速情况下搅拌。

（2）将水或液体混合物倒入搅拌机锅中；将干粉撒入液体中；搅拌30s；抬起搅拌叶；1min内刮下搅拌叶和锅壁上的界面剂；重新放下搅拌叶再搅拌1min；如果生产商对产品的拌和和熟化有要求，按其提供的操作方法进行。

5. 拉伸粘结强度

（1）试验用砂浆试件

① 应采用符合《通用硅酸盐水泥》GB 175要求的强度等级不低于42.5级的普通硅酸盐水泥和符合《建设用砂》GB/T 14684—2011要求的中砂。

② 水泥、砂和水按1：2.5：0.45的质量比配制并搅拌均匀后用便于拆卸的模具浇注成40mm×40mm×10mm和70mm×70mm×20mm两种尺寸的水泥砂浆试件各若干块。

③ 之后在标准试验条件下放置24h后拆模，浸入23±2℃的水中6d，然后取出在标准试验条件下放置21d以上。

（2）试件的制备

① 在70mm×70mm×20mm的砂浆试件和40mm×40mm×10mm的砂浆试件上各均匀地涂一层拌合好的界面剂，然后二者对放，轻轻按压，将粘合好的试件水平放置，40mm×40mm×10mm的砂浆试件上加标准规定的压块，并保持30s，取下压块，刮去边上多余的界面剂。

② 每种条件的拉伸粘结强度各准备10个按上述方法制备的试件。

（3）未处理的拉伸粘结强度

① 养护条件

a. 将按“试件的制备”制成的试件在标准试验条件下养护14d，到规定的养护龄期24h前，用适宜的高强度粘结剂（如环氧类粘结剂）将拉拔接头粘结在40mm×40mm×10mm的砂浆试件上。

b. 24h后按下述试验步骤测定拉伸粘结强度。

② 试验步骤

a. 将试件放入符合规定的试验机的夹具中，夹具与试验机的连接宜采用球铰活动连接，以5±1mm/min的速度进行拉伸直至试件破坏。

b. 试验时，如砂浆试件发生破坏，且数据在该组试件平均值的 ±20%以内，则认为该数据有效。

（4）其他试验

浸水处理后的拉伸粘结强度、耐热处理后的拉伸粘结强度、耐冻融循环处理后的拉伸粘结强度、耐碱处理后的拉伸粘结强度和晾置时间的试验方法，按照《混凝土界面处理剂》JC/T 907 的规定执行。

（5）结果计算

拉伸粘结强度按下式计算：

$$\sigma = \frac{F_t}{A_t} \tag{10.3.3-1}$$

式中：σ——拉伸粘结强度，MPa；

F_t——最大荷载，N；

A_t——粘结面积，mm^2。

单个试件的拉伸粘结强度值精确至 0.01MPa。如单个试件的强度值与平均值之差大于 20%，则逐次剔除偏差最大的试验值，直至各试验值与平均值之差不超过 20%，如剩余数据不少于 5 个，则计算剩余数据的平均值，精确至 0.1MPa；如剩余数据少于 5 个，则本次试验结果无效，应重新制备试件进行试验。

10.3.4　其他试验

1. 湿拌砂浆

湿拌砂浆的稠度试验、抗压强度、抗渗压力、保水率、拉伸粘结强度、收缩、抗冻性，应按《建筑砂浆基本性能试验方法标准》JGJ/T 70 的有关规定进行。抗冻性试验的冻融循环次数按夏热冬暖地区 15 次、夏热冬冷地区 25 次、寒冷地区 35 次、严寒地区 50 次确定。

2. 干混砂浆

（1）稠度试验按《建筑砂浆基本性能试验方法标准》JGJ/T 70 的有关规定进行，各项试验的稠度应为：砌筑砂浆为 75±5mm、普通抹灰砂浆为 95±5mm、薄层抹灰砂浆 75±5mm、机喷抹灰砂浆为 95±5mm、地面砂浆为 50±5mm；普通防水砂浆 75±5mm，其他干混砂浆试验时的稠度应符合产品说明书或相关标准的要求。

（2）抗压强度、抗渗压力、保水率、凝结时间、拉伸粘结强度、收缩和抗冻性应按《建筑砂浆基本性能试验方法标准》JGJ/T 70 的有关规定进行。抗冻性试验的冻融循环次数按夏热冬暖地区 15 次、夏热冬冷地区 25 次、寒冷地区 35 次、严寒地区 50 次确定。

（3）其他砂浆性能试验

干混陶瓷砖粘结砂浆的性能试验按《陶瓷砖胶粘剂》JC/T 547 的有关规定进行；干混界面砂浆的性能试验按《混凝土界面处理剂》JC/T 907 的有关规定进行；干混聚合物水泥防水砂浆的性能试验按《聚合物水泥防水砂浆》JC/T 984 的规定进行；干混自流平砂浆的性能试验按《地面用水泥基自流平砂浆》JC/T 985、干混填缝砂浆性能试验按《陶瓷砖填缝剂》JC/T 1004 的规定进行；干混饰面砂浆性能试验按《墙体饰面砂浆》JC/T 1024 的规定进行；干混修补砂浆性能试验按《修补砂浆》JC/T 2381 的规定进行。

另外，保塑时间、稠度损失率、压力泌水率的试验方法应按《预拌砂浆》GB/T 25181 的规定进行。

10.4 建筑砂浆基本性能试验

随着建筑材料日新月异的发展，各种新型砂浆如预拌砂浆、干粉砂浆、特种砂浆不断涌现。砂浆试验方法的标准也不尽统一，为规范建筑砂浆基本性能的试验方法，做到可靠适用、经济合理，住房和城乡建设部制定了《建筑砂浆基本性能试验方法标准》JGJ/T 70。该标准适用于以水泥基胶凝材料、细骨料、掺合料为主要材料的，用于工业与民用建筑物和构筑物的砌筑、抹灰、地面工程及其他用途的建筑砂浆的基本性能试验，其他砂浆也可参照执行。根据目前建筑砂浆的拌合形式分为施工现场拌制的砂浆和由专业生产厂生产预拌砂浆。根据胶凝材料不同又可分为水硬性胶凝材料、气硬性胶凝材料等。

什么是建筑砂浆？建筑砂浆是指以水泥基胶凝材料、细骨料、水以及根据性能确定的其他组分按适当比例配合、拌制并经硬化而成的工程材料，可分为施工现场拌制的砂浆和由专业生产厂生产的预拌砂浆。

10.4.1 取样、试样制备与记录

1. 取样

（1）砂浆的拌制是以同一盘或同一车砂浆为基本单位的，只有在同一盘或同一车砂浆拌合物中取样才能代表该基本单位砂浆。规定取样量应不少于试验所需量的 4 倍，是为了保证试验用料的代表性及足够的样品数量。

（2）施工中取样进行砂浆试验时，其取样方法和原则应按相应的施工验收规范执行。一般在使用地点的砂浆槽、砂浆运送车或搅拌机出料口，至少从三个不同部位取样。现场取来的试样，试验前应人工搅拌均匀。

（3）从取样完毕到开始进行各项性能试验不宜超过 15min。

2. 试样制备

（1）在试验室制备砂浆试样时，所用材料应提前 24h 运入室内。拌合时，试验室的温度应保持在 20±5℃。需要模拟施工条件下所用的砂浆时，所用原材料的温度宜与施工现场保持一致。

（2）试验所用原材料应与现场使用材料一致。砂应通过公称粒径 4.75mm 筛。

（3）试验室拌制砂浆时，材料用量应以质量计。称量精度要求：水泥、外加剂、掺合料等为 ±0.5%，细骨料的称量精度应为 ±1%。

（4）试验室搅拌砂浆时应采用机械搅拌，搅拌机应符合《试验用砂浆搅拌机》JG/T 3033 的规定，搅拌的用量宜为搅拌机容量的 30% ～ 70%，搅拌时间不应少于 120s。掺有掺合料和外加剂的砂浆，其搅拌时间不应少于 180s。

3. 试验记录

试验记录应包括下列内容：取样日期和时间；工程名称、部位；砂浆品种、砂浆技术要求；试验依据；试验方法；试样编号；试样数量；环境温度；试验室温度、湿度；原材料品种、规格、产地及性能指标；设计配合比和每盘砂浆的材料用量；仪器设备名称、编

号及有效期；试验单位、地点；取样人员、试验人员、复核人员。

10.4.2　稠度试验

1. 仪器设备

砂浆稠度仪，由试锥、容器和支座三部分组成；钢制捣棒，直径 10mm、长 350mm，端部磨圆；秒表等。

2. 试验步骤

（1）用少量润滑油轻擦滑杆，再将滑杆上多余的油用吸油纸擦净，使滑杆能自由滑动。

（2）用湿布擦净盛浆容器和试锥表面，将砂浆拌合物一次装入容器，使砂浆表面低于容器口约 10mm。用捣棒自容器中心向边缘均匀地插捣 25 次，然后轻轻地将容器摇动或敲击 5 ～ 6 下，使砂浆表面平整，然后将容器置于稠度测定仪的底座上。

（3）拧松制动螺丝，向下移动滑杆，当试锥尖端与砂浆表面刚接触时，拧紧制动螺丝，使齿条侧杆下端刚接触滑杆上端，并将指针对准零点。

（4）拧松制动螺丝，同时计时间，10s 时立即拧紧螺丝，将齿条测杆下端接触滑杆上端，从刻度盘上读出下沉深度（精确至 1mm），即为砂浆的稠度值。

（5）盛装容器内的砂浆，只允许测定一次稠度，重复测定时，应重新取样测定。

3. 结果评定

同盘砂浆取两次试验结果的算术平均值作为测定值，精确至 1mm ；当两次试验值之差大于 10mm，应重新取样测定。

10.4.3　表观密度试验

表观密度试验方法用于测定砂浆拌合物捣实后的单位体积质量，以确定每立方米砂浆拌合物中各组成材料的实际用量。

1. 仪器设备

容量筒，容积为 1L ；天平，称量 5kg，感量 5g ；钢制捣棒，直径为 10mm，长度为 350mm，端部磨圆；砂浆密度测定仪；振动台，振幅为 0.5±0.05mm，频率为 50±3Hz ；秒表。

2. 试验步骤

（1）按上述“稠度试验”的规定测定砂浆拌合物的稠度。

（2）用湿布擦净容量筒的内表面，称量容量筒质量，精确至 5g。

（3）捣实可采用手工或机械方法。当砂浆稠度大于 50mm 时，宜采用人工插捣法，当砂浆稠度不大于 50mm 时，宜采用机械振动法。

采用人工插捣法：将砂浆拌合物一次装满容量筒，使稍有富余，用捣棒由边缘向中心均匀地插捣 25 次，插捣过程中如砂浆沉落到低于筒口，则应随时添加砂浆，再用木锤沿容器外壁敲击 5 ～ 6 下。

采用振动法法：将砂浆拌合物一次装满容量筒连同漏斗在振动台上振 10s，振动过程中如砂浆沉入到低于筒口，应随时添加砂浆。

（4）捣实或振动后将筒口多余的砂浆拌合物刮去，使砂浆表面平整，然后将容量筒外壁擦净，称出砂浆与容量筒总质量，精确至 5g。

3. 试验结果

砂浆拌合物的表观密度，按下式计算：

$$\rho=\frac{m_2-m_1}{V}\times 1000 \tag{10.4.3}$$

式中：ρ——砂浆拌合物的表观密度，kg/m^3；

m_1——容量筒质量，kg；

m_2——容量筒及试样质量，kg；

V——容量筒容积，L。

砂浆拌合物的表观密度取两次试验结果的算术平均值，精确至 $10kg/m^3$。

4. 容量筒的容积校正

（1）选择一块能覆盖住容量筒顶面的玻璃板，先称出玻璃板和容量筒质量。

（2）向容量筒中灌入温度为20±5℃的饮用水，灌到接近上口时，一边不断加水，一边把玻璃板沿筒口徐徐推入盖严。玻璃板下不带入任何气泡。

（3）擦净玻璃板面及筒壁外的水分，称量容量筒、水和玻璃板质量（精确至5g）。两次质量之差（以kg计）即为容量筒的容积（L）。

10.4.4 凝结时间试验

凝结时间试验方法采用贯入阻力法确定砂浆拌合物的凝结时间。

1. 仪器设备

砂浆凝结时间测定仪：由试针、容器、台秤和支座四部分组成；定时钟。

2. 试验步骤

（1）将制备好的砂浆拌合物装入砂浆容器内，并低于容器上口10mm，轻轻敲击容器，并予以抹平，盖上盖子，放在20±2℃的试验条件下保存。

（2）砂浆表面的泌水不清除，将容器放到压力表座上，然后通过下步骤来调节测定仪：调节螺母3，使贯入试针与砂浆表面接触；松开调节螺母，以确定压入砂浆内部的深度为25mm后再拧紧螺母；旋动调节螺母，使压力表指针调到零位。

（3）测定贯入阻力值，用截面为 $30mm^2$ 的贯入试针与砂浆表面接触，在10s内缓慢而均匀地垂直压入砂浆内部25mm深，每次贯入时记录仪表读数，贯入杆离开容器边缘或已贯入部位至少12mm。

（4）在20±2℃的试验条件下，实际贯入阻力值，在成型后2h开始测定，以后每隔半小时测定一次，至贯入阻力值达到0.3MPa后，改为每15min测定一次，直至贯入阻力值达到0.7MPa为止。

3. 在施工现场凝结时间的测定

（1）施工现场凝结时间的测定，其砂浆稠度、养护和测定的温度与现场相同。

（2）在测定湿拌砂浆的凝结时间时，时间间隔可根据实际情况来定。如可定为受检砂浆预测凝结时间的1/4、1/2、3/4等来测定，当接近凝结时间时改为每15min测定一次。

4. 试验结果

砂浆贯入阻力值按下式计算：

$$f_p = \frac{N_p}{A_p} \tag{10.4.4}$$

式中：f_p——贯入阻力值，精确至 0.01MPa；

N_p——贯入深度至 25mm 时的静压力，N；

A_p——贯入试针的截面积，即 $30mm^2$。

5. 砂浆凝结时间的确定

（1）凝结时间的确定可采用图示法或内插法，有争议时以图示法为准。

（2）从加水搅拌开始，分别记录时间和相应的贯入阻力值，根据试验所得各阶段的贯入阻力与时间的关系绘图，由图求出贯入阻力值达到 0.5MPa 的所需时间，即为砂浆的凝结时间测定值。

（3）砂浆凝结时间测定，应在同盘内取两个试样，以两个试验结果的算术平均值作为该砂浆的凝结时间值，两次试验结果的误差不应大于 30min，否则应重新测定。

10.4.5　保水性试验

保水性试验方法适宜于测定大部分预拌砂浆的保水性能。

1. 仪器设备和材料

金属或硬塑料圆环试模：内径应为 100mm，内部高度应为 25mm；可密封的取样容器：应清洁、干燥；2kg 的重物；金属滤网：网格尺寸 45μm，圆形，直径为 110±1mm；超白滤纸，直径应为 110mm，单位面积质量应为 $200g/m^2$；2 片金属或玻璃的方形或圆形不透水片，边长或直径应大于 110mm；天平，量程为 200g，感量应为 0.1g；量程为 2000g，感量应为 1g；烘箱。

2. 试验步骤

（1）称量底部不透水片与干燥试模质量和 15 片中速定性滤纸质量。

（2）将砂浆拌合物一次性装入试模，并用抹刀插捣数次，当装入的砂浆略高于试模边缘时，用抹刀以 45° 角一次性将试模表面多余的砂浆刮去，然后再用抹刀以较平的角度在试模表面反方向将砂浆刮平。

（3）抹掉试模边的砂浆，称量试模、底部不透水片与砂浆总质量。

（4）用金属滤网覆盖在砂浆表面，再在滤网表面放上 15 片滤纸，用上部不透水片盖在滤纸表面，以 2kg 的重物把上部不透水片压住。

（5）静置 2min 后移走重物及上部不透水片，取出滤纸（不包括滤网），迅速称量滤纸质量。

（6）按照砂浆的配比及加水量计算砂浆的含水率。当无法计算时，可按照标准的规定测定砂浆含水率。

3. 试验结果

砂浆保水率，按下式计算：

$$W = \left[1 - \frac{m_4 - m_2}{a \times (m_3 - m_1)}\right] \times 100 \tag{10.4.5-1}$$

式中：W——砂浆保水率，%；

m_1——底部不透水片与干燥试模质量，精确至 1g；

m_2——15 片滤纸吸水前的质量，精确至 0.1g；

m_3——试模、底部不透水片与砂浆总质量，精确至 1g；

m_4——15 片滤纸吸水后的质量，精确至 0.1g；

a——砂浆含水率，%。

取两次试验结果的算术平均值作为砂浆的保水率，精确至 0.1%，且第二次试验应重新取样测定。当两个测定值之差超过 2% 时，此组试验结果应为无效。

4. 测定砂浆含水率

（1）测定砂浆含水率时，应称取 100±10g 砂浆拌合物试样，置于一干燥并已称量的盘中，在 105±5℃的烘箱中烘干至恒量。

（2）砂浆含水率，按下式计算：

$$a=\frac{m_6-m_5}{m_6}\times 100 \tag{10.4.5-2}$$

式中：a——砂浆含水率，%；

m_5——烘干后砂浆样本的质量，精确至 1g；

m_6——砂浆样本的总质量，精确至 1g。

取两次试验结果的算术平均值作为砂浆的含水率，精确至 0.1%。当两个测定值之差超过 2% 时，此组试验结果应为无效。

10.4.6 立方体抗压强度试验

1. 仪器设备

试模，70.7mm×70.7mm×70.7mm 的带底试模；钢制捣棒，直径为 10mm，长为 350mm，端部应磨圆；压力试验机：精度为 1%，试件破坏荷载应不小于压力机量程的 20%，且不大于全量程的 80%；垫板，试验机上、下压板及试件之间可垫以钢垫板，垫板的尺寸应大于试件的承压面；振动台：空载中台面的垂直振幅应为 0.5±0.05mm，空载频率应为 50±3Hz，空载台面振幅均匀度不大于 10%，一次试验至少能固定（或用磁力吸盘）三个试模。

2. 试件制作和养护

（1）采用立方体试件，每组试件 3 个。

（2）应用黄油等密封材料涂抹试模的外接缝，试模内涂刷薄层机油或脱模剂，将拌制好的砂浆一次性装满砂浆试模，成型方法根据稠度而定。当稠度大于等于 50mm 时采用人工振捣成型，当稠度小于 50mm 时采用振动台振实成型。

人工振捣：用捣棒均匀地由边缘向中心按螺旋方式插捣 25 次，插捣过程中如砂浆沉落低于试模口时，应随时添加砂浆，可用油灰刀插捣数次，并用手将试模一边抬高 5～10mm 各振动 5 次，使砂浆高出试模顶面 6～8mm。

机械振动：将砂浆一次装满试模，放置到振动台上，振动时试模不得跳动，振动 5～10s 或持续到表面出浆为止；不得过振。

（3）待表面水分稍干后，将高出试模部分的砂浆沿试模顶面刮去并抹平。

（4）试件制作后应在室温为 20±5℃的环境下静置 24±2h，然后对试件进行编号、拆模。当气温较低时，可适当延长时间，但不应超过 2d。试件拆模后应立即放入温度为

20±2℃，相对湿度为 90% 以上的标准养护室中养护。养护期间，试件彼此间隔不小于 10mm，混合砂浆、湿拌砂浆试件上面应覆盖以防有水滴在试件上。

（5）从搅拌加水开始计时，标准养护龄期为 28d，也可根据相关标准要求增加 7d 或 14d。

3. 试验步骤

（1）试件从养护地点取出后应及时进行试验。试验前将试件表面擦拭干净，测量尺寸，并检查其外观。并据此计算试件的承压面积，如实测尺寸与公称尺寸之差不超过 1mm 时，可按公称尺寸进行计算。

（2）将试件安放在试验机的下压板或下垫板上，试件的承压面应与成型时的顶面垂直，试件中心应与试验机下压板或下垫板中心对准。开动试验机，当上压板与试件（或上垫板）接近时，调整球座，使接触面均衡受压。承压试验应连续而均匀地加荷，加荷速度应为每秒 0.25 ～ 1.5kN，砂浆强度不大于 2.5MPa 时，宜取下限。当试件接近破坏而开始迅速变形时，停止调整试验机油门，直至试件破坏，然后记录破坏荷载。

4. 试验结果

砂浆立方体抗压强度按下式计算：

$$f_{m,cu}=K\frac{N_u}{A} \tag{10.4.6}$$

式中：$f_{m,cu}$——砂浆立方体试件抗压强度，精确至 0.1MPa；

N_u——试件破坏荷载，N；

A——试件承压面积，mm^2；

K——换算系数，取 1.35。

5. 结果确定

以 3 个试件测值的算术平均值作为抗压强度平均值，精确至 0.1MPa；当三个测值的最大值或最小值与中间值的差值超过中间值的 15%，应把最大值和最小值一并舍去，取中间值作为该组试件的抗压强度值；当三个测值的最大值和最小值与中间值的差值均超过中间值的 15%，该组试验结果应为无效。

10.4.7　拉伸粘结强度试验

1. 试验条件

温度为 20±5℃，相对湿度为 45% ～ 75%。

2. 仪器设备

拉力试验机，破坏荷载应在其量程的 20% ～ 80% 范围内，精度应为 1%，最小示值应为 1N。拉伸专用夹具；成型框：外框尺寸应为 70mm×70mm，内框尺寸应为 40mm×40mm，厚度应为 6mm，材料应为硬聚氯乙烯或金属；钢制垫板：外框尺寸为 70mm×70mm，内框尺寸为 43mm×43mm，厚度应为 3mm。

3. 基底水泥砂浆块的制备

（1）原材料：水泥应采用符合《通用硅酸盐水泥》GB 175 规定的 42.5 级水泥；砂应采用符合《普通混凝土用砂、石质量及检验方法标准》JGJ/T 52 规定的中砂；水应采用符合《混凝土用水标准》JGJ 63 规定的用水。

（2）配合比：水泥：砂：水＝1：3：0.5（质量比）。

（3）成型：将制成的水泥砂浆倒入 70mm×70mm×20mm 的硬聚氯乙烯或金属模具中，振动成型或用抹灰刀均匀插捣 15 次，人工颠实 5 次，转 90°，再颠实 5 次，然后用刮刀以 45° 方向抹平砂浆表面；试模内壁事先宜涂刷水性隔离剂，待干、备用。

（4）应在成型 24h 后脱模，并放入 20±2℃水中养护 6d，再在试验条件下放置 21d 以上。试验前，应用 200 号砂纸或磨石将水泥砂浆试件的成型面磨平，备用。

4. 砂浆料浆的制备

（1）干混砂浆料浆

待检样品应在试验条件下放置 24h 以上；应称取不少于 10kg 的待检样品，并按产品制造商提供比例进行水的称量；当产品制造商提供比例是一个值域范围时，应采用平均值；应先将待检样品放入砂浆搅拌机中，再启动机器，然后徐徐加入规定量的水，搅拌 3 ～ 5min。搅拌好的料应在 2h 内用完。

（2）现拌砂浆料浆

待检样品应在试验条件下放置 24h 以上；应按设计要求的配合比进行物料的称量，且干物料总量不得少于 10kg；应先将称好的物料放入砂浆搅拌机中，再启动机器，然后徐徐加入规定量的水，搅拌 3 ～ 5min。搅拌好的料应在 2h 内用完。

5. 拉伸粘结强度试件的制备

将制备好的基底水泥砂浆块在水中浸泡 24h，并提前 5 ～ 10min 取出，用湿布擦拭其表面；将成型框放在基底水泥砂浆块的成型面上，再将按照规定制备好的砂浆试样倒入成型框中，用抹灰刀均匀插捣 15 次，人工颠实 5 次，转 90°，再颠实 5 次，然后用刮刀以 45° 方向抹平砂浆表面，24h 内脱模，在温度 20±2℃、相对湿度为 60% ～ 80% 的环境中养护至规定龄期；每组砂浆试样应制备 10 个试件。

6. 试验步骤

（1）先将试件在标准试验条件下养护 13d，再在试件表面以及上夹具表面涂上环氧树脂等高强度胶粘剂，然后将上夹具对正位置放在胶粘剂上，并确保上夹具不歪斜，除去周围溢出的胶粘剂，继续养护 24h。

（2）测定拉伸粘结强度时，应先将钢制垫板套入基底砂浆块上，再将拉伸粘结强度夹具安装到试验机上，然后将试件置于拉伸夹具中，夹具与试验机的连接宜采用球铰活动连接，以 5±1mm/min 速度加荷至试件破坏。

（3）当破坏形式为拉伸夹具与胶粘剂破坏时，试验结果应无效。

7. 计算

拉伸粘结强度，按下式计算：

$$f_{at}=\frac{F}{A_z} \tag{10.4.7}$$

式中：f_{at}——砂浆拉伸粘结强度，MPa；

F——试件破坏时的荷载，N；

A_z——粘结面积，mm^2。

8. 拉伸粘结强度试验结果确定

以 10 个试件测值的算术平均值作为拉伸粘结强度的试验结果；当单个试件的强度值

与平均值之差大于20%时，应逐次舍弃偏差最大的试验值，直至各试验值与平均值之差不超过 20%，当 10 个试件中有效数据不少于 6 个时，取有效数据的平均值为试验结果，结果精确至 0.01MPa；当 10 个试件中有效数据不足 6 个时，此组试验结果应为无效，并应重新制备试件进行试验。

9. 特殊情况材料

对于有特殊条件要求的拉伸粘结强度，应先按照特殊要求条件处理后，再进行试验。

10.4.8　抗渗性能试验

1. 仪器设备

金属试模：应采用截头圆锥形带底金属试模，上口直径应为 70mm，下口直径应为 80mm，高度应为 30mm；砂浆渗透仪。

2. 试验步骤

（1）将拌合好的砂浆一次装入试模中，并用抹灰刀均匀插捣 15 次，再颠实 5 次，当填充砂浆略高于试模边缘时，应用抹刀以 45° 角一次性将试模表面多余的砂浆刮去，然后再用抹刀以较平的角度在试模表面反方向将砂浆刮平。应成型 6 个试件。

（2）试件成型后，应在室温 20±5℃的环境下，静置 24±2h 后再脱模。试件脱模后，应放入温度 20±2℃、湿度 90% 以上的养护室养护至规定龄期。试件取出待表面干燥后，应采用密封材料密封装入砂浆渗透仪中进行抗渗试验。

（3）抗渗试验时，应从 0.2MPa 开始加压，恒压 2h 后增至 0.3MPa，以后每隔 1h 增加 0.1MPa。当 6 个试件中有 3 个试件表面出现渗水现象时，应停止试验，记下当时水压。在试验过程中，当发现水从试件周边渗出时，应停止试验，重新密封后再继续试验。

3. 试验结果

砂浆抗渗压力值应以每组 6 个试件中 4 个试件未出现渗水时的最大压力计，并应按下式计算：

$$P = H - 0.1 \tag{10.4.8}$$

式中：P——砂浆抗渗压力值，精确至 0.1MPa；

H——6 个试件中 3 个试件出现渗水时的水压力，MPa。

试验说明：参照采用了与混凝土抗渗压力值同样的表示方法，换句话说，砂浆抗渗压力值的确定与混凝土抗渗等级的判定方法相同。

10.4.9　抗冻性能试验

抗冻性试验方法用于检验强度等级大于 M2.5 的砂浆的抗冻性能。

1. 仪器设备

冷冻箱（室）：装入试件后，箱（室）内的温度应能保持在 −20 ～ −15℃；篮框：应采用钢筋焊成，其尺寸应与所装试件的尺寸相适应；天平或案秤：称量应为 2kg，感量应为 1g；融解水槽，装入试件后，水温应能保持在 15 ～ 20℃；压力试验机：精度应为 1%，量程应不小于压力机量程的 20%，且不应大于全量程的 80%。

2. 试件的制作及养护

（1）砂浆抗冻试件应采用 70.7mm×70.7mm×70.7mm 的立方体试件，并应制备两组、每组 3 块，分别作为抗冻和与抗冻试件同龄期的对比抗压强度检验试件。

（2）砂浆试件的制作与养护方法应符合标准的规定。

3. 试验步骤

（1）当无特殊要求时，试件应在 28d 龄期进行冻融试验。试验前两天，应把冻融试件和对比试件从养护室取出，进行外观检查并记录其原始状况，随后放入 15 ~ 20℃的水中浸泡，浸泡的水面应至少高出试件顶面 20mm。冻融试件应在浸泡 2d 后取出，并用拧干的湿毛巾轻轻擦去表面水分，然后对冻融试件进行编号，称其质量，然后置入篮框进行冻融试验。对比试件则放回标准养护室中继续养护，直到完成冻融循环后，与冻融试件同时试压。

（2）冻或融时，篮框与容器底面或地面应架高 20mm，篮框内各试件之间应至少保持 50mm 的间隙。

（3）冷冻箱（室）内的温度均应以其中心温度为准。试件冻结温度应控制在 -20 ~ -15℃。当冷冻箱（室）内温度低于 -15℃时，试件方可放入。当试件放入时，温度高于 -15℃时，应以温度重新降至 -15℃时计算试件的冻结时间。从装完试件至温度重新降至 -15℃的时间不应超过 2h。

（4）每次冻结时间应为 4h，冻结完成后应立即取出试件，并应立即放入能使水温保持在 15 ~ 20℃的水槽中进行融化。槽中水面应至少高出试件表面 20mm，试件在水中融化的时间不应小于 4h。融化完毕即为一次冻融循环。取出试件，并应用拧干的湿毛巾轻轻擦去表面水分，送入冷冻箱（室）进行下一次循环试验，依此连续进行直至设计规定次数或试件破坏为止。

（5）每 5 次循环，应进行一次外观检查，并记录试件的破坏情况；当该组试件中有 2 块出现明显分层、裂开、贯通缝等破坏时，该组试件的抗冻性能试验应终止。

（6）冻融试验结束后，将冻融试件从水槽取出，用拧干的湿布轻轻擦去试件表面水分，然后称其质量。对比试件应提前两天浸水。

（7）将冻融试件与对比试件同时进行抗压强度试验。

4. 试验结果

（1）砂浆试件冻融后的强度损失率，按下式计算：

$$\Delta f_{m}=\frac{f_{m1}-f_{m2}}{f_{m1}}\times 100 \tag{10.4.9-1}$$

式中：Δf_{m}——n 次冻融循环后砂浆试件的砂浆强度损失率，精确至 1%；

f_{m1}——对比试件的抗压强度平均值，MPa；

f_{m2}——经 n 次冻融循环后的 3 块试件抗压强度的算术平均值，MPa。

（2）砂浆试件冻融后的质量损失率，按下式计算：

$$\Delta m_{m}=\frac{m_{0}-m_{n}}{m_{0}}\times 100 \tag{10.4.9-2}$$

式中：Δm_{m}——n 次冻融循环后砂浆试件的砂浆质量损失率，以 3 块试件的算术平均值计算，精确至 1%；

m_{0}——冻融循环试验前的试件质量，g；

m_{n}——经 n 次冻融循环后的试件质量，g。

当冻融试件的抗压强度损失率不大于 25%，且质量损失率不大于 5% 时，则该组砂浆试块在相应标准要求的冻融循环次数下，抗冻性能可判为合格，否则应判为不合格。

10.5　综 述 提 示

1. 有关砌筑砂浆配合比设计

砂浆计配合比采用的是假定密度法，即假定 $1m^3$ 的砂浆干体积即构成 $1m^3$ 砂浆的条件，水泥基胶凝材料、细骨料、掺合料等均填充到砂子空隙中。

（1）对保水增稠材料的要求

保水增稠材料是指改善砂浆可操作性及保水性能的非石灰类材料。为满足砂浆和易性的要求，在拌制砂浆时有时会掺入保水增稠材料，但目前市场上的保水增稠材料良莠不齐，有些保水增稠材料虽能改善和易性，却会大幅度降低砂浆强度从而影响砌体强度，因此规定使用保水增稠材料需在使用前进行试验验证，并有完整的型式检验报告。

（2）对施工稠度的要求

砌筑砂浆施工稠度按砌体种类进行要求，即烧结普通砖砌体、粉煤灰砖砌体为 70 ～ 90mm；混凝土砖砌体、普通混凝土小型砌块砌体、灰砂砖砌体为 50 ～ 70mm；烧结多孔砖砌体、烧结空心砖砌体、轻集料混凝土小型砌块砌体、蒸压加气混凝土砌块砌体为 60 ～ 80mm；石砌体为 30 ～ 50mm 等。

（3）对表观密度、保水率的要求

砌筑砂浆拌合物对表观密度和保水性的要求分别为：水泥砂浆表观密度大于等于 $1900kg/m^3$、保水性大于等于 80%；水泥混合砂浆表观密度大于等于 $1800kg/m^3$、保水性大于等于 84%；预拌砌筑砂浆表观密度大于等于 $1900kg/m^3$、保水性大于等于 88%。

（4）对材料用量的要求

砌筑砂浆对材料用量的要求分别为水泥砂浆大于等于 $200kg/m^3$、水泥混合砂浆大于等于 $350kg/m^3$、预拌砌筑砂浆大于等于 $200kg/m^3$。水泥砂浆中的材料用量指水泥用量；水泥混合砂浆中的材料用量指水泥和石灰膏、电石膏的材料总量；预拌砌筑砂浆中的材料用量，包括水泥和替代水泥的粉煤灰等活性矿物掺合料。

（5）对现场试配水泥砂浆的要求

水泥：试配 M15 及 M15 以下强度等级水泥砂浆，水泥强度等级 32.5 级，M15 以上强度等级水泥砂浆，水泥强度等级 42.5 级。

用水量：当采用细砂或粗砂时用水量分别取“270 ～ 330kg”上限或下限；稠度小于 70mm 时，用水量可小于下限；施工现场气候炎热或干燥季节，可酌量增加用水量。

（6）对人工砂的要求

目前，人工砂使用的越来越广泛，人工砂中石粉含量增大会增加砂浆的收缩，使用时要符合《普通混凝土用砂、石质量及检验方法标准》JGJ 52 的要求。

（7）对矿物掺合料的要求

凡使用的矿物掺合料，其品质指标，需符合国家现行有关标准的要求。粉煤灰不宜采用Ⅲ级粉煤灰。高钙粉煤灰使用时，必须具有安定性指标是否合格，合格后方可使用。

（8）对外加剂的要求

常常在砌筑砂浆中掺入砂浆外加剂，试验数据表明有些外加剂的掺入，会降低砌体破坏荷载，但随着材料技术的发展，这种状况达到很大程度的改善，所以规定使用外加剂需在使用前进行试验验证，并有完整的型式检验报告。

2. 有关抹灰砂浆配合比设计

添加剂是指为改善抹灰砂浆的和易性、稠度、抗裂等性能，在抹灰砂浆中可加入适量的外加剂、增稠剂、纤维等，将此类物质统称为添加剂。

（1）对使用砌筑水泥的要求

对抹灰砂浆来说，良好的施工性能很重要，所以在配制时可采取改善和易性的措施，可以掺入适量的石灰膏、粉煤灰、粒化高炉矿渣粉、沸石粉等。因为砌筑水泥中掺合料含量高，为保证抹灰砂浆的耐久性能，规定当用其作为胶凝材料拌制砂浆时，不能再掺加粉煤灰等矿物掺合料。

（2）常用的外加剂品种

随着建筑技术的发展，为改善抹灰砂浆的和易性、施工性及抗裂性等性能，外加剂、增稠剂以及纤维等在抹灰砂浆中的应用越来越广，只要这些物质的掺入不影响抹灰砂浆的规定性能，就可使用。目前抹灰砂浆中常用的外加剂包括减水剂、防水剂、缓凝剂、塑化剂、砂浆抗冻剂等。

（3）对拉伸粘结强度检测时间的要求

为保证抹灰砂浆施工质量，施工前要求按《抹灰砂浆技术规程》JGJ/T 220 的要求进行配合比设计。有关抹灰砂浆拉伸粘结强度的要求，规定大面积施工前可在实地制作样板，在规定龄期进行试验，当抹灰砂浆拉伸粘结强度值满足要求后，方可进行抹灰施工。抹灰工程完工后，需要在现场进行抹灰砂浆拉伸粘结强度检测，龄期一般为抹灰层施工完后 28d 进行，也可按合同约定的时间进行，但检测结果必须满足规程的要求。

（4）对水泥粉煤灰抹灰砂浆的配合比设计要求

① 因为 32.5 级水泥中掺合料掺量大，再掺入过多的粉煤灰会影响其耐久性，并且粉煤灰取代水泥量太高，可能导致抹灰砂浆找平时，粉煤灰颗粒集中在表面，造成砂浆表面裂缝，因此规定粉煤灰取代水泥的用量不宜超过 30%。

② 外墙使用环境较为恶劣，为保证外墙砂浆抹灰层耐久性，规定最小水泥用量为 $250kg/m^3$。

③ 根据大量试验给出了水泥粉煤灰抹灰砂浆配合比材料用量表。表中的水泥用量是参考值，各地需要根据实际原材料特性进行试配，在满足砂浆可操作性和强度条件下，选择水泥用量少的砂浆配合比。

（5）对水泥石灰抹灰砂浆、掺塑化剂抹灰砂浆配合比的要求

根据大量试验给出了水泥石灰抹灰砂浆和掺塑化剂抹灰砂浆的配合比材料用量表。表中的水泥用量是参考值，各地需要根据实际原材料特性进行试配，在满足砂浆可操作性和强度条件下，选择水泥用量少的砂浆配合比。

3. 建筑砂浆基本性能试验

（1）保水性试验

① 由于我国目前砂浆品种日益增多，有些新品种砂浆用分层度试验来衡量各组分的稳定性或保持水分的能力已不太适宜，所以需要采用保水性测定方法。该方法适宜于测定

大部分预拌砂浆的保水性能。

② 圆形试模需为金属或硬塑料制成，需要有一定的刚度，不宜变形，没有明确规定是否带底，但其密封性必须得到保证。

③ 中速定性滤纸的数量根据砂浆的保水性好坏可进行适当调整，对于保水性较好的预拌砂浆或有一定经验时数量可以适当减少，但要以最上面一张滤纸不被水浸湿为原则。

④ 按照砂浆的配合比及加水量可以计算出砂浆的含水率。当无配合比数据时，可按照方法标准规定的方法进行测定。

（2）立方体抗压强度试验

经大量试验由砖底改为钢底试模后，强度降低 50% ～ 70%，为与《砌筑砂浆配合比设计规程》JGJ/T 98 相匹配，将钢底试模测得的强度乘以 1.35，作为强度值。由此解决了各种材料吸水率、吸水速度的不同引起的砂浆强度不一致、离散性大的问题。验证试验考虑到安全性，K 值取 1.35 是最保守情况，因此各地在原材料相对稳定的情况下，经试验验证有充分数据支持下可调整 K 值。

（3）对拉伸粘结强度试件制备的要求

① 由于普通砂浆的保水性及粘结强度低，如成型时将砂浆涂抹在干燥的基底水泥砂浆块上，则砂浆的水分就会被基底所吸收，导致砂浆粘结强度降低，且强度离散性较大。所以规定制备拉伸粘结强度试件时，提前 24h 将基底水泥砂浆块浸泡在水中，以使基底水泥砂浆块吸水饱和，不再从砂浆试样中吸取水分。试验前 5 ～ 10min 从水中取出基底块，使表面水分蒸发，避免表面水分改变砂浆的水灰比，影响砂浆的强度。

② 拉伸粘结强度试件成型好后，脱模时间视砂浆的硬化程度而定，以砂浆已经凝结、成型框可以取下为宜。若过早脱模，此时砂浆还未凝结，会引起砂浆尺寸的变化；若过晚脱模，成型框已于砂浆粘结在一起，脱模时非常困难，一般不超过 24h。

③ 粘结强度试件成型后放入相对湿度 60% ～ 80% 的环境中养护，是颗粒到实际工程中抹灰砂浆处在大气环境中，而大气中的湿度较低，如试件的养护湿度太高，则与实际工程相差太大，不能很好地反映实际情况；如试件的养护湿度太低，不利于砂浆强度的增长。

④ 由于普通砂浆自身的粘结强度较低，导致测试结果离散性较大，复现性不好，所以规定制备 10 个试件，且有效数据不少于 6 个。建议各地检测部门严格检验条件，控制检验参数，加强人员培训，提高复现性。

（4）其他品种砂浆的路上粘结强度检验

如需要测试砂浆耐水、耐热、耐碱、耐冻融等的拉伸粘结强度时，需将试件先在相应的条件下进行处理，然后再按上述的拉伸粘结强度试验方法进行拉伸粘结强度试验。

（5）含气量试验

砂浆含气量的测定可采用仪器法和密度法。当发生争议时，应以仪器法的测定结果为准。仪器法是采用砂浆含气量测定仪，按照方法标准规定的试验方法步骤对容器内试样测定其压力值。密度法是根据一定组成的砂浆的理论表观密度与实际表观密度的差值来确定砂浆中的含气量。

第 11 章　相关材料与构配件检验

11.1　陶瓷砖试验

11.1.1　概述

陶瓷砖是指由黏土、长石和石英为主要原料制造的用于覆盖墙面和地面的板状或块状建筑陶瓷制品，陶瓷砖是在室温下通过挤压或干压或其他方法成型，干燥后，在满足性能要求的温度下烧制而成。砖是有釉或无釉的，而且是不可燃的、不怕光的。

1. 陶瓷砖的分类

挤压砖是指将可塑性坯料以挤压方式成型生产的陶瓷砖。干压砖是指将混合好的粉料经压制成型的陶瓷砖。瓷质砖是指吸水率不超过 0.5% 的陶瓷砖。炻瓷砖是指吸水率大于 0.5%，不超过 3% 的陶瓷砖。细炻砖是指吸水率大于 3%，不超过 6% 的陶瓷砖。炻质砖吸水率大于 6%，不超过 10% 的陶瓷砖。陶质砖是指吸水率大于 10% 的陶瓷砖。

按成型方法分类：挤压砖和干压砖。挤压砖是将可塑性坯料经过挤压机挤出成型，再将所成型的泥条按砖的预定尺寸进行切割。这些产品分为精细的或普通的，主要是由它们的性能决定的。挤压砖的习惯术语是用来描述劈离砖和方砖的，通常分别是指双挤压砖和单挤压砖，方砖仅指吸水率不超过 6% 的挤压砖。干压砖是将混合好的粉料置于模具中于一定压力下压制成型的。

按吸水率分为：低吸水率砖（Ⅰ类）、中吸水率砖（Ⅱ类）和高吸水率砖（Ⅲ类）。低吸水率砖（Ⅰ类）：低吸水率挤压砖：吸水率≤ 0.5%（AIa 类）；0.5% <吸水率≤ 3%（AIb 类）。低吸水率干压砖：吸水率≤ 0.5%（BIa 类）；0.5% <吸水率≤ 3%（BIb 类）。中吸水率砖（Ⅱ类）包括：中吸水率挤压砖：3% <吸水率≤ 6%（AⅡa 类）；6% <吸水率≤ 10%（AⅡb 类）；中吸水率干压砖：3% <吸水率≤ 6%（BⅡa 类）；6% <吸水率≤ 10%（BⅡb 类）；高吸水率砖（Ⅲ类）包括：高吸水率挤压砖：吸水率> 10%（AⅢ类）；高吸水率干压砖：吸水率> 10%（BⅢ类）。

2. 陶瓷砖的性能

不同用途的陶瓷砖对其产品性能要求不同，产品标准中分别列出了不同用途的陶瓷砖的产品性能要求、使用部位以及试验方法等要求。陶瓷砖的主要性能包括尺寸和表面质量、物理性能和化学性能等。

3. 产品性能要求

（1）尺寸和表面质量包括长度和宽度、厚度、边直度、直角度、表面平整度（弯曲度和翘曲度）、表面质量和背纹。

（2）物理性能包括吸水率、破坏强度、断裂模数、无釉砖耐磨深度、有釉砖表面耐磨性、线性热膨胀、抗热震性、有釉砖抗釉裂性、抗冻性、摩擦系数、湿膨胀、小色差、抗冲击性和抛光砖光泽度。

（3）化学性能包括有釉砖耐污染性、无釉砖耐污染性、耐低浓度酸和碱化学腐蚀性、耐高浓度酸和碱化学腐蚀性、耐家庭化学试剂和游泳池盐类化学腐蚀性和有釉砖铅和镉的溶出量。

11.1.2　吸水率试验

煮沸法适用于陶瓷砖分类和产品说明，真空法适用于显气孔率、表观相对密度和除分类以外吸水率的测定。样品的开口气孔吸入饱和的水分有两种方法：在煮沸和真空条件下浸泡。煮沸法水分进入容易浸入的开口气孔；真空法水分注满开口气孔。吸水率是指干燥的质量单位的产品达到水饱和时所吸收的水的质量，用质量百分数表示。

1. 方法概述

将干燥砖置于水中吸水至饱和，用砖的干燥质量和吸水饱和后质量及在水中质量计算相关的特性的参数。

2. 仪器设备

干燥箱，工作温度为 110±5℃；也可使用能获得相同检测结果的微波、红外或其他干燥系统；加热装置，用惰性材料制成的用于煮沸的加热装置；热源；天平，天平的称量精度为所测试样质量 0.01%；去离子水或蒸馏水；干燥器；麂皮；吊环、绳索或篮子，能将试样放入水中悬吊称其质量；玻璃烧杯，或者大小和形状与其类似的容器；真空容器和真空系统。

3. 试样要求

每种类型取 10 块整砖进行测试。如每块砖的表面积不小于 $0.04m^2$ 时，只需用 5 块整砖进行测试。如每块砖的质量小于 50g，则需足够数量的砖使每个试样质量达到 50 ～ 100g。砖的边长大于 200mm 且小于 400mm 时，可切割成小块，但切割下的每一块应计入测量值内，多边形和其他非矩形砖，其长和宽均按外接矩形计算。若砖的边长不小于 400mm 时，至少在 3 块整砖的中间部位切取最小边长为 100mm 的 5 块试样。

4. 试验步骤

（1）测量精度

将砖放在 110±5℃的烘箱中干燥至恒重，即每隔 24h 的两次连续质量之差小于 0.1%，砖放在有硅胶或其他干燥器剂的干燥器内冷却至室温，不能使用酸性干燥剂。每块砖按规定的测量精度称量和记录。

（2）水的饱和——煮沸法

将砖竖直地放在盛有去离子水的加热器中，使砖互不接触。砖的上部和下部应保持有 5cm 深度的水。在整个试验过程中都应保持高于砖 5cm 的水面。将水加热至沸腾并保持煮沸 2h。切断热源，使砖完全浸泡在水中冷却至室温，并保持 4±0.25h。也可用常温下的水或制冷器将样品冷却至室温。用一块浸湿过的麂皮用手拧干，并将麂皮放在平台上轻轻地依次擦干每块砖的表面，对于凹凸或有浮雕的表面应用麂皮轻快地擦去表面水分。称重，记录每块试样的称量结果。

（3）水的饱和——真空法

将砖竖直地放入真空容器中，使砖互不接触，抽真空至10±1kPa，并保持30min后停止抽真空，加入足够的水将砖覆盖并高出5cm，让砖浸泡15min后取出。将麂皮放在平台上依次轻轻地擦干每块砖的表面，对于凹凸或有浮雕的表面应用麂皮轻快地擦去表面水分。立即称重并记录，与干砖的称量精度相同。

（4）悬挂称重

试样在真空下吸水后，称量试样悬挂在水中的质量，精确至0.01g。称量时，将样品挂在天平一臂吊环、绳索或篮子上。实际称重前，将安装好并浸入水中的吊环、绳索或篮子放在天平上使天平处于平衡位置。吊环、绳索或篮子在水中的深度与放试样称量时相同。

5. 试验结果

在下面的计算中，假设1cm^{3}水重1g，此假设室温下误差在0.3%以内。计算每一块砖的吸水率，用干砖的质量分数表示，按下式计算：

$$E=\frac{m_2-m_1}{m_1}\times 100\% \tag{11.1.2}$$

式中：m_1——干砖的质量，g；

m_2——湿砖的质量，g。

6. 试验报告

试验报告包括以下内容：标准编号；试样的描述；每一块砖的试验结果；试验结果的平均值。

11.1.3 断裂模数和破坏强度试验

破坏强度是指破坏荷载乘以两根支撑棒之间的跨距与试样宽度的比值而得出的力，单位牛顿（N）。断裂模数是指破坏强度除以沿破坏断裂面的最小厚度的平方得出的量值，单位牛顿每平方毫米（N/mm^2）。破坏荷载是指从压力表上读取的使试样破坏的力，单位牛顿（N）。

1. 方法概述

以适当的速率向砖的表面正中心部位施加压力，测定砖的破坏荷载、破坏强度、断裂模数。

2. 仪器设备

干燥箱，能在110±5℃温度下工作，也可使用能获得相同检测结果的微波、红外或其他干燥系统；压力表：精确到2.0%；两根圆柱形支撑棒，用金属制成，与试样接触部分用橡胶包裹，一根棒能稍微摆动，另一根棒能绕其轴稍作旋转；圆柱形中心棒，一根与支撑棒直径相同且用相同橡胶包裹的圆柱形中心棒，此棒也可稍作摆动，用来传递荷载。

3. 试样要求

（1）用整砖检验，但是对超大的砖（即边长大于600mm的砖）和一些非矩形的砖，有必要时可进行切割，切割成可能最大尺寸的矩形试样，以便安装在仪器上检验。其中心应与切割前砖的中心一致。在有疑问时，用整砖比用切割后的砖测得的结果准确。试样经切割时，需在报告中予以说明。

（2）每种样品的最小试样数量，应符合规定要求。

4. 试验步骤

（1）用硬刷刷去试样背面松散的粘结颗粒。将试样放入干燥箱中，温度高于 105℃，至少 24h，然后冷却至室温。应在试样达到室温后 3h 内进行试验。

（2）将试样置于支撑棒上，使釉面或正面朝上，试样伸出每根支撑棒的长度为 L_1。

（3）对于两面相同的砖，例如无釉陶瓷锦砖，以哪面向上都可以。对于挤压成型的砖，应将其背肋垂直于支撑棒放置，对于所有其他矩形砖，应以其长边垂直于支撑棒放置。

（4）对凸纹浮雕的砖，在与浮雕面接触的中心棒上再垫一层厚度与规定相对应的橡胶层。

（5）中心棒应与两支撑棒等距，以 1±0.2N/（mm^2·s）的速率均匀的增加荷载，每秒的实际增加率可按下式计算，记录断裂荷载。

5. 试验结果

只有在宽度与中心棒直径相等的中间部位断裂试样，其结果才能用来计算平均破坏强度和平均断裂模数，计算平均值至少需要 5 个有效的结果。

如果有效结果少于 5 个，应取加倍数量的砖再做第二组试验，此时至少需要 10 个有效结果来计算平均值。

（1）破坏强度，以牛顿（N）表示，按下式计算：

$$S=\frac{FL}{b} \tag{11.1.3-1}$$

式中：F——破坏荷载，N；

L——两根支撑棒之间的跨距，mm；

b——试样的宽度，mm。

（2）断裂模数，以牛顿每平方毫米（N/mm^2）表示，按下式计算：

$$R=\frac{3FL}{2bh^2}=\frac{3S}{2h^2} \tag{11.1.3-2}$$

式中：F——破坏荷载，N；

L——两根支撑棒之间的跨距，mm；

b——试样的宽度，mm。

h——试验后沿断裂边测得的试样断裂面的最小厚度，mm。

断裂模数的计算是根据矩形的横断面，如断面的厚度有变化，只能得到近似的结果，浮雕凸起越浅，近似值越准确。

记录所有结果：以有效结果计算试样的平均破坏强度和平均断裂模数。

6. 试验报告

试验报告包括以下内容：依据标准；试样的描述，如表面有凸纹浮雕；试样的数量；棒的直径、橡胶厚度和砖伸出支撑棒外的长度值；各试样的破坏荷载；平均破坏荷载；各试样的破坏强度；平均破坏强度；各试样的断裂模数；平均断裂模数。在适用时说明试样经切割后试验。

11.1.4 抗热震性试验

抗热震性试验适用于正常使用条件下各种类型陶瓷砖抗热震性的试验。除经许可，应根据吸水率的不同采用不同的试验方法（浸没或非浸没试验）。

1. 方法概述

通过试样在 15 ～ 145℃的 10 次循环来测定整砖的抗热震性。

2. 仪器设备

低温水槽，可保持 15±5℃流动水的低温水槽。例如水槽长 55cm，宽 35cm，深 20cm。水流量为 4L/min。也可使用其他适宜的装置；干燥箱：工作温度为 145 ～ 150℃。

浸没试验：用于按规定检验吸水率不大于 10% 的陶瓷砖。水槽不用加盖，但水需有足够的深度，使砖垂直放置后能完全浸没。

非浸没试验：用于按规定检验吸水率大于 10% 的陶瓷砖。在水槽上放置一块铝板，并与水面接触。然后将粒径为 0.3 ～ 0.6mm 的铝粒覆盖在铝板上，铝粒层厚度约为 5mm。

3. 试样要求

试样应从样品中随机，至少用 5 块整砖进行试验。对于超大的砖（即边长大于 400mm 的砖），有必要进行切割，切割尽可能大的尺寸，其中心应与原中心一致。在有疑问时，用整砖比用切割过的砖测定的结果准确。

4. 试验步骤

（1）试样的初检

首先用肉眼（平常戴眼镜的可戴上眼镜）在距砖 25 ～ 30cm，光源照度约 300lx 的光照条件下观察试样表面。所有试样在试验前应没有缺陷，可用亚甲基蓝溶液对待测试样进行测定前的检验。

（2）浸没试验

吸水率不大于 10% 的陶瓷砖，垂直浸没在 15±5℃的冷水中，并使它们互不接触。

（3）非浸没试验

吸水率大于 10% 的有釉砖，使其釉面朝下与 15±5℃的低温水槽上的铝粒接触。

（4）冷热循环

对上述两项步骤，在低温下保持 15min 后，立即将试样移至 145±5℃的烘箱内重新达到此温度后保持 20min 后，立即将试样移回低温环境中。

重复进行 10 次上述过程。

5. 检查

用肉眼（平常戴眼镜的可戴上眼镜）距试样 25 ～ 30cm，光源照度约 300lx 的光照条件下观察试样的可见缺陷。为帮助检查，可将合适的染色溶液（如含有少量的湿润剂的 1% 亚甲基蓝溶液）刷在试样的釉面上，1min 后，用湿布抹去染色液体。

6. 试验报告

试验报告包括以下内容：依据标准；试样的描述；试样的吸水率；试验类型（浸没试验或非浸没试验）；可见缺陷的试样数。

11.2　隔热铝合金型材试验

11.2.1　概述

穿条式隔热型材，由铝合金型材和建筑用硬质塑料隔热条（以下简称隔热条）通过滚齿、穿条、滚压等工序进行结构连接，形成的有隔热功能的复合铝合金型材。浇注式隔热型材，将双组分的液态胶混合注入铝合金型材预留的隔热槽中，待胶体固化后，除去铝型材隔热槽上的临时铝桥，形成有隔热功能的复合铝合金型材。横向抗拉值，在平行于隔热型材横截面方向作用的单位长度的拉力极限值。纵向抗剪值，在垂直隔热型材横截面方向作用的单位长度的纵向剪切极限值。特征值，根据 75% 置信度对数正态分布，按 95% 的保证概率计算的性能值。

1. 分类

产品按用途分为门窗用隔热型材、幕墙用隔热型材；产品按复合形式分为穿条式隔热型材、浇注式隔热型材。

2. 隔热型材复合部位外观质量

穿条式隔热型材复合部位涂层允许有轻微裂纹，铝合金基材不应有裂纹。浇注式隔热型材去除临时连接铝桥后的切口应规则、平整。

3. 组批

隔热型材应成批验收，每批应由同一合金牌号、供应状态、类别、规格和处理方式的产品组成，每批重量不限。

4. 试样制备

（1）取样

隔热型材试样的端头应平整，取样如下：每项试验应在每批中取隔热型材 2 根，每根取长 100±1mm 试样 15 个，其中每根中部取 5 个试样，两端各取 5 个试样，共取 30 个试样。将试样均分 3 份（每份至少有 3 个中部试样）做好标识。将试样分别做室温、高温、低温试验。横向抗拉的试样长度允许缩短至 50mm。

（2）试样状态调节

穿条式隔热型材试样应在温度 23±2℃，相对湿度 50%±5% 的环境条件下存放 48h；浇注式隔热型材试样应在温度 23±2℃，相对湿度 50%±5% 的环境条件下存放 168h。

11.2.2　纵向剪切试验

1. 试验装置

隔热型材一端紧固在固定装置上，作用力通过刚性支撑件均匀传递给隔热型材另一端，固定装置和刚性支撑件均不得直接作用在隔热材料上，加载时隔热型材不应发生扭转或偏移。

2. 试验温度

室温试验：23±2℃，试样数量 10 根。低温试验：−30±2℃，试样数量 10 根。高温试验：80±2℃，穿条式隔热型材；70±2℃，浇注式隔热型材；试样数量 10 根。

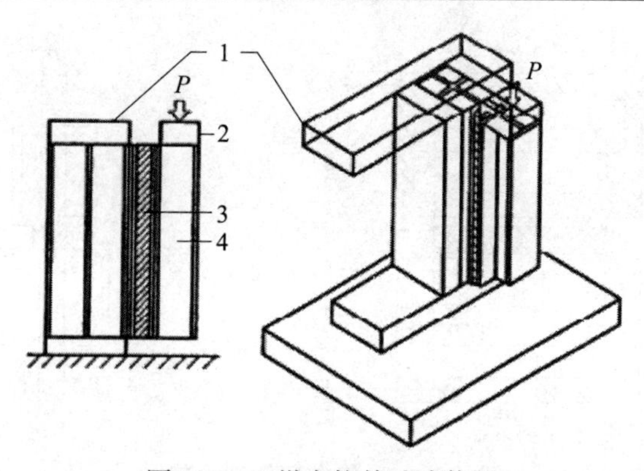

图 11.2.2　纵向抗剪试验装置

1—固定装置；2—刚性支承件；3—隔热材料（隔热条或隔热胶）；4—铝合金型材

3. 试验程序

将隔热型材试样固定在检测装置，按规定的试验温度下放置 10min，以初始速度 1mm/min 逐渐加至 5mm/min 的速度进行加载，记录所加的荷载和相应的剪切位移（负荷—位移曲线），直至剪切力失效。测量试样上的滑移量。

4. 计算

纵向抗剪值按下式计算：

$$T_i=\frac{P_{1i}}{L_i} \qquad (11.2.2\text{-}1)$$

式中：T_i——第 i 个试样的纵向抗剪值，N/mm；

P_{1i}——第 i 个试样的最大抗剪力，N；

L_i——第 i 个试样的试样长度，mm。

相应样本估算标准差按下式计算：

$$S=\sqrt{\frac{\sum_{i=1}^{n}(\overline{T}-T_i)^2}{9}} \qquad (11.2.2\text{-}2)$$

纵向抗剪特征值按下式计算：

$$T_c=\overline{T}-2.02S \qquad (11.2.2\text{-}3)$$

式中：T_c——纵向抗剪特征值，N/mm；

$\overline{T}$——10 个试样所能承受纵向抗剪值的算术平均值，N/mm；

S——相应样本估算的标准差，N/mm。

11.2.3 横向抗拉试验

1. 试验装置

隔热型材试样在试验装置的 U 形夹具中受力均匀，拉伸过程试样不应倾斜和偏移。

2. 试样

穿条式隔热型材试样应采用先通过室温纵向抗剪试验抗剪失效后的试样，再做横向抗拉试验。浇注式隔热型材试样直接进行横向抗拉试验。

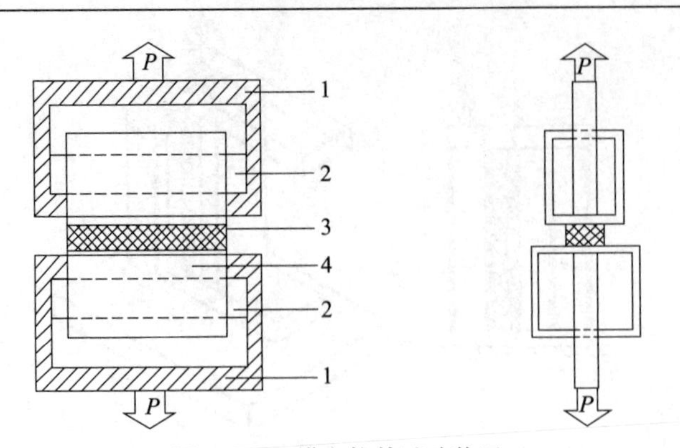

图 11.2.3　横向拉伸试验装置

1—U 型夹具；2—刚性支撑；3—隔热材料（隔热条或隔热胶）；4—铝合金型材

3. 试验温度

试验温度按规定进行。

4. 试验程序

将隔热型材固定在 U 形夹具，按规定的试验温度下放置 10min，横向抗拉试验以初始速度 1mm/min 逐渐加至 5mm/min 的速度进行加载直至试样抗拉失效（出现型材撕裂、隔热材料断裂、型材与隔热材料脱落等现象），测定其最大荷载。

5. 计算

横向拉伸值按下式计算：

$$Q_i=\frac{P_{2i}}{L_i} \tag{11.2.3-1}$$

式中：Q_i——第 i 个试样的横向抗拉值，N/mm；

P_{2i}——第 i 个试样的最大抗拉力，N；

L_i——第 i 个试样的试样长度，mm。

相应样本估算标准差按下式计算：

$$S=\sqrt{\frac{\sum_{i=1}^{n}(\overline{Q}-Q_i)^2}{9}} \tag{11.2.3-2}$$

横向抗拉特征值按下式计算：

$$Q_c=\overline{Q}-2.02S \tag{11.2.3-3}$$

式中：Q_c——横向抗拉特征值，N/mm；

$\overline{Q}$——10 个试样所能承受最大抗拉力的算术平均值，N/mm；

S——相应样本估算的标准差，N/mm。

11.3　隔热型材复合性能试验

《铝合金隔热型材复合性能试验方法》GB/T 28289 适用于建筑用铝合金隔热型材复合性能试验。其他类型的复合型材可参照使用。

11.3.1　纵向剪切试验

1. 仪器设备

试验机，精度为 1 级或更优级别；试验机最大荷载不小于 20kN；高低温环境试验箱基本要求符合标准的规定；纵向剪切试验夹具，如图 11.3.1-1 所示；纵向剪切试验夹具平台的水平度为 0.2‰，在试验过程中，平台不应出现明显的偏转现象，如图 11.3.1-2 所示，偏转量应不大于 0.05mm。剪切座尺寸如图 11.3.1-3 所示；剪切座在平台上可以左右移动，以保证受力轴线与夹具轴线平行，并尽量靠近。剪切试验夹具受力部位应进行热处理；刚性支撑边缘至隔热材料与铝合金型材相接部位的距离如图 11.3.1-4 所示。

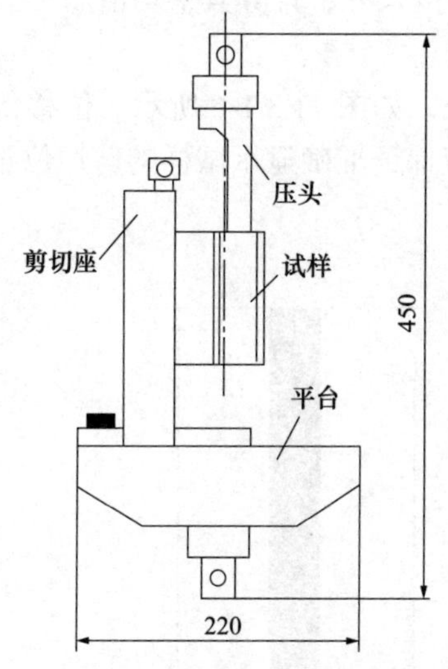

图 11.3.1-1　纵向剪切试验夹具示意图

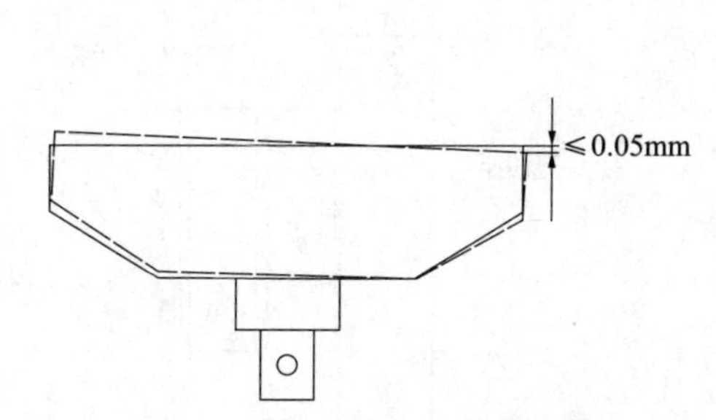

图 11.3.1-2　纵向剪切试验夹具平台偏转示意图

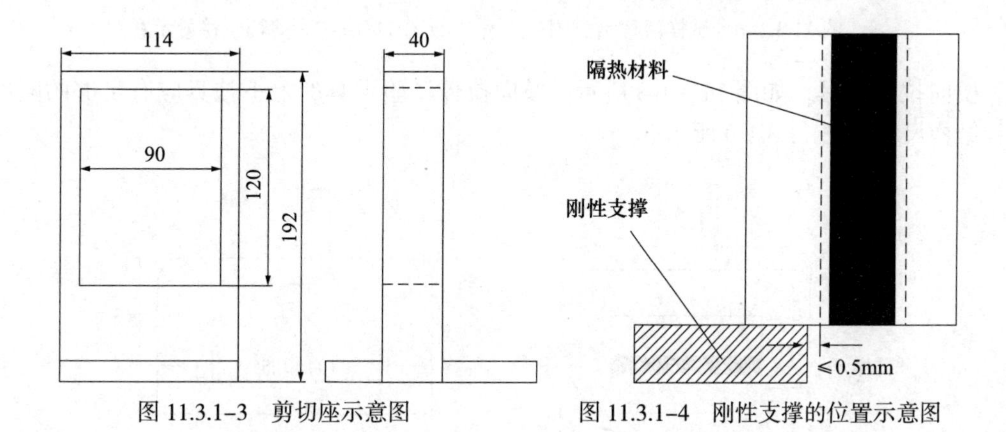

图 11.3.1-3　剪切座示意图

图 11.3.1-4　刚性支撑的位置示意图

2. 试样

（1）试样应从符合相应产品标准规定的型材上切取，应保留其原始表面，清除加工后试样上的毛刺。

（2）切取试样时应预防因加工受热而影响试样的性能测试结果。

（3）试样形位公差应符合图 11.3.1-5。

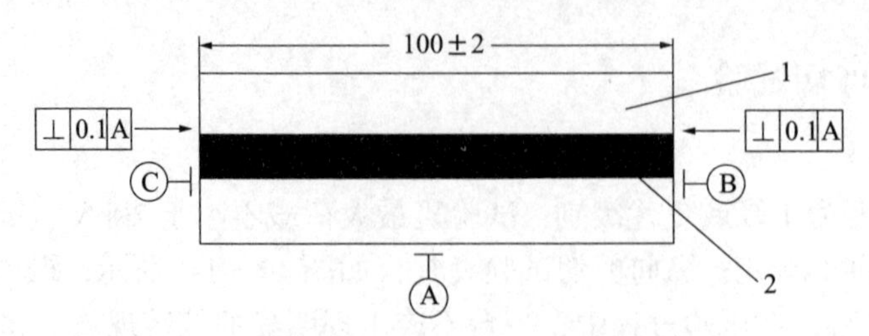

图 11.3.1–5　试样形位公差图
1—铝合金型材；2—隔热材料

（4）试样尺寸为 100±2mm，用分辨率不大于 0.02mm 的游标卡尺，在隔热材料与铝型材复合部位进行尺寸测量，每个试样测量两个位置的尺寸，计算其平均值。

（5）试样按相应产品标准中规定进行分组和编号。

试验过程中，试样的横向滑移量不大于 0.10mm，如图 11.3.1-6 所示。位移传感器应与夹角轴线同轴，偏差不大于 0.5mm。位移传感器应保证准确显示试样的剪切位移量，如图 11.3.1-7 所示。

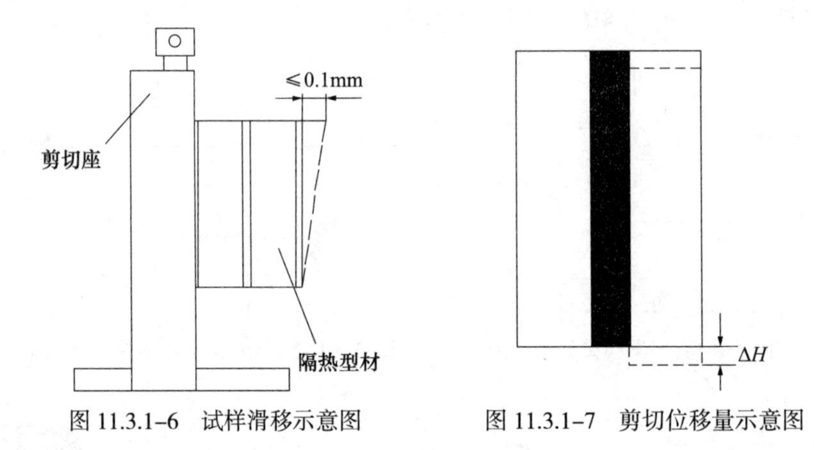

图 11.3.1–6　试样滑移示意图　　图 11.3.1–7　剪切位移量示意图

横向拉伸夹具，如图 11.3.1-8 所示；横向拉伸试验夹具的上下挂具应有足够的刚度，设计结构尺寸如图 11.3.1-9 所示。

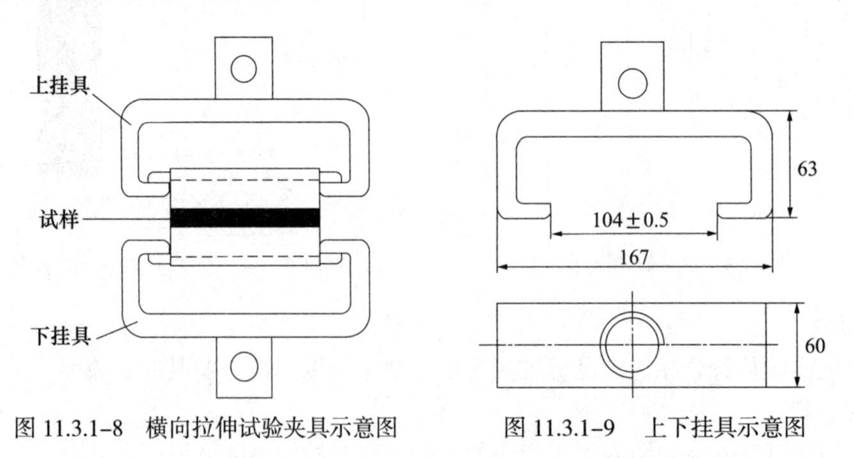

图 11.3.1–8　横向拉伸试验夹具示意图　　图 11.3.1–9　上下挂具示意图

刚性支撑条设计结构尺寸如图 11.3.1-10 所示。支撑条在试验过程中不许有变形，弯曲挠度不大于 0.01mm，支撑条应热处理。

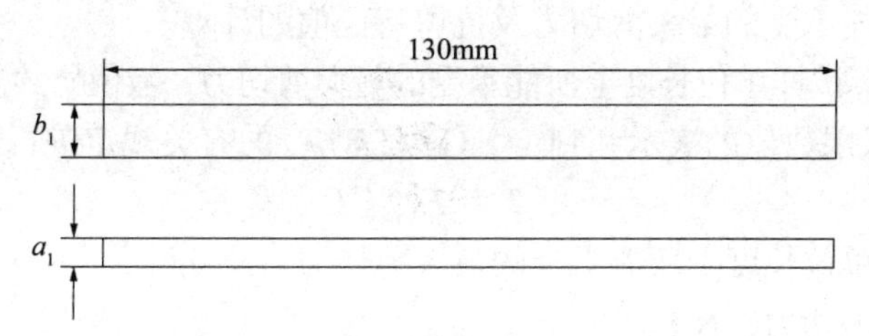

图 11.3.1-10 刚性支撑条示意图

3. 试样状态调节

（1）产品性能试验前，试样应进行状态调节。

（2）铝合金隔热型材试样应在温度为 23±2℃、相对湿度为 50%±10% 的环境条件下放置 48h。

4. 试验温度

穿条式隔热型材试验温度：室温：23±2℃；低温 −20±2℃；高温：80±2℃。浇注式隔热型材试验温度：室温：23±2℃；低温 −30±2℃；高温：70±2℃。

5. 试验步骤

（1）将纵向剪切夹具按在试验机上，紧固好连接部位，确保在试验过程中不会出现试样偏转现象。

（2）将试样安装在剪切夹具上，刚性支撑边缘靠近隔热材料与铝合金型材相接位置，距离不大于 0.5mm 为宜，如图 11.3.1-11 所示。

（3）除室温外，试样在规定的试验温度下保持 10min。

（4）以 5mm/min 的速度加至 100N 的预荷载。

（5）以 1 ～ 5mm/min 的速度进行纵向剪切试验，并记录所加的荷载和在试样上直接测得的相应剪切位移（荷载—位移曲线），直至出现最大荷载。纵向剪切试验的试样受力方式如图 11.3.1-12 所示。

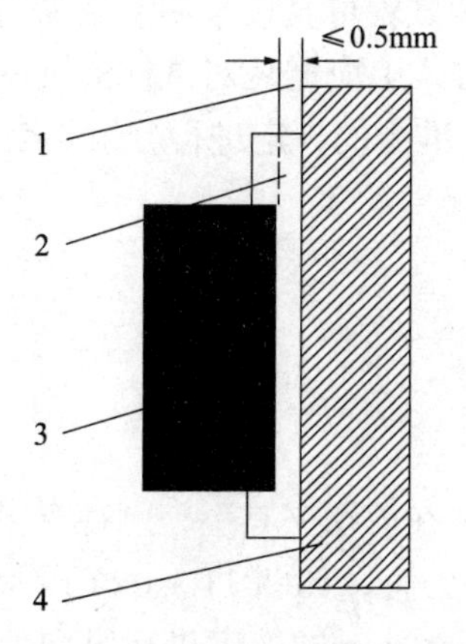

图 11.3.1-11 刚性支撑位置示意图
1—隔热材料与铝合金型材相接位置；2—铝合金型材；3—隔热材料；4—刚性支撑

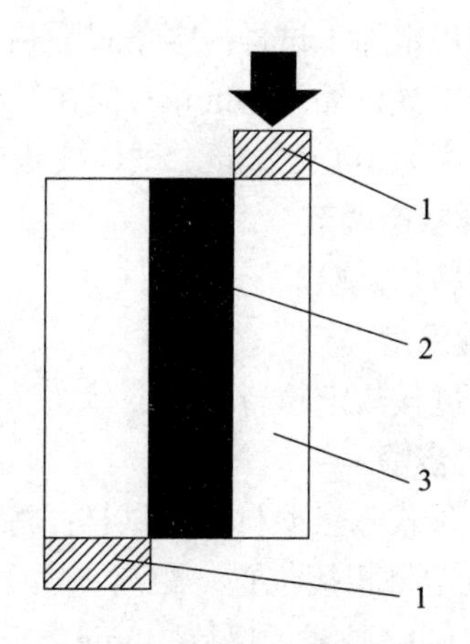

图 11.3.1-12 纵向剪切试验试样受力方式示意图
1—刚性支撑；2—隔热材料；3—铝合金型材

6. 结果计算

单位长度上所能承受的最大剪切力及抗剪特征值的计算。

（1）按下式计算试样单位长度上所能承受的最大剪切力，数值修约规则按现行国家标准《数值修约规则与极限数值的表示和判定》GB/T 8170 的有关规定进行，保留 2 位小数。

$$T = F_{Tmax}/L \tag{11.3.1-1}$$

式中：T——试样单位长度上所能承受的最大剪切力，N/mm；

F_{Tmax}——最大剪切力，N；

L——试样长度，mm。

（2）按下式计算 10 个试样单位长度上所能承受的最大剪切力的标准差，数值修约规则按现行国家标准《数值修约规则与极限数值的表示和判定》GB/T 8170 的有关规定进行，保留 2 位小数。

$$s_T=\sqrt{\frac{1}{10-1}\sum_{i=1}^{10}(T_i-\overline{T})^2} \tag{11.3.1-2}$$

式中：s_T——10 个试样单位长度上所能承受的最大剪切力的标准差，N/mm；

T_i——第 i 个试样单位长度上所能承受的最大剪切力，N/mm；

$\overline{T}$——10 个试样单位长度上所能承受的最大剪切力的平均值，数值修约规则按《数值修约规则与极限数值的表示和判定》GB/T 8170 的有关规定进行，保留 2 位小数，N/mm。

（3）按下式计算纵向抗剪特征值，数值修约规则按现行国家标准《数值修约规则与极限数值的表示和判定》GB/T 8170 的有关规定进行，修约到个位数。

$$T_c = \overline{T} - 2.02\times S_T \tag{11.3.1-3}$$

式中：T_c——抗剪特征值，N/mm。

11.3.2　横向拉伸试验

1. 试样

按标准规定加工试样；穿条式隔热型材拉伸试验可直接采用室温纵向剪切试验后的试样。试样最短允许缩至 18mm，但在试样切割方式上应避免对试样的测试结果。仲裁试验用试样的长度为 100±2mm。试样按相应产品标准中的规定进行分组并编号。

2. 试样状态调节

同纵向剪切试验。

3. 试验温度

试验温度按规定执行。

4. 试验步骤

（1）穿条式隔热型材拉伸试样：将试样安装在剪切夹具上，刚性支撑边缘靠近隔热材料与铝合金型材相接位置，距离不大于 0.5mm 为宜，如图 11.3.1-11 所示。除室温外，试样在规定的试验温度下保持 10min。以 1 ～ 5mm/min 的速度进行纵向剪切试验，并记录所加的荷载和在试样上直接测得的相应剪切位移（荷载 - 位移曲线），直至出现最大荷载。纵向剪切试验的试样受力方式如图 11.3.1-12 所示。并以 1 ～ 5mm/min 的速度进行纵向剪切试验（除非采用了室温纵向剪切试验后的试验），再按以下步骤进行横向拉伸试验。

（2）将横向拉伸试验夹具安装在试验机上，使上、下夹具的中心线与试样受力轴线重合，紧固好连接部位，确保在试验过程中不会出现试样偏转现象。

（3）以 5mm/min 的速度，加至 200N 的预荷载。

（4）以 1 ～ 5mm/min 的速度进行拉伸试验，并记录所加的荷载，直至最大荷载出现，或出现铝型材撕裂。横向拉伸试验的试样受力方式如图 11.3.2 所示。

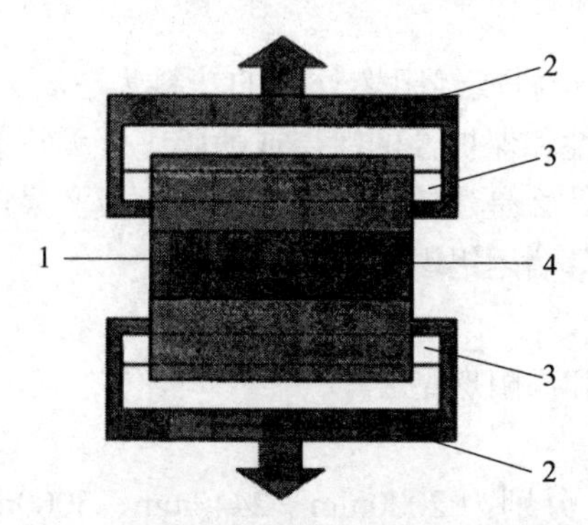

图 11.3.2　横向拉伸试验受力方式示意图

1—铝合金型材；2—横向拉伸试验夹具；3—刚性支撑条；4—隔热材料

5. 结果计算

按下式计算试样单位长度上所能承受的最大拉伸力，数值修约规则按现行国家标准《数值修约规则与极限数值的表示和判定》GB/T 8170 的有关规定进行，保留 2 位小数。

$$Q = F_{\text{Qmax}}/L \tag{11.3.2-1}$$

式中：Q——试样单位长度上所能承受的最大拉伸力，N/mm；

F_{Qmax}——最大拉伸力，N；

L——试样长度，mm。

按下式计算 10 个试样单位长度上所能承受的最大拉伸力的标准差，数值修约规则按现行国家标准《数值修约规则与极限数值的表示和判定》GB/T 8170 的有关规定进行，保留 2 位小数。

$$s_{\text{Q}}=\sqrt{\frac{1}{10-1}\sum_{i=1}^{10}(Q_i-\overline{Q})^2} \tag{11.3.2-2}$$

式中：s_{Q}——10 个试样单位长度上所能承受的最大拉伸力的标准差，N/mm；

Q_i——第 i 个试样单位长度上所能承受的最大拉伸力，N/mm；

$\overline{Q}$——10 个试样单位长度上所能承受的最大拉伸力的平均值，数值修约规则按现行国家标准《数值修约规则与极限数值的表示和判定》GB/T 8170 的有关规定进行，保留 2 位小数，N/mm。

按下式计算横向拉伸特征值，数值修约规则按现行国家标准《数值修约规则与极限数值的表示和判定》GB/T 8170 的有关规定进行，修约到个位数。

$$Q_{\text{c}} = \overline{Q} - 2.02 \times s_{\text{Q}} \tag{11.3.2-3}$$

式中：Q_{c}——横向抗拉特征值，N/mm。

6. 试验报告

试验报告一般包括下列内容：依据标准编号；试样标识；材料名称、牌号；试样类型；

试样的取样位置；所测性能结果。

11.4　铝塑复合板试验

11.4.1　概述

铝塑复合板是指以普通塑料或经阻燃处理的塑料为芯材，两面为铝材的三层复合板材，并在产品表面覆以装饰性和保护性的涂层或薄膜（若无特别注明统称为涂层）作为产品的装饰面，简称铝塑板。什么是建筑幕墙用铝塑复合板？采用经阻燃处理为芯样，并用作建筑幕墙材料的称为建筑幕墙用铝塑复合板。

1. 分类

按燃烧性能分为阻燃型和高阻燃型。

2. 规格

幕墙板常见的规格长度分别为 2000mm、2440mm、3000mm 和 3200mm；宽度分别为 1220mm、1250mm 和 1500mm；最小厚度为 4mm。

3. 物理力学性能

物理力学性能有 9 项，即弯曲强度、弯曲弹性模量、贯穿阻力、剪切强度、滚筒剥离强度、耐温差性、热膨胀系数、热变形温度和耐热水性。

燃烧性能有 3 项，即芯材燃烧热值、板材燃烧性能等级和板材燃烧性能附加信息。

4. 组批与抽样

组批：以连续生产的同一品种、同一规格、同一颜色的产品 3000m^2 为一批，不足者仍按一批计算。

抽样：出厂检验，按所检项目的尺寸和数量要求随机抽取；型式检验，从出厂检验合格批中抽取 3 张板进行检验。

5. 结果判定

检验结果全部符合标准的指标要求时，判该批产品合格。若有不合格项，可再从该批产品中抽取双倍样品对不合格的项目进行复验。复验结果全部达到标准要求时判定该批产品合格，否则判定该批产品不合格。

11.4.2　剥离强度试验

滚筒剥离强度是指夹层结构用滚筒剥离试验测得的面板与芯子分离时单位宽度上的抗剥离力矩。《夹层结构滚筒剥离强度试验方法》GB/T 1457，适用于夹层结构中面板与芯子间胶接的剥离强度的测定，也适用于选择胶粘剂的其他组合件的剥离强度测定。

1. 方法概述

用带凸缘的筒体从夹层结构中剥离面板的方法来测定面板与芯子胶接的抗剥离强度。面板一头连接在筒体上，一头连接上夹具，凸缘连接加载带，拉伸加载带时，筒体向上滚动，从而把面板从夹层结构中剥离开。凸缘上的加载带与筒体上的面板相差一定距离，夹层结构滚筒剥离强度实为面板与芯子分离的单位宽度上的抗剥离力矩。

2. 试验设备

试验机应符合《纤维增强塑料性能试验方法总则》GB/T 1446—2005 的规定：试验机荷载相对误差不应超过 ±1%；机械式和油压式试验机使用吨位的选择应使试样施加荷载落在满载的 10%～90% 范围内，且不应小于试验机最大吨位的 4%；能获得恒定的试验速度。当试验速度不大于 10mm/min，误差不应超过 20%；当试验速度大于 10mm/min，误差不应超过 10%；电子拉力试验机和伺服液压式试验机使用吨位的选择应参照该机的说明书；测量变形的仪器仪表相对误差均不得超过 ±1%；物理性能用试验设备应符合相应标准的规定；试验设备定期校准。

《夹层结构滚筒剥离强度试验方法》GB/T 1457 规定，上升式滚筒夹具见图 11.4.2-1。滚筒直径 100±0.10mm，滚筒凸缘直径 125±0.10mm，滚筒用铝合金材料，质量不超过 1.5kg；滚筒沿轴平行，用加工减轻孔或平衡块来平衡；加载速度 20～30mm/min，仲裁试验时，加载速度 25mm/min。

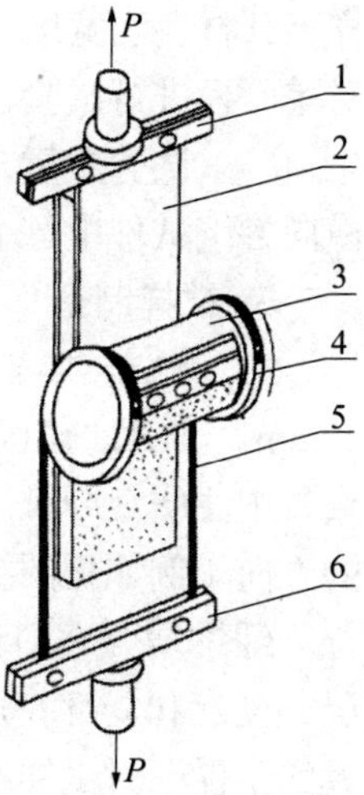

图 11.4.2-1 滚筒剥离装置

1—上夹具；2—试样；3—滚筒；4—滚筒凸缘；5—加载带；6—下夹具；P—载荷

3. 试验环境条件

试验室标准环境条件：温度：23±2℃；相对湿度 50%±10%。试验室非标准环境条件：若不具备试验室标准环境条件时，选择接近试验室标准环境条件的试验室环境条件。

4. 试样

（1）试样形状尺寸如图 11.4.2-2 所示，厚度与夹层结构制品厚度相同；当制品厚度未确定时，可以取 20mm，面板厚度小于或等于 1mm。

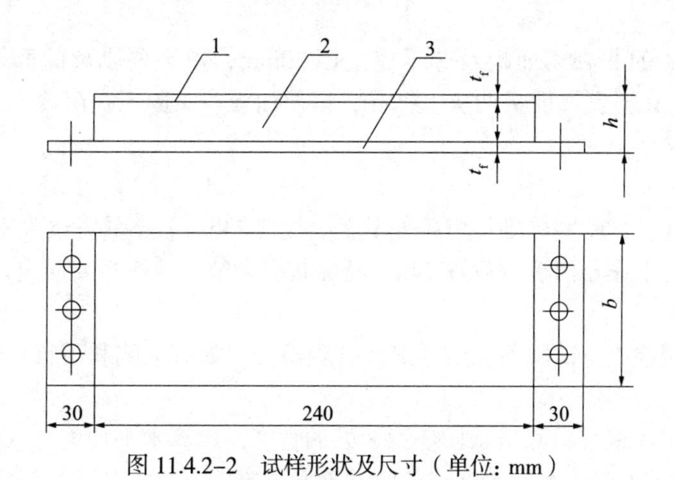

图 11.4.2–2 试样形状及尺寸（单位：mm）

1—面板；2—芯子；3—被剥离面板

（2）对于泡沫塑料、轻木等连续芯子，试样宽度为 60mm；对于蜂窝、波纹等格子型芯子，试样宽度为 60mm，当格子边长或波距较大时（格子边长大于 8mm，波距大于 20mm），试样宽度为 80mm；对于正交各向异性夹层结构，试样应分纵向和横向两种；对于湿法成型的夹层结构制品，试样应分剥离上面板和下面板两种；用作空白试验的面板试样，其材料、宽度、厚度应与相应的夹层结构试样的面板相同（空白试验是指上升式滚筒对单面板进行试验，以获得克服面板弯曲和滚筒上升所需的抗力荷载）。

（3）试验数量，以 3 个试件为一组，分别测量正面纵向、正面横向、背面纵向、背面横向各组试件中每个试件的平均剥离强度和最小剥离强度。

5. 试样制备

（1）试样加工，试样的取位区，一般宜距板材边缘 30mm 以上，最小不得小于 20mm。若对取位区有特殊要求或需从产品中取样时，则按有关技术要求确定，并在试验报告中注明。纤维增强塑料一般为各向异性，应按各向异性材料的两个主方向或预先规定的方向（例如板的纵向和纵向）切割试样，且严格保证纤维方向和铺层方向与试验要求相符。纤维增强塑料试样应采用硬质合金刃具或砂轮片等加工。加工时要防止试样产生分层、刻痕和局部挤压等机械损伤。加工试样时可采用水冷却（禁止用油）。加工后应在适宜的条件下对试样及时进行干燥处理。对试样的成型表面不宜加工。当需要加工时，一般单面加工，并在试验报告中注明。

（2）当试样厚度小于 10mm 时，或夹层结构试样弯曲刚度较小时，在不受剥离的面板上，粘上厚度大于 10mm 的木质等加强材料，如图 11.4.2-3 所示。胶接固化温度应为室温或比夹层结构胶接固化温度至少低 30℃。

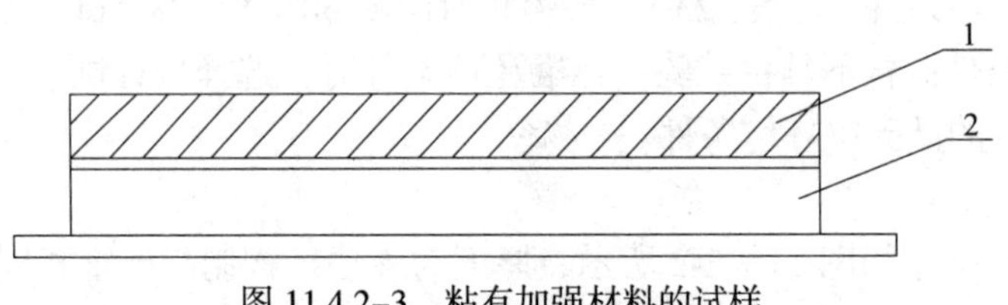

图 11.4.2–3　粘有加强材料的试样

1—加强材料；2—试样

（3）试样两头的非剥离面板及芯子应割掉 30mm，留下要剥离的面板如图 11.4.2-2、图 11.4.2-3 所示。在要剥离面板两头上钻孔，以便面板一头固定在滚筒上，另一头固定在上夹具上见图 11.4.2-1。

6. 状态调节

试验前，试样在试验室标准环境条件下至少放置 24h。若不具备试验室标准环境条件，试验前，试样可在干燥器内至少放置 24h。特殊状态调节条件按需要而定。

7. 试验步骤

（1）试样外观检查：试验前，试样需经外观检查，如有缺陷和不符合尺寸及制备要求者，应予作废。

（2）将合格试样编号，测量试样任意 3 处的宽度，取算术平均值。试样尺寸测量精确到 0.01mm，试样其他量的测量精度按相应试验方法的规定。

（3）将试样被剥离面板的一头夹在滚筒的夹具上，使试样轴线与滚筒轴线垂直，另一头装在上夹具中，然后将上夹具与试验机相连接，调整试验机载荷零点，再将下夹具与试验机连接。

（4）按规定的加载速度进行试验。选用下列任意一种方法记录剥离荷载：

使用自动绘图仪记录荷载 - 剥离距离曲线。无自动距离装置时，在开始施加荷载 5s

后，按一定时间间隔读取荷载，不得少于 10 个读数。

（5）试样被剥离到 150 ～ 180mm 时，便卸载，使滚筒回到未剥离前的初始位置，记录破坏形式。

面板无损伤，则按上述（4）重复进行试验，记录抗力荷载。面板有损伤（有明显可见发白和裂纹或发生塑性变形），应采用空白试验用的面板试样按上述（3）和（4）进行空白试验，记录抗力荷载。

8. 计算

（1）用下列任意一种方法求得平均剥离荷载和最小剥离荷载

从荷载 - 剥离距离曲线上，找出最小剥离荷载，并用求积仪或作图法求得平均剥离荷载。从所记录的剥离荷载读数中，找出最小剥离荷载，并取荷载读数的算术平均值为平均剥离荷载。

（2）根据面板损伤与否选择下列一种方法求得抗力载荷

由上述面板无损伤所得的荷载—剥离距离曲线或载荷读数中求出抗力载荷。由上述面板有损伤所得的荷载—剥离距离曲线或载荷读数中求出抗力载荷。

（3）平均剥离强度按下式计算：

$$\overline{M}=\frac{(P_b-P_0)(D-d)}{2b} \tag{11.4.2-1}$$

式中：$\overline{M}$——平均剥离强度，（N · mm）/mm；

P_b——平均剥离载荷，N；

P_0——抗力载荷，N；

D——滚筒凸缘直径，mm；

d——滚筒直径，mm；

b——试样宽度，mm。

（4）最小剥离强度按下式计算：

$$M_{min}=\frac{(P_{min}-P_0)(D-d)}{2b} \tag{11.4.2-2}$$

式中：M_{min}——最小剥离强度，（N · mm）/mm；

P_{min}——最小剥离载荷，N。

9. 试验结果

以各组 3 个试件的平均剥离强度的算术平均值和最小剥离强度中的最小值作为该组的检验结果。

10. 试验报告

试验报告的内容包括以下全部或部分：试验项目名称和执行标准号；试样来源和制备情况，材料品种及规格；试样编号、形状、尺寸、外观质量及数量；试验温度、相对湿度及试样状态调节；试验设备及仪器仪表的型号、量程及使用情况等；试验结果：给出每个试样的性能值（必要时给出每个试样的破坏情况）、算术平均值、标准差及离散系数；若要求给出平均值的置信度，按标准规定；试验人员、日期及其他。

11.4.3　弯曲强度、弯曲弹性模量试验

1. 仪器设备

材料试验机，能以恒定速率加载，示值相对误差不大于 ±1%，试验的最大荷载应在试验机示值的 15% ～ 90%。

2. 试验步骤

用游标卡尺测量试件中部的宽度和厚度，将试件居中放在图 11.4.3 所示的 3 点弯曲装置上，跨距为 170mm，压辊及支辊的直径为 10mm，以 7mm/min 的速度匀速施加试验载荷直至最大值，同时记录载荷—挠度曲线。

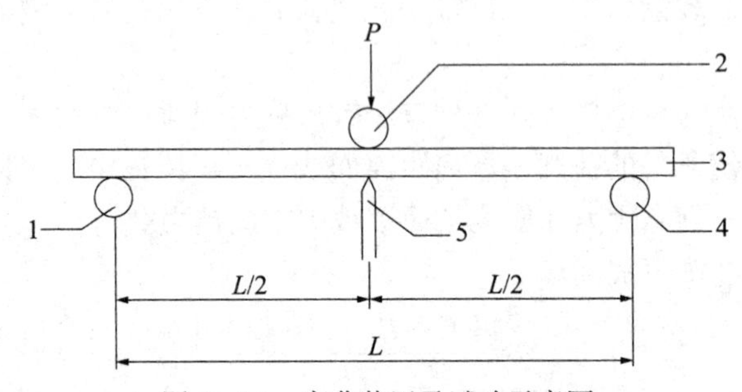

图 11.4.3　弯曲装置及试验示意图

1—下支辊; 2—上压辊; 3—试件; 4—下支辊; 5—挠度测量装置; P—试验载荷; L—跨距

3. 结果计算

按下式计算弯曲强度：

$$\sigma = 1.5 \times \frac{P_{max} L}{bh^2} \tag{11.4.3-1}$$

按下式计算弯曲弹性模量：

$$E = 0.25 \times \frac{L^3 \Delta P}{bh^3 \Delta L} \tag{11.4.3-2}$$

式中：σ——弯曲强度，MPa；

E——弯曲弹性模量，MPa；

P_{max}——最大弯曲载荷，N；

L——跨距，mm；

b——试件中部宽度，mm；

h——试件中部厚度，mm；

ΔP——载荷—挠度曲线上弹性段选定两点的载荷差值，N；

ΔL——载荷—挠度曲线上与 ΔP 对应的挠度差值，mm。

4. 结果判定

以 3 个试件为一组，分别测量正面向上纵向、正面向上横向、背面向上纵向、背面向上横向各组试件的弯曲强度和弯曲弹性模量，分别以各组试件测量值的算术平均值作为该组的检验结果。

11.5　未增塑聚氯乙烯（PVC-U）型材试验

11.5.1　概述

塑料门窗具有优良的密封性、抗腐蚀性，尤其是其特别适用于寒冷地区和沿海盐雾性气候地区的建筑和有腐蚀性的工业厂房。塑料窗还具有显著的节能效果，据中国建筑科学院物理所提供的数据，双层玻璃塑料窗的平均传热系数为2.3W/（m·K），仅为单层铝、钢窗平均传热系数6.4W/（m·K）的36%，是寒冷地区普遍使用的双层钢、铝窗平均传热系数3.3W/（m·K）的70%。

塑料门窗是以高分子合成材料为主，以增强材料为辅，制成一类新型材质的门窗。以聚氯乙烯（PVC）塑料门窗、玻璃纤维增强不饱和聚酯（GUP）塑料门窗及聚氨基甲酸酯（PUR）硬质泡沫塑料门窗在世界上用于最多。其中，聚氯乙烯门窗所占比例最大，占90%以上，是我国用于最广泛的塑料门窗。

聚氯乙烯门窗是以不加增塑剂的硬质聚氯乙烯树脂为主要原料，经过添加多种助剂和改性，通过专用设备挤出中空塑料型材，并将钢制增强型材装入塑料型材的空腔中，再用热熔焊机焊接、组装而成，因此也叫“塑钢门窗”。

1. 分类与分级

型材是指经挤出成型、具有特定截面形状的产品。型材按颜色及工艺分为通体和装饰型材。通体型材分为白色通体和非白色通体型材；装饰型材分为覆膜、共挤和涂装型材。

主型材按落锤冲击分为Ⅰ级、Ⅱ级和Ⅲ级；按老化时间分为M级（内门窗用）和S级（外门窗用）；按保温性能范围1级、2级和3级。

2. 外观质量

型材可视面的颜色应一致，表面应光滑、平整，无明显凹凸、杂质。型材端部应清洁、无毛刺。型材允许有由工艺引起的不明显的收缩痕。装饰型材还应符合其相应规定。

3. 组批与抽样

以同一原料、工艺、配方、同一截面几何结构特征的产品为一批，每批产量不超过50t，如连续7d的产量不足50t时，则以7d的产量为一批。

外观、尺寸按照《计数抽样检验程序 第1部分：按接收质量限（AQL）检索的逐批检验抽样计划》GB/T 2828.1的规定，采用正常检查一次抽样方案。其他性能的检验，应从外观、尺寸检验合格的样本中随机抽取足够数量的样品。

4. 合格项的判定

（1）外观及尺寸的判定：外观与尺寸的试验结果按照标准的规定进行判定。

（2）其他项目的判定：老化、主型材的传热系数和有害物质限量的试验结果若有不合格，则判定不合格。其他项目在试验结果中，若有不合格项目时，应从原批中随机抽取双倍试样，对该项目进行复验，复验结果全部合格，则该项目合格，若复验结果仍有不合格时，则该项目不合格。

5. 合格批的判定

按照项目检验，结果全部合格，则判定该批合格，若有一项不合格，则判定该批不合格。

11.5.2　状态调节和试验环境

在温度 23±2℃、相对湿度 50%±10% 的环境下进行状态调节并在此条件下进行试验。用于外观、尺寸和偏差试验的试样，调节时间不少于 1h，其他试验项目调节时间不少于 24h。

11.5.3　尺寸测量

用分度值不低于 0.05mm 的游标卡尺测量，外形、功能结构尺寸和壁厚各测量 3 点，壁厚取最小值。壁厚测量时应避开功能结构尺寸区域，并在距不同区域结合部位 1mm 之外进行。覆膜型材的壁厚应减去覆膜及胶层的厚度。

11.5.4　落锤冲击试验

1. 试样制备

从 3 根型材上共截取长度为 300±5mm 的试样 10 个。

2. 仪器设备

落锤冲击试验机。

3. 试验条件

将试样在 $-10_{-2}^{\ 0}$℃或 $-20_{-2}^{\ 0}$℃的条件下放置 1h 后取出，在温度 23±2℃下进行冲击试验，单个试样应在 10s 内完成。

4. 试验步骤

将试样的待冲击面向上放在支撑架上，冲击试样两支撑座间的中心位置，每个试样冲击 1 次，落锤高度Ⅰ级为 $1000_{\ 0}^{+10}$mm，Ⅱ级和Ⅲ级为 $1500_{\ 0}^{+10}$mm，并符合下列要求：通体型材应冲击暴露在室外的可视面。不能确认外可视面时，两个可视面各冲击 5 个试样；若其中一个可视面无法进行冲击试验时，则只对另一个可视面进行冲击试验；装饰型材应冲击非装饰可视面。对非对称结构的型材，为防止在冲击过程中型材方式倾斜，冲击前应给以辅助支撑；对多腔结构型材的可视面中心线的腔室面，若腔室分布在可视面中心线两侧，则应选择靠近中心线两腔室中较大的腔室面。

5. 结果表示

观察并记录破裂或裂纹的试样数。

11.5.5　维卡软化温度试验

《门、窗用未增塑聚氯乙烯（PVC-U）型材》GB/T 8814 规定，维卡软化温度试验按照《热塑性塑料维卡软化温度（VST）的测定》GB/T 1633—2000 中的 B_{50} 法进行试验，试样从主型材可视面的基材上取样。

1. 方法概述

当匀速升温时，测定在 B_{50} 中给出的负荷条件下标准压针刺入热塑性塑料试样表面 1mm 深时的温度。

2. 仪器设备

负载杆；压针头；已校正的千分表（或其他适宜的测量仪器）；负载板；加热设备，

盛有液体的加热浴或带有强制鼓风式氮气循环烘箱，应装有控制器，能按要求匀速升温，在试验期间，每隔 6min 温度变化分别为 5±0.5℃或 12±1℃，调节仪器使其在达到规定的压痕时，自动切断加热器并发出警报；加热浴，盛有试样浸入深度至少为 35mm，确定选择的液体在使用温度下是稳定的，对受试材料没有影响，例如膨胀或开裂；烘箱；测温仪器。

3. 试样

（1）每个受试样品使用至少两个试样，试样为厚 3 ～ 6.5mm，边长 10mm 的正方形或直径 10mm 的圆形，表面平整、平行、无飞边。试样应按照受试材料规定进行制备。如果没有规定，可以使用任何适当的方法制备试样。

（2）如果受试样品是模塑材料（粉料或粒料），应按照受试材料的有关规定模塑成厚度为 3 ～ 6.5mm 的试样。没有规定则按照《塑料 热塑性塑料材料试样的压塑》GB/T 9352、《塑料 热塑性塑料材料注塑试样的制备 第一部分 一般原理及多用途试样和长条形试样的制备》GB/T 17037.1 或《塑料 多用途试样》GB/T 11997 模塑试样。

（3）对于板材，试样厚度应等于原板材厚度，但下述除外：如果试样厚度超过 6.5mm，应根据《塑料机械加工试样的制备》ISO 2818 通过单面机械加工使试样厚度减小到 3 ～ 6.5mm，另一面保留原样，试验表面应是原始表面；如果板材厚度小于 3mm，将至多三片试样叠合在一起，使其总厚度在 3 ～ 6.5mm，上片厚度至少为 1.5mm，厚度较小的片材叠合不一定能测得相同的试验结果。

（4）所获得的试验结果可能与制备试样所用的模塑条件有关，虽然此依从关系并不常见。当试验的结果依赖于模塑条件时，经有关方面商定后在试验前采用特殊的退火或预处理步骤。

4. 状态调节

除非受试材料有规定或仪器，试样应按《塑料 试样状态调节和试验的标准环境》GB/T 2918 进行状态调节。

5. 试验步骤

（1）将试样水平放在未加负荷的压针头下，压针头离试样边缘不得少于 3mm，与仪器底座接触的试样表面平整。

（2）将组合件放入加热装置中，起动搅拌器，在每项试验开始时，加热装置的温度为 20 ～ 23℃，当使用加热浴时，温度计的水银球或测温仪器的传感部件应与试样在同一水平面，并尽可能靠近试样。如果预备试验表明在其他温度开始试验对受试材料不会引起误差，可采用其他起始温度。

（3）5min 后，压针头处于静止位置，将足量砝码加到负载板上，以使加在试样上的总推力，对于 B_{50} 为 50±1N，然后记录千分表的读数或将仪器调零。

（4）以 50±5℃ /h 的速度匀速升高加热装置的温度；当使用加热浴时，试验过程中要充分搅拌液体；对于仲裁试验应使用 50℃ /h 的升温速率。

（5）当压针头刺入试样的深度超过规定的起始位置 1±0.01mm 时，记下传感器测得的油浴温度，即为试样的维卡软化温度。

（6）受试材料的维卡软化温度以试样维卡软化温度的算术平均值来表示。如果单个试验结果差的范围超过 2℃，记下单个试验结果，并用另一组至少两个试样重复进行一次试验。

6. 试验报告

试验报告应包括以下内容：受试材料的完整标识；使用的方法；由一层以上试样制备的复合试样应注明厚度和层数；试样制备方法；使用的传热介质；状态调节和退火方法；材料的维卡软化温度（VST），以℃表示。如果两次测定后单个测定结果之差大于标准的规定范围，应报告单个测定结果。在试验中或从仪器中移出后，记录试样的任何异常特征；试验日期及检验人员。

11.5.6　拉伸试验

《门、窗用未增塑聚氯乙烯（PVC-U）型材》GB/T 8814 规定，拉伸屈服应力及拉伸断裂应变试验方法按照现行国家标准《塑料 拉伸性能的测定 第 2 部分：模塑和挤塑塑料的试验条件》GB/T 1040.2—2006 的规定进行。

1. 方法概述

沿试样纵向主轴方向恒速拉伸，直到断裂或应力（负荷）或应变（伸长）达到某一预定值，测量在这一过程中试样承受的负荷及其伸长。

2. 仪器设备

试验机应符合《橡胶塑料拉力、压力、弯曲试验机（恒速驱动）技术规范》GB/T 17200 和《塑料 拉伸性能的测定 第 1 部分：总则》GB/T 1040.1 的规定。

3. 试样

（1）形状和尺寸

只要可能，试样应为 1A 型和 1B 型的哑铃型试样，直接模塑的多用途试样选用 1A 型，机器加工试样选用 1B 型。关于使用小试样时见标准规定。

（2）试样制备

① 应按照相关材料规范制备试样。当无规范或无其他规定时，应按《热塑性塑料材料注塑试样的制备 第 1 部分：一般原理及多用途试样和长条试样的制备》GB/T 17037.1—1997 以适宜的方法从材料直接压塑或注塑制备试样或按《塑料 用机加工法制备试样》ISO 2818：1994 由压塑或注塑板材经机器加工制备试样。

② 试样所有表面应无可见裂痕、划痕或其他缺陷。如果模塑试样存在毛刺应去掉，注意不要损伤模塑表面。

③ 由制件机加工制备试样时应取平面或曲率最小的区域。除非确实需要，对于增强塑料试样不宜使用机加工来减少厚度，表面经过机加工的试样与未经机加工的试样试验结果不能相互比较。

4. 标线

如果使用光学引伸计，特别是对于薄片和薄膜，应在试样上标出规定的标线，标线与试样的中点距离应大致相等，两标线间距离的测量精度应达到 1% 或更优。

标线不能刻划、冲刻或压印在试样上，以免损坏受试材料，应采用对受试材料无影响的标线，而且所划的相互平行的每条标线要尽量窄。

5. 试样检查

试样无扭曲，相邻的平面应相互垂直，表面和边缘应无划痕、空洞、凹陷和毛刺。试样可与直尺、直角尺、平板比对，应用目测并用螺旋测微器检查是否符合这些要求。经检查发现试样有一项或几项不符合要求时，应舍弃或在试验前机加工至合适的尺寸和形状。

6. 试样数量

（1）每个受试方向和每项性能的试验，试样数量不少于5个。如果需要精密度更高的平均值，试样数量可多于5个。

（2）应废弃在肩部断裂或塑性变形扩展到整个肩宽的哑铃型试样并另取试样重新试验。

（3）当试样在夹具内出现滑移或在距任一夹具10mm以内断裂，或由于明显缺陷导致过早破坏时，由此试样得到的数据不应用来分析结果，应另取试样重新试验。

7. 状态调节

应按有关材料标准规定对试样进行状态调节。

8. 试验步骤

（1）应在与试样状态调节相同环境下进行试验。

（2）在每个试样中部距离标距每端5mm以内测量宽度和厚度。宽度精确至0.1mm，厚度精确至0.02mm。记录每个试样宽度和厚度的最大值和最小值，并确保其在相应测量标准的允差范围内。计算每个试样宽度和厚度的算术平均值，以便用于其他计算。

（3）将试样放到夹具中，务必使试样的长轴线与试验机的轴线成一条直线。当使用夹具对中销时，为得到准确对中，应在紧固夹具前稍微绷紧试样，然后平稳而牢固地夹紧夹具，以防止试样滑移。

（4）试样在试验前应处于基本部受力状态。

（5）平衡预应力后，将校准过的引伸计安装到试样的标距上并调正。

（6）试验速率为10mm/min。

（7）记录试验过程中试样承受的负荷及与之对应的标线间或夹具间距离的增量，此操作最好采用能得到完整应力/应变曲线的自动记录系统。根据应力/应变曲线或其他适当的方法，测得全部有关应力和应变。

（8）结果计算

根据试样的截面积，按下式计算应力，应力应保留3位有效数字。

$$\sigma=\frac{F}{A} \tag{11.5.6-1}$$

式中：σ——拉伸应力，MPa；

F——所测的对应负荷，N；

A——试样原始横截面积，mm^2。

根据标距，按下式计算应变：

$$\varepsilon=\frac{\Delta L_0}{L_0} \tag{11.5.6-2}$$

$$\varepsilon(\%)=\frac{\Delta L_0}{L_0}\times 100\% \tag{11.5.6-3}$$

式中：ε——应变，用比值或百分数表示；

L_0——试样的标距，mm；

ΔL_0——试样标记间长度的增量，mm。

11.6　塑料管材试验

塑料管材作为化学建材的重要组成部分，以其优越的性能，卫生、环保、低耗等优点为用户所广泛接受，主要有硬质聚氯乙烯 UPVC 排水管、硬质聚氯乙烯 UPVC 给水管、铝塑复合管、聚乙烯（PE）给水管材、聚丙烯 PPR 热水管这几种。

塑料管材与传统的铸铁管、镀锌钢管、水泥管等管道相比，具有节能节材、环保、轻质高强、耐腐蚀、内壁光滑不结垢、施工和维修简便、使用寿命长等优点，广泛应用于建筑给水排水、城乡给水排水、城市燃气、电力和光缆护套、工业流体输送、农业灌溉等建筑业、市政、工业和农业领域。近几年，随着建筑业、市政工程、水利工程、农业和工业等行业市场需求的不断加大，中国塑料管材行业呈现出了高速发展态势。随着消费者对产品环保、健康、耐用等方面的品质要求不断提高，我国塑料管道在产量增加的同时，产品质量水平不断提高，行业的技术进步不断加快，品牌规模企业不断增多，新材料、新结构品种不断涌现，先进的系统设计理念层出不穷，产品的功能性更加明显、应用领域得到进一步拓宽。

随着塑料管材应用领域的不断扩大，塑料管材的品种也在不断增加，除了早期开发的供、排 PVC 管材、化工管材、农田排灌管材、燃气用聚乙烯管材外，近几年后增加了 PVC 芯层发泡管材、PVC、PE、双壁波纹管材、铝塑复合管材、交联 PE 管材、塑钢复合管材、聚乙烯硅心管等。

11.6.1　概述

1. 建筑排水用硬聚氯乙烯（PVC-U）管材

（1）产品分类

按连接形式分为胶粘剂连接型管材和弹性密封圈连接型管材；按铅限量值分为无铅管材和含铅管材。

（2）物理力学性能

物理力学性能主要有 6 项，即密度、维卡软化温度、纵向回缩率、拉伸屈服应力、断裂伸长率和落锤冲击试验等。

（3）组批

用相同混配料和工艺生产的同一规格、同一类型的管材作为一批。当 $d_n \leq 75$mm 时，每批数量不超过 80000m；75mm $< d_n \leq$ 160mm，每批数量不超过 50000m；当 160mm $< d_n \leq$ 315mm 时，每批数量不超过 30000m；如果 7d 仍不满足规定数量，以 7d 产量为一批。

（4）判定规则

外观、颜色和规格尺寸的检验不符合标准“抽样方案”规定时则判该批不合格。管材物理力学性能、系统适用性中有一项达不到要求时，则在该批中随机抽取双倍样品对该项进行复验，如仍不合格，则判该批不合格。

无铅管材不符合铅限量的要求，则判该批无铅管材不合格。

2. 给水用硬聚氯乙烯（PVC-U）管材

（1）产品分类

按连接方式分为弹性密封圈式和溶剂粘接式。

（2）物理力学性能

物理性能主要有4项，即密度、维卡软化温度、纵向回缩率和二氯甲烷浸渍试验；力学性能主要有2项，即落锤冲击试验和液压试验。

（3）批量

用相同原料、配方和工艺生产的同一规格的管材作为一批。当 $d_n \leqslant 63$mm时，每批数量不超过50t；$d_n > 63$mm时，每批数量不超过100t；如果7d仍不足批量，以7天产量为一批。

（4）判定规则

外观、颜色、不透光性和管材尺寸中任意一条不符合标准的规定时，则判定该批为不合格。物理力学性能中有一项达不到要求，则在该批中随机抽取双倍样品进行该项复验。如仍不合格，则判该批为不合格批。卫生指标有一项不合格判为不合格批。

3. 给水用聚乙烯（PE）管道系统 管材

（1）产品分类

按照管材类型分为单层实壁管材、在单层实壁管材外壁包裹可剥离热塑性防护层的管材（带可剥离层管材）。

（2）物理力学性能

物理力学性能主要有8项，即熔体质量流动速率、氧化诱导时间、纵向回缩率、炭黑含量、炭黑分散/颜料分散、灰分、断裂伸长率和耐慢速裂纹增长（锥体试验、切口试验）等。

（3）组批

同一混配料、同一设备和工艺且连续生产的同一规格的管材作为一批，每批数量不超过200t。生产10d尚不足200t，则以10d产量为一批。产品以批为单位进行检验。

（4）判定规则

外观、颜色、管材尺寸按标准的规定进行判定。其他指标中有一项达不到要求时，则从原批次中随机抽取双倍样品对该项进行复验。如复验仍不合格，则判该批产品不合格。如有卫生要求时，卫生指标有一项不合格判为不合格批。

4. 建筑排水用聚丙烯（PP）管材和管件

（1）产品分类

采用的管系列数为S20、S16、S14。

（2）物理机械性能

物理机械性能主要有6项，即熔体质量流动速率、纵向回缩率、管件加热烘箱试验、管件坠落试验、落锤冲击试验和环刚度等。

（3）组批

同一原料、配方和工艺连续生产的同一规格的管材或管件作为一批，每批管材数量不应超过100t，每批管件数量不应超过10000件。生产7d尚不足100t或管件仍不足10000件，则以7d产量为一批。

（4）判定规则

型式检验有不合格项，应加倍抽取样品对不合格项进行复验。当复验仍有不合格项时，则判该批为不合格。

11.6.2　状态调节

按产品标准的规定进行状态调节。国家现行标准大部分规定：除特殊规定外，按《塑料 试样状态调节和试验的标准环境》GB/T 2918的规定，在温度 23 ±2℃时进行，状态调节时间为 24h。试验方法中有规定的按照试验方法标准。

11.6.3　尺寸的测定

1. 测量量具

测量量具的选用与测量步骤相结合，以达到尺寸测量的准确度。应定期对量具进行校准。推荐精度如下：

（1）壁厚，≤ 30mm 或＞ 30mm，精度分别为 0.01mm 或 0.02mm 和≤ 0.02mm。

（2）公称直径，≤ 600mm、＞600 且≤ 1600mm、＞ 1600mm，精度分别为 0.02mm、0.05mm 和≤ 0.1mm。

（3）不圆度的测量，公称直径≤ 315mm、＞ 315 且≤ 600mm、＞ 600mm，精度分别为 0.02mm、0.05mm 和≤ 0.1mm。

（4）长度，≤ 1000mm、＞ 1000mm，精度分别为 0.1mm 和≤ 1mm。

（5）管材和管件端面垂直度，公称直径≤ 200mm、＞ 200mm，精度分别为 0.05mm 和 0.1mm。

2. 仪器

在仪器的使用中，不应有可能引起试样表面产生局部变形的作用力。与试样的一个或多个表面相接触的测量量具，如管材千分尺，应符合下列要求：与部件内表面相接触的仪器的接触面，其半径应小于试样表面的半径；与部件外表面相接触的仪器的接触面应为平面或半圆形。卷尺（π 尺）应根据试样的直径确定分度，以 mm 表示。当在卷尺（π 尺）的两端沿长度方向施加 2.5N 的作用力时，其伸长不应超过 0.05mm/m。

3. 要求

（1）测量人员应经过对相关量具和测量步骤的培训。

（2）除非其他标准另有规定，应保证：测量量具、试样的温度和周围环境的温度均在（23±2）℃。

（3）检查试样表面是否有影响尺寸测量的现象，如标志、合模线、气泡或杂质。如果存在，在测量时记录这些现象和影响。

（4）按相关标准的要求；距试样的边缘不小于 25mm 或按照制造商的规定；当某一尺寸的测量与另外的尺寸有关，如通过计算面得到下一步尺寸，其截面的选择应适合于进行计算。

（5）按“平均壁厚”“平均外径”和“平均内径”中规定的测量结果为修约值，测定平均值后再对其进行修约。

（6）测量方法与结果准确度的确定应符合《测量方法与结果的准确度（正确度与精密度）第 2 部分：确定标准测量方法重复性与再现性的基本方法》GB/T 6379.2 的规定。

4. 壁厚的测量

（1）量具

选择量具或仪器以及测量的相关步骤，使结果的准确度在下列要求的范围内，除非其他标准另有规定。壁厚准确度要求：壁厚≤ 10mm、＞ 10 且≤ 30mm 和＞ 30mm 时，单个结果要求的准确度分别为 0.03、0.05 和 0.1；算术平均值修约至分别为 0.05mm、0.1mm 和 0.1mm。

（2）最大和最小壁厚的测量

在选定的被测截面上移动测量量具直至找出最大和最小的壁厚，并记录测量值。

（3）平均壁厚

在每个选定的被测截面上，沿环向均匀间隔至少 6 点进行壁厚测量。由测量值计算算术平均值按上述的规定修约并记录结果作为平均厚度。

5. 直径的测量

（1）量具。选择量具或仪器以及相关的步骤测量试样在选定截面处的直径（外径或内径），使结果的准确度在下列要求的范围内，除非其他标准另有规定。直径的准确度要求：公称直径≤ 600mm、＞600 ～≤ 1600mm 和＞ 1600mm 时，单个结果要求的准确度分别为 0.1、0.2 和 1；算术平均值修约至分别为 0.1mm、0.2mm 和 1mm。按标准的规定选择被测截面，测量部件的直径。

（2）最大和最小直径的测量。在选定的被测截面上移动测量量具，直至找出直径的极值并记录测量值。

（3）平均外径的测量。平均外径可用以下任一方法测定：用 π 尺直接测量；按以下规定对每个选定截面上沿环向均匀间隔测量的一系列单个值计算算术平均值，按以上的规定修约并记录结果作为平均外径。给定公称尺寸的单个直径测量的数量规定：管材或管件的公称尺寸分别为：≤ 40mm、＞40 且≤ 600mm、＞600 且≤ 1600mm 和＞1600mm，给定截面要求单个直径测量的数量分别为 4 个、6 个、8 个和 12 个。

（4）平均内径的测量。使用符合要求的量具，用以下任一方法测定：按“给定公称尺寸的单个直径测量的数量”的规定间隔测量的一系列的单个值，对单个测量值计算算术平均值，按直径的测量准确度的规定修约并记录结果作为平均内径；用内径 π 尺直接测量。

（5）管材长度的测量。选择测量的量具或仪器和相应的步骤，使测量结果的准确度符合以下要求，除非其他标准另有规定。长度测量的准确度要求：长度≤ 1000mm、＞1000mm 时，单个结果要求的准确度分别为 1mm 和 1%；算术平均值修约至分别为 1mm。

11.6.4 纵向回缩率的测定

1. 方法概述

将规定长度的试样置于给定温度下的加热介质中保持一定的时间。测量加热前后试样标线间的距离，以相对原始长度的长度变化百分率来表示管材的纵向回缩率。

2. 方法 A——液浴试验

（1）仪器

热浴槽，应恒温控制在规定的温度内；夹持器，悬挂试样的装置，把试样固定在加热介质中；划线器，保证两标线间距为 100mm；温度计，精度为 0.5℃。

（2）试样

取 200±20mm 长的管段为试样；使用划线器，在试样上划两条相距 100mm 的圆周标线，并使其一标线距任一端至少 10mm；从一根管材上截取 3 个试样。对于公称直径大于 400mm 的管材，可沿轴向均匀切成 4 片进行试验。

（3）预处理

按照《塑料 试样状态调节和试验的标准环境》GB/T 2918 的规定，试样在 23±2℃下至少放置 2h。

（4）试验步骤

① 在 23±2℃下，测量标线间距，精确至 0.25mm。

② 将液浴温度调节至规定值。

③ 把试样完全浸入液浴槽中，使试样既不触槽壁也不碰槽底，保持试样的上端距离液面至少 30mm。

④ 试样浸入液浴保持规定的时间。

⑤ 从液浴槽中取出试样，将其垂直悬挂，待完全冷却至 23±2℃时，在试样表面沿母线测量标线间最大或最小距离，精确至 0.25mm。切片试样，每一管段所切的 4 片应作为一个试样，测得最大或最小距离且切片在测量时，应避开切口边缘的影响。

（5）结果表示

按下式计算每一试样的纵向回缩率，以百分数表示。计算出 3 个试样纵向回缩率的算术平均值，其结果作为管材的纵向回缩率。

$$R_{L_i} = \Delta L / L_0 \times 100 \qquad (11.6.4\text{-}1)$$

式中：$\Delta L = |L_0 - L_i|$

L_0——浸入前两标线间距离，mm；

L_i——试验后沿母线测定的两标线间距离，mm。

选择 L_i 使 ΔL 的值最大。

3. 方法 B——烘箱试验

（1）试验装置

烘箱，除另有规定外，烘箱应恒温控制在规定的温度内，并保证当试样置入后，烘箱内温度应在 15min 内重新回升到试验温度范围；划线器，保证两标线间距为 100mm；温度计，精度为 0.5℃。

（2）试样

取 200±20mm 长的管段为试样；使用划线器，在试样上划两条相距 100mm 的圆周标线，并使其一标线距任一端至少 10mm；从一根管材上截取 3 个试样。对于公称直径大于 400mm 的管材，可沿轴向均匀切成 4 片进行试验。

（3）预处理

按照《塑料 试样状态调节和试验的标准环境》GB/T 2918 的规定，试样在 23±2℃下至少放置 2h。

（4）试验步骤

① 在 23±2℃下，测量标线间距，精确至 0.25mm。

② 将烘箱温度调节至规定值。

③ 把试样放入烘箱，使样品不触及烘箱底和壁。若悬挂试样，测悬挂点应在距标线最远的一端。若把试样平放，则应放于垫有一层滑石粉的平板上，切片试样，应使凸面朝下放置。

④ 把试样放入烘箱内保持标准所规定的时间，这个时间应从烘箱温度回升到规定温度时算起。

⑤ 从烘箱中取出试样，平放于一光滑平面上，待完全冷却至23±2℃时，在试样表面沿母线测量标线间最大或最小距离，精确至0.25mm。切片试样，每一管段所切的4片应作为一个试样，测得最大或最小距离且切片在测量时，应避开切口边缘的影响。

（5）结果表示

按下式计算每一试样的纵向回缩率，以百分数表示。计算出3个试样纵向回缩率的算术平均值，其结果作为管材的纵向回缩率。

$$R_{L_i} = \Delta L / L_0 \times 100 \tag{11.6.4-2}$$

式中：$\Delta L = |L_0 - L_i|$

L_0——放入烘箱前试样两标线间距离，mm；

L_i——试验后沿母线测量的两标线间距离，mm。

选择 L_i 使 ΔL 的值最大。

4. 试验报告

试验报告应包括下列内容：标准编号；试样名称、规格、生产日期；试验方法（A或B）和加热温度以及所用加热介质的种类；每个试样的长度变化；根据规定计算出管材的纵向回缩率；标准未包括的任何可能对结果产生影响的操作细节；试验人员和日期。

11.6.5 管件坠落试验

1. 方法概述

试验方法是将管件在0±1℃下按规定时间进行预处理，在10s内从规定高度自由坠落到平坦的混凝土地面上，观察管件的破损情况。

2. 仪器设备

秒表，分度值0.1s；温度计，分度值1℃；恒温水浴（内盛冰水混合物）或低温箱，温度为0±1℃。

3. 试样及其制备

（1）试样为注射成型的完整管件，如管件带有弹性密封圈，试验前应去掉。如管件由一种以上注射成型部件组成，这些部件应彼此分开试验。

（2）试验数量应按产品标准的规定，同一规格同批产品至少5个试样。试样应无机械损伤。

4. 试验条件

（1）坠落高度。公称直径小于或等于75mm的管件，从距离地面2.00±0.05m处坠落；公称直径大于75mm小于200mm的管件，从距离地面1.00±0.05m处坠落；公称直径等于200mm或大于200mm的管件，从距离地面0.50±0.05m处坠落；异径管件以最大口径为准。

（2）坠落场地。平坦混凝土地面。

5. 试验步骤

（1）将试样放入0±1℃的恒温水浴或低温箱中进行预处理，最短时间见标准规定。异径管件按最大壁厚确定预处理时间。试样最短预处理时间：壁厚分别为≤8.6mm、＞8.6mm且≤14.1mm、＞14.1mm，恒温水浴时分别为15min、30min和60min；低温箱时分别为 60min、120min、240min。

（2）恒温时间达到后，从恒温水浴或低温箱中取出试样，迅速从规定高度自由坠落于混凝土地面，坠落时应使 5 个试样在 5 个不同位置接触地面。

（3）试样从离开恒温状态到完成坠落，应在 10s 之内进行完毕。

6. 结果判定

检查试样破损情况，如其中一个或多个试样在任何部位产生裂纹或破裂，则该组试样为不合格。

7. 试验报告

试验报告应包括下列内容：标准编号；试样名称、规格、生产日期；试验温度；恒温时间；试样数量；试样坠落后的破损个数；试验人员和试验日期。

11.6.6　落锤冲击试验

1. 方法概述

以规定质量和尺寸的落锤从规定高度冲击试验样品规定的部位，即可测出该批（或连续挤出生产）产品的真实冲击率。此试验方法可以通过改变落锤的质量和 / 或改变高度来满足不同产品的技术要求。

2. 试验设备

落锤冲击试验机，包括主机架和导轨、落锤、试样支架、释放装置和具有防止落锤二次冲击的装置。

3. 试样

（1）试样制备，试样应从一批或连续生产的管材中随机抽取切割而成，其切割端面应与管材的轴线垂直，切割端应清洁、无损伤。

（2）试样长度，试样长度为 200±10mm。

（3）试样标线，外径大于 40mm 的试样应沿其长度方向画出等距离标线，并顺序编号。不同外径的管材试样画线的数量见标准规定。对于外径小于或等于 40mm 的管材，每个试样只进行一次冲击。

（4）试样数量，试验所需试样数量按标准的规定确定。

4. 状态调节

（1）试样应在 0±1℃或 20±2℃的水浴或空气浴中进行状态调节，最短调节时间见标准规定。仲裁检验时应使用水浴。

（2）状态调节后，壁厚小于或等于 8.6mm 的试样，应从空气浴中取出 10s 内或从水浴中取出 20s 内完成试验。壁厚大于 8.6mm 的试样，应从空气浴中取出 20s 内或从水浴中取出 30s 内完成试验。如果超过此时间间隔，应将试样立即放回预处理装置，最少进行 5min 的再处理。若试样状态调节温度为 20±2℃时，试验环境温度为 20±5℃，则试样从取出至试验完毕的时间可放宽至 60s。

对于内壁光滑的管材，应测量管材各部分壁厚，根据平均壁厚进行状态调节。对于波纹管或有加强筋的管材，根据管材截面最厚处壁厚进行状态调节。

5. 试验步骤

（1）按照产品标准的规定确定落锤质量和冲击高度。

（2）外径小于或等于 40mm 的试样，每个试样只承受一次冲击。

（3）外径大于 40mm 的试样在进行冲击试验时，首先使落锤冲击在 1 号标线上，若试样未破坏，则按标准规定，再对 2 号标线进行冲击，直至试样破坏或全部标线都冲击一次。当波纹管或加筋管的波纹间距或筋间超过管材外径的 0.25 倍时，要保证被冲击点为波纹或筋顶部。

（4）逐个对试样进行冲击，直至取得判定结果。

6. 验收检验的判定

（1）若试样冲击破坏数在标准规定的 A 区，则判定该批的真实冲击率值小于或等于 10%。

（2）若试样冲击破坏数在标准规定的 C 区，则判定该批的真实冲击率值大于 10% 而不予接受。

（3）若试样冲击破坏数在标准规定的 B 区，而生产方在出厂检验时已判定其真实冲击率值小于或等于 10%，则可认为该批的真实冲击率不大于规定值。若验收方对批量的真实冲击率值是否满足要求持怀疑时，则仍按以上所述继续进行冲击试验。

7. 结果表示

根据试验结果，批量或连续生产管材的真实冲击率值可表示为 A、B、C，其意义如下：

A：真实冲击率值小于或等于 10%。B：根据现有冲击试验数不能作出判定。C：真实冲击率值大于 10%。

8. 试验报告

试验报告应包括下列内容：标准编号；试样名称、规格、生产日期；试验来源（对单批或连续生产的试样的描述）、试样的数量、试验温度；落锤质量和冲击高度；锤头型号；试样破坏数；试样冲击总数；以 A、B、C 表示结果；任何影响结果的因素，如标准中没规定的任何事故或操作细节；试验人员和试验日期。

11.6.7 环刚度试验

1. 方法概述

以管材在恒速变形时所测得的负荷和变形量确定环刚度。用两个相互平行的平板对一段水平放置的管材以恒定的速率在垂直方向进行压缩，该试验速率由管材的直径确定，得到负荷 - 变形量的关系曲线，以管材直径方向变形量为 3% 时的负荷计算环刚度。

2. 仪器设备

压缩试验机，能够按标准的规定对不同公称直径的管材试样提供相应的恒定的横梁移动速率，通过两个相互平行的平板对试样施加足够的负荷并达到规定的直径变形量。负荷测量装置能够测定试样在直径方向产生 1% ～ 4% 变形量时所需的负荷，精确到试验负荷的 2%；压缩平板，能够通过试验机对试样施加规定的负荷，接触试样的平板的表面应平整、光滑、洁净，平板应具有足够的硬度和刚度，以防止在试验中发生弯曲和变形而影响试验结果。每块平板的长度应不小于试样的长度，宽度应至少比试样在承受负荷时与压板的接触表面宽 25mm。

测量量具，试样的长度，精确到 1mm；试样的内径，精确到 0.5%；在负荷方向上试样的内径变形量，精确到 0.1mm 或变形量的 1%，取较大值。

3. 试样

（1）标记和数量：在待测管材的外表面，沿轴向在全长画一条直线作为标记，对该段做过标记的管材分别截取 3 个试样 a、b 和 c，使试样的端面垂直于管材的轴线并符合规定的长度。

（2）试样的长度：

① 每个试样按标准的规定沿圆周方向等分测量 3 ～ 6 个长度值，计算其算术平均值作为试样的长度，测量应精确到 1mm。每个试样的长度应符合标准的要求。对于每个试样，在所有的测量值中，最小值不应小于最大值的 0.9 倍。

长度测量的数量：管材的公称直径分别为 $DN \leqslant 200$mm、200mm $< DN \leqslant 500$mm 和 $DN \geqslant 500$mm，长度测量的数量分别为 3、4 和 6。

② 公称直径小于或等于 1500mm 的管材，试样的平均长度应为 300±10mm。公称直径大于 1500mm 的管材，试样的平均长度应不小于 0.2DN。

4. 内径的测定

用下列任一方法测定 3 个试样的内径。

① 在试样长度中部的横截面处，间隔 45° 依次测量 4 次，取算术平均值，每次测量应精确到 0.5%。

② 在试样长度中部的横截面处，用内径 π 尺按《塑料管道系统 塑料部件 尺寸的测量》ISO 3126 进行测量。

记录经计算或测量得到的 3 个试样的平均内径。按下式计算 3 个值的平均值：

$$d_i = \frac{d_{ia} + d_{ib} + d_{ic}}{3} \tag{11.6.7-1}$$

5. 试样的陈化

试样应至少放置 24h 后才可按规定进行试验。对于型式检验在发生争议的情况下，试样应放置（21±2）d。

6. 状态调节

试验前，试样应在试验环境温度下状态调节至少 24h。

7. 试验步骤

（1）除非在其他标准中有特殊规定，试验应在 23±2℃下进行。试验温度有可能对环刚度结果产生一定的影响。

（2）如果能确定试样在某个位置的环刚度最小，将第一个试验的 a 该位置与试验机的上平板相接触。否则放置第一个试样 a 时，将其标线与上平板相接触。在负荷装置中对另外两个试样 b、c 的放置位置应相对于第一个试样依次旋转 120° 和 240° 放置。

（3）对于每一个试样，放置好变形测量仪并检查试样与上平板的角度位置。放置试样时，应使试样的轴线平行于平板，其中点垂直于负荷传感器的轴线。

（4）下降平板直至接触到试样的上部。施加一个包括平板质量的预负荷，用下面方法确定：直径小于或等于 100mm 的管材，预负荷为 7.5N；直径大于 100mm 的管材，用下式计算预负荷，结果圆整至 1N。

$$F_0 = 250 \times 10^{-6} \times DN \times L \tag{11.6.7-2}$$

式中：DN——管材的公称直径，mm；

L——试样的实际长度，mm。

试验中负荷传感器所显示的实际预负荷的准确度应在设定预负荷的 95% ～ 105%。将变形测量仪和负荷传感器调节至零。如发生争议，零点的调节按标准方法的规定。

（5）根据标准的规定以恒定的速率压缩试样，按标准的规定连续记录负荷和变形值，直至达到至少 0.03 倍直径的变形量。

（6）通常，负荷和变形量的测量是通过一个平板的位移得到，但如果在试验的过程中，管材的结构壁厚度的变化超过 5%，则应通过测量试样的内径变化得到。在有争议的情况下，应测量试样的内径变化。

8. 环刚度的计算

用下式计算 3 个试样各自的环刚度，单位为 kN/m^2：

$$S_a=\left(0.0186+0.025\frac{y_a}{d_i}\right)\frac{F_a}{L_a y_a}\times 10^6 \tag{11.6.7-3}$$

$$S_b=\left(0.0186+0.025\frac{y_b}{d_i}\right)\frac{F_b}{L_b y_b}\times 10^6 \tag{11.6.7-4}$$

$$S_c=\left(0.0186+0.025\frac{y_c}{d_i}\right)\frac{F_c}{L_c y_c}\times 10^6 \tag{11.6.7-5}$$

式中：F——相对于管材 3.0% 变形时的负荷，kN；

L——试样的长度，mm；

y——相对于管材 3.0% 变形时的变形量，mm，如：

$$\frac{y}{d_i}=0.03$$

计算管材的环刚度，单位为 kN/m^2，在求 3 个值的平均值时，用下式计算：

$$S=\frac{S_a+S_b+S_c}{3} \tag{11.6.7-6}$$

9. 试验报告

试验报告应包括下列内容：标准编号；热塑性塑料管材的信息包括生产企业名称、管材的类型（包括材料）、尺寸、公称环刚度和（或）压力等级、生产日期、试样长度；试验温度；每个试样环刚度的计算值，保留小数点后 3 位数字；如果需要，每个试样的负荷 / 变形量曲线图；任何可能影响试验结果的因素；试验时间。

11.6.8 维卡软化温度的测定

1. 方法概述

把试样放在液体介质或加热箱中，在等速升温条件下测定标准压杆在 50±1N 力的作用下，压入从管材或管件上切取的试样内 1mm 时的温度。压入 1mm 时的温度即为试样的维卡软化温度（VST），单位：℃。

2. 试验装置

试验装置包括试验支架、负载杆，压针，千分表，载荷盘，砝码，加热浴槽，分度值为 0.5℃的水银温度计和加热箱。

3. 试样

试样应从管材上沿轴向裁下的弧形管段，长度约 50mm，宽度 10 ～ 20mm。

4. 试样制备

如果管材壁厚大于 6mm，则采用适宜的方法加工管材外表面，使壁厚减至 4mm。壁厚在 2.4 ～ 6mm（包括 6mm）范围内的试样，可直接进行测试。如果管材壁厚小于 2.4mm，可将两个弧形管段叠加在一起，使其总厚度不小于 2.4mm。作为垫层的下层管试样应首先压平，为此可将该试件加热到 140℃并保持 15min，再置于两块光滑平板之间压平。上层弧段应保持其原样不变。

5. 试样数量

每次试验用 2 个试样，但在裁制试样时，应多提供几个试样，以备试验结果相差太大时作补充试验用。

6. 预处理

将试样在低于预期维卡软化温度（VST）50℃的温度下预处理至少 5min。

7. 试验步骤

（1）将加热浴槽温度调至约低于试样软化温度 50℃并保持恒温。

（2）将试样凹面向上，水平放置在无负荷金属杆的压针下面，试样和仪器底座的接触面应是平的，对于壁厚小于 2.4mm 的试样，压针端部都应置于未压平试样的凹面上，下面放置压平的试样。压针端部距试样边缘不小于 3mm。

（3）将试验装置放在加热浴槽中，温度计的水银球或测温装置的传感器与试样在同一水平面，并尽可能靠近试样。

（4）压针定位 5min 后，在载荷盘上加所要求的质量，以使试样所承受的总轴向压力为 50±1N，记录下千分表的读数或将其调至零点。

（5）以每小时 50±5℃的速度等速升温，通过浴槽温度。在整个试验过程中应开动搅拌器。

（6）当压针压入试样内 1±0.1mm 时，迅速记录下此时的温度，此温度即为该试样的维卡软化温度（VST）。

8. 结果表示

两个试样的维卡软化温度的算术平均值，即为所测试管材的维卡软化温度（VST），单位以℃表示。如两个试样结果相差大于 2℃时，应重新取不少于两个的试样进行试验。

9. 试验报告

试验报告应包括下列内容：标准编号；试样名称、规格、批号；试样的制备方法、尺寸和预处理条件、试样是否叠加；加热槽所用的传热介质；起始温度、升温速率、所加负载；每个试样的维卡软化温度和两个试样的维卡软化温度的算术平均值，单位为℃；试验中或试验后试样外观的特殊变化；标准中未包括的任何可能对结果产生影响的操作细节；试验人员和日期。

11.7　受弯预制构件结构性能检验

11.7.1　概述

混凝土预制构件结构性能检验是检验和评定预制构件产品质量的重要内容，是确定检验批产品合格与否的重要依据。

1. 基本要求

预制构件的质量应符合《混凝土结构工程施工质量验收规范》GB 50204 及其他有关标准的规定和设计的要求。

（1）预制构件进场时应检查质量证明文件。质量证明文件包括产品合格证明书、混凝土强度检验报告及其他重要检验报告等。

（2）预制构件的钢筋、混凝土原材料、预应力材料、预埋件等均应参照国家规范及国家现行有关标准的规定进行检验，其检验报告在预制构件进场时可不提供，但应在构件生产企业存档保留。

（3）对于进场时不做结构性能检验的预制构件，质量证明文件尚应包括预制构件生产过程的关键验收记录。对于用于叠合板、叠合梁的梁板类受弯预制构件（叠合底板、底梁），是否进行结构性能检验、结构性能检验的方式应根据设计要求确定。

2. 结构性能检验要求

（1）对梁板类简支受弯预制构件进场时的结构性能检验要求

① 结构性能检验应符合国家现行有关标准的有关规定及设计的要求，检验要求和试验方法应符合《混凝土结构工程施工质量验收规范》GB 50204 的规定。

② 钢筋混凝土构件和允许出现裂缝的预应力混凝土构件应进行承载力、挠度和裂缝宽度检验；不允许出现裂缝的预应力混凝土构件应进行承载力、挠度和抗裂检验。

③ 对大型构件及有可靠应用经验的构件，可只进行裂缝宽度、抗裂和挠度检验。大型构件一般指跨度大于 18m 的构件。

④ 对使用数量较少的构件，当能提供可靠依据时，可不进行结构性能检验。可靠应用经验指该单位生产的标准构件在其他工程已多次应用，如预制楼梯、预制空心板、预制双 T 板等；使用数量较少一般指数量在 50 件以内，近期完成的合格结构性能检验报告可作为可靠依据。不做结构性能检验时，尚应满足下述（3）的规定。

（2）对其他预制构件，除设计有专门要求外，进场时可不做结构性能检验。

（3）对进场时不做结构性能检验的预制构件，应采取下列措施：

① 施工单位或监理单位代表应驻厂监督生产过程。进场的质量证明文件应经驻厂的监督代表确认。

② 当无驻厂监督时，预制构件进场时应对其主要受力钢筋数量、规格、间距、保护层厚度及混凝土强度等进行实体检验。实体检验宜采用非破损方法，也可采用破损方法。检查数量可根据工程情况由各方商定。一般情况下，可为不超过 1000 个同类型预制构件为一批，每批抽取构件数量的 2% 且不少于 5 个构件。检验方法可参考《混凝土结构工程施工质量验收规范》GB 50204 的有关规定。

（4）检验数量：同一类型预制构件不超过 1000 个为一批，每批随机抽取 1 个构件进行结构性能检验。“同类型”是指同一钢种、同一混凝土强度等级、同一生产工艺和同一结构形式。抽取预制构件时，宜从设计荷载最大、受力最不利或生产数量最多的预制构件中抽取。

3. 外观质量要求

预制构件作为产品，进入装配式结构的施工现场时，应按批检查合格证，以保证其外观质量、尺寸偏差和结构性能符合要求。

（1）预制构件应有标识，标识应清晰、可靠，以确保能够识别预制构件的身份，并在施工全过程中对发生的质量问题可追溯。标识内容一般包括生产单位、构件型号、生产日期、质量验收标志等，如有必要，尚需通过约定标识表示构件在结构安装中的位置和方向、吊运过程中的朝向等。

（2）预制构件不应有严重缺陷，且不应有影响结构性能和安装、使用功能的尺寸偏差。预制构件的外观质量不应有一般缺陷。预制构件的外观质量、尺寸偏差及检验方法应符合验收规范的规定。

11.7.2　检验要求

1. 承载力检验

（1）当按《混凝土结构设计规范》GB 50010（2015 年版）的规定进行检验时，应满足下式的要求：

$$\gamma_u^0 \geqslant \gamma_0[\gamma_u] \tag{11.7.2-1}$$

式中：γ_u^0——构件的承载力检验系数实测值，即试件的荷载实测值与荷载设计值（均包括自重）的比值；

γ_0——结构重要性系数，按设计要求的结构等级确定，当无专门要求时取 1.0；

$[\gamma_u]$——构件的承载力检验系数允许值，按规范规定取用。

（2）当按构件实配钢筋进行承载力检验时，应满足下式的要求：

$$\gamma_u^0 \geqslant \gamma_0 \eta [\gamma_u] \tag{11.7.2-2}$$

式中：η——构件承载力检验修正系数，根据《混凝土结构设计规范》GB 50010（2015 年版）按实配钢筋的承载力计算确定。

2. 挠度检验

（1）当按《混凝土结构设计规范》GB 50010（2015 年版）规定的挠度允许值进行检验时，应满足下式的要求：

$$\alpha_s^0 \leqslant [\alpha_s] \tag{11.7.2-3}$$

式中：α_s^0——在检验用荷载标准组合值或荷载准永久组合值作用下的构件挠度实测值；

$[\alpha_s]$——挠度检验允许值，按规范的有关规定计算。

（2）当按构件实配钢筋进行挠度检验或仅检验构件的挠度、抗裂或裂缝宽度时，应满足下式的要求：

$$\alpha_s^0 \leqslant 1.2\alpha_s^c \tag{11.7.2-4}$$

α_s^0应同时满足式（11.7.2-3）的要求。

式中：α_s^c——在检验用荷载标准组合值或荷载准永久组合值作用下，按实配钢筋确定的构件短期挠度计算值，按《混凝土结构设计规范》GB 50010（2015 年版）确定。

（3）挠度检验允许值按下列公式计算：

按荷载准永久组合值计算钢筋混凝土受弯构件：

$$[a_s] = [a_f]/\theta \tag{11.7.2-5}$$

按荷载标准组合值计算预应力混凝土受弯构件：

$$[\alpha_s]=\frac{M_k}{M_q(\theta-1)+M_k}[\alpha_f] \tag{11.7.2-6}$$

式中：$[\alpha_f]$——受弯构件的挠度限值，按《混凝土结构设计规范》GB 50010（2015年版）确定；

M_k——按荷载标准组合值计算的弯矩值；

M_q——按荷载准永久组合值计算的弯矩值；

θ——考虑荷载长期作用对挠度增大的影响系数，按《混凝土结构设计规范》GB 50010（2015年版）确定。

3. 抗裂检验

抗裂检验应满足下式的要求：

$$\gamma_{cr}^0 \geqslant [\gamma_{cr}] \tag{11.7.2-7}$$

$$[\gamma_{cr}]=0.95\frac{\sigma_{pc}+\gamma f_{tk}}{\sigma_{ck}} \tag{11.7.2-8}$$

式中：γ_{cr}^0——构件的抗裂检验系数实测值，即试件的开裂荷载实测值与检验用荷载标准组合值（均包括自重）的比值；

$[\gamma_{cr}]$——构件的抗裂检验系数允许值；

σ_{pc}——由预加力产生的构件抗拉边缘混凝土法向应力值，按《混凝土结构设计规范》GB 50010（2015年版）确定；

γ——混凝土构件截面抵抗矩塑性影响系数，按《混凝土结构设计规范》GB 50010（2015年版）计算确定；

f_{tk}——混凝土抗拉强度标准值；

σ_{ck}——按荷载标准组合值计算的构件抗拉边缘混凝土法向应力值，按《混凝土结构设计规范》GB 50010（2015年版）确定。

4. 裂缝宽度检验

预制构件的裂缝宽度检验应满足下式的要求：

$$\omega_{s,max}^0 \leqslant [\omega_{max}] \tag{11.7.2-9}$$

式中：$\omega_{s,max}^0$——在检验用荷载标准组合值或荷载准永久组合值作用下，受拉主筋处的最大裂缝宽度实测值；

$[\omega_{max}]$——构件检验的最大裂缝宽度允许值，按规范规定取用。

5. 合格判定

（1）当预制构件结构性能的全部检验结果均满足规范的检验要求时，该批构件可判为合格。

（2）当第一个预制构件的检验结果不能全部满足（1）的要求，但又能满足第二次检验指标的要求时，可再抽两个预制构件进行二次检验。第二次检验的指标，对承载力及抗裂检验系数的允许值应取规范允许值减0.05；对挠度的允许值应取规范规定允许值的1.10倍。

（3）当进行二次检验时，如第一个检验的预制构件的全部检验结果均满足规范的要求时，该批构件可判为合格。如两个预制构件的全部检验结果均满足第二次检验指标的要求，该批构件也可判为合格。

11.7.3　检验方法

1. 试验条件

（1）试验场地的温度应在 0℃以上。主要考虑低于 0℃的低温对混凝土性能的影响。

（2）蒸汽养护后的构件应在冷却至常温后进行试验。蒸汽养护出池后的构件不能立即进行试验的原因是此时混凝土性能尚未处于稳定状态。

（3）预制构件的混凝土强度应达到设计强度的 100% 以上。要求预制构件混凝土强度达到设计要求，是为了避免强度不够影响检验结果，同样可以采用同条件养护的混凝土立方体试件的抗压强度作为判断依据。

（4）构件在试验前应量测其实际尺寸，并检查构件表面，所有的缺陷和裂缝应在构件上标出。

（5）试验用的加荷设备及量测仪表应预先进行标定或校准。

2. 支承方式

（1）对板、梁和桁架等简支构件，试验时应一端采用铰支承，另一端采用滚动支承。铰支承可采用角钢、半圆型钢或焊于钢板上的圆钢，滚动支承可采用圆钢。

（2）对四角简支或四边简支的双向板，其支承方式应保证支承处构件能自由转动，支承面可以相对水平移动。

（3）当试验的构件承受较大集中力或支座反力时，应对支承部分进行局部受压承载力验算。目的是为了避免可能引起的局部受压破坏，应对试验可能达到的最大荷载做充分的估计。

（4）构件与支承面应紧密接触；钢垫板与构件、钢垫板与支墩间，宜铺砂浆垫平。

（5）构件支承的中心线位置应符合设计的要求。

3. 荷载布置

（1）构件的试验荷载布置应符合设计的要求。

（2）当试验荷载布置不能完全与设计的要求相符时，应按荷载效应等效的原则换算，并应计入荷载布置改变后对构件其他部位的不利影响。按荷载效应等效的原则换算，就是使构件试验的内力图形与设计内力图形相似，并使控制截面上的内力值相等。

4. 加载方式

加载方法应根据设计加载要求、构件类型及设备条件等进行选择。当按不同形式荷载组合进行加载（包括均布荷载、集中荷载、水平荷载和竖向荷载等）时，各种荷载应按比例增加，以与实际荷载受力相符。

（1）荷重块加载：荷重块加载适用于均布加载试验。荷重块应按区格成垛堆放，垛与垛之间间隙不宜小于 100mm，荷重块的最大边长不宜大于 500mm。

（2）千斤顶加载：千斤顶加载适用于集中加载试验。集中加载时，可采用分配梁系统实现多点加载。千斤顶的加载值宜采用荷载传感器量测，也可采用油压表量测。

（3）梁或桁架可采用水平对顶加荷方法，此时构件应垫平且不应妨碍构件在水平方向的位移。梁也可采用竖直对顶的加荷方法。

（4）当屋架仅作挠度、抗裂或裂缝宽度检验时，可将两榀屋架并列，安放屋面板后进行加载试验。

5. 加载过程

（1）预制构件应分级加载。荷载分级：当荷载小于标准荷载时，每级荷载不应大于标准荷载值的20%；当荷载大于标准荷载时，每级荷载不应大于标准荷载值的10%；当荷载接近抗裂检验荷载值时，每级荷载不应大于标准荷载值的5%；当荷载接近承载力检验荷载值时，每级荷载不应大于荷载设计值的5%。这给加载等级设计以更大的灵活性，以适应检验指标调整带来的影响，并可方便地确认是否满足二次检验指标的要求。

（2）试验设备重量及构件自重应作为第一次加载的一部分。

（3）试验前，宜对预制构件进行预压，以检查试验装置的工作是否正常，同时应防止构件因预压而产生开裂。

（4）对仅作挠度、抗裂或裂缝宽度检验的构件应分级卸载。

6. 加载时间

为了反映混凝土材料的塑性特征，规定了加载后的持荷时间，具体内容如下：每级加载完成后，应持续10～15min；在标准荷载作用下，应持续30min。在持续时间内，应观察裂缝的出现和开展，以及钢筋有无滑移等；在持续时间结束时，应观察并记录各项读数。持续时间结束后是指本级荷载持续时间结束后至下一级荷载加荷完成前的一段时间。

7. 承载力检验标志的判断

进行承载力检验时，应加载至预制构件出现规范所列承载能力极限状态的检验标志之一后结束试验。

（1）当在规定的荷载持续时间内出现上述检验标志之一时，应取本级荷载值与前一级荷载值的平均值作为其承载力检验荷载实测值。

（2）当在规定的荷载持续时间结束后出现上述检验标志之一时，应取本级荷载值作为其承载力检验荷载实测值。

8. 挠度量测

（1）构件挠度可用百分表、位移传感器、水平仪等进行观测。接近破坏阶段的挠度，可用水平仪或拉线、钢尺等测量。

（2）试验时，应量测构件跨中位移和支座沉陷。对宽度较大的构件，应在每一量测截面的两边或两肋布置测点，并取其量测结果的平均值作为该处的位移。

（3）当试验荷载竖直向下作用时，对水平放置的试件，在各级荷载下的跨中挠度实测值应按下列公式计算：

$$\alpha_t^0=\alpha_q^0+\alpha_g^0 \tag{11.7.3-1}$$

$$\alpha_q^0=v_m^0-\frac{1}{2}(v_l^0+v_r^0) \tag{11.7.3-2}$$

$$\alpha_g^0=\frac{M_g}{M_b}\alpha_b^0 \tag{11.7.3-3}$$

式中：α_t^0——全部荷载作用下构件跨中的挠度实测值，mm；

α_q^0——外加试验荷载作用下构件跨中的挠度实测值，mm；

α_g^0——构件自重及加荷设备重产生的跨中挠度值，mm；

v_m^0——外加试验荷载作用下构件跨中的实测值，mm；

v_1^0、v_r^0——外加试验荷载作用下构件左、右端支座沉陷的实测值，mm；

M_g——构件自重和加荷设备重产生的跨中弯矩值，kN·m；

M_b——从外加试验荷载开始至构件出现裂缝的前一级荷载为止的外加荷载产生的跨中弯矩值，kN·m；

α_b^0——从外加试验荷载开始至构件出现裂缝的前一级荷载为止的外加荷载产生的跨中挠度实测值，mm。

9. 裂缝观测

（1）观察裂缝出现可采用放大镜。若试验中未能及时观察到正截面裂缝的出现，可取荷载—挠度曲线上的转折点（曲线第一弯转段两端点切线的交点）的荷载值作为构件的开裂荷载实测值。

（2）在对构件进行抗裂检验时，当在规定的荷载持续时间内出现裂缝时，应取本级荷载值与前一级荷载值的平均值作为其开裂荷载实测值；当在规定的荷载持续时间结束后出现裂缝时，应取本级荷载值作为其开裂荷载实测值。

（3）裂缝宽度可采用精度为 0.05mm 的刻度放大镜等仪器进行观测，也可采用满足精度要求的裂缝检验卡进行观测。

（4）对正截面裂缝，应量测受拉主筋处的最大裂缝宽度；对斜截面裂缝，应量测腹部斜裂缝的最大裂缝宽度。确定受弯构件受拉主筋处的裂缝宽度时，应在构件侧面量测。

10. 安全防护措施

（1）试验的加荷设备、支架、支墩等，应有足够的承载力安全储备。

（2）试验屋架等大型构件时，应根据设计要求设置侧向支承；侧向支承应不妨碍构件在其平面内的位移。

（3）试验过程中应采取安全措施保护试验人员和试验设备安全。

11. 试验报告

试验报告内容应包括试验背景、试验方案、试验记录、检验结论等，不得有漏项缺检；试验报告中的原始数据和观察记录应真实、准确，不得任意涂抹篡改；试验报告宜在试验现场完成，并应及时审核、签字、盖章、登记归档。

11.8　锚具、夹具和连接器试验

11.8.1　概述

锚具是指用于保持预应力筋的拉力并将其传递到结构上所用的永久锚固装置。夹具是指建立或保持预应力筋预应力的临时性锚固装置，也称为工具锚。连接器是指用于连接预应力筋的装置。预应力筋是指用于建立预加应力的单根或成束的预应力钢材或纤维增强复合材料筋等受拉元件。预应力钢材是指预应力结构与的钢丝、钢棒、钢绞线、钢丝绳、螺纹钢筋和钢拉杆等的统称。纤维增强复合材料筋是指用连续纤维束按拉挤成型工艺生产的棒状纤维增强复合材料制品。

1. 产品分类

根据对预应力筋的锚固方式，锚具、夹具和连接器可分为夹片式、支承式、握裹式和组合式 4 种基本形式。夹片式又分为圆形、扁形；支承式又分为墩头、螺母；握裹式又分为挤压、压花；组合式又分为冷铸、热铸。

2. 材料要求

（1）锚具

需要孔道灌浆的锚具或其附件上宜设置灌浆孔或排气孔，灌浆孔的孔位及孔径应满足灌浆工艺要求，且应有与灌浆管连接的构造；用于低应力可更换型拉索锚具，应有放松、可更换的装置；体外预应力筋用锚具和拉索用锚具应有防腐蚀措施，且能发挥结构的耐久性规定。

（2）夹具

夹具应能重复使用；夹具应有可靠的自锚性能、良好的松锚性能；使用过程中，应能保证操作人员的安全。

（3）拉索用锚具和连接器

拉索用锚具和连接器的一般要求可参考标准中的相关规定执行或符合国家现行有关标准的规定。

3. 性能要求

（1）锚具

对锚具的要求有静载锚固性能（包括锚固效率系数、总伸长率）、疲劳荷载性能、锚固区传力性能、低温锚固性能、锚板强度、内缩量、锚口摩阻损失和张拉锚固工艺 8 项。

（2）夹具

对夹具的要求有静载锚固性能。

（3）连接器

张拉后永久留在混凝土结构或构件中的连接器，其性能应符合上述（1）锚具的规定；张拉后还需要放张和拆卸的连接器，其性能应符合上述（2）的规定。

4. 试验方法

（1）试验用预应力筋

① 试验用预应力筋、纤维增强复合材料筋和试验用其他预应力筋的力学性能应分别符合国家现行有关标准的规定。

② 试验用预应力筋的直径公差应在受检锚具、夹具或连接器设计的匹配范围之内。

③ 应在预应力筋有代表性的部位取至少 6 根试件进行母材力学性能试验，试验结果应符合国家现行有关标准的规定，每根预应力筋的实测抗拉强度在相应的预应力筋标准中规定的等级划分均应与受检锚具、夹具或连接器的设计等级相同。

④ 试验用索体试件应在成品索体上直接截取，试件数量不应少于 3 根。

⑤ 已收损伤或者有接头的预应力筋不应用于组装件试验。

（2）试验用预应力筋 - 锚具、夹具或连接器组装件

① 试验用的预应力筋 - 锚具、夹具或连接器组装件由产品零件和预应力筋组装而成。

② 试验用的锚具、夹具或连接器应采用外观、尺寸和硬度检验合格的产品。组装时不应锚固零件上添加或擦除影响锚固性能的介质。

③ 多根预应力筋的组装件中各根预应力筋应等长、平行、初应力均匀，其受力长度不应小于 3m。

④ 单根钢绞线的组装件及钢绞线母材力学性能试验用的试件，钢绞线的受力长度不应小于 0.8m；试验用其他单根预应力筋的组装件及母材力学性能试验用的试件，预应力筋的受力长度可按照试验设备及国家现行相关标准确定。

⑤ 静载锚固性能试验用拉索试件应保证索体的受力长度符合标准的规定，疲劳荷载性能试验用拉索试件索体的受力长度不应小于 3m。

⑥ 对于预应力筋在被夹持部位不弯折的组装件（全部锚筋孔均与锚板底面垂直），各根预应力筋应平行受拉，侧面不应设置有碍受拉或与预应力筋产生摩擦的接触点；如预应力筋的被夹持部位与组装件的轴线有转向角度（锚筋孔与锚板底面不垂直或连接器的挤压头需倾斜安装等），应在设计转角处加装约束钢环，组装件受拉力时，该转向约束钢环与预应力筋之间不应发生相对滑动。

5. 组批与抽样

出厂检验时，每批产品的数量是指同一种规格的产品、同一批原材料、同一种工艺一次投料生产的数量。每个抽检组批不应超过 2000 件（套），并符合下列规定：

（1）外观、尺寸：抽检数量不应少于 5% 且不应少于 10 件（套）。

（2）硬度（有硬度要求的零件）：抽检数量不应少于热处理每炉装炉量 3% 且不应少于 6 件（套）。

（3）静载锚固性能：应在外观及硬度检验合格后的产品中按锚具、夹具或连接器的成套产品抽样，每批抽样数量为 3 个组装件的用量。

6. 结果判定（出厂检验）

外观：所有受检样品均应符合要求，如有 1 个零件不符合要求，则应对本批全部产品进行逐件检验，符合要求者判定该零件外观合格。

尺寸、硬度：所有受检样品均应符合规定，如有 1 个零件不符合规定，应另取双倍数量的零件重新检验；如仍有 1 个零件不符合要求，则应对本批全部产品进行逐件检验，符合要求者判定该零件该性能合格。

静载锚固性能：3 个组装件中如有 2 个组装件不符合要求，应判定该批产品不合格；3 个组装件中如有 1 个组装件不符合要求，应另取双倍数量的样品重做试验，如仍有不符合要求者，应判定该批产品出厂检验不合格。

11.8.2　静载锚固性能试验

1. 仪器设备

试验机的测力系统应按照规定进行校准，并且其准确度不应低于 1 级；预应力筋总伸长率测量装置在测量范围内，示值误差不应超过 ±1%；静载锚固性能试验装置。

2. 试验步骤

（1）预应力筋－锚具或夹具组装件可按图 11.8.2-1 所示的装置进行静载锚固性能试验，受检锚具下方安装的环形支承垫板内径应与受检锚具配套使用的锚垫板上口直径一致；预应力筋－连接器组装件可按图 11.8.2-2 所示的装置进行静载锚固性能试验，被连接段预应力筋安装预紧时，可在连接器下临时加垫对开垫片，加载后可适当撤除；单根预应力筋的组装件还可在钢绞线拉伸试验机上按《预应力混凝土用钢材试验方法》GB/T 21839 的规定进行静载锚固性能试验。

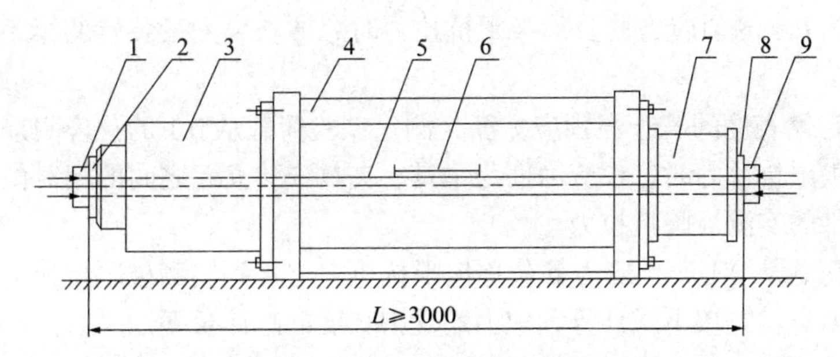

图 11.8.2-1 预应力筋－锚具或夹具组装件静载锚固性能试验装置示意图（单位：mm）

1、9—试验锚具或夹具；2、8—环形支承垫板；3—加载用千斤顶；4—承力台座；5—预应力筋；6—总伸长率测量装置；7—荷重传感器

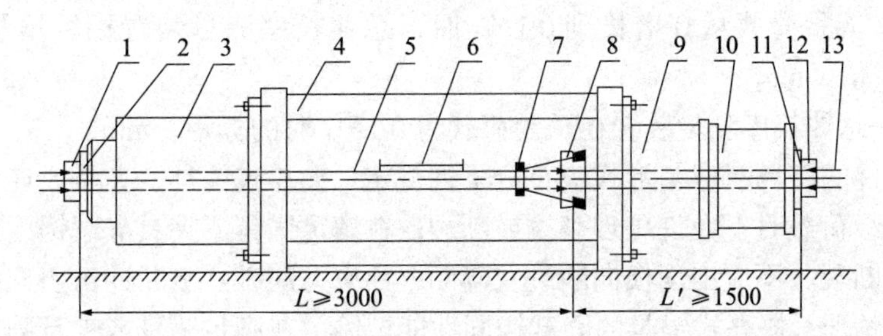

图 11.8.2-2 预应力筋－连接器装件静载锚固性能试验装置示意图（单位：mm）

1、12—试验锚具；2、11—环形支承垫板；3—加载用千斤顶；4—承力台座；5—续接段预应力筋；6—总伸长率测量装置；7—转向约束钢环；8—试验连接器；9—附加承力圆筒或穿心式千斤顶；10—荷重传感器；13—被连接段预应力筋

（2）受检预应力筋 - 锚具、夹具或连接器组装件安装全部预应力筋。

（3）加载之前应先将各种测量仪表安装调试正确，将各根预应力筋的初应力调试均匀，初应力可取预应力公称抗拉强度的 5% ～ 10%；总伸长率测量装置的标距不宜小于 1m。

（4）加载步骤

① 对预应力筋分级等速加载，加载步骤应符合标准的规定，加载速度不宜超过 100MPa/min；加载到最高一级，持荷 1h；然后缓慢加载至破坏。

② 用试验机或承力台座进行单根预应力筋的组装件静载锚固性能试验时，加载速度可加快，但不宜超过 200MPa/min；加载到最高一级荷载后，持荷时间可缩短但不应少于 10min，然后缓慢加载至破坏。

③ 除采用夹片式锚具的钢绞线拉索以外，其他拉索的加荷步骤：由 0.1 的预应力筋公称极限抗拉力开始，每增加 0.1 的预应力筋公称极限抗拉力，持荷 5min，加载速度不大于 100MPa/min；加载到最高一级荷载后，持荷时间可缩短但不应少于 10min，然后缓慢加载至破坏，逐级加载至 0.8 的预应力筋公称极限抗拉力；持荷 30min 后继续加载，每级增加 0.05 的预应力筋公称极限抗拉力，持荷 5min，逐级加载直到破坏。

④ 对于非鉴定性试验，试验过程中，当测得锚具效率系数、夹具效率系数、总伸长率满足锚具或夹具的静载锚固性能后可终止试验。

3. 测量、观察和记录

试验过程中，应对下列内容进行测量、观察和记录：

（1）荷载为 0.1 的预应力筋公称极限抗拉力时总伸长率测量装置的标距和预应力筋的受力长度。

（2）选取有代表性的若干根预应力筋，测量试验荷载从 0.1 的预应力筋公称极限抗拉力增长到实测极限抗拉力时，预应力筋与锚具、夹具或建立起之间的相对位移。

（3）组装件的实测极限抗拉力。

（4）试验荷载从 0.1 的预应力筋公称极限抗拉力增长到实测极限抗拉力时总伸长率测量装置标距的增量，并按下式计算预应力筋受力长度的总伸长率：

$$\varepsilon_{\mathrm{Tu}}=\frac{\Delta L_1+\Delta L_2}{L_1-\Delta L_2}\times 100\% \tag{11.8.2}$$

式中：ΔL_1——试验荷载从 $0.1F_{\mathrm{ptk}}$ 增长到 F_{Tu} 时，总伸长率测量装置标距的增量，mm；

ΔL_2——试验荷载从 0 增长到 $0.1F_{\mathrm{ptk}}$ 时，总伸长率测量装置标距增量的理论计算值，mm；

L_1——总伸长率测量装置在试验荷载为 $0.1F_{\mathrm{ptk}}$ 时的标距，mm。

（5）组装件的破坏部位与形式应符合下列规定：夹片式锚具、夹具或连接器的夹片在加载到最高一级荷载时不允许出现裂纹或断裂；在满足锚具或夹具静载锚固性能后允许出现微裂和纵向断裂，不应出现横向断裂及碎断；预应力筋激烈破断冲击引起的夹片破坏或断裂属于正常情况；握裹式锚具的静载锚固性能试验，在满足锚具或夹具静载锚固性能后失去握裹力时，属正常情况。

4. 结果判定

应进行 3 个组装件的静载锚固性能试验，全部试验结果均应作记录。3 个组装件的试验结果均应符合锚具或夹具的静载锚固性能的规定，不应以平均值作为试验结果。

预应力筋为钢绞线时如果钢绞线在锚具、夹具或连接器以外非夹持部位破断，且不符合锚具或夹具静载锚固性能的规定，应更换钢绞线重新取样做试验。

检验报告除数据记录外，还应包括破坏部位及形式的图像记录，并有准确的文字述评。

11.8.3　洛氏硬度试验

1. 方法概述

将特定尺寸、形状和材料的压头按照标准的规定分两级试验力压入试样表面，初试验力加载后，测量初始压痕深度。随后施加主试验力，在卸除主试验力后保持初试验力时测量最终压痕深度，洛氏硬度根据最终压痕深度和初始压痕深度的差值及常数（全量程参数）和标尺常数按下式计算给出（图 11.8.3）：

$$\text{洛氏硬度}=N-\frac{h}{S} \tag{11.8.3-1}$$

2. 洛氏硬度标尺

洛氏硬度标尺与硬度符号单位及压头类型的相互关系表示分别如下：A、HRA 和金刚石圆锥；B、HRBW 和 1.5875mm 球；C、HRC 和金刚石圆锥；D、HRD 和金刚石圆锥；E、HREW 和 3.175mm 球；F、HRFW 和 1.5875mm 球；G、HRGW 和 1.5875mm 球；H、HRHW 和 3.175mm 球；K、HRKW 和 3.175mm 球；15N、HR15N 和金刚石圆锥；30N、HR30N 和金

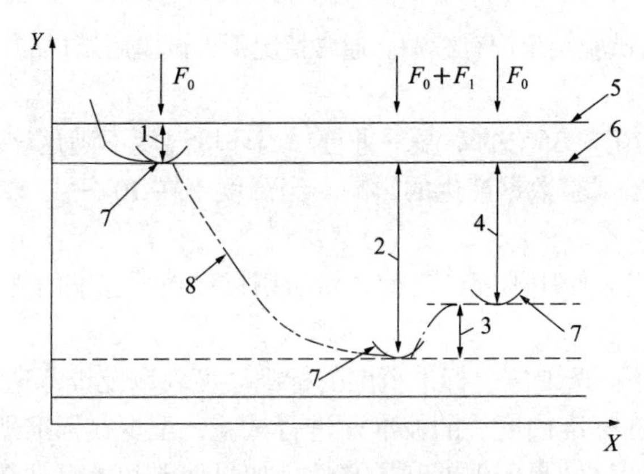

图 11.8.3 洛氏硬度试验原理图

X—时间; Y—压头位置; 1—在初试验力 F_0 下的压入深度; 2—由主试验力 F_1 引起的压入深度; 3—卸除主试验力 F_1 后的弹性回复深度; 4—残余压痕深度 h; 5—试样表面; 6—测量基准面; 7—压头位置; 8—压头深度相对时间的曲线

刚石圆锥; 45N、HR45N 和金刚石圆锥; 15T、HR15TW 和 1.5875mm 球; 30T、HR30TW 和 1.5875mm 球; 45T、HR45TW 和 1.5875mm 球。还要注意，它们各自的适用范围。

洛氏硬度的表示方法: 70 HR 30T W，70 表示硬度值; HR 表示洛氏硬度符号; 30T 表示洛氏标尺符号，W 表示使用球形压头的类型，W =碳化钨合金。

当硬度符号单位为 HRA、HRC、HRD 时，洛氏硬度按下式计算:

$$洛氏硬度=100-\frac{h}{0.002} \tag{11.8.3-2}$$

当硬度符号单位为 HRBW、HREW、HRFW、HRGW、HRHW 和 HRKW 时，洛氏硬度按下式计算:

$$洛氏硬度=130-\frac{h}{0.002} \tag{11.8.3-3}$$

当硬度符号单位为 HRN 和 HRTW 时，洛氏硬度按下式计算:

$$表面洛氏硬度=100-\frac{h}{0.001} \tag{11.8.3-4}$$

式中: h——卸除主试验力，在初试验力压痕残留的深度（残余压痕深度），mm。

3. 仪器设备

硬度计; 金刚石圆锥体压头，球型压头。

4. 试样

（1）除非材料标准或合同另有规定，试样表面应平坦光滑，并且不应有氧化皮及外来污物，尤其不应有油脂。在做可能会与压头粘结的活性金属的硬度试验时，例如钛; 可以使用某种合适的油性介质，例如煤油。使用的介质应在试验报告中注明。

（2）试样的制备应使受热或冷加工等因素对试样表面硬度的影响减至最小，尤其对于压痕深度浅的试样应特别注意。

（3）对于用金刚石圆锥压头进行的试验，试样或试验层厚度应不小于残余压痕深度的 10 倍; 对于用球压头进行的试验，试样或试验层厚度应不小于残余压痕深度的 15 倍。除非可以证明使用较薄的试样对试验结果没有影响。通常情况下，试验后试样的背面不应有变形出现。

5. 试验步骤

（1）试验一般在 10 ～ 35℃的室温下进行。当环境温度不满足该规定要求时，试验室需要评估该环境下对于试验数据产生的影响。当温度不在 10 ～ 35℃范围内时，应记录并在报告中注明。

（2）使用者应在当天使用硬度计之前，对所用标尺根据标准的规定进行日常检查和金刚石压头检查。

日常检查要求如下：选取符合标准范围的标准硬度块以及推荐选取与测试硬度值接近的标准硬度块，只能在标准硬度块的校准面进行试验，至少在标准硬度块上测试两个点，并按规定的公式计算测试结果的偏差和重复性。如果偏差和重复性在规定的允许范围内，则硬度计符合要求；否则，检查压头、试样支座和试验机的状态并重复上述试验。

金刚石压头检查要求如下：对压头表面在首次使用和使用一段时间后需使用合适的光学装置（显微镜、放大镜等）进行检查，若发现压头表面有缺陷，则认为压头已经失效；应按硬度计校准方法的规定对重新研磨或修复的压头进行校准。

（3）在变换或更换压头、压头球或载物台之后，应至少进行两次测试并将结果舍弃，然后按照标准规定进行日常检查以确保硬度计的压头和载物台安装正确。

（4）压头应是上一次间接校准时使用的，如果不是上一次间接校准时使用的，压头应按照标准规定对常用的硬度标尺至少使用两个标准硬度块进行核查（硬度块按照规定选用高值和低值各 1 个）。

（5）试样应放置在刚性支撑物上，并使压头轴线和加载方向与试样表面垂直，同时应避免试样产生位移。

（6）使压头与试样表面接触，无冲击、振动、摆动和过载地施加初试验力，初试验力的加载时间不超过 2s，保持时间因为 3^{+1}_{-2}s。初试验力的保持范围是不对称的；3^{+1}_{-2}s 是理想的保持时间，可接受的保持时间范围是 1 ～ 4s。

（7）初始压痕深度测量。手动（刻度盘）硬度计需要给指示刻度盘设置点或设置零位。自动（数显）硬度计的初始压痕深度测量是自动进行的，不需要使用者进行输入，同时初始压痕深度的测量也可能不显示。

（8）无冲击、振动、摆动和过载地施加初试验力，使试验力从初试验力增加至总试验力。洛氏硬度主试验力的加载时间为 1 ～ 8s。

（9）总试验力的保持时间为 5^{+1}_{-3}s，卸除主试验力，初试验力保持 4^{+1}_{-3}s 后，进行最终读数。对于在总试验力施加期间有压痕蠕变的试验材料，由于压痕可能会持续压入，所以应特别注意。若材料要求的总试验力保持时间超过标准所允许的 6s 时，实际的总试验力保持时间在试验结果中注明。

（10）保持初试验力测量最终压痕深度。洛氏硬度值由式（11.8.3-1）使用残余压痕深度计算，相应的信息有相关规定给出。对于大多数洛氏硬度计，压痕深度测量是采用自动计算从而显示洛氏硬度值的方式进行。

（11）在试验过程中，硬度计应避免受到冲击或振动。

（12）两相邻压痕中心之间的距离至少应为压痕直径的 3 倍，任一压痕中心距试样边缘的距离至少应为压痕直径的 2.5 倍。

6. 试验报告

除非另有规定，试验报告应包括下列内容:试验方法标准编号;与试样有关的详细资料，包括试样表面的曲率；如果试验温度不在 10 ～ 35℃，应注明试验温度；试验结果；不在标准部分规定之内的操作或可选操作；可能影响试验结果的各种细节；如果总试验力的保持时间超过 6s，应注明总试验力的保持时间；试验日期；如果转换成其他硬度，转换的依据和方法应注明。

11.9 预应力混凝土用金属波纹管试验

11.9.1 概述

《预应力混凝土用金属波纹管》JG/T 225—2020 适用于镀锌或非镀锌低碳钢带螺旋折叠咬口制成，表面呈波纹状轮廓，用于后张法预应力混凝土结构或构件中预留孔道的金属管。

1. 分类

预应力混凝土用金属波纹管可分为标准型和增强型；按截面形状分为圆形和扁形。

2. 外观

预应力混凝土用金属波纹管外观应清洁，内外表面应无锈蚀、油污、附着物、孔洞和不规则的褶皱，咬口无开裂、脱扣。

3. 构造

预应力混凝土用金属波纹螺旋向宜为右旋；折叠咬合的重叠部分宽度不应小于钢带厚度的 8 倍，且不应小于 2.5mm ;折叠咬合部分之间的凸起波纹顶部和根部均应为圆弧过渡，不应有折角。

4. 抗外荷载性能

金属波纹管承受规定的局部横向荷载或均布荷载时，波纹管不应出现开裂、脱扣等现象，变形量应符合标准规定。

5. 抗渗漏性能

在承受产品标准规定的局部横向荷载作用后或在规定的弯曲情况下，金属波纹管不应渗出水泥浆。

6. 组批

出厂检验应按批进行检验。每批应由同一个钢带生产厂生产的同一批钢带制造的产品组成。每半年或累计 50000m 生产量为一批。外观应全数检验，其他项目抽样数量均为 3 件。

7. 检验结果判定

当全部出厂检验项目均符合要求时，应判定该批产品合格；当检验结果有不合格项目时，应从同一批产品中未经抽样的产品中重新加倍取样对该不合格项目复验，复验结果全部合格，应判定该批产品合格，否则应判定该批产品不合格。

11.9.2 抗外荷载性能试验

1. 试件

试件长度取圆管公称内径或扁管等效公称内径的 5 倍，且不应小于 300mm。

2. 加载设备

加载可采用万能试验机，试验机量程应与试验荷载匹配，试验机级别不应低于 1.0 级，力值分辨率不应低于 10N，位移分辨率不应低于 0.02mm；也可采用砝码及辅助装置加载。

3. 变形测量方法

施加的外荷载达到 10N 时开始测量变形量，变形量可用百分表直接在加载处测量，也可由试验机位移计直接读取。

4. 抗局部横向荷载性能试验方法

（1）按图 11.9.2-1 所示，在试件中部位置波谷处取 1 点，用端部 ϕ 10mm，横向长度 150mm 的圆柱顶压头（如图 11.9.2-2 所示）对试件施加局部横向荷载至规定值并持荷。

（2）采用万能试验机加载时，加载速度不应超过 20N/s；采用砝码及辅助装置加载时，每次增加砝码不宜超过 10kg。

（3）在持荷状态下按规定测量试件的变形量，并计算变形比，观察试件是否出现咬合开裂、脱扣或其他破坏现象，测量变形量时持荷时间不应短于 1min。

（4）每根试件测试 1 次，试件变形比应符合标准规定。

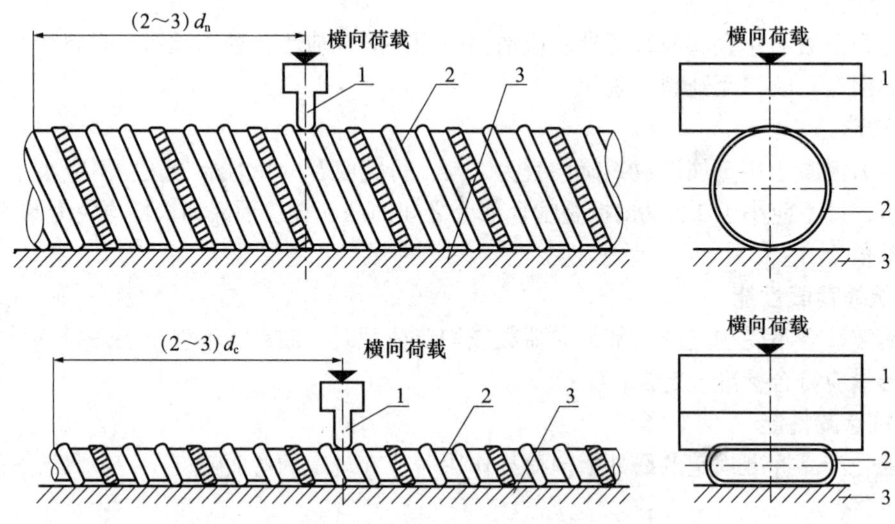

图 11.9.2-1　抗局部横向荷载性能加载方法示意（单位：mm）

1—圆柱顶压头；2—试件；3—试验台座

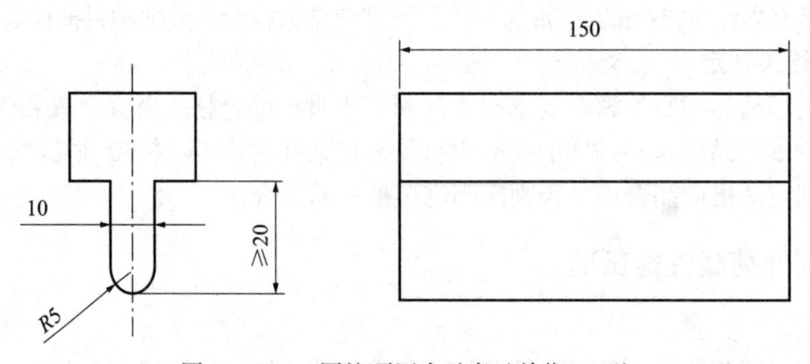

图 11.9.2-2　圆柱顶压头示意（单位：mm）

5. 抗均布荷载性能试验方法

（1）按图 11.9.2-3 所示，通过上、下加荷板和海绵垫，对试件施加均布荷载至规定值并持荷。

（2）采用万能试验机加载时，加载速度不应超过 20N/s；采用砝码及辅助装置加载时，每次增加砝码不宜超过 10kg。

（3）在持荷状态下按规定测量试件的变形量，并计算变形比，观察试件是否出现咬合开裂、脱扣或其他破坏现象。测量变形量时持荷时间不应短于 1min。

（4）每根试件测试 1 次，试件变形比应符合标准规定。

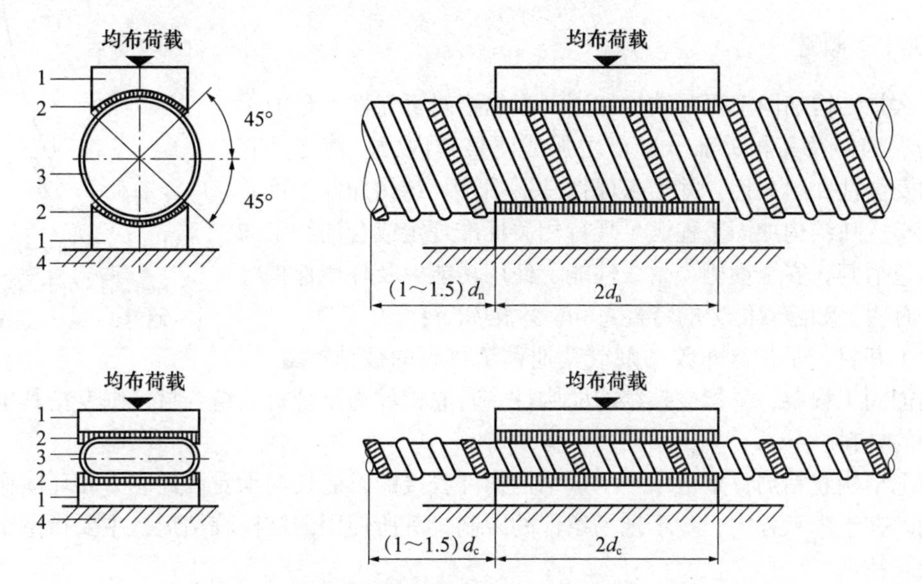

图 11.9.2-3 抗均布荷载性能试验加载方法示意（单位：mm）

1—加荷板；2—10mm 厚海绵垫；3—试件；4—试验台座

11.9.3 抗渗漏性能试验

1. 承受局部横向荷载后抗渗漏性能试验方法

（1）试件制作

试件长度取圆管公称直径或扁管等效公称内径的 5 倍，且不应小于 300mm。按规定的试验方法进行加载，压头放置在金属波纹管中部咬合位置。施加局部横向荷载至变形量达到圆管公称内径或扁管公称内径短轴尺寸的 20%，持荷 1min 后卸载，形成试件。

（2）试验方法

将试件的一端封严后竖放。用水灰比为 0.50 的普通硅酸盐水泥浆灌满试件，观察试件表面渗漏情况 30min；也可用清水灌满试件，如果试件不漏水，可不再与水泥浆进行试验。每根试件测试 1 次，测试结果应符合规定。

2. 弯曲后抗渗漏性能试验方法

（1）试件制作

试件长度取 1500mm，将试件弯成圆弧，圆管的曲率半径应为圆管公称内径的 30 倍，扁管短轴方向的曲率半径应为 4000mm。

（2）试验方法

试件放置如图 11.9.3 竖向放置，下端封严，用水灰比为 0.50 的普通硅酸盐水泥浆灌满试件，观察试件表面渗漏情况 30min；也可用清水灌满试件，如果试件不漏水，可不再与水泥浆进行试验。每根试件测试 1 次，测试结果应符合规定。

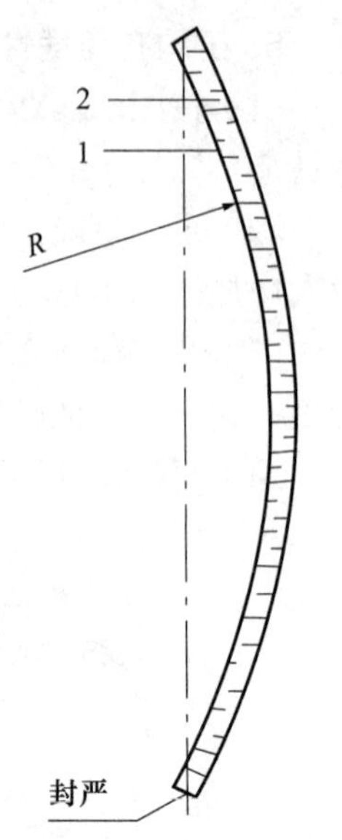

图 11.9.3　弯曲后抗渗漏性能试验方法示意

1—试件；2—纯水泥浆或清水

11.10　混凝土加固材料检验

11.10.1　概述

什么是结构加固工程？结构加固工程是指对可靠性不足的承重结构、构件及其相关部分进行增强或调整其内力，使之具有足够的安全性和耐久性，并力求保持其适用性。结构加固工程质量，是指反映结构加固工程满足现行相关标准规定或合同约定的要求，包括其在安全性能、耐久性能、使用功能以及环境保护等方面所有明显和隐含能力的特性总和。术语如下：

（1）基材，是指涂布胶粘剂或其他粘结材料的被粘物之一。在结构加固工程中，系指被粘结的原构件。若原构件为复合材或组合材，则专指其中被粘合部分的材料。

（2）结构胶粘剂，是指用于承重结构构件胶接的，能长期承受设计应力和环境作用的胶粘剂。在土木工程中，基于现场条件的限制，其所使用的结构胶粘剂，主要指室温固化的结构胶粘剂。

（3）裂缝修补胶，是指以低黏度改性环氧类胶粘剂配制的用于填充、封闭混凝土裂缝的胶粘剂，也称裂缝修补剂。当有可靠的工程检验时，也可用其他改性合成树脂替代改性环氧树脂进行配制。若工程要求恢复开裂混凝土的整体性和强度时，应使用高粘结性结构胶配制的具有修复功能的裂缝修补胶（剂），也称裂缝修补胶（剂）。

（4）裂缝注浆料，是指一种高流态、塑性的、采用压力注入的修补裂缝材料，一般分为改性环氧类和改性水泥基类注浆料两类。

（5）结构界面胶（剂），是指为改善粘结材料、加固材料与基材之间的相互粘结性能而在基材表面涂布的胶粘剂，专称为结构界面胶（剂）。其性能和质量完全不同于一般界面处理剂。

（6）纤维增强复合材，是指以具有所要求特性的连续纤维或其制品为增强材料，与基体—结构胶粘剂粘结而成的高分子复合材料，简称纤维复合材。在工程结构中常用的有碳纤维复合材、玻璃纤维复合材和芳纶纤维复合材等。

（7）阻锈剂，是指能抑制混凝土中钢筋电化学腐蚀的抑制剂；一般分为掺入型和喷涂型两种。在结构加固中，一般使用后者；仅当重新浇筑混凝土时，才使用掺入型阻锈剂。

（8）聚合物砂浆，是指掺有改性环氧乳液（或水性环氧）或其他改性共聚乳液的高强度水泥砂浆。结构加固用的聚合物砂浆在安全性能上有专门要求，应与普通聚合物砂浆相区别。

（9）结构加固用灌浆料，是指在混凝土增大截面工程中，为保证钢筋密集部位新旧混凝土之间紧密接合、填充饱满并减小收缩，而掺入细石混凝土的高品质水泥基灌浆料。

什么是进场复验报告？进场复验报告是根据进场见证抽样检验结果出具的有效文件，主要用于判断该批材料的性能和质量是否与设计、订货要求相符，并确定该批产品能否在工程中安全使用。因此，见证抽样的样品应由监理单位签封或送样；其检验报告必须由独立的检测机构出具。因为他们应对样品和检验报告的可靠性承担法律责任。

1. 进场复验

建筑结构加固工程施工质量控制中特别规定：加固材料、产品应进行进场验收，凡涉及安全、卫生环境保护的材料和产品应按规范的规定抽样数量进行见证抽样复验；其送样应经监理工程师签封；复验不合格的材料和产品不得使用；施工单位或生产厂家自行抽样、送检的委托检验报告无效。

复验，是指凡涉及安全或功能的加固材料、产品，进场时，不论事先持有何种检验合格证书，均应按现行有关标准规范所指定的项目进行见证抽样检验活动。见证取样是指在监理单位或建设单位（业主）监督下，由施工单位或检测机构专业人员实施的现场取样工程。见证取样的样本应经监督人员签封后，送至具备相应资质的独立检测机构进行测试。检验批是指为实施抽样检验而指定的受检批次。

建筑加固工程检验批的质量检验，应按《建筑结构加固工程施工质量验收规范》GB 50550 及根据《建筑工程施工质量验收统一标准》GB 50300 的抽样原则及加固规范所规定的抽样方案执行。

检验批中，凡涉及结构安全的加固材料、施工工艺、施工过程中留置的试件、结构重要部位的加固施工质量等项目，均须进行现场见证取样检测或结构构件实体见证检验。任何未经见证的此类项目，其检测或检验报告，不得作为施工质量验收依据。

2. 混凝土原材料复验

（1）水泥

强度、安定性等是水泥的安全性指标，进场时应予见证抽样复验，其质量应符合现行国家有关标准的要求。水泥是混凝土的重要组成成分，若其中含有硫化物，可能引起混凝土结构中钢筋的锈蚀，应严格控制。结构加固工程用的水泥进场时应对其品种、级别、包装或散装仓号、出厂日期等进行检查，并对其强度、安定性及其他必要的性能指标进行见证取样复验。其品种和强度等级必须符合《混凝土结构加固设计规范》GB 50367 及设计的规定；其质量必须符合《通用硅酸盐水泥》GB 175 的要求。

加固用混凝土中严禁使用安定性不合格的水泥、含氯化物的水泥、过期水泥和受潮水泥。检查数量，按同一生产厂家、同一等级、同一品种、同一批号且一次进场水泥，以 30t 为一批（不足 30t，按 30t 计），每批见证取样不应少于 1 次。检验方法，检查产品合格证、出厂检验报告和进场复验报告。

（2）外加剂

混凝土外加剂品种较多，且均已相应的质量保证，使用时其产品质量及应用技术应符合《混凝土外加剂》GB 8076 和《混凝土外加剂应用技术规范》GB 50119 及其现行行业标准的要求。外加剂的检验项目、方法和批量也应符合现行相应产品标准的规定。若外加剂中含有氯化物，同样可能引起混凝土结构中钢筋的锈蚀，也应严格控制。检查数量，按进场的批次并符合规范的规定；检验方法，检查产品合格证、出厂检验报告（包括与水泥适应性检验报告）和进场复验报告。

（3）粉煤灰

现场搅拌的混凝土中，不得掺入粉煤灰。当采用掺有粉煤灰的预拌混凝土时，其粉煤灰应为Ⅰ级灰，且烧失量不应大于 5%。检查数量，逐批检查；检验方法，检查粉煤灰生产厂出具的粉煤灰等级证书、出厂检验报告及商品混凝土检验机构出具的粉煤灰烧失量检验报告。

（4）骨料

根据建筑结构加固工程的特点，明确要求普通混凝土用是砂和石子的质量应符合《普通混凝土用砂、石质量及检验方法标准》JGJ 52 的要求，还结合被加固结构构造条件的限制和浇筑方法的不同，对砂的细度和石子的最大粒径作出了具体规定：粗骨料的最大粒径，对拌合混凝土不应大于 20mm；对喷射混凝土不应大于 12mm；对掺加短纤维的混凝土不应大于 10mm。细骨料应为中、粗砂，其细度模数不应小于 2.5。检查数量，按进场的批次和产品复验抽样并符合规范的规定。检验方法，检查进场复验报告。

（5）拌合用水

考虑今后建筑工程中利用工业处理水的发展趋势，除了采用自来水或天然洁净水外，还需要采用其他水源，因此规定，拌制混凝土应采用饮用水或水质符合《混凝土用水标准》JGJ 63 规定的天然洁净水。这一点很重要，因为有不少工程事故表明，由于施工单位不重视水质的检验，随意使用水质不明的水源，致使新浇的混凝土在工程完工不久便出现难以弥补的质量问题。检查数量，同一水源检查不应少于 1 次；检验方法，送独立检测机构化验。

3. 钢材

（1）钢筋

钢筋对混凝土结构构件的承载力至关重要，对其质量从严要求。结构加固用的钢筋，其品种、规格、性能等应符合现行国家有关标准的规定，见证取样作力学性能复验，其质量必须符合相应标准的要求，尚应符合下列规定：对有抗震设防要求的框架结构，其纵向受力钢筋强度检验实测值应符合《混凝土结构工程施工质量验收规范》GB 50204 的规定；对受力钢筋，在任何情况下，均不得采用再生钢筋和钢号不明的钢筋。检查数量，按进场的批次和产品复验抽样并符合规范的规定。检验方法，检查产品合格证、出厂检验报告和进场复验报告。

（2）型钢、钢板及其连接件

由于建筑结构加固工程的工程量一般较小，极易遇到来源不明、混批的钢材和紧固件。因此，不论是国产钢材还是进口钢材，应一律进行见证抽样复验，以免给工程造成隐患。这一点应提请监理人员注意。

结构加固用的型钢、钢板及其连接用的紧固件，其品种、规格和性能等应符合设计要求和现行国家有关标准的要求以及有关产品标准的规定。严禁使用再生钢材以及来源不明的钢材和紧固件。型钢、钢板及其连接用的紧固件进场时，应按《钢结构工程施工质量验收标准》GB 50205 等的规定见证取样作安全性能复验，其质量必须符合设计和合同的要求。检查数量，按进场的批次，逐批检查，且每批抽取一组试样进行复验。组内试件数量按所执行的试验方法标准确定；检验方法，检查产品合格证、中文标志、出厂检验报告和进场复验报告。

型钢的规格尺寸、钢板的厚度是影响钢构件承载力的主要因素之一，进场时加以重点抽查显然是必要的。钢材的外观除了应重点检查其端边或断口处有无分层、夹渣等严重缺陷外，尚应检查其锈蚀情况。由于许多钢材是露天堆放，易受风雨和空气中有害介质的侵蚀，致使钢材表面出现点锈和片状锈蚀，严重者将影响钢构件的受力，因此，规定钢材表面锈蚀的允许深度。

（3）预应力加固用钢材、锚具、夹具和连接器

预应力加固的专用钢材进场时，应根据其品种按照现行国家有关标准的规定，见证取样作力学性能复验，其质量必须符合相应标准的规定。检查数量，按进场批次，逐批检查，且每批抽取一组试样进行复验。组内试件数量按所执行的试验方法标准确定；检验方法，检查产品合格证、出厂检验报告和进场复验报告。

千斤顶张拉用的锚具、夹具和连接器对应符合《预应力筋用锚具、夹具和连接器》GB/T 14370 等的规定。检查数量，按进场批次和产品复验抽样并符合规范的规定；检验方法，检查产品合格证、出厂检验报告和进场复验报告。进场复验可仅作主要的力学性能检验。

锚具、夹具和连接器的实际应用可按《预应力筋用锚具、夹具和连接器应用技术规程》JGJ 85 的规定执行，进场复验一般仅作静载检验。检验时考虑到加固工程量一般不大的特点，其检验批以不超过 200 套为一批较为合适。此外，其材质、机加工尺寸及热处理硬度只需按出厂检验报告中所列指标进行核查即可。

4. 结构胶粘剂

在当前结构加固工程，随着结构胶粘剂的用量骤增，其良莠不齐的问题也愈见严重。进场接受时稍有失误，将直接危及加固工程的安全。加固工程使用的结构胶粘剂，应按工程用量一次进场到位。结构胶粘剂进场时，施工单位应会同监理人员对其品种、级别、批号、包装、中文标志、产品合格证、出厂日期、出厂检验报告等进行检查；同时应对其钢 - 钢拉伸剪切强度、钢 - 混凝土正拉粘结强度和耐湿热老化性能等 3 项重要性能指标以及该胶粘剂不挥发物含量进行见证取样复验；对抗震设防烈度为 7 度及 7 度以上地区建筑结构用的粘钢和粘贴纤维复合材的结构胶粘剂，尚应进行抗冲击剥离能力的见证取样复验；所有复验结果均须符合《混凝土结构加固设计规范》GB 50367 及《建筑结构加固工程施工质量验收规范》GB 50550 的要求。

检验数量，按进场批次，每批号见证取样 3 件，每件每组分称取 500g，并按相同组分予以混匀后送独立检验机构复验。检验时，每一项目每批次的样品制作一组试件；检验方法，在确认产品批号、包装及中文标志完整的前提下，检查产品合格证、出厂日期、出厂检验报告、进场见证复验报告，以及抗冲击剥离试件破坏后的残件。

为此，在结构胶粘剂的检查和复验工作中必须掌握以下几个要点：第一，结构胶粘剂属于规范强制性条文重点管辖的对象，必须严格执行，凡品种、级别和安全性能不符合现行国家有关标准规定的产品，施工单位不得擅自接受。这一监督责任应由监理单位承担。第二，为了杜绝伪劣胶粘剂混入现场，很重要的一点要求胶粘剂应按工程用量一次进场，只有在一次进场的前提下，才能进行有效的检查和见证抽样复验。建议监理单位应在检验

合格的固化剂容器上作标记，以供识别。

对结构胶粘剂性能和质量的复验，宜先测定其不挥发物含量，若测定结果不合格，便不再对其他项目进行测定。应检查结构胶存在的质量问题。若发现问题，应弃用该型号胶粘剂。

（1）结构胶粘剂安全性能复验的测定方法

钢 - 钢拉伸剪切强度应按《胶粘剂 拉伸剪切强度的测定（刚性材料对刚性材料）》GB/T 7124 测定，但钢试片应经喷砂处理。

钢 - 混凝土正拉粘结强度、抗冲击剥离能力和胶粘剂不挥发物含量，应按《建筑结构加固工程施工质量验收规范》GB 50550 测定。其中抗冲击剥离试件破坏后的残件，应经设计人员确认其剥离长度后，方允许销毁。

（2）结构胶粘剂耐湿热老化性能的复验规定

对进入加固市场前未做过该性能验证性试验的产品，应将见证抽取的样品送独立检测机构补做验证性试验。其试验方法和评定标准应符合《混凝土结构加固设计规范》GB 50367 及《建筑结构加固工程施工质量验收规范》GB 50550 的规定；对该性能已通过独立检测机构验证性试验的产品，其进场复验，应按《建筑结构加固工程施工质量验收规范》GB 50550 的规定进行快速检测与评定；当一种胶粘剂的快速复验不合格时，允许重新采用《建筑结构加固工程施工质量验收规范》50550 规定的试验方法，以加倍试件数量再进行复验。若复验合格，允许改评为符合耐老化性能要求的结构胶粘剂；不得使用仅具有热湿老化性能快速复验报告的胶粘剂。

（3）结构胶粘剂的工艺性能

结构胶粘剂工艺性能的优劣，直接关系到其粘结性能的可靠性。结构胶粘剂的工艺性能指标要求有 4 项，即混合后初黏度、触变指数、25℃下垂流度和在各季节试验温度下的适用期等。结构胶胶粘剂进场时，应见证取样复验其混合后初黏度或触变指数。什么是结构胶粘剂的触变性？所谓的触变性，是指胶液在一定剪切速率作用下，其剪应力随时间延长而减小的特性。在胶粘工艺上具体表现为:搅动下胶液黏度迅速下降，便于涂刷;停止时，胶液黏度立即增大，不会随意流淌。这一特征对粘钢、粘贴纤维复合材的预成型板和植筋都很重要，因为既可减轻劳动强度，又能保证涂刷的均匀性和胶缝厚度的可控性，所以有必要检验涂刷型和锚固型结构胶粘剂触变性。为此，必须引进触变性的表征量——触变指数。该指数的测定方法是在规定的温度（一般为 23℃）下采用两个相差悬殊的剪切速率，分别测定一种胶粘剂的表观黏度。

（4）封闭裂缝用结构胶粘剂

封闭裂缝一般使用无碱玻璃纤维或碳纤维布，粘贴这些材料所用的胶粘剂，主要是要求它具有较好的湿润性和渗透性，而对粘结性能只要求得到 B 级即可。封闭裂缝用的结构胶粘剂进场时，应对其品种、级别、包装、中文标志、出厂日期、出厂检验合格报告等进行检查；若有怀疑，应对其安全性能和工艺性能进行见证抽样复验，其安全性能复验结果应符合《混凝土结构加固设计规范》GB 50367 对纤维复合材粘结用胶的 B 级胶规定；其工艺性能复验结果应符合《建筑结构加固工程施工质量验收规范》GB 50550 的规定。检查数量，按进场的批次和产品复验抽样，符合规范的规定。检验方法，在确认产品包装及中文标志完整前提下，检查产品合格证、出厂日期、出厂检验报告和进场复验报告。

（5）严禁使用的结构胶粘剂

加固过程中，严禁使用下列结构胶粘剂产品：过期或出厂日期不明；包装破损、批号涂毁或中文标志、产品使用说明书为复印件；掺有挥发性溶剂或反应性稀释剂；固化剂主成分为不明或固化剂主成分为乙二胺；游离甲醛含量超标；以“植筋－粘钢两用胶”命名。特别注意，过期胶粘剂不得以厂家出具“质量保证书”为依据而擅自延长其使用期限。

5. 纤维材料

纤维材料进入市场前，虽然已委托独立检验机构作过安全性能的验证性试验或安全性鉴定，但这只能作为设计和业主单位选材的依据，而不能取代进场检查和复验。碳纤维织物（碳纤维布）、碳纤维预成型板以及玻璃纤维织物（玻璃纤维布）应按工程用量一次进场到位。

纤维材料进场时，施工单位会同监理人员对其品种、级别、型号、规格、包装、中文标志、产品合格证和出厂检验报告等进行检查，同时尚应对下列重要性能和质量指标进行见证取样复验：纤维复合材的抗拉强度标准值、弹性模量和极限伸长率；纤维织物单位面积质量或预成型板的纤维体积含量；碳纤维织物的 K 数。

若检验中发现该产品尚未与配套的胶粘剂进行过适配性试验，应见证取样送独立检测机构，按《建筑结构加固工程施工质量验收规范》GB 50550 的“粘结材料粘合加固材与基层的正拉粘结强度”“纤维复合材层间剪切强度测定方法”的要求进行补检。检查、检验和复验结果必须符合《混凝土结构加固设计规范》GB 50367 的规定及设计要求。检查数量，按进场批号，每批见证取样 3 件，从每件中，按每一检验项目各裁取一组试样的用料。检验方法，在确认产品包装及中文标志完整的前提下，检查产品合格证、出厂检验报告和进场复验报告；对进口产品还应检查报关单及商检报告所列的批号和技术内容是否与进场检查结果相符。

特别注意以下几点：

（1）纤维复合材抗拉强度应按《定向纤维增强聚合物基复合材料拉伸性能试验方法》GB/T 3354 测定，但其复验的试件数量不得少于 15 个，且应计算其试验结果的平均值、标准差和变异系数，供确定其强度标准值使用。

（2）纤维织物单位面积质量应按《增强制品试验方法 第 3 部分:单位面积质量的测定》GB/T 9914.3 进行检测；碳纤维预成型板材的纤维体积含量应按《碳纤维增强塑料孔隙含量和纤维体积含量试验方法》GB/T 3365 进行检测。

（3）碳纤维的 K 数应按《建筑结构加固工程施工质量验收规范》GB 50550“碳纤维织物中碳纤维 K 数快速判定方法”判定。

结构加固使用的碳纤维，严禁用玄武岩纤维、大丝束碳纤维等替代。结构加固使用是 S 玻璃纤维（高强玻璃纤维）、E 玻璃纤维（无碱玻璃纤维），严禁使用 A 玻璃纤维或 C 玻璃纤维替代。纤维织物单位面积质量检查数量，按进场批次，每批抽取 6 个试样；检验方法，检查产品进场复验报告。

从材料出厂至进入施工现场，要经过市场几个环节，意味着这种昂贵的材料具有较大的被调包的风险，所以要求，应按工程用量一次进场到位。纤维复合材的纤维应连续、排列均匀；织物尚不得有皱褶、断丝、结扣等严重缺陷；板材尚不得有表面划痕、义务夹杂、层间裂纹和气泡等严重缺陷。

6. 水泥砂浆原材料

混凝土结构加固用的普通水泥砂浆，虽然多是用作加固材料表面的防护层，但由于近几年砌体结构的抗震加固工程中也常用作外加钢筋网的面层，所以有必要对水泥的强度等级和施工质量提出要求。配制结构加固用砂浆的水泥，其品种、性能和质量，进场时应予见证抽样复验。

配制砂浆用的外加剂，其性能和质量、检查数量及检验方法等均应符合《砌体结构工程施工质量验收规范》GB 50203 的规定。

7. 聚合物砂浆原材料

承重结构使用的聚合物砂浆（包括掺有聚合物的高性能复合砂浆），其性能和质量的要求与结构胶粘剂不相上下。因此，对其进场检查与复验，也应严格对待，不能有丝毫的含糊。配制结构加固用聚合物砂浆（包括以复合砂浆命名的聚合物砂浆）的原材料，应按工程用量一次进场到位。

聚合物原材料检测时，施工单位应会同监理单位对其品种、型号、包装、中文标志、出厂日期、出厂检验报告等进行检查，同时尚应对聚合物砂浆体的劈裂抗拉强度、抗折强度及聚合物砂浆与钢粘结的拉伸抗剪强度进行见证取样复验。其检查和复验结果必须符合《混凝土结构加固设计规范》GB 50367 的规定。以上 3 项见证取样复验的测定方法按《建筑结构加固工程施工质量验收规范》GB 50550 的规定进行。

检查数量，按进场批号，每批号见证抽样 3 件，每件每组分称取 500g，并按同组分予以混合后送独立检测机构复验。检验时，每一项目每批号的样品制作一组试件。检验方法，在确认产品包装完整性的前提下，检查产品合格证、出厂日期、出厂检验报告和进场复验报告。

特别注意：聚合物砂浆体的劈裂抗拉强度、抗折强度及聚合物砂浆拉伸抗剪强度应分别按《建筑结构加固工程施工质量验收规范》GB 50550 规定的方法进行测定。

我国迄今尚未制定承重构件外加面层专用的砂浆配合比规程，因此，只能按产品使用说明书提供的配合比采用，对重要工程还应通过试配确认其使用效果。聚合物砂浆的用砂，应采用粒径不大于 2.5mm 的石英砂配制的细度模数不小于 2.5 的中砂。其使用的技术条件，应按设计强度等级经试配确定。检查数量，按进场批次和试配试验方案确定。检验方法，检查试配试验报告。

8. 裂缝修补用注浆料

混凝土及砌体裂缝修补用的注浆料进场时，应对其品种、型号、出厂日期及出厂检验报告等进行检查；当有恢复截面整体性要求时，尚应对其安全性能和工艺性能进行见证抽样复验，其复验结果应符合《混凝土结构加固设计规范》GB 50367 及《建筑结构加固工程施工质量验收规范》GB 50550 的要求。工艺性能的检验项目主要有密度、初始黏度、流动度、竖向膨胀率、23℃下 7d 无约束线性收缩率、泌水率、25℃测定的可操作时间和适合注浆的裂缝宽度等。对环氧改性类应复验拌合后初黏度及线性收缩率；对其他聚合物改性类应为流动度、竖向膨胀率及泌水率。

关于裂缝修补剂复验的要求，主要应关注的是有恢复截面整体性要求的混凝土结构、构件的裂缝修复，不仅需要通过安全性能复验，确定其粘结能力是否符合现行国家标准的要求，而且还需要进行工艺性能的复验，以考察其在产品说明书所规定的压力和时间内，是否具有快速、顺畅地填充裂缝空腔的能力。因为工艺性能倘若欠佳，即使安全性能再好也要受到严重影响。

9. 混凝土用结构界面胶（剂）

目前市场上充斥着形形色色杂牌的界面剂，其性能和质量之低，甚至到了反而起隔离剂作用的程度。因此，要区分一般界面剂与结构用界面胶（剂）。混凝土用结构界面胶（也称结构界面剂），应采用改性环氧类界面胶（剂），或经独立检验机构确认为具有同等功效的其他品种界面胶（剂）。

结构界面胶（剂）应一次进场到位。进场时，应对其品种、型号、批号、包装、中文标志、出厂日期、产品合格证、出厂检验报告等进行检查，并对下列项目进行见证抽样复验：与混凝土的正拉粘结强度及其破坏形式；剪切粘结强度及其破坏形式；耐湿热老化性能现场快速复验。复验结果必须符合《建筑结构加固工程施工质量验收规范》GB 50550 的规定。检查数量，按进场批次，每批见证抽取 3 件；从每件中取出一定数量界面胶（剂）混匀后，为每一复验项目制作 5 个试件进行复验。检验方法，在确认产品包装及中文标志完整的前提下，检查产品合格证、出厂检验报告和进场复验报告。

10. 结构加固用水泥基灌浆料

水泥基灌浆料过去主要用于地脚螺栓的固定、设备基础或钢结构柱脚底板的二次灌浆。近年来，由于混凝土构件增大截面加固法在钢筋密集部位浇筑混凝土较为费工，因而有些施工单位开始以水泥基灌浆料替代普通混凝土用于增大截面工程上。这种做法虽然取得一定效果，但是随着水泥基灌浆料用量日益增多，鱼龙混杂的灌浆料质量所造成的安全问题也越来越令人担忧。为此，规范把水泥基灌浆料划分为两类，一类是结构加固用水泥基灌浆料；另一类是一般水泥基灌浆料。其区别在于后者仅可用于非承重结构的用途。

混凝土结构及砌体结构加固用的水泥基灌浆料进场时，应按下列方法进行检查和复验：应检查灌浆料品种、型号、出厂日期、产品合格证及产品使用说明书的真实性；应按规范“结构加固用水泥基灌浆料安全性能及重要工艺性能要求”规定的检验项目与合格指标，检查产品出厂检验报告，并见证取样复验其浆体流动度、抗压强度及其与混凝土正拉粘结强度等 3 个项目。若产品出厂报告中有漏检项目，也应在复验中予以补检；若怀疑产品包装中净重不足，尚应抽样复验。复验测定的净重不应少于产品合格证标示值的 99%。检查数量，按进场批次和产品复验抽样规定。检验方法，检查产品出厂检验报告和进场复验报告。

结构加固用水泥基灌浆料安全性能及重要工艺性能要求的内容有 2 项，即浆体重要工艺性能要求包括最大骨料粒径、流动度、竖向膨胀率和泌水率；浆体安全性能要求包括抗压强度、劈裂抗拉强度、抗折强度、与 C30 混凝土正拉粘结强度、与钢筋粘结强度（热轧带肋钢筋）、对钢筋防腐作用和浆液中氯离子含量等。注意，各项目的性能检验，应以产品规定的最大用水量制作试件。当不同标准给出的检验项目和性能指标有差别时，对建筑结构加固设计和施工，必须执行《建筑结构加固工程施工质量验收规范》GB 50550 的规定；若水泥基灌浆料产品检验结果不符合《建筑结构加固工程施工质量验收规范》GB 50550 的要求时，应改用环氧改性水泥基灌浆料，并重新按“结构加固用水泥基灌浆料安全性能及重要工艺性能要求”进行检验。

11. 锚栓

在混凝土结构后锚固连接工程中，锚栓的可靠性至关重要。因此，应对其性能和质量进行严格的检查和复验，尤其是对国内生产的锚栓，几乎都是假冒的后扩底锚栓和劣质化学锚栓，其质量状况令人担忧。设计人员和业主单位在选择锚栓产品时，应非常慎重，绝不可一味压价，以致所得到的全是伪劣产品，其后果必然是给工程造成难以挽回的损失。

结构加固锚栓应采用自扩底锚栓、模扩底锚栓或特殊倒锥形锚栓，且应按工程用量一次进场到位。进场时，应对其品种、型号、规格、中文标志和包装、出厂检验合格报告等进行检查，并对锚栓钢材受拉性能指标进行见证抽样复验，其复验结果必须符合《混凝土结构加固设计规范》GB 50367 的规定。对设防地区，除应按上述规定进行检查和复验外，尚应复查该批锚栓是否属地震区适用的锚栓。复查应符合下列要求：对国内产品、应具有独立检验机构出具的符合《混凝土用膨胀型、扩孔型建筑锚栓》JG 160—2004 规定的专项试验验证合格的证书；对进口产品，应具有该国或国际认证机构检验结果出具的地震区适用的认证证书。检查数量，按同一规格包装箱数为一检验批，随机抽取 3 箱（不足 3 箱应全取）的锚栓，经混合均匀后，从中见证抽取 5%，且不少于 5 个进行复验；若复验结果仅有 1 个不合格，允许加倍取样复验；若仍有不合格者，则该批产品评为不合格产品。检验方法，在确认锚栓产品包装及中文标志完整性的条件下，检查产品合格证、出厂检验报告和进场见证复验报告；对扩底刀具，还应检查其真伪；对地震设防区，尚应检查其认证或检验证书。

12. 植筋

植筋的有关规定适用于混凝土承重结构和砌体结构承重结构以及锚固型结构胶粘剂种植带肋钢筋（包括拉结筋）和全螺纹螺杆。植筋的胶粘剂固化时间达到 7d 的当日，应抽样进行现场锚固承载力检验，其检验方法及质量合格评定标准必须符合《建筑结构加固工程施工质量验收规范》GB 50550 的规定。检查数量，按规范的“锚固承载力现场检验方法及评定标准”确定；检验方法，监理人员应在场监督，并检查现场拉拔检验报告。

对现场拉拔检验不合格的植筋工程，若现场考察认为与胶粘剂质量有关且业主单位要求追究责任时，应委托当地独立检测机构对胶粘剂安全性能进行系统的试验室检验与评定。其检验项目及安全性能指标应符合《混凝土结构加固设计规范》GB 50367 的规定。检查数量，每一检验项目的试件数量应按常规检验加倍。检查方法，按《混凝土结构加固设计规范》GB 50367 和《建筑结构加固工程施工质量验收规范》GB 50550 规定的试验方法进行。

13. 外加钢筋网——砂浆面层

（1）砌体或混凝土构件外加钢筋网采用普通砂浆或复合砂浆面层时，其强度等级必须符合设计要求。用于检查砂浆强度的试块，应按加固规范的规定进行取样和留置：同一工程每一楼层（或单层）每喷抹 $500m^2$（不足 $500m^2$，按 $500m^2$ 计）砂浆面层所需的同一强度等级的砂浆，其取样次数应不少于 1 次。若搅拌机不止 1 台，应按台数分别确定每台取样次数；每次取样应至少留置 1 组标准养护试块；与面层砂浆同条件养护试块，其留置组数应根据实际需要确定。检查方法，检查施工记录及试块强度的试验报告。

（2）若试块漏取，或不慎丢失，或对试块强度试验报告有怀疑时，应按《建筑结构加固工程施工质量验收规范》附录V“承重构件外加砂浆面层抗压强度采用回弹法检测的规定”规定的回弹法进行检测与评定。检查数量，按每一检验批见证抽取5个构件，在每构件上任意选3个测区进行检测。检验方法，检查现场检测报告。

（3）砂浆面层与基材之间的正拉粘结强度，必须进行见证取样检验。其检验结果，对混凝土基材、砌体基材应符合加固验收规范的要求。

（4）新加砂浆面层的钢筋保护层厚度检测，可采用局部凿开检查法或非破损探测法。检测时，应按钢筋网保护层厚度仅允许有5mm正偏差；无负偏差进行合格判定。检查数量，每检验批抽取5%，且不少于5处；检验方法，检查检测报告。

11.10.2 加固材料或产品进场复验抽样规定

1. 见证抽样

结构加固工程用的材料或产品，应按其工程用量一次进场到位。若加固用材料或产品的量很大，确需分次进场时，必须经设计和监理单位特许，且必须逐次进行抽样复验。对一次进场到位的材料或产品，应按下列规定进行见证抽样：

（1）当《建筑结构加固工程施工质量验收规范》GB 50550中对检查数量有具体规定时，应按规范规定执行，不得以任何产品标准的规定替代。

（2）当《建筑结构加固工程施工质量验收规范》GB 50550中未对检查数量有具体规定时，而国家现行标准已有具体规定时，可按该标准执行，但若是计数检验应选用符合《计数抽样检验程序 第2部分：按极限质量LQ检索的孤立批检验抽样方案》GB/T 2828.2规定的方案。

（3）复验抽样方案

若所引用的标准仅对材料或产品出厂的检验数量作出规定，而未对进场复验的抽样数量作出规定时，应按下列情况确定复验抽样方案：

① 当一次进场到位的材料或产品数量大于该材料或产品出厂检验划分的批量时，应将进场的材料或产品数量按出厂检验批量划分为若干个检验批，然后按出厂检验方案或《建筑结构加固工程施工质量验收规范》GB 50550有关的抽样规定执行；

② 当一次进场到位的材料或产品数量不大于该材料或产品出厂检验划分的批量时，应将进场的材料或产品视为一个检验批量，然后按出厂检验抽样方案或《建筑结构加固工程施工质量验收规范》GB 50550有关的抽样规定执行；

③ 对分次进场的材料或产品，除应逐次按上述规定进行抽样复验外，尚应由监理单位以事先不告知的方式进行复查或复验，且至少应进行1次；其抽样部位及数量应由监理总工程师决定；

④ 对强制性条文要求复验的项目，其每一检验批取得的试样，应分为两等份。其中一份进场复验使用；另一份应封存保管至工程验收通过后（或保管至该产品失效期），以备有关各方对工程质量有异议时供仲裁检验使用。

2. 专项检验

在施工过程中，若发现某种材料或产品性能异常，或有被调包的迹象，监理单位应立即下通知停止使用，并及时进行见证抽样专项检验。专项检验每一项目的试件数量不应少于15个。

11.10.3　钢－钢拉伸剪切强度试验

钢－钢拉伸剪切强度的检验应按照《建筑结构加固工程施工质量验收规范》GB 50550 的规定，采用《胶粘剂 拉伸剪切强度的测定（刚性材料对刚性材料）》GB/T 7124 的测定方法。

1. 方法概述

胶粘剂拉伸剪切强度是在平行于粘接面且在试样主轴方向上施加一拉伸力，测出的刚性材料单搭粘接处的剪切应力。

需要注意两个问题，单搭接胶接件经济、实用且易于制备，该试样是胶粘剂、粘结制品开发、评价和对比研究，包括制造品质控制方面最为广泛的应用形式；从单搭接胶接件得到的剪切强度值不能作为结构胶接的设计应力。

2. 仪器设备

拉力试验机，应使试样破坏荷载在满标负荷的 10% ～ 80%，试验机示值误差不得大于 1%，应保持恒定速度，载荷变化维持在 8.3 ～ 9.7MPa/min，应配置一副可自动调心的夹具，加载时夹具及其附件与试样无相对位移，并与夹具中心线保持一致。应避免夹具与胶接件由螺栓固定产生附加的应力集中。

3. 试样

试样应符合图 11.10.3 的形状和尺寸。粘接面长度为 12.5±0.25mm。试片主轴方向应与金属胶接件的切割方向相一致。

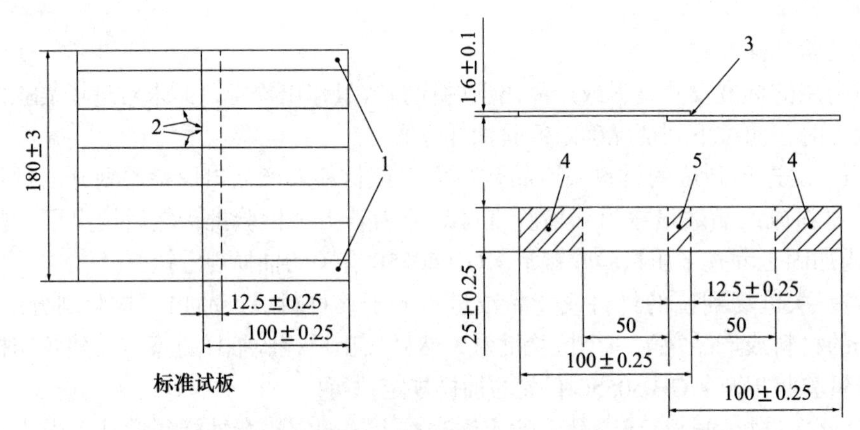

图 11.10.3　试样及试板的形状和尺寸（单位：mm）

1—舍弃部分；2—夹角 90°±1°；3—胶粘剂；4—夹持区域；5—剪切区域

需要注意两个问题，选择不同于上图试样尺寸可能会导致对试验结果解释困难，因为不允许在此种情况下直接进行对比试验；强烈推荐在粘接过程中使用夹具对胶接件来进行准确定位。

11.10.4　钢－混凝土正拉粘结强度试验

1. 适用范围

粘结材料粘合加固材与基材的正拉粘结强度试验室测定方法及评定标准适用于试验室

条件下以结构胶粘剂、界面胶（剂）或聚合物砂浆为粘结材料粘合（包括涂布、喷抹、浇注等）下列加固材料与基材，在均匀拉应力作用下发生内聚、粘附或混合破坏的正拉粘结强度测定：纤维复合材与基材混凝土；钢板与基材混凝土；结构用聚合物砂浆层（或复合砂浆层）与基材混凝土；结构界面胶（剂）与基材混凝土。

不适用于测定室温条件下涂刷、粘合与固化的质量大于 300kg/m^2 碳纤维织物与基材混凝土的正拉粘结强度。

2. 仪器设备

拉力试验机，应使试样的破坏荷载发生在标定的满负荷的 20% ～ 80%，示值误差不得大于 1%；试验机夹持器的构造应使试件垂直对中固定，不产生偏心和扭转作用；试件夹具应由带拉杆的钢夹套与带螺杆的钢标准块构成，如图 11.10.4-1 所示。

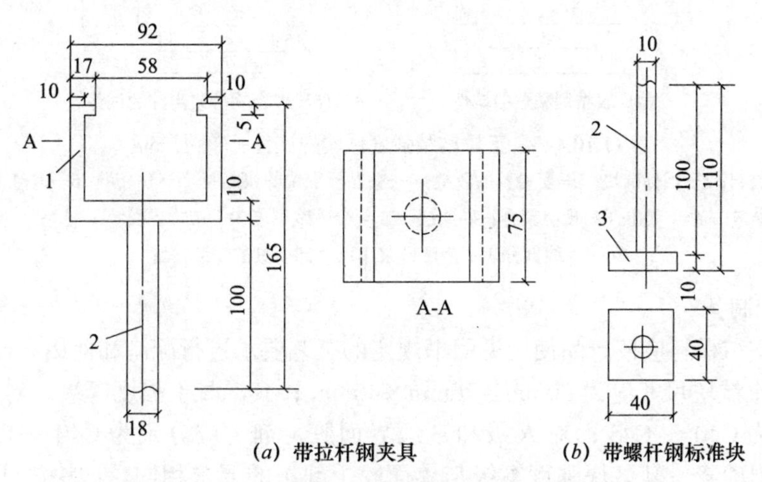

图 11.10.4-1　试件夹具及钢标准块尺寸（单位：mm）

1—钢夹具；2—螺杆；3—标准块

3. 试件

（1）试验室条件下测定正拉粘结强度应采用组合式试件，其构造应按下列规定：

① 以胶粘剂为粘结材料的试件应由混凝土试块（图 11.10.4-2）、胶粘剂、加固材料（如纤维复合材或钢板等）及钢标准块相互粘合而成，如图 11.10.4-3（*a*）所示。

② 以结构用聚合物砂浆为粘结材料的试件应由混凝土试块（图 11.10.4-2）、结构界面胶（剂）涂布层、现浇的聚合物砂浆层及钢标准块相互粘合而成，如图 11.10.4-3（*b*）所示。

③ 若检验结构界面胶（剂），应将聚合物砂浆层换为细石混凝土层。

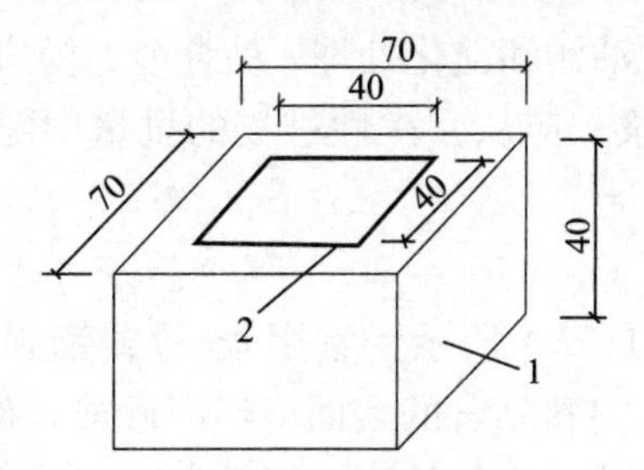

图 11.10.4-2　混凝土试块形式及尺寸（单位：mm）

1—混凝土试块；2—预切缝

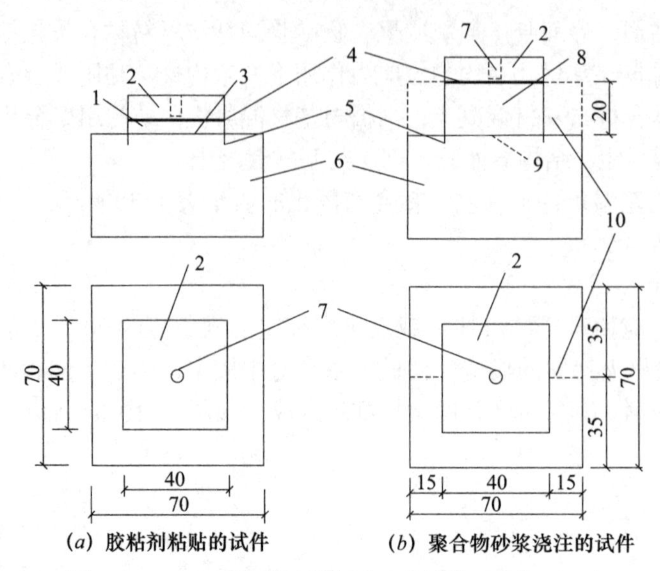

图 11.10.4–3　正拉粘结强度试验的试件（单位：mm）

1—加固材料；2—钢标准块；3—受检胶的胶缝；4—粘贴标准块的快固胶；5—预切缝；6—混凝土试块；7—ϕ10 螺孔；8—现浇聚合物砂浆层（或复合砂浆层）；9—结构界面胶（剂）；10—虚线部分表示浇注砂浆用可拆卸模具的安装位置

（2）试样制备

① 受检粘结材料应按产品使用说明书规定的工艺要求进行配制和使用。

② 混凝土试块尺寸应为 70mm×70mm×40mm；其混凝土强度等级，对 A 级和 B 级胶粘剂均应为 C40 ～ C45；对 A 级和 B 级界面胶（剂）应分别为 C40 ～ C25。对Ⅰ级和Ⅱ级聚合物砂浆，其试块强度等级与界面胶（剂）的要求相同。试块浇注后经 28d 标准养护；试块使用前，应以专用的机械切出深度为 4 ～ 5mm 的预切缝，缝宽约 2mm，如图 11.10.4-2 所示。预切缝围成的方形平面，其净尺寸应为 40mm×40mm，并应位于试块的中心。混凝土试块的粘贴面（方形平面）应作打毛处理。打毛深度应达骨料新面，且手感粗糙，无尖锐突起。试块打毛后应清理洁净，不得有松动的骨料和粉尘。

③ 受检加固材料的取样要求

a. 纤维复合材应按规定的抽样规则取样；从纤维复合材中间部位裁剪出尺寸为 40mm×40mm 的试件，试件外观应无划痕和折痕；粘合面应洁净，无油脂、粉尘对影响胶粘的污染物。

b. 钢板应从施工现场取样，并切割成 40mm×40mm 的试件，其板面及周边应加工平整，且应经除氧化膜、锈皮、油污和糙化处理；粘合前，尚应用工业丙酮擦洗干净。

c. 聚合物砂浆和复合砂浆，应从一次性进场的批量中随机抽取其各组分，然后在试验室进行配制和浇筑。

④ 钢标准块

钢标准块，如图 11.10.4-1（*b*）所示，宜用 45 号碳钢制作；其中心应车有安装 ϕ10 螺杆用的螺孔。标准块与加固材料粘合的表面应经喷砂或其他机械方法的糙化处理；糙化程度应以喷砂效果为准。标准块可重复使用，但重复使用前应完全清除粘合面上的粘结材料层和污迹，并重新进行表面处理。

（3）试件的粘合、浇注与养护

首先在混凝土试块的中心位置，按规定的粘合工艺粘贴加固材料（如纤维复合材或薄钢板），若为多层粘贴，应在胶层指干时立即粘贴下一层。当检验聚合物砂浆或复合砂浆时，应在试块上先安装模具，再浇注砂浆层；若产品使用说明书规定需涂刷结构界面胶（剂）时，还应在混凝土试块上先刷上界面剂（剂），再浇注砂浆层。试件粘贴或浇注时，应采取措施防止胶液或砂浆流入预切缝。粘贴或浇注完毕后，应按产品使用说明书规定的工艺要求进行加压、养护；分别经 7d 固化（胶粘剂）或 28d 硬化（砂浆）后，用快固化的高强胶粘剂将钢标准块粘贴在试件表面。每一道作业均应检查各层之间的对中情况。注意，对结构胶粘剂的加压、养护，若工期紧，且征得有关各方同意，允许采取以下快速固化、养护制度：在 40℃条件下烘 24h；烘烤过程中仅允许有 2℃的正偏差；自然冷却至 23℃后，再静置 16h，即可贴上标准块。

（4）试件安装

试件应安装在钢夹具（图 11.10.4-4），并拧上传力螺杆。安装完成后各组成部分的对中标志线应在同一轴线上。

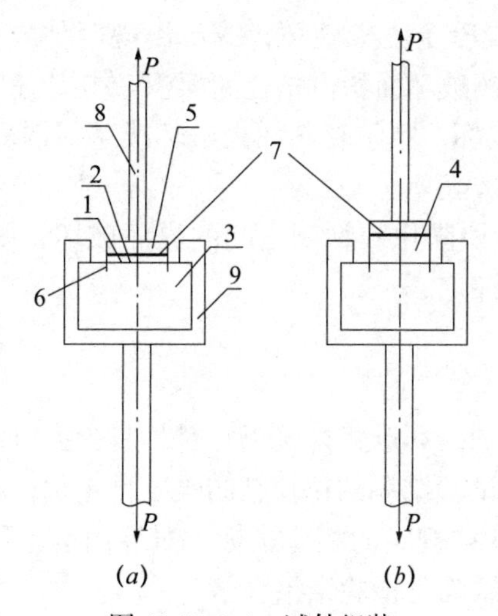

图 11.10.4-4 试件组装

1—受检胶粘剂；2—被粘合的纤维复合材或钢板；3—混凝土试块；4—聚合物砂浆层；5—钢标准块；6—混凝土试块预切缝；7—快固化高强胶粘剂的胶缝；8—传力螺杆；9—钢夹具

（5）试件数量

常规试验的试样数量每组不应少于 5 个；仲裁试验的试样数量应加倍。

4. 试验环境

（1）试验环境应保持在温度 23±2℃、相对湿度（50±5）%～（60±10）%；仲裁性试验的试验室相对湿度应控制在 45%～55%。

（2）若试样系在异地制备后送检，应在标准环境条件下放置 24h 后才进行试验，且应作异地制备的记载于检验报告。

5. 试验步骤

（1）将安装在夹具内的试件置于试验机上下夹持器之间，用调整至对中状态后夹紧。

（2）以 3mm/min 的匀速速率加荷直至破坏。记录试样破坏时的荷载值，并观测其破坏形式。

6. 试验结果

正拉粘结强度应按下式计算：

$$f_{ti} = P_i / A_{ai} \tag{11.10.4}$$

式中：f_{ti}——试样 i 的正拉粘结强度，MPa；

P_i——试样 i 破坏时的荷载值，N；

A_{ai}——金属标准块 i 的粘合面面积，mm^2。

（1）试样破坏形式分类

① 内聚破坏，应分为基材混凝土内聚破坏和受检粘结材料内聚破坏；后者可见于使用低性能、低质量的胶粘剂（或聚合物砂浆和复合砂浆）的场合。

② 粘附破坏（层间破坏），应分为胶层或砂浆层与基材之间的界面破坏及胶层与纤维复合材或钢板之间的界面破坏。

③ 混合破坏，粘结面出现两种或两种以上的破坏形式。

（2）破坏形式正常性判别

① 当破坏形式为基材混凝土内聚破坏，或虽出现两种或两种以上的混合破坏形式，但基材混凝土内聚破坏形式的破坏面积占粘合面面积 85% 以上，均可判为正常破坏。

② 当破坏形式为粘附破坏，粘结材料内聚破坏或基材混凝土内聚破坏面积少于 85% 的混合破坏，均应判为不正常破坏。

钢标准块与检验用高强块固化胶粘剂之间的界面破坏，属检验技术问题，应重新粘贴，不参与破坏形式正常性评定。

7. 合格评定

组试验结果评定：

（1）当一组内每一试件的破坏形式均属正常时，应舍去组内最大值和最小值，而以中间 3 个值的平均值作为该组试验结果的正拉粘结强度推定值；若该推定值不低于《混凝土结构加固设计规范》GB 50367 规定的相应指标（对界面剂、界面剂暂时按底胶的指标执行）则可评该组试件正拉粘结强度检验结果合格。

（2）当一组内仅有一个试件的破坏形式不正常，允许以加倍试件重做一组试验。若试验结果全数达到上述要求，则仍可评该组为试验合格组。

检验批结果评定：

（1）若一检验批的每一组均为试验合格组，则应评该批粘结材料的正拉粘结性能符合安全使用要求。

（2）若一检验批中有一组或一组以上为不合格组，则应评该批粘结材料的正拉粘结性能不符合安全使用要求。

（3）当检验批由不少于 20 组试件组成，且仅有 1 组被评为试验不合格组，则仍可评该批粘结材料的正拉粘结性能符合安全使用要求。

8. 试验报告

试验报告应包括下列内容：受检胶粘剂、聚合物砂浆或界面剂的品种、型号和批号；抽样规则及抽样数量；试件制备方法及养护条件；试件的编号和尺寸；试验环境的温度和相对湿度；仪器设备的型号、量程和检定日期；加荷方式及加荷速度；试件的破坏荷载及破坏形式；试验结果整理和计算；取样、测试、校核人员及测试日期。

11.10.5 结构胶粘剂不挥发物含量试验

结构胶粘剂不挥发物含量测定方法适用于室温固化的改性环氧类和改性乙烯基脂类结构胶粘剂不挥发物含量的测定。测定结果，可用判断被检测的胶粘剂产品中是否掺有影响结构胶粘剂性能和质量的挥发性成分。

1. 仪器设备

电热鼓风干燥箱，其温度波动不应大于 ±2℃；温度计，范围分别为 0 ～ 150℃和 0 ～ 250℃；称量容器应采用铝制称量盒或耐温称量瓶；分析天平，感量 1mg，最大称量 200g；干燥器应为有密封盖的玻璃干燥器，数量应不少于 4 个，且内盛蓝色变色硅胶；胶皿，其制皿材料与胶粘剂原材料之间不应发生化学反应。

2. 测试前准备工作

（1）分析天平、烘箱温控系统按期进行检定，不得使用已超过检定有效期的仪器设备。

（2）将两个干燥器所需的硅胶量，置于 200℃烘箱中烘烤约 8h，至完全变蓝色后取出，分成两份放入干燥器待用。

（3）在约 105℃的烘箱中，置入所需数量的空称量盒，揭开盖子烘至恒重，记录其质量，精确至 0.001g，然后放进干燥器待用。恒重以最后两次称量之差不超过 0.002g 为准进行测定。

3. 取样与状态调节

（1）取样

应在包装完好、未启封的结构胶粘剂检验批中，随机抽取一件。经检查中文标志无误后，拆开包装，从每一组分容器中各称取样品约 50g，分别盛于取胶皿，签封后送检测机构。

（2）状态调节

将所取的各组分样品连同取胶皿放进干燥器内，在试验室正常温湿度条件下静置一夜，调节其状态。

4. 试验步骤

（1）应根据该胶粘剂产品使用说明书规定的配合比，按配制 30g 胶粘剂分别计算其称取每一组分用量。经核对无误后，倒入调胶器皿中混合均匀。

（2）应用两个称量盒从混合均匀的胶液中，各称取一份试样，每份约 1g，分别记其质量，称量应准确至 0.001g。

（3）应将两份试样同时置于 40_{0}^{+2}℃的环境中固化 24h。

（4）应将已固化的两份试样移入已调节好温度的烘箱中，在 105±2℃条件下，烘烤 180±5min。

（5）取出两份试样，放入干燥器中冷却至室温。

（6）分别称取两份试样，记其净质量，称量应精确至 0.001g。注意，净质量是指已扣除称量盒质量的胶粘剂质量。

5. 结果表示

（1）一次平行试验取得的两个结果，按下式分别计算得出试样 1 和试样 2 的不挥发物含量测值。

$$x_1=\frac{m_{11}}{m_{01}}\times100\% \quad (11.10.5\text{-}1)$$

$$x_2=\frac{m_{12}}{m_{02}}\times100\% \quad (11.10.5\text{-}2)$$

式中：x_1 和 x_2——分别为试样 1 和试样 2 的不挥发物含量测值，%；

m_{01} 和 m_{02}——分别为试样 1 和试样 2 加热前的净质量，g；

m_{11} 和 m_{12}——分别为试样 1 和试样 2 加热后的净质量，g。

计算结果应保留 3 位有效数字。

（2）在完成第一次平行试验后，尚应按同样步骤完成第二次平行试验，并得到相应的不挥发物含量测值。

测试结果以两次平行试验的平均值表示。

6. 试验报告

试验报告应包括下列内容：受检结构胶粘剂的品种、型号和批号；取样规则及取样数量；试样制备方法；试样编号；测试环境温度和相对湿度；分析天平型号、精确度和检定日期；测试结果及计算确定的该胶粘剂不挥发物含量；取样、测试、校核人员及测试时间。

11. 10. 6　锚固承载力现场检验

锚固承载力现场检验方法及评定标准适用于混凝土结构锚固工程质量的现场检验。锚固工程质量应按其锚固件抗拔承载力的现场抽样检验结果进行判定。锚固件抗拔承载力现场检验分为非破损检验和破坏性检验。选用时应符合下述两条的规定。

（1）采用破坏性检验方法对锚固质量进行检验的 4 种情况：重要结构构件；悬挑结构构件；对该工程锚固质量有怀疑；仲裁性检验。

（2）当对“重要结构构件”锚固件锚固质量采用破坏性检验方法确有困难时，若该批锚固件的连接系按加固规范的规定进行设计计算，可在征得业主和设计单位同意的情况下，改用非破损抽样检验方法，但必须按规定确定抽样数量。注意，若该批锚固件已进行过破坏性试验，且不合格时，不得重新要求重作非破损检验。

对一般结构构件，其锚固件锚固质量的现场检验可采用非破损检验方法；若受现场条件限制，无法进行原位破坏性检验操作时，允许在工程施工的同时（不得后补），在被加固结构附近，以专门浇筑的同强度等级的混凝土块体为基材种植锚固件，并按规定的时间进行破坏性检验；但应事先征得设计和监理单位的书面同意，并在场见证试验。本规定不适用于仲裁性检验。

1. 取样规则

（1）锚固质量现场检验抽样时，应以同品种、同规格、同强度等级的锚固件安装于锚固部位基本相同的同类构件为一检验批，并应从每一检验批所含的锚固件中进行抽样。

（2）现场破坏性检验的抽样，应选择易修复和易补种的位置，取每一检验批锚固件总数的 1‰，且不少于 5 件进行检验。若锚固件为植筋，且种植的数量不超过 100 件时，可仅取 3 件进行检验。仲裁性检验的取样数量应加倍。

（3）现场非破损检验抽样

锚栓锚固质量的非破损检验：

对重要结构构件，应在检查该检验批锚栓外观质量合格的基础上，按下述规定的抽样数量，对该检验批的锚栓进行随机抽样。具体规定如下：检验批的锚栓总数分别为≤ 100、500、1000、2500 和≥ 5000 时，按检验批锚栓总数计算的最小抽样量分别为 20%，且不少于 5 件；10%；7%；4% 和 3%。注意，当锚栓总数介于两栏数量之间时，可按线性内插法确定抽样数量。

对一般结构构件，可按重要结构构件抽样量的 50%，且不少于 5 件进行随机抽样。

植筋锚固质量的非破损检验：

对重要结构构件，应按其检验批植筋总数的 3%，且不少于 5 件进行随机抽样。

对一般结构构件，应按 1%，且不少于 3 件进行随机抽样。

当不同行业标准的抽样规则与加固规范不一致时，对承重结构加固工程的锚固质量检验，必须按《建筑加固工程施工质量验收规范》GB 50550 的规定执行。

胶粘的锚固件，其检验应在胶粘剂达到其产品说明书标示的固化时间的当天，但不得超过 7d 进行。若因故需要推迟抽样与检验日期，除应征得监理单位同意外，还不得超过 3d。

2. 仪器设备

（1）现场检测用的加荷设备，可采用专门的拉拔仪或自行组装的拉拔装置，应符合下列要求：设备的加荷能力应比预计的检验荷载值至少大 20%，且应能连续、平稳、速度可控地运行；设备的测力系统，其误差不得超过全量程的 ±2%，且应具有峰值储存系统；设备的液压加荷系统在短时（≤ 5min）保持荷载期间，其降荷值不得大于 5%；设备的夹持器应能保持力线与锚固件轴线的对中；设备的支承点与植筋之间的净间距，不应小于 $3d$（d 为植筋或锚栓的直径），且不应小于 60mm；设备的支承点与锚栓的净间距不应小于 1.5 倍的有效埋深。

（2）当委托方要求检测重要结构构件锚固件连接的荷载—位移曲线时，现场测量位移的装置，应符合下列要求：仪表的量程不应小于 50mm；其材料的误差不应超过 ±0.02mm；测量位移的装置应能与测力系统同步工作，连续记录，测出锚固件相当于混凝土表面的垂直位移，并绘制荷载—位移的全程曲线。注意，若受条件限制，允许采用百分表，以手工操作进行分段记录。此时，在试样达到荷载峰值前，其位移记录点应在 12 点以上。

（3）现场检验用的仪器设备应定期送检定机构检定，若遇到下列情况之一，还应及时重新检定：读数出现异常；被拆卸检查或更换零部件之后。

3. 拉拔检验方法

检验锚固拉拔承载力的加荷制度分为连续加荷和分级加荷两种，可根据实际条件进行选用，但要符合下列规定：

非破损检验：连续加荷制度，应以均匀速率在 2 ～ 3min 时间内加荷至设定的检验荷载，并在该荷载下持荷 2min。分级加荷制度，应将设定的检验荷载均分为 10 级，每级持荷 1min 至设定的检验荷载，且持荷 2min。非破损检验的荷载检验值的规定：对植筋，应取 $1.15N_t$ 作为检验荷载；对锚栓，应取 $1.13N_t$ 作为检验荷载。N_t 为锚固件连接受拉承载力设计值，应由设计单位提供；检测单位及其他单位均无权自行确定。

破坏性检验：连续加荷制度，对锚栓应以均匀速率控制在 2 ～ 3min 时间内加荷至锚固破坏，对植筋应以均匀速率控制在 2 ～ 7min 时间内加荷至锚固破坏。分级加荷制度，应按预估的破坏荷载值 N_u 划分：前 8 级，每级 $0.1N_u$，且每级持荷 1 ～ 5min；自第 9 级起，每级 $0.05N_u$，且每级持荷 30s，直至锚固破坏。

4. 检验结果的评定

非破损检验的评定，应根据所抽取的锚固试样在持荷期间的宏观状态，按下列规定：

（1）当试样在持荷期间锚固件无滑移、基材混凝土无裂纹或其他局部损坏迹象出现，且施荷装置的荷载示值在 2min 内无下降或下降幅度不超过 5% 的检验荷载时，应评定其锚固质量合格。

（2）当一个检验批所抽取的试样全数合格时，应评定该批为合格批。

（3）当一个检验批所抽取的试样中仅有 5% 或 5% 以下不合格（不足一根，按一根计）时，应另抽 3 根试样进行破坏性检验。若检验结果全数合格，该检验批仍可评为合格批。

（4）当一个检验批抽取的试样中不止 5%（不足一根，按一根计）不合格时，应评定该批为不合格批，且不得重做任何检验。

破坏性检验批的评定，应按下列规定：

（1）当检验结果符合下列要求时，其锚固质量评为合格：

$$N_{u,m} \geq [\gamma_u] N_t \tag{11.10.6-1}$$

且

$$N_{u,min} \geq 0.85N_{u,m} \tag{11.10.6-2}$$

式中：$N_{u,m}$——受检验锚固件极限抗拔力实测平均值；

$N_{u,min}$——受检验锚固件极限抗拔力实测最小值；

N_t——受检验锚固件连接的轴向受拉承载力设计值；

$[\gamma_u]$——破坏性安全检验系数，按锚固件种类及破坏类型选取，植筋，钢材破坏 ≥ 1.45；锚栓，钢材破坏 ≥ 1.65，非钢材破坏 ≥ 3.5。

（2）当 $N_{u,m} < [\gamma_u] N_t$，或 $N_{u,min} < 0.85N_{u,m}$ 时，应评该锚固质量不合格。

11.11　综 述 提 示

1. 陶瓷砖的试验方法

陶瓷砖的试验方法包括抽样和接受条件；尺寸和表面质量的检验；吸水率、显气孔率、表观相对密度和容重的测定；断裂模数和破坏强度的测定；用恢复系数确定砖的抗冲击性；无釉砖耐磨深度的测定；有釉砖耐磨性的测定；线性热膨胀的测定；抗热震性的测定；湿膨胀的测定；有釉砖抗釉裂性的测定；抗冻性的测定；耐化学腐蚀性的测定；耐污染性的测定；有釉砖铅和镉溶出量的测定；小色差的测定共 16 项。

2. 建筑用隔热铝合金型材

《建筑用隔热铝合金型材》JG/T 175 中的试验方法还包括高温持久负荷试验、热循环试验、尺寸偏差和表面处理质量以及隔热型材复合部位外观质量。

3. 铝合金隔热型材复合性能试验方法

《铝合金隔热型材复合性能试验方法》GB/T 28289 中还包括抗扭性能试验、高温持久荷载横向拉伸试验、热循环试验、蠕变系数测定试验等复合性能试验方法。

4. 预制构件

（1）同类型构件多个工程所用的情况处理

对多个工程共同使用的同类型构件，也可在多个工程的施工、监理单位见证下共同委托进行结构性能检验，其结果对多个工程共同有效。

（2）标志控制

在加载试验过程中，应取首先达到的标志所对应的检验系数允许值进行检验。

（3）荷载设计值的概念

承载力检验时，荷载设计值为承载能力极限状态下，根据构件设计控制截面上的内力设计值与构件的加荷方式，经换算后确定的荷载值（包括自重）；构件承载力检验修正系数取构件按实配钢筋计算的承载力设计值与按荷载设计值（均包括自重）计算的构件内力设计值之比。

（4）检验结束的要求

承载力、挠度和抗裂（裂缝宽度）3 项指标是否完全检验由各方根据设计及验收规范的有关要求确定。抽检的每一个预制构件，必须完整地取得需要项目的检验结果，不得因某一项检验项目达到二次抽样检验指标要求就中途停止试验而不再对其余项目进行检验，以免漏判。

（5）裂缝宽度的规定

《混凝土结构设计规范》GB 50010—2010（2015 年版）中将允许出现裂缝的构件最大长期裂缝宽度限值规定为 0.1mm、0.2mm、0.3mm 和 0.4mm 四种。在构件检验时，考虑标准荷载与长期荷载的关系，换算为最大裂缝宽度的允许值。

（6）复式抽样检验方案

预制构件结构性能检验的数量不宜过多。为了提高检验效率，结构性能检验的承载力、挠度和抗裂（裂缝宽度）3 项指标均采用复式抽样检验方案。当第一次检验的预制构件有某些项检验实测值不满足相应的检验指标要求，但能满足第二次检验指标要求时，可进行二次抽样检验。由于量测精度所限，未规定裂缝宽度的第二次检验指标。

5. 硬聚氯乙烯（PVC–U）管材外径试验方法

《建筑排水用硬聚氯乙烯（PVC-U）管材》GB/T 5836.1 中有关试验方法规定：

（1）状态调节

除有特殊规定外，在 23±2℃条件下进行状态调节至少 24h，并在同样条件下进行试验。

（2）平均外径

按《塑料 管道系统 塑料部件尺寸的测定》GB/T 8806—2008 规定测量。如有争议，以 π 尺测量结果为最终判定依据。

6. 给水用硬聚氯乙烯（PVC–U）管材

状态调节：除特殊规定外，按《塑料 试样状态调节和试验的标准环境》GB/T 2918—1998，在 23±2℃条件下进行状态调节 24h，并在同一条件下进行试验。

7. 给水用聚乙烯（PE）管道系统试验方法

应在管材生产至少 24h 后取样。状态调节：除特殊规定外，按《塑料 试样状态调节和试验的标准环境》GB/T 2918 规定，在 23±2℃条件下进行状态调节 24h，并在同一条件下进行试验。

8. 硬度试验方法

硬度一般在 10 ～ 35℃的室温下进行试验。当环境温度不满足该规定时，试验室需要评估该环境下对于试验数据产生的影响。当环境温度不在 10 ～ 35℃的室温下范围内时，应记录并在报告中注明。

特别注意，如果在试验或者校准时温度有明显的变化，测量的不确定度可能会增加，并且可能会出现测量超差的情况。

第 12 章　天然土工与石材检验

土系指岩石风化后经搬运、堆积（沉积）或人工形成的未经胶结的矿物颗料和岩石碎屑堆积（沉积）物。它是由固体矿物颗料构成骨架，其间布满孔隙，孔隙中可能全部为水或空气所充满，呈二相体；但多数情况是，孔隙中水和空气各占一部分，呈三相体。三相之间量的比例关系和相互作用，决定着土的物理力学性质。土工检测，则主要是测定这些不同比例关系的土的物理力学指标，最终确定地基土的承载能力，为工程设计时使用。

土工检测可分为四类，常用的有 27 项。物理性指标如含水率、密度、相对密度等；水理性指标，如渗透系数、膨胀系数等；化学性指标如有机质含量、易溶盐含量等；力学性指标如原状土直剪强度、无侧限抗压强度、压缩模量等。本章讲述一些常用的土的物理指标的试验方法。

12.1　土　　工

12.1.1　概述

土是由颗粒（固相）、水溶液（液相）和气（气相）所制成的三相体系，其中固体颗粒—土颗粒是其最主要的组成部分，是构成土的骨架。

土的干湿程度可用含水量与饱和度两个指标来表示。含水量又称含水率，是指土中水的重力与土粒重力之比，常用百分数表示。含水量是表征土潮湿状态的重要物理指标。天然土层的含水量变化范围很大，它与土的种类、埋藏条件及其所处的自然地理环境等有关。饱和度是指土中被水充填的孔隙体积与孔隙总体积之比，也用百分数表示。含水量是一个绝对指标，表征土中水的含量，不能反映土中孔隙被水充填的程度，而饱和度能说明土中孔隙被水充填的程度。饱和度值愈大，表明土中水占据的孔隙比例愈大，孔隙完全被水充填时，土处于饱和状态。

土的孔隙率与孔隙比都是表征土结构特征的重要指标。其数值越大，土中孔隙体积越大，土结构越疏松；反之，结构越密实。

土的基本物理性质指标包括土的颗粒相对密度、重度、含水量、饱和度、孔隙比和孔隙率等，在工程上统称为土的三相比例指标。

土的力学性质包括土的压缩性、抗剪强度、动力特性、黏性土的稠度与塑性。土的压缩性是指土在压力作用下体积缩小的性能。无黏性土，其抗剪强度与土的密实度、土颗粒大小、形状、粗糙度和矿物成分以及颗粒级配的好坏程度等因素有关。对于黏性土，其抗剪强度除与土的内摩擦角和所受正压力有关外，还与土颗粒之间的黏聚力有关。一般情况，土体在动荷载的振动作用下抗剪强度将有所降低，并且往往还产生附件变形，抗剪强度降低及变形增大除取决于土的类别和状态等特性外，还与动荷载的振幅、频率及振动加速度有关。黏性土因含水率变化而表现出的稀稠软硬程度，称为稠度。随着含水量的变化，黏性土由一种稠度状态转变为另一种状态，相应的分界点含水量称为界限含水量，包括液限、塑限。液限是指黏性土由可塑状态转变到流塑、流动状态的界限含水量；塑限是指土由半固状态转变到可塑状态的界限含水量；液限和塑限的差值称为黏性土的塑性，表示黏性土处在可塑状态的含水量变化范围，用塑性指数表示。土的试验方法常用术语如下：

（1）平行测定：平行测定是指在相同条件下采用两个以上试样同时进行试验。

（2）土试样：土试样是指用于试验的具有代表性的土样。

（3）饱和土：饱和土是指孔隙体积完全被水充满的土样。

（4）试验：试验是指按照规定的程序为给定的试样测试一种或多种特性的技术操作。

（5）粒径：粒径是指土粒能通过的最小筛孔孔径，或土粒在净水中具有相对下沉速度的当量球体直径。

（6）液限：液限是指细粒土流动状态与可塑状态间的界限含水率。

（7）塑限：塑限是指细粒土可塑状态与半固体状态间的界限含水率。

（8）塑性指数：塑性指数是指液限与塑限的差值。

（9）有机质土：有机质土是指有机质含量一定（≥ 5% 且＜ 10%），有特殊气味，压缩性高的黏土或粉土。

（10）有机土：有机土是指有机质含量较高（≥ 10%），有特殊气味，压缩性高的黏土或粉土。

12.1.2　土的分类

土按粒径级配及液塑性进行分类是世界上许多国家采用的土分类方法。根据当前的科技水平，认为粗粒土的性质主要决定于构成土的土颗粒的粒径分布和它们的特征，而细粒土的性质却主要取决于土粒和水相互作用的时的状态，即决定于土的塑性。土中有机质对土的工程性质也有影响。

土颗粒的分布特征可用筛分析方法确定，土的塑性指标可按常规试验方法测定。

1. 土的分类指标

土颗粒组成及其特征。土的塑性指标：液限、塑限和塑性指标。土中有机质含量。

2. 土的粒组划分

（1）细粒分为粉粒（$0.005 < d \leqslant 0.075$）和黏粒（$d \leqslant 0.005$），单位为 mm。

（2）粗粒分为砾粒和砂砾，其中又分为粗砾（$20 < d \leqslant 60$）、中砾（$5 < d \leqslant 20$）、细砾（$2 < d \leqslant 5$）以及粗砂（$0.5 < d \leqslant 2$）、中砂（$0.25 < d \leqslant 0.5$）、细砂（$0.075 < d \leqslant 0.5$）。

12.1.3　试样制备

1. 仪器设备

筛，孔径 20mm、5mm、2mm、0.5mm、2mm；洗筛，孔径 0.075mm；台秤，称量 10 ～ 40kg，分度值 5g；天平，称量 1000g，分度值 0.1g；称量 200g，分度值 0.01g；碎土器。磨土机；击实器，包括活塞、导筒和环刀；抽气机（附真空表）；饱和器（附金属或玻璃的真空缸）。其他设备：烘箱、干燥器、保湿器、研钵、木锤、木碾、橡皮板、玻璃瓶、玻璃缸、修土刀、钢丝锯、凡士林、土样标签及盛土器。

2. 原状土试样的制备

（1）应小心开启原状土样包装皮，辨别土样上下和层次，整平土样两端。无特殊要求时，切土方向应与天然层次垂直。

（2）应按方法标准的操作步骤执行，切取试样，试样与环刀应密合。

（3）切削过程中，应细心观察土样的情况，并应描述土样的层次、气味、颜色，同时记录土样有无杂质、土质是否均匀、有无裂缝等情况。

（4）切取试样后剩余的原状土样，应用蜡纸包好置于保湿器内，以备补做试验之用；切削的余土做物理性试验。

（5）应视试样本身及工程要求，决定试样是否进行饱和，当不立即进行试验或饱和时，应将试样暂存保湿器内。

（6）原状土开土记录格式应符合方法标准的规定。

3. 扰动土试样的制备

扰动土试样的制备，根据工程实际情况可分别采用击样法、击实法和压样法。

（1）击样法

根据模具的容积及所要求的干密度、含水率，应按方法标准规定计算的用量制备湿土试样；将湿土倒入模具内，并固定在底板上是击实器内，用击实方法将土击入模具内；称取试样质量，应符合方法标准的规定。

（2）击实法

根据试样所要求的干密度、含水率，应按方法标准规定计算的用量制备湿土试样；应按方法标准的规定，将土样击实到所需的密度，用推土器推出；将试验用的切土环刀内壁涂一薄层凡士林，刃口向下，放在土样上。用切土刀将土样切削成稍大于环刀直径的土柱。然后将环刀垂直向下压，边压边削，至土样伸出环刀为止。削去两端余土并修平。擦净环刀外壁，称环刀、土总量，准确至0.1g，并应测定环刀两端削下土样的含水率，应符合方法标准的规定。

（3）压样法

应按方法标准规定制备湿土试样，称出所需的湿土量。将湿土倒入压样器内，拂平土样表面，以静压力将土压入；称取试样质量，并应符合方法标准的规定。

（4）试验记录格式应符合方法标准的规定。

12.1.4　含水率试验

含水率试验方法有烘干法、酒精燃烧法。但能确保质量，操作简便又符合的试验方法含水率定义仍以烘干法为主。土的含水率定义，是指试样在105～110℃温度下烘至恒量时所失去的水质量和达恒量后干土质量的比值，以百分数表示。

烘干温度采用105～110℃，这是因为取决于土的水理性质，以及目前国际上一些主要试验标准。对含有机质超过干土质量5%的土，规定烘干温度为65～70℃，因为含有机质土在105～110℃温度下，经长时间烘干后，有机质特别是腐殖酸会在烘干过程中逐渐分解而不断损失，使测得的含水率比实际的含水率大，土中有机质含量越高误差越大。

含水率试验以烘干法为室内试验的标准方法。在野外当无烘箱设备或要求快速测定含水率时，可用酒精燃烧法测定细粒土含水率。土的有机质含量不宜大于 5%，当土中有机质含量为 5% ~ 10% 时，仍允许采用方法标准进行试验，但应注明有机质的含量。含水率试验方法适用于细粒土、砂类土、碎砾石和有机质土。

1. 烘干法

（1）仪器设备

烘箱，可采用电热烘箱或温度能保持 105 ~ 110℃的其他能源烘箱；电子天平，称量 5000g，分度值 1g；称量 200g，分度值 0.01g；其他：干燥器、称量盒。

（2）试验步骤

① 取有代表性试样：细粒土 15 ~ 30g，砂类土 50 ~ 100g，砂砾石 2 ~ 5kg。将试样放入称量盒内，立即盖好盒盖，称量，细粒土、砂类土称量应准确至 0.01g，砂砾石称量应准确至 1g。当使用恒质量盒时，可先将其放置在电子天平或电子台秤上清零，在称量装有试样的恒质量盒，称量结果即为湿土质量。

② 揭开盒盖，将试样和盒放入烘箱，在 105 ~ 110℃下烘至恒量。烘干时间，对黏质土，不得少于 8h；对砂类土不得少于 6h；对有机质含量为 5% ~ 10% 的土，应将温干温度控制在 65 ~ 70℃的恒温下烘至恒量。

③ 将烘干后的试样和盒取出，盖好盒盖放入干燥容器内冷却至室温，称干土质量。

（3）结果计算

试样的含水率，按下式计算，准确到 0.1%。

$$\omega=\left(\frac{m_0}{m_d}-1\right)\times100\% \tag{12.1.4}$$

式中：ω——含水率，%；

m_0——湿土质量，g；

m_d——干土质量，g。

（4）结果评定

烘干法含水率试验应进行两次平行测定，取其算术平均值。当含水量小于 10% 时，最大允许平行差值为 ±0.5%；当含水率在 10% ~ 40% 时，最大允许平行差值为 ±1.0%；当含水率在大于 40% 时，最大允许平行差值为 ±2.0%。

试验记录格式应符合方法标准的规定。

2. 酒精燃烧法

（1）仪器设备

电子天平，称量 200g，分度值 0.01g；酒精，纯度不得小于 95%；其他：称量盒、滴管、火柴、调土刀。

（2）试验步骤

① 取有代表性试样：黏土 5 ~ 10g，砂土 20 ~ 30g，放入称量盒内，应按方法标准的规定称取湿土。

② 用滴管将酒精注入放有试样的称量盒中，直至放入盒中出现自由液面为止。为使酒精在试样中充分混合均匀，可将盒底在桌面上轻轻敲击。

③ 点燃盒中酒精，烧至火焰熄灭。

④ 将试样冷却数分钟，应按方法标准的规定再重复燃烧两次。当第三次火焰熄灭后，立即盖好盒盖，称干土质量。

⑤ 试验称量应准确至 0.01g。

（3）试验结果

酒精燃烧法试验应进行两次平行测定，计算方法及最大允许平行差值应符合方法标准的规定。试验记录格式应符合方法标准的规定。

12.1.5 密度试验

密度试验有环刀法和蜡封法。环刀法适用于细粒土，蜡封法适用于试样易碎裂土和难以切削的试样。环刀法是测定土样密度的基本方法，本方法在测定试样密度的同时，可将试样用于固结和直剪试验。本节仅介绍常用的环刀法。

1. 仪器设备

环刀，尺寸参数应符合国家标准的规定；天平，称量 500g，分度值 0.1g；称量 200g，分度值 0.01g。

2. 试验步骤

（1）按工程需要取原状土试样或制备所需状态的扰动土试样，整平其两端，将环刀内壁涂一薄层凡士林，刃口向下放在试样上。

（2）用切土刀（或钢丝锯）将土样削成略大于环刀直径的土柱。然后将环刀垂直下压，边压边削，至土样伸出环刀为止。将两端余土削去修平，取剩余的代表性土样测定含水率。

（3）擦净环刀外壁称量，准确至 0.1g。

3. 试验计算

密度及干密度按下列公式计算，计算至 0.01g/cm^3：

$$\rho = \frac{m_0}{V} \tag{12.1.5-1}$$

$$\rho_d = \frac{\rho_0}{1+0.01\omega} \tag{12.1.5-2}$$

式中：ρ——试样的湿密度，g/cm^3；

ρ_d——试样的干密度，g/cm^3；

m_0——试样的质量，g；

V——环刀容积，cm^3。

ω——试样的含水率，%。

4. 试验结果

环刀法试验应进行两次平行测定，其最大允许平行差值应为 ±0.03g/cm^3。试验结果取其算术平均值。试验记录格式应符合方法标准的规定。

12.1.6 击实试验

室内扰动土的击实试验一般根据工程实际情况选用轻型击实试验和重型击实试验。我国以往采用轻型击实试验比较多，水库、堤防、铁路路基填土均采用轻型击实试验，高等级公路填土和机场跑道等采用重型击实试验较多。

1. 试验目的

击实试验是测定土的密度和含水量的关系，从而确定土的最大干密度与相应的最优含水量的试验方法。

2. 试验方法及适用范围

击实试验分轻型击实和重型击实。土样粒径应小于 20mm。轻型击实试验的单位体积击实功约为 592.2kJ/m^3，重型击实试验的单位体积击实功约为 2684.9kJ/m^3。

3. 仪器设备

击实仪应符合现行国家标准的规定。由击实筒、击锤和护筒组成；击实仪的击锤应配导筒，击锤与导筒间应有足够的间隙使锤能自由下落。电动操作的击锤必须有控制落距的跟踪装置和锤击点按一定角度均匀分布的装置；天平，称量 200g，分度值 0.01g；台秤，称量 10kg，分度值 1g；标准筛，孔径为 20mm、5mm，其他仪器，试样推出器；烘箱、喷水设备、碾土设备、盛土器、修土刀和保湿设备。

4. 试样制备

击实试验的试样制备分干法制备和湿法制备两种方法。

（1）干法制备

① 用四点分法取一定量的代表性风干土样，其中小筒所需土样约为 20kg，大筒所需土样约为 50kg，放在橡皮板上用木碾碾散，也可用碾土器碾散。

② 轻型按要求过 5mm 或 20mm 筛，重型过 20mm 筛，将筛下的土样拌匀，并测定土样的风干含水率；根据土的塑限预估的最优含水率，并按方法标准规定的步骤制备不少于 5 个不同含水率的一组试样，相邻 2 个试样含水量的差值宜为 2%。

③ 将一定量土样平铺于不吸水的盛土盘内，其中小型击实筒所需击实土样约为 2.5kg，大型击实筒所需击实土样约为 5.0kg，按预定含水率用喷水设备往土样上均匀喷洒所需加水量，拌匀并装入塑料袋内或密封于盛土器内静置备用。静置时间分别为：高液限黏土不得少于 24h，低液限黏土可酌情缩短，但不应少于 12h。

（2）湿法制备

应取天然含水率的代表性的土样，其中小型击实筒所需击实土样约为 20kg，大型击实筒所需击实土样约为 50kg。碾散，按要求过筛，将筛下土样拌匀，并测定试样的含水率。分别风干或加水到所要求的含水率，应使制备好的试样水分均匀分布。

5. 试验步骤

（1）将击实仪平稳置于刚性基础板上，击实筒内壁和底板涂一薄层润滑油，连接好击实筒与底板，安装好护筒。检查仪器各部件及配套设备的性能是否正常，并做好记录。

（2）从制备好的一份试样中取出一定量土料，分 3 层或 5 层倒入击实筒内并将土面整平，分层击实。手工击实时，应保证使击锤自由铅直下落，锤击点必须均匀分布于土面上；机械击实时，可将定数器拨到所需的击数处。轻型击实分 3 层击实，每层 25 击或 56 击（根据击实筒容积确定）。重型击实分 5 层击实，每层 56 击；若分 3 层，每层 42 击或 94 击。按电动电钮进行击实。击实后的每层试样高度应大致相等，两层交界面处的土面应刨毛。击实完成后，超出击实筒顶的试样高度应小于 6mm。

（3）用修土刀沿护筒内壁削挖后，扭动并取下护筒，测出超高，应取多个测值平均，准确至 0.1g。沿击实筒顶细心修平试样，拆除底板。试样底部超出筒外时，应修平。擦净筒外壁，称量，准确至 1g。

（4）用推土器从击实筒内推出试样，从试样中心处取 2 个一定量的土料，细粒土为 15 ～ 30g，含粗粒土为 50 ～ 100g。平行测定土的含水率，称量准确至 0.01g，两个含水率的最大允许差值应为 ±1%。

（5）应按方法标准的规定对其他含水率的试样进行击实。一般不重复使用土样。

6. 计算、制图和记录

（1）击实后各试样的含水率，按下式计算：

$$\omega=\left(\frac{m_0}{m_d}-1\right)\times100 \tag{12.1.6-1}$$

（2）击实后各试样的干密度，按下式计算：

$$\rho_d=\frac{\rho_0}{1+0.01\omega} \tag{12.1.6-2}$$

（3）土的饱和含水率应按下式计算：

$$\omega_{sat}=\left(\frac{\rho_w}{\rho_d}-\frac{1}{G_s}\right)\times100 \tag{12.1.6-3}$$

式中：ω_{sat}——饱和含水率，%；

ρ_w——水的密度，g/cm^3。

（4）以干密度为纵坐标，含水率为横坐标，绘制干密度与含水率的关系曲线（见图 12.1.6）。曲线上峰值点的纵、横坐标分别代表土的最大干密度和最优含水率。曲线不能给出峰值点时，应进行补点试验。

（5）数个干密度下土的饱和含水率应按上式（12.1.6-3）计算。以干密度为纵坐标，含水率为横坐标，在图上绘制饱和曲线。

击实试验的记录格式应符合方法标准的规定。

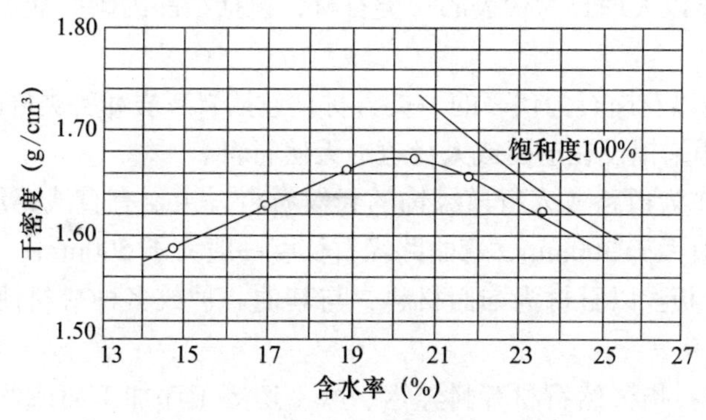

图 12.1.6 干密度与含水率关系曲线

7. 注意事项

（1）由于击实曲线一定要出现峰值点，由经验可知，最大干密度的峰值往往都在塑限含水率附近，根据土的压实原理，峰值点就是孔隙比最小的点，所以建议 2 个含水率高于塑限，2 个含水率低于塑限，以使试验结果不需补点就能满足要求。

（2）重型击实试验最优含水率较轻型的小，所以制备含水率可以向较小方向移动。

12.2　石　　材

12.2.1　概述

由岩石加工而成的建筑材料称为石材。天然岩石蕴藏丰富，便于就地取材，其材质具有较高的抗压强度，良好的耐久性和耐磨性，被广泛用于砌筑房屋、桥涵、沟渠与隧道衬砌等，是最古老的建筑材料之一，大理石、花岗石等品种经加工后还可作为高级饰面材料。常用建筑石材有大理石和花岗石，大理石是由石灰岩和白云岩变质而成，主要矿物组成为方解石和白云石，大理石主要用于室内的装修，如墙面、柱面及磨损较小的地面，踏步；花岗石是火成岩中分布最广的岩石，其主要的矿物组成为长石、石英和少量的云母。它耐磨性好、抗风化性好及耐久性、耐酸性好。花岗石主要用于踏步、地面及外墙饰面雕塑。常用术语如下：

（1）石材：以天然岩石为主要原材料，经选择、加工制作并用于建筑、装饰、碑石、工艺品或路面等用途的材料，包括天然石材和合成石材。

（2）建筑石材：具有一定的物理、化学性能，可作为建筑功能和结构用途的石材。

（3）装饰石材：具有装饰性能的建筑石材，加工后可供建筑装饰用。

（4）天然石材：经选择和加工而成的特殊尺寸或形状的天然岩石。按照材质主要分为大理石、花岗石、石灰石、砂岩、板石等，按照用途主要分为天然建筑石材和天然装饰石材等。

（5）合成石材：以石料（如石英等硅酸盐矿物，方解石、白云石等碳酸盐矿物）为主要骨料，以高分子聚合物或水泥或两者混合物为粘合材料，选择性添加可兼容的材料，经搅拌混合，在真空状态下加压、振动、成型、固化等工序制成的工业产品，包括和合成石岗石、合成石英石，又称人造石材。

（6）大理石：指以大理石为代表的一类石材，包括结晶的碳酸盐类岩石和质地较软的其他变质岩类石材。

（7）花岗石：指以花岗石为代表的一类石材，包括岩浆岩和各类硅酸盐类变质岩石材。

（8）路面石：用来铺设在道路或人行道的天然石料。

（9）路缘石：作为道路或人行道缘饰的天然石料，主要有直线路缘石和弯曲路缘石，直线路缘石长度一般大于 300mm，弯曲路缘石长度一般大于 500mm。

（10）石材复合板：以石材为饰面材料，与其他一种或多种材料使用结构胶粘剂粘合而成的装饰板材。

（11）石材板材：指天然石材荒料经锯、磨、切等工序加工而成的具有一定厚度的板状石材。

1. 大理石

（1）分类

大理石按形状可分为毛光板、普型板、圆弧板和异型板；按矿物组成分为方解石大理石、白云石大理石和蛇纹石大理石；按表面加工分为镜面板和粗面板。

（2）等级

按加工质量和外观质量分为A、B、C三级。

（3）外观质量

大理石的外观质量包括色调基本调和色纹一致、允许粘接和修补但不影响装饰效果，不降低物理性能、缺陷（包括裂纹、缺棱、掉角、色斑、砂眼）符合要求。

（4）物理性能

大理石的物理性能包括体积密度、吸水率、压缩强度、弯曲强度和耐磨性（仅适用于地面、楼梯踏步、台面等对易磨损部位的大理石石材）。

（5）组批

同一品种、类别、等级、同一供货批的板材为一批，或按连续安装部位的板材为一批。

（6）抽样

按标准规定的抽样判定表抽取样本。加工质量、外观质量的抽样同上，其余项目的样品从检验批中随机抽取制备双倍数量样品。

（7）判定

体积密度、吸水率、压缩强度、弯曲强度、耐磨性的试验结果中，均符合标准规定的相应要求时，则判定该批板材以上项目合格；有两项及以上不符合相应要求时，则判定该批板材为不合格；有一项不符合标准相应要求时，利用备样对该项目进行复验，复验结果合格时，则判定该批板材以上项目合格，否则判定该批板材为不合格。

2. 花岗石

（1）分类

花岗石按形状可分为毛光板、普型板、圆弧板和异型板；按表面加工程度分为镜面板、细面板和粗面板；按用途分为一般用途、功能用途。一般用途是指用于一般性装饰用途。功能用途是指用于结构性承载用途和特殊功能要求。

（2）等级

花岗石按加工质量和外观质量分为优等品、一等品、合格品三级。

（3）外观质量

花岗石的外观质量包括色调基本调和色纹一致、缺陷（包括缺棱、掉角、裂纹、色斑、色线）符合要求。干挂板材不允许有裂纹存在。毛光板外观缺陷不包括缺棱和掉角。

（4）物理性能

花岗石的物理性能包括体积密度、吸水率、压缩强度、弯曲强度、耐磨性（使用在地面、楼梯踏步、台面等严重踩踏或磨损部位的花岗石石材应检验此项）和放射性。

（5）组批

同一品种、类别、等级、同一供货批的板材为一批，或按连续安装部位的板材为一批。

（6）抽样

按标准规定的抽样方法抽取样本。加工质量、外观质量的抽样同上，其余项目的样品从检验批中随机抽取制备双倍数量样品。

（7）判定

单块板材的所有检验结果均符合技术要求中相应等级时，则判定该块板材符合该等级。

根据样本检验结果，若样本中发现的等级不合格数小于或等于合格判定数，则判定该批符合该等级；若样本中发现的等级不合格数大于或等于不合格判定数，则判定该批不符合该等级。

12.2.2　压缩强度试验

《天然石材试验方法 第 1 部分：干燥、水饱和、冻融循环后压缩强度试验》GB/T 9966.1—2020，适用于天然石材干燥、水饱和、冻融循环后静态单轴压缩强度的测定。

1. 设备及量具

试验机，具有球形支座并能满足试验要求，示值相对误差不超过 ±1%。试验破坏荷载应在示值的 20% ~ 90% 范围内;游标卡尺，读数值至少能精确至为 0.1mm ;万能角度尺，精度为 2′；鼓风干燥箱，温度可控制在 65±2℃范围内；冷冻箱，温度可控制在 −20±2℃范围内；恒温水箱，可保持水温在 20±2℃，最大水深 105mm 且至少容纳 2 组试验样品，底部垫不污染石材的圆柱状支撑物；干燥器。

2. 试验样品

（1）在同批料中制备具有典型特征的试样，每种试验条件下的试样为一组，每组 5 块。

（2）通常为边长 50mm 的正方体或 ϕ50mm×50mm 的圆柱体，尺寸偏差 ±1.0mm ；若试样中最大颗粒粒径超过 5mm，试样规格应为边长 70mm 的正方体或 ϕ70mm×70mm 的圆柱体，尺寸偏差 ±1.0mm ；如试样最大颗粒粒径超过 7mm，每组试样的数量应增加一倍。若同时进行干燥、水饱和、冻融循环后压缩强度试验需制备 3 组试样。

（3）有层理的试样应标明层理方向。通常沿着垂直层理的方向（见图 12.2.2-1）进行试验，当石材应用方向是平行层理或使用在承重、承载水压等场合时，压缩强度选择最弱的方向进行试验，应进行层理平行方向的试验（见图 12.2.2-2），并且应按上述（1）、（2）试验条件制备相应数量的试样。

注意：有些石材明显存在层理方向，其分裂方向可分为下列 3 种情况：裂理方向，最易分裂的方向；纹理方向，次易分裂的方向；源粒方向，最难分裂的方向。

（4）试样两个受力面应平行、平整、光滑，必要时应进行机械研磨，其他四个侧面为金刚石锯片切割面。试样相邻面夹角应为 90°±0.5°。

（5）试样上不应有裂纹、缺棱和缺角等影响试验的缺陷。

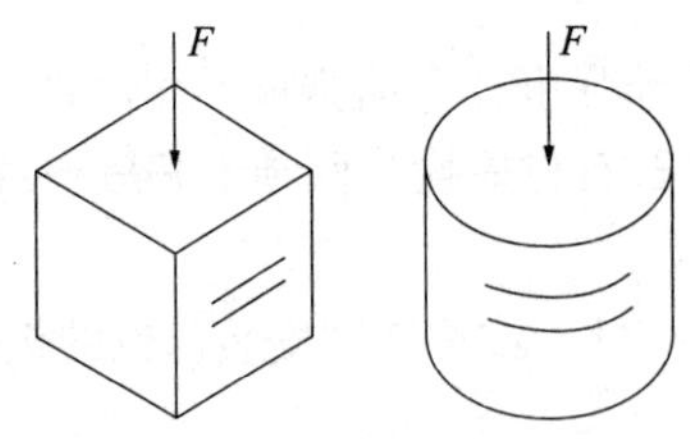

图 12.2.2-1　垂直层理试验示意图
F—载荷

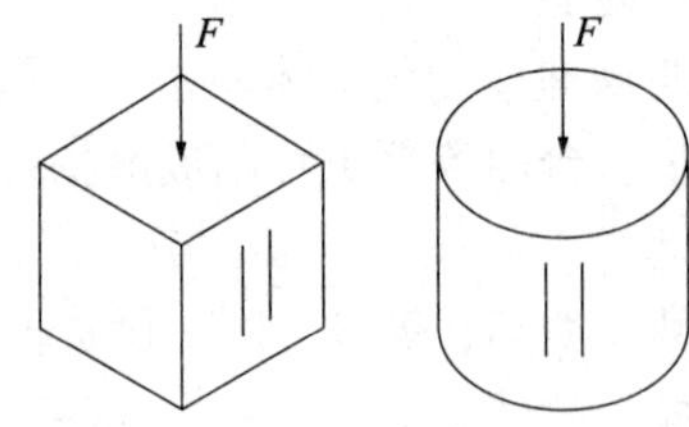

图 12.2.2-2　平行层理试验示意图
F—载荷

3. 试验步骤

（1）干燥压缩强度

① 将试样在 65±5℃的鼓风干燥箱内干燥 48h，然后放入干燥器中冷却至室温。

② 用游标卡尺分别测量试样两受力面中线上的边长或相互垂直的直径，并计算每个受力面的面积，以两个受力面面积的平均值作为试样受力面面积，边长或直径测量值精确不低于0.1mm。

③ 擦干试验机上下压板表面，清除试样两个受力面上的尘粒。将试样放置于材料试验机下压板的中心部位，调整球形基座角度，使上压板均匀接触到试样上受力面。以1±0.5MPa/s的加速率恒定施加载荷至试样破坏，记录试样破坏时的最大载荷值和破坏状态。

（2）水饱和压缩强度

① 将试样置于恒温水箱中，试样间隔不小于15mm，试样底部垫圆柱状支撑。加入20℃ ±10℃的自来水到试样高度的一半，静置1h；然后继续加水到试样高度的3/4，静置1h；继续加满水，水面应超过试样高度25±5mm。试样在清水中浸泡48±2h后取出，用拧干的湿毛巾擦去试样表面水分后，应立即进行试验。

② 测量尺寸和计算受力面面积按“干燥压缩强度②”进行。

③ 加载破坏试验按“干燥压缩强度③”进行。

（3）冻融循环后压缩强度

① 将试样置于恒温水箱中，试样间隔不小于15mm，试样底部垫圆柱状支撑。加入20℃ ±10℃的自来水到试样高度的一半，静置1h；然后继续加水到试样高度的3/4，静置1h；继续加满水，水面应超过试样高度25mm±5mm。试样在清水中浸泡48h±2h后取出。

② 将试样立即放入-20±2℃的冷冻箱内冷冻6h，试样间距离不小于10mm，试样与箱壁距离不小于20mm。取出后再将其放入恒温水箱中融化6h，恒温水箱温度应保持在20±2℃。如此反复冻融50次后，用拧干的湿毛巾将试样表面水分擦去，观察并记录表面出现的外观变化，然后立即进行试验。

③ 试验如采用自动化控制冻融试验机时，应每隔14个循环后将试样上下翻转一次。冻融试验过程中如遇到非正常中断时，试样应浸泡在20±5℃清水中。

④ 测量尺寸和计算受力面面积按“干燥压缩强度②”进行。

⑤ 加载破坏试验按“干燥压缩强度③”进行。

4. 试验结果

压缩强度按下式计算：

$$P=\frac{F}{S} \tag{12.2.2}$$

式中：P——压缩强度，MPa；

F——试样最大载荷，N；

S——试样受力面面积，mm^2。

以每组试样压缩强度的算术平均值作为该条件下的压缩强度，数值修约到1MPa。

5. 试验报告

试验报告应至少包含以下信息：按《天然石材统一编号》GB/T 17670规定的石材的商业名称；试样数量、规格尺寸，表面处理状况（根据测试需要），有层理时应注明压缩方向与层理方向的关系；实验室的名称、地址，如果试验进行的地点不是测试实验室则应注明试验进行的地点；试样试验条件；试验遵循的标准编号（GB/T 9966.1—2020）；冻融循环后外观变化等记录；每个试样的压缩强度、试验方向和破坏状态；每组试样压缩强度的平均值；标准差，修约到两位有效数字。

12. 2. 3　弯曲强度试验

《天然石材试验方法 第 2 部分：干燥、水饱和、冻融循环后弯曲强度试验》GB/T 9966.2—2020，适用于天然石材的干燥、水饱和、冻融循环后弯曲强度测定。固定力矩弯曲强度——方法 A 适用于建筑幕墙、室内墙地面用石材的固定力矩弯曲强度；集中荷载弯曲强度——方法 B 适用于室外广场、路面用石材的集中荷载弯曲强度。

1. 仪器设备

试验机：配有相应的试样支架（见图 12.2.3-1 和图 12.2.3-2），示值相对误差不超过 ±1%，试样破坏的荷载在示值的 20% ～ 90% 范围内；游标卡尺：读数值可精确至 0.1mm；万能角度尺：精度为 2′；鼓风干燥箱：温度可控制在 65±5℃范围内；冷冻箱：温度可控制在 −20±2℃范围内；恒温水箱：可保持水温在 20±2℃，最大水深不低于 130mm 且至少容纳 2 组最大试验样品，底部垫不污染石材的圆柱状支撑物；干燥器。

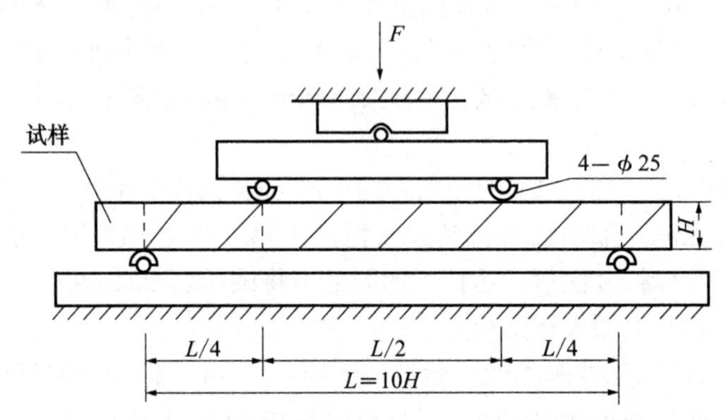

图 12.2.3-1　固定力矩弯曲强度（方法 A）示意图（单位：mm）

F—荷载；H—试样厚度；L—下部两个支撑轴间距离

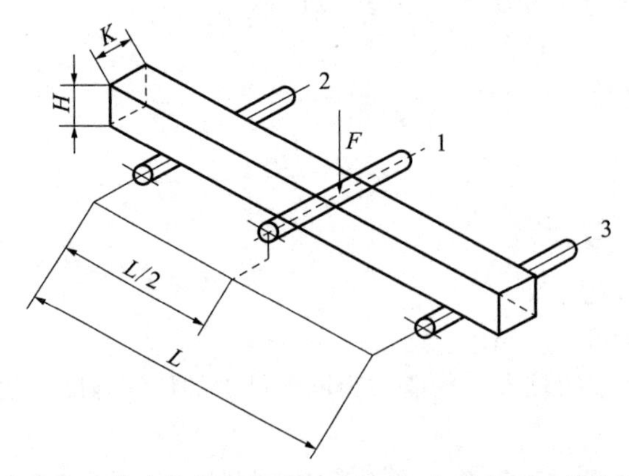

图 12.2.3-2　集中荷载弯曲强度（方法 B）示意图（单位：mm）

1—上支座 ϕ25mm；2、3—下支座 ϕ25mm；F—荷载；H—试样厚度；K—试样宽度；L—下部两个支撑间轴距离

2. 试样

（1）规格

方法 A：350mm×100mm×30mm，也可采用实际厚度（H）的样品，试样长度为 $10H+50$mm，宽度为 100mm。方法 B：250mm×50mm×50mm。

（2）偏差

试样长度尺寸偏差为 ±1mm，宽度、厚度尺寸偏差为 ±0.3mm。

（3）表面处理

试样上下受力面应经锯切、研磨或抛光，达到平整且平行。侧面可采用锯切面，正面与侧面夹角应为 90° ±0.5°。

（4）层理标记

具有层理的试样应采用两条平行线在试样上标明层理方向，见图 12.2.3-3 ～图 12.2.3-5。

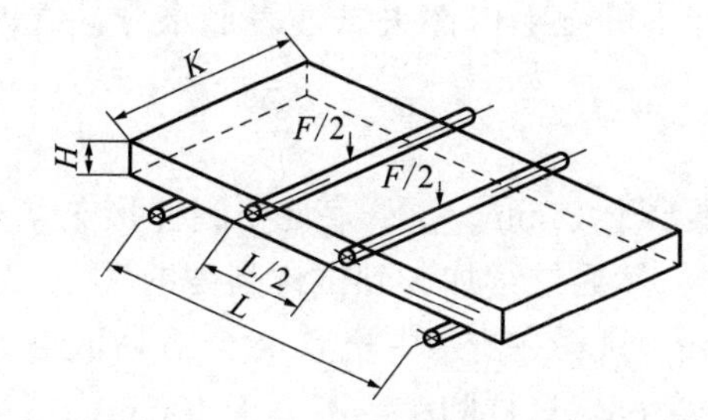

图 12.2.3–3　受力方向垂直层理示意图（一）

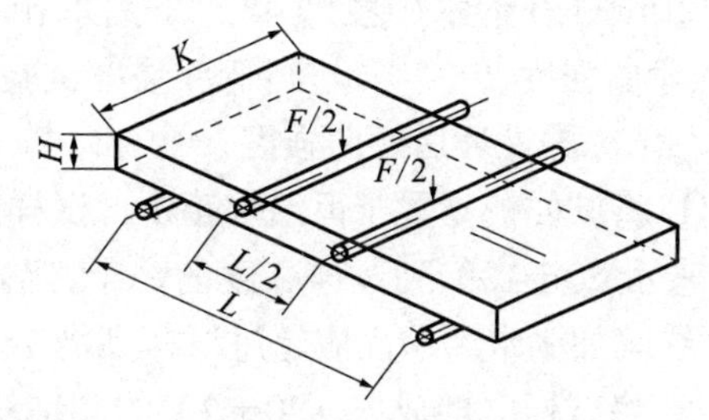

图 12.2.3–4　受力方向平行层理示意图（二）

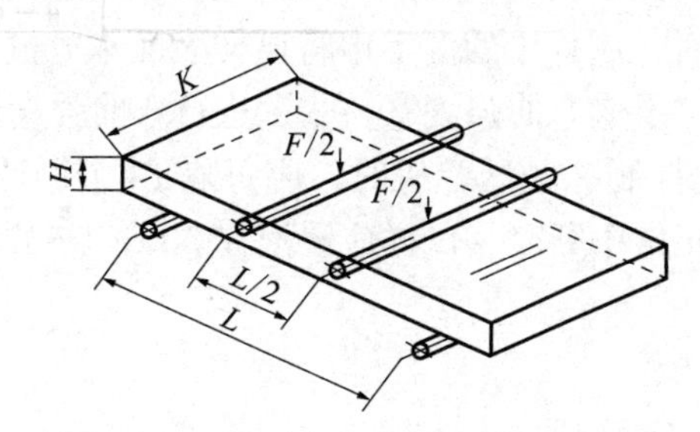

图 12.2.3–5　受力方向垂直层理示意图

（5）表面质量

试样不应有裂纹、缺棱和缺角等影响试验的缺陷。

（6）支点标记

在试样上下两面及前后侧面分别标记出支点的位置（见图 12.2.3-1、图 12.2.3-2）。方法 A 的下支座跨距（L）为 $10H$，上支座间的距离为 $5H$，呈中心对称分布；方法 B 的下支座跨距（L）为 200mm，上支座在中心位置。

（7）试样数量

每种试验条件下每个层理方向的试样为一组，每组试样数量为 5 块。通常试样的受力方向应与实际应用一致，若石材应用方向未知，则应同时进行三个方向的试验，每种试验条件下试样应制备 15 块，每个方向 5 块。

3. 试验步骤

（1）干燥弯曲强度

① 将试样在 65±5℃的鼓风干燥箱内干燥 48h，然后放入干燥器中冷却至室温。

② 按试验类型选择相应的试样支架，调节支座之间的距离到规定的跨距要求。按照试样上标记的支点位置将其放在上下支座之间，试样和支座受力表面应保持清洁。装饰面应朝下放在支架下座上，使加载过程中试样装饰面处于弯曲拉伸状态。

③ 以 0.25±0.05MPa/s 的速率对试样施加载荷至试样破坏，记录试样破坏位置和形式及最大载荷值，读数精度不低于 10N。

④用游标卡尺测量试样断裂面的宽度和厚度，精确至 0.1mm。

（2）水饱和弯曲强度

① 将试样侧立置于恒温水箱中，试样间隔不小于 15mm，试样底部垫圆柱状支撑。加入自来水 20±10℃到试样高度的一半，静置 1h；然后继续加水到试样高度的 3/4，静置 1h；继续加满水，水面应超过试样高度 25±5mm。

② 试样在清水中浸泡 48±2h 后取出，用拧干的湿毛巾擦去试样表面水分，立即按"干燥弯曲强度②～④"进行弯曲强度试验。

（3）冻融循环后弯曲强度

① 将试样侧立置于恒温水箱中，试样间隔不小于 15mm，试样底部垫圆柱状支撑。加入自来水 20±10℃到试样高度的一半，静置 1h；然后继续加水到试样高度的 3/4，静置 1h；继续加满水，水面应超过试样高度 25±5mm。试样在清水中浸泡 48±2h 后取出。

② 将试样立即放入 -20±2℃的冷冻箱内冷冻 6h，试样间距离不小于 10mm，试样与箱壁距离不小于 20mm。取出后再将其放入恒温水箱中融化 6h，恒温水箱温度应保持在 20±2℃。反复冻融 50 次后，用拧干的湿毛巾将试样表面水分擦去，观察并记录表面出现的外观变化，然后立即按"干燥弯曲强度②～④"进行弯曲强度试验。

③ 试验如采用自动化控制冻融试验机时，应每隔 14 个循环后将试样上下翻转一次。冻融试验过程中如遇到非正常中断时，试样应浸泡在 20℃ ±5℃清水中。

4. 结果计算

（1）方法 A

弯曲强度按下式计算：

$$P_A=\frac{3FL}{4KH^2} \qquad (12.2.3\text{-}1)$$

式中：P_A——弯曲强度，MPa；

F——试样破坏荷载，N；

L——下支座间距离，mm；

K——试样宽度，mm；

H——试样长度，mm。

以一组试样弯曲强度的算术平均值作为试验结果，数值修约到 0.1MPa。

（2）方法 B

弯曲强度按下式计算：

$$P_B=\frac{3FL}{2KH^2} \qquad (12.2.3\text{-}2)$$

式中：P_B——弯曲强度，MPa；

F——试样破坏荷载，N；

L——下支座间距离，mm；

K——试样宽度，mm；

H——试样长度，mm。

以一组试样弯曲强度的算术平均值作为试验结果，数值修约到 0.1MPa。

5. 试验报告

试验报告应至少包含以下信息：按《天然石材统一编号》GB/T 17670 规定的石材的商业名称；试样数量、规格尺寸，表面处理状况（根据测试需要），有层理时应注明受力方向与层理方向的关系；测定实验室的名称、地址，如果试验进行的地点不是测试实验室则应注明试验进行的地点；试样处理过程；试验方法和试验条件；试验遵循的标准编号（GB/T 9966.2—2020）；冻融循环后外观变化等记录；每个试样的弯曲强度、试验方向和破坏位置和形式；每组试样弯曲强度的平均值；标准差，修约到两位有效数字。

12.2.4 体积密度、吸水率试验

《天然石材试验方法 第 3 部分：吸水率、体积密度、真密度、真气孔率试验》GB/T 9966.3，适用于天然石材吸水率、体积密度、真密度、真气孔率的测定。

1. 仪器设备

鼓风干燥箱：温度可控制在 65±5℃范围内；天平：最大称量 1000g，感量 10mg；最大称量 200g，感量 1mg；水箱：底面平整，且带有玻璃棒作为试样支撑；金属网篮：可满足各种规格试样要求，具足够的刚性；比重瓶：容积 25 ～ 30mL；标准筛：63μm；干燥器。

2. 试样

（1）试样边长为 50mm 的正方体或直径、高度均为 50mm 的圆柱体，尺寸偏差 ±0.5mm，每组 5 块。特殊要求时可选用其他规则形状的试样，外形几何体积应不小于 60cm^3，其表面积与体积之比应在 0.08 ～ 0.20mm^{-1} 范围内。

（2）试样应从具有代表性部位截取，不应带有裂纹等缺陷。

（3）试样表面应平滑，粗糙面应打磨平整。

3. 试验步骤

（1）将试样置于 65±5℃的鼓风干燥箱内干燥 48h 至恒重，即在干燥 46h、47h、48h 时分别称量试样的质量，质量保持恒定时表明达到恒重，否则继续干燥，直至出现 3 次恒定的质量。放入干燥器中冷却至室温，然后称其质量，精确至 0.01g。

（2）将试样置于水箱中的玻璃棒支撑上，试样间隔应不小于 15mm。加入去离子水或蒸馏水 20±2℃到试样高度的一半，静置 1h；然后继续加水到试样高度的 3/4，再静置 1h；继续加满水，水面应超过试样高度 25±5mm。试样在水中浸泡 48±2h 后同时取出，包裹于湿毛巾内，用拧干的湿毛巾擦去试样表面水分，立即称其质量，精确至 0.01g。

（3）立即将水饱和的试样置于金属网篮中并将网篮与试样一起浸入 20±2℃的去离子水或蒸馏水中，小心除去附着在网篮和试样上的气泡，称试样和网篮在水中总质量，精确至 0.01g。单独称量网篮在相同深度的水中质量，精确至 0.01g。当天平允许时可直接测量出这两次测量的差值，结果精确至 0.01g。称量装置见图 12.2.4-1、图 12.2.4-2。

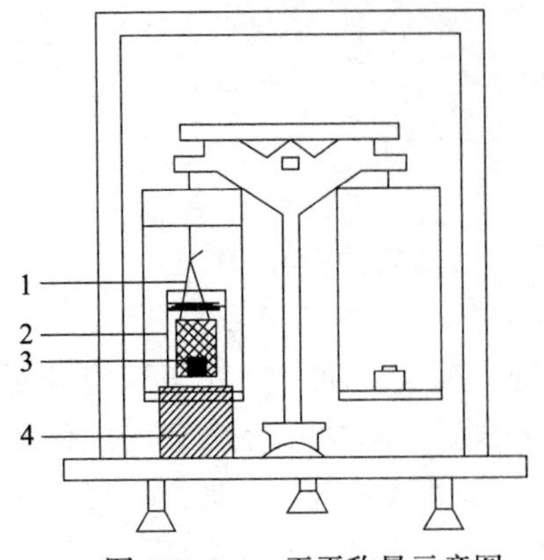

图 12.2.4-1　天平称量示意图

1—网篮；2—烧杯；3—试样；4—支架

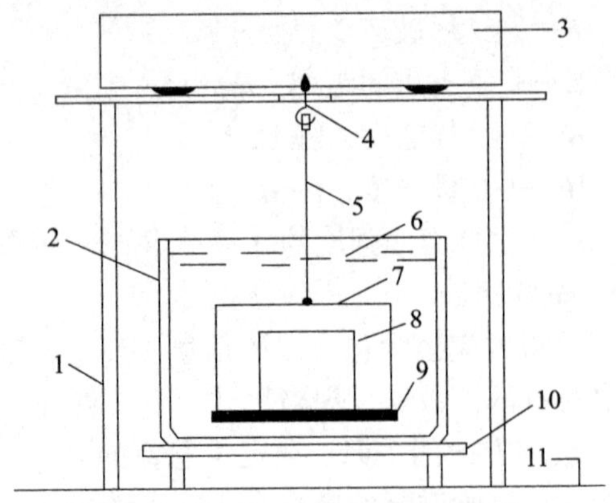

图 12.2.4-2　电子天平称量示意图

1—天平支架；2—水杯；3—电子天平；4—天平挂钩；

5—悬挂线；6—水平面；7—栅栏；8—试样；

9—网篮底；10—水杯支架；11—平台

4. 试验结果

（1）吸水率按下式计算：

$$w_a = \frac{m_1 - m_0}{m_0} \times 100 \tag{12.2.4-1}$$

式中：w_a——吸水率，%；

m_1——水饱和试样在空气中的质量，g；

m_2——干燥试样在空气中的质量，g；

（2）体积密度按下式计算：

$$\rho_b = \frac{m_0}{m_1 - m_2} \times \rho_w \tag{12.2.4-2}$$

式中：ρ_b——体积密度，g/cm³；

m_2——水饱和试样在水中的质量，g；

ρ_w——室温下去离子水或蒸馏水的密度，g/cm³。

（3）结果

计算每组试样吸水率、体积密度的算术平均值作为试验结果。体积密度取 3 位有效数字；吸水率取 2 位有效数字。

5. 试验报告

试验报告应至少包含以下信息：按《天然石材统一编号》GB/T 17670 规定的石材的商业名称；试样数量、规格尺寸，表面处理状况（根据测试需要）；测定实验室的名称、地址，如果试验进行的地点不是测试实验室则应注明试验进行的地点；试样处理过程；试验遵循的标准编号（GB/T 9966.3—2020）；每个试样的吸水率、体积密度；每组试样吸水率、体积密度的平均值；标准差，修约到两位有效数字。

12.3 建筑材料放射性检验

12.3.1 概述

放射性核素限量和天然放射性核素镭-226、钍-232、钾-40放射性比活度的试验方法，适用于对放射性核素限量有要求的无机非金属类建筑材料。相关术语如下：

（1）建筑主体材料，用于建造建筑物主体工程所使用的建筑材料。

（2）建筑装饰材料，用于建筑物室内外饰面用的建筑材料。

（3）内照射指数，建筑材料中天然放射性核素镭-226的放射性比活度与标准中规定的限量值之比值。

（4）外照射指数，建筑材料中天然放射性核素镭-226、钍-232、钾-40放射性比活度的分别与其各单独存在时与标准中规定的限量值之比值的和。

（5）放射性比活度，物质中的某种核素放射性活度与该物质的质量之比值。表达式：$C=A/m$。式中，C为放射性比活度，单位为贝克每千克（Bq/kg）；A为核素放射性活度，单位为贝克（Bq）；m为物质的质量，单位为千克（kg）。

12.3.2 试验方法

1. 仪器设备

低本底多道γ能普仪；天平，感量0.1g。

2. 取样与制样

（1）取样

随机抽取样品两份，每份不少于2kg，一份封存，另一份作为检验样品。

（2）制样

将检验样品破碎，磨细至颗粒不大于0.16mm，及其放入与标准样品几何形态一致的样品盒中，称重精确至0.1g，密封、待测。

3. 测量

当检验样品中天然放射性衰变链基本达到平衡后，在与标准样品测量条件相同条件下，采用低本底多道γ能普仪对其进行镭-226、钍-232、钾-40比活度测量。

4. 计算

（1）内照射指数，按下式计算，计算结果数字修约后保留一位小数。

$$I_{Ra}=\frac{C_{Ra}}{200} \tag{12.3.2-1}$$

式中：I_{Ra}——内照射指数；

C_{Ra}——建筑材料中天然放射性核素镭-226的反射性比活度，Bq/kg；

200——仅考虑内照射情况下，标准规定的建筑材料中放射性核素-226的放射性比活度限量，Bq/kg；

（2）外照射指数，按下式计算计算结果数字修约后保留一位小数。

$$I_r=\frac{C_{Ra}}{370}+\frac{C_{Th}}{260}+\frac{C_K}{4200} \qquad (12.3.2\text{-}2)$$

式中：　I_r——外照射指数；

C_{Ra}、C_{Th}、C_K——分别为建筑材料中天然放射性核素镭-226、钍-232、钾-40 的放射性比活度，$Bq \cdot kg^{-1}$；

370、260、4200——分别为仅考虑外照射情况下，本标准规定的建筑材料中放射性核素-226、钍-232、钾-40 在其各自单独存在时标准规定的限量，$Bq \cdot kg^{-1}$。

5. 测量不确定度

当样品中镭-226、钍-232、钾-40 的放射性比活度之和大于 $37Bq \cdot kg^{-1}$ 时，标准规定的试验方法要求测量不确定度（扩展因子 $k=1$）不大于 20%。

12.4　综 述 提 示

1. 土工含水率的试验

（1）烘干法作为室内试验的标准方法，一般是要较长时间才能测定含水率，效率低。在填方和土坝等施工质量管理，常常要求很快给出填方的含水率，此时，可采用酒精燃烧法快速测定含水率。

（2）关于试样的数量，对于烘干法，为使试验结果准确可靠，同时考虑到烘焙时间的长短，细粒土规定为 15 ～ 30g；砂质土或砾质土因持水性差，颗粒大小相差悬殊，含水量易于变化，所以试样应多取一些。

（3）酒精燃烧法试验步骤，为使酒精用量不过大，根据实践经验，黏土试样的数量为 5 ～ 10g。

2. 土工密度的试验

土的密度是单位体积的土质量。按定义，测定密度的方法主要是以测定土体积的方法而命名，如环刀法、蜡封法。

3. 原位密度的试验

原位密度试验方法有环刀法、灌砂法、灌水法。环刀法适用于细粒土；灌砂法、灌砂法适用于细粒土、砂类土和砾类土。

（1）灌砂法试验

灌砂法试验方法分为两类，用套环的灌砂法试验和不用套环的灌砂法试验。

一般灌砂法不用套环，直接在刮平的地面上挖试坑，然后灌砂求其体积。这样往往由于地面没有刮平，使所测试坑体积不够准确；采用套环，以套环上缘为一固定基准平面，先灌砂测定基准平面至地面之间的条件。挖试坑后，再测此基准平面至坑底之间的条件。两者之差即为试坑条件。

（2）灌水法

工地用灌水法测量密度，测试方法是采用较大的试坑（与灌砂法相近），在坑底铺普通塑料薄膜后，灌水测定试坑体积。由于薄膜不能紧贴凹凸不平的坑壁，并有折、皱纹等现象，使测得的体积偏小，计算的干密度偏大，与灌砂法相比，有时差值达 $0.03g/cm^3$，为了解决试坑地面与试坑内壁平整度，建议的试坑地面置放相应尺寸的套环，并有水准尺找平，试坑内壁采用较柔软的塑料薄膜铺设，使之与坑底、坑壁紧密相贴，以提高测定试坑体积的准确度。

4. 土的击实试验

（1）土样制备

土样制备方法不同，所得击实试验成果也不同。试验证明，最大干密度以烘干土最大，风干土次之，天然土最小；最优含水率也因制备方法不同而不同。黏土一般不宜用烘干土备样。标准规定采用干法制备和湿法制备两种方法。

（2）重复使用土样

重复使用土样，对最大干密度和最优含水率以及其他物理性质指标都要一定的影响。其原因是，土中的部分颗粒，由于反复击实而破碎，改变了土的级配；其次是试样被击实后要恢复到原来松散状态比较困难，特别是高塑性黏土，再加水时更难以浸透，因而影响试验成果。